# ある技術家の回想

## 明治草創期の
## 日本機械工業界と小野正作

鈴木 淳【編】

日本経済評論社

小野正作

妻・幾さ（きさ）

# 目次

# 解　説

## 一　はじめに

本書は明治期の機械技術者小野正作の回想録を影印刊行するものである。小野正作は、明治三（一八七〇）年から大正四（一九一五）年まで技術者として活躍し、引退後の大正一〇年から昭和一〇年までの一四年間をかけて「経歴の部」一冊と「職業の部」前・後編二冊、合わせて三冊の回想録を記した。孫の小野昭氏によれば、小野正作はこれを子供たちのために書いたという。正作の長男、長女は夭折したが、執筆当時次男鑑正は九州帝国大学工学部教授として材料強弱学を講じつつ一時期農商務省（八幡）製鉄所技師を兼ね、三男正三は東京帝国大学航空研究所助教授から川西飛行機の技術者に転じていた。また次女の夫景山斎も製鉄所技師であり、そろって工学の世界で活躍していた。小野正作は同居中の三女を含む子供たちのために同文のもの四冊を手写で作成したという。ここで紹介するのは正三氏に与えられ、昭氏に継承されたものである。昭氏はこの内容の一部を自著『定年と失業からの自由――いかにして実現しそこからなにを引き出すか』（鳥影社、二〇〇三年）の三〇四～三〇八頁に紹介されたが、管見の限りではその他に紹介された形跡はない。

小野正作は学校での工学教育を受けていない、いわゆる初期技術者のひとりである。幕末に御家人の子として和漢学、そして英語を学びながら育ち、イギリス顧問団による海軍伝習生に選ばれる。幕府が存続すればその海軍で機関科の士官となったはずであるが、伝習二カ月で幕府は崩壊し、小野は内職などの経験を経て明治三年に横須賀造船所の製図工として現場に入った。横須賀造船所の工部省から海軍省への移管の直後待遇を不満として工部省長崎造船所に移り、明治一四年、東京勤務を希望して廃止寸前の工部省赤羽工作分局に移動する。赤羽工作分局が海軍兵器製造所となると引き続きここに勤務するが明治二〇年に辞し、田中製造所（のち東芝）や大阪鉄工所（のち日立造船）をはじめ東京と大阪で民間経営を転々として、一時自営も試みるが、明治三四年、官営八幡製鉄所に就職し、大正五年に引退するまでここに勤務する。

筆者は小野昭氏の御厚意によってこの記録を一読し、驚愕した。明治期の機械工業史を象徴する代表的工場に数多く、しかもそれぞれの興味深い転換期に勤務し、見通しの利いた観察を残しているからである。筆者は二〇年ほど明治期の機械工業について考えてきたが、これほどまとまった、現場が見て取れるような史料に接したことはなかった。小野が体系的な工業教育を受けずに現場の経験を中心に技術を身に着け、ついには高等官三等（軍では大佐相当）という大卒技術者と伍す地位に上り詰めたことも興味深いが、このような経歴ゆえ、彼は大卒技術者より現場に密着し、また早い時期から横須賀、東京、長崎、大阪という主要機械工業地を相互に比較し、さらに経営者としても観察する能力を備えていた。これほど適した記録者がいたことに改めて感心させられた。そして小野は現場を離れて何年も経った気安さと、家族の工学者に実地の経験を伝えたいという意識から、自らの失敗を隠さず、また技術的に過ぎて一般読者の関心を引けないであろうことをも恐れずに、記述している。このため回想録は我々にこの時代の機械工業の実に貴重な知見を与えてくれる。本文は見ての通り製図場出身の技術者らしい整った書体で書かれているので、現在の読者にも読みやすい。時代を感じさせる当て字や古風な技術用語なども、生半可な理解で翻刻するよりそのまま御覧いただいたほうが研究上も益すると考えた。そこで筆者は、小野昭氏のお許しとご協力を得て、全文の影印での公刊を志し、日本経済評論社社長栗原哲也氏、同出版部谷口京延氏の温かい御理解によって果たすことができた。三名の方々に深く感謝したい。

彼の回想は経歴の部と職業の部とからなる。経歴の部では、まず職業生活に入るまで一九年間の見聞と学習の経過がたどられ、就職後の経歴や生活も基本はここに記されている。職業の部は職場でのさまざまな経験の記述である。もちろん、記憶上の錯誤は避けがたく、また歴史的背景がわからないと個々の経験の意味がはっきりしない点もあるので、紹介者の責任として最低限の解説と注を付さざるを得ない。そこで、蛇足となるが、まず経歴の部の概略を紹介しつつ、彼が就業した工場の性格やそこでの彼の役割などを述べる。ついで職業の部の叙述を代表的な主題に則してごく簡単に紹介する。個別的な事項について本文に注番号を付し巻末にまとめた。

## 二　御家人の子として

以下、経歴の部の目次（五～一〇頁）に従って見て行こう。

### 1　生後から幼年時代

小野正作は嘉永四（一八五一）年正月に御家人小野鑑吉郎の子として江戸で生まれた。出生地仲御徒町一丁目は現在のＪＲ秋葉原駅の北側で山手線線路の近くにあたろう。当時の一般的な御家人の困窮の為か安政大地震の被害から完全には立ち直れなかったようで、門長屋を修理しての仮住いが続いた。二人の弟を幼くして亡くしているのはこの時代には珍しいことでは無いが、唯一の成長した男の子として成長後も両親との関係は深かった。御家流と唐様の手習い、漢学とそれぞれの塾のありようがいきいきと描かれている。

## 2　箱館時代

安政六（一八五九）年に父親が箱館奉行所に勤務することになり、満八歳でこれに随行する。父の赴任理由を「内には旧来の借財を整理し、外には立身出世を為す経路となるが為」と説明しているのは、後日の正作による解釈であろうが興味深い。祖母と相乗りしての駕籠の旅である。冬季のため青森で二週間風待ちしても天候悪く、二昼夜がかりの渡海となった。箱館では漁場請負人の小林屋重吉方に寄寓したのち鶴岡町の役宅、ついで五稜郭近くの役宅に三年ほど住み、小林屋寄寓の里見清次郎に漢学を学ぶ。父が脚気にかかったため市内の蔵を借りて転住するが、経過が思わしくなく、江戸に引き揚げる。なお、本文の叙述で住んだ場所ごとの年数を足すと箱館滞在期間が四年数箇月になり、記されている年代よりやや長いがどちらが正しいのかは未詳である。

## 3　江戸帰り時代

文久二（一八六二）年、家族で江戸に戻り、人に貸していた旧宅の門長屋に増築して住む。一一歳で、漢学や唐様の習字といった習い事が本格化し、講武所師範役伊庭軍兵衛の道場で剣術もはじめる。

## 4　大阪行時代

元治元（一八六四）年、将軍徳川家茂の進発の道中宿割のため先行する父に用人として随行し、京都・大坂を経て広島に至る。一三歳の正作にとって「後学の為になるから」という父の配慮によるものである。物心ついてはじめての旅で、街道筋の描写も興味深い。大坂では、当初平野町の町会所に、のちには大手門外に新築された長屋に住む。平野町町会所を預かる平野屋和助に学問を学び、従来の五言絶句に加えて七語絶句を作れるようになった話は上層町人の教養の高さを示し、中国筋の倉敷や広島にも小野の縁戚がいるのは当時の御家人の世界の広さを垣間見せる。

## 5　江戸帰宅時代

慶応元（一八六五）年三月に大坂に父を残して、一三日かけて江戸に戻る。見学が一段落したので「学芸修行の方も肝要だ」という判断で、現在の単身赴任の事情と通じるものがある。熊本生まれで東海道を何十度も往復したという同行の「僕」又助の話は、当時の武家奉公人のありようの一つをうかがわせる。江戸では嫁いだ姉が「フラフラ病」で祈祷を頼み、「気鬱病」にかかった正作は松本良順の留守宅で塾頭から治療を受けて全快する。

父は、慶応三（一八六七）年二月に歩兵差図役並勤方に取り立てられ、御家人から旗本になる。これに伴い手狭な御徒町の家を引き払い根岸に転宅した。根岸の土地は七〇坪ばかりだが前より広くなったという。御徒町の拝領地は元来一三〇坪であったが、大半を震災後に売却あるいは賃貸していたのであろう。

## 6　海軍伝習所時代

根岸から練塀小路の古屋作左衛門の英学塾に半年ほど通ったところで、古屋から海軍伝習のことを聞き、受験して蒸気機関専攻の伝習生となる。このときの海軍伝習の参加者の回想は珍しい。僅か二カ月ばかりの経験であるが、時間割に従った寮生活をしつつ、イギリス人ロブソンから数学を学ぶ。授業時間外や日曜にもイギリス人教師と接触して語学の向上に努めている。技術者としての基礎教育を受けたことになるが、本人は語学のほうに関心が強かったようだ。戊辰戦争の開戦による伝習中止後、榎本艦隊に加わろうとして置いていかれ、陸軍への参加を申し出たがあいまいに終わっている。語学の師である古屋、また剣術の師の養子であった伊庭八郎はともに新政府軍と戦い続け、翌年函館で没する。そのことが、小野の脳裏に浮かばないはずはないが、言及されてはいない。

### 7　上野戦争時代

上野戦争に際して、上野直近の根岸から祖母を連れて巣鴨の増井家に避難する。避難経路が交戦地域と錯綜するがあくまでも避難民として行動している。上野戦争後は荒れた根岸にはもどらず、知人が番人をしていた本郷追分の山岡鉄太郎控邸に寄寓し、騒然とした時期のこの地域で高崎屋が信望を集めていたことを書き留める。その後、小石川戸崎町で世話役的なことをしていた父の叔父長嶋善蔵の邸内に住み、母は町内の士族から絞染めを習って職業とし、正作は煙草切りで生計を助けようとするが問屋の搾取にあって文字通り投げ出した。小野の族籍は東京府平民であり徳川家に従って静岡に移る道を選ばず、士族の身分を捨てたことを示している。

## 三　官営工場の技術者へ

### 8　横須賀時代

明治二（一八六九）年、外国人に就いて語学を学び、さらには外国へ渡ろうという希望をもって横浜へ出るが、洋館にはコネがないと入りにくいということで、二泊して横須賀に向かった。横須賀で頼ったのは祖母の甥の妻の里で幕府普請方元締の家柄であった中村暁長であった。中村の妻とは初対面の挨拶をしているから付き合いが深かったわけではないようだ。中村家での居候は半年に及んだが、職業の部の叙述から家業を手伝っていたことが窺える。

横須賀造船所は元治元（一八六四）年に幕府によって発起され、フランス公使ロッシュに依頼してフランスの技術援助を仰ぐこととし、翌慶応元年に海軍造船官のウェルニーを招いて船渠二、船台三、日本人従業員二〇〇〇名、フランス人四〇名規模の造船所（当時の名称は製鉄所）を四年間で建設する基本計画を立案した。準備工場の役割を果たす横浜製鉄所は同年中に建設され、横須賀の建設工事も九月に着工された。慶応四（明治元、一八六八）年閏四月横須賀製鉄所は工事途上で新政府に引き継がれ、明治二年一一月民部・大蔵省の管轄となった。小型船の造船は新政府への引継ぎ前に着工されていたが、船体修理が本格的に行われるようになったのは慶応四年五月の修船台設置（のち船渠落成により廃止）からである。明治四年二月に最初の船渠が開業し、四月には製鉄所から造船所へ名称が変更される。職工数は小野の就業中に一〇〇〇名を超えた（横須賀海軍工廠『横須賀海軍船廠史　第一巻』同、一九一五年。なお、この時期の同所をめぐる最新の研究として西成田豊『経営と労働の明治維新――横須賀製鉄所・造船所を中心に』吉川弘文館、二〇〇四年がある）。

明治三年一月、図工として横須賀製鉄所に入った小野は、熱心にフランス語を学び、通訳や雇い外国人との付き合いを深め、また黌舎の教員から教育を受ける。五年六月には職工出身者としては異例の速さで官吏に登用されるが、当時通訳官はすべて官吏であったから、製図場内で限定的ながら通訳としての役割を果すようになっていたことが官吏登用の一因であろう。「自分の図面は付たり位」（九九頁）と回想しているから図工としての技能はあまり高くはならなかったのであろうが、他の図工たちの仕事に関してもフランス人の意図を通訳していたことは、幅広い見聞をもたらし、技術者としての基礎を作るのに役立ったと考えられる。

しかし明治五年に工部省から造船所を引き継いだ海軍省は彼を官吏身分から外した。小野はこれを不満として出勤を拒否し、ついには造船所を去ることになる。

## 9　長崎時代

明治六年に横須賀造船所を辞めた小野は工部省に転任していた山崎直胤を頼り、ウィーン万博への同行を望むが、結局平岡通義、山尾庸三といった工部省時代の横須賀造船所管理者たちの配慮で同じ境遇の杉田利三郎とともに工部省の長崎造船所に官吏として任用された。同年六月に横浜から長崎へ米国パシフィック・メイル社の汽船に乗って赴任している。

横須賀より早く安政年間から幕府によって整備されてきた長崎造船所は工部省の設立直後にその管下に入っていたが、その整備が本格化するのは、明治五年から、すなわち横須賀造船所を海軍省に譲り、長崎が工部省の主力造船所となってからである（中西洋『日本近代化の基礎過程　中——長崎造船所とその労資関係：一八五五〜一九〇〇』東京大学出版会、一九八三年）。工部省は明治三年に横須賀に造船技術者教育を行う黌舎を開設したが、これは海軍に引き継がれたので、工部省は工部大学校の卒業生が出る明治一二年まで国内学校卒技術者は得られなくなった。小野らの従来より一ランク上の一三等での任用はこの時点での工部省造船部門の技術者不足を反映していよう。

小野は横須賀と同様製図場に勤務した。技師長のイギリス人ストリーの下で作業する一方、日本人の依頼による小修繕などは自らの責任で行った。また、ストリーの指導した工場の拡張工事とフロランが指導した船渠の建設工事にも関わっていた。横須賀と同様の雇い外国人の意図を伝える役割をより多様な現場で果たす一方、明治一三年六月からのストリーの一時帰国の際には小汽船用連成機関の設計まで行っている。

一方、長崎造船所では長州藩派遣留学生としてアメリカ、イギリスで造船を学んだ渡辺蒿蔵が明治七年五月に所長となり、明治一〇年末頃に工場改革を進めた。これは作業や材料の管理体制を、従来の実務管理者のやり方が不正であるとして摘発しつつ、渡辺の主導権の下に再編するものであったが、小野はこのための調査などに製図手たちを率いて活躍した。この過程で小野は工場の管理に関する知識や経験を豊かにしたと考えられる。

この間、小野は明治一二年に生まれた長子の名を「職造」とした。この子は夭折するが、長崎で経験を深める中で彼は、造船・機械工業の世界で生きることを決意したように思われる。

なお、明治一三年三月の工部大学校第二回卒業生のうち佐立次郎と家入安が初めての国内学校卒技術者として長崎に着任した。造船より造機の専門であるため、小野とも関わりが深かったと考えられるが、彼らのことには言及しない。一方、この年に工部大機械科の五年生に進級して長崎工作分局に実習に来た中原淳蔵は小野技師に就いて船用機関の設計製図に従事したと回想している（旧工部大学校史料編纂会『旧工部大学校史料附録』虎之門会、一九三一年、一一六頁）から、小野は当時すでに工部大学校の新卒者以上の技術力を身に付けていたと考えられる。

## 10　東京赤羽製作所から海軍兵器製造所時代

望んでいた東京への転勤が認められ、明治一五年一二月、小野は赤羽工作分局に赴任した。

工部省赤羽工作分局は現在の東京都港区三田一丁目にあたる久留米藩邸跡地に、明治四年一二月、工部省製鉄寮が置かれたのが起源である。製鉄寮は雇いフランス人の指導の下で錬鉄の製造、圧延を目指して工場建設を進めたが、五年一〇月に廃止され、建設途上の工場は製作寮に引き継がれた。製作寮は六年二月にこの工場をイギリス式の機械製造工場とする方針を定め、一二月には製作寮の本省構内への移転に伴い、工場の名称を赤羽製作所と定めた。七年五月からは同省工学寮で後の工部大学校の都検として日本の高等工学教育を創始した雇いイギリス人ダイアーが工場の監督者となり、他の工学寮雇い外国人も兼務で指導にあたって学生の実習工場、また職工への技術伝習の場として機能した。一〇年一月の官制改定で製作寮が工作局に変わり、工場は赤羽工作分局の名称となった。ダイアーは一四年六月の工部大学校離任まで工場を監督し、その後も工部大学校雇工夫総長兼技術教師ブリンドリーが監督の地位にあった（大蔵省『工部省沿革報告』一八九六年）。

小野は機械工場に勤務した。彼は同工場の技術者として最も官等が高かったが、ここで工部大学校卒業者が行っていた紡績機械製造にはかかわっておらず、ブリンドリーとの接触も記録されていない。工部大出身の安永義章らは外国人の指導を受け、従来の日本人技術者とは別の、より高度な仕事に専念していたようだ。いずれにせよ、赤羽工作分局は二カ月程度で廃止されたので、小野はこの工場に慣れる以前に終わってしまったのであろう。工部省は小野が赤羽に転じた一五年一二月に財政難から赤羽工作分局を海軍省に引き継ぐ方針を太政官に示しているので（「公文別録」工部省明治一五～一八年、第一巻、三、兵庫赤羽根深川品川工作分局処理ノ件）、転勤を認められたのは、赤羽工場の引継ぎ要員にあてることを前提としていたのかもしれない。

一六年二月二六日に工部省赤羽工作分局は廃止され、海軍省兵器局に工場が交付され、同三月三日に海軍兵器局がこの地に移転した。

海軍の兵器を管理し、また製作、修理する機関は、明治二年七月設置の兵部省兵器司に始まり、四年二月陸軍と分離して造船局の武庫掛と造兵所となった。兵器製造の施設には四年七月から東京の石川島造船所があてられた。五年二月に兵部省が陸・海軍省に分離されると、同年一〇月に造船局武庫掛は海軍武庫司と改められ、石川島造船所の鍛冶場・鋳物小屋・大工小屋・製罐所・鑪場の五工場を造兵所と称して所管した。これは同月に海軍が横須賀造船所を取得し、石川島の製造能力に余裕が生じたためである。明治七年九月には築地小田原町旧ホテル跡に武庫司造兵課を置き、工場の落成を待って八年一月に石川島の造兵所をここに移した。当時旋盤五台、職工約一七四名、原動機の設備はなかった。主要な技能者は鹿児島藩集成館の経験者であり、九年八月までは旧鹿児島集成館自体も管轄し、ここでも兵器製造を行っていたので、旧薩摩藩の藩営軍事工業の流れを汲む性格が強かった。同年五月、武庫司が廃止され、代わって兵器局が置かれると造兵所は兵器製造所と改称され、一二年一二月には定雇工一九四名、日雇工一九八名を擁した。西南戦争後には鹿児島の機械を引き取るなど拡張を進め、一四年からは製鋼工場も設けて従来の敷地では手狭となっていた（海軍造兵廠「海軍造兵廠沿革」タイプ印刷、一九一二年か）。

小野は、赤羽工作分局の技術者の多くが他に転じる中で、二人の工部大学校出身技術者とともにここに留まる。工部省時代の残り工事や引継いだ職工の配置などを担当しつつ第一工場（もと機械工場）の機械室（もと旋盤工場）長を務める。長崎までの通訳や設計の仕事はほぼなくなり、作業場の管理が主な仕事となった。小野は道具の管理や請負の導入など、この面でも才能を示し、一九年には第一工場長となった。しかし、鹿児島系の人々との対立を背景に、依願退官を強いられた。退職のきっかけは、日本で初の国産鋼製砲の砲身加工をめぐるトラブルであった。彼が退職した明治二〇年、海軍兵器製造所は一日平均八七八人余が働き、彼が管理した第一工場ではこのうち二六〇名が就業していた（海軍省『海軍省第十三年報』同、一八八九年、三九四～三九五頁）。退官時の官等は二等技手である。

## 四　民間での活動

### 11　日本製鉄会社時代

兵器製造所退職後、赤羽工作分局時代の知り合いである国友武貴の紹介で、農商務省商務局長品川忠道が熱心に取り組んだ日本製鉄会社の創立事業に参加した。

日本製鉄会社は企業勃興と呼ばれる株式会社設立ブームの中で、明治二一年に公称資本金百万円で設立された。「日本製鉄会社就業順叙概要」には、鉄銅など金属製の各種物品製造、船舶の製造・修理、銅鉄線・西洋権衡の製造、鉄道車両・各種鉄橋の製造、金物販売、鋼鉄製造と製鉄に限らない重工業全般が目的に掲げられていた。築地小田原町の川崎造船所跡地に工場を開設して製線事業を行い、また官営兵庫造船所の払下げを受けて営業していた川崎造船所を買収しようとして資金を投じたが明治二三年恐慌の中で破綻した（長島修「官営製鉄所成立史の一局面」高村直助編著『明治前期の日本経済』日本経済評論社、二〇〇四年、二二八～二三〇頁）。

小野は毎晩品川忠道邸に出勤して目論見書の作成などにあたったが、株式売買の利益を求める性格が強く事業の永続可能性が乏しいのを見抜いて、創立総会の翌日に辞す。見切りをつけた小野は正しかったわけだが、後日の回想なので、やや合理化されているかもしれない。

## 12　田中製造所時代

赤羽工作分局時代の上司、山田要吉を訪ねて職を求め、田中製造所に紹介され、明治二一年三月から就業した。田中製造所は明治一五年に海軍省水雷局の要請を受けて芝浦に大規模な工場を設け、水雷などの製造にあたっていた。経営者はからくり儀右衛門の名で知られた初代田中久重の養子大吉で明治十四年に初代の逝去により二代久重となっていた。からくり儀右衛門は幕末維新期に佐賀藩と久留米藩の軍事工業で活躍した後、明治六年に上京、麻布今井町で電信機等の製造をはじめ、七年に芝西久保町に移りさらに八年七月一一日銀座煉瓦街の一角に二五坪ほどの工場を開いた。当時は工部省のモールス電信機などを生産し、二代久重も七年二月から一五年一一月の新工場開業までは工部省電信寮製機所に勤務していた。明治二六年に三井に経営が譲られて芝浦製作所となり、さらに東京電気と合併して東芝に発展する。（木村安一『芝浦製作所六十五年史』東京芝浦電気株式会社、一九四〇年。今津健治『からくり儀右衛門——東芝創立者田中久重とその時代』ダイヤモンド社、一九九二年）。二〇年の職工数は六八三名で、同三五〇名の石川島造船所をしのぐ、東京で最大の造船・機械工場であった（『東京府統計書』）。

小野は当時田中製造所が水雷関係の仕事を独占することが困難になり、他工場と競争しながらさまざまな製品を作らねばならなくなったことに対応して職工の管理強化を中心とする工場の改革に取り組むが、反発した職工達の同盟罷工にあう。小野は懇意の他工場から職工を借りたり、警官を頼んで罷工者に対して工場をロックアウトするなど対策を講じるが、結局、工場主が罷工者よりの対応をしたため、二二年八月に小野のほうが辞職する。官営工場で培われた労務管理の技法はそのままでは通用しなかったのである。当時の田中製造所の労資関係が窺え、大変興味深いが、この件は社史や田中久重の伝記には見られない。

## 13　安宅製作所時代

赤羽工作分局時代旧知の相田吉五郎の紹介で、その後任として本所安宅町の合資経営の製罐工場で雇われ経営者となり、機械工場に発展させるが、株式会社化の挫折をきっかけに二三年一二月に退職する。明治二三年恐慌の影響を受けたことになる。

安宅工場についてはよくわからない。小野自筆の明治三三年の履歴書では「東京鉄工会社」としており、「職業の部」からは足尾銅山が有力な顧客であったことがわかる。また安宅鉄工所職工の吉村政重が明治二四年三月に鑪子職として三菱造船所に入り、二八年一二月に小頭になっている（三菱社誌刊行会『三菱社誌』一一巻、東京大学出版会、一九八〇年、一九一頁）のである程度水準の高い工場であったことはうかがえる。

ここでは経営者として、下請けを活用して大きな仕事を受けるのは利益が得にくいという教訓を得る。また製罐技術が未熟であったため、長崎時代の同僚で、当時大阪で開業していた大井権次郎をまねいて職工に指導してもらった。

## 14　馬場道久氏の嘱託時代

船舶司験官鳥居静二をたずね、馬場道久の汽船「神通丸」の機関改造を担当する。馬場道久は北前船主で、海運の近代化に対応して汽船の整備を進めていた。貴族院議員でもある。作業は石川島造船所に発注するが、汽罐は中古品を買い入れて支給している。また神戸へ買い入れ汽船の鑑定に出張し、「日本丸」の購入を補佐する。当時、大手定期船会社以外のいわゆる「社外船主」が輸入中古船を活用して海運の一方の担い手になりつつあったが、その経営の抜け目なさや技術的基盤がうかがえる。

## 15　大阪鉄工所時代

小野は馬場の用務で出張した際、神戸で大阪鉄工所主ハンターに会って就職の内諾を得た。そこで二四年六月に、家族で大阪に移住した。

ハンター（Edward Hazlett Hunter）はアイルランドのロンドンデリーで一八四三年に生まれ、帆船に乗り組んで一八六五（慶応元）年に横浜に来航した。一八六八年元旦（慶応三年一二月七日）神戸開港と同時にイギリス人キルビー（Kirby）の経営する商会の神戸支店の代表者として活動をはじめ、明治七年、キルビー商会に勤務していた元紀州藩士秋月清十郎とともに独立して輸入貿易商ハンター商会を神戸に開いた。明治一二年に大阪の安治川筋で造船業に着手し、一四年に至って実子平野龍太郎の名義で大阪鉄工所を開設した。一七年には一時経営を離れるが一八年に再び経営を掌握し、兵庫造船所の造船主任であった佐山芳太郎と、工部大学校卒で長崎造船所に勤務していた家入安を技術者として操業を再開した。しかし両名は小野が就職する前に辞めていた。大阪鉄工所を継承した日立造船の社史には、小野が技師長として入所したことが明記されている（日立造船株式会社『七十五年史』同社、一九五六年、二四頁）。小野の在任中に、従来官営造船所やそれを継承した工場でしか作られていなかった鉄・鋼製船体や三連成機関を製造して、工場払下げを受けた川崎造船や三菱に競争を挑んだ。これが日本で近代的な汽船が造船所間の競争を伴いながら作られた最初であり、産業としての近代造船業の誕生の瞬間であった。
小野は技師長として、最大の顧客である大阪商船会社との対応の技術面での窓口となり、また同所初の三連成機関の設計を行うなど力を振るう。造船技術者としての全盛期であったと言えるかもしれない。日清戦争もここで迎え、軍需小汽船の建造や出征将兵の引き揚げに備えた消毒所向けの機械製造など手がけるが、作業の手順の問題で経営者と対立して二八年に辞職する。なお、小野が技師長となったころ、大阪鉄工所には一六歳の見習工西山夘之助がいた。彼の生涯については子の建築家西山夘三の著作『安治川物語』（日本経済評論社、一九九七年）に詳しい。当時の大阪鉄工所についても叙述があるが小野の名は出てこない。大阪鉄工所の職工数は、小野が入所した二四年が三七六名、退所した二八年には五八〇名である。

## 16　淀川汽船会社嘱託時代

大阪鉄工所を去った小野は、新設の淀川汽船会社のために川蒸気船を設計し、機関の製造を監督した。製造を担当したのは大井製罐工場である。大井の工場に出入りしていたところ、近所の久松鉄工所主の依頼を受けたので、若主人に小蒸気船機関の製図を教え、また発電用機械を作って工場に電灯をつけ、さらに株式会社化の計画に加わった。久松鉄工場も数カ月前に西山夘之助が一カ月半ほど勤務した工場である。なお久松鉄工所は明治一四年六月の開業で、工場の主人は明治三五年末現在久松吉三郎である（農商務省商工局工務課『工場通覧』同、一九〇四年、二〇七頁）。この名は明治初年の長崎造船所鍛冶職の責任者の名と一致し（中西前掲書、上、二七三頁）、同一人物かと思われる。

## 17　鳥羽造船所再興時代

久松鉄工所の株式会社化は挫折したが、その際に知り合った造船業への投資希望者とともに二八年八月から鳥羽造船所の再興を試みる。

鳥羽造船所は、明治一一年に東京の造船業者福沢辰蔵が造船所を設けたのが起源で、翌年地元の士族の出資を得て結社として操業し、小規模ながら船渠（ドック）があった。明治二二年には鳥羽鉄工株式会社となったが、経営不振のため二四年一二月に休業し、二六年に横浜の八巻道成が買収して再建を図っていた。小野によれば抵当流れで第一銀行の所有となっていたという。

小野は日清戦争期の輸入などによる船舶の増加に対応して、船渠を拡張する設計をし、地元関係者とも合意した。しかし、出資者として東京の華族を引き入れることになり、その代表である内藤政共がまず現状のまま開業した後に拡張する説をとったため、対立して退いた。この後、二九年に安田善次郎や内藤らによって鳥羽鉄工合資会社が設けられ、職工四五二名を擁して操業した。明治四五年に休業し、第一次大戦中には鈴木商店関係の株式会社鳥羽造船所として大型船の建造にあたったが、大戦後は神戸製鋼に譲渡され、造船部門は廃止された（鳥羽市史編さん室『鳥羽市史　下巻』鳥羽市役所、一九九一年）。

## 18　小野工業事務所時代

二八年中に安治川北通から江戸堀北通に転居し、小野工業事務所を開いた。従業員は彼自身を含めて三名で、家入安が門司に開いていた造船・鉄工所の買収に関する調査、台湾向け製糖機械の設計、ドックの設計をはじめ、設計、製図、工場の監督、船舶検査などを行った。しかし、図面が業者間で転用されてしまうこともあって経営は思わしくなかったようだ。

## 19　難波島小野鉄工所時代

三〇年六月に船主原田十次郎の紹介で、小野鉄工所の技師となる。

大阪府統計書によれば小野鉄工所は明治二一年二月の創業で職工数は約二〇名、日清戦争期には八〇名に拡大していたが、三〇年には一九名と記録されている。三四年には二七一名になるので小野正作はこの急拡大期に在職していたことになる。

小野は工業事務所を手伝っていた天野虎助を伴って入所し、彼に設計や製図を分掌させていたが、後事を托せると考え、三二年一〇月に辞した。現場上がりの経営者の下、大阪の小工場の効率の良い営業振りを象徴するような職場で、技師長ないし唯一の技師としての就業であった。同所はのち小野鉄工造船所と称し、第一次大戦期には大型船の建造も行うが、戦後の造船不況のため大正末年に閉鎖された。

## 20 新隈鉄工所時代

三二年一一月からは船主尼崎伊三郎の紹介で安治川筋の新隈鉄工所の技師となる。新隈鉄工所は明治一三年一二月創業で、二〇年代には新隈諸機械製造所と称し、職工数四〇名前後であったが日清戦争期に一〇〇名を超え、戦後もその規模を維持した。当時は二代目の時代で、幼少の二代目にかわり姉婿や親類が幹部となっていた。難波島にも造船を中心とした工場があった。この当時紡績関係の機械修理や部品製作がかなりの比重を占めていた。大阪紡績会社の草創期にも取引があったが、製品の精度が悪く、大阪紡績はやむなく歯車の製作を大阪砲兵工廠に依頼したと武藤山治の伝記である石川安次郎『孤山の片影』(同、一九二三年)一六五頁に述べられていることが小山弘健『日本軍事工業の史的分析』によって紹介されて知られている。しかし、新隈鉄工所がその後も一〇年以上にわたって輸入機械を用いる紡績業者と取引があったことは、製品がそれなりの価値を持っていたことを意味しよう。また、部品の供給では直接には利益がなく、関連する取引で利益を上げるとの指摘があり、興味深い。

小野は浚渫船の受注に成功し、小野浜造船所の元造船職長を招いて鉄船製造に着手した。しかし、小野も指摘しているように経営は苦しく、新隈鉄工所は明治三六年を最後に『大阪府統計書』から姿を消す。

なお大阪の機械工場については、川村正晃「明治後期大阪の機械工業について」(『地方史研究』第四六巻第二号、一九九六年)および沢井実「明治中後期大阪の機械工業」(『大阪大学経済学』四八巻第三・四号、一九九九年)が詳しい。大阪府統計書への収録情報は後者によった。

## 五　官営製鉄所時代とその後

### 21　製鉄所時代

新隈鉄工所の仕事で出張した折に八幡の農商務省製鉄所で製品部長兼機械科長となっていた安永義章を訪ね、その紹介で採用されることになる。転住は三四年二月であった。

農商務省製鉄所は二九年に用地買収を開始し、三〇年二月に遠賀郡八幡村への立地を公示して建設に着手した。ちょうど小野が就職した三四年二月には第一高炉の作業が開始され、ついで同年五月に平炉作業開始、年内にはさらに転炉と各種圧延工場の操業も開始され、一一月には開所式が行われた。しかし、高炉の操業は不調で、三五年七月には休止され、三七年四月に再開されたものの二週間で停止し、ようやく同年七月から再開された。このため三五年には和田維四郎長官が免官され、安永ら当初からの技術者も多くが製鉄所を去った。一方で、設備の見直しや日露戦争に際しての軍事関係部門の拡大、戦後四二年度までの第一期拡張、さらに引き続く第二期拡張と製鉄所内では新たな機械の設置や手直し、そして修理が続いた（時里奉明「官営製鉄所の創業と都市社会の形成」西日本文化協会『福岡県史　通史編　近代産業経済一』福岡県、二〇〇三年）。

小野は修繕工場に勤務して当初は機械据付け用の金物の製造からはじめ、小運送船の建造、第二熔鉱炉の熱風炉やロールの製作など製造の範囲を広げていった。また輸入機械・設備の故障や不調にも対応している。製鉄技術そのものではないが、製鉄所という巨大設備が稼動する上で、経験豊かな機械技術者の能力は重要であったろう。身分的には三四年二月一五日に雇として採用され、三五年二月一日高等官六等の技師に昇任した。その後高等官三等まで累進し、大正四年の職員録によれば二七名の技師の中で第四位の等級である。大正四年一〇月四日、「事務の都合」により休職、同六年一〇月三日休職満期により免官されるとともに正五位に叙せられた。娘婿景山斉に職を譲る形で引退を迫られて、恩給年限に達していなかったので休職にしてもらったという。職業生活の最後に最長期間同一事業所に勤務したことになる。それまでの移動の多さは、初期の官営事業の人的体制の不安定さと、民間工場が優れた技術者を長期に雇えるほど成長していなかったという当時の工業界の事情によるところが大きかったであろう。

## 22　その後

小野は休職となった大正四年一〇月に東京に転住し、一年後に正三の第三高等学校入学にともなって京都に移った。これ以後の日記は私事のみで工業や技術に関する叙述は全くないので収録していない。大正八年に正三が東京帝大造船学科に進学し、また正作も生まれ育った土地が良いと考え、東京の千駄ヶ谷に終の棲家として家を建てた。しかし、大正一二年の関東大震災で東京居住に嫌気が差し、一四年以降は鑑正の住む福岡に移り、昭和三年一二月に大濠公園の一部が宅地開発されたときにここに家を建て妻と住んだ。本回想録は福岡で書かれた。晩年は恩給が入ると妻とうなぎを食べに行くのを楽しみとしていたという。正作は太平洋戦争の緒戦の勝利に国中が沸いていた昭和一七年二月一三日、眠るがごとく没した。享年九二歳。二日後夫人も没した。小野正三は残念ながらこれより先昭和一四年に没し、景山斉はこの年一一月に日本製鉄会社八幡製鉄所長となり、小野鑑正は翌一八年、一一年から務めていた東京帝大工学部航空工学第一講座教授の職を停年退職して日本機械学会会長となった。

## 六　職業の部

職業の部では、五回の工場での出火（三六五、三六九、四五五、六六八、七〇九頁）、四回の汽罐破裂（三二一、七九〇頁）、そして二回の進水時の失敗（五七二、五七六頁）といった当時の工場や技術者の問題点を知るに適した経験をはじめ、小野が就業した職場ごとに様々な話題が記されている。ここでは全体を通じて、どのような話題が扱われ、知見が得られるか概観しておこう。（　）内の頁数は関係する叙述の冒頭部を示す。

造船機械工業の導入は、組織的な外国人教師団の指導による長崎や横須賀への大規模な工場建設から始まった。横須賀で小野が身を寄せた縁戚の中村暁長は、幕府普請方元締の家柄であったが、当時横須賀製鉄所の建設の請負をしていた（八七頁）。のちには工部省の官員となって虎ノ門の工部大学校建築に従事している（三四九頁）。小野は、中村家の関係で野島崎灯台の建設現場（二二〇頁）や横浜居留地の英国商館（七六三頁）に出向いており、この分野での土木建築請負のありようも垣間見ている。工場建設に即しては、明治三、四年頃の横須賀での鋳物工場の建設トラブル（二二五頁）、明治六年頃の長崎造船所の設備と、その後の拡張（二四九頁）、ドック建設にあたっての地元土木建築請負業者の未熟（二九九頁）、明治一〇年代後半の海軍兵器製造所での機械工場の改装（四〇八頁）、そして大正二年の製鉄所木型工場再建（七一二頁）でまとまった叙述を残し、機械を据え付ける基礎の重要性（五九三、七〇七、七二七頁）、その手抜き工事（五六一頁）、八幡製鉄所での機械据付の精度不足（六八一頁）などにも触れている。当時の工場の景観では煉瓦煙突が目立つが、それは建築の技術水準を示すものでもあり、解体にも一工夫必要だったため、繰り返し扱われる（三五四、四五三、五四〇頁）。

明治初年には、機械利用の経験が乏しかったため、機械を輸入しても期待するように活用できない場合があった。

佐賀県有田の香蘭社の陶土機械は長崎造船所から小野らが出張して調整の末にようやく使えるようになった（三二七頁）。また、同じ紡績用の輸入原動機も使用する機関手の能力によって厄介者ともなり重宝な機械ともなった（三九五頁）。雇外国人もすべてが期待に応える専門家というわけではなく、三池炭坑のお雇い外国人は輸入部品の取り付けに失敗するなどして日本人機関手にも腕を疑われていた（三三五頁）。

初期の大規模工場は様々な需要に応じていた。自家用では横須賀造船所での工場向け原動用蒸気機関の製作（二一九頁）と長崎での船渠排水用のポンプ製作（三〇三頁）が記録されている。輸入艦船の修理では、汽罐の交換が大作業であったが、当初は図面を見取りで作らねばならず、前の汽罐が据え付けられている状態では全貌が見えにくいので小野も失敗を繰り返した（二五九、二七六頁）。長崎ではロシア軍艦の修理がよく行われたが、中には半月かけて見取りで全体図面を作成する仕事もあった（二九三頁）。

新造船では、当時は鉄材が輸入品なので、官営造船所でもありあわせの材料にあわせての設計が行われていた。スクリューの長い軸を得られなかったため、短い軸を継ぎ手でつないだ安寧丸（三二三頁）はクランクシャフトにも加工能力不足から中古品を用い、その大きさに規定されて機関の行程が短かった（二六九頁）。同様な問題は同じく長崎で作られた凌風丸などにもあった（二七一頁）。長崎で作られた最も大きな船である小菅丸では軸とクランクシャフトをイギリスに発注した（二七三頁）。チルド鋳物に輸入品の廃品を混入して初めて成功する（三八一頁）など、中古素材も大切に活用されたが、知識や経験の不足から、長崎ではテーボル船の船材を硬質の鋼と気づかぬままスチームハンマーで打って粉砕してしまった（三七八頁）。また国産の木材も容易には入手できなかった。艦材（二四二、二七一頁）や起重機用（二五六、四九二頁）の大型材はもちろん、小汽船でも輸入部品より木材確保の方が困難であった（六〇四頁）という。

初期の設計では彼自身の失敗も多く語られている、長崎では凌風丸の連成機関の蒸気通路の過大（二七四頁）、冷汽機の不適合（二六七、二七八、二七九頁）、また小蒸気船の特性を考えずイギリスの雑誌の記事にある船用機関の新考案を取り入れたことによる失敗（二七九、二八〇頁）などである。

明治一〇年代の半ばから、機械工場の分化が進む。輸入した機械類を用いる海軍や移植産業は、輸入機械の修理、部品製作、そしてなるべく輸入品と近い品質での機械や兵器の国産化を機械工業に期待した。筆者は機械工業のこの分野を移植産業関連部門と呼んでいる。機械工業のもう一つの類型は、輸入品より品質が劣ることは当然としつつ、炭坑用の蒸気ポンプや製糸工場用のボイラなど、当時の産業の条件にあった低価格で実用的な機械を製造し、また修理・改良した。筆者はこれを中小機械製造部門と呼ぶ。

小野が長崎から戻って就職した、末期の赤羽工作分局、海軍兵器製造所、そして田中製造所は、官が主たる需要者であるから「移植産業」というのは余り適当ではないかもしれないが、機械工業の類型としては移植産業関連部門に属する。また、小野が技師長を務め大阪鉄工所もこの類型であり、これらの関係の叙述は、この類型の機械工業が当時直面した困難をよく示している。当初は広い範囲で輸入機械の模造が試みられたが、赤羽工作分局の砂糖精製機械（三九三頁）では創業時に機械を思うように作動させることができず、経営破綻につながった。同じく赤羽での紡績機械模造（三九六頁）は、ゲージや専用工作機械を導入した本格的な作業であったことが明示されており、広範な輸入機械模造の試みの中で最も水準が高い、部品互換性を意識したものであったろう。

田中製造所による空気ポンプの模造ではパッキング用のゴムがネックとなり（五〇三頁）、大阪鉄工所で行われた大阪電燈向けの発電用原動機ではフライホイール付属の発條の地金が問題で、結局発條を輸入することになった（五六三頁）。素材の国産化がなされていない中での機械工業の困難が感じられる。

また長崎での小菅丸向け隔心ポンプは一応完成したものの、組立てが不正確で、それを発見し、修正してはじめて輸入品並みの性能を示し（三八三頁）、兵器製造所の模造機関砲はウォームギアの精度が悪く、砲身の動揺や旋回の不都合を生じたので、加工用工作機械を輸入し、熟練工が加工することで成功した（四一八頁）。中途で投げ出して「船来は流石に船来丈の値打ちがあります」などといわずに、不調の原因を探求し、それを取り除くことを繰り返して良品を作るべきことが主張され（三八四頁）、紡績機械も製作を継続していれば所期の性能が得られたであろうとされる（四〇二頁）。この場合、当然工期が延び、あるいは初期の製品は不良となることもあるわけだが、技術修得にはそのような活動が必要であった。しかし、官営工場もその負担に無制限に耐えられるわけではなく、明治一〇年代後半には、国産化を目指す範囲が限定されて来る。小野も兵器製造所では自工場用の連成原動機を設計してイギリスに発注しており（四一三頁）、大阪鉄工所では織物工場の輸入機械が精密なため、その模造を引き受けかねる場合があった（五九九頁）。また、機械を利用している産業の側の技術者も、確かな経験や知識を備えているとは限らなかったので、負荷の変化が大きい銅板圧延ロール機に会社技師の希望で小型高速の原動機をつけ、大型のものに交換せざるを得なくなるといった失敗もあった（五九一頁）。

機械工業のもう一つの類型である中小機械製造部門は、主に職工の技能に依存して作業する中小工場によって担われる。しかし大阪鉄工所は「大阪市内では一番大きい工場であるから大きな纏まった工事も引受け、又区々たる小工事も市内多数の小工場と引張合て引受け」（六〇六、六〇七頁）たと記されているように、この部門の生産活動も行っていた。そして、大阪鉄工所を去った小野は、当時国内で最も多くの中小造船・機械工場が集中していた大阪の安治川・木津川沿いの地域で自営や中小工場での雇われ経営者の経験を積む。

この部門でも使用条件の調査不足で失敗に終った長崎造船所製の精米機械（三三二頁）、操作の手間が増えて嫌われた小汽船機関の改良（六二八頁）、また無駄をなくした結果として肥料が得られなくなった奄美大島の砂糖煮釜（二九九頁）といった使用者の能力や条件と機械がつりあわなかった故の失敗があった。自営時代の貝の採取器械の場合は海底の地質を確認できないで設計して悔いを残しており（六二五頁）、新隈鉄工所時代の小浜の製塩場向け機械は

「使用後の結果を聞きたかったが遂に其侭となりしは残念でありし」（六六〇頁）としている。在来産業の改良に用いる機械は産地近傍の業者によって、需要家との対話の中で試行錯誤や改良繰り返して開発され、生産されることが多かった。これを筆者は「地方機械工業」と呼ぶ。大阪鉄工所で汽船の試運転後に船型を修正して所期の速力を出したように（五五六頁）、大阪の造船・機械工場は船舶や近傍の需要家に関しては、その要求に応じるべく製品の改良を進める地方機械工業的な位置をしめたが、遠隔地の需要者に対してはそのような関係を結びにくい限界があった。

一方で大阪の中小工場の競争力を支えたのは、小工場間での木型、図面の貸し借り（六一六頁）やスチームハンマーなしにクランクシャフトを鍛造するような資本節約的な技能（六四五頁）、番人夫妻と臨時雇い一名だけで運営される船渠（四七六頁）、後年のジャスト・イン・タイム方式を思わせる鋳物材料の調達（六二九頁）、ありあわせの材料の利用（三二六、六三二、六六二頁）といった様々な工夫であり、また長崎造船所でオランダ人から伝習し東京の専門工場に製罐指導を行う実力を持っていた大井権次郎（五二二頁）、良心的な仕事をした小野鉄工所の製罐職長親子（六二六頁）、輸入乾燥機械の困難な修理をこなした新隈鉄工所の銅工職長（六五一頁）といった優れた技能者であった。さらに、鉄板曲げ専門で中小工場を巡回する職工（七九五頁）船釦専門の職人集団（六三八頁）といった造船・機械工業の集積地ならではの独立営業の専門職人たちによる便宜もあった。

いずれの部門にせよ、造船・機械工業の現場は技能者たちによって支えられていた。咸臨丸に乗り組んでアメリカの工場で一月余り経験を積んだだけで、長年アメリカで修行したとの伝説を持っていた横須賀造船所鍛冶工場長小林菊太郎（二二九頁）は別格としても、横須賀造船所で天保銭を溜め込んだ地元の造船工兄弟（二三六頁）、兵庫から長崎へ招聘された鋳物職森川久吉（三一七頁）、実直な仕事振りで請負親方としての地位を築いた平井九八（三三〇頁）、能力不足の御雇外国人に腹を立てる三池炭鉱の機関手（三三七頁）、長崎で平削盤一筋の三蔵（三六三頁）、元竹細工職人を知恵袋として重量物運搬に特異な能力を発揮した赤羽の一〇人組工夫（四一四頁）、砲身施條用の鉋を考案した元鉄砲鍛冶の国友（四二一頁）。ハンダ流し込みの知恵を働かせた尾崎（四三六頁）。他の職工が日に九〜一二個しか作れないと言った小銃用バネを、見習工二人に手伝わせて一日で二〇〇個作った凄腕仕上職関口佐平（四三九頁）、兵庫造船所の清国人職工（三七三頁）といった小野が書き記さなくては歴史に痕跡を留めなかったであろう人々が生き生きと描き出されている。また小林菊太郎のスチームハンマーによるクランクシャフトの製作法（三四五頁）、熟練旋盤工の送り螺旋の使い方（四〇一、四〇二頁）などは具体的で、技術史研究者による当時の技術水準の検討材料となろう。職工の移動による技術の移転は、造船・機械工業だけではなく横須賀でフランス人教師からレンガ積をならった左官親方が長崎造船所、工部大学校と移動して指導にあたった例（三四八頁）も紹介されている。

このような人々の技能への依存度が高い一方で、大規模な工場での就業という習慣がなかった当時の機械工業では労務管理をめぐる試行錯誤が繰り返された。小野も長崎時代からそれを繰り返しており、二回のストライキを経験（三七五、五九八頁）し、フランス人の罰金（二三五、二三六頁）、札場役員の温情（二三九頁）、職工を低く見た酒肴下賜や訓示（二三九、二四〇頁）、談話喫煙禁止（二三五頁）、危険な仕事への賞金（三〇九頁）、夜業の居眠りを見逃し、逆に夜業者をねぎらうことで工程を進める話（五九五頁）、外国人の労務管理との相違論（五九七頁）などを書き留めている。彼が長崎に勤めていた頃には「多数の職工が他工場に転じる事が困難」（三六一、三六二頁）で官営工場の職工が解職されると評判になって民間への就業がむずかしかった（四三四頁）とあるのも貴重な証言である。また、横須賀造船所の職工の珍妙な服装（二三八頁）、長崎造船所での来航ロシア艦乗員との交流（一八九頁）、赤羽工場の煙害による三田の森の枯死（四五四頁）は時代を髣髴とさせるが、これ以上書いても筆者の視野の狭さを示すだけなので、あとは直接本文をお読みいただきたい。

# 小野正作回想録

小說五計回想錄

# 經歴ノ部

## 全　編

# 序文

小生ノ經歴ヲ跡ニ殘サント記臆ノ儘拙文ヲ顧リミス列記セシモノナルカ大正十四年福岡ヘ移住シテカラ別府ノ午前龜川ニ入浴ノ爲滞在中間隙ヲ得タノテ古キ記臆ヲ呼ヒ起シテ其時ノ事ヲ記述セシモノヲ集メシカ後福岡ヘ帰リ餘暇ニ之ヲ訂正シツヽ漸ク結了スルニ至レリ

經歴ハ嘉永四年ヨリ大正十四年迠七十五年間生後ヨリ福岡ヘ移住スルマテ諸方轉々セシ事柄ヲ記セシモノニテ幕末カラ維新ニ移リ次第ニ經過變遷セシ有様ヲ記ス

今カラ思フト過去ノ變遷カ如何ニ天ノ配劑テアルカノ様ニ感スルノテアル其中ニ得意時代モアリ失意時代モアリテ不思儀ニモ今日立命ノ境塲ニ足ヲ入レ掛ケテ居ル事ヲ天ニ向ツテ謝スルノテアル

記述文ハ成ヘク俗語ヲ用ヒ解リ易クセシ字體ハ熟語集成大字典ト俗文ノ辭林カラ取リシモ往々誤リナシトセス讀者之レヲ諒恕サレン事ヲ

昭和十年五月

福岡市大濠町ニテ

小野正作

# 經歴ノ部

## 生後カラ幼年時代

自嘉永四年
至安政六年

出生地ト生年月日

同胞

事變

手習ト學問

11

## 箱館時代

自安政六年
至文久二年

箱館行

箱館市外鶴岡町ノ役宅

18

龜田ノ役宅

箱館市内ノ藏住居

## 江戸帰リ時代

自文久二年
至元治元年

江戸ヘ帰ヘツテ後ノ住宅

漢學

唐様ノ習字

劒術ノ稽古

29

## 大阪行時代

自元治元年
至慶應元年

父君ニ従ツテ大阪ヘ行ク

36

藝州廣島へ行ッテ帰阪ス

江戸帰宅時代 59

自慶應元年
至同　三年

僕ヲ連レテ予カ大阪カラ帰宅ス
増井ノ姉カ病氣テ療養ニ來タ
勞症ヲ病ム
根岸へ轉宅ス

海軍傳習所時代 65

自慶應三年
至　同年

海軍傳習所へ入ル

上野戰争時代 76

自慶應三年
至明治元年

上野戰争テ一時増井家へ避難ス
本郷ノ糟谷氏方へ同居ス
小石川戸崎町へ轉居ス

横須賀時代 84

自明治二年
至同　六年

横濱ヲ經テ横須賀へ行ク
中村家ニ居リ造船所圖工トナル
工部省十四等出仕ヲ拜命ス

後海軍省トナル

長崎時代

自明治六年
至同　十五年

長崎造船所ヘ勤務ス
妻ヲ迎フ
長崎ヲ去ル事ニスル

109

東京赤羽製作所カラ
海軍兵器製造所時代

自明治十五年
至同　二十年

東京赤羽製作所ヘ転勤ス
海軍兵器製造所ヘ転勤ス

141

日本製鐵會社時代

自明治二十年
至同　二十一年

日本製鐵會社ヘ従事ス

152

田中製造所時代

自明治二十一年
至同　二十二年

芝浦田中製造所ヘ従事ス

155

安宅製作所時代

自明治二十二年
至同　二十三年

161

安宅製作所へ従事ス

165

馬場道久氏ノ嘱託時代

自明治二十三年
至同　二十四年

馬場道久氏ノ嘱託トナル

169

大阪鐵工所時代

自明治二十四年
至同　二十八年

大阪鐵工所へ従事ス

176

淀川滊船會社嘱託時代

明治二十八年

淀川滊船會社ノ嘱託ニ應ス

179

鳥羽造船所再興時代

明治二十八年

鳥羽造船所ノ再興ニ従事ス

184

小野工業事務所時代

自明治二十八年
至同　三十年

小野工業事務所ヲ開ク

187

難波島小野鐵工所時代

自明治三十年
至同　三十二年

難波島小野鐵工所ヘ従事ス

新隈鐵工所時代

自明治三十二年

至同　三十四年

新隈鐵工所ヘ従事ス

製鐵所時代

自明治三十四年

至大正四年

製鐵所ヘ勤務ス

# 生後カラ幼年時代

## 出生地ト生年月日

我家ハ代々舊幕府ノ徒士テ江戸下谷仲御徒町一丁目テ有名ナ麻利支天ヲ祀ル麻利支天横町ノ附近三枚橋通テ拜領地面カ百三十餘坪アル所ニ住居テ居タカ予カ生レタノハ其處テ嘉永四年正月晦日ノ拂曉テ恰カモ將軍家カ上野靈廟ヘ年頭ノ參詣ニ諸大名ヲ隨ヘ行カルル日テ父君ハ隨從ノ職務ヲ帶ヒテ出勤セラレントセル際トテ俄カニ代勤者ヲ頼ンテ出勤ヲ止メラレタト聞キシ(1)

## 同胞

予カ同胞ハ姉一人弟二人ノ四人テアリシ姉ハ嘉永元年ノ生レテ初メ阪モトト呼ヒ後治《ハル》ト改ム予ヨリ三歳ノ年上ニテ容貌性質ハ父ニ能ク類似セリ箱館カラ江戸ヘ歸ヘッテ後元治元年十七歳ニテ舊幕臣増井市藏氏ノ長男以忠氏ノ妻トナリ四男三女ヲ産ミシカ大正三年病ヲ以テ逝ケリ享年六十七歳ナ

リシ弟ハ安政元年ノ生レテ予ト三歳ノ年下テ甲藏ト呼ヒ性質活潑身體強健ナリシカ四歳ニシテ霍亂ヲ病ンテ數日ニシテ逝ケリ二弟ハ安政四年ノ生レテ龜松ト呼ヒ予ト六歳ノ年下テ體質虚弱テ時々醫師ヲ勞シテ居タカ僅カ一年足ラス二シテ病ヲ以テ逝ケリ

## 事變

安政二年ノ大地震②ハ江戸市街ノ過半ヲシテ慘澹タル焼土ト化セシメタ事ハ人ノ能ク知ル處ナリ其時予ノ家ハ地震ノ爲メニ半潰レノ有様トナリ玄関ヤ外ノ出入ロカラ遁レ出ル事カ出來ス庭前ノ縁側カラ祖母ニ負フサツテ外ヘ出タ様ニ微カニ覺ヘテ居ルカ夫カラ父君ヲ跡ニシテ一同カ分家ノ下谷六軒町ノ小野家ヘ逃難シタカ行ク途中往來ニ或ル人家ノ土藏カ崩レテ居ルノテ山越ノ様ニ其上ヲ負ハレテ乗リ越ヘテ通ツタ事モ覺ヘテ居ル

六軒町ノ家ハ幸ニ潰レハセサリシカ時々震動カ來ルノテ屋内ハ危險タトテ菊畑ノ上ヘ疊ヤ莚ヲ敷キ頭上ニハ戸板ヤ大

風呂敷拡ヲ懸ケテ夜露ヲ防ク様ニシテ其中ニ寝泊リシテニ
三日後ニ地震モ薄ラキ屋内ニ入ツタ様ニ思フ
仲御徒町ノ住宅ハ二階ヤ土藏カアツテ相當手廣クアツタカ土
藏ハ丸潰レトナリ家ハ大破シテ住居フ事カ出來ス夫レテ長
屋門ノ両側ニアリシ長屋ノ内表カラ向ツテ左側ノ長屋ヲ修
繕シテ住居フ事ニナリ其間道路ヲ隔タテテ向ヒ側ノ徒士山
本富次郎氏ノ家ノ一部ヲ借リテ居ル内ニ長屋ノ修繕モ濟ン
タノテ狭イナカラモ之レニ引移ツタカ予ハ五歳ノ時ノ事ト
テ記臆ト祖母ヤ父母ヤノ話ヲ聞イタノヲ綜合シテ茲ニ記ス

## 手習ト學問

予カ初メテノ手習師匠ハ下谷竹町ノ樋口一齋氏テ手廣ニ御
家流ノ手習ヲ男女多數ノ弟子ニ教ヘテ居リシ御家流ハ尊圓
法親王ノ筆法テ舊幕府ノ公文書ハ此ノ書體ニ限ラレタリシ
教場ハ一大廣間テ向ツテ右側カ男子席左側カ女子席テ之レ
ヲ男坐女坐ト稱ヘテ居リシ姉モ同所ヘ通ヒシ朝ハ今ノ午前
八時頃カラ午後ノ四時頃マテカ就業時間テ正午カラ凡三十

分間程休ンテ中食ヲスルノテアルカ幼年者ハ正午マテテ辞當ナシテ通ツタモノテ朝行クト始業前ニ各自ノ机ヲ定メノ席へ運ンテ幾通カニ並ヘ硯箱ヤ手本等ヲ出シテ師匠ノ出席ヲ待ツノテアリシ

師匠ノ坐席ハ教場ノ中央テ五尺四方位ノ一段高イ處テ前ニ机カアリ後ロニハ書棚カ置テアリ師匠ハ出席スルト一巡弟子達ノ習ツテ居ル處ヲ見テ歩キ氣附イタ處テハ夫々教ヘ死自席へ帰ヘルト手本杯ヲ書タリスル習字ハ初メ平假名いろは四十八文字ヲ折手本ニ書イテ貰ヒ半紙一帖位ヲ綴シタ手習双紙へ一枚へ四字ツツ手本ヲ見テ書キ月ニ六齋則チ六日毎ニ半紙ヲ綴シタ白紙へ清書シ師匠ノ席へ持參シ直シテ貰ヒ是レヲ自宅へ持帰ヘツテ親達ニ見セルノタカ平日習フ双紙ハ何度テモ其上へト書クノテ乾クト字體カ見ヘナク真黒ニナツタノヲ提ケテ往復セシ

手本ハいろはカ修ルト庭訓往來ヤ今川往來ヤ女大學ト言フ様ナ修身ノ事ヲ書イタモノヲ書キ次第ニ高尚シタモノニ進ムニ従ツテ習フ字體モ小サク書ク事ニナル半紙ニ六字詰十

二字詰ト言フ様ニナル
授業始マリト修リトニハ拍子木カ鳴ル拍子木ノ音ヲ聞クト
一齊ニ習字ヤ手本ヲ讀タリスル修リノ拍子木ノ音ヲ聞クト
習字ヲ止メ道具ヲ片附ケ持帰ヘルモノハ風呂敷包トシ其他
ハ机ノ引出シニ仕舞ヒ机ハ一定ノ場所ヘ積重子場内ヲ掃除
スルノハ當番ノモノカ居残ツテ之レヲ掃キ清メ檢分ヲ經テ
カラ帰ヘル事ニ定メラレテアリシ
樋口師匠ハ當時六十歳位ナ温厚ナ人テ髭鬚ヲ蓄ヘ羽織袴ヲ
着テ居ラレシ師匠ノ外ニ妻君ヤ令嬢ヤ内弟子カ居ラレテ始
修多クノ弟子達ノ世話ヲサレシ
予カ樋口氏ヘ通ヒシハ何テモ六歳位カラ七歳位マテト記臆
シテ居ルカ自宅カラ樋口教場マテ僅カ四丁計アル竹町テ
朋輩ト毎日道草ヲ取ツテ通ヒシ事モ忘レナイノテアル
樋口氏ノ教場ヲ辭シタノハ父君ノ考ヘテ直キ一丁計離レタ
處ニ住居サレシ同僚テ中村順左衛門氏カ唐様ノ文字ヲ良ク書
カレルノテ其流儀ヲ予ニ習ハセルトテ其家塾ニ通フ事ニナ
リシ為メテ弟子ハ塾生ト通フ者ト漸ク八九人居タ先生ハ能

ク筆法ヤ讀方ヲ一同ヘ教ヘラレシ平素ハ半紙ノ白紙ヘ六字位ノ大キサニ手本ヲ見テ習ツテ居タカ時々半切ノ掛物下地ノ紙ヘ文章ヲ書ク事カアリ得意ニ書テ居タカ段々上達シタ時西國ノ中村棲テ催サレシ書畫會ヘ先生ト出席シテ大文字ノ書ヲ書イテ皆ナカラ賞メラレルノテ嬉シク色々ノモノヲ書イタト思フ

學問ト言ヘハ當時ハ漢學ヲ學フ事ニテ予ハ七歳ノ時自宅カラ直キニ町位アル仲御徒町二丁目ニ居ラレタ徒士中根某氏ノ令息造酒三郎氏ノ許ニ通ヒ教ヲ受ケシ同氏ハ二十四五歳位ノ背ノ高キ色白キ優シキ深切ナ人テ部屋住テ徒士ノ見習勤務ヲセラレテ餘暇ニ二三ノ幼年者ニ漢書ヲ教ヘテ居ラレシ予ハ氏ノ許ニ行ツテ三字經ヲ手解キニ孝經ヲ修リ四書ノ内大學ヲ教ヘラレテ居タ時ニ父君カ箱舘行トナリ氏ノ許ヲ辭シタ時ハ九歳ナリシ

予カ中根氏ヘ通ヒ始メノ時テアリシカ同家ニ強犬カ飼ツテアツテ何時モ門ヲ入ルト必ス其犬カ飛ヒ掛ツテ來テ吠ヘ附クノテ恐クテ或時稽古ニ行カヌト言ツテタラ弟ノ甲藏カ側

テ聞イテ居タカ兄サン犬カ恐イナラ坊ヤカ是ノ木刀テ打ツ
テヤルカラ一緒ニ御出ト言ツテ同行シテ來タカ其時ハ犬カ
居ナカツタカラ門テ弟ト別レシ弟ハ中々元氣者テアリシ
漢書ノ讀ミ始メハ唯素讀計リテ教ワルノハ大概一句一行乃
至二行マテテ先生カ一人宛机ノ前ヘ呼ンテ本人ノ讀本ヲ上
ヘ開カセ先生ハ竹製ノ字ノ突ト稱スル細ヒ長サ一尺二三寸モ
アルモノヲ手ニシテ字ノ側ヲ示シツツ全句ヲ三篇宛弟子ト
共ニ讀ミ夫カラ弟子一人テ字突ヲ用ヒテ三篇讀ムカ讀ム中
ニ會得セサル語カアレハ先生カ助言サレテ猶何度カ讀ンテ
全ク會得シタ時一禮シテ先生ノ前ヲ下ツテ歸ヘルノテアル
手習師匠ヘノ謝禮ハ入門ノ時父兄ノ身分ニ依ツテ多少ノ相
違ハアルカ大概金一朱カラ二朱位ノ金ヲ糊入紙ニ包ンテ水
引ヲ掛ケ熨斗ヲ附ケテ父兄カ同行シテ初メテ師匠ヘ頼ミニ
行キ之レヲ呈スルノテアル其後ハ五節句則チ正月七日(人日)
三月三日(上巳)五月五日(端午)七月七日(七夕)九月九日(重陽)ノ五
度ニ盛装シテ附届ケト稱シテ錢百文乃至二百文ヲ持參シ禮
ヲ述ヘテ歸ル事テアリシ家ニ依テハ物品ヤ菓子果物等ヲ添

ヘテ呈スルモノモアリシ又臨時ニ物ヲ呈スル家モアリシ
學問ノ先生ヘノ謝禮ハ手習師匠ヨリ弟子モ尠ク少シ品格ノ
良イ家ノ子弟カ通ツタ関係上束脩トシテ入門ノ時ニ金ニ朱
以上一分モ包ミ五節句ニモ大概一分以上ヲ呈セシ其レハ普
通勤務ノ餘暇ニ教ユル先生ノ事トテ儒者トシテ専門ノ名家
ニ至テハ無論前記以上ヲ呈スル事タカ一體ニ先生カラハ金
額ヲ示サス弟子ヨリノ心持テ呈シタノタカ大概通學スル人
ニ聞合セテ其振合ニヨツテ金額ヲ極メタモノテ夫レテ臨時
ニ物品ヲ呈スル事ハ人々ノ志次第テアル
以上ノ手習ヤ學問ノ事ハ幼年時代ノ實施ヲ記シタノテアル
カ父君ノ箱館行キテ江戸ヲ離レル事ニナツテ通學ヲ停メタ
ノテアル

# 箱館時代

## 箱館行

安政六年父君カ永年住居ハレシ江戸下谷仲御徒町ノ家ヲ跡
ニ一家ヲ擧ケテ箱館ニ趣ク事ニナリシハ予カ九歳ノ時テア
リシ其レハ父君カ徒士カラ箱館奉行支配定役出役トナラレ

身分モ昇リ収入モ増加シ内ニハ舊來ノ借財ヲ整理シ外ニハ立身出世ヲ爲ス經路トナルカ爲メテアリシ

交通機関ノ不備ナ頃江戸カラ百八拾里モアル奥州ノ北端青森港ニ至リ更ラニ海上三十里計リヲ渡ッテ箱舘ニ行クト言フ事ハ中々容易ナ事テハナカリシ

父君ハ一人引戸駕籠ニ乘ラレ母ト姉カ合乘リテ祖母ト予カ合乘リテ垂レ駕籠ニ乘ッタト言フ譯テ駕籠カ三挺ニ家來ハ若黨一人ト仲間一人テ道中馴レタモノヲ雇入レ荷物ハ槍一筋具足櫃一領両掛一荷テ両掛ニハ當用ノ物ヲ入レ別ツニ明荷葛籠數個ヲ持參セシ駕籠ハ宿々テ駕籠舁人足ヲ雇ヒ両掛等ハ駕籠ノ跡カラ人足ニ荷カセ葛籠ハ家來カ宰領シテ傳馬テ運ンテ我等カ泊リ宿ニ着ノ前ニ何時モ宿ヘ着イテ居リシ夫テ毎日旅行スル里程ハ宿驛ノ距離ヤ廻リ道ノ都合テ多少ノ違ヒハアリシカ大概一日六七里位テ三十日間計リモ掛ッテ漸ク青森港ヘ着イタト思フ

江戸ヲ出立スル時ハ親族ヤ懇意ナ人達ハ是レカ生涯ノ別レタトテ涙ヲ溢シテ千住宿ヤ草加宿ヤ越ケ谷宿マテモ見送リ

シテ呉レタカ御互ニ涙ヲ振ツテ別レヲ告ケテ逐々進ンテ利根川手前ノ栗橋宿へ着イテ見タラ利根川ノ出水テ一両日留メラレ渡河後段々弥ラシキ宿驛ヲ經テ仙臺ニ着シ夫レヨリ岩切驛カラ塩釜街道へ向ヒ途中又迂曲シテ多賀城址ヤ多賀城ノ碑ヲ見テ末ノ松山ヲ經テ塩釜神社へ詣テ母君ハ同社ノ安産御守ヲ頂イタリシテ夫カラ松島へ出テ有名ナ彼ノ八百八島ト稱スル日本三景ノ松翠影濃カナ諸島ノアル港灣ヲ舟テ巡遊シ同所ニ一泊シ夫カラ一ノ関ヲ經テ平泉ニ至リ彼ノ藤原ノ秀衡父祖四代ノ治府タリシ昔ノ跡ヲ見テ秀衡ノ建立ニナリシ中尊寺ニ詣テ中途義經ノ判官堂ヲ拜シ中尊寺テハ光堂ニ秀衡ノ像ヲ見シ直キ山下ヲ流ルル川カ衣川テ辨慶立往生ノ舊跡等ヲ見テ盛岡ヲ經テ一ノ戸ニ至リ野邊地小湊ヲ通ッテ淺虫驛ニ着ス淺虫ハ温泉場テ一同宿ニ着イテ入浴シタカ母君ヤ姉カ白粉ヲツケタママ入浴シタノテ湯カラ上ツタ後顔ノ色カ大分黒味ヲ帯ヒテ一笑ヲ為セシ事アリシ遂ニ奥州街道ノ修點青森驛ニ着イタカ當時箱舘へ渡海スルノハ帆前ノ日本船テ貨物ヲ運フ船ニ便乗スル事テ折カラ風

波荒ラキ時トテ何テモ今ノ二週間程モ風待チヲ旅館ニシテ居リシ其時ノ町ノ往來ハ雪除ケニ各戸ノ軒先カラ下マテ雨障子ヲ建テ連子所々ニ向側ヘ行ク同様ノ雨障子カ往來ヲ横切ツテアリ各戸ノ交通ハ障子ノ中ノ道ヲ通ル事テ旅館ノ二階ニ居ルト障子ノ外テ馬ノ嘶キカ聞ヘルノテ不思儀ニ思ツテ障子ヲ開ケテ見タラ二階ノ窓ノ午摺ト往來トハ平面ニナルマテ積雪シテ其處ヲ人馬カ通行シテ居タノテ始メテ雪ノ多ク積タ事ヲ氣附ケリ

風待ニモ體屈シテ居タラ同行者テ父君ノ同役ノ成瀬潤八郎氏カ便乗スヘキ大福丸ノ船頭五三郎ニ強談シテ未タ早イト言フノヲ聞カス無理遣リニ出帆サセル事ニシタノテ我一家モ同乗シテ彌青森港ヲ出帆シタカ波ハ高シ船カ中々動揺スルノテ乗客一同ハ船ニ酔ツテ苦シミツツアリシ同船ハ千石積トテ當時ニアツテハ最大船ノ部テアリシ予カ祖母及起女唯一人平然トシテ船頭五三郎ト談話シツツ五三郎カ煮テ呉レタ玉子ヲ菜ニ食事ヲ爲セシ程健全ナ身體テアリシ成瀬氏ハ陸上ノ勢ヒ何處ヘヤラ頭ニ鉢巻シテ船酔ニ苦ミツツアル

ヲ祖母ハ見テ成瀬サン陸上ノ權幕トハ大分違ヒマス子ト笑ツテ居ラレシ其内風波モ次第ニ靜マリ漸クニ晝夜程テ無事箱舘澁ニ着セリ

跡カラ聞クト船ノ進行不可能テ青森澁ヨリ陸地ノ突端大間崎ニ碇泊シテ風浪ノ靜マルヲ待チシト夫レテ大事ナ乘客達ノ爲メニ平素容易ニ用ヒサル大綱ヲ以テ碇ヲ沈メタトノ事テアリシ船頭ノ説ニ隨ヒ出帆ヲ今両三日見合セテ居タヲ苦ミモナクシテ樂ナ航海カ出來タ事ト思フカ成瀬氏ノ無理ニ出帆ヲ強要シタノハ何テモ青森ノ滯在カ意外ニ永ヒキシ爲メニ路用カ手薄トナツタ爲メニ是非トモ早ク箱舘着ヲ急イタ事カ後ニ分ツタノテアル

箱舘ヘ着スルト我一家ハ海岸通ノ蝦夷地西北海岸テ優良ナ昆布カ取レル三ツ石漁場ノ請負人小林屋重吉氏ノ家ニ投セリ同氏ハ至ツテ温厚ナ深切ナ人テ始メテ行ツタ土地トテ萬事勝手ノ分カラサル事トテ能ク世話ヲシテ呉レタカ其内ニ予ノ能ク覺ヘテ居タノハ同家ニ寄宿シテ居ラレシ里見清次郎氏ハ年齡四十歳位テ漢學ノ素養アル好人物テアリシカ小

林屋ノ照會テ近附キトナリ予ハ同氏カラ漢學ヲ教ハル事ト
ナレリ

箱舘市外鶴岡町ノ役宅

小林屋ニ居ル事數箇月ノ後箱舘ノ町家外レテ北向キノ海岸
テ鶴岡町ト言フ小部落ニアル倭少ナ役宅ヘ一同ハ引移リ父
君ハ其處カラ毎日奉行所(3)ヘ通ハレ予ハ毎日小林屋ノ里見先
生ノ許ニ通ヒシ鶴岡町ヘ移ツテ間モナク一疋ノ犬ヲ外カラ
貰ヒ蓄ツテ置イタカ其犬ハ誠ニ利巧ナ奴テ毎日予カ小林屋
通ヒニハ必ツ附テ來テ書物ヲ包ンタ風呂敷包ヲ銜ヘテ先キ
ヘ走リ行キ時々止マツテハ跡ヲ振返ヘツテ見ルカ予カ歩イ
テ居ルト又先キヘ走リ予カ立留マルト暫ク見テカラ跡返ヘ
ツテ來ル予カ面白半分ニ物蔭ニ隱レテ居ルト引返シテ來テ臭
ヲ鳴シ探シ廻ルカ見附ケルト欣ンテ飛ヒ附ヒテ來ルソウシ
テ小林屋ヘ予カ上ツテ暫古シテ居ル内ハ入口ニ寢テ待ツテ
居リ帰リニハ又包ミヲ銜ヘテ先キニ駈ケテ行キ自宅ノ門前
テ後ロヲ振返ヘツテ予ノ來ルヲ待ツト言フ實ニ可愛ユヒ奴

テアッタ
姉ハ父君ノ同役テ箱館住居ノ水谷重次郎氏ノ家ニ寄寓スル
浅野松翁氏當時六十餘歳ノ老人テ和歌ヲ善クシ兼子テ御家
流ノ書モ心得テ居ラレシユヘ松翁老ノ許ヘ毎日通ハレシ時
々同氏モ我宅ヘ來ラレシカ經歴談ヲ能ク話サレシカ中々面
白カリシ同氏ハ閑雅ナ人テ歌誹諧ヲ善クスルノテ諸家ヘ出
入サレテ居ラレルノテ同僚間ノ家庭事情カ能ク分カリ相互
交際ノ中立トナリ至極歡迎セラレシ
鶴岡町ノ役宅ハ直キ前カ海岸テ港内カ一目ニ見ヘル所テ外
國軍艦重ニ露艦カ碇泊シテ居リシカハ予ハ珎ラシク玄関ノ
障子ヲ開イテ正面ニ見ヘル軍艦ヲ畫キシ其内良ク出來キタ
ノヲ江戸ノ松尾祖父君ヘ贈タ事カアリシ同所ハ濱邊近ナノ
テ何時モ漁リシタ鮮魚ヲ女カ箱ヲ肩ニシテ賣リ歩クカ或時
男カ鰈ヲ澤山持ツテ來テ大安賣ヲシタカ錢百文ニ十壹枚置
テ行タカ其鰈ハ正八鰈ト言ツテ少シ臭ヒカ焼イテ暫ク置テ
煮浸シニスルト相當ニ食ヘラレル魚ハ一體小魚カ尠ク平素
能ノアルノハ鰈平目哨烏賊等デ季節ニナルト有名ナ鮭鱒カ

到ル所テ漁セラレルノテ價モ隨ツテ廉テアル海鼠モ多ク取レルカ是レハ海參《イリコ》トシテ支那ヘ輸出セラル鶴岡ニ住居スル様ニナツテ約半年餘ヲ過シ大體土地ノ風俗モ分リ日用ノ事モ差支ナク辨スル様ニナツタ時龜田ノ役宅ヘ轉スル事トナリシ

龜田ノ役宅

箱舘ヨリ東北一里程アル龜田ハ彼ノ有名ナル五稜郭ノアル處テ其五稜郭ノ壕ヲ隔テヽ周圍ニ多クノ役宅カ新築サレテ奉行所勤メノ役人達ハ追々此處ヘ住居スル事ニナリシ鶴岡町ノ狭イ役宅ニ居テ困ル所カラ新築ノ役宅カ出來タノテ之レニ移ル事ニナリタルカ役人ノ身分ニ依ツテ役宅ノ廣狭ヤ構造カ異ツテ居ルカ今父君カ入ツタ役宅ノ有様ヲ述ヘルト一軒別ニ芝土手ヲ廻ラシ中カ三百坪宛アリ家モ相當ニ廣ク我家テハ上五人下二人カ樂ニ住居ワレル位テ家外ニ物入レノ小屋カアツテ冬季入用ノ米薪等一切ノ物ヲ約半箇年分モ入レラレル程ノ廣サカアリ構内ノ餘地ニハ馬鈴薯ヤ豆類ヲ

作ツタカ土地ニ良ク合フト見ヘテ出來カヨイカ地地ノ事ト
テ年ノ内畑物ヲ作ル時期ハ漸ク半年位テ跡半年ハ氷雪ニ埋
メラレテ居レリ十月ニナルト毎日ノ様ニ雪カ降リ翌年ノ四
月ニナルマテハ雪ノ中ニ居ル雪ハ家ノ軒ヨリ高ク積ルノテ
家ノ周圍ニハ廂ヲ界ニ雪囲ヲ為シ處々ニ油障子ヲ嵌メタ處
ヘ一面ニ雪カ積ツテ室内ハ割合ニ明ルク風ノ入ルノヲ防ク
ノテ暖クナルノテアル
外部ヘ出入スルニハ入口ノ處カラ上ヘ雪ヲ拂ツテ上リ段ヲ
拵ヘ其處カラ出入スル外出スルニハ頭ハ山岡頭巾ヲ被リ身
體ニハ廻ワシ合伴ヲ着シ履物ハ藁沓ヲ履キ手ニ杖ヲ持ツカ
之レハ歩行中氷上ヲ歩ク時滑リヲ支ユル為テアル表ヘ出テ
見ルト一面ノ銀世界テ廣イ土地ニ僅カナ人カ往來シテ居ル
ノテ始修降ル雪テ足跡ヲ埋メテシマイ各戸ノ塀ヤ囲ハ埋没
シテ雪テ覆ハレ屋根カ僅カニ小山ノ様ニ散在シテ居ルノカ
見ヘル計リテ何處テモ勝手ニ見當ヲ附ケテ歩クノテアル積
ツタ雪ハ幾十尺カノ深サテ上ヲ歩イタラ雪ノ中ヘ埋ツテ仕
舞フカト思フト夫レハ寒國ノ事トテ氷結シタ上ヘト積ルノ

テ必シモ雍ムト言フ事ハナイ藁沓テナク木履ノ様ナモノヲ履テ歩キ人ト會ツテ一寸挨拶テモスル間立止マツテ居ルト氷リ附イテ何カテ叩カ子ハ取レヌト言フ有様テアル雪カ何處テモ數十尺積ツテ居ルカト思フト風カ強イ為メ或ル場所ハ深サ僅カ數尺計リノ處モアル

降雪ノ前ニナルト翌年ノ雪解ケニナル迄使用スル薪炭ヤ食料品等ヲ一切買込ンテ之レヲ前記ノ小屋ニ入レ置キ入用丈小出ヲシテ使フノテアル家ニハ室毎ニ爐カアルカ台所ノ爐ハ一番大キク一家ノ人カ周圍ヲ取巻ク程テ爐ノ中央薪ヤ土竈炭ヲ焚キ上ニ自在ヲ釣シテ湯ヲ沸シタリ煮物ヲシタリスル外防寒ノ用モ達スノテ主人ヤ家人ヤ奉公人ヤモ一同其周圍ニ寄ツテ暖ヲ取リツツ談話モシ食事モスルノテ至ツテ親密トナル何處ノ家テモ當時ハ女中カ尠ク大概下男ヲ使ツテ居タカ我家テモ下男計リ二人居タカ一人ハ主人ノ供ヲシテ毎日役所通ヒヲシ外ノ一人ハ家ニ居テ煮焚ヤ台所ノ用事ヤ畑ノ世話等ヲシテ女中代リヲセシ雪ノ降ル寒中テモ魚ヤ野菜杯ヲ賣リニ來ル商人カアリシ夫レハ大概女カ多ク背中ニ

細長キ木箱ヲ負ヒ商品ヲ夫レニ入レテ歩クカ其呼聲カ面白イ事テ大聲ニ魚買ハンカ何々買ハンカト吸鳴ツテ行クノカ聞キ馴レヌ間ハ妙ニ感セシ

箱舘市内ノ藏住居

亀田ノ役宅ニモ三年有餘ノ間住居シテ大分住馴レテ都合ヨカリシカ父君カ脚氣ヲ煩ワレ箱舘ヘノ通勤カ困難ニナラレタノテ止ムヲ得ス近キ箱舘ニ移ル事トナリシカ役宅モ明イテ居ラス外ニ適當ナ家カナカツタノテ小林屋ノ所有テアル市内ノ山手ニアル板張リノ藏ヲ借リテ疊建具ヲ入レ一寸トシタ台所ヲ拵ヘテ其處ヘ移ツタノテアル手狭ナ事ハ無論テ藏ノ中ヲ二タ間ニ仕切ツタノテ奥ノ方ノ間ハ晝テモ暗カツタ其處ニ凡半年計リ居タカ父君ノ病氣カ良クナク轉地ノ必要アルヲ以テ遂ニ職ヲ辭シテ江戸ヘ帰ヘル事トナリ足掛ケ四年居リシ地ヲ跡ニシテ奥州街道ヲ經テ江戸ヘ帰ヘリシハ文久二年予カ十二歳ノ時ナリシ

# 江戸帰リ時代

## 江戸ヘ帰ヘツテ後ノ住宅

江戸ヘ帰ヘツテカラノ住宅ハ以前ノ拝領地ニアル安政ノ震災ニ残ッタ門際ノ長屋ヲ箱館行ノ留守中人ニ貸シテ置イタノヲ取戻シテ臺所ト物置ヲ増築シテ是レニ入ッタカ四疊半カ唯ニ室テ表入口ハ三尺角ノ土間カアルノニ格子戸カ附イテ居リ出入ニハ腰ヲ屈メナケレハナラヌ様ナ窮屈サテ臺所ハ六疊位ノ半分カ板張テ其真中ヘ大キナニツ竈ヲ置テ外ニ勝手道具入ノ戸棚ト一坪餘ノ物置カアル丈ケテ南側ノ空地ニハ在來ノ稲荷神社ヲ移シテ南西ニ方ヲ板塀テ圍ヒ三尺ノ木戸カアリシ正門ハ在來ノ長屋門テ真中ニ二枚ノ扉カアリ両側ノ向ツテ左カ潜リ門テ平日出入スル處テ門ノ上ニハ両長屋ノ屋根ト平行ニ屋根カアッテ其屋根裏ニハ薪抔ヲ入レテアッタ其家根下テ友達ト遊ンタモノテアル

邸内ノ稲荷神社ノ祭ヲ毎年二月初午ニ行ヒ地口行燈ヲ門内所々ニ提ケテ近所ノ友達ヲ呼ンテ來テ太鞁ヲ叩イテ御祭ヲシ赤飯煮染ヲ食ヘサセテ賑カテアリシ

箱館ヨリ帰ヘリ父君ノ病氣モ全快サレ講武所調方出役トシ

テ毎日昌平橋内ノ役所通ヒヲサレシ

## 漢學

江戸ヘ帰ヘッテ家庭ノ事カ一ト極リ附イタノテ予ニ漢學ヲ授業サセントテ父君ト知人ナル清水喜太郎氏ノ紹介テ近ク ノ練塀小路ニ家塾ヲ持タレル宮崎右膳先生ノ處ヘ入門セリ 當時先生ハ信州岩村田一萬五千石ノ大名テ幕府ノ奏者番ヲ 勤メラレシ内藤志摩守殿ノ抱ヘ儒者テ毎日午前ハ内藤家ヘ 行カレ授業ノ上帰ラレテ午後カラ塾生ヤ外來ノ人達ニ學業 ヲ授ケラレシ先生ハ幕府ノ儒官芳野浩藏先生ノ門弟テ清水 氏トハ同窓ノ間柄テアリシ 先生ハ四十歳以上ノ背ノ高キ痩セキスノ温厚ニシテ嚴格ナ 人テ授業ハ深切叮嚀テ覺ユルマテハ何度モ教ヘテ下サレシ 予ハ塾生並テ毎日朝八時頃カラ行テタ四時頃マテ塾ニ居リ シ宮崎塾ヘ行ツテカラハ文選ヲ教ハリ四書五經ノ復習ヤ講 議ヲ爲セシ毎月何度カツツ先生ノ講議ヲ聞キ他カラ伴先生 ト言人カ弟子ヲ連レテ輪講ニ來ラレタリ當方カラモ出掛ケ

テ行タカ他流ノ人ノ中テ講議ヲスル事ハ餘程苔ルシイ事テアリシ宮崎塾ヘハ箱館カラ江戸ヘ帰ヘッテ後十二歳カラ十四歳迄凡二年間計リ通ッテ居タカ父君ノ大阪行ノ供ヲシテ行ク事ニナリ一時退學シタカ一箇年ノ後江戸ヘ帰ヘッテ再ヒ通學セリ

宮崎塾ニ通學中學友テ予ヨリ一ツ歳下ノ大越仙太郎氏ト言フ人ハ予ト同様塾生並トシテ通ッテ居タカ同氏ノ父君ハ幕府ノ御藏奉行テアリシ仙太郎氏ハ予ト同時刻ニ毎日塾ヘ出入シテ居タカ當時ハ時計ト言フモノカナクタ方四時頃ニナルト豆腐屋カ塾ノ邊ヲ賣ッテ歩ク聲カスルノテ先生ノ妻君カ聞クト予等ニ帰ヘリヲ知ラセテ夫レカラ帰ヘルノタカ夫レヲ知ラセル役ハ璋藏ト呼フ四歳ノ男ノ子テアル或時何時マテ待ッテモ豆腐屋カ來ナイノテ待チ切レス璋藏サンニ豆腐屋カ來マシタト御母サンニ言フノタト言ッテ遣ッタラ奥ヘ駈ケテ行ッテ我等二人カ豆腐屋カ來タト言ヘト正直ニ告白シタノテ璋藏サン引返シテ言フノニハ御母サンカソンナ嘘ヲ言フト何時マテモ帰ヘシマセンヨト言ッタト聞タ時ハ

恐縮シタカ夫カラ一時間モ罰トシテ留メテ置カレタノニハ弱ツタ

或時ニ人テ騒イテ居タラ塾頭ノ坪井氏カラ散々叱ラレタ上ニ二人ノ讀本ノ一部ヲ取リ上ケラレタノテ頻リニ詑ヒテ返シテ呉レト言ツタカ一向承知シナイテ其内同氏ハ入湯ニ出掛ケテ始舞ツタノテ二人ハ何カ讎ヲ取フト思ツテ居ルト丁度誰レモ居ラヌヲ幸ヒ水入ヘ水ヲ入レテ來テハ夜着ヘ流シ込ンテ夜着ノ一部ヲ大分浸シタカ跡テ隨分徒ラナ事ヲシタト思ツタカ其日ハ知ラヌ顔ヲシテ帰ヘリ翌日塾ヘ行ク事カ恐ロシクアリシカ勇氣ヲ起シテ行ツテ見タラ塾頭ハ何トモ言ハナンタカ夫レカ又恐ロシカリシソーシテ取上ケラレシ本ハ何時ノ間ニカ銘々ノ机ノ上ニ置カレテアリシ

## 唐様ノ習字

文久年間宮崎塾ニ居リシ間ニ當時有名ナ書家萩原秋巖先生方ヘ入門シテ唐様習字ヲ學ヒシカ平日ハ宮崎塾ニ居テ學問ノ餘暇ニ手本ヲ見テ習字ヲシ月ニ六齋清書シテ萩原先生ノ

家ニ行キ直シテ貫ヒ手本モ書テ貫フノテアル手本ハ板表紙ノ折手本タカ半面ニ三字ノモノヲニ行位宛書カレシ先生ノ筆法ハ字ヲ奇麗ニ書クヨリハ筆意ヲ重ンシテ書ケトノ事テ予ト一緒ニ通ヒシ宮崎塾ノ學生馬島文吉郎ト言フ人ハ以前秋巌先生ト共ニ彼ノ有名ナ書家菱湖先生ノ門人ナリシ雪城先生ノ許ニ通ヒシカ雪城サンハ努メテ書體ヲ奇麗ニ書ク流儀テアリシカハ我々カ見タ處テハ馬島氏ノ書イタモノハ立派ニ見ヘシカ何時モ秋巌サンニ小言ヲ言ワレテ筆法ヲ能ク心得テ字體ヲ慥カニ書イテ居レハ自然字モ見ラレル様ニナルカ始メカラ字ヲ奇麗ニ書フト思フト筆法ノ方カ崩レテ來ルトテ予ノ書イタ下手ナ字ヲ示シテ之レカ本當ノ書キ方テ此ノ方カ筆法カ備ハツテ居ルト言ワレタ時ニハ嬉シイ様ナ恥カシイ様ナ心持テアリシ筆ヲ持ツ事ト身體ヲ正シクスル事カ八釜シカリシ

當時先生ノ門人ハ中々多ク高貴ノ門人ハ清書日ニハ清書ヲ家來ニ持タセテ寄シタ人カ多カリシ先生ノ邸ハ下谷煉塀小路テアリシカ餘リ大邸宅テハナイカ都テカ壯麗テ表坐敷カ

ラ庭園ヲ眺ムル處ハ何トモ言ハレヌ好風景テアリシ當時先生ハ六十歳以上テ大柄ナ身體ノ壯健ナ温顔ノ中ニ犯シ難イ威嚴カアリシ先生ヘノ謝禮ハ五節句ニ金一分宛ヲ包ンテ持參シ時々菓子ヤ果物杯ヲ贈レリ先生ノ處ヘ行キシハ元治元年父君ニ従ッテ大阪ヘ行ク迄テアリシ

剣術ノ稽古

予カ剣術修業ノ為メニ下谷和泉橋通ニ道場ヲ開カレテ居ラレシ當時講武所師範役ヲサレテ居ラレタ伊庭軍兵衛(4)先生方ヘ入門シタノハ文久三年ト思フ毎朝早クカラ剣術道具ヲ擔イテ行ッタモノタカ道場ハ随分廣クアリシカ門弟モ多數テ稽古ハ正午迄テ其廣イ道場カ足踏モナラヌ程押合ヒタル中テ相手ト試合ヲスルノテ間違フト他人ノ竹刀テ打タレル事モアリ何百組ノ試合ノ懸聲ヤ竹刀ノ打合フ音カ實ニ驚ク計リテ道場ヨリ遥カ遠方カラ勇マシイ音カ聞ヘタモノテアリシ月ニ二度刀法ノ形稽古カアルカ夫レハ木刀ヲ以テ剣術ノ要點則チ身構ヘ目配打込受ケ方等數十種ノ刀法ヲ修ルト令

度ハ竹刀テ教ヘラレルノテアル術カ進ムト目録ヤ免許ヤ皆傳ヲ許サレテ茲ニ刀法ノ奥儀ヲ極メル事ニナルノテアル予ノ道場通ヒモ一年餘テ父君ト大阪ヘ行ク事ニナリ一時退場シタカ後先生父子カ將軍家茂公ニ倍従サレテ大阪來ラレ北濱通ノ米商ノ家ニ宿泊サレテ將軍護衛ノ奥詰劍術方ノ劍士達カ腕ヲ磨ク爲メニ先生ノ旅宿ノ米藏ヲ假リニ道場トシテ毎日午前中稽古サレルノテ予モ諸劍士達ノ中ニ入ッテ稽古スル様ニナリシカ相手ハ皆目録以上ノ腕前ノ人達計リテ江戸ノ道場テ習フヨリ一層骨カ折レタカ後年江戸ヘ歸ヘッテ再ヒ舊知ノ同年輩達ト試合シテ見タラ樂ニ打ツ事カ出來タノテ暑キニ苦シンタ甲斐カアリシト思ヘリ

伊庭道場ヘノ謝禮ハ極廉ナモノテ五節句ニ金ニ朱ヲ包ンテ行キシ正月ノ發會日ニハ上下着用テ道場ヘ行クト先生初一同嚴カニ道場ニ着坐サレ手輕ナ祝ヒノ膳部カ出テ一同年頭ノ祝詞ヲ言交シテ盃ヲ擧ケテ先生并ニ道場ノ隆盛ナラン事ヲ祈リ各歡ヲ盡シテ退場スルノテアルカ師弟ノ情濃カニシテ心持ヨカリシ一同カ膳部ニ就ク前ニ先生ト來會者中故参

ノ人ト木刀ヲ以テ劍術ノ形ヲサレシハ實ニ眞ニ迫マレリ

## 大阪行時代

### 父君ニ従ツテ大阪へ行ク

元治元年長州征伐ノ為十四代將軍德川家茂公カ進發(5)セラレルノテ先ツ第一ニ江戸カラ大阪マテノ道中宿割ヲスル事ニナリ御勘定奉行兼道中奉行井上信濃守殿御目附小俣稲太郎殿以下御勘定奉行支配ノ人達ヤ御徒目附御小人目附等ノ一行カ先發スルノテ御徒目附ニ人カ父君ト夫カラ同僚ノ山本喜六氏テ御小人目附ニハ小泉百助氏ト外三名テアリシ今度ノ宿割御用ト言フノハ將軍ノ率ユルニ萬五千餘人ノ將士ヲ數日ニ分ツテ東海道ヲ熱田マテ夫カラ名古屋ヲ經テ中仙道ヨリ大津マテ又伏見カラ船テ淀川ヲ下リ大阪へ着ト言フ順序テ其間ノ各驛ヤ城下ノ戸數道路橋梁地勢等軍隊ノ進行宿泊ニ差支ナキ様一々調ヘツツ行クノテ品川驛ヲ振リ出シニ當局者ヲ呼出シテ叮嚀ニ進行上一切ノ事ヲ相談シテ行クノテ宿泊ヤ晝休ミニ當ル驛ノ調ヘハ一日掛リテアリシ父君ハ復トナキ今度ノ様ナ旅行ヲスル事ハ大ニ後學ノ為ニ

ナルカラトテ當時十四歳ノ予カ色々ト修業中ヲ棄テテ父君ノ用人トシテ従僕二人ヲ連レテ大阪ヘ向フ事ヲ言ハレタ時ハ嬉シクモアリ又哀シクモアリシ夫レハ知ラナイ土地ヲ見ル事ハ嬉シイカ又予ヲ可愛カツテ呉レル祖母ヤ母ヤ姉達ト別レテ行ク事カ何タカ哀シイ様ニ思ツタカ憤勵一番連レテ行ツテ貰フ事ニシタ

父君ハ駕籠ニ乗ラレ予ハ駕籠脇ニ添フテ僕ノ一人ハ跡カラ附イテ来ルカ予ハ歩キ馴レヌノテ駕籠カラ遅レ勝チニナルノテ何時モ駕籠ノ息杖ヲスル間ニ追ヒ附ク様ニセシ品川宿ノ入口ヘ行クト道ノ側ラニ羽織袴ヲ着ケタ人カ三人平伏シテ父君ノ名前ヲ聞キ何カ言ツタカ予ニハ分ラス間誤ツイテ居タラ僕カ之レヲ聞キ取ツテ駕籠ヲ一寸ト止メサセテ引戸ヲ半分計リ開イテ父君カ何カ言ツタト思ツタラ戸ヲ締メテ駕籠ハ動キ出シタラ先刻ノ三人ノ内一人カ急イテ先キヘ行ツテ仕舞ヒ二人ハ駕籠ニ添ヒ附イテ来タ其内ニ宿ヘ着イタラ入口ニ我家ノ定紋ノ附イタ幕カ張ラレテアリ駕籠ハ玄関ノ敷臺マテ横附ニサレシカ予ハドオシテヨイカ分ラス茫然

ト立ツテ居タラ僕カ引戸ヲ開イタラ父君ハ大刀ヲ提ケテ悠々ト奥ヘ行カレタノテ予ハ内玄関テ草鞋ヲ脱イテ案内ニ連レテ奥ノ廣ヒ予丈ケノ坐敷ヘ通ツタカ父君ノ居ラレル奥ノ間ヘ行ツテヨイカト考ヘテ居タラ宿ノ主人カ父君ノ命ヲ受ケテ奥ヘ來ル様ニトノ事テ早速行ツテ父君ノ顏ヲ見ルナリ御父サント言ツタノテ坐中ノ人カ苦笑シテ居タ様テ極リカ悪ルカツタ父君ノ言ハレルニハ明日カラ隔日ニ供ヲシテ他ノ一人ノ僕ト荷物ノ宰領ヲシテ先キニ出立シテ早ク宿ヘ着イタテ近所ノ名所舊跡ヲ見ル事ニセヨトテ翌日カラ二人ノ僕ヲ交代ニ一人ハ駕籠附他ノ一人ハ荷物宰領ノ方ヘ廻ル事トナリ予モ荷物廻リノ時ニハ早朝カラ荷馬ニ隨カツテ氣樂ニ歩イテ早ク宿泊スル旅宿ニ着クト近所ノ名所ヤ舊跡ヲ聞イテハ見ニ行ク事ニシテ居リシ

今考ヘテ見テモ一番故郷ヲ慕ワシク思ヒシ事ハ江戸ヲ立ツテ直キ近クノ品川宿ヘ泊ツタ時ノ事テ旅宿ノ窓カラ近ク淺草觀世音ノ五重ノ塔カ見ヘルノテアレカラ程遠カラヌ所ニ我家カアルノダカ家ノ人達ハ今ドンナ心持テ居ルカ杯ト種

々ナ事ヲ考ヘテ一寸帰ヘツテ行キタヒ様ニ思ツタカ追々ト日數ヲ重子テ江戸カラ遠サカルト心氣一點シテ道中ノ變ツタ風物ニ接スル事カ段々面白クナツテ來タ
父君ノ供ヲシテ品川ノ東海寺ヘ行キシ時父君ハ奥ヘ通ラレ予ハ玄関テ供待ヲシテ居タカ何時マテ待テモ出テ來ラレス何テモ夕刻カラ今ノ午後十時頃マテ籔蚊ニ攻メラレテ同僚ノ僕等ト供待セシ時ハ奉公ハ難儀ナモノト思ヘリ跡テ考ヘテ見ルト初メ父君ニ何時頃マテ用事ノ時間カ掛ルカ一應尋子テ宿ヘ引取リ再ヒ迎ヘニ行ケハヨカツタト思ツタカ夫レカ其日初メテ旅行ニ登ツタノテソンナ氣轉モ出ス正直ニ暗イ處ニ待ツテ居タト言フ事ハ跡テハ馬鹿々々敷思ワレタノテアル
道中テ一番困マツタノハ夜ル寝ルト蟲カ身體ヤ着物ニ附ク事テ夫レテ寝ル時ニハ真裸テ着物ハ夜具カラ遠クノ方ヘ遣ツテ置ク事ニシテ居タカ小田原テ例ノ通リニシテ寝タノハヨイカ翌朝目ヲ覺マシタラ枕元ニハ羽織袴ヲ着ケタ多クノ士達カ坐ハツテ居ルノテ弱ツタカ其内帰ヘルダロウト寝タ

風ヲシテ居タラ跡カラ段々ト入レ變リ立チ代リ人ノ絶ヘ間カナイノテ困ツタカ未タ旅馴レス人馴レヌ時トテ裸體テ飛ヒ起キル勇氣モ出ス僕カ來タラ着物ヲ持ツテ來テ貫フト待ツテモ一向來ラス其内ニ追々時刻カ過キテ正午頃ニナツタノテ空腹ニハナル枕元ノ人達ハ集マル計リテ遂ニ意ヲ決シテ僕ヲ呼ヒ着物ヲ取寄セ面目ナイノモ通リ越シテ起キ上ツタカ其時程困ツタ事ハナカリシ

小田原ヲ立ツテ褄先上リノ道ヲ歩イテ湯元ノ混浴塲ヲ草鞋カケノ儘立入リ見物セシハ珎ラシカリシ夫カラ險路ヲ四里歩イテ箱根山上湖水ノ邊リニ出テ之レニ添フテ箱根權現社ニ參詣シ引返シテ箱根ノ関所ヲ經テ驛ニ着イテ一泊セリ有名ナ箱根ノ関所ハ徳川幕府股肱ノ大名小田原十一萬石ヲ領セシ大久保家カ代々預ツテ嚴重ニ通行人ヲ改メテ居タ所テ関所ハ道路ヲ狭ンテ出入ニ門カアツテ四方木柵ヲ廻ラシ内ニハ番所ヤ附属建物カアツテ番所ノ正面ハ縁側カアリ戸障子ヲ建テラレ或位置ニハ突棒刺股袖搦ノ三道具カ押立ラレ室内ニハ鎗鐵砲弓矢ヲ飾リ附ケ番士ヤ下役人ハ嚴然ト表ニ

面シテ居竝ヒ如何ニモ威嚴ヲ保ツテ居ル樣ニ見受ケラル通行人ハ門ヲ入ルト通行券改所ニ到リ豫而所持シテ來タ通行券ヲ差出スト掛リノ人ハ之レヲ改メ差支カナイト見ルト一聲高ク通レト呼フノヲ聞テ通ルノテアル當時ハ階級制度ノ八釜シカツタ時代トテ通行人カ身分アル場合ニハ通ラシアイト言フ樣ニ敬語ヲ用ユルノテアル若シ通行券ニ不審ノ點ヤ不都合ノアル場合ニハ通行ヲ許サヌ事無論テアル

箱根ヲ立ツテ下リ阪ヲ四里歩イテ三島ヘ泊リ三島權現社ニ參詣シ翌日ハ沼津ニ泊マレリ沼津ハ水野家四萬石ノ城下テ小サナ城郭ニ三重櫓カ大手門ノ脇ニアリ如何ニモ玩具然トシテ見ヘタカ此ノ櫓ハ當時ノ閣老ヲ務メテ居ラレシ和泉守殿カ盡力ノ結果建造セラレシト聞キシ

沼津ヲ立ツテ原吉原驛ノ間ニ左富士ト言フ名所カアルカ氣カ附カンテ通ルト知ラヌ間ニ通ツテ仕舞フカ之レハ道路カ一寸ト跡返ヘツテ居ルノテアル江戸ノ方カラ來ルト何時モ富士ハ右ニ見ユルノダカ此處ヲ通ル僅カノ間カ左ニ見ヘルノテ奇態ニ思ハレルカ別段不思議ナ事ハナイノテアル

江戸ヲ立ッテ第一ニ大キナ川ヲ見ルノハ富士川テ當時ハ舩渡シテアリシ夫カラ薩埵峠ハ小サイカ上下ニ随分骨カ折レル險路テ下ッテ少シ行クト興津驛テ栄螺ノ壺焼カ名物テアル近クノ高ヒ處ニ清見寺カアル參詣シテ寺内カラ駿河灣ヲ見ルト絶景テ右手近クニ三保ノ松原ヤ左手遠クニ伊豆半島カ見ヘテ誠ニ壯快テアル興津ト江尻トハ近イカ海岸ハ漁師町テ更ニ進ンテ府中ニ着ス

駿州府中ハ徳川家康公カ隠居セラレシ地テ當時ハ幕府テ城代ヤ城番ヤ町奉行ヲ置テ政事ヲ行ッテ居ッタ處テ宿割掛ノ諸氏一同ハ城代ノ許ヲ得テ城内ヘ入リ取調ヘヲ為セリ用事カ濟ンテ翌日一同ハ久能山ノ東照宮ヘ參詣セリ予モ随行シテ行ッタカ流石ニ立派ナ社殿テアリシ

府中ヲ立ッテ荷物宰領ノ日トテ僕ト二人テ安倍川ヘ來テ川ヲ渡ッテ向岸テ名物ノ安倍川餅ヲ賣ッテ居タノテ欲シクナリ茶見世ヘ入ッテ餅ヲ出サセテ之レカラ食ヘ様ト思ッタ瞬間俄カニ天氣カ悪クナッテ來タノテ此處ヲ出ル事ニシ買ッタ餅ヲ竹ノ皮包ミトシテ宿ニ着イタラ食ヘ様ト急イテ歩キ

出シタラ仕合セニ雨ニモ逢ワス藤枝ノ驛ニ着イテ見ルト中々宿カ立派テ予ノ通サレタ室テサヘ床ヤ違ヒ棚ノ附イタ廣イ間テ着クト直キニ領主ノ家來ヤ宿役人達カ來テ扣ヘ夫カラ夕食ニハ中々馳走カ澤山出テ菓子杯モ甘想ナノカアリ勸メラルル儘マニ食ヘタノテ滿腹シ人ハ入レ替ハリ立替リ始終出入シテ居ルシ例ノ安倍川餅ノ所置ニ困リ一寸ト違ヒ棚ノ天袋ノ中ヘ入レタカ遂ニ出ス機會カナク其儘同家ヲ出立シタカ跡テ考ヘルト僕ニ渡シテ誰カニ呉レテ遣レハヨカツタノダカソンナ事ハ心附カスニ居リシ天袋杯ハ平素餘リ開ケナイ所タカラ大掃除カ何カノ時之レヲ發見シテ大笑ヲシタ事ト思ヘリ

予カ僕ト二人テ島田ノ宿ヲ越ヘテ大井川ヘ向ツテ行ツタラ向フカラ二人ノ武士カ來タカ夫レハ親族ノ劒持美濃次郎氏ト同氏ノ妻君ノ兄山本富次郎氏テ不圖ラスモ今此處テ出會シタカ同氏達ハ江戸カラ京都ヘ敎使ノ宮家ヲ護衛シタ歸ヘリテ暫ク立話シヲシテ別レタ其時ノ話シニ大井川ハ滿水テアルト聞キシカ夫レカラ川邊ヘ來テ見ルト成程廣イ川ハ水

カ一杯テ線ヲ立テテ流レテ誠ニ恐ロシイ様テアリシ當時駕籠ヤ荷物ハ蓮臺ト稱スル四人掛リテ擔ク臺テ渡シ普通ノ旅人ハ川越人足ノ肩ヘ兩脚ヲ狭ミ頭ヘ手ヲ掛ケテ渡ルノテアルハ川底カ凹凸シテ居ルノテ一歩ハ高ク一歩ハ低ク上下シテ行クノテ誠ニ氣味カ悪ルク一番低クナツタ時ニハ尻カ水ニ附キ想ニナル川水カ尠ナイ時ハ一定ノ渡シ銭ヲ取ルカ今度ノ様ナ出水ノ時ニハ何テモ平定ノ三倍位モ取ラレタカト思フ川ノ兩岸ニハ小屋カアツテ旅人ハ銭ヲ其處ヘ拂フト人足ハ順番ニ呼ハレテ賃銭引替ヘノ小捻リヲ渡サレルト旅人ヲ向側ヘ渡シ又反對ニ向側カラ渡シテ最後ニ小捻ト銭ト引替ユルノテアル人足ハ裸體テ犢鼻褌一ツテ始修水中ヘ出入シテ日光ニ晒サレテ居ルノテ全身ハ真黒ヽテ言語モ荒々敷ク恐ロシイト思ヒシ予ハ初メテコンナ川越ヲシタノテアル大井川ヲ狭ンタ西カ金谷驛東カ島田驛タカ兩驛トモ至ツテ貧驛タカ旅人ノ困ル出水ヤ川留メテ息カツケルト言フ次第テ川水カ多ケレハ人足達モ銭カ多ク取レル又川留メト來タラ上ハ大名下ハ一旅人マテカ何日カ川ノ渡レルマテ滞在ス、

ルノテ驛ニ金カ落チルノテアル大名カ江戸ヘ參勤交代スル
ノニ國主大名ニナルト一泊金千兩ト言ツタモノテ隨分多額
ノ金カ掛ッタモノテ貧驛ノ金谷ヤ島田ニ一日千兩ツツモ金
カ落チタラ其餘澤ハ中々諸人ヲ霑ハシタモノテ土地ノ人達
ハ出水ヲ喜フノモ無理テハナイカ大名以下旅人ノ方ハ出水
ト來タラ災難囊中意外ニ乏シクナリ當惑スル者モ出來テ來
ル昔肥後ノ細川侯カ數日間川留メテ金谷驛ニ泊マツテ居ラ
レタカ急ニハ渡レナイト聞イテ供揃ヲシテ川上ヲ遠ク行ツ
テ無理ニ押シ渡ツタト言フ話ヲ聞イタカ驛ノ方テハ一日テ
モ永ク滞在シテ貰フ事ヲ望ンテ永引カセタノカ細川侯ノ癪
ニ障ッタモノテ川上ノ淺瀬ヲ探カシテ其處カラ渡ラレタモ
ノト思フ
中泉驛ヲ立ツテ小天龍川ヤ大天龍川ヲ渡ツテ濱松ノ驛ニ着
イタカ同所ハ六萬石井上河内守殿ノ城下テ一寸賑ヤカナ土
地テアリシ着後父君ノ供ヲシテ城内ヘ入ッテ見タカ別ツニ
變ツタ處モナカツタカ唯一ツ是迄見タ城内ト違ツタト思ツ
タノハ大書院ノ廣イ庭前ニハ立木カ一本モナク庭ノ正面ハ

枚塀テ其木板ノ押ヘカ彼ノ有名ナ賤ケ嶽七本鎗ノ柄ヲ用イテアル事テ之レハ家康公カ造ラセラレシ其儘タトノ話テ庭ニ樹木カ一本モナク唯此ノ鎗ノ柄ヲ塀ニ取附ラレシ事ハ深イ考ヘカアツテ為サレタノテアラン之レハ弥物トシテ心ニ忘レサリシ

濱松ヲ立ツテ舞坂驛カラ濱名湖ヲ渡ツテ對岸カ新居ノ関所テ東海道筋テ第二ノ関門テ吉田ノ藩主松平家カ之レヲ守ツテ箱根同様旅人ノ改メヲ為ス所テアル関所ノ規模ハ箱根ヨリ小サク前ニ濱名湖ヲ扣ヘテ居ルカ地勢平坦テ改メ方カ箱根ノ様ニ嚴敷ナイ様テアル舞坂驛ヤ新居驛ハ至ツテ詰ラヌ小驛テ大名ノ參勤交代ニモ始修通リ後ケヲサレルノテ土地ノ潤ヒニハナラヌトテ土地ノ人ハ零シテ居タ位テアリシ

吉田驛ハ松平家ノ城下トテ相應ニ繁昌シタ所テアリシ宿泊中小鯛ノ壽司ヲ食ヘタカ夫レカ普通ノト造リ方カ違ツテ小鯛ヲ丸毎壽司トシテ腹ノ中ヘ飯ヲ入レタモノテ誠ニ美味テアリシ

岡崎驛ヘモ泊マツタカ同所ハ本多家五萬石ノ城下テ徳川家

發祥ノ地テアル同所カラ少シ行クト矢矧川ニ架セラレシ矢矧橋ハ東海道第一ノ長橋テ長サ百八間アリト當時ハ言ハレタモノテアリシ

池鯉鮒驛テハ虫除ノ御守ヲ授ケル池鯉鮒大明神ノ社ヘ參詣シ夫カラ彼ノ桶狭間ノ古戰場ヲ訪フテ弔古碑ヲ見テ昔ヲ偲ハレシ鳴海驛ヤ有松村ヲ過キ名物鳴海絞ヲ賣ル店ヲ横目ニ見テ宮驛ニ着ケリ當時旅人ハ宮驛カラ海上七里ヲ渡ッテ富田ヘ行クノカ五十三次ノ順序テアリシカ父君ノ御用ハ宮カラ名古屋ヲ經テ中仙道ヲ草津夫カラ大津伏見カラ淀川ヲ下リ大阪着ト言フ道筋テアリシ宮テハ熱田神宮ヲ參拜セリ

名古屋ハ名ニシ負フ三家尾張家六拾二萬石ノ大城下トテ市街櫛比シ殊ニ金ノ鯱ヲ以テ天下ニ聞ヘタル城郭ハ壯宏テ本丸ノ殿宇ハ立派ナモノテ大玄関ヨリ上ッテ各室前ヲ通ッル大廊下ハ鶯張リテ踏ムト一種ノ音響ヲ發ス天守閣ハ五重櫓テ上カラ見ルト尾濃ノ平野カ一目ニ展望セラル清正公カ力ヲ茲ニ致サレシ跡ヲ停ム代々ノ藩主ハ本丸ニ住居スル事ヲ避ケテ二ノ丸ニ住居ハレシハ深イ原因カアルナラン

名古屋カラ岐阜ヲ經テ大垣ニ至ル大垣ハ戸田采女正殿十萬石ノ城下テ市中モ可ナリ廣ク旅舘モ立派ナ家ヲ宛テテ待遇モ良カリシ當時藩主ハ幕府ノ閣老ナリシカハ家來ノ名札ニ何某殿家臣トアル事カ一寸奇態ニ思ハレシカ閣老ヤ參政ノ家來ハ他ニ向ツテ主君ノ名ノ下ニ殿ヲ附ケル事ハ其役儀カ重イト言フ爲メノ敬語ニナツテ居タノテアル

彦根ニ泊ツタカ彦根藩ハ幕府ノ重要ナル井伊家三十五萬石ノ城下テアルカ祖先直政公以來武事ヲ奬勵シ質素儉約ニ努メタ丈ケニ一般ノ家ハ藁葺家カ多ク城内モ專ラ實用ヲ旨トシ市街ヤ武家屋敷モ之レニ準シテ廉末テアリシ

草津驛ニ着イタカ同所ハ東海道ト中仙道トノ落合フ所テ折カラ關東カラ歸ラレツツアル

有栖川宮殿下ニ隨從サレシ父君ノ同僚御徒目附上田作之丞氏ト會シ父君カラ予ノ京都行ノ事ヲ頼マレ上田氏ノ兼諾ヲ得テ同氏從者トシテ父君ト分レテ大津ヘ向ツタ當時江戸テハ品川京都テハ大津カ入口ノ驛テ此處テ盛裝ニ改メ諸準備ヲ整ヘテ入京スルノテ宮家一行モ支度ヲ整ヘ入洛セラレシ

上田氏ニ随行シテ入洛スルト言フ事ハ京都東部ノ関門日ノ岡ノ番所カ通行券カナクテハ入洛カ出來ヌノテ丁度同氏ニ會ッタノヲ幸ヒ連レテ行ッテ貰ッタノテアル夫レテ無事通行カ出來テ入洛同氏ノ旅館カ三条通テアッタノテ其處ヘ着ノ上前年父君カ京都ヘ行カレテ泊ラレシ御幸町通リノ質屋テ檜皮屋太兵衛氏方ヲ尋子テ行キシカ先方テモ喜ンテ呉レタノテ同家ヘ足ヲ停メ翌日カラ番頭ヲ案内者トシテ先ッ御室八十八箇所ヘ行ッタカ山ノ上ノ見晴シヨキ掛茶屋ヘ入ッテ番頭カ携帯シテ來タ小サナ重子重箱ヲ開ケテ握リ飯ヤ煮締ヤ酒マテ出シタカ其量ハ漸ク一人前程テ茶屋テモ何カニ品計リ取ッタカ迚モ腹ニ滿ルト言フ譯ニ行カス夫カラ帰路所々ヲ従覧シテタ刻檜皮屋ノ近クマテ帰ヘッテ來タ時ハ空腹テ歩ケナイ様ニナッタ時連レテ行ッタ僕カ氣ヲ聞カセテ口實ヲ設ケテ番頭ト別カレ直キ近所ニアッタ煮賣屋ヘ飛ヒ込ンテヤット腹ヲ拵ヘテ檜皮屋ヘ帰ヘッタラ入浴後叮重ナ馳走カ種々出タカ腹カ張ッテ居ルノテ折角ノ馳走モ充分食ヘラレス先方テハ頻リニ勧メルノニハ一寸困ッタ京都ニハ

何テモ三日計リ居テ荒増諸方ヲ見物シテ檜皮屋ヲ辞シ伏見ヘ出テ夜行テ淀川ヲ下ル乗合舩ニ乗リ翌朝大阪ノ天満橋際ノ八軒家ニ着イタ

八軒家ニ上陸シテ内平野町ノ町會所ニ父君ト同僚ノ山本喜六氏トカ泊ツテ居ラレタノテ同所ヘ尋子テ行キ其處ニ永ク居リシ會所ヲ預ツテ居ル平野屋和助氏ハ年齢五十歳前後テ中々良イ人物テ學問モ相當ニアル處カラ予ハ同人ニ頼ンテ閑ナ時ニハ教ヘヲ受ケル事ニシ二階ノ同人ノ部屋ヘ入ツテハ備ヘ附ケノ書籍ヲ借リテ讀タリシタ江戸ニ居タ時ハ詩語碎金杯ニヨツテ五言絶句ヲ作タリシタカ今テハ韻府一寓ニヨツテ七言絶句ヲ作ル様ニナリシハ同人ノ御蔭テ其他漢籍ニ就テモ獨習計リテナク教授サレシ事ヲ覺ヘテ居ル毎朝北濱ノ伊庭先生ノ假道場ヘ出懸ケテ撃劍ノ稽古ヲシツツアリシ事ハ前述ノ通リテアル

### 藝州廣島ヘ行ツテ帰阪ス

大阪ニ居ル事凡半年程シテ父君ハ大阪カラ藝州廣島マテ將

軍ノ進發トシテ宿割御用テ出立セラルルノテ随行シテ大阪ヲ出立シ神戸ヲ過キタカ當時同所ハ一寒村テ通行道路カラ山手ノ方ヘ入ル處ニ一軒ノ掛茶屋カアリ其前ニ楠公ノ墓カアッタカ墓石ハ僅カニ雨露ヲ凌ク丈ケノ廉末ナ上屋カアル計リテ其邊ハ一體ノ田畝テ遠ク兵庫ノ邊カ見ヘシ參詣人ハ誠ニ稀テアリシ

兵庫驛ニ一泊セリ宿ハ大キナ酒造家テ家ノ名ハ忘レタカ其家ニハ古書画刀劍類ヲ多ク貯藏シテ居リ家ノ主人ハ夫レニ趣味ヲ持ッテ居ル人テ父君ト色々話ノ末其内ノ數種ヲ取出シテ見セテ呉レタノテ予モ分ラヌナカラ倍覧シタカ今ニ記臆ニ残ッテ居ルノハ張子昂ノ唐紙全紙ノ掛物ヤ顔真卿ノ掛物正宗ノ大刀等テ祖先カラノ貯藏品カ藏ニ色々納メテ御坐イマスカ今俄カニ取出シ兼子マスカラ御帰リニ又御緩リト御目ニ掛ケマショウトテ主人ハ見テ貰ッタ事ヲ滿足シテ居リシ

兵庫ヲ立ッテ彼ノ景色佳絶ナル須磨ヲ過キ須磨寺ニ參詣シ實物ヲ見テ一ノ谷ニ敦盛ノ墓ニ賽シ敦盛蕎麦ヲ食ヘテ明石

ニ着ス同所ハ八萬石松平家ノ城下テ風景又須磨ト併セ稱セラルル所テ人丸神社ニ參詣シ海岸ニ近來出來タ石造圓形ノ砲臺ヲ見ル同砲臺ハ當時海軍総裁ナリシ勝安房守ノ指圖ニ成リシトカ同家ハ勝氏ヲ尊敬シテ海防ノ事ハ一ツニ同氏ニ待ツ處多シ今度ノ砲臺ハ新式ニ則リ圓形ニシテ小形ナルハ敵ノ彈丸ヲ避ケル爲メニ目標ノ範圍ヲ狭クスルト言フ築造ナリシ丁度明石ヲ立ツテ加古川驛ヘ泊ツタ時附近ノ海岸ヘ勝氏一行カ漂着セラレシト聞イテ父君達カ見舞ヒトシテ行カレタラ今漸ク上陸サレタト言フ所テ何テモ暴風ニ逢ワレテ船カ損シ止ムヲ得ス其處ヘ上陸サレシト夫カラ乘馬ヲ世話シテ同氏一行ハ明石ヘ向ツテ行カレシト

加古川驛カラ行路ヲ海岸ノ方ヘ取リ相生ノ松カラ高砂ノ松ヲ見物シタカ松ハ何レモ美事ニ技カ周圍ニ低ク擴カリ大キナ傘ヲ見ル様テ松ノ下ニ小社カアツテ高砂ノ老人夫婦ヲ祭ツテアリシ夫カラ進ンテ石寶殿ヲ見タカ自然ノ岩山ヲ切リ開イテ中ニ三四間角テ高サ數十尺ノ上ニハ松樹ヤ雜木カ生ヘテ其方殿ト稱スル切リ残シタ岩ノ廻リニハ一間餘ノ路カ

アリ夫カラ不思儀ニ思ワレルノハ方形岩ノ下ハ水中ニ没シテ居ルカ長イ棒テ水中ヲ探ルト幾ラテモ入ッテ方殿カ丸テ浮イテ居ル様ナノニ驚クカ能ク考ヘテ見ルト棒ノ長サカ短カイノト四方ノ路カ狭イノテ反對側マテ棒カ届カス唯棒ヲ水中ヘ入レテ廻ハッテ見タカ別ツニ何モ障ラナイノテ全ク浮イテ居ル様ニ思フカ中真ハ必スアルニ相違ハナイカ随分面白イ事ヲシタモノテ名所トシテ残シタイ考ヘカラコンナ事ヲシタトシテモ今カテ考ヘルト多クノ労力ヲ費シタ事ト思ヒシ此處ヲ去ッテ近クノ曽根ノ松モ見テ姫路ヘ向ヘリ

姫路ハ酒井家十五萬石ノ城下テ市内モ可ナリ繁昌シテ居リ名物ハ皮細工テ城ハ有名ナ豊臣太閤ノ造ラレシ丈アリテ壯宏ナモノテ父君ノ御用モ濟ンタノテ進ンテ三ッ石ノ宿テ元治元年ノ大晦日トナリ翌朝ハ元日トテ宿カラ種々ノモノノ入ッタ雜煮ヲ出シタカ同所ハ山ノ中トテ塩魚抔モ入レテアツタノテ随分塩辛カッタ事ヲ覺ヘテ居リシ

岡山ヘ向ッタカ當時普通ノ旅人ハ城下ヲ通サス別道路ヲ通セシカ今度ハ

將軍ノ通行宿泊ヲ調ヘル事トテ無論岡山ハ池田家三十二萬石ノ城下トテ城内ニ宿泊セラレルノテ其事ハ前ニ達セラレテアリシカ如何ナル藩ノ考ヘテアリシカ丁度市ノ入口ニ門柵ヲ構ヘテアリ我等一行ノ通行ヲ遮リ止タノテ番人ニ通行ノ理由ヲ述ヘタラ暫ク待テトテ數時間待セラレシカ其時ハ一同決心シテ若シ通行ヲ堅ク拒ンタ時ニハカ盡テ押通ルトシテ一生懸命待ツテ居タラ役人カ出テ來テ通行ヲ許シタノテ一同ハ市内ヘ入リ宿泊セシカ修夜用心シテ安眠セサリシ宿割ノ事テ城内ヲ見ル見セヌトカテ一議論アリシト聞キシカ城内ヲ見ル事ハ止メテ翌日同所ヲ出立セリ

當時諸藩テハ多ク藩論カ二派ニ分レ勤王派ト佐幕派トカアリ其勢カ如何ニヨツテ外ニ向ツテ藩ノ意向ヲ示スノダカ大慨ハ事無カレ主義テ臨機ノ所置ヲ取ル事テ今回ノ岡山藩ノ所置ハ勤王派カ勢カヲ点メテ居タ様ニ思ハレシ

岡山ノ次驛ハ備中國庭瀬テ板倉家ニ萬石ノ陣屋ノアル小驛テアルカ話ニ聞イタノニハ同家ノ或ル先代カ戝政困難テ江戸ヘ參勤スル事カ出來ス病氣ト稱シテ參勤セヌ様ニ幕府ヘ

出願シ様トセシ事ヲ岡山侯カ傳聞セラレ夫レハ誠ニ氣ノ毒ナ事タ隣邦ノ誼ミニ之ヲ救フ途ハ無キヤト考ヘラレシハ同侯カ岡山カラ江戸へ行カレル間ニ一泊丈省畧スレハ板倉殿カ江戸行ノ費用カ出ルトテ武士ハ相見違ヒタカラ之レヲ救フ可シトテ遂ニ實行スル事ニナリ何時モ同行シテ旅行セラレシカ例トナリ後代マテモ引續キ參勤ノ時ハ之ヲ行ヒツツアリシトカ板倉家テハ其好意ヲ感謝シ江戸屋敷内ニ定火消人夫數十人ヲ置テ岡山侯ノ屋敷近傍ニ出火アル時ハ板倉殿身ラ消防隊ヲ引率シテ駈附ケ消防ニ努カスル事ニシテ居ラレシトカ

備中國倉敷ハ幕府十萬石ノ領地テ代官所ノアル土地テ我家ノ分家劔持榮次郎氏ノ妻女ハ刀劔鍛師庄司直胤氏ノ長女テ其二女カ當時倉敷ノ代官櫻井久之助氏ノ妻君テアル處テ今度父君ト同家ヲ訪問セシカ櫻井氏ハ折柄兵糧ヲ廣嶋へ積送ル用向テ同所ヘ出張不在中テ妻君ヤ子供達ニ面會シテ別レタカ後長州ト戰爭カ始マリ同氏カ廣嶋ニ詰メテ居タ留守中長州勢ノ一隊カ不意ニ代官所ヲ夜中襲撃シ金穀ヲ掠奪シテ

去レリ妻君カ始メテ之レヲ知リ密カニ脱出シテ或ル民家ニ遁レ幸ニ危害ヲ蒙ラス暴徒ノ去リシ後所内ヘ帰ヘリシト聞キシ

備後國福山ニ着セリ同所ハ阿部家十一萬石ノ城下トテ市中モ相應ニ繁昌シテ居リシ進ンテ尾ノ道ニ行キシ同所ハ備後疊表ノ主産地テ船ノ出入カ盛ンテアリシ

修点地廣島ニ着セリ同所ハ淺野家四十二萬石ノ大城下トテ市街モ廣ソ廣島城ハ天正十年毛利輝元候ノ築イタモノテ規模モ大ナリシ同所ニハ我家ノ祖父平左衛門殿ノ甥正岡民藏氏カ居ラレルノテ掛役人ニ居所ヲ探シテ貰ヒ其住所ニ父君ト共ニ訪子タラ夫妻トモ健在テ大ニ喜ヒ同氏モ我旅館ヲ度々訪子ラレシ同氏ノ宅ハ郊外ノ一部落テアリシカ或ル時郡代カ訪子テ來テ言フニハ今度幕府ノ役人テ小野鑑吉郎殿ト言ハレル人カ廣島マテ出張サレタカ自分ハ公用テ途中カラ同伴シタカ貴殿ノ住所ヲ探シテ貰ヒタイト頼マレタノテ取調ヘノ未参イタ譯テ小野殿ノ廣島ノ旅館ハ是レコレタト教ヘラレシカ我々ノ様ナ小臣ノ宅ヘ重役カ見ヘタノハ誠ニ光

榮ノ事テアルト正岡氏ハ言ハレシ其後再ヒ父君ト共ニ同家ヘ行ツテ妻君ヤ養嗣子ニ面會シタ食ノ馳走ニナツテ帰ヘリシ

廣島滞在ハ凡十日間計リト思フ其間ニ僕ヲ連レテ宮島見物ニ出掛ケタカ同所カラ南ニ十五丁位テ宇品港ヘ行ツテ夫カラ夜船ニ乗ツテ翌朝宮島ヘ着イテ上陸シ第一番ニ宮島神社ヘ参詣シテ途中鹿ノ澤山居ル中ヲ通ツテ奥ノ院ヘノ山登リニ懸ツタカ随分道カ険阻テ猿カ出テ來タリシテオツカナビツクリ遂ニ最高点マテ登リ詣ヌタカ其處ニハ岩テ囲ツタ小サナ池カアツテ水カ塩辛ク潮ノ満干ニヨツテ増減スルノニハ不思儀ニ思ヒシ其處カラ海上ヲ見ルト誠ニ絶景テアリシ其山ニ寺カアリ庫裏ニ大キナ爐カアツテ大木ノ切レヲ横ニシテ燃シテ居タカ昔カラ火ヲ絶ヤサン様ニ跡カラ間斷ナク木ヲ入レテ行クノテアル

宮島ヲ見物シテ帰ヘリ船ニ乗ツタカ着イタ土地カ出發ノ宇品ヨリ大分西ノ方テ何テモ横川附近カト思ハレシ夫カラ歩イテ漸ク廣島ノ入口ヘ來テ見タラ其處ニ関門カアツテ通行

券ノ無イ者ハ通行ヲ許サヌト言ハレタノニハ困ッタ夫レテ事情ヲ述ヘテ廣島ノ旅館ヘ掛合ッテ呉レル様ニ頼ンタカ初メノ内ハ中々承知シテ呉レスタ刻ニハナルシ氣カ氣テナク頻リニ哀願シタラ暫クシテヤット通行ヲ許サレテ旅館ヘ帰ヘッテ見タラ番所カラ聞合セカアッタ想テ夫レテ入ルノカ何セ嚴敷シクナッタノダロウト言ッタラ夫レハ昨今長州ト関係カ切迫シテ來タノテ何ノ方面カラ入ルノカハ八ケ釜シクナッタト言フ事テアリシ

廣島カラ大阪ヘ向ッテ引返ヘス事ニナリ以前ノ道筋ヲ經テ大阪ヘ帰ヘッテ來タカ帰路ハ父君ノ御用モ濟ンタノテ道程モ多ク進ンテ帰ヘッタノテ別段變ッタ事モナカリシカ姫路ヘ泊マッタ時宿ノ直キ向側ノ名物皮細工ヲ賣ッテ居ル店ヘ父君ニ附テ行ッタラ店主ノ話ニハ先達テ幕府ノ騎兵頭山角礒之助殿カ店ヘ御出ニナリ帰ヘリニ貫ッテ行クカラト牛文庫數個ヲ注文シテ行カレマシタカ氏ハ長州征伐ノ先鋒トシテ進マレシニ帰ヘリニ持ッテ帰ヘラレルトハ何ンナ御考テスカ出陣サレテ必無事ニ凱旋サレルノカ分ッテ居ラレル

ノテシタカ私ハ町人ナカラ一度戦場ニ向ツタラ生キテ帰ラヌト言フ事カ武士ノ意氣タト思ヒマスカ帰リノ事ヲ約束サレタノハ何ンナ御考ニヤ一向分リマセント聞イタ時ニハ誠ニ恥カシカリシ

幕府テモ大阪滞陣カ永クナルノテ町家ニ諸士カ宿泊シテ居テハ迷惑スルノテ大手門外ヘ新タニ小屋ヲ新築シ諸士カ之レニ移ツタノテ父君モ廣島カラ帰ラレテ小屋ヘ入ツタカ小屋ハ堀立荒木張リテ棟ノ中央ヲ仕切リ裏表ニ各室ヲ設ケ室ノ前ニハ廊下カアツテ各室ヘノ通路トシ室ノ正面ニ雨戸ト障子カアリシ父君ノ分ハ二室ヲ宛テラレ一室ヲ父君他ノ一室ヲ従者ノ室トセシ室ノ廣サハ六疊ツツテ押入モナク荷物ハ側ニ積重子ルノテアル夫カラ食糧ハ毎日米飯梅干澤庵積ヲ焚出所カラ支給サレルノテ其他ノ菜ハ勝手ニ僕ニ拵ヘサセルノテアリシ

## 江戸帰宅時代

僕ヲ連レテ予カ大阪カラ帰宅ス

予カ江戸ヲ出立セシヨリ茲ニ一箇年ヲ過シ東海道京大阪カ

ラ中國藝州廣島マテモ見學セシ事トテ最早一段落附イタノ
テ學藝修業ノ方モ肝要タトテ僕一人ヲ連レテ帰東スル事ニ
ナリ慶應元年三月父君ト別レテ小屋ヲ跡ニ旅立チシハ予カ
十五歳ノ時テアリシ
道中宿泊其他ノ便宜上御目附牧野備後守ノ家來カ主人ノ用
事テ帰東スルト言フ書附ヲ得テ夫ヲ適宜泊リノ宿驛ヘ示シ
宿ヲ定メテ貰フ事テ大阪カラ伏見ヲ經テ大津カラ東海道ト
言フ道順テ毎日徒歩テ凡十里位ツツ行ツテハ泊マツタカ道
中別ツニ變ツタ事モ無カツタカ同行シタ僕ハ又助ト言ツテ
肥後ノ熊本生レテ年齢五十歳以上テ身體強壯ナ男テ東海道
ノ往復ハ何十度シタトカテ大分慾シクアリシカ大ノ酒好キ
テ一里歩イタト言ツテハ休憩所ヘ寄ツテハ一合宛立呑ミヲ
スルカラ一日一舛以上ハ途中テ呑ミ泊リテハ又落附テ何合
カ宛呑ミ始修酒ノ香カ絶ヘヌ様ニシテ十三日目ニ無事江戸
ヘ着タカ僕ハ予ヲ宅ヘ送リ込ンテ引返シテ大阪ヘ帰ヘル考
テ居タカ予カラ帰宅ノ報知ヲ父君ヘスル時僕カ道中テ始修
酒ヲ呑ンテ居タ事ト父君カラ僕ニ渡サレタ旅費ノ勘定ヲセ

ヌ事ヲ通知シタラ父君カラ僕ハ其儘宅ニ居ル様ニ言ッテ來タノテ當人甚タ面白クナク暫時居テカラ且那様ノ御帰リマテ御暇ヲ頂キタイトテ辞シテ帰リ他家ヘ奉公シタカ其後父君ハ大阪ノ御用モ濟シテ帰東セラレタノテ予ハ品川宿マテ出迎ヘ同行シテ帰リ父君ノ駕籠カ將ニ宅ヘ入ラントセシ時父君カ宅ヘハ入ラス隣裏ノ藤原家ヘ入ラレタノテ宅テハ變ニ思ッテ其子細ヲ尋子テ見タラ江戸着ノ前夜ノ宿マテ僕カ出懸ケテ行ッテ宅カラ父君ニ報告シタノハ違ッテ居ル私ハ道中酒ハ餘リ呑マナイテ努メテ儉約シテ帰ヘリ旅費カ大分残リシヲ奥様ヘ御返シシマシタ様ナ譯テ私カ餘リ正直一天張ノ頑固者テスカラ且那様ニハ御氣ニ入ッテ居リマスカ若様ヤ其他ノ方ニハ御氣ニ入ラヌノテ無イ事迄モ御知ラセニナッタノテショウト巧ミニ言ッタノテ父君ハ夫レヲ實際ト思ヒ込マレ不快ヲ抱イテ帰ラレタ事カ初メテ分リ夫カラ一同テ色々實跡ヲ擧ケテ辨解シタノテ漸ク父君ノ機嫌モ直リ帰宅セラレシ

予ハ江戸ヘ帰リ暫ク休息シテカラ又漢學ヲ宮崎塾ヘ劍術ヲ

伊庭道場へト従前通リニ行ツタカ一箇年ノ外遊テ少シハ人ニ接スル道モ覺ヘ大阪テノ諸方テノ教育テ宮崎塾テノ輪講杯モ何分カ講述スル事カ樂ニナツタ様ナ氣カスルシ伊庭道場テモ前年ヨリ樂ニ打込ノル様ニナリシト思ヒシ

増井ノ姉カ病氣テ療養ニ來タ

増井家へ嫁セシ姉カ久數フラフラ病ニ罹リ醫者ニモカカリ藥用モ為セシカ一向治セス一時我家テ養生スル事ニナリ色々手當ヲシタカ依然其効ナカリシ増井家ノ人テ叔母ニ當ル人ノ勸メテ金生大明神へ伺ヒヲスル祈禱者カアリ大層病氣杯ヲ能ク治スト事タカラ一ツ頼ンテ見タラトノ事テ父君ハ大阪へ出張中タシ一同心配ヲシテ居ル時テアリシカハ頼ンテ來テ貰ツタカ祈禱者ト言フノハ五十歳前後ノ中婆サンテ携帯セシハ小サナ厨子テ中ニハ岩ノ形アル紙ヲ張リ附ケアルモノテ夫ヲ三寶ノ上ニ置キ病人ノ枕邊ニ奉安シ祈禱者ハ珠數ヲ爪繰リナカラ何カ念シテ後病氣手當ノ事ヤ食物ノ事ヤ外ニ色々ト病氣ニ關スル事ヲ言ツテハ三寶へ手ヲ掛ケ

頭ヲ下ケテ伺フノタカ夫カ輕ク上ル時ハ伺ツタ通重ク少シモ上ラヌ時ハ伺ツタ事カ違ツテ居ルト言フ事テ詰リ姉ノ病氣ハ氣永ニ養生スレハ治ル夫テ食物ハ鳥肉カ良クソウシテ其肉ヲ買フ方角マテ一々伺ツテ極メルト言フ譯テ凡ニ箇月計リモ差圖通リニシテ居リシ病人ハ發熱スルト譫言ヲ言ヒ下熱スルト自然ニ歸ルト言ツタ工合テアリシカ其後自然ト快方ニ向ヒ増井家ヘ歸リシカ祈禱者ハ其後モ時々來テハ色々ト祈リヲ上ケテ居リシカ父君カ歸宅後出入ヲ斷リシカ跡テ聞イタノニハ諸家ヘ出入シテ祈リヲ上ケテ居タカ直樓ニハ決シテ謝禮ヤ金錢ヲ受ケル事ハセサリシモ藥タノ食物タノヲ指定ノ家テ買ワセテ密カニ口錢ヲ取ツテ居タ事カ其節ノ耳ニ入リ遂ニ召取ラレテ入牢サレタトノ事テアリシ夫テ始メテ前ノ方角ヤ何カヲ指定セシ事カ分リシ

勞症ヲ病ム

大阪カラ歸ツテ暫クスルト予ハ氣欝症ニ罹リ明ルヒ處ニ居ルノカ嫌ニナツテ書見テモシテ居ルト其儘座シテ居ラレス

小サクナッテ机ノ下ヘ入リ込ミ賑ルテモナク鬱々トシテ居ル
ノテ家人ハ色々心配シテリ氣散シノ爲メニ物見遊山ヲ勧メラル
レ時々義兄増井以忠氏カ散歩ヲ勧誘ニ來テ無理ニ連レ出サ
レタカ少シモ面白クナク義理一篇テ同行シテ居ルカ一刻モ
早ク帰宅スル事ヲ望ンテ帰ルト亦例ノ机ノ下ニ入リ込ンテ
仕舞フト言フ有様テアリシカ其内ニ父君カ大阪カラ帰ラレテ
言ハレルニハ大阪テ松本良順先生ニ會ッテ正作ノ事ヲ話シ
タラ江戸ノ先生ノ留守宅ニハ能ク醫術ノ出來ル塾頭カ居ル
カラ帰ッタラ診察シテ貰フカヨカロウト言ハレシトテ一日
父君ト同道シテ和泉橋通ノ松本診療所ヲ訪子テ塾頭ニ會ッ
テ診察シテ貰ッタラ之レハ何テモナイ直キニ治ルカラ心配
セスニ毎日此處ヘ遊ヒカテラニ通ッテ來ヒトテ夫カラ大悦
毎日出掛ケテ行ッタカ時々診察モシテ呉レルカ色々面白イ
話ナソヲシテ約半日ヲ此處テ暮シ凡半月計リモ通ッタラ氣
分モ段々愉快ニナッテ全快シタカ之ハ病症ニ適シタ療法ヲ
行タノテ無論其間ニ服藥ハシテ居タカ藥ヨリモ氣分ヲ引立
セル事ニ努メタ効多キニ居リシト思ヒシ塾頭サンハ松本先

生カ任セテアリシ丈中々技倆カアリシト感服セシ

根岸ヘ轉宅ス

慶應三年父君ハ旗本カラ徽兵シタ歩兵隊ノ差圖役並勤方ト言フ役ヲ拜命サレシ格式ハ小十人格トテ將軍ヘ拜謁カ出來ル所謂目見以上テアル夫テ従來ノ下谷御徒町ノ住居ハ如何ニモ手狭タカラトテ上野ノ裏ニ當ル根岸ノ里ヘ轉居シタカ同所ハ坂本町カラ入ッテ三島神社ノアル直キ側テ上野靈屋ノ森ノ下ニ當ル所テ地面ハ凡七拾坪計ノ中ニ平屋建テ四間アル貸家テ前方ノ空地ヘ築山ヤ庭園ヲ其脇ニ菜園杯ヲ造ラセシカ下谷ノ繁雑ナ處カラ來タノテ至極閑靜タト思ヘリ其代リ日用品等ヲ求ルニハ不便テ一々坂下町マテ出掛ケナケレハナラヌノテアリシ

## 海軍傳習所時代

海軍傳習所ヘ入ル

根岸ヘ移ッテカラ間モナク(6)予ハ英語ノ稽古ニ下谷練塀小路ニ居ラレタ古屋作左衛門氏ノ語學塾ヘ通ヒ従來ノ宮崎塾ヘモ

通ッテ居タカ古屋塾ヘ凡半年計リモ通ッテ居タ時先生ノ話ニハ今度築地ノ元藝州侯ノ中屋敷跡ヘ幕府テ海軍傳習所ヲ設ケル事ニナリ英國カラ教師ヲ聘用シテ傳習ヲ受ケル事ニナツタカ夫レテ近日生徒ヲ募集スルカ一ツ應募シテハドオカト言ワレタノテ父君ト相談ノ上願書ヲ出シテ置タラ其後築地ノ海軍所ヘ試驗ノ爲出頭セヨトノ達シカ來タノテ行ツテ見タラ當時海軍ノ重職ニアル人達カ列坐サレテ其處ヘ一人宛呼ヒ出サレテ豫而書出シタ學業ノ履歴書ニヨツテ口頭ヤ素讀ヤノ試驗ヲ受ケルノタカ予ハ英語讀方意譯直譯漢書テハ四書五經ノ素讀等ノ試驗ヲ受ケテ後別室テ身體檢査ヲ受ケタカ醫師カ何タカ首ヲ曲ケテ居タカ暫時扣ヘテ居レト言ハレタノテ待ツテ居タラ外ノ人達ノ檢査カアツテ最後カト思フ時再ヒ呼ハレテ再檢査ヲ受ケテ當日ノ試驗ヲ濟マセテ帰宅セシ募集人員ハ八拾名テ出願者ハ數百名アリシト聞キシ予ハ學業ノ方ハ置テ身體ノ方カ再檢査ヲシタ位タカラ迚モ及第ノ見込ハナイモノト斷念シテ居タラ其後大分日數カ立ツテカラ或ル晩方御用使カ書面ヲ持ツテ來タノテ見ル

ト夫ハ御用召ノ書附テ明何日御用ノ儀之アリ海軍総裁屋敷ヘ出頭スヘシトノ事テ翌日僕ヲ一人連レテ神田小川町ノ土屋相模守殿ノ屋敷ヘ出頭シタラ外ニモ多勢召サレタ人達カ參集シテ居リ暫クスルト一同廣間ヘ通サレ土屋殿カ出坐シレ一同ニ向ツテ今般海軍傳習御用ヲ申附ケル有難ク御受シテ此ノ誓紙ヘ血判ヲスル様ニト申渡サレ順々ニ姓名ノ下ニ血判シテ最尾ノ人カラ之ヲ総裁ノ手許ヘ返納スルト更ラニ申渡サレシハ一體此ノ申渡ハ御本丸ニ於テ閣老カラ申渡ス筈ナリシカ御本丸ハ過般炎上假御殿モ御多端テ畧式ヲ以テ自分カラ一同ヘ申渡シタ次第テアル夫カラ今度ノ傳習ハ英國カラ教師ヲ招聘サレテ士官ヲ養成サレル事テ專心勉励能ク御趣旨ヲ奉スル様ニサレタシト諭告ヲ受ケテ一同ハ同郷ヲ退出セリ拝命ノ日丸ノ内老中若年寄海軍総裁海軍奉行等ノ屋敷ヘ禮廻リヲシテ帰ツタカ月番老中ヤ若年寄ノ屋敷ハ平日閉門シテ居ルカ月番以外ノ屋敷ハ小門丈ケ開イテアツテ正門ヲ出入スル資格者ハ其旨門番所ヘ斷ツテ其都度閉門サセテ通ル

ノタカ今度拜命シタ傳習生ハ父兄ノ身分ニ倣ツテ待遇ヲ受ケルノテ予ハ拜謁以上者トシテ廻禮ノ時開門サセテ出入シタ事ハ愉快テアリシ開門サセテ入ル人カ門内ヘ入ルト番士ノ一人カ門脇ニ下坐シテ大聲ニ御客ト呼フト本人カ玄関ヘ行ク迄ニ玄関番ハ敷臺ノ側ラニ降リテ來テ平伏シテ來意ヲ聞キ取リ客カ門ヲ出ルマテ扣ヘテ居リ門ハ出ルト直キニ締メルノテアル月番屋敷ノ開門シテアル所テハ入門前従者ヲ門番所ヘ遣リ身分ト通行スル事ヲ断ルノハ非番ノ屋敷ト同様テ送迎モ前記ノ通テアル

傳習生ハ傳習カ始マル數日前カラ傳習所ノ寄宿舎ニ入ル事ニナリシ寄宿舎ハ長イ平家建テテ両側カ寢室兼部屋テ部屋ト部屋トノ間カ廣間テ所々ニ大机ヲ並ヘテ共同テ用ユルモノトシ一體ノ構造ハ艦室ニ則リ寢室ハ一間毎ニ向合セニ二個ノ寢臺カアリ上ニハ小棚下ニハ戸棚カアツテ寢臺ニハ藁蒲團ヤ枕モ布カ備ヘラレ夫カラ入口ハ三尺ノ引戸カアツテ廣間ヘ出入スル様ニナツテ居リシ

所内ノ建物ハ各種教場端艇具物置櫺寄宿舎取締掛室大會食

場賄所教師館門番所物置小屋等テアリシ
教師ハ英國人テ総主任海軍少佐ドレーシー氏運用砲術主任同大尉某氏蒸氣機関主任同機関大尉ロブソン氏ノ外下士水兵カ凡十人計各專門ノ事ニ當レリ(7)

傳習生徒ノ総數ハ八十人テ大別シテ運用砲術蒸氣機関テ内七十人カ運用砲術十人カ蒸氣機関テ予ハ機関ノ方ヘ選定サレシ

傳習所ハ若年寄支配テ若年寄稲葉兵部少輔殿カ総括テ海軍奉行勝安房守殿軍艦頭赤松左衛門尉殿等カ上役テ直接管理者ハ久保田和泉守殿テ生徒取締頭取鵜殿團次郎氏取締芝田某氏外數名通辯乙骨太郎乙氏外數名テアリシ

今度ノ傳習ノ趣意ハ必要ニ依テ士官ヲ養成スル為メ計リテナク外國教師カ去ツタ曉ニハ次ノ生徒ヲ教育スル任ニモ當ルト言フ譯テ教師ノ招聘期限ハ滿二年間テ其間ニ傳習ヲ受ルノテ各專心學業ニ努メル事テアリシ

生徒ノ毎日採ル時間割ハ午前六時起床着服洗面六時半各部屋前ヘ整列シテ檢閲ヲ受ケ七時朝食八時ヨリ十一時迄授業

正午マデ自習正午中食午後一時ヨリ四時マデ授業五時マデ自習五時夕食五時半ヨリ随意入浴九時マデ點燈廣間デ自習九時後就寝ト言フ規定デアリシ土曜日ノ修業後カラ日曜日ノ午後六時マデハ取締役ヘ届濟ノ上随意外出スル事ガ出來タノデアル

予ハ同科ノ人達ト蒸氣機関ノ教師ロブソン氏カラ數學ノ教ヘヲ受ケツツアリシカ一週間ノ内一度ハ運用術ノ人達ト交ツテ端艇ニ乗ツテ外人ノ下士ヤ水兵ノ指揮ノ下ニ品川沖邊マデ漕行スルノデアリシカ並ンデ櫂ヲ扱フ事カ下手ナ為メニ他ノ迷惑トナルノデ何時モ舵取リノ方ヘ廻ハサレタカ夫レハ力カ弱イ為メニ思フ樣ニ操縦カ出來ス前後ノ櫂ニ衝突スルカラデアリシ舵ヲ取ル事ハ艇長ノ仕事デ外人ノ指導者モ並ンデ折々舵ニ手ヲ掛ケテ居ル事ハ一見優等者ニ見エルモ妙ナ廻リ合セデアリシ

數學ヲ教ハル事凡一箇月計リデ代數幾何ト段々六ケ敷ナツテ來タノデ復習ヤ自習ニ多ク時間ヲ費スノデ午後九時ノ消燈マデデハ不充分ナノデ寢室ヘ入ツテカラ内々蝋燭ヲ點シ

テ睡クナルマテ遣ツタノテ或朝抔ハ寢過シテ目カ醒メタ時ハ檢閲カ始マツテ居リ予ノ部屋ハ十番タカラモ一近クニ取締役カ歩イテ來ル靴音カシテ居ルノテ驚イテ飛ヒ起キ着服スル間カ無カツタノテ裸ヘ上衣ヲ着テ袴ヲ持ツテ入口ノ自席ヘ出テ両脚ノ前ヘ手テ押ヘ附ケテ居タラ直ク取締役ハ前ヲ通ツタカ室内ノ寢具ハ散亂シテ居タカ夫レヲ横目テ見テ行カレタノテ叱責ヲ覺悟シテ居タラ別段何事モナク濟ミシカ其風態ハ見苦カツタ事ト思ヒシ十番ノ部屋ニハ予ト浦賀與カノ男某氏カ居タカ氣性ノ變ツタ人テ餘リ親密テナカツタカ當日其人ハ時刻ニ起キテ檢閲モ平氣テ受ケテ居タカ同室ノ事テアルカラ一寸ト前ニ聲ヲ掛ケテ呉レテモヨイノタカ其處カ變ツテル人テ澄シタモノテアリシ

生徒カ授業ノ時士官達モ數名特ニ業ヲ受ケニ來テ居リシ此等ノ人ハ就職シテ居ル位タカラ一ト通業務ノ事ハ心得テ居ルノタカ猶研究ノ爲メ外人カラ其奥儀ヲ傳習スル事トテ教師ト高尚シタ對話ヲ爲セシヲ聞キシ

授業時間外タ刻ヤ日曜日ニ教師館ヲ訪問スルト教師ハ喜ン

テ色々ノ話ヲサレシ場内ヲ散歩シテ居ルト外人下士ヤ水兵達ニモ能ク會フノテ話ヲスル事モアリテ大ニ語學ノ練習ニナリシ夜中ニハ取締役ヲ當直室ニ訪子テ話ヲスル事モアリ
服制ハ黒又ハ紺色ノ呉絽或ハ羅紗ノ筒袖ノ腰マテノ上着ニ「ダンブクロ」ト言フ今ノ「ツボン」ヲ寛大ニシタ様ナ袴ヲ佩キ羽織ハ失張筒袖ノ打裂羽織テ裏ロノ下カ裂イテアルモノテ背中ニ各自ノ定紋ヲ縫ヒ紋トシ紋ノ色カ身分ニ依テ三種トセラレ布衣以上格カ白目見以上カ黄目見以下カ青ト言フノテ階級制度ノハケ釜シイ時代トハ言ヘ歐洲ノ軍術ヲ習ヒ日本海軍ノ基礎ヲ定メントシテ選ハレテ一様ニ傳習ヲ受ケル生徒ニ父兄ノ身分テアル階級ヲ直チニ用ヒテ羽織ノ紋ノ色テ區別シタノハ何ノ効カモナク唯身分高キ本人ヤ父兄カ滿足シタト言フニ過キヌノテ身分卑キ者ノ感情ヲ損子タ位ノモノテアリシ
食事ハ官給テ加太八右衛門ト言フ楚出請負人カ引受ケテ居タカ朝飯ハ味噌汁ニ香ノ物盃飯ハ魚ト野菜ノ煮附ニ香ノ物夕飯モ盃ト同様時ニハ一汁一菜ニ香ノ物テ三食共取締役ハ

生徒ト同席テ食事ヲ取レリ土曜日ノ夕刻カラ日曜日ノ夕刻マテ外出ヲ許サレタノテ予ハ大概家ニ帰ヘッタカ制服ヲ着テ歩クノテ其頭ハ未タ洋装カ珎ラシカッタノテ往來ノ人達ハ素ヨリ市内ヤ屋敷町ヲ歩イテ居ルト家ノ内カラ態々出テ見ルモノヤ中ニハ少壯過激ノ者ニナルト犬畜生毛唐人ニ降参シヤカッタ杯ト悪口ヲ吐キ時ニハ小石ヲ投ゲルモノモアリ當時ハ交通機關ハナシ築地カラ根岸マテデクデク歩イテ往復スルノテ途中カ随分危險テアリシ

入所シテ僅カニ箇月計リテ傳習所ハ閉鎖サレシ外國人一同ハ横濱ヘ引上ケ生徒一同ニハ帰宅スル様ニ達セラレシ如何ナル次第カト能ク聞クト夫レハ伏見鳥羽ノ戰破レ大阪カラ將軍慶喜公ハ江戸ヘ帰ラレ上野寛永寺ニ蟄居セラレ征東大總督有栖川宮ハ京都ヲ進發追討ノ途ニ登ラレ此ノ先徳川宗家ノ運命モ何ンナニナルヤト言フ至極切迫ノ時節ニ到達セシ次第タト聞キ同志者十名ハカカル際ニ望ンテ我等ハ未熟ノ青年タリトモ一人テモ必要ノ時ニ退散セラレシ事ハ

如何ニモ残念テアルトテ管理者ナル久保田邸ヘ参向主人公ニ面會シテ縷々素志ヲ述ヘタカ唯帰宅シテ後日ノ命ヲ待テト言フ丈ケテ要領ヲ得ンノテ一同ハ忿激シテ座ヲ蹴立テ立帰リ品川沖ニ碇泊シテ居ル軍艦ヘ乗組ム計畫ヲ為セリ品川沖ノ軍艦ハ幕府海軍ノ精鋭ヲ集メタモノテ之ヲ指揮総括スルノハ彼ノ榎本金次郎殿テ將ニ奥羽諸侯ヤ幕臣ノ脱走兵等ト海陸相呼應スル為メ不日發航セントシツツアリシ我等同志者ハ今日ニ至ツテ僅カ十人トナリ他ハ皆退去セシカ残タ者ハ意氣軒昂猶寄宿舎ニ留マツテ色々相談シテ居タラ賄方加太ヨリ賄所モ今日限リ閉鎖シマスカラ御退去ヲ願ヒマスト申出タノテ出發ハ今夜ト決シ所内ノ端艇ニ乗ツテ品川沖ノ軍艦ノ内榎本殿ノ座乗艦ニ乗リ附ケテ我等ノ志ヲ述ヘテ乗組ノ許ヲ得ル事ニシヨウ若シ許サレサル時ニハ自決スルノ外ナシト決心シ夜ニナルヲ待ツテ居レリ僅カ數箇月居リシ寄宿舎ニ離ルルノ情切ナルモノアリテ同志ノ一人ハ刀ヲ抜イテ平日使用セシ銅製茶瓶ヲ真ニツニ切リ其刀ヲ提ケテ端艇ノ釣シテアル場所ヘ行キ綱ヲ切ツテ水上ニ浮ヘ

一同乗組ンテ見タラ櫂カ足ラヌノテ予ト外一人ハ船具小屋ヘ駈附ケテ錠ヲ叩キ漸ク入口ヲ開イテ櫂ニ本ヲ持ツテ端艇ニノアル所ヘ行ツテ見タラ端艇ハ既ニ水門ヲ出テ遥カ遠ク漕出シテ居タノテ二人カ大聲テ呼ンタカ之レニ答ヘス進行シテ行キシカハ同志者ヲ置キ去リニスル様ナ輩トハ事ヲ倶ニセスト遂ニ海軍ヲ去ツテ陸軍ニ投セント意ヲ決シ二人ハ密カニ柵ヲ乗越ヘ所外ヘ出テ一人ト別レ予ハ直チニ根岸ノ宅ヘ帰リシ

帰宅後父君ニ謀リ陸軍ヘ投セントテ下谷坂本ニ居住サレシ吉岡某氏ハ幕府ノ歩兵頭テ當時部下ヲ引率シテ上野ナル謹慎中ノ徳川慶喜公ヲ守護サレシカ公カ水戸ヘ移ラレテ後モ依然其兵ヲ傳メテ

輪王寺宮殿下ヲ護衛シテ居ラレシ同氏ハ父君ノ知ル人トテ翌朝予ハ父君ト同行シテ同氏邸ヲ訪子タラ直キニ面會サレテ予ノ意見ヲ聞カレ夫ハ誠ニ感心ナ事タ早速入營ノ出來ル様ニ取計フカラ夫マテ待ツテ居テ貰ヒタヒトノ事テ同家ヲ辞去セリ

# 上野戰争時代

## 上野戰争テ一時増井家ヘ避難ス

有栖川宮以下官軍ハ追々東海道ヤ中仙道カラ江戸ヘ集マリ江戸城ノ受渡モ濟ンテ遂ニ上野ニ屯集セル彰義隊ヲ討伐スル事トナリシ或朝夜明ケ前ニ家主カラ不穏タカラ他ヘ避ケタラヨカロート言ッテ來タノテ予ハ近所ニ居ル出入ノ植木屋幾次郎方ヘ人ヲ頼ミニ行ッタカ坂本通ヘ出ルト避難シテ行ク老弱男女カ澤山アルノテ驚イタカ帰宅シテ朝飯ヲ食ヘテ居タラ上野ノ正面ノ方角ニ大砲ノ音カ聞ヘ夫カラ小銃ノ音モ聞ヘテ來テ段々ト音カ勵敷ナッテ來タノテ彌戰争カ始マッタト知リ予ハ祖母君ヲ連レテ増井家ヘ行ク事ニナリ各衣類包ヲ脊負ッテ出懸ケタカ當時増井家ハ小石川巣鴨ニ居住サレ上野トハ大分離レテ安全タト考ヘタノテ根岸ノ住所カラ御院殿下ヲ通リ團子坂ヘ行キシ御院殿ト言フハ東叡山輪王寺ノ宮御隱居所テ上野ノ裏ニアリシ團子坂マテハ無事テアリシカ坂ヲ登リ詰メルト其處ニ彰義隊ノ一部カ陣取ッテ居テ詰問ニ會ッタカ幕臣テ今老婆ヲ連レテ避難スルノタ

ト言ツタラ早ク通レトテ前進シテ駒込大観音前マテ行タラ道ノ眞中ニ大砲一門ヲ据ヘテ璋義隊カ扣ヘテ居タノテ其側ヲ通ツテ本御肴町カラ白山前ヘ出ル積リテ行ツタラ前カラ銃隊カ遣ツテ來タカ夫レカ何レノ兵トモ分ラス今ニモ後方ノ大砲隊ト戰爭カ始リハセヌカト人家ノ軒下ニ添ツテ歩テ行ツタラ祖母君カ自分ハ老人テ足カ鈍イカラ御前ハ構ハス先キヘ早ク通リ後ケヨト言ハレシカ予ハ御祖母ヲ護ツテ参ルノテスカラ御一處ニ行キマシヨウ若シ戰爭カ始マツテ彈丸ニ當ツタラ夫迄ノ運命テストト言ツテ猶前進シテ銃隊ニ接近シタラ其銃隊ハ左側ノ太田ト言フ大キナ屋敷ノ内ヘ入込ンテシマツタノテ彰義隊ト戰フ敵テナイ事カ始メテ分リ安心シテ白山ノ通ヘ出タ時突然後方テ大砲ノ音カシテ彈丸ハ遙カニ歩テ居タ上空ヲ飛ンテ行クノカ見ヘシ夫カラ無事ニ増井家ヘ行キシ

増井家ヘ落附イテカラ上野ノ方角ニ當ツテ盛ンニ砲聲カ聞ヘ黑煙ハ天ニ漲リ實ニ物凄ク夫カラ暫クシテ巣鴨ノ大通ヘ出テ見ルト避難スル人達ヤ璋義隊ノ敗兵ラシキ人達カ變裝

シテ板橋方面ヘ落チテ行クノヲ見ルト誠ニ哀ニ思ヒシ祖母君ト予カ増井家ヘ避難セシ當夜ハ父母達カ來ラレヌノテ心配ノ内ニ夜ハ明ケ其日夕刻父君丈訪子テ來ラレテノ話テハ家ヲ片附ケ必要品丈ケヲ植木屋ヘ運ハセテ居ル内ニ構内ヘ小銃ノ玉カ飛ンテ來ル様ニナツタノテ最早仕方ナク両人植木屋ヘ行ツタカ外カラモ多人數避難者カアツタノテ中々寝ル事カ出來スニ夜ヲ明シタカ今日両人テ來ル筈テアツタカ途中カ未タ混雑シテ居ルト聞タノテ二三日ノ内鎮静シテカラ來ル事ニシタカ別段變リハナイト言ハレタノテ安心セシ父君ハ翌日役所ヘ行クカラトテ増井老主人ト同行テ出掛ケラレシ

予ハ上野戰爭カ濟ンテ翌々日根岸ノ宅ヲ見テカラ上野山内ノ戰爭ノ跡ヲ見ニ行キシカ武士ノ姿テハ面倒タカラトテ頭髪ヲ町人風ニシ襟ノ掛ツタ羽織ヲ着テ褁キニ逃難シテ來タ團子坂通ヲ經テ根岸ノ宅ヘ行ツテ見タラ家ノ中ハ衣類ヤ何カカ散亂シ食ヘ物杯カ取散ラサレテアリシ之レハ彰義隊ノ脱走兵カ空腹ヲ充シタリ服装ヲ變ヘタリシタノタト思ツタ

父君カラ話カアッタノテ縁側下ヘ埋メタ大刀ヲ堀リ出シテ見タラ僅カ二日間計リテ刀身ニ錆カ出テ居タ根岸ノ家ヲ出テ裏道カラ山内ヘ入ツテ見タラ官軍ノ死體ハ取片附ケラレシモノト見ヘ跡形無ク彰義隊ノ死體ハ所々ニ散在シ其尤モ慘状ヲ極メラレシハ山王山附近テ見ルモ哀ワレナ有様テ入ロノ黒門外邊マテモ見懸ケラレシ

本郷ノ糟谷氏方ヘ同居ス

我等一家ハ一時増井家ヘ落附イタカ上野戦争後市内モ稍鎮静シテ來タノテ巣鴨テハ不便去リトテ根岸ヘ帰ヘル氣ニモナレス何レヘカ住居ヲ極メ様トシタ時父君ノ同僚テ糟谷某ト言フ人カ本郷追分ノ山岡鐵太郎殿ノ和邸ニ番人旁居ラレシカ家カ廣イカラ來テハドオタトノ事テ同邸ノ玄関ト坐敷ヲ借リテ一時外ニ家ノ見附カルマテ二箇月計リ居リシ同邸ニハ山岡殿ノ和漢ノ書籍カ土藏ノ中ニ一杯整然ト貯藏サレテアリシ予ハ糟谷氏ノ許ヲ受ケテ暇カアルト藏ヘ入ツテハ閲覧シタカ誠ニ有益テアリシ

同邸ニ居タ時或夜向側ノ三河屋ト言フ大キナ質屋ヘ多人數ノ強盗カ押掛ケテ來タカ同店テハ世ノ中カ物騒ニナツテ來タノテ店前ニ嚴重ナ板囲ヲシテ出入ニハ木戸ヲ設ケ日カ暮レルト夫ヲ締メ切リ家人ハ少シ離レタ所ニ床店ノアル裏口ニ三尺路次ノアル處カラ出入シテ居タカ盗賊ハ初メノ夜ハ正面ノ木戸ヲ破ツテ入ラント頻リニ其處ヲ叩キ廻ツテ居タカ容易ニ破レヌ上ニ夜明ケニナツタノテ遂ニ其儘引上ケタカ翌夜モ又遣ツテ來テ今度ハ例ノ三尺路次カラ勝手口ノ方ヘ入ツテ來タノテ主人カ手向ヒシタトカテ賊ハ刀ヲ拔イテ主人ヘ切リ附ケ手負サセ夫カラ家ノ者ニ案内サセテ藏ノ中ヘ入リ衣類ヤ金目ノ品々ヲ運ヒ出シ表ニ待ツテ居タ連中ノ荷車ニ積込ンテ悠々退散セシト後ニ主人カラ聞キシ話ノ内ニ跡テ見タラ紋附物ヤ發覺シ想ナ物ヤ嵩張ツテ金目ニナラヌモノハ置テ行キシハ餘程考ヘタモノテアルト予ハ祖母ト山岡邸ノ玄関ニ寝テ居タノテ往來カ近ク眼カ覺メテ聞イテ居タラ邸門ノ扉ニ人カ寄懸ル音ヲ聞キシ時々犬カ遠吠スル短銃ノ音カスル誠ニ氣味カ悪カリシ賊ハ二夜テ來ナクナリ

シカ隨分大概リノ遺リ方テアリシ本御追分ノ前記三河屋ト及對ノ駒込通ニ高崎屋(8)ト言フ大酒屋カアリ同家ノ先代カ法華宗ノ大信者テ今テモ巡禮者ニ先代ノ命日ニハ供養ノ為メ食事ヲ施シタリ錢ヲ與ヘタリシテ居リ其他同店テハ八丁四方ノ得意先ヘハ商品ヲ廉賣スル上ニ兼業ノ両替ニハ切賃ヲ取ラス夫故近所ノ人達ノ氣受ケカ良ク高崎屋ニ事カアレハ皆ナカ駈附ケテ助力スルト言フ評判カ高ク聞ヘシ當時江戸ノ市内各商店テハ夜ニナルト店ヲ締メ切ツテ居タニ拘ハラス同店丈ハ相變ハラス夜中店ヲ開イテ商賣ヲシテ居リシカ或夜大勢ノ人達カ店前ニ集ツテ來タノテ店員カ不思儀ニ思ツテ其人達ニ聞イテ見ルト今夜暴徒カ多勢テ御店ヘ押掛ケルト聞イタカラ皆ナ申合セテ加勢ニ來タノタト言ツタノテ主人初店員モ大ニ其好意ヲ謝シ一同ヲ引取ラセツツ言フニハ今後萬一暴徒カ押掛ケテ參リマシタラ火ノ見ニアリマス半鐘ヲ鳴シマスカラ其時ハ早速御加勢ヲ願ヒマスト頼ミシ此ノ評判カ廣マツタノテ唯ノ一度モ多數ノ悪漢計リテナク一人ノ無頼漢モ來ナカツタ事ハ誠ニ

聞クモ心持良キ美談テハアリシ

## 小石川戸崎町へ轉居ス

父君ノ伯父ナル長嶋善藏氏ハ久敷戸崎町ニ住居サレテ幕府時代ニハ公事訴訟ノ代理人トシテ出廷セラレ熟練者トシテ迎ヘラレシ維新後モ失張同様ノ事ヤ町内ノ世話ヲシ假ノ町役場ノ事務ヲ自宅テ取ラレテ世間トノ交際モ廣カリシ同邸内ニアル家ヲ明ケテ貰ッテ我家テハ其處ヘ轉居シタノテアル

同町内ニ居ル士族ノ妻君カ金巾ヤ寒冷紗ヲ絞ル事ヲ業トシテ多クノ弟子ニモ絞ラセテ居タノテ母君モ其人ノ弟子トナラレ數箇月通ハレテ居ル内其一家カ他國へ移ル事トナリ母君ニ其職業ヲ讓ラレタノテ自宅テ女子ノ弟子ヲ取リ絞リノ業務ヲ擴張シテ外神田ノ小間物問屋伊勢惣カ卸シ問屋トナリ父君ト予ハ生地ノ買出シニ下町ノ問屋へ行ッテハ生地ヲ買ッテ之レヲ背負ッテ帰リ大釜テ煮出シテ晒シ絞リ上ケタノヲ染メタリシタカ販路モ追々廣マッタノテ間ニ合ハナク

ナツタノテ生地ノ買出シヤ染メ方ハ一切問屋ニ任セテ專ラ絞リ一方トナツタノテ少シハ樂ニナリシ夫レテ毎日ノ臺所ノ仕事ハ母君カ忙カシイノテ父君ト予ト交代ニ飯ヲ焚イタリ菜拵ヘヲシタリシタ其内ニ弟子テ上達シタ人カ二三人出來タノテ母君ノ手モ大分樂ニナツタノテ予ハ煙草ヲ切ツテ生計ノ助ケヲスル事ニシタ
煙草ヲ切ル事ハ初メテテ夫レテ本御森川町ニ居ラレシ大野直記氏ト言フ舊幕臣テ以前カラ煙草切リヲ片手間ニサレシ人ノ家ニ弟子入ヲシテ煙草切道具一切ヲ求メテ毎日戸崎町カラ辨當持參テ通ツテ最初ハ同氏方ノ煙草ヲ切リツツ稽古シテ居ル内ニ追々上達シタト言フノテ同家ヘ出入スル煙草屋テ三河屋ノ下等品ヲ切ツテ少シツツ切賃ヲ貰ツテ居タカ下等品ノ切賃ハ至ツテ安直ナモノテ道具ノ内テモ鉋丁カ中々減ルノテ引合ハヌ位テアリシ大野氏カ言フニハ最早上達シタカラ獨立シテ大問屋ノ上等品ヲ切タラヨイ就テハ日本橋通リノ店ヲ紹介シテ遣フト一軒大問屋ヲ世話シテ貰ヒ戸崎町ノ家ノ近クニ小サナ家ヲ借リ受ケ之レヲ仕事場トシ

テ問屋カラ上等煙草ノ葉巻十斤分ノ代價ヲ前納シテ十斤ノ葉巻ヲ持ッテ來テハ切ッテ持行キ店員ノ改メヲ受ケタカ豫テ話ニハ聞イテ居タカ店員ハ苦情百出色々ト難癖ヲ附ケテ約束ノ切賃ヲ減少シ様ト言フ懸引カアルト予ハ未タ熟達セヌ上ニ年若トテ辛抱ノ限リヲ盡シテ居タカ或時持ッテ行ッタ煙草ヲ見テコンナ切リ方テハ迚モ賣レントテ折角奇麗ニ仕上ケテ行ッタ品ヲ一二斤數紙ノ上ヘ打チ撒ケテ揚句ノ果カ切賃値下ケト言ッタノテ感癪ニ觸ッテ堪ヘラレヌノテ残リノ煙草ヲ皆ンナ往來ヘ投ケ附ケテカラ店員ニ數金ハ貰ワヌカラ損ハ行クマヘ自分モ生涯コンナ煙草切ハシナイト言ッテ帰ッテ來タカ店員等ハ一寸驚テ居タ様テアリシ

## 横須賀時代

### 横濱ヲ經テ横須賀ヘ行ク

明治二年予カ十九歳ノ時煙草切ヲ止メテ一ツ横濱ヘ行ッテ外國人ニ就テ語學ヲ覺ヘ外國ヘ渡ッテ海外ノ事情ヲ視察シテ見様ト言フ考ヘヲ以テ横濱行ヲ思ヒ立チシカ同所ニハ前ニ述ヘタ本御追分ノ山岡殿扣邸ニ居ラレシ糟谷氏カ今ハ横

濱太田陣屋ニ居ラルルト言フ事ヲ聞キシユヘ先ツ同氏ヲ訪子テ見様トテ煙草切道具等ヲ賣拂ツタ代金ト別ツニ父君カラ貰ツタ金ヲ合セテ金五圓計ヲ携帯シテ品川ヲ經テ陸路横濱ヘ向ツタカ品川ノ宿外レヘ行クト未タ昔ノ雲助達カ澤山集マツテ居テ振リ分ケ荷物ヲ擔カセテ呉レトテ幾ラ斷ツテモ聞カス何處マテモ附テ來ルノテ無言ノ儘サツサト行クト大分來テカラ別レ際ニ馬鹿野郎トカ唖タトカ悪口ヲ言ツテ返ヘテ行タカ予モ往年父君ノ供ヲシテ旅行ハ度々シタカ夫ハ御用旅トテ雲助カラコンナ事ヲ言ハレタ事ハ一度モナカリシ普通旅人ノ跡カヲ附テ荷物ヲ擔カセテ呉レト強請シテ居タノハ能ク見シモ自分カ今度ハ言ワレタノテ一寸氣味悪ク感シタ段々歩イテ正午頃蒲田ノ梅屋敷マテ來タノテ此處テ中食ヲシタカ梅干梅ビシヲ海苔等ノ輕便ナ食事ヲシタカ其代價ハ十六文テアリシ

夕刻横濱ヘ着イテ野毛町ノ太田陣屋ト言フ舊幕時代ニ佛人ヲ雇ヒ歐式調練ヲシタ兵營テ今ハ宇和嶋藩ノ兵隊カ横濱護衛ノ爲メニ詰メテ居テ其大隊長ノ宿舎ニ糟谷氏カ下男トシ

テ奉公シテ居ラレシヲ訪子テ行タラ同氏ハ快ク予ノ希望ヲ聞カレ暫ク滞在シテヨイカラ目的ノ處ヲ探セトテ隊長ニハ同氏ノ甥タト稱シテ面會シ其日ハ一泊シ翌日朝食ヲ濟マスト直ク市中ヲ歩イテ奉公人口入所ヘ行ツテ西洋人ノ所ヘ奉公ヲト言ツタラ洋館ヘ入ルニハ夫々知リ合ノ人ニ照會テ入ルノカ多ク普通ノ口入屋カラハ餘リ入ル人ハナク夫レニ今丁度良イロモ聞カヌトノ事テニ三軒モ聞テ見タカ同様ナノテ夫カラ東京下谷上野町ノ呉服店テ宅ヘ出入シテ居タ山形屋カ支店ヲ出シテ居ル事ヲ聞キ探シテ行ツタラ丁度馴染ノ番頭カ居タノテ來意ヲ告ケタラ夫レハ良イ先カ早ク見附カレハ結構テスカト言ヒシカ急ニ運ヒ想モナク考ヘテ見ルト糟谷氏ハ奉公人ノ身分テ何日モ厄介ニナツテ居ル譯ニモ行カス何ナリト一時糊口ノ途ヲ求メナケレハナラヌトテ口入屋ヘ行ツテ今直ク雇ツテ呉レルロハ無イカト聞イタラ蕎麦屋ノ出前持ナラアルト聞イテ其日ハ晩方ニナツタカラ陣屋ヘ帰テ來タカ一夜寝ラレヌ儘ニ色々考ヘタ末横須賀ノ中村氏ヲ訪子ル事ニシタ同家ハ我祖母ノ甥ナル早川貞次郎氏ノ妻

君ノ里テ舊幕時代ノ普請方元締ノ家柄テ今ハ横須賀造舩所建設工事ノ請負人トシテ横須賀ニ居住サレテ居レリ翌朝糟谷氏ニ横須賀行ノ事ヲ話シテ別レヲ告ケ陸路ヲ野島ト言フ所マテ凡七里計リ歩タカ多クハ山路テ其内テモ能見堂ト言フ所ハ随分淋シイ木立ノ茂ツタ所テアル野島カラ横須賀マテ海路二里程アルカ乗合舩テ横須賀ノ舩着場邊見ヘ着タノハ暮レ方テアリシ夫カラ彼方此方ヲ聞キ合セテ漸ク中村家ヲ訪ヘリ

中村家ニ居リ造舩所ノ圖エトナル

予カ中村家ヲ訪子タノハ人顔カ漸ク見ヘル晩方テアリシカ玄関テ取次ノ女中ニ來意ヲ述ヘ待ツテ居タカ中々誰レモ出テ來ス其間ニ誰レカ二三度障子ノ隙キヤ又ハ少シ明ケテ覗イテ見ル様ナ風テアリシカ稍暫クシテ女中カ出テ此處ヘトテ坐敷ヘ通サレ第一ニ妻君カ出ラレ初對面ノ挨拶ヲシテ居タラ其内ニ中村氏モ出ラレ色々雑話ノ後希望ノ外人ニ接スル事ヲ述ヘタラ夫テハ通譯ノ人達ニモ知人カアルカラ話シ

テ見マスカラ宅ニ滞在シロト言ハレタノテ足ヲ停メ家事ノ手傳杯ヲシテ居タカ
彼是一箇月計リシテカラ中村氏ノ言ハレルニハ貴君ノ事ハ夫々人ニ能ク頼ンテ置キマシタカ今ニ入リラレル所カ無イノテ御待遠タト思フカラ一ト先御宅ヘ御帰リノ上御待下サイイロカ見附カツタラ直キ御知ラセシマスカラト言ハレ帰ラナケレハナラヌ事ニナリ夫テハ何分宜敷願ヒマス宅ヘ帰ツテ待ツテ居リマスカラトハ對ヘタカ
東京ヲ立ツ時何カ見附カラ子ハ帰ラヌト言フ決心テ出テハ來タカ止ムヲ得ススコスコ帰ル事カト其夜ハ寝ラレス今後ノ方針ニ就テ考ヘツツウトウトトシテ翌朝玄関ノ寝床ノ中ニ居タラ次ノ臺所テ妻君ト叔母サント言フ老女トノ話シテ木炭カ無クナツタカ濱口サンノ店テアノ良イ炭カ歎クナツタノテ内ノ焚料ニスルトテ一俵モ賣ツテ呉レナイカアレカ手ニ入ツタライイガト言ツテ居タノカ聞ヘタノテ當家ニモ永々厄介ニナツタカラ何カ禮ヲシテ行キタイト思ツテ居タノテ朝食ヲ濟セテカラ帰京スル爲一同ヘ暇乞ノ挨拶ヲシテ

表ヘ立出左ヘ行ケハ東京通ヒノ便船ヘ乗ル道右ヘ行クト濱ロト言フ薪炭店ヘ行ク道ナノデ直チニ同店ヘ行ツテ主人ニ面會シ能ク事情ヲ話シテ中村家ヘ希望シテ居ル良イ木炭ヲ自分カラ贈リタイカラ賣ツテ呉レル様ニ懇請シタラ主人モ外ヘハ賣ラヌ事ニシテ居マスカ御話ニ同情シテ五俵丈分ケテ上ケマスト言ツテ呉レ予モ感謝シ中村家ヘ予カラノ進物トテ送ツテ貰フ事ニシテ引返シテ乗船場ヘ行キ治右衛門船ト言フ東京通ヒノ小サナ和船ヘ乗組ミ同夕東京築地ヘ着直チニ小石川戸崎町ノ家ニ帰リ横濱カラ横須賀ノ話ヲシタカ中村家ノ方モ何時ト言フ當モナイノテ便々ト待ツテ居ル譯ニモ行カス

翌日カラ横濱貿易ニ関係アル日本橋通リノ或商店ニ就テ聞合セテ見タカ別段知人モ無ク立入ツテ相談スル譯ニモ行カス今ハ雇入ノロカナイト漠然ト断ハラレタカコンナ事テ弱ツテハナラヌ毎日足ヲ摺粉木ニシテ尋子歩イタラ何處カ入ルロカ在ルダロート勇氣ヲ起シテ其日ハ暮レ方宅ヘ帰ツテ見タラ今朝御前カ出テ行ツタラ其跡ヘ中村氏カラノ使タト

言ツテ嘉七ト言フ使用人ノ弟タト言フ人カ來テ正作サンカ御帰リニナツタ跡テ口カ出來カヽリマシタカ何分御本人カ不在テハ話カ進ミマセンカラ直キニ引返シテ御出下サイトノ事テアル予モ少シ合点カ行カヌカ態々呼ヒニ來タノダカラ何カ急ニ話カ進ンタノカト思ヒ其翌日又横須賀ヘ向ツテ出立中村家ヘ着タラ同氏ヤ妻君カ能ク帰ヘツテ下サツター端御帰ヘシマシタカ失張リ居テ下サラナイト口カアツタトキ急場ノ間ニ合ハナイト思ヒ嘉七ノ弟カ上京スルト聞タノテ頼ンテ上ケタノテ實ハ今直キ口カ出來タト言フ譯テハナク少シ辛抱シテ居テ下サレハ其内ニハ又良イ口カ出來ルト思フカラト言ハレ予カ考ヘタノニハ口カナイノニ態々迎ヘニヨコシタノハ如何ナル譯カ夫ハ外ノ事テハナイ立ツ時禮ニ送ツタ木炭ノ事テ欲イト思ツテ居ルカ手ニ入ラナイ其處ヘ先方ヘ懇請シテ送ラセテ呉レタト言フ事カ至極滿足ヲ來タモノテソコテ相談ノ未迎ヒヲヨコシタノテ其證據ニハ今度行ツタラ一層親密ニ取扱ツテ呉レテ居タ事テモ分ルカ中村家ヘ來テ何テモ半年計リシテ造船所ノ圖工ニ口カアル

トテ一日試驗ニ出懸ケタカ是迄圖面抔引イタ事モナク圖工ニナル考ヘモナク下稽古モ何モシナイテ突然出タヲ佛人ノ圖工頭カ船體線圖ヲ出シテ上ヘ薄葉紙ヘ礬水ヲ引イタモノヲ童子自身テ二三度嫺イ定規ヲ當テテ烏口ヘ墨汁ヲ含マセテ下圖通ニ線ヲ引イテ見セテ予ニ引ケト言フカラ其通遣ツタカ嫺イ定規カ中々下圖ノ線ニ合ハス夫レニ墨汁ノ濃イ薄イテ線カ長ク續カス二三度繼キ足シテ線ヲ引クト繼キ目カ出來テ見苦シク墨汁ヲ多ク含マセテ一度ニ長イ線ヲ引コートシタラ墨汁カ定規ニ附イテ穢ナイ線カ出來弱ツテ居タラ正午ノ休憩時間トナリ佛人先生カ來テ見テアナタ大層上手アリマスト言ハレ赤面シテ居タラ天保二十八ト言ツテ出テ行ツタカ何タカ一向分テンテ居タラ佐柄木清吉氏ト言フ圖工ノ取締ヲシテ居ル人カ來テ御前サンハ及第シテ明日カラ日給二十八錢宛下サル事ニナツタトテ御芽出度フト言ハレ初メテ佛人ノ言ツタ事カ分リ夫テモアンナ拙イ遣リ方テ能ク及第シタモノダト思ヒシ(9)

工部省十四等出仕ヲ拜命ス後海軍省トナル

試驗ヲ濟セテ中村家ヘ帰ヘッテ來タラ同家ノ人達モ大ニ喜ンテ呉レラレ夫カラ毎日辨當持參テ朝六時半ノ鐘テ入場七時カラ正午マテ就業正午カラ零時三十分マテ休息夫カラ午後五時マテ就業テ正味九時間半ノ働キ時間テ當時圖引場ノ人員ハ佛人「ジオフレー」氏[10]カ場長テ佐柄木氏[11]カ圖工取締テ平圖工ハ五人ナリシ其中テ予ハ年少者テ佐柄木氏ハ六十歳以上テ佛人ハ同氏ヲ呼フニ「パッパ」「パッパ」ト言ヒシ同氏ハ舊幕時代ニハ神田佐柄木町ノ名主テ舊家テアリシカ維新後流レテ横須賀ヘ來タモノテ日給四十六銭ト外ニ一人扶持ヲ貰ヒ小刀ヲ帯スル事ヲ許サレテ居リシ外ノ圖工達ハ予ノ外ハ年齢三十歳以上テ日給ハ三十二銭以上三十六銭マテテ舊幕臣モアリ商家出ノ人モアリ中ニ一人能役者モ居リシ

佛人「ジオフレー」氏ハ年齢三十歳位テ顔色青ク丈高ク痩セキスノ筋タラケテ見ルカラ癇癪持ノ様テ其上氣短カテ日本ニ永ク居ルノテ日本語ニ通シ用事ハ日本語テ達シテ居ルカ時々癇癪ヲ起シテハ圖工達ヲ叱リ附ケ足蹴ヤ手ヲ擧ケテ打擲

スルノテ圖工カ辛抱カ出來ス出テ行クノテ佐柄木氏ノ外ハ二年ト居ル人カナク佐柄木氏ハ何處カ如戈ナイ處カアルト見ヘテ最初カラ續イテ居ルノテアル予ハ入場當時カラ豫テノ希望通語學カ目的テアリシカハ同時ニ中村氏ノ懇意ナ中島戈吉氏トテ譯官ノ筆頭ヲシテ居タ人ノ家ヘ夜語學ノ警古ニ通ヒ居ル内ニ譯官稻垣喜多造氏方ヘモ行キ同氏達カ歸宅後ノ合間ニチヨイチヨイト教ハツテ居タカ或時中島氏ト話シノ中ニ「ヂヨフレー」氏ハドオタ子ト言ハレ前記ノ樣ナ叱ラレル語ヲシタ時同氏ノ言ハレルニハ「ヂヨフレー」氏ハ悪ヒ人テハナイカ癇癪持テアルカラ皆ナモ困ルダロート言ハレ其序ニ若シ怒ツタラ佛語テ謝マルニハドンナ言語ヲ使ツタラヨイカト言ツタラ「ドレナバンジヨブゾベーレー」其意味ハ自今私ハ貴君ニ従ヒマシヨウト言フ事テアルカラ覺ヘテ居テ怒ツタ時使ツテ見給ヘ功能カアルカモ知レヌトテ其後毎日之ヲ暗誦シテ居タカ

或時圖面ノ下書ヲ渡サレタノヲ能ク見ルト四角ノ内ニアル圓形ノ方カ尺カ延ヒテ居ルノテ聞テ見樣カト思ツタカ其日

ハ大分不機嫌ノ様テアッタカラ聞キニ行ッテ遣込メルト考ヘラレテハナラヌガ寸法通ニ引クト形チカ丸テ違フカト種々苦心ノ末寸法通ニシテ置タラ文句ハアルマイト決心シテ引キハ引イタカ丸テ形チカ違ッタガ見セヌ譯ニ行カス夫ヲ見セタラ一見スルト直ク顏色カ變リ小太イ「ナイフ」ヲ逆手ニ持チ啜鳴ラレタノテ廊下ヘ迯ケ出シタラ追ヒ駈ケテ來タノテ廊下ノ突當リマテ迯ケタカモ一迯ケ處ナク扉ヲ開ク間カナイノテ一生懸命ニナッテ豫テ暗穪シツツアリシ謝罪ノ佛語ヲ夢中テ言ッタラ氏ハ忽チ「ナイフ」ヲ衣嚢ヘ入レ顏色ヲ少シ和ラゲテ來ヒト言フカラ附テ行ッタラ自席ヘ帰リアナタ今言ッタ佛語誰レニ教ハリマシタト聞カレ私佛語ヲ稽古シマシヨウトテ毎夜中島サンヤ稲垣サンヘ行キマス今言ヒマシタノハ中島サンカラ習ッタノデスアナタモ成ヘク佛語ヲ話シテ下サイト言ッタラ機嫌カ直ッテ羅引洋紙ヲ二帖出シテアナタニ上ケマス勉強スル宜敷ヒト言ハレタノテ初メテ安心シテ是レハ何テモ充分話ノ出來ル様ニモット能ク語學ヲ勉強シナクテハナラヌト思ヒ中島サンヘハ其夜御禮ニ行

ツテ今日ノ事ヲ話シタラ同氏モ至極喜ンテ呉レラレシ夫カ
ラ譯官達ノ家ハ落ナク訪問スル様ニシタ中島氏稲垣氏ノ外
山崎直儁氏今村和郎氏細谷安太郎氏鶴田貫次郎氏今村有隣
氏熊谷直孝[12]氏等ヲ訪子先生達ノ話ヲ聞タリ書生代リニ用ヲ
達タリ佛語ノ質問ヤ時ニハ教ヘテ貰ツタリシテ毎夜十時カ
ラ十一時頃帰ツテ復習抔ヲセシ
譯官達ノ内山崎直儁氏ト今村和郎氏トハ山手ノ下宿ニ同居シ
テ居ラレシカ獨身者トテ予カ行クト話相手ヤラ用事ヲ頼マ
レタリシタカ近頃中村家テ造船所裏門通ニ可ナリ立派ナ家
ヲ新築シテ引移ツテ居タカ其ニ階六疊ノ間ハ見晴シモヨク奇
麗テ人目ニ附ク處カラ山崎氏ノ言ハレルニハ僕ニ何ノ二階
ヲ貸シテ貰ツテ賄ヲシテ呉レル様ニナツタラ御禮ニ君ヘ充
分佛語ヲ教ヘテ上ルカラ一ツ骨折ツテ運フ様ニシテ呉レト
頼マレ是レハ中村氏ニ話シテ山崎サンヲ移ラセタラ語學ノ
方ノ為メニナルト思ヒ同氏ノ頼ミヲ引受ケテ中村氏ニ話シ
タラ何ノ二階ハ特別念入ニ造タモノテ人ニ貸スト疵テモ附
ケラレルト困ル夫ニ若イ人達タト其邊ニ頓着カナク同僚達

モ出入スル事トテ猶更家ハ臺無ニサレルカラトテ兼知サレナカッタ中村氏ハ當時造船所ノ工場等ノ工事ヲ多ク引受ケテ居ル関係上佛人建築技師トハ始修引合ヒカアルノテ譯官達ノ世話ニナル事カ多ヒノテアル或時又中村氏ニ山崎サンノ希望ヲ入レテ二階ヲ貸シテ御覧ナサイ何カト通譯ノ事テ便利ナ事カアリマショートト言ッタラ熟考シテ見ルトテ一週間計リシテ段々考ヘテ見タカ二階ヲ少シ汚サレタカラトテ職業上ノ便益トナリ都合カヨイカモ知レヌカラ山崎サンカ希望セラルルナラ同氏ニ貸ス事ニショートテ予カラ同氏ニ兼諾ノ返事ヲシタラ大ニ欣ハレ早速ニ引移ッテ來ラレシ山崎氏カ二階ニ居ラレル様ニナッテカラ予ハ毎夜上ッテ行ッテハ佛語ヲ教ヘテ貰ッテ居タカ毎日ノ事テ面倒ニナッテ來タノテ或時階子段ニ予ノ足音カ聞ヘルト燈ヲ吹消サレタ事モアリシ夫カラ少シシテ同氏ノ心配テ造船所勤務時間中一時間校舎(13)ノ生徒ニ數學ヲ教ユル佛人「モンゴロー」氏ノ教場ヘ出席スル事ヲ許サレ毎日午前其處ヘ通學セリ其後又退場後カラ譯官達ノ若手連テ語學未熟者ノ通學シッツアル佛人

「トロツテル」氏ノ官舎ヘ一時間宛通學ヲ許サレ又生徒寄宿舎テ日本人ノ數學先生ノ處ヘ夜中通學ヲ許サレタカ右ハ全ク山崎氏カラ首長「ウヱルニー」氏ヘ話シテ通學スル事ニナツタノテアル

予カ造船所ノ圖エトナリシハ明治三年二十歳ノ時テ佛人「ジオフレー」氏指圖ノ下ニ働テ居タカ圖面ヨリハ專ラ語學ニ志シテ少シツツ日常ノ用ヲ達ス樣ニナリ同氏トハ前ニ述ヘタ佛語ノ謝罪以後打ツテ變ツタ樣ニナリ深切ニ大慨佛語テ話シテ呉レ吸鳴ラレル事モナク一箇年計リ過シタ時同氏ハ滿期帰國スル事ニナリ代リニ佛人「ホートラ」氏カ來タカ事務引継キノ時「ジオフレー」氏ハ一番ニ予ヲ「ホートラ」氏ニ照會シテ言ハレルニハ是ノ製圖場ニハ唯此ノ若者一人カ佛語ヲ話スノタカラ自分カ去ツタ後モ能ク此ノ人ニ依テ通譯シテ貫ヘト言ヒシ「ホートラ」氏日夲ニ來テ間モナイ事トテ早ロニ佛語計リテ話スノテ前ノ「ジオフレー」氏カ日夲語ヲ解シテ居ル上ニ静カニ教ヘル樣ニ佛語ヲ話シテ呉レタ跡トテ大分間誤附イタカ夫テモ製圖ノ話テアルカラ其内ニ双方トモ段々分ル

様ニナツタカ或時ノ如キ御前ハ分ラヌカラ外ノ分ル人ヲ呼ンテ來イト言ツタカ私ハ今語學ノ勉強ヲシテ居ルカラ段々ト分ル様ニナルカラト頼ンテ毎日皆ナノ通譯ヲシテ居タラ後ニハ樂ニ話ス様ニナリシ
新舊佛人場長ノ事務引継キモ濟タノテ「デオフレー」氏ハ久敷居住馴レシ横須賀ヲ跡ニ帰國サレル事ニナリ牛塩ニ掛ケラレシ圖工達ヤ知己ノ邦人同僚ノ佛人等ト別レテ横濱カラ歐州ヘ向フ郵船ニ乗組マレ遂ニ永キ別レトナレリ親密ニセシ人達ハ横濱マテ見送レリ予モ一行ト共ニ同所マテ送ツテ握手シテ別レシ
予ハ圖工トシテ入場セシモ語學カ第一ノ目的テアリシカハ前記ノ様ニ勤務時間中モ退場後モ諸方ヘ通學セシカハ其復習ヤ暗誦ヤ下讀ノ時間カ無イ為メ製圖中机ノ引出シノ中ヘ本ヲ入レテ置テ間々ニ讀習シツツアリシカハ他工場ノ佛人達カ製圖場ヘ来タ時予ノ顔ヲ見ルト引出シヲ開閉スル真似ヲシテ調弄ハレタモノテアル
日曜ノ休業日ニハ首長「ウエルニー」氏次長「チユボジー」氏其他ノ

佛人ノ居宅ヲ訪子テ談話ヲシタリ用事ヲ達シテ遣ツタリシテ居タノテ多クノ佛人ト懇意ニナツタカ佛人ニ十幾名其内妻帯者ハ五六名アリシ首長「ウエルニー」氏ハ未タ四十前ノ年齢ノ人テアリシカ萬事ニ氣ノ附ク勉強家テ予カ佛人ノ家ヲ訪問スルノテ誰レハ家ニ居テ何ヲシテ居ルカ又ハ品行上ノ事マテ尋子ラレタノテ見聞シタ儘ヲ正直ニ話スノテ何カ變タ事カアツタラ知ラセテ呉レト言ハレシ後ニハ佛人達モ其事ヲ知ツタト見ヘテアナタハ首長ノ家ニ出入スル想タカ自分ノ事ヲ聞カレタラ良イ樣ニ言ツテ呉レトテ好意ヲ以テ待遇シテ呉レタノモ面白カリシ

「ホーラ」氏ハ日本語カ分ラヌノテ予ハ始修同氏カ圖工達ニ差圖スル毎ニ引出サレテ通譯ヲスルノテ製圖ノ方ハ皆ナカ上達シテ居ルニ均ハラス取締ノ佐柄木氏ヘ迠モ通譯スルノテ大慨時間中喋ツテ用ラ達シテ自分ノ圖面ハ附タリ位テアノリシ語學研究ニハ願タリ叶タリテ得意ニ遣ツテ居タラ山崎氏カ予ニ御芽出度フト言ハレタノテ何ンテスカト尋子タラ君ハ近日役人ニナラレルノダカラ一寸御知ラセシテ置ク夫

レハ今ノ圖工取締ノ佐柄木氏ヲ土木建築技師「フロラン」氏ノ製
許ニ遣リ圖工ノ首席金澤達明氏ヲ横濱製鐵所ニ遣リ君ヲ
圖場ノ頭職見習トセラルルガ殘リノ圖工達ナラ君ノ下ニ働
クタロー欣ンテ呉レトノ事ナリシカハ夫程マテニ色々人々
ノ遣リ操リ迫サレテ御引立テノ段ハ何トモ有難ヒ事テスカ
小生ニハ御請スル事カ出來ヌ事情カアリマストテ次ノ事柄
ヲ述ヘタ
私ノ家ハ幕臣テスカ維新ニナツタ時父ノ知人カ大藏省ノ收
税官ヲシテ居ツタノテ父ニ出仕ヲ勸メラレシ時私ハ二君ニ
仕ヘサル舊習ヲ以テ斷然御斷ハリニナツタラト言ヒ張リシ
故父モ御前カ夫程ニ言フナラトテ先方ヘ斷リ私ハ官吏テナ
ク一身ヲ立テマスカラト父ニ言ツタノニ今牛ノ裏ヲ翻ス如
ク仕官シテハ前言カ水泡トナルノテスカラ御引立ノ御好意
ハ感謝シマスカ御斷リヲ申シマスト言ヒシニ同氏ハ夫ハ一
應尤ノ次第タカ今更ソンナ譯ニ行カス夫レニ廣ク考ヘルト
何ヲシテモ第一國家ヲ大切ニ思ハ子ハナラヌ佛人モ或期限
中ハ居ルカ次第ニ日本人テ仕事ヲスル様ニナラ子ハ國家ノ

爲ニナラヌ事ハ當然テ夫レニ技術者ハ必要ノ人テ技術カ上達スレハ上位ニ進ム事ハ當リ前ノ話テ職工ダカラ造船所ノ飯ヲ食ヘテモ良イカ役人テハ行カヌト言フ事ハナク世ノ中ノ形勢モ外國ト接スル様ニナツテ來タノテ昔ノ教訓計リ守テハ行カヌトテ種々外國ノ例ヲ引イテ專心國家ノ爲ニ働カ子ハナラヌ時勢タトテ說諭サレ夜通掛ツテ遂ニ同氏ノ說ニ從フ事ニシタカ其後役所ヘ呼ハレテ工部省十四等出仕技術心得ヲ拜命セリ(14)佐柄木氏ハ十五等出仕テ土木建築ノ製圖場ヘ轉シ金澤氏モ十五等出仕テ横濱製鐵所勤務トナレリ予ハ翌日圖引方頭職見習ト言フ辞令ヲ受ケテ從來ノ製圖場ニ引續イテ勤メル事トナレリ以上ノ如ク拜命ハシタカ何タカ父君ニ濟マナイ様ナ氣カシテ何アニ圖工テモ十四等出仕テモ一時修業中ノ道程ニ過ンノタト觀念シテ從前通リ遣ツテ居リシ

其後東京ヘ出テ久シ振リニ我家ヘ帰リシ時久堅町ノ入口ニアル掲示場ヲ何ノ氣ナシニ見上ケタラ朝廷ノ御爲ニ横須賀造船所テ勉勵シタ廉ヲ以テ此度拔擢拜命セリト予ノ姓名カ

記サレテアツタノテ予ハ驚テ之テハ最早父君達ハ兼知サレテ居ラレル事タト思ヒ家ニ入ルモ何タカ恐ロシイ様ナ氣カシタカ勇氣ヲ出シテ入ツテ見タラ御芽出度フト言ハレ極リカ悪ク夫カラ段々ト山崎氏トノ話ヲシタラ何アニ心配シナイテヨイ之レカ願ツテ拜命シタ譯テナク言ハハ腕盡テ拜命シタノダカラ掲示場ニマテ書出サレテ誠ニ名譽ナ次第タ區長カラ長嶋伯父サンヘ特ニ話カアツテ書出シタノタ想テ政府モ人氣ヲ引立テル爲メニアアシタノタロートテ皆モ喜ンテ呉レタトノ事テ何タカ氣恥シイ氣持テアリシ

十四等出仕ニナツタノハ明治六年六月テ相變ラス遣ツテ居タラ同年十月工部省ノ管轄カ海軍省ニ管轄替ヘトナリ海軍省テ遣ツテ居タ東京ノ石川嶋造船所(15)ヲ民間ヘ拂下ケテ其所員一同ハ横須賀造船所ヘ轉勤トナリ技術側テハ新タニ監職(16)ト言フノカ出來頭職ノ上位ニ居テ工場ノ事ヲスル様ニナリシカ監職達ハ多クハ長崎テ蘭人ニ就テ學ンタモノテ蘭語ハ話スカ佛語ハ分カラス佛人職長トノ間ニ横須賀育チノ頭職カ通譯ヲシタリ工事ノ事ヲ教ヘタリシテ新來ノ事トテ一向

様子カ分ラス佛人ノ中ニハ氣短カノモノカ多クアナタ此ノ工場ニ用アリマセン外ニ出ル宜敷ヒ杯ト言ハレ困ルト人モアリシ

我カ製圖場ヘモ監職トシテ岡田清藏[17]ト言フ人カ來タカ同氏ト予トハ別段衝突モセス同氏ハ人物モ穏カテ佛人「ホートラ」氏トノ間モ圓滿テアリシカ外工場ノ方ハ佛人初頭職モ職工出身ノ人達トテ兎角監職トノ間カ面白ク行カス隨分不平ノ聲モ聞イタカ其結果ナラン海軍省ヘ引繼カレテ改メテ從前ノ通ノ辭令ヲ受ケテ僅カ一箇月計シテ突然出仕ヲ差免ス主船寮ノ雇トシテ月給ヲ一圓増スト言フ辭令カ出タ[18]ノテ頭職達一同ハ寄合ツテ如何ナル譯テ判任官ヲ免シ雇ニ身分ヲ下ケタノタト役所ノ掛官ニ聞イテモ不得要領ナノテ予ト機械工場ノ枚田利三郎[19]氏ノ両名カ一同ヲ代表シテ首長「ウヱルニー」氏ヘ今度ノ事ヲ詰シタラ同氏ハ驚テ言フニハ自分ハ今御前サンカラ始メテ聞イタカ夫ハ容易ナラサル事テアル一同ノ不服ハ尤モテアル自分ハ當局者ト能ク話ヲシテ埒ヲ明ケルカラ一同ハ穏カニシテ待テトノ事テ一同ヘ其旨ヲ傳ヘテ

待ツ事ニシタ
翌朝首長ハ滊船横須賀丸ヲ仕立テテ東京ヘ行カレシト聞キシカ夫カラ三日後帰所サレテ予等ヲ居館ヘ呼ハレテ言ハレルニハ自分ハ
天皇陛下カラ此ノ造船所ノ事ヲ一切御委任ニナッテルノタカラ今回ノ御前サン達ノ身分ヲ變更シタノニ前以テ何ノ話モナク實行サレシハ海軍卿ハ承知ノ上サレシカト海軍省ヘ行ツテ勝海軍卿ニ面會シテ其事ヲ尋子タラ勝サンハ其事ハ能ク承知シテ居ナイカラ調ヘテ返事跡テスルトノ事テ自分ハ東京築地「ホテル」ニ滞在シテ御返事ヲ承ルトテ別レタカ翌日勝サンノ言ハレタノハ調ヘテ見タラ貴君ノ言ハレル通リ改正ニナッテ居ルアレハ今度石川嶋造船所ヲ民間ヘ渡シタノテ從來同所ニ居タ役員ヲ横須賀ヘ轉勤サセタノテ權衡上止ムヲ得ス頭職ヲ雇員トセシマテナリト言ハレタノテ夫程ノ改正ヲ何ンテ自分ニ一言モ話サナイテ遣ラレタノテアルカ二十餘名頭職ハ多數ノ中カラ技倆ヤ品行ノ優秀ナル者ヲ拔擢シテ役人ニ取立テ今ノ佛人職長等カ滿期帰國ノ上ハ事

業ヲ其人達ニ受持タセル考ヘテ骨ヲ折ツテ仕込ンタノテ造船所トシテ大功ナ人達テアルノニ他カラ割込ンテ來タ人達ノ爲メニ身分ヲ降下シ不滿ヲ懐カセルトハ何ント言フ遣リ方テアル自分モ態々出張シテ來タノダカラドオカ從前通リノ辞令ヲ本人達ヘ御渡下サイト言ツタラ今直ク從前通リニスルト言フ譯ニ行カヌカラ今後技倆上達ト共ニ追々役人ニ取立ルト言フマテニ突留メテ來タカラ不滿タロ一カ皆ナモ相變ラス出勤シテ呉レル様ニト言ハレタノテ一同ヘ其話ヲシタラ皆ナカ言フニハ首長ノ好意ハ何トモ有難イカ唯何トモ附カスニ出勤シテハ趣意モ立タス役所テハ食フニ困ツテ今ニ出テ來ルト待構ヘテ居ルノタカラ降參シタ様テ夫レニ月給ハ渡サス輕蔑シテ居ルトテ一同ハ出勤セス

工場ノ方テハ佛人職長達カ首長ニ向ツテ早ク出勤スル様ニシテ貫ハヌト仕事ニ差支ヘルト迫ル夫ヤ是ヤテアロ一月給ヲ五圓乃至六圓昇給スルカラ出テ來イト役所カラ各人ニ勸誘シタ結果第一ニ敗北シタノカ鍛治工場ノ石黒八右衛門ト言フ人テ佛人職長カラ是非仕事ヲ片附ケテト言ハレタトテ

出勤シタラ六圓ノ昇給辞令ヲ貰ツタノテ一人出ニ人出シテ遂ニ予ト杦田氏ノ二人丈ニナツタノテ首長ノ言ハレルニハ身分ノ事ハ今急ニ運ハンカ其代リ貴君ヲ次長「チユボジー」氏ノ助手佛人某ノ手傳トシテ工場見廻リノ役ニシテ工場ノ事ニ馴レタラ其内ニ「チユボジー」氏カ一度帰國スルカラ其時佛國ヘ連レテ行ツテ貰フト言フ條件テ出勤シテハト言ハレ佛國行ハ豫テノ志望通リトナルノテ餘程其條件テ出勤シ様カト思ツタカ當時ノ造船所ノ日本役人ト佛人トノ間ハ兎角圓滿ヲ缺キ首長ノ申條モ稍行ハレサル事カアルノテ面白カラスアリシ時トテ首長ノ厚意ニ計リ信頼スル譯ニ行カヌト觀念セリ

海軍省ノ所轄トナツタ時カラ佛人ヲ早ク帰シテ日本人然カモ長崎傳習ノ連中ヲ監職トシテ入込セ次第ニ佛人ノ手ヲ縮メサセル計畫テ一番煙タカツテ居ル首長「ウヱルニー」氏ヲ何トカシテ解約シ様ト其手筈ヲ研究シツツアルノテアリシ夫レハ次ニ記ス事情テ明ラカテアル夫レテ佛人仕込ミノ頭職ヲ其儘置テハ跡テ困ルカラ首長ニ相談スレハ不可能タカラ

断然實行シタノテアルソーシテ種々外ノ事柄テモ首長ノ言ヒ分ヲ壓迫シテ感觸ヲ悪シクサセ自カラ辞任スル様ニ仕向ケテ居ル首長ハ期限カナイカラ得意ニ何時マテモ遣ツテ居ラレテハ困ルノテアル以上ノ様ナ事情カアルノテ今度首長ノ言ハレタ併國行ハ結構タカ何時行カレルカ分カラス譬ヘ何時カ行カレタ所テ帰朝後得意ニ造船所ニ従事スル事カ出來ルヤ否ヤノ不安カアルノテ今度ノ機會ニ退身シタ方カ得策ト考ヘ杉田氏ト二人丈ハ何處迄モ本官ニ復サナケレハ出勤ハセヌト言切ツタノテアル

當時造船所長ハ赤松則良氏⑳ト言フ少將級ノ人テ平常ハ東京詰テ横須賀ニハ兵頭忠平氏㉑トテ造船權助級ノ人カ常務ヲ取ツテ居タカ同氏カラ予ト杉田氏ヲ呼ヒニ來タノテ官舎ヘ行ツタラ出勤シタラヨカロート言ハレタノテ出勤スル事ハ豫テ首長マテ述ヘタ通リテスカラ夫レカ行ハレル迄ハ出マセント言（ヒ）夫レテハトテ其儘分レタカ或時所長ノ赤松氏カ旅館三富屋カラ予ト杉田氏ヲ呼ヒニ來タノテ行ツタラ大層叮嚀ニ坐蒲團杯ヲ與ヘラレ四方山ノ雑話カラ今度ノ身分上ノ話

ニ移リ同氏ノ言ハレルニハ御前サン達ハ佛人カ歸ヘッタラ造船所ノ工事上多大ノ効献ヲシテ貰ハナケレハナラヌ身ノ上テアルカラ今僅カナ身分上ノ事ニ就テ彼是言ッテ居ル場合テナイ心ヲ廣ク國家的此ノ大事業ヲ成功サセルト言フ氣ニナッテ出勤勉勵シテハ呉レナイカトノ事テ両人カ答ヘタノハ唯今ノ御話ハ能ク伺ヒマシタカ將來造船所ノ為メニ大責任ヲ負擔スル人物カ何セ一度判任官ニマテ御取立ニナッタノカ突然雇員ニ引下ケラレタノテ御坐イマシヨウ夫レテ一同不服テ缺勤シマシタラ數箇月月給モ御渡ナク夫レテモ缺勤カ續キマシタラ今度ハ増給サレ其後追々出勤シマシタ者カ御サイマシタカ上ニ於テ以上ノ樣ナ輕蔑ヒラレタ御所置ヲナサレテモ専心國家ノ為メニ盡サナケレハナラヌモノテ御座イマシヨーカ既ニ出勤セシ人達ハ兎モ角私共両人ハ過日辭表ヲ呈出致シマシタカラ何卒一日モ早ク御差免シニナル樣ニ願ヒマスト言ヒシニ夫テモ未タ色々說諭ノ言葉カアッタカ結局辭退シタノテ同氏ハ少シ不滿ナ顔附テアリシカ遂ニ別レテ歸リシ

其後何トモ沙汰カナク無論月給モ渡シテ呉レスドオナツタカト思ツテ居タラ傳聞スル處テハ赤松氏ハ洋行セラルルノテ肥田濱五郎(22)氏カ代ツテ造船所長ニナラレシトノ事夫カラ同氏カ横須賀ヘ赴任セラレ舊來ノ弊風ヲ一掃スル事ニ努メラレ第一ニ御用商人一同ヲ旅宿ニ呼ハレ従來ノ悪風ヲ改メル様ニ懇々諭サレ以來役人ヘ賄賂ヲ贈ル者カアレハ用達ヲ差止メルト申渡サレ一同恐懼シテ退キシト流石ハ同氏トテ予ト杉田氏ノ辞職願モ許サレ事件以來半箇年間引摺ラレタ事モ茲ニ解決シ従來ヨリノ月給モ渡サレタカ同氏ノ言ハレタノニハコンナ事ヲ永ク引張ツ(テ)居テハ本人達モ可愛想タシ役所ノ體面ニモ拘ハル事テアルト

## 長崎時代

### 長崎造船所ヘ勤務ス

横須賀ノ方ノ手カ切レタノテ在東京ノ山崎氏カ墺國博覧會ヘ日本カラ出品ノ用務テ出張サレルノテ随行サセテ貰フ詰ラシタラ行ク人ハ皆極ツテ仕舞ツタカラ何トモ出來ナイカ裏キニ工部省時代造船所長テアリ當時製作寮頭テアル平岡

通義氏ニ君達ノ事ヲ先日話シタラ横須賀ノ仕方ハ餘リ惨酷テ可愛想タ何チラノ手カ切レタラ製作寮ノ方テ使ツテ遣ロート言ハレタカラ早速同氏ニ話シテ上ケヨウトテ其後山崎氏ニ聞イタラ先日直ク平岡サンノ邸ヘ行ツテ話シタラ山尾工部大輔トモ相談スルカラト言ハレタカラ一度平岡サンヘ同道シテ其後ノ事ヲ聞《カ》フトテ數日ノ後予ト山崎氏ト連レ立ツテ巣鴨ノ邸ヘ行ツテ平岡サンニ面會シタラ先日ノ話ハ山尾副全權ヘ話シテ兵庫ト長崎ノ分局ヘ一人宛使フ事ニシタカラ何レ近日表面通知スルカラ待ツテ居ル様ニトノ事テアリシ

明治六年五月三十日工部省ヘ出頭スル様ニ前日達シカ來タノテ本所砂村ニ居タ杉田氏ニ打合セノ為メ出掛ケテ行ツテ漸ク家ヲ探シ出シテ見タラ近所ノ川ヘ釣リニ出掛ケタトノ事テ夫カラ其邊ヲ探シ廻ツテヤツト同氏ヲ見出シ話ヲシテ帰ヘツテ來テ翌朝時刻前ニ同省ヘ出頭シタラ外ニモ多ク出頭シタ人達カ居タカ其内時刻トナツタカ杉田氏ノ顔カ見ヘンノテ大イニ氣ヲ揉ンテ居タラ其内辭令授與式カ始マリ呼

ハレタノテ止ム事ナク自分ノ辞令ヲ受ケテ和室ヘ帰ヘツテ來タカ未タ同氏カ見ヘスドオシタノカト案シツツ帰ヘル譯ニモ行カス待ツテ居タラ正午頃ニナツテ悠々ト遣ツテ來タノテ其日ニ拝命スル事カ出來テ漸ク安心カテキタ何セ遅クナツタト聞クト何アニ出懸ケ様トシタラ友人カ尋子テ來テ話ヲシテ遂遅クナツテ齊マセントシ言ツテ居タカ同氏ハ一風變ツタ面白イ氣質ノ人テアル夫レテ両人トモ製作四等少手ヲ拝命シ官等ハ十三等月俸ハ二十五圓テ従前ヨリ昇級シテ居ルノテ嘻シクアリシ翌日製作寮カラ両人トモ長崎在勤ノ辞令ヲ渡サレシ

拝命後横須賀ヘ行ツテ舊同僚ヤ知人達ヲ三富屋ヘ案内シテ別盃ヲ擧ケ役所ヘモ願ヲ出シテ挨拶ヲシテ帰ヘリ自宅テ旅支度ヲ調ヘテ杉田氏ト横濱テ出合フ約束テ明治六年六月七日ニ東京ヲ跡ニ出立シ横濱テハ米國商館テ飛脚船ヲ拵フ店ヘ行ツテ長崎マテノ切符ヲ買ヒ杯シタカ當時横濱カラ長崎ヲ經テ上海マテ通フ滊船ハ米國ノ飛脚船カ獨占シテ居タノテ歷テモ同船ニ乘ラナケレハナラヌカ自宅ヲ出ル時長崎行

キト言フノテ手廻リノ柳行李ヲ叮嚀ニ莚包ニシテ嚴重ニ縄紮ケヲシタノヲ商館員カ見テ是レテハ別ツニ運賃ヲ取リマスカラ莚ヲ御外シナサイト自身携帯トスレハ無賃テスカラト教ヘテ呉レタノテ「ナイフ」杯ヲ借リテ取外ニ掛ツタラ直ク艀カ出ルト急カレ外ノ客達ハ艀ヘ乗組ム様子ナノテ一汗ニナツテ漸クト莚ヲ外シ一同ト共ニ艀ニ乗ツテ本船ヘ乗組ンタカ杉田氏ノ一行カ見ヘンノテ又氣ヲ揉ンテ居タラ同氏ハ妻君ト小サナ子供ヲ一人連レテ日本ノ問屋カラ送ラレテ出帆ノ少シ前ニ本船ヘ來ラレタノテ安心セリ

米國ノ飛脚船ハ當時テハ大船ノ部テ大概七八百噸位テ外車ノ天秤式ノ機關テ速カモ遅ク九海里位テ海上平穏ナ時テ午後四時頃横濱ヲ出帆スルト翌日ハ遠州灘テ日ヲ暮シ其又翌日ノ午前十時頃神戸ヘ入港シ荷揚ケ荷積テ三十六時間モ碇泊シ夫レカラ午前神戸ヲ出帆シテ瀬戸内海ヲ經テ翌日ノ午後下ノ関海峡ヲ通ツテ玄海灘ヲ經テ長崎ヘ行キシ長崎着ハ神戸出帆ノ翌々日ノ午後タト思フ航海時間カ平穏ナ時テ凡四昼夜神戸碇泊カ一昼夜半都合五昼夜半位テ予カ初メテ行ツ

夕時ノ記事ヲ見ルト明治六年六月七日東京出立同月十三日長崎着トアルカラ七日間ヲ費シタ事ニナル

船ニハ上中下ノ三階級カアリ船賃ハ上等横濱長崎間カ三十六弗中等カ二十五弗下等カ十五弗テ上等室ハ船尾上甲板中等室ハ上等室ノ下甲板下等室ハ別段ナク船首荷積室ヘ積荷シタ上ヘ莚ヲ敷キ夫レヘ坐ワラセタモノテ乗客多キ時ハ甲板上ヘ牛馬ヲ繋イタ隣リヘ莚ヲ敷キ坐ハラセタモノテ夫カラ食事ハ上中等ハ各食堂テ洋食下等ハ大キナ飯櫃ヘ下等米ヲ金氣臭イ水テ焚イタノヲ入レ菜ハ刻ミ鯣ト昆布ノ煮附香ノ物ハ澤庵漬テ菜ハ小皿ニ盛ツテアルカ香ノ物ハ一處ニ大キナ鉢ニ入レテアリ茶碗ト箸カ廣蓋ニ積ンテアリ茶ハ申譯程入レタ金氣臭イノカ藥罐ニ入レテアルノテ空腹テ止ムヲ得ス少シ食ヘルカ少シ船醉ヒテモスルト丸テ手ヲ附ケヌノテ大概殘サレタモノテ夫レニ朝顔ヲ洗フニハ甲板ニ手押喞筒カアツテ自巳携帶ノ洗面器ヘ水ヲ汲ンテ洗フノタカ何テモ一時間計リハ水カ出ルカ其後ハ之レヲ止メルノテ水ハ一滴モ出ス洗面カ出來ナクナル便所ハ外車ノ運轉シテ居ル所

ノ側ラニ鐵棒カ横ニ取附ケテアルノニ摑ツテ海中ヘスルノテ波カ飛ヒ上ツタリ外車ノ重吹カ拭ツタリシテ女子供ニハ中々難儀テアリシ下等船客ハ實ニ不見目ナモノテアリシカ外ニ船ノナイ時節ト辛抱シテ乗ツタモノテアリシ
長﨑港ヘ着イテ初メテ上陸シテ行ツタノカ西濱町テ鶴屋ト言フ廻船問屋テ翌日杉田氏ト同道シテ大波止カラ通船ヲ雇ツテ飽ノ浦ノ造船所ヘ出頭シ所長岡部利輔氏(山口縣人)技師長英人「ストリー」氏工場監督英人「デキソン」氏属員技手達ニ面會新任人ノ挨拶ヲシタ予ハ製圖場ヲ受持ツ事トナリ杉田氏ハ機械仕上工場ノ方ヘ廻サレ翌日カラ出勤セシ技術方面ノ日本人テハ機械仕上工場ノ主任十等出仕技術心得桐野利邦氏(23)(鹿児嶋縣人)同助役十五等出仕技術見習木村熊三郎氏(山口縣人)鍛冶工場製罐工場主任兼人夫取締十等出仕技術心得松浦鐵兵衛氏(山口縣人)鑄物工場木形工場主任十等出仕技術心得橋本吉宗氏(佐賀縣人)等テアリシ
當分ハ市中ノ旅宿カラ通勤セシカ造船所ノ門外稲佐ニ一軒ノ家ニ間借シテ杉田氏一家ト予トハ之レニ移リシカ其後構

内官舎ニ桐野氏木村氏カ僕ヲ一人ト職工上リノ青年一人ヲ遣ッテ居ラレシカ何レモ獨身生活ヲシテ居ルカラ君モ一人處ニナレト言ハレ着シテ間モ無イ事テアリ杉田氏ハ予ト同居シテ萬事扶ケ合フト言ッテ居タ際テ別レ憎クハアッタカ桐野氏等カラ勧メラレルノテ思ヒ切ッテ杉田氏ト別レテ官舎ノ方ヘ行ッタカ官舎ト言ヘハ立派ナ様タカ平家建ノ小屋テ疊ハナシ床板ノ上ニ大キナ寢臺ヲ据ヘテアッテ床板ノ間カラ雑草カ出テ居ルト言フ次第テ桐野氏ハ家族ヲ國ニ置イテアルトカテ單身木村氏ハ獨身テ桐野氏ハ以前國ノ軍艦ニ乗組ンテ居タ經驗カラ總ヘテ規則正シク何テモ軍艦生活ノ様ニスルトテ我々ニモ夫レヲ行ハシメタ僕ハ毎日市中ヘ行ッテ買物ヲシテ帰ヘルト炊事萬端ヲ為セシ青年ハ仕上ケヤ小細工ノ腕カ中々良イノテ始修色々ナ品物ヲ造ッタリ金属ノ配合ヲ研究シツツアリシ同人ハ居候格テ僕ノ牛傳モシタカ多ク細工物ヲシテ居タ桐野氏カ其腕前ニ見込ミヲ附ケテ後日之レヲ使用セントセシモノテアリシ桐野氏木村氏ト予ハ一箇月交代ニ會計ノ事ヲ司トリ三人カラ出金シタノヲ出納

簿ニ記シテ月末ニ次ノ人ヘ引渡ス事テアリシ
工場ヘノ出勤ハ職工ノ登場前ニ行ツテ一同カ就業スルノヲ見テ食事ニ帰リ食事後直キニ工場ヘ行キ正午ノ休憩ノ鐘ヲ聞イテ帰リ午後就業ノ鐘ヲ聞イテ工場ヘ行キ夕刻ハ職工カ退場シテカラ帰ルト言フ至極嚴重ナ勤メ方テアリシ
予ノ勤メル製圖場ハ予カ行ク迄ハ早田ト言フ四十歳位ナ圖引ト和田ト言フ三十五歳位ノ二人テ間ニ合ツテ居タカ夫レハ其筈テ工場ハ仕事カ無イノテ五馬力程ノ「ロコモビール」カ三基豫備ニ造ラレテ居リ其外重立ツタ仕事ハ修繕テ小管造舩場ノ引上臺ヘ舩カ上ルト機関ヤ滊鑵ノ修繕カ出ルノテ工場ノ仕事カ出來ル夫レカ當時舊藩ノ持ツテ居タ軍艦ヤ滊舩ハ修繕ノ為是非共長崎造舩所ヘ來ルノテ造舩所ハ立行イタノテアル小修繕テモ三四箇月大修繕テハ半箇年以上モ掛リシト聞キシ
桐野氏ノ官舎ニ三箇月計リ居タ予ハ烈シイ脚氣病ニ罹リ脚部ハ水腫レトナリ歩行困難動氣高ク夫レテ市中ノ鶴屋ヲ頼ンテ其處ヘ移リ長崎病院テ蘭人ノ「ドクトル」ニ診テ貰ツタラ

身體カ衰弱シテ居ルカラ滋養食ヲ取リ暫ク休業セヨト言ハレ長崎ニハ鶏鋤屋カ多イノテ鋤焼屋テ鶏肉ヲ出サセ之レヲ長ク煮出シテ「ソップ」ノ様ナモノヲ拵ヘテ食ヘ杯シテ鶴屋ニ滞在シテ居タカ同店ハ客カ多ク出入スルノテ近所ノ同店ノ持家テ二階ニ道具類ヲ積込ミ下ハ仕立屋ニ貸シテアル其ニ階ヲ一部片附ケテ之レニ移リ食事ハ鶴屋カラ運ンテ貰ッテ毎日病院通ヒヲ遣ッテ居タ桐野氏ヤ木村氏杯カ時々見舞ニ來テ呉レテ此處ハ餘リヒドヒカラモー少シ良イ家ヘ移ッタラヨカロートテ製圖場ニ居ル和田ノ懇意ナ人カ今度鍛治屋町テ旅館兼下宿ヲ始メタカラ其處ヲ見テ宜カッタラ移ッテハト勧メラレ木村氏ト見ニ行ッタラ家ハ廣ク立派ナモノテアルカ家族ハ若イ主人夫婦ト乳呑児ノ三人テ別ツニ奉公人モ居ラス氣兼モナク宜カロートテ木村氏モ來ルトテ両人カ初メテノ客トナレリ木村氏カ桐野氏ト別レルノハ今度桐野氏カ辭職サレテ東京ヘ行カレル事ニナッタカラテアル
今度行ッタ鍛治屋町ノ下宿ハ家カ廣ヒノニ客カ無イノテ我々両人ハ二階ノ廣間ヲ二タ間モ借リテ居タカ家ノ立派ナノ

ニ似合ハス食器ヤ外ノ器物カ至ツテ粗末テ數モ尠ク不思儀
ニ思ツテ和田氏ニ聞イテ見タラ先代ノ時ハ全盛テ商賣モ繁
昌シテ居タカ親父カ死ンテカラ奉公人カ勝手ナ事ヲシテ其
上今ノ主人カ道樂ヲシテ散々遣ヒ込ンテ遂ニ何ンナニナッ
タノテ氣ノ毒テストテ其内情カ分ツタカ我々両人ノ辨當箱
ヲ貸シテ呉レト言ツタラ予ノ分ハ蒔繪ノ立派ナ辨當箱ハヨ
イカ飯入レハ三味線糸テ縛ツテアルノテ飯ヲ入レテアル間
ハヨイカ空ニナルト壊レテ仕舞フノテ弱ツタカ去リトテ代
品ハナシ自分テ買フニハ手許ニ金ハナシ何テモ月給ヲ貰フ
マテ半月計リ夫レテ辛抱シタ事カアル予ノ脚氣モ殆ント全
治シタカ未タ時々病院ヘ疹テ貰ヒニ行ツタカ蘭人「ドクトル」
ノ言フニハ轉地療養スル事カ一番良イト言ハレタ
以前造船所テ技術見習ヲシテ㉔今ハ耶蘇新教ノ修道師英國人
某氏ノ助手ヲシテ居ル山田某氏カ或時下宿ヘ尋子テ來ラレ
自分ハ萬歳町ノ山口屋ト言フ仕立屋ノ二階ニ居ルカ二階モ
廣シ家族達モ好人物タカラ來タラドオダト言ハレ木村氏ト
早速其家ヘ移ツタカ山田氏ト三人テ二階三間ヲ借リテ一人

ノ賄料ヤ一切カ月三圓宛テアリシ山田氏ハ予ノ轉地療養ノ事ヲ聞カレ自分ハ近ヒ内一度國ヘ帰ヘルカラ同道シテハ如何カ國ニハ兄ノ一家カアルカラ遊ンテ來ヨウト言フ事テ役所ヘハ出養生ノ届ヲシテ山田氏ト同行スル事ニシテ下ノ関テ上陸シテ同所テ米穀ノ相場ヲシテ居ル同氏ノ叔父サントカ言フ人ノ家ニ二泊計リシテ滊船テ三田尻ヘ行キ上陸小郡ヘ行キ同氏ノ親族ノ家ヘ立寄ッタカ中々立派ナ家テ主人ハ五十歳以上ノ人テ中野悟一氏カ山口縣令トシテ來タ時井上候カラ紹介テ入縣其足テ同家ヲ訪子色々縣下ノ情况ヲ尋子ラレタカラ悉敷詰ヲシテ大ニ同氏ヲ輔ケタトテ縣下テハ幅利キノ人ト思ハレシ其家ヲ辞シテ山口ヘ近附イテ行キツツ一軒ノ百姓家ヲ訪子シカ夫レハ山田家ニ以前奉公セシ番頭ノ家トカテ山田氏ノ來訪ヲ喜ヒツツアリシ夫カラ其處ヲ出テ暫ク行クト野中ニ白壁ノ塀テ廻ラシタ大キナ一構ヘカ目ニ附イタカ夫レカ山田家テアリシ

山田家ハ大酒造家テ構内モ廣ク家モ立派テ縣令カ巡田ノ時ニハ何時モ同家ニ立寄ラレルトカ予ハ山田氏ト凡一箇月計

リ同家ニ滞在シテ山口ノ市中ヤ湯田ノ温泉ヤ其他ヲ見物セシ山田家ノ近所テ親族吉富家ヘモ行キシ當時主人ハ大阪ノ井上候カ經營サレシ蓬來社ニ従事中ト聞キシ留守宅ニハ女隱居テ活潑ナ人ヤ妻君ヤ子供召遣ヒノ男女カ居リシ東京ノ珎ラシイ話ヲ聞キタイトテ大イニ歡迎サレシ山田家ハ純昔風ノ質朴ナノニ對シテ當家ハ改進ノ氣風アル面白ヒ家テアリシ山田家ニ滞在中同行ノ山田氏ハ時々獨リテ外出シ泊ツテ帰ヘル事モアリシ予ハ廣イ坐敷ニ徒然テ居タラ女中カ來テ御體屈テシヨウカラ此方ヘ御出ナスツテハトテ主人ヤ令室達ノ居ル大キナ爈ノアル居間ヘ案内サレ家族ノ人達ト色々世間話ヲシテ大イニ助カツタカ或時ハ構内ノ酒造場ヤ構外附近ヲ散歩セシ同家ハ山口市中カラ大分離レテノ一軒家テ周圍ハ田地テ囲マレテアリシ

山口ニ滞在シテ居タラ佐賀ニ騒動カ起ツタト聞イタノテ夫レハドオ言フ譯タト尋子タラ江藤一派カ佐賀ニ亂ヲ起シ守備兵ト戰ヒ縣令ハ下ノ關邊マテ迯ケタ位タカラ長崎ハ嘸騒イテ居ルダロウカラ是非帰ヘラ子ハナラヌノテ山田家ヲ辞

シ山田氏ト一處ニ出立シ途中右田ニ同氏ノ親族ヲ訪問シテ宮市ヘ出テ天滿宮ノ宮司テ同氏ノ知人ヲ訪子社家ヘ一泊シ御祈禱ヤ御後ヒ杯ノ話ヲ聞イテ面白ク深夜マテ話シテ寢ニ就キ翌日ハ三田尻ヘ出テ土產ニ菓子ヲ買ツテ中ノ関ニ同氏ノ妹君ノ嫁セシ酒造家ヲ訪子テ數日滯在セシテ其家ハ若夫婦ト見世ノ奉公人丈ケテ大ニ歡迎セラレ愉快ニ談話ヲシタリ市中ヲ主人ノ案内テ見物シタリセシ主人ハ未タ若イカ土地テノ幅聞キヲシク市中ヲ歩クト會フ人毎ニ先方カラ頭ヲ下ケシ主人ハ外出ノ外内ニ居ル時ハ妻君ト共ニ懇ロニ談話ヲシタリ新聞ヤ雜誌ヲ數多ク出シテ見セテ呉レタリ三度ノ食事モ我々ノ爲ノニ料理屋カラ取ツテ呉レルノテ好ミヲ聞イテ呉レテ其間ニハ甘ヒ物ヤ杲物ヲ馳走シテ貰ツタリ若イ者同志トレテ話モ面白ク深夜マテ話ヲシテ遲ク寢ルノテ朝ハ緩ノリ起ルト風呂カ沸イテ居テ直ク入浴シテカラ朝食ヲ取リ愉快ニ日ヲ暮ラセシ

中ノ関ヲ跡ニ三田尻ヘ出テ同所カラ下ノ関行ノ汽舩ニ乗組ンタカ中ノ関ノ主人ハ見世ノ者ニ重詰ヲ持タセテ舩マテ送

ツテ來ラレ出船スルマテ居ラレテ別レヲ告ケシ船ハ無事タ刻下ノ関ニ着イテ以前ニ泊ツタ相場師サンノ家ヘ行ツタラ佐賀ノ詰カ確實ニ分リ乗船スル時波止場テ警官カ嚴敷調ヘルガ九州ヘ渡ル旅客ヲ尤モ入念ニ調ヘル其内テ商人カ寛大テ無職ノ士族ヤ書生トナルト中々嚴重ニ調ヘ應荅カ不完全タト乗船ヲ許サレナイト聞タノテ山田氏ハ長崎ノ英國宣教師ノ徒弟タル証明書カアルノテ夫レヲ出セハ能イカ予ハ官吏テアルト言フ證明ヲ持タヌノテ小野屋正助ト言フ米屋テ山口ノ山田家カラ頼マレテ長崎ヘ米ノ事テ行クト言ツテ波止場ノ檢査モ濟ンテ乗船博多ヘ向ケ出港シタカ博多テハ一時上陸スル客モ扣ヘサセラレ船ハ長崎マテ行カレルカ分ラヌト言フ事テ大分氣ヲ揉ンタカ其内船内ノ檢査モ濟ミ彌長崎ヘ向フ事ニナリ長崎ヘ着イタラ檢査ハ上陸ノ時大波止テスルト聞キ一同上陸シタカ大波止ニハ縄張リカシテアリ警部ヤ巡査カ並ンテ居ル前ヲ一人宛行カセテ住所姓名職業用件等ヲ聞イテ居タカ見ルト弱ツタ事ニハ其警部ト言フ人ハ山口屋テ合宿シテ居ル顔馴染ノ人テアルニハ一寸困ツタノ

ハ此處テ實名ヲ明スト下ノ關ヤ博多ノ時ト違フノテ失張米屋ト答ヘタラ一寸變ナ顔ヲシタカ夫レテモ無事ニ通ッテ山口屋ヘ帰ヘッタカタ刻同氏カ帰ヘッテ來テ笑ヒノ中ニ一寸困ッタヨト言ヒシ

山口屋ヘ帰ヘッテ見タラ家人ハ男子丈ケテ家具一切カ片附ケラレ疊丈ケ敷イテアッテ商賣モ休ンテ居タニハ驚イタカ話ニハ今ニモ江藤一派カ來ルカトテ市ノ入口要所ニハ警官ヤ臨時ニ守備ノ爲メ雇ハレタ人達カ無ケナシノ大砲ヲ引張リヤッテ守ッテ居ルト言フ事テ翌日造船所ヘ出テ見タラ別ツニ變ッタ事モナク其内佐賀ノ亂モ片附テ長崎市中ハ静謐トナレリ

造船所テハ所長岡部利輔氏カ兵庫造船所ノ方ヘ轉セラレ長崎ニハ六等出仕渡邉蒿藏㉕氏七等出仕藤本磐藏氏カ新タニ赴任セラレシ両氏トモ多年英國ニ留學セラレ渡邉氏ハ造船藤本氏ハ機械ヲ專攻セラレ今度帰朝早々拜命サレタノテアル両氏トモ山口縣ノ人テ渡邉氏カ所長藤本氏カ次長テアリシ從來蘭人ノ聞イタ造船所ハ至極小規模ナモノテ夫レテ今度

一體ニ工場ヲ擴張スル事ニナリ飽ノ浦機械工場ハ英人「ストリー」氏ノ設計ニ基ツキ立神ニ舊幕府時代ニ着手シ掛ケタ船渠ヲ擴大シテ完成スル事ニナリ今度横須賀テ滿期トナリシ佛人土木技師「フロラン」氏ヲ聘シテ船渠ノ事ニ當ラシメ外ニ佛人ノ助手一人ヲ雇ヒ着手スル事トナレリ「フロラン」氏ハ長崎ノ外兵庫造船所ニ新タニ引上船臺ヲ造ル事モ兼務サレテ居タノテ通譯ニ大橋負光氏カ附イテ居ラレシカ兵庫ノ巡囬ヤ船渠用ノ石栈取調ヘテ諸方ヘ出張勝テアルノテ助手佛人ノ通譯ヲスル人カ無イノテ予ハ横須賀以來「フロラン」氏ヲ知ツテ居タノテ同氏ハ予ニ立神ヘ來テ呉レト言ハレタカ飽ノ浦ノ方モ擴張工事中テ「ストリー」氏カ離サス夫レテ立神ヲ兼務スル事ニナリ半日宛行キシ

飽ノ浦機械工場ノ方ハ機械仕上工場鍛冶工場鑄物工場木形工場製罐工場銅工場組立工場栈料倉庫等一切ヲ煉瓦造テ新築シ諸機械ハ從來ノ品ヘ更ラニ新機械ヲ加ヘ機械組立製罐ノ工場ニハ架空起重機ヲ鑄造鍛冶ノ工場ニハ引廻シ起重機ヲ海岸ニハ重量物昇降「シヤレークス」ヲ備ヘ當時ノ船舶新造

ヤ修繕ニ差支ナキ様ニ設備サレシ技師長「ストリー」氏ハ此レ等ノ設計製圖ヤ諸修繕ノ計算等ヲナシ日本人側ノ小修繕等ノ事ハ技師長許シノ下ニ予カ引受ケテ為セシ當時ノ得意先ハ海軍省ノ軍艦ヤ運送船三菱會社ノ滊船鹿児島ノ島津公ノ持船琉球ノ滊船工部省ノ燈臺見廻船三池鑛山分局ノ諸機械類大阪ト九州通ヒノ滊船ヤ其他雑工事テ日ニ増繁榮ニ趣キ日夜奔走工事ニ従事セリ

予カ長崎ヘ行ツテ凡一年計ノ間ニ従來ノ技術方面ノ重立チシ人達ハ同所ニ居ラナクナリシ桐野利邦氏ハ辞職サレテ一且東京ヘ出ラレ間モナク海軍テ七尾港ヘ造船所ヲ起サレルノテ所長トシテ就任サレシ豫而同氏ニ随従セシ學生佐藤雄太郎氏ヤ例ノ青年某ハ七尾ヘ随行セシト聞キシ松浦鐵兵衛氏ハ病死セラレ橋本吉宗氏ハ辞職ノ上帰國セラレ木村熊三郎氏ハ東京赤羽工場ヘ轉勤サレシ

予ハ製圖場ヲ本務トシテ技師長指圖ノ下ニ機械工場擴張工事ヤ機械類修繕ノ事ニ従事セシ工場ノ監督ハ「デキツン」氏カ専ラ遣ツテ居タカ予ハ當時飽ノ浦ト立神ノ船渠工事ト両方

ヲ前ニ述ヘタ様ニ遣ツテ得意テハアリシカ舩ノ修繕ニ行ツテ新進ノ人達ノ話ヤ東京邊カラ來タ人ノ話テ日進月歩ノ有様ヲ聞ク毎ニ如何ニモト感セラレルノハ今ノ様ニ唯毎日雑沓シタ事計リニ奔走シテコンナ見聞ノ狭ヒ土地ニ日ヲ送ツテ居タラ追々歳ヲ取ツテ始舞フ計リテ詰ラヌ人間ニ成ツテハナラヌ兎ニ角一度上京シテ形勢ヲ見テ來ヨウト役所ヘハ家事上ノ事テ是非上京シタイト申出タ處行ク事ハ許スカ兼知ノ通今多忙ノ時テアルカラ東京滞在ヲ一週間位ニシテ往復共三週間以内テ是非返ヘツテ來テ貰ヒタイトテ東京ト横須賀トノ用向ヲ言ヒ附ケラレ御用出張ト言フ事ニシテ呉レタノテ少シ氣ノ毒ト思ツタカ便舩テ出立シ東京ノ父君ノ許ヘ着シ予ノ意志ヲ述ヘタラ父君モ賛成サレタノテ當時内務省會計局長トシテ羽振リ良キ山崎直胤氏ヲ訪子テ自分ハ東京ノ様ナ進歩スル形勢ヲ目撃スル土地テ働キタイカ今適當ナ口カ在リマシヨウカト言ツテ相談シタラ長崎ノ方モ話ノ様子テハ惜イト思フカ當地テ就職口ハ今ノ處テハ陸軍省テ佛語ノ話セル人ヲ一人頼マレテ居ルカラ一ツ聞テ見テ上ケ

様トテ其後詰カ進ンテ來タノテ長崎ヘ帰ヘル事ハ延期ヲ申送ツテ置タラ或時本省ヘ出頭セヨト達シカ來タノテ何カト思ツテ行ツテ見タラ昇級辞令ヲ渡サレタノテ意外ニ思ツテ辞令ヲ見タラ二級モ昇級シテ居ルノテアル夫カラ本局ヘ行ツテ局長平岡氏ニ禮ヲ述ヘタラ長崎テモ御前カ帰ラヌノテ困ツテ居ルト言ツテ來タカラ早ク帰ル様ニ夫レテ何日ニ立ツカト短刀直入ニ言ハレタノテ便船次第帰ヘリマスト答ヘルノ外ナク夫カラ帰途山崎氏ニ面會シテ其事ヲ詰シタラ陸軍ノ方ハ未タ確カト極マツタ譯テナイシ夫程マテニシテ呉レルナラ長崎ヘ早ク帰ヘツタ方カ宜カロウ長崎テハ今君ニ逃ケラレテハ困ルカラ特別ニ増給シテ引止メタノダカラ其事モ考ヘナケレハナラヌ東京ヘ出ル事ハ後日又良イ機會カアルダロウト言ハレソコテ帰ル事ニ極メテ父君ニ其事ヲ詰シタラ先方テ夫程マテニシテ呉レタノナラ帰ヘツテ盡カスルカヨカロウトテ公私ノ用事ヲ達シテ帰途ニ就ケリ(26)

今度長崎ヘ帰ル時東京愛宕下ニ住居サレシ中村曉長氏方ヲ訪子タラ長男貞之助氏カ壯年ニナツタノニ學校ヘモ通ハス

ニ居タノテ可愛想ニモナリ予カ先年同家テ世話ニナツタ事モ思ヒ出シ長崎ヘ連レテ行ツテ製圖場ノ見習ニテモシタラト其話ヲシタラ當人モ欣ンテ行クト言ヒ両親ハ是非頼ムト言フノテ同行シテ出立セシ横濵テ米國郵船ニ乗ツタラ今度造船所ヘ會計掛員トシテ赴任スル某氏夫婦モ同船テ神戸ヘ着シテ一處ニ上陸シテ山手ノ宿屋ヘ泊ツタリシテ夫カラ長崎マテ船中色々ト話ヲシテ旅情ヲ慰メシ予ト貞之助氏トハ失張萬歳町ノ山口屋ヘ下宿セシ木村氏モ同宿テアリシ同氏ハ國カラ三宅虎之助氏ト言フ若イ人ヲ呼ヒ寄セテ都合四人カ居タノテ大分賑カニナリシ

造船所ノ廳舎モ新築セラレ製圖場モ其内ニ大分廣ク出來テ製圖手ニハ中村貞之助三宅虎之助結城先太田代哲太郎其下ニ少年生ニハ吉田源三郎小川榮太郎外一人製圖出納掛ニハ松浦某氏カ居ルト言フ盛況トナレリ(27)

或時所長渡邉蔦藏氏カ予ヲ呼ハレタノテ所長室ヘ行ツテ見タテ内談カアルトテ聲ヲ密メテ言ハレルニハ御前モ兼知ト思フカ此ノ頃所内ニ悪風カ行ハレテ居ルノテ一改革行フ筈

テ飽ノ浦テハ庶務倉庫機械工場ニ居ル其等小管テハ某都合七名ヲ近日處分スル事ニナツテ居ルノテ其以前ニ飽ノ浦テハ倉庫ト機械工場ノ材料調ヘヲ御前ニ委任スルカラ茲一週間程ノ内ニ原簿ト突合セヲ遣ツテ貰ヒタイトノ命テ物品調査掛ト言フ名儀テ二箇所ヘ製圖手ヲ手傳トシテ調ヘニ掛ツタカ倉庫ノ原簿ト現品ト引合セテ見ルト大概違ツテ居ル上ニ毎日ノ出納ヲ出納簿ニハ記入セス心覺ヘニ葉紙ニ主任者カ扣ヘテ居ル様ナ譯テ主任者以外ノ人達ハ何ニモ帳簿上ノ事ハ知ラヌト言フ亂暴ナ遣リ方テ其上未タ買上ニナラヌ物品カ在庫品ノ中ニ散在シテアツタリ買上未濟ノ物品カ工場ヘ渡濟ニナツテ居タリ驚イタ事ハ帳簿ニアツテ現品ノ無イノハ聞イテ見ルト未タ納品ニナラテス商人ノ手ニアルト言フ事テ我等カ倉庫品整理ヲスルト聞イテ商人ノ内ニハ歡商ノ内幕ヲ密告スル者モ出テ來テ段々様子カ分ツテ來タ調査後ノ物品出納ハ原簿ニ依ツテ出納サセ時々點檢シ買上物モ立會ノ上テ嚴重ナ入札或ハ指名ヤ積リ合等公平ナ方法テ實行シタノテ主任野村氏ハ居タタマレナクナツテ病氣引籠リヲ

為セシ下役等ハ戰々恐々唯命之レ従フト言フ事ニナッテ事務上大分樂ニナリシ整理カ完成スルマテ確實ト見認メタ未納品ハ在庫品ト離レタ一箇所ニ纒メタカ其數ハ隨分多數テアリシ

機械工場ノ方ヲ調ヘタラ倉庫掛ノ手ヲ経ナイテ直カニ商人カ持込ンダ材料カアッタノテ何セ掛ノ手ヲ経ヌノカト聞テイタラ工事ハ急クシ掛リノ手順ヲ経テ居テハ間ニ合ハヌノテ手續ハ跡廻シニシテ商人カラ直キニ納メサセテ使フ事ニシテ居ルト工事ヲ間ニ合ハス方カラ見レハ尤ノ様ニモアルカ規定ヲ無視シテ代價モ極メスニ商人ノ品ヲ使ッテ言フ事カ弊害ノ元テ自然倉庫掛ト工場トノ間ニ衝突カ起リ倉庫掛ハ工場ヘノ面當テニ商人カ倉庫ノ手ヲ経ナイテ品物ヲ工場ヘ持込ンタ事ヲ不當トシテ何日テモ代價ノ極メ方ヲセス漸ク代價カ居リ合ッテモ容易ニ仕拂ヒノ手續キヲセス商人カ倉庫掛ニ降參スル様ナ所置ヲ取ルト工場ノ方テハ倉庫テ示定シタ材料ハ使用カ出來ヌト言ヒ張リ倉庫ヲ困ラセルト言フ次第テ商人ハ倉庫方工場方今一ツ庶務課方ト夫々贔負カ出

來テ互ニ競爭スル様ニナツテ居タカ夫レカ唯便利上計リテ
ナク其間ニ弊害カ興ツタノテアル
倉庫整理中豫而或ル商人ヘ注文セシ銑鐵カ百噸納入カアツ
タノテ予ノ助手ナル製圖手ノ田代哲太郎氏ヲ倉庫掛員ト共
ニ立會ハセテ秤量前ニ秤量器ノ正確サヲ商人ニモ兼諾サセ
テ秤量ニ懸リ正午ノ休憩後モ再ヒ前ノ通リ秤量器ヲ立會ノ
上檢査シ午後ノ退廳時マテ秤量シタカ未タ全納ニナラス翌
朝カラ前日同様ニ秤量シテ正午前ニ漸ク廻シテ來タ荷船三
艘分ヲ修ツタカ五噸不足シタノテ商人ノ言フニハ百噸ヨリ
餘分ニ持ツテ來タノカ不足スルノハ如何ナル譯カ夫レニ以
前ハ一日ニ樂ニ秤量カ出來タノカ一日半モ掛ツタトテ不平
ナ顔ヲシテ見セタカ秤量器ハ一々兼諾ヲシテ居ルノテ苦情
ノ言ヒ様モナク受取ノ事ハ濟ンタカ田代氏ノ詰ニ秤量中商
人ハ懐中カラ帛紗包ヲ出シテハ立會人方ヘ向テハ又引込メ
數回操返シテ遂ニ引込メテ仕舞ツタ態度ハ誠ニ鄙劣千萬テ
アリシト
工場テ物品調査ノ一部トシテ工事ノ事ニ及ンタ時主任者カ

舩ノ當局者ト話合テ勝手ニ表面ニ顕ハレナイ仕事ヲシテ居ルノテ聞クト何レハ約束ノ仕事カ案外手軽ク出來タカラ其入レ合セニシテ遣ッタト平氣テ言ッテ居タノニ呆レタカ其外ニモ舩カラ外シタ大キナ銅製蒸氣管カ銅工場ニ一部丈アッテ外ノ分カ見ヘヌノテ聞イタラ夫レハ市中ノ或ル鍋附職ノ方ヘ廻ハシテアルト言ッテ居ルカソンナ者ニ請負ハセタ手續カシテナイノテ一體仕拂ハドオ言フエ合ニスルカト聞イタラ銅工場ノ職長ニ請負ハセタノテ其内カラ仕拂フト言フノニモ一驚シタ

或滊舩カ久敷ヒ間修繕ニ掛ッテ居タカ或時舩ノ事務員カ役所ヘ書附ヲ出シタノヲ見ルト役所ノ用紙ヘ判ヲ捺シテアルモノテ期日マテニ相違ナクエ事ヲ完成スル萬一遅滞スル時ハ一日ニ附金三百圓宛ノ罰金ヲ出ストアリシ予ハ役所ヘ呼ハレ書附ヲ見セラレ期日マテニ出來ルカト言ハレ不意ナ事トテ一寸不審ニ思ッタノハ其滊舩ハ何テモ半年以上モ掛ッテ居テ修繕ノ箇所モ段々増シテ來タ事ハ聞イテ居タカ一體エ事ノ完成ハ舩舶司驗官ノ檢査濟ノ上テナクテハ極ラヌ譯

タカト舩ノ事務員ニ言ツタラ私ニハ分リマセンカラ事務長ニ御尋下サイト言ツタノテ新任庶務課長門野幾之進氏カラ事務長ニ來テ貰フ様ニ言ツタラ事務員ハ帰ツタカ書附ノ用紙ハ役所ノテ判モ役所ノテアルカ何テモ先任庶務課長心得ヲシテ居タ三浦氏カ免官サレテ帰宅ノ時用紙ヘ判ヲ捺シテ澤山持帰ヘツタト言フ噂テアルカラ其邊カラ出タノテハナイカト同氏ト話シタ事タカ何シロ工事ハ一日モ早ク了ル様ニト急カセタカ修繕スル品物カ諸方ニ散在シテ居ル上ニ職エノ重立ツタ者カ休業勝ナテ以前ノ事カ一向分ラス次席者ヲ取立テテ見タラ日ナラス一同カ勤勉スル様ニナツテ散在シタ品モ發見シ工事モ着々運ンテ一兩日ノ内ニハ試運轉ヲスルト言フ事ニナツタ時事務長カ役所ヘ來テ御蔭テ工事カ能ク運ヒマシタト一應禮ヲ述ヘ扨テト少シ言ヒ淀ンテカラ言フニハ先日ハ何ンナ書附ヲ御覧ニ入レテ御氣ノ毒サマテシタ貴殿方ハ從來ノ事ハ御承知テナイト存シマスカラ御諾シマスカ從前ハ工事カ一向渉取リマセンノテ何ンナ書附ヲ頂イタノテスカ今日テハ全ク不用ニナリマシタカラ御安心

下サイ夫レテ今日出マシタノハ修繕代仕拂ヒノ事テスカ國許ヘ申遣シテ居リマスカ未タ何トモ返事カアリマセンカ近日差向ケテ參ルト思ヒマスカ船ノ都合ヲ申シマスト一日モ安閑ト遊ンテ居ル譯ニ行カス荷主カラモ八箇間敷申サレマスノテ航海ヲ始メタイト存シマスカ如何テ御坐イマシヨウ仕拂ヲ暫時御猶豫下サル譯ニハ參リマセヌカトテ頻リニ低頭シテ歎願ニ及ンタノテ役所テハ確カナ保證人ヲ立テテ仕拂ヲ或期間猶豫シテ遣ツタノテ船長初皆シナ欣ンテ居タカ是レハ過日免官サレシ庶務課長心得ヤ機械工場ノ主任等カ船ノ方テ仕拂金カ急ニ調達カ出來ヌノヲ知ツテ罰金附ノ書附ヲ差シ附ケ一方工事ノ方ハ緩メラレヌ樣ナ手段ヲ施シ當局者ヲ困ラセ罰金附ノ書附ト引替ヘニ仕拂延期ヲサセル計畧ニ出タモノト思ハレル此ノ工事ニハ裏面ニ色々魔ノ手カアルカラト萬難ヲ排シテ必死ニ工事ヲ運ハセタノテ罰金附ノ書附ノ効カモ薄クナツテ來タノテ歎願的トナリシカ此ノ工事ハ大分骨カ折レシ

小菅ノ造船場ハ從來野口勝馬氏カ技術家テ主任テアリシカ

明治七年松尾信太郎氏カ歐州カラ帰朝後長崎ヘ赴任セラレ主任トナラレ野口氏ハ次席ト言フ事ニナツタカ同氏モ今度ノ免官組ノ一人テ同所ハ松尾氏カ整理ニ取掛カカラレシカ野口氏ハ病氣引籠ヲサレシ

飽ノ浦ト小管ノ整理モ殆ント結了ニ近附イタ時東京本省カラ電報前記七名ノ免職(28)ノ事ヲ申來レリトテ役所カラ本人達ヘ命カ下ツタカ夫レハ庶務課長心得一人會計課購買掛次席一人倉庫掛主任一人同次席一人機械工場主任一人造船場次席一人同倉庫掛一人テ前カラ引籠中ノ者ヤ當日マテ出勤シテ居タ者ヤテ官舎ヤ自宅ヘ引取ツテ行ツタカ後任者カ極マルマテ飽ノ浦テハ工場ト倉庫ハ予カ擔當シタ小管ハ松尾氏カ庶務會計ハ山賀氏カ擔當セリ

造船所裏ニアリシ官舎ニハ元庶務課長心得ノ三浦氏ヤ倉庫主任ノ野村氏カ免職後モ暫ク居タノテ夜中警戒ヲ怠タラヌ様ニセシカ或ル夜野村氏カ市中ヘ行ツテ熟酔シテ帰ヘリ掛ケニ門番所ヲ叩イテ開ケロト言ヒシモ夜中殊ニ同氏ノ酔態ヲ見テ門ヲ開ケナカツタノテ怒ツテ拳ヲ擧ケテ門番所ノ硝

子障子ヲ矢鱈ニ叩イタノテ硝子テ大分負傷シ永ク悩ンテ居タト聞キシ三浦氏ノ方ハ復讎的ニ種々畫策シテ居タカ遂ニ爲ス事モナク帰京セシ免職連中カ追々退去シ後任者カ東京カラ來任シタノテ事務ヲ夫々引繼キ始メテ安心セリ

明治十年二月諸官省ニ改革カアリ我工部省工作局ニモ夫々官制ノ改正人員ノ淘汰カアリシ引續イテ就職セシ人達ハ大慨減俸トナリ予モ六等技手三級ノ辞令ヲ貰ッテ五圓ノ月俸ヲ減セラレシカ翌年二月二級ニ進ミ以前ノ額ニ復セシ

明治十年ニハ彼ノ西南戰争カ起リ長崎モ既ニ兵火ノ地トナラントセシカ幸ニ官軍カ之レヲ熊本縣下ニ支ヘ以東ニ及ホサザリシト當時長崎縣令タリシ茨城縣水戸ノ人北嶋秀朝氏ト言フ優レタ人物カ居ラレシ故戰地ノ情報ハ細大漏サス各官廳ノ長官ヘ通知セラレ勢ヒ騰貴セントセシ必要ナ米穀初食料品ハ潤澤ニ他カラ輸入セシメ平常ト價ヒニ違ヒナク市内ニモ戰況ヲ報告セシメテ人民ニ疑惧ノ念ナカラシムル等盡セリト言フ可シ然シテ縣令自身ハ内外多忙ニテ數日間廳内ニ起臥専ラ指揮命令ノ任ニ當ラレシトハ誠ニ感謝ノ至リ

ニ堪ヘスト思ヘリ
長崎勤務中ハ至極繁劇テアリシ為メ日曜日テモ大慨工場ノ事テ奔走シッツアリシ事トテ遊ヒニ出ル事カ無カリシカ或日曜テアリシカ製圖場ノ人達一同テ造船所ノ通船ノ船頭達ノ漁村福田ヘ出掛ケタカ二三日前カラ風浪高ク漁業者モ皆休業シテ居タカ折角我々カ行ツタ事トテ馴染ノ船頭達ハ大キナ漁船ヲ仕立テテ地曳網ヲ用意シテサテ船ヲ出サウトシタ時沖ノ白波ヲ見テ同行ノ人達モ半分ハ逡巡シテ陸ニ止マリ予ト外二人カ乗組ンテ船ヲ沖合ヘ出シテ此邊ナラト言フ場所ヘ網ヲ引キ廻シ暫クシテ引上ケタカ網ノ目カラハ魚ノ頭カ處々ニ出テ最後ノ袋ニハ一杯ニ色々ノ魚カ充満シテ居ルノヲ船側ヘ引附ケテ又手テ船内ヘ掬ヒ込ミシカ其面白サハ何トモ言ヘヌカ風浪高ク船ハ上下左右ニ動搖シテ樂テハナカリシ船頭ノ言フニハ荒レ後テ何處ニ魚カ寄ッテ居ルカ分ラヌノテ茲ニ網ヲ入レタカコンナ大漁テ御慰ミニナッテ仕合テスト夫カラ上陸後御膳籠ニ魚ヲ入レタカ未タ餘程殘ッタノテ夫レハ船頭ニ遣リ持帰ツタ魚ハ同行者ヤ下宿ヤ近所

ノ人達ニ遣ツタラ皆ンナカ大喜ヒテ御蔭テ新鮮ナ良イ魚カロニ入リシト言ハレシ始メテ行ツテ見テコンナ面白イ事ハナカリシ

## 妻ヲ迎フ

明治十一年ノ六月予カ二十八歳ノ時テアリシ父君カラ好配偶者カアルトテ一葉ノ寫眞ヲ送ツテ來タ夫レハ當時東京駿河臺ニ居住ノ富山縣人テ兄サンカ當主テ家族ハ母堂兄本人妹弟ノ五人テ父君ハ國テ醫者ヲシテ居ラレシカ先キニ逝カレシトカ家庭カ誠ニ良イト言ツテ來タ予ハ其事ヲ所長渡邊氏ヘ申出上京シタイト言ツタラ夫レハ至極善イ事タカラ早速出發スルカ宜カロウトテ御用出張テ上京シ父君ノ住所神田區今川小路ヘ着シ翌日同町内ノ世話人某氏ノ宅テ見合セシ先方カラハ母堂ト本人當方カラハ父君ト予カ行ツタカ暫時話ヲシテ一度帰宅ノ上直キ父君カ行カレ貰ヒ受ケノ返事ヲサレシ其後一週間程ノ内ニ結婚式ヲ父君方テ行ヒシ媒酌人ハ世話人ト同郷ノ人テ牧東馬氏トテ先方ト懇意ナ関係上

長崎ヲ去ル事ニスル

話ヲ世話人へ傳ヘタ縁故テ同氏夫婦ニ依頼セシ妻ノ兄ハ畑伯春氏トテ當時學習院ニ奉職シテアリシカ後司法省ニ轉セリ式後數日テ兩人ハ東京ヲ立ツテ横濱カラ米國汽船ニ乘ツテ神戸ヲ經テ長崎へ着シタカ中村貞之助氏ヤ外ノ人達カ本船へ迎ヒニ來テ呉レ夫カラ今度借リテ置テ呉レタ上町ノ家へ入ツタ其家ハ中々立派ナ廣イ家テアリシカ小人數テハ大キ過キルノテ其後中村氏カ他へ下宿シタノテ兩人ト下女ノ三人ハ爐粕町ノ小締リシタ家へ移リ翌十二年此ノ家テ男職造カ生レタカ僅カニ箇月計リテ死去シタノテ以前ノ下宿失繕氏ノニ階へ兩人下宿シテ居ル内ニ飽ノ浦ノ松尾氏ノ近所ニ頭合ノ貸家カアツタノテ夫レへ移リ十三年ニ女子良カ生レタ其後造舩所裏ノ官舎へ移リ良ヲ連レテ上京シ兩親ニ見セテ帰ヘツタカ其子モ早世シタ十五年ニ又妊娠シタカ今度ハ是非兩親ノ手許テ出産サセロトテ五月兩人カ上京シタ時ニハ妻ヲ父ノ家ニ殘シテ予一人テ長崎へ帰リシ

五月ノ上京前ヨリ長崎ヲ去ツテ上京スル事ヲ所長へ屡々申出タカ事務多端ト言フ事テ許諾ヲ得ナイノテ今度上京ノ折

山崎氏ヲ訪子テ其話ヲシタラ同氏ノ言ハレルニハ先年ハ出京サレル事カ出來ナカッタカラ今度ハ何トカシテ出京サレルカヨカロウ幸工部少輔芳川顯正氏ハ知人テアルカラ君ノ事ヲ頼ンテ置クカラトテ其後芳川邸へ行ッテ面會ノ上話ヲシタラ工作局長大鳥圭介氏へ自分カラ話シテ遣フト言ハレシカ其成行ヲ聞キタイノテ父君ノ知人テ工作局書記小笠原某氏ヲ其家ニ訪子テ事情ヲ話シ大鳥氏ニ聞イテ貰フ事ヲ頼ンテ置タラ同氏ノ返事ニ大鳥氏カラ長崎へ申込マレタカラ今度ハ許サレルト思フトノ事テ夫カラ長崎へ帰ヘッテ所長ニ其事ヲ申出タラ唯考ヘテ見ルト言ハレタ丈ケテ判然トシタ返事ヲ聞カス心ナラスモ出勤シテ相變ラス遣ッテ居タカ落附カンノテ例ノ小笠原氏ニ父君カラ聞イテ貰ッタラ長崎カラノ返事ニハ本人ノ志望モ叶ヘテ遣リタイカ今必要ノ場合——寸ト手離シ難イカラ其内ニ何トカスルト言フ語リ承知ハシタカ少シ待テト言フ事タト分リ稍安心ハシタカ夫カラ九月マテ待ッテ見タカ何トモ話カナイノテ一日所長ノ宅へ行ッテ聞イテ見タラ今少シ待テトノ事テ何時ニナッタラ許サレ

ルカト歎息シツツアリシカ夫カラ十月七日附テ月俸六拾圓ニ増俸ノ辞令ヲ渡サレタノテ此レハ引止メラレルノダト思ツタラ所長カラ呼ハレ御前ヲ離シタクナイノダカ帰京スル事カ熱心テアルカラ許ス事ニスルカラ都合次第出發セヨト言ハレタノテ私カ去リマスノニ多額ノ増俸ヲ頂イテハ濟ミマセントト言ツタラ夫ハ従来ノ勤務ニ對スル褒賞テアルトテ彌許可サレタノテ跡々差支ノナイ様ニ後任者ニ引継キ十二月ノ初メ出發シ様トシタラ所長初雇外國人所員一同カ或料亭ヘ集マツテ盛ナル送別ノ宴ヲ開カレ別レヲ告ケシ當時ハ唯帰京ノ事ニ熱心テアツタノテ永ク引キ留メラルル事ヲ苦痛ニ思ヒシカ後年諸方ヘ轉勤シテ見タカ昔日長崎テ引キ留メラレシ事ヲ思フト今更所長渡邊氏カ予ヲ信用セラレ事ニ當ツテ委任セラレシヲ感謝セリ

## 東京赤羽製作所カラ海軍兵器製造所時代

東京赤羽工作分局ヘ轉勤ス

明治十五年十二月初旬東京ヘ帰ヘツテ見タラ生後一箇月餘ノ長男鑑正カ祖母ノ背中ニ負ハレテ居ルノヲ初メテ見シ習

日工作局ヘ出頭シタラ赤羽工作分局ヘ出勤ノ辞令ヲ貰ヒ同局ヘ行ツテ局長和田某(29)氏ヤ技師長山田要吉(30)氏ニ面會シテ轉勤ノ挨拶ヲシタラ予ニ機械工場テ勤メテ呉レトテ翌日カラ小石川武島町ノ父君ノ家カラ朝六時前ニ工場ヘ毎日人力車テ通ツタカ或時丸ノ内ヲ通ツテ居タラ車ニ損所カ出来テ挽ク事カ出來ス外ノ車ヲ探シタカ早朝ナノテ其邊ニ居ラス暫ク歩イテ櫻田門外テ一臺見附ケテ乗ツテ行ツタカ其日ハ遅刻シタノテ出勤簿ハ片附ケラレ餘儀ナク庶務掛ヘ届ケテ遅刻ノ判ヲ捺シテ貰ツタカ毎日遠方カラ通ツテハ續カス愛宕下ニ一軒家ヲ見附ケ父君初一同其處ヘ移ツタノテ大分樂ニナリシ其後又工場ノ直ク前ノ森元町ヘ移リ更ラニ同町三丁目ニ家ヲ買ツテ移ツタノテ朝モ早ク出勤スル事カ容易ニナリシ

予カ赤羽工作分局ヘ勤メル様ニナツタ時ノ技術員テハ技師長カ山田要吉氏テ米國仕込ミノ機械專門家テ機械工場ニハ十四年ニ工部大學校ヲ優等テ卒業サレシ安永義章(31)氏同ニ等卒業坂湛(32)氏ノ両氏ハ重ニ日本テ始メテ製造ニ掛リシ紡績機

械ノ事ヲ擔當セラレ同工場ノ一搬工事ヲ擔當セルハ東京テ昔カラ鐵砲鍛治ノ家柄ノ一家テ國友武貴氏テ鑄物工場ニハ實地家ノ小島某氏テ製罐工場ニハ實地家相田吉五郎氏カ重立ツタ技術側ノ人達テアリシ
當時赤羽工場ノ重ナル工事ハ二千錘ノ紡績機械十臺ノ内先ツ第一着ニ二臺ト東京築地ニ新設セラレシ精糖工場ノ機械ト靜岡邊ノ紡績機械横濱ノ下水道ノ器具等カ重ナルモノテ雑工事ハ引受ケヌ様ニシテ居ルト聞キシ

### 海軍兵器製造所ヘ轉勤ス

予カ赤羽工作分局ヘ轉シタノハ明治十五年十二月七日テ翌十六年二月二十六日ニハ海軍四等師(33)トナツテ兵器製造所勤務トナリ僅カ三箇月目ニ變ツタカ工部大學優等卒業貴志泰氏ト前記坂湛氏ト予ノ三名カ海軍ヘ技術員トシテ其他職工全部カ引渡サレ海軍側カラハ芝浦兵器製造所ノ職員職工一同カ赤羽ヘ移轉合併シタノテ折合悪シク工場中職工ハ二派ニ分レテ仕事モ手ニ附カヌ有様テアリシカ赤羽從來ノ職工

ニハ腕ノアルモノ多クアリシカハ海軍方ハ遂ニ頭ヲ下ケテ
服従スル様ニナリシ
元技師長山田氏ハ赤羽ノ工場引継キ當坐ハ赤羽へ出勤サレ
シカ其後藏前ノ高等工業學校へ轉勤サレ安永氏ハ東京砲兵
工廠へ轉勤セラレ國友氏ハ辞職ノ上後チニ芝新堀町へ鐵工
場ヲ設ケラレ小島氏ハ辞職後大阪ノ住友製鋼所へ従事サレ
相田氏ハ辞職後安宅町ノ製鑵工場へ従事サレシ
坂氏ト予トハ工部省カラ引継カレシ工事ヲ片附ケツツ海軍
ノ工事ニモ従事スル事ニナリ従来ノ機械工場ヲ第一工場ト
改稱シ其内旋盤工場ヲ機械室仕上工場ヲ鑵工室組立工場ヲ
集成室ト稱シ第一工場ノ主任カ海軍カラ来タ坂元俊一氏テ
機械室長ニハ予カ命セラレ鑵工室長ニハ坂氏カ命セラレ集
成室長ハ海軍カラ来タ中尾某氏カ命セラレシカ同氏ハ病氣
引籠中テアリシカ其後遂ニ死去サレシ夫テ山尾庸三氏ノ弟
福三氏カ農商務省カラ轉勤サレテ鑵工室長トナリ坂氏ハ集
成室長ニ轉セラレシ貴志氏ハ第五工場ノ火薬ヲ扱フ工場ト
海軍兵學校ノ教官ヲ兼務サレシ同氏カ獨逸へ研究ノ為出張

サレタノテ工部大學卒業下瀬雅允氏カ第五工場ヘ就任サレシ後年無煙下瀬火藥ヲ發明サレ西ケ原ニ製造所ヲ海軍テ設ケラレシ

坂氏ト予カ海軍ヘ轉勤トナツタノハ従來ノ工事ヲ取纏メル事ト引繼イタ職工ノ配置ヤ折レ合ヤ夫カラ是迄ノ仕來等ヲ合併後ニ整理スル任ニ當ツテ居タノテ時々上長カラ舊來ノ事ヲ尋子ラレシカ予ハ赤羽ニ來テ未タ三月足ラストテ古イ事ヲ知ラス職工ノ顔モ漸ク見覺ヘタ位テアリ坂氏トテモ就任後一年餘テ委シイ事ハ承知サレス御互ニ困ツタカ知ラヌ事ハ知ラヌテ通シテ行ツタカ其内段々工事ノ順序モ極マリ職工達モ双互相和シテ無事ニ進行セシ

舊來赤羽ニ勤メテ居タ職員ハ皆海軍ヘ引繼カレル事ヲ嫌ヒ夫故予ノ如キ新來者テ海軍ノ内情ノ分カラナイ者カ行ク事ニナツタノテアルト言フ譯カ後ニ能ク分カツタカ予抔ハ長崎カラヤツト帰京シタ計リテ夫ニ父母カ手許カラ離サナイノテ東京市内ニハ官立ノ機械工場トテハ割合ニ尠ク夫故一ツハ海軍ヘ引繼カレルノヲ好都合ト思ツタノテアリシ

當時海軍ハ諸官廳工場トモ殆ント薩人ヲ以テ組織サレシ姿テ兵器製造所モ所長製造課長ヨリ工場長工手職工迄モ同縣人カ大多數ヲ占メ團結スル風習カアッテ他縣人トノ間ニハ屢々衝突カ起リシ工部省カラ海軍ニ變ッタ當時ノ所長ハ大佐末川久敬氏テ薩人ニ似合ハス廣ク他縣人ヲモ能ク公平ニ取扱ハレシ

予ハ前記ノ通森元町ニ居住シテ朝ハ午前六時半職工入場前ニ工場ヘ行ッテ退場ハ大概午後九時過キテアリシ工場ノ仕事ハ中々繁忙テ時々品川沖ヤ横須賀碇泊ノ軍艦ヘ出張スル事カアリシ工部省カラ引継キ工事ハ紡績機械ノ外ハ餘リ大キナモノカ無カッタノテ凡半年計リテ片附ケテ後ハ專ラ兵器ノ新製ヤ修繕工事ニ當ッテ居タカ明治十六年二月カラ十九年五月マテ足掛ケ四箇年ハ平穏ニ過キテ居タカ十九年五月ニハ各省ニ改革カアリ我兵器製造所モ大改革カアッテ官制ノ改正人員ノ淘汰テ所員ハ約半數ニ減セラレ第一工場カラ第五工場ハ從來通リタカ工場ニハ場長一人宛テ室長ハ癈セラレ直チニ工手(34)ト言フ事ニナッテ予ハ第一工場長坂元氏

八第二工場長トナラレテ少シ氣ノ毒テアリシ改革當時ノ所長事務取扱ハ元檢査課長テアリシ前田亨氏テ氏ハ愛知縣名古屋ノ人テ海軍教授ノ元老近藤真琴先生ノ高第ニシテ攻玉舍ノ塾頭ヲサレシ事ノアル人テ能ク部下ヲ引立テ職務ニ忠實テアリシ予ハ檢査ノ關係カラ同氏ト軍艦ヘ出張シタ事カラ知ル人トナツタカ今回ノ改革ヲ視ルニ鹿児島縣人カ多ク淘汰セラレシ事ニ於テ公平ナル事カ分ル同縣人テモ腕前ノアル者ハ留任トナツテ居ル予カ坂元氏ノ位置ニ代リ然カモ昇級シテ同氏ハ鍛冶鑄物ノ第二工場長ヲ命セラレタノモ異數テアリシ

予ハ前記ノ如ク改革中ニ拔擢セラレシハ偏ヘニ前田氏ノ御蔭タト憤發シテ工場内ノ整理ニ着手シ部下ノ工手ヤ職工ノ人物技倆ニ依ッテ夫々引立テル事トシタカ薩人ノ多クハ解職ヤ減給スルノ止ムナキニ至ツタカ勢ヒ手扣ヘル譯ニ行カス大掃除ヲ遣ツタラ目ニ視ヘル様ニ秩序整然工事カ進行シテ誠ニ愉快テアリシ所内ノ改革カ濟ンテ少シシタラ所長ノ前田氏ハ本省ヘ轉任トナラレ後任者ハ大佐田中綱常氏カ來

ラレシ同氏ハ薩人テアリシカ至ツテ好人物テアリシカ御國風トテ追々團結カ初マリ掛ツタ處ヘ歐米巡田中テアリシ海軍御西御従道殿カ帰朝セラレ随行ノ大技監製造課長原田宗助(35)氏モ帰ラレテカラ俄カニ元ノ薩摩風トナリ先ニ前田氏カ折角改革サレタ事ハ何時シカ消ヘテ追々露骨ニ行ハレル様ニナツテ來タノテ之レハ困ツタ事タト思ツタカ我第一工場テハ何處迄モ改革當時ノ風ヲ曲ケヌ様ニ遣ツテ行ツタカ夫レカ上長ノ氣ニ反シタ事ト思ツタカ工場内カ整頓シテ工事カ進行シテ行クノハ別ツニ咎メル事モ出來キヌノテ暫クハ其儘無事テアリシ予モ前田氏ノ引立テテ大ニ遣リハ遣ツタカ何時カ屁カ來ル事ト充分用心シテ居タカ役所ノ今日ノ種々遣リ方カ面白クナク不愉快テアリシカ辛抱シテ居タ坂元氏ハ原田氏カ帰朝間モナク奏任待遇トナリ役所詰テ然カモ第一工場ノ事ヲ主宰スル事トナツタ同氏ハ悪ル氣ノ無ヒ人テアリ別段衝突スル事ハナカツタカ役所ノ仕方カ餘リ皮肉テ眞ニ鹿児島流ヲ發揚セル一事ナリシ

築地ノ第三工場テ出來ル鑄鋼地金テ七五珊砲ヲ始メテ造ル

事ニナリ横須賀造船所テ火造シタ貳門分ノ砲身地金ヲ第一工場テ仕上ケルノテ第一ニ演習用ノ分ヲ仕上ケテ下暫古ヲ爲シ次ニ實用ノ分ヲ使上ケルノテアリシカ其實用ノ分ノ砲孔内ノ旋條ヲ施ス時削リ屑カ害ヲシテ旋條ニ僅少ノ疵カ出來タノテ之レヲ演習用ニ振リ替ヘタノカ一問題トナリ豫テカラ失策ヲ探シテ居タ連中カ課長ニ報告シタモノト見ヘ課長カラ八箇間數言ハレ職工ヲ直チニ解雇セヨト言ハレタノテ予ハ其職工ハ熟練者テ是迄幾多ノ良品ヲ仕上ケテ功労多キ者ニテ解雇スルノハ工場ノ爲惜ヒ事テ一度失策シタノハ後日ノ經驗ニモナリ夫レニ今度ノ事ハ怠慢ト言フ譯テナク全ク怪我ノ出來事テ誠ニ僅少ノ疵カ出來タノテ撿査課ノ撿査ヲ受ケタラ演習砲ニハ差支ヘナイトノ事テアルカラ職工ハ罪金位ニシテ使フ様ニシタイ私ハ責任者トシテ相當ノ罰ニ服シマスカラト言ツタノカ課長ノ氣ニ障ツタカ何トモ返事カナイノテ是非職工ハ助ケテ遣ツテ下サイト申残シテ予ハ退所シ翌日ハ出勤セサリシカ坂元氏カ宅ヘ尋子テ來ラレ今ハ忙カシイ時タカラ出勤シテ貰ヒタイ職工解雇ノ事ハ一度

課長カラ言ヒ出サレタ事故取消ス譯ニハ行カヌト予ハ夫テハドオシテモ御採用カナイトスレハ勢ヒ私ハ辭職スルノ外ハアリマセント言ッタラ同氏ハ君ノ主張ヲ押通サントスルナラ辭職ノ外ハナイ君ノ説ハ迚モ通ランカラ辭職書ヲ出スナラ今直ク書イテ呉レトノ事テ予ハ辭職書ニハ病氣引テ届ケルノデスカラ醫師ノ診斷書ヲ添ヘル必要カアルノテ明日當方カラ差出スト言ッタラ診斷書ノ必要ハ無イカラ直キニ書ケトテ其場テ病氣テ勤マラントノ理由ノ辭職書[36]ヲ書イテ渡シタラ其後數日シテ依願免官ノ辭令カ來タカ横須賀勤務ヲ除イテ長崎赤羽海軍ヲ通算スルト十四箇年七箇月ニナルカラ滿六十歳以下テモ官廳事務ノ都合テ滿十五箇年勤續者ニハ恩給ヲ下賜セラルル事カ普通テアリシカ今少シテ滿年ニ達スル事ニ頓着ナク其上ニ滿年賜金[37]トテ滿一年毎ニ月俸ノ半額ヲ退官當時ノ年數ニ通算シテ賜ル事ニナッテ居ルカ夫レカ無イノテ聞イテ見タラ昨年カラ癈サレタトノ事テ其儘經過シタカ後年他ノ官廳ニ勤務セシ時聞イテ見タラソンナ事ハナイ退官賜金ハ依然實行サレテ居リシト聞キシカ餘

程薩摩連ニハ予ハ憎マレテ居タ事ト思ヘリ同シ薩人テモ元所長未川久敬氏ハ今田予カ辞職ノ事ヲ傳聞サレ人ヲ以テ其後ノ進退ヲ尋子ラレ若シ遊ンテ居ル樣ナレハ神戸ノ川崎造船所テ人カ入用テアルカラ世話ヲシテアケ樣ト厚意ニモ申越サレシカ父母カ東京ノ地ヲ去ル事ヲ好マヌト外ニ少シ心當リカアルカラト斷リシカ同國人テモ人格高ク廣ク衆ヲ愛スル人ハ又格別ナリト深ク其厚意ヲ謝セリ

予カ長崎カラ帰京シテ間モナクノ工作局ノ小笠原氏カ北海道鐵道局テ人カ入用タカラ行クナラ今昇級サセテ遣ルカ如何ト申込マレシカ父母ハ折角帰ヘツテ來タノタカラ行カヌ樣ニト言ハレテ之レヲ斷ツタカ局長ハ鐵道テ有名ナ松本莊一郎氏テ其下テ働イタラ宜カツタロウト思ヒシ

赤羽兵器局ニ勤メテ居タ時桐野利邦氏カ訪子テ來ラレ自分ハ今度兵庫造船所長ヲ拝命シタカ同所ヘ行ツテ舊弊ヲ改革スルノタカ片腕ト頼ム人カ欲イカ君一ツ行ツテ呉レヌカトノ話テ舊知ノ同氏カラノ相談テ之レハ大分働ラキ甲斐カアルト思ツテ餘程行ク氣ニナツタカ父母カ許サヌノテ残念ナ

カラ断ツタノテアル

## 日本製鐵會社時代

日本製鐵會社へ従事ス

赤羽ノ海軍兵器製造所ヲ辞シテ何カ職業ヲ求メント考ヘテ居タラ元赤羽工作分局テ同勤セシ國友武貴氏カ訪子テ来ラレ今度農商務省商務局長品川忠道氏カ主唱サレテ逓信省ノ築地ニアル電線製造所ノ諸機械カ拂ヒ下ケニナルカラ之ヲ買取リ事業ヲ継續シ外ニ諸機械ノ製造所ヲ新設スル目論見テ廣ク實業家ニ謀ッテ一大會社ヲ組織セントテ毎夜發起人達カ品川家ニ行ッテ目論見書ヤ収支豫算書ヲ作成シツツアルカ自分ハ燈臺局長藤倉見達氏カラ頼マレテ手傳ニ行ッテ居ルカ今度貴君カ兵器製造所ヲ辞職サレタト承リ若シ御手透ナラ一ツ品川氏ノ創立事業ノ方ヲ遣ッテ下サランカトノ事テ遊ンテ居ルヨリハト行ク事ニシテ國友氏ト同道シテ藤倉氏ヲ訪ヒ同氏カラ交渉シテ貰ッテ品川氏ノ事業ヲ扶ケル事ニナリ毎日夕刻カラ夜十時頃迄同氏邸テ會社組織ノ委員達ト會ツテ居タカ品川邸ヘ毎夜來ツテ事務ヲ取リシハ當時

第一銀行ノ取締役佐々木勇之助氏ヤ秤量器商守随彦太郎氏等カ專ラ之ニ當レリ會社ノ資本金ハ最初五十萬圓ト定メタカ委員會協議ノ結果百萬圓トナレリ工事ノ種類ハ諸機械ノ製造ヤ造船夫ニ拂下ケヲ受ケタ遞信省ノ電線工場等テ工場敷地ハ築地河岸ノ舊幕時代ノ海軍傳習所ノアリシ所テアル目論見書調成中モ品川氏ノ聲掛リテ紳商連ヲ集メテ賛成ヲ得ツツアリシカ其内書類モ一ト通リ完成シタノテ一日尾張町ノ松本樓テ賛成者ノ総會ヲ開キ多數ノ人カ集マツタカ其内重立ツタ人達テハ岩崎彌之助氏渋澤榮一氏ノ代理佐々木勇之助氏砂糖問屋ノ小西某氏華族ノ酒井某氏等四拾餘名カ集マリ豫テ配附サレシ目論見書ヤ豫算書ニ附キ意見ノ交換ヲナシ最後ニ株主名簿ヘ株數ヲ記入スル事ニナツタ時大概ハ即席ニ記入ヲ斷ル人達テ予ノ見タル所テハ品川氏ハ當時商務局長テアルカラ商賣上無下ニ斷ル譯ニ行カス表面ハ賛成ハシテ居ルモノノ進ンテ株主トナル腹ハナク義理合上出席ハシタカ何トカ口實ヲ設ケテ程能ク退席セントスル氣分カ漲リ中ニハ目論見書ニ少シ變更ノ意見カアルトカ又ハ投

資スヘキ金ノ遣リ操カ来タ附カヌトカ何トカ彼トカ言ツテ即変ヲ避ケル風テリ品川氏ヤ創立委員ニシテ見ルト有カ者ヲ迯カシテハナラヌトテ百方其引止メ策ヲ用ヒ名簿記入ヲ乞フテ居ル有様ハ丸ルテ幇間カ客ニ諸ラツテ居ル様テ見苔シカリシソンナニマテシテ加入シテ貫フ必要カ何處ニアルカト言フト大金持ニ株ヲ多ク持ツテ貫フ事カ株價ニ大影響スルノテ語リ實際仕事ハ第ニテ株ノ賣買カ第一テアル事カ目的ナノテアルカラ迚モコンナ連中ト一處ニ働イテ居テハ會社ハ出來上ツテモ到底永續ハスマイト考ヘタノテ総會ノ習日辞スル事ニシタラ品川氏ヤ其他ノ諸氏カラ是非止マツテ貫ヒタイト言ハレタカ自分ハ外ニ為ス事カ出來タカラト遂ニ関係ヲ絶ツタカ最初カラ凡二箇月此ノ為メニ費セリ総會ニ集マツタ人達ノ内テ華族ノ内藤某氏ハ熱心ニ予ニ工業ノ事ヲ聞カレタ故今度創立サレントスル機械製造工業ノ如キハ一時ニ金儲ケヲスル事ハ六箇敷ヒカ永ク遣ツテ居ルト熟練シテ來ルノテ最初ヨリ手際モ良ク出來高モ多クナルノテ夫丈ケ棧料モ多ク使フエヘ安ク良品カ出來ルノテ茲ニ初メ

テ利益カアル事ニナルト従來ノ實驗談ヲシテ居タラ創立委員カ予ヲ次室ニ呼ンテ言フノニハ君何ンナ正直ナ話ヲシテハ困ル工業ハ譯ナク直キニ儲カルノダト言ハナクテハ行カヌト言ツタノテ予ハ大ニ呆レテ仕舞ツタ

予カ去ツテ後幾度モ色々ノ技術者ヲ代ル代ルニ引張ツテ來テ夫テモ會社ハ成立シテ築地ニ電線製造工場ヲ建テ中々立派ナ事務所マテ設ケテカラ神戸ノ川崎造船所ヲ譲リ受ケル約束ヲシテ手附金マテ入レタ(38)カ株ノ値カ下ルノヲ恐レテ株式市場ヘ手ヲ廻シ色々ト釣リ上ケ策ヲ遣ツテ内輪テハ重役株ノ持株ハ賣ラヌト言フ申合セヲシテ居タラ重役ノ爭々タル一人カ旅行不在ニ事寄セ持株ノ大部分ヲ他人名儀テ密カニ賣リ飛シタノカ動機トナツテ株ハ俄カニ下落シテ十二圓五十錢ノ拂込カ四圓トマテ下ツタカ誰レモ買手カナク遂ニ解散スル事ニナツタカ甘ヒ事ヲシタノハ川崎造船所手附流レテ多額ノ金カ唯取リトナツタト聞キシ

田中製造所時代

芝浦田中製造所ヘ従事ス

明治二十一年二月前記製鐵會社創立中辭去セシ予ハ一日藏前ノ工業學校ニ山田要吉氏ヲ訪ヒ是迄ノ経過ヲ話シ何處カ相當ノ口ハアリマセンカト言ヒシニ今別ツニ心當リハ無イカ自分ハ此ノ學校本務ノ餘暇ニ芝浦田中製造所ノ囑托ヲ受ケテ居ルノテ毎夕退ケカラ同所ヘ廻ツテ居ルカ工場カ退ケテカラ行クノテ實際ヲ見ナイノテ物足ラン思ヒテ居ル所テ今君カ手カ明イテルナラ同所ヘ世話シテ上ルカラ自分カ行カ又間工事ノ監督ヲシテ呉レトノ事テ夫レハ何ヨリ仕合セテスカラ宜敷御願致シマスト言ツテ帰ツテ來タカ其後暫ク何トモ言ツテ來ヌノテ同氏ノ宅ヲ訪子テ聞イテ見タラ何レカラ工場主ニ話シタラ夫ハ至極宜イトテ承知シタカ君カ海軍兵器製造所ノ製造課長等ト不折合テ退所サレタ事ヲ工場主モ心配シテ工場ハ專ラ海軍水雷局ノ仕事ヲシテ居ルノテ一應其節ノ人達ニ相談シテ差支ナイトイフ返事ヲ聞イテカラニスルト言ツテ居リシト其後三月ニ入ツテ山田氏カラタ刻自分カ工場ヘ行クカラ同所ヘ來テ呉レト言ツテ來タノテ行ツタラ山田氏ト工場主田中久重氏ヤ支配人上村氏ノ三人

カ居テ山田氏ノ紹介テ面談シタカ工場主ノ言フニハ兵器製造所ノ方ハ差支ナイト言フ事テ安心シタカラ今日後貴君ヲ御頼ミスルカラ山田氏ヲ助ケテ骨折ツテ貰ヒタイ夫カラ今度貴君ニ來テ御貰ヒシタノハ海軍テ當工場ヲ水雷局ノ附属工場トシテ水雷ニ関スル諸工事一切ヲ任セラレテアツタカ近頃西御従道殿カ海軍卿トナラレテカラ形勢カ一變シテ工場設備ノ為メ無期限貸與セラレシ金ハ年賦返納トナリ其上篤殊ノ工事ノ外ハ他工場ト競争入札トナツタノテ自然工事モ尠クナルノテ是カラハ一搬ノ工事殊ニ造船等ノ仕事ヲ始メ様ト思フカラ其積リテ追々設備ヲシテ貰ヒタイト言ハレシ

田中久重氏ハ元雷氣局(39)ノ技師テ實地テ叩キ上ケタ人テアルカ海軍テ相州長浦ヘ水雷局ヲ設置サレタ當時歐州ノ風ニ倣ヒ工事一切ヲ依託工場テサセルト言フ事ニナリ詮議ノ末同氏カ其選ニ當ツテ新タニ芝浦ヘ工場ヲ設ケル事ニナリ海軍カラ其手傳トシテ無利子据置テ巨額ノ金ヲ貸與サレタノテ可ナリ大キナ工場ヲ造營シタノカ今ノ芝浦製作所ノ前身テ

アルエ場ハ機械仕上電氣鍛冶鑄物製罐ノ外布設水雷ノ試驗場魚雷發射用ノ空氣壓搾管ヤ喞筒ノ試驗場電氣鍍場魚雷等ノ見本置場火藥格納庫等テアリシ仕事カ水雷一式ナノテ秘密ニ遣ルノテ他工場ヘ下請負ニ出ス事カ出來ス何モ彼モ工場内テ造ルノテ私立ノ工場トシテハ隨分手廣ク多クノ工場カアルノテ職工モ大勢居リシ

從來各工場カ思ヒ々々ニ職工長ノ氣儘ニ仕事ヲ遣ツテ居テ工場相互ノ連絡カ取レス何ノ工場ニモ火床ヲ置テ火造物ヲ遣ツテ居ルト言フ風テ甚タシイノニナルト鍛冶工場内テ洋式ニ一同カ立ツテ遣ツテ居ル中ニ座シテ仕事ヲシテ居ル者カ居ルノテ聞イテ見ルト舊來ノ純日本風テ無クテハ仕事カ出來ヌト言ヒ夫テ別段上手ト言フ事モナク工場主トハ昔カラ馴染テアルト言フノテ立ツテ働クノハ厭タトテ外ノ者ノ邪摩ニナル場所テ遣ツテ居ルノテ工場主ニ話シテ見タラ何ノ人ハ今更解雇シタラ困ルタロウカラト言フノテ別室ノ中テ失張リ座シテ仕事ヲ遣ラセル様ニシタカ以上ノ如キハ一例タカ外ニモ工場主ト昔友達タト言フ職工カ所々ニ幅ヲ利

カセテ居テ勝手ナ事ヲスルノテ他ノ職工モ之ヲ見習ツテ我儘ニ仕事ヲ遣リ工場ノ取締ハ寛大過キテ經費モ當時外ノ工場ヨリハ多ク掛ツタカ水雷局ノ仕事カ割カ良カツタノテ是迄ハ遣ッテ來タノタカ予カ入ツタ時カラ引締メナケレハナラヌ様ニナツテ來タノテ夫々改正シタノテ職工達ハ面白クナイ事ニナツテ來タ

工場ノ改革ニ附イテハ最初ニ工場主ヤ支配人ヤ山田氏三人ト熟議ノ上始メタノタカ職工達ハ工場主ト馴染テアルノテ直キニ不平ヲ工場主ヘ持ツテ行クノテ工場主カラ少シ手柔ラカニスル様ニト言ハレタカ夫テハ折角ノ改革ノ主意カ實行出來ントテドシ々々遣ツ附ケテ行ツタラ今度ハ職工一同カ申合セテ同盟罷工ヲシタノテ當方テハ此ノ好機會ニ職工ノ入替ヘヲ遣ツテ真ノ改正ヲスル考ヘテ懇意ナ工場一二箇所カラ職工ヲ借リテ引續イテ仕事ヲシテ居タラ其職工達ヲ強迫シテ手ヲ引カセル手段ニ掛ツタノテ當方テハ借リタ職工達ヲ工場ニ宿泊サセテ強迫ノ手ヲ避ケシメ警官ヲ頼ンテ門ヲ守ツテ貰タノテ罷工者ハ手ノ出シ様ナク工場ノ技手

連ヘ手ヲ廻シテ一ニノ技手ハ休業スル事ニナツタカラ他カラ代リノ人ヲ頼ンテ來テ依然仕事ヲシテ居タノテ罷工者ハ工場主ニ歎願シテ從來ノ風ヲ改メ指圖通ニ働クカラ入場ヲ許シテ呉レト工場主カテ言ツテ來タカラ服從スルナラ使ツテ遣ルカ若シ命ニ從ハヌ事カ在ツタラ何時テモ解雇スルト言フ條件テ或朝一同ノ入場ヲ許シタラ門前ニ詰メ掛ケテ居タ罷工連ハ各工場ヘ類レ込ミ借リテ來タ職工等ヲ押シ除ケテ其位置ニ直リ甚タシイノハ借リタ職工ヲ場外ヘ押シ出スト言フ亂暴サテアルノテ之ヲ制シタカ一向聞入レス自分達ハ工場主カラ許サレテ入ツテ來タノテ技手ヤ監督ノ言フ事ハ聞カヌト言フ勢ヒテアリシカハ予ハ其事ヲ工場主ノ宅ヘ電話テ申込ンタカ要領ヲ得ス暫ク待テモ支配人モ顔ヲ見セヌノテ最早最後ノ幕ハ開カレタト其儘帰宅セリ

予ハ帰宅後山田氏ヲ其宅ニ訪子テ今日ノ成行ヲ述ヘ如何ニモ手ノ下シ様ナキ職工ノ態度トナリシハ工場主カ斷然タル處置ニ出ス遂ニ職工等ニ負ケタノテアルカラ予ノ立場トシテ此儘従事スル事ハ出來ヌカラ辞スルト言ツタラ同氏モ工

場主ノ處置ハ唯舊來ノ職工ヲ可愛カリ過ルカラ困ル君ノ言フ通リ今一踏張リノ處テ職工ニ負ケテ仕舞ツタノハ誠ニ遺憾テアルカ君モ折角是迄骨折ラレテ残念ニ思フカ何トカ再考サレテ繼續シテ御貰ヒシタイガト言ハレタカ予ハモウ絶對再考ノ餘地カナイトテ辭職ヲ工場主ヘ取次テ下サイト言ツテ帰ヘリシ其後工場主カラ宅ヘ甥ノ田中林太郎氏ヲ遣シタカ面會ヲ斷リテ手ヲ切リシ

## 安宅製作所時代

### 安宅製作所ニ従事ス

明治二十二年八月田中製造所ヲ去ツテ後或日日本橋通ヲ歩テ居タラ元赤羽工作分局テ倉庫掛主任ヲシテ居ラレシ水崎保祐氏ノ養子鐵五郎氏ニ偶然會ツタラ少シ御話シタイ事カアリマスカラ其處マテ來テ下サイトテ近所ノ小料理屋ヘ連レテ行カレ一別以來ノ挨拶ノ末御話シタイト申スノハ外ノ事テハナク水崎ハ日本橋竹河岸ニ今ハ金物店ヲ開イテ居リ其関係カラ本所安宅町テ小サナ製罐工場ヲ持ツテ居ル原某氏ト外ニ金物商某氏ト水崎ノ三人合資テ工場ヲ經營シテ居

マスカ御承知ノ元赤羽製鑵工場ノ技手相田吉五郎氏ヲ工場主任ニ頼ンテ置キマシタカ近來同氏カ如何ナル考ヘカ自宅ニ引籠ツテ計リ居テ一向工場ヘ出テ來ナイノテ困ツテ居ルノテ同氏ニナセ出テ來ナイノカト聞テ見タラ此頭ハ氣分カ何トナク面白クナイカラ遂出ル氣ニナラヌト言ツテ居ルノテ水崎初一同カ弱ツテ居ルカ扨テ夫テハ同氏ヲ解約シテ外ノ人ヲ入レルト言ツテモ彼ノ男中々聽カヌ氣質ノ人タカラ容易ニ出テハ呉レナイトハ思ツタカ其儘ニシテ置ク譯ニハ行カナイノテ此間一同カラ同氏ニ出勤シテ呉レナケレハ誰レカ良イ人ヲ世話ヲシテ呉レ其代リ御前サンニハ今迄ノ月給ヲ一箇年間上ルカラト言ツタラ同氏ノ言フニハ尤ナ事テアル夫テハ今小野君カ手カ明イテ居ル様タカラ同氏カ來テ呉レタラ自分ハ申サレタ條件テ手ヲ引ク事ニスルカ他カラ工事ヲ世話シタ時ニハ相當ノ禮ヲシテ貰ヒタイト言ツタノテ一同モ一ト先ツ安心シタカ今度ハ貴君カ小工場ヘ來テ下サルカト言フ事カ問題テアルト皆ナモ言ツテ居マシタカ一ツ助ケルト思ツテ相田氏ノ手ノ全ク功レルマテ來テ遣ツテ下

サランカト懇願サレタノテ予モ相田氏ノ氣質ハ能ク知ツテ居タノテ安宅ノ合資者連中テハ一寸手ヲ切ラセル事ハ六箇敷ヒト思フト氣ノ毒ニモナツタノテ盡カシテ遣フト思タノト小工場テ意ノ儘ニ働イタラ面白ヒ事モアルタロウ今年モ明イテ居ルカラ當分遣ツテ見ルモ宜カロウト考ヘタノテ即座ニ承知シタノテ夫テハ一度水崎ノ宅ヘ御出下スツテ父ト萬事御話ヲ爲サツテ下サイトテ數日後同家ヲ訪子テ保祐氏ニ面會種々工場ノ事ヲ相談シテ同氏ト安宅工場ヘ出向イテ近所ノ相田氏ノ宅ヲ訪子テ相談シタラ同氏ハ君カ來テ呉レルナラ自分ハ約束通リ工場ノ手ヲ引イテ注文取リニ成ツテ働クカラトテ圓滿ニ退身ノ話カ纒マツタノテ水崎氏モ安心シタ様子テアリシ

夫カラ予ハ宅ニ居タ製圖手龍野巳之助氏ヲ安宅工場ヘ連レテ行ツテ製圖ノ事ニ當ラシメ工場テ是迄引受ケテ居タ工事ヲ取纒メツツ手ヲ廣ケテ諸方カラ製罐ノ仕事以外諸機械ノ製造ヤ修繕工事ヲ引受ケル事ニ汲々トシテ奔走シタカ一體其時ノ考ヘカ小工場テ經費ノ掛ラヌ所テ大キナ工事ヲ引受

ケテ其大部分ハ他ノ工場テ下請ケサセテ我工場テ取纏メタラ利益モ多クアル事テアロウト考ヘタノハ未タ實驗カ足ラナカツタノテ夫ハ後ニ分ツタカ其時ハ一生懸命ニ仕事ヲ取込ム事ニ努メタ結果注文ハ大分引受ケタカ何シロ注文取ヤ設計ヤ金融ヤヲ一人テ切リ廻シタカラ身體カ引張リ足ラス注文ヲ取ルニハ他工場ト積リ合セヤ競争入札ヤ又ハ工事ヲ取次ク口入人ノ引合ハ多ク茶屋酒ヲ呑ミツツ相談スルノテ夜ハ深更マテ相手ヲシ夫ニ檢査官ノ人達ニモ時刻ニナレハ食事ヲ茶屋テ出スノテ相手ヲシナケレハナラス夫等ノ隙キニ設計ヤ金融ノ爲メ出歩カナケレハナラス是テハ迚モ續カヌト思ツタカ其代リ工事ハ段々手廣クナリ機械工場ヲ新築スル等工場ノ方カ盛ンニ成ツテ來タノテ之レヲ株式會社ニシテ一層盛大ニスル事ニナリ諸方ノ有力者ニ話シテ見タラ賛成者モ出來タノテ創立ノ事ニ馴レタ人ヲ頼ンテ來テ段々進行シテ來タラ其内株主ニナロウト言フ人達ノ間ニ意見ノ衝突カ出來テ遂ニ會社ハ成立シナカツタ小工場ハ矢張夫レ丈ケノ仕事ヲスル方カ返ヘツテ得策タト思ツタカラ引受ケ

タ仕事ヲ片附ケルノニ盡カシテ無理ナ奔走ハ止メタカ最初考ヘタ事ノ經驗ヲシタノテ最早予カ従事スル必要カ無クナツタノテ龍野巳之助氏ニ工場ヲ任セル樣ニシテ同所ヲ辭シタ

## 馬場道久氏ノ囑託時代

### 馬場道久氏ノ囑託トナル

明治二十三年十二月安宅工場ヲ去ツテカラ舩舶司驗官鳥井静二氏ニ面會シタラ越中ノ富豪テ馬場道久氏カ神通丸ト言フ登簿噸數七百四十三噸餘ノ汽船ヲ持ツテ居ルカ速カモ遲ク其上石炭カ多ク入ルノテ今度定期檢査ニナツタノテ此際機関ノ大改造ヲスルノテ自分カ頼マレタノテアルカ公務ノ側ラテハ手カ廻ラヌカラ丁度君カ今手透ナラ其方ヲ引受ケテ貰ヘレハ都合カヨイト言ハレ早速引受ケル事ニシ同氏ノ紹介テ始メテ馬場氏ニ面會シタカ同氏ハ四十歳前後ノ落附イタ紳士テ越中富山ノ近クテ東岩瀬ト言フ所ノ人テ國ニ家族ヲ置キ東京日本橋區北島町ニ邸宅カアツテ東京ヘ北國米ヲ運ンテ賣ルノカ一ツノ商ヒテ深川ニ米藏カアツテ手代カ

毎日其方ヘ通ツテ居ル當時氏ハ富山縣選出貴族院議員トナツテ居ラレシ國ニハ多クノ田畑等ヲ所持セラレ其上同縣一手販賣ノ郵便切手等ノ事ヲ遣ツテ居ラレシ
汽船神通丸ハ船體ハ甲板ノ張替ヤ其外諸處大修繕ヲナシ機関ハ聯成冷汽式テアリシカ冷汽機ノ働ラキカ不充分ナルト汽壓カ低イノト膨張ノ割合カ尠ナイノテ冷汽機ヲ改造シ循環喞筒ト排汽喞筒トヲ別ツニ働ラカス爲メニ小汽機ヲ備ヘ汽罐ハ壓カヲ高メル爲メニ元比叡艦ニ使用サレシ中古汽罐ニ個ヲ買入レテ之レニ當テタカ工事一切ヲ石川島造船所ヘ頼ンテ予ハ時々見廻リニ行キシ
神通丸カ過半進行シタ時馬場氏ハ豫而外ニ一艘ノ汽船ヲ買入レル事ヲ神戸ノ仲介業者ニ頼ンテアツタカ獨逸汽船テ頃合ヒノモノカアルト知ラセテ來タノテ見テ宜カツタラ買入様ト言フ事テ同氏ヤ船員ヤ田漕店主ノ谷道英橋氏等カ神戸ヘ行クカラ予ニモ船體ヤ機関ヲ調ヘル爲メニ行ツテ貰ヒタイトノ事テ予ハ兼諸シテ此ノ出張好時機ニ鑑正ニ神戸地方ヲ見セテト思ヒ鑑正ヲ連レテ一ト足先キニ大阪ヲ經テ神戸

へ行キシ神戸テハ馬場氏指定ノ海岸通ノ宿屋ニ泊ッテ居タラ其内同氏一行モ着セラレ仲外業者ノ案内テ賣滊船ヲ最初ニ見タノハ思ハシクナク次ニ見タノカ丁度頃合テ船體ヤ機関等モ堅牢テ中古テハアッタカ遣ヒ頃テ約束カ出來テ買入後川崎造船所テ司驗官ノ檢査ヲ經ッツ修繕シテ後試運轉ヲシタカ結果ハ良好テ之レヲ日本丸ト命名セリ試運轉ニハ鑑正モ乗船セリ試運轉後関係者一同カ諏訪山ノ常盤花壇テ祝盃ヲ擧ケタ時杯ハ鑑正ハ小サナ浴衣ヲ着テ馬場氏ト入浴シタリ一同ト御馳走ヲ受ケタリシテ喜ンテ居リシ

神戸滞在ハ凡一箇月計リテアリシカ其間ニ船ノ用事テ「ハンタ商會へ行ッテ先年赤羽兵器製造所勤務時代ニ東京テ會ッタ「ハンタ」氏ニ再會シタラ貴君ハ今何ヲシテ居ラルルカト聞カレタノテ一時馬場氏ノ船ノ修繕ニ頼マレテ居ルカ極ッタ職業ハ無イト言ッタラ大阪鐵工所テハ先年貴君ニ面會シタ後英人技師ヲ雇ッテ居タカ今ハ居ナイノテ丁度ヨイカラ來テ呉レナイカトノ話テ馬場氏カラ頼マレタ神通丸修繕工事ヲ片附ケタラ來ルト言ッタラ其工事ハ何時頃濟ムカト言フ

カラ未タニ三箇月ハ掛ルト言ツタラ何トカシテ早ク來テ貰ヒタイトノ事テ夫カラ帰ヘリ掛ケニ大阪ヘ寄ツテ鐵工所ノ総理秋月清十郎氏ニ會ツテ萬事打合セテ行ツテ貰ヒタイ自分カラモ同氏ヘ委細話シテ置クカラトテ相談カ整ツタノテ宿ヘ帰ヘツテ馬場氏ニハ急イテ帰京シタイト申出テテ一行ヨリ先キニ立ツテ途中大阪ニ秋月氏ヲ中ノ島ノ邸ニ訪子テ初對面ヲシテ鐵工所ヘ従事スル話ヲシタラ同氏モ「ハンタヒ」氏カラ話カアツタカ成ヘク早ク來テ貰ヒタイト言ハレ諸事打合セテ帰京セリ

東京ヘ帰ヘツテ見タラ小川町ニ別居セラレシ父君ハ豫而打撲ノ為メ悩マレテ居ラレシ故漢法醫ノ大家淺田宗伯先生ヤ洋法醫ノ大家高木兼寛先生等ノ診察ヲ乞ヒ種々治療ニ手ヲ盡シテ居タ時テアリシカハ氣分ノ快ヨイ時ヲ見テ今度大阪鐵工所ヘ従事スル約束ヲシテ來タ事ヲ話シタラ大層悦ハレ早速行クカ良イト承知サレタノテ治療ノ方ニモ種々手當ヲスルト共ニ神通丸ノ方モ成ヘク早ク片附ケル様ニ奔走シタノテ大分渉取リ今後一箇月モシタラ機関ヲ据附ケルマテニ

運ンタノテ大阪行ノ事ヲ鳥井氏カラ馬場氏へ申込タラ今少シ待ツテ完成マテ見テ貰ヒタイトノ事ナリシモ大阪ノ方テモ急クシ夫レニ永ク待タセテハ先方テモ不安ニ思フタロウトテ馬場氏ノ方ハ手ヲ切ル事ニセシ

## 大阪鐵工所時代

### 大阪鐵工所へ従事ス

父君ノ病氣ノ事ヲ尋ヌル為淺田先生ヲ駿河臺ノ高峯ノ家ニ行ツテ聞イテ見タラ全快ハ請合ハレヌカ今一箇月位テ彼是言フ事ハナイト思フト言ハレタノテ其間ニ一寸大阪へ行ツテ鐵工所へ従事スル事ヲ極メテ來ヨウト其事ヲ父君ニ話シタラ夫レハ早速行クカ良イトテ我等夫婦ト子供達ヲ枕邊ニ集メ別レノ御馳走ニナツテ三田綱町ノ自宅へ帰リ家ハ既ニ賣却ノ約束カ出來テ居タノテ買受人へ引渡シテ明治二十四年六月二十一日一同ヲ引連レ東京ヲ出發シ途中名古屋ニ一泊二十三日大阪中ノ島ノ旅宿へ着翌日予ハ鐵工所へ出頭秋月氏以下所員ニ面會シテ夕刻南安治川通ノ貸家ヲ見テ宿へ帰ヘツタラ東京カラ電報カ來テ父君ノ危篤ヲ知ラセテ來タ

ノテ予ハ同夜出立翌二十五日昼頃東京ヘ着シテ見タラ半日計リノ違ヒテ父君ハ既ニ逝去サレテ居タノニハ落膽シタ夫レカラ増井以忠氏夫婦ヲ初メ畑家其他舊知ノ人達カ集マツテ葬式ヲ營ミ初七日ヲ經テ予ハ大阪ヘ帰ヘツタカ實ニ夢ノ様テアリシ母君ハ東京ニ残ツテ居タイト言ハレタノテ増井ヘ萬端ヲ頼ンテ帰ヘツタカ後ニ増井ノ近クノ小石川富坂町ニ小サナ家ヲ借リ下女ヲ使ツテ獨リテ居ラレシ

予カ大阪鐵工所ヘ從事シタ時ノ工場ノ有様ハ百噸計リノ木造瀛船ノ仕入ヲ造ツテ居タ外ニハ格別ノ工事モナク都合八十名計リノ職工カ一日為ス仕事カ無イノテ半日交代テ働テ居タカ當時世間モ不景氣テハアリシカ何シロ大阪商船會社ヤ尼ケ崎瀛船會社其他安治川ヘ出入スル瀛船モ多數アルニ均ハラス鐵工所ニ修繕船カ一艘モ來ナイトハ不思儀タト思ツテ居タカ一日秋月氏ニ連レラレテ大阪商船會社ヘ近附キノ為メ行ツテ河原社長ヤ原田技師長小西技師等主要ノ人達ニ會ツテ新來ノ披露ヲシテ將來ノ引立ニ預ル様ニ頼ンテ來タラ夫カラ間モナク予ノ技倆ヲ試ス考ヘカ小面倒ナ思案ヲ

要スル修繕船ヲ一艘廻シテ呉レタノテ深重ノ注意ヲ拂ヒ深切叮寧ニ修繕ノ時日ヲ勘クシ費用ヲ節約スル事ニ努メテ出來上ツテ試運轉ヲシタカ以前ヨリ速カモ増シ機關ノ工合モ宜クナツタトノ事テ直キニ又修繕船ヲ廻シテ呉レタノテ仕事モ追々殖ヘテ來タノテ職工モ日々働ク事ニナツテ喜ンテ働テ呉レタノテ至極折合モヨク所員モ能ク活動シ大分前途ニ光明ヲ放ツ事トナレリ其爲カ中々六ケ敷ヒ所ト言ハレシニ均ハラス圓滿ニ過ス事カ出來タノハ仕事ナシテ弱ツテ居タ處ヘ段々ト仕事カ出テ來タノカ大イニ助ケトナツタノテアル

原田技師長ト工事ノ事テ度々話シ會フノテ相互ノ意志モ疏通シテ來タカ或時同氏ノ言フニハ君カ鐵工所ヘ來テカラ安心シテ仕事ヲ頼ム事カ出來テ喜ンテ居ル以前ノ同所ノ遣リ方ハ事務者カ幅ヲ聞カシテ仕事ノ事マテ口ヲ出シテ何テモ設ケル事ヲ第一トシテ仕事ノ事ハ不深切極マル仕方ヲシテ最初ハ安ク引受ケテ段々ト仕事ヲ殖シ時日ト金トヲ多ク費スカラ夫故不便テモ成丈ケ川崎造船所ヤ木津川ノ造船所ヘ

舩ヲ廻シテ居タカ是カラ目ノ前ノ大阪鐵工所テ埒カ明ク事ニナツテ仕合ハセタト言ハレタノテ是迄一向修繕舩ノ來ナカツタ事カ分ツタ同氏ハ又話サレタ事ニ君ノ來ラレル前ニ居タ英人技師「ジヱームスヱラートン」氏ハ技術モ充分テハナカツタカ事務者カ關渉スルノテ壓ニナツタトカテ期限中途テ退所シテ仕舞ツタ様ナ譯テ中々六ケ敷ヒ工場タカ我々モ助ケルカラ一ツ憤發シテ充分遣ツテ呉レ玉ヘトテ是迄ノ事カ分ツテ來タ

明治二十四年六月カラ二十八年八月マテ四年三箇月大阪鐵工所ニ從事シタ内新規重立ツタ工事ハ畧左ノ通テアル

| | | | | | |
|---|---|---|---|---|---|
| 一御代島丸 | 四十五噸餘 | 木造 | 新造 | 大阪 | 住友氏 |
| 一常磐丸 | 貳百八拾七噸 | 鐵造 | 改造 | 長崎 | 松田氏 |
| 一千早丸 | 貳百九拾四噸 | 仝 | 仝 | 大阪 | 廣海氏 |
| 一勝浦川丸 | 壹百拾參噸 | 木造 | 新造 | 仝 | 大阪商舩 |
| 一紀伊川丸 | 壹百拾四噸 | 仝 | 仝 | 仝 | 仝 |
| 一武庫川丸 | 貳百五拾貳噸 | 鋼造 | 仝 | 仝 | 仝 |

一太田川丸　貳百五拾參噸　仝　仝　仝　仝
一宮川丸　貳百五拾六噸　仝　仝　仝　仝
一大浚丸　土砂浚渫船　仝　仝　仝　大阪府
一小瀛船　艀船八艘　木造　仝　呉　海軍造船
一横置蒸氣罐　水源地用六基　仝　大阪　大阪市
一消毒所諸機械　櫻島　彦島　長浦　仝　陸軍省
一貳百四拾馬力發電用蒸氣機械　一臺　大阪　電燈會社

以上列記ノ工事カ追々注文ニナツタノテ工場改築ヤ新築機械器具ノ増加等テ次第ニ繁昌シテ職工モ四百餘名ニ増員シテ益夜業ヲ爲ス事ニナリシカ最初ノ松田氏ノ常磐丸改造ヤ廣海氏ノ千早丸改造ノ工事ヲ引受ケタ際抔ハ秋月清十郎氏ト予トタ刻カラ先方ト話ヲ始メテ徹夜テ談判ヲシテ夜明ケ

ニナッテ漸ク相談カ纒マッタト言フ案配テ是非トモ其仕事ヲ引受ケタイト思ッテ苦心シタノテアリシ大阪ハ談判中茶一ッ呑ムテハナシ此ノ長時間何ヲ話シテ居タカト言フト値段ノ押引キテ先方モ中々懸引カ強ク値引カ出來ンケレハ外ノ工場ヘ頼ムト言フカ腹ノ中テハ當方ニ遣ラセルカ精々下値ニサセテト思ッテ中々話ヲ進メナイノテ當方テハ容易ニ値引ヲセン樣ニ魂氣ヨク充分下値ニシテアルカラ中々引ケナイト主張シッッ双方トモ時間構ハス話シ込ンテ仕舞ニ僅カ愛嬌ニ値引シテ相談カ調タト言フ有樣テアリシ外ノ工事ニ移ルニ二十六七年ニハ世間ノ景氣モ直リ其上二十七八年日清戰爭カ起ッタノテ一時ニ多忙トナリ仕事ヲ引受ケルニハ大分樂テアリシ

予カ大阪鐵工所ヲ去ル事ニナリシハ日清戰爭モ修リ軍隊カ内地ヘ引揚ケルニ附キ檢疫ノ爲下ノ關ノ彦島大阪櫻島相州長浦ノ三箇所ヘ陸軍テ消毒所ヲ新設スルノテ後藤新平氏ヲ陸軍衞生長官トシテ総指揮ニ當ラシメ其隨員下村當吉氏カ鐵工所ヘ訪子テ來ラレ一別以來ノ挨拶ノ後今度三箇所ヘ設

ケル消毒所ノ諸機械類ハ大阪テ造ル事ニナツタカ幸ヒ君カ居ラレルカラ一切ヲ御頼ミシタイカラ全カヲ振ツテ切迫セル期限ニ間ニ合セテトノ事テ晝夜兼行テ其事ニ従事シ期限内ニ漸ク出來上ツタカ非常工事ノ上ニ他工場トノ競争モナク充分ノ費用カ出タノテ鐵工所トシテハ意外ノ収益カアリシ消毒所ノ仕事カ済ンタカ職工達ハ充分ノ収入ヲ得タノテ優良職工程休養シツツアリシ時大阪電燈會社カラ注文ノ貳百四拾馬力發動用機械ノ落成カ遅レタノニ優良職工ヲ一時消毒所ヘ派出サセタノテ發動機械製造中劣等ノ職工カ止ムヲ得ス掛ツテ居タノテ試運轉ノ結果舶來品ト比較シテ少シ劣ル所カアルノテ予ハ附添ツテ毎日直シニ掛ツテ居タカ夜間ハ之レヲ使用シテ居ルノテ晝間仕事ヲスルノハ僅カ三時間計リヨリナク一日々々ト遅延ハシタカ工合モ舶來品ト殆ント同様ニナリシ時秋月氏カラ予ヲ呼ヒニ來タノテ行ツテ見タラ氏ノ言フニハ發電用ノ機械ハ期限カ段々延ヒテ未タ完全ニ為ラヌノテ會社カラハ代金ヲ仕拂ツテ呉レス誠ニ困ツテ居ル君モ丸テ素人同然タト言ハレタノテ予ハ御承知ノ

通リ近日マテ消毒所ノ機械取纏メニ全力ヲ盡シテ居リシ故上等ノ職工ハ其方ヘ向ケテアッタノテ電燈會社ヘ申譯マテニ次ノ職工ニ遣ラセテ置タノカ今日午直ヲスル事ニナッタノハ遺憾テスカ其代予ハ毎日現場ニ附切リテ直シ方ニ尽カシテ居マス事ハ同社員モ知ッテ居リ最早改良サレテ毎夜使用サレテ居マスカラ代金ヲ拂ハヌト申スナラ拙者カラ話シテ拂ハセル様ニシマショウト言ッタラ氏ハ猶更大聲テ罵鳴ルノテ夫テハ拙者ハ辞職シマストト言ッタラ勝手ニ御引キナサイト言ハレ勢ヒ辞サ子ハナラヌ事ニナッタ

## 淀川滊船會社囑託時代

### 淀川滊船會社ノ依囑ニ應ス

大阪鐵工所ヲ去ッテ一日天滿橋上流ニアル淀川滊船會社ヘ行ッタラ知合ノ重役カ居テ言フニハ今度新規ニ會社ヲ起シ都而新式改良ノ運輸ヲスルニ附テ第一ニ至極經濟ナ速力ト節炭トヲ主トスル滊船ヲ差向キ貳艘造ル考ヘテスカラ貴君ニ其設計ヲ御頼ヒシタイト思ッテ居マシタ處テ丁度御目ニ掛ッタノヲ幸ヒ其事ヲ御頼ヒシマス船體ハ是迄出入ノ船大

エニ木津川テ造ラセル事ニシテ居マスカラ機械一切ハ御頼ヒシマス製造所ハ何處テモ貴君ノ御指圖ノ工場テ遣ラセマスカラ監督ヲシテ頂キマストノ事テ手明キテ居タカラ引受ケテ帰リ其設計ニ取掛ッタカ従來ノ會社テ使用シテ居ル汽船トハ着シイ改良ノ點ヲ發見セ子ハナラヌト考慮ノ末左ノ事ヲ考ヘタ

淀川通ヒノ汽船ハ川カ所々浅イ場所カ多イノテ船ノ喫水ヲ成丈ケ浅クスル必要上汽罐ノ給水ヲ船首カラ引入レテ中途ニ砂溜メヲ設ケテ居ル有様ナノテ冷汽機ヲ設ケル事ハ節炭上ニモ又加カ上ニモ大ニ利益アル事タカ土砂カ汽罐ニ入ルノテ不可能ニ畢ツタ實例カアルノテ是迄ハ冷汽機ノアル船ハナイノテアリシカ何トカシテ土砂ノ入ル事ヲ防ク方法ハナイカト考ヘタ末船首カラ水ヲ入レ途中貳箇所ニ大キナ水槽ヲ設ケ入ツタ土砂ハ第一ノ槽ニ沈澱シ稍清淨ニナツタ水ハ更ラニ第二槽ニ入ツテ全ク土砂ナキ水トナル事ニシタ槽ハ可ナリ大キイノニ吸水ノ量ハ尠ナイカラ自然沈澱スルト言フ事ニシタカ實際試シタラ好結果テアリシ冷汽機附ノ機

関トシダノテカモ増シ温水ヲ滊罐ヘ送ルノテ燃料ノ節約ニモナリ速カモ従來ノ滊舩ヨリ多ク出ル様ニシタノテ單ニ乗客計リテナク荷物舩ヲ曳キツツ両様ヲ兼ル様ニナツテ好都合テアリシ夫レテ機関ノ製造ハ北安治川通リノ大井製罐工場テ一切遣ラセル事ニシテ滊舩ニ隻ヲ仕上ケテ新會社ヘ引渡シタ

予カ大井工場ヘ出入シテ居タラ近所ノ久松鐵工所カラ若主人ニ製圖ヲ教ヘテ貰ヒタイカラト頼マレタノテ暇カアツタカラ教ヘル事ニシテ同工場ヘ出入シテ居ル内ニ小蒸氣舩ヲ工場テ受合ツタノテ若主人ノ稽古旁其機械ヤ滊罐ノ算出方ヲ教ヘツツ製圖ヲサセテ其機械類カ出來テ試運轉ノ結果ハ良好テアリシカハ夫カラ工場ノ事モ監督シテ貰ヒタイトテ工場ノ改造ヤラ發電用機械ヲ造ツテ大阪電燈會社カラ電氣用ノ器具一切ヲ借リテ工場ヤ室内ニ電燈ヲ自給スル事ニシタ當時ハ安治川通ニハ未タ電燈カナカツタ時トテ諸人ノ注意ヲ引キシ

同工場ヲ株式組織ニスルトテ組織上ニ経験ノアル世間ニ顔

ノ賣レテ居ル蘭人經營ノ「ホームリンガ」商會ノ番頭松藤和四郎氏ヤ海上保険會社大阪支店支配人森島剛太郎氏ヤ公證人三谷軌秀氏等カ重立ツタ創立委員トシテ現工場ヲ擴張シテ瀛船製造ノ外鐵道車輛迄モ製造スル計畫ヲ立テ株主募集ニ奔走シツツアリシ時予モ說明者トシテ屢々其集會ニ出席シタノテ前記諸氏ト懇意ニナリシ

## 鳥羽造船所再興時代

### 鳥羽造船所ノ再興ニ従事ス

久松工場ノ會社創立ハ遂ニ成功セスニ修リシカ別ツニ鳥羽造船所カ久敷休業シテ第一銀行ニ抵當流レトナリ同行テハ安價ニ賣却スルトノ事テ同所ヲ買受ケテ在來ノ船渠ヲ大形ニ改築シ日清戰役後大形ノ古瀛船カ澤山アルカ海軍省ノ二三船渠ノ外ニハ唯一ツ長崎ノ三菱船渠カアル計リテ迚モ間ニ合ハヌノテアルカラ此際鳥羽船渠ヲ擴張スル事ハ容易タカラ小額ノ金テ輕便ナ船渠ヲ造リ應急ノ用ニ當テタラ必繁昌スル事タシ改築ニハ時日モ多分ニ掛ラヌ上ニ土地ノ人達ハ造船所ノ開始スル事ハ尤モ希望スル所トテ萬事カ好都合

テアルト言フ事カ呼ヒ物テ株主募集ニ掛ツタ處目論見通リ賛成者モ多ク殆ント株主モ集マリ掛ケタノテ三谷委員達ト予ハ鳥羽へ行ツテ閉鎖シテ居ル造船所ヲ視察シ將來擴張ノ場所等ヲ實査シ町長以下関係者ニ會ツテ話ヲシタラ一同カ非常ニ喜ンテ如何ナル便宜テモ與ヘルカラ何卒開所シテ呉レトテ在來ノ造船所ハ舊鳥羽城跡テ擴張スヘキハ地續ノ山地テ坪一圓ナラ何處テモ勝手ニ買取ツテ良イトノ事テ夫カラ豫定地ヲ定メ堀取ツタ土テ海岸ヲ埋立テ工場増設等ノ設計ヲ立テ着手ノ際ニハ其手配テスル事ヲ関係者達ニ假約束ヲシテ大阪へ歸ヘツテ來タ

大阪へ歸ヘツテ委員總會ヲ開イテ具ニ現場取調ノ報告ヲシタラ一同モ満足セシ其席上テ或有力ノ委員カ言フニハ今大阪丈ケテモ株金高ノ株主ハ極ツテ居ルカラ直キニ創立總會ヲ開テモヨイノタカ大阪丈ケテ極メルヨリモ東京ニモ希望者カアル上ニ華族連ヲ株主トスル事ハ信用上尤モ有益ナ事テ幸ヒ委員ノ中ニ華族連ト知巳ノ人カ居ルカラ賛成ナラ其方面へ着手シテハトノ事テ一同カ之レニ賛成シタノテ後日

予ハ委員ノ一人ト同行シテ東京ヘ行キ今度ノ事ヲ斡旋シテ呉レル有力者ニ面會シタラ其事ハ一坊子爵内藤政共(40)氏ニ頼ンテアルカラ同氏ニ悉シク話シテ下サイ氏カ兼知サレタラ其上テ又夫々ヘ申傳ヘル事ニシマスカラトテ同氏カラ添書ヲ貰ツテ同行者ト二人テ向嶋ノ子爵邸ヘ行キ直キニ面會シテ目論見書ヲ出シ現場ノ話ヲシタラ同氏モ至極贊成サレシ内藤氏ノ贊成ハ東京側株主多數ノ贊成トナルノテ會社創立上ニハ至極好都合テアリシカ扨テ困ツタ事ニハ元來ノ目的タル鳥羽造船所ヲ買收シテ船渠ヲ擴張シ目下古船ノ修繕ニ困ツテ居ル際急場ヲ間ニ合セ從ツテ得意先モ出來利益モ多ク上ルト言フニハ何テモ一日モ早ク開業スル事テ夫レニハ船渠改築カ第一着テナケレハナラヌト言フ趣意テアリシニ内藤氏ハ造船所現在ノ儘テ開業シテ事業カ進ンテ來テカラ追々ト擴張スルト言フ平々凡々タル意見テ何ト言ツテモ船舶事業ハ大阪カ中真テアルカラ目ノ附ケ處カ違フ鳥羽ノ様ナ邊鄙テ小造船所抔テ開業シタ所テ繁昌スル筈カナク論ヨリ證據曩キニ閉所シタノテモ分ル商買テハ大阪人ハ着眼カ

早ク今度鳥羽ニ目ヲ附ケタノハ買収價格カ非常ニ安イノト擴張費モ割安テ出来ルカラ今溜マッテ居ル古舩ノ修繕ヲ一巡シタラ入レタ金ハ取上ケルカラ跡ハ唯トナルカラ若シ幸ニ繁昌スレハ良シ繁昌シナカツタラ其時ノ場合テ賣ッテモ損ハ行カヌト言フ下腹テ掛ツタノダカ東京人ノ方ハ夫迄ノ太腹ニハナレス失張リ尋常手段テ取掛ロウトスル點カ相違シテ居ルノテアル夫レニ内藤氏ノ言フニハ鳥羽ヲ始メタラ職エモ物品モ東京カラ送ルトノ事テ夫レハ大キナ間違テ同氏ハ東京ニ居ラレルノテ東京ノ職工ヤ物品ヲ目撃セラレテ居ルカラ一寸ソウ考ヘラレルノテアルカ造舩所トテ數モ尠ク熟練ナ職工ヲ多數雇入レル事ハ不可能テ又舩舶ニ使用スル物品モ同様充分ニナイノテアル夫カラ東京カラ鳥羽ヘ物品ヲ運搬スルニハ鐵道便テハ高價ニ附キ海運トスレハ所謂遠州灘ヲ越サナケレハナラスソウシテ大阪行ノ舩ハ態々鳥羽ヘハ寄港セス夫レハ何ト言ッテモ大阪カラ海運ニ依ルノ便利ナ事ハ定期ノ熱田通ヒハ必鳥羽ヘ着ケルノテ距離モ東京ト比較スルト半ニ足ラス遠州灘ノ難路モナク運賃モ安ク早

ク牛ニ入ルノテアル同氏ノ言ハレルノハ採算上ニ當ラヌ事
ト思ヒシ
予ハ内藤氏ノ話ヲ聞イテ此レハ迚モ目論見ノ様ニハ行カヌ
カラ大阪ヘ帰ヘッテ一應委員達ニ其事ヲ話シテ何テモ東京
側ト合同スルト言ッタラ即坐ニ牛ヲ退ク事ニシヨウト早速
帰阪シテ其事ヲ話シタラ夫テハ見込カナイト言フ人モ大分
アッタカ實業ヨリ株式ニ目ヲ着ケテ居ル人達ハ先張合同ス
ル意向テアリシ依ッテ予ハ斷然辞シタカ夫カラ餘程月日カ
立ッテ東京側カ主トナッテ内藤氏差圖ノ下ニ現在ノ儘テ開
業シタカ収支相償ハヌノテ一箇年立タヌ内ニ閉所セシト聞
キシ
後年大阪船舶司験所船體課司験官木村氏ノ話ニ自分ハ先年
内藤氏カラ勧メラレテ鳥羽ヘ行ッテ遣ッテ居マシタカ仕事
カ尠ナイノテ収支償ハス職工達ヘ支拂フ賃金ニ差支ヘ所員
杯ハ半年モ無給テ働ラカサレ困リ切ッテ自分杯ハ大分諸方
ニ借リカ出來テ今テモ迷惑シテ居マス何ンナ無鐵砲ナ考ヘ
モナク金モナク始メタノカ間違ヒテスト言ハレタノテ能ク

何ノ時関係シナカツタト思ヘリ

## 小野工業事務所時代

### 小野工業事務所ヲ開ク

馬羽ノ方ノ午ヲ退イテカラ安治川北通カラ江戸堀北通ヘ移リ工業事務所ヲ開イテ諸機械等ノ設計製圖ヤ工場ノ監督ヤ舩舶ノ檢査ヲ爲ス事ニシ天野虎助氏外一人ノ助午ヲ置テ遣ツテ居タカ大阪ノ事トテ諸方カラ色々頼マレタ中ニ或ル日人カ尋子テ來テ今度大阪ノ有志者カ門司近傍ノ小森江ニアル小造舩所ヲ買収シテ之レヲ擴張シ門司ヘ出入スル舩舶ノ修繕ヲ爲サントスル計畫テ差當リ同所ヲ買入レル評價ヲシテ貰ヒタイ夫レハ貴先ノ造舩所ノ代表者家入安氏カラモ貴君ニ頼ム事ヲ希望シテ居ルトテ早速之レヲ引受ケテ有志総代濱中八三郎氏外一人ト共ニ門司ヘ出張シ川卯旅館ヘ宿泊シテ家入氏ノ案内テ當時休業中ノ造舩所ヲ小森江ヘ行ツテ見テ目録ト對照シテ現物ヲ評價スル下調ヘヲ爲シ其外ニ將來擴張スヘキ地形等モ調ヘテ帰ヘリ別ツニ造舩所設立ノ候補地田ノ浦ヤ小瀬戸ヲモ踏査シタカ以上三箇所ノ内小森江

ハ小規模ナカラ工場モアリ地勢ハ一番便利ナ土地テアルカ船渠ヲ造ルニハ潮流ヲ遮ヘキル防波堤ヲ設ケル事カ港内然カモ船舶ノ交通路ニ接近シテ居ルノテ六箇敷ヒノテ小瀬戸ハ従來ヨリノ小灣カアリ如何ナル設備モ自由ニ出來ルカ全ク外海ニ面シテ下ノ関ヨリ小舟テ通スル瀬戸ハ潮時ニハ急流テ船便カ出來ス山越ヲスルカ大廻リノ門司ヨリノ航路ニ擾ルカノ外ナク土地ニハ漁業者ノ人家カ小數アル計リテ日常ノ用便ヲ達スニハ甚タ不便ナ土地テアリ田ノ浦ノ方ハ門司カラ東ニ當ル地續キテ内海ヘ向ツテ海峡ヲ出タ處テ小森江ト比ヘテ潮流ノ関係モ樂テ土地モ造船所ヲ築造スルニハ充分テ後日門司カラ大道路カ開通サレルトノ事テ一番適當ト考ヘタ夫レテ何レニ極ルカハ後日ノ事トシテ小森江ノ工場カ眞價何程位ニナルカヲ調ヘテ呉レトテ細密ナ調ヘヲシテ出張員ノ手許ヘ差出シテ予ハ先キニ帰阪シタカ其後話カ進ンテ小森江ヲ買収セシト聞キシカ予カ調ヘタ値段テハ先方カ折合ハス何テモ少シ増額シテ取引カ濟ンタトノ事テアリシカ船渠ヲ造ル事ヤ擴張ハセサリシ

工業事務所ノ仕事テ船舶ノ撿査ヲ海上保険會社カラ頼マレテ大阪市内外ヤ遠クハ廣島縣宇品港ヤ竹原ヤ長崎邊迄モ出張シタカ其中テ竹原港ノ沖合ノ離レ島テ造ツテ居ル洋式帆船ヲ撿査ニ行ツタ帰リ竹原へ來タ時カ晩方テ夫カラ隨分険阻ナ山越ヲシテ山陽線本郷驛マテ人力車テ行ツタ時途中ハ至ツテ淋シイ山間ノ道テ通行人モ無イ處へ來タラ車夫ハ一寸休ンテ車ノ腰掛ケカラ大キナ餡餅ヲ出シテ一ツヲ予ニ呉レテ腹カ減ツタロウカラ直キニ食ヘロト言ツテ聞カヌノテ周圍カ暗黒ナ山中テアル處テ勸メラレタノテ予ハ聊カ疑心ヲ起サザルヲ得ヌノテ辞退シテ遂ニ貰ツタ丈ケテ食ヘナカツタカ本郷驛へ着イテ汽車ヲ待合ハセテ居ル内驛前テ支度ヲ濟マセテ翌日其餅ヲ大阪ノ宅へ持帰ヘツタカ捨テル氣ニモナラス恐ル恐ル少シ宛内中ノ者テ食ヘタカ別ツニ變ツタ事モナク全ク好意テ呉レタノカ跡テ分ツタカ其時ハ一寸嫌ナ氣カシタ事ヲ覺ヘテ居ル

船ノ撿査ノ事テ度々大阪船舶司驗所へ行ツタカ或時西區本田テ船舶用ノ属具ヲ商ヒ木津川テ造船業ヲ營ンテ居ル中村

丑太郎氏ニ會ツタラ廻漕業ヲシテ居ル原田十次郎氏カラモ話カアリ其事テ近日御相談ニ出ルト言ツテ別レタカ數日後使カ來テ京町堀ノ或ル料亭マテ來テ呉レト言ツテ來タノテ行ツテ見タラ中村氏ト難波島テ鐵工造船所ヲ持ツテ居ル小野清吉氏ノ両人カ居テ原田氏モ今日來ル事ニシテ居マシタカ用事カ出來テ失禮シマストテ扨先日司驍所テ御相談シタイト申シタノハ外ノ事テナク小野造船所ニ是迄居タ技師カ此頃居ナクナツタノテ仕事ニ差支ヘ原田氏カラ注文ノ滊船ヤ修繕船モ一向進行シナイノテ困ツテ居ル譯テ原田氏モ今日貴君ニ一ツ骨折ツテ頂ク事ヲ御願ヒスル筈テシタカ愛憎差支カアツテ參ラレヌカラ宜敷御頼ミ申シテトノ事ト中村氏カラ言ハレ小野氏モ原田氏ノ注文計リテナク外ニモ色々仕事カ運ハナイノテ困ツテ居ルカラドオカ來テ盡カシテ頂キタイトノ事テ予ハ工業事務所ノ用事モアルカ一ツ行ツテ盡カシマシヨウト約束ヲシタ

## 難波島小野鐵工所時代

難波島小野鐵工所ヘ従事ス

明治三十年六月カラ小野鐵工所ヘ行ツタカ同所ハ北海道方面ノ得意先カアツテ箱舘小樽増毛等カラ航海ノ閑ナ時ヲ見テ修繕ニ來ル外ニ百噸位ノ小汽船ノ注文モアリ小船渠カアルノテ大阪附近ノ修繕船モ來ル今停船シテ居ルノハ原田氏ノ新造船ト修繕船カ一番遅レテ居リ之レヲ纒メニ掛リ其後次第ニ片附ケテ引渡シタカ北海道カラノ注文ハ總ヘテ規定以上ニ丈夫ニ造ル事カ必要テ予備品杯モ多數備ヘル事テ小船ニ似合ハス大阪邊ノ船ヨリモ金高カ昇ルカ船主ハ船長ニ一切ヲ任セテ意ノ如クサセルノテ船長ハ丸テ船主ノ様ニ便宜ニ色々ノ注文ヲ出スカ航海スル時ノ事ヲ聞クト怒濤ノ中ヲ乗リ廻スノテ何モ彼モ充分ニシテ置カナクテハナラヌ事カ分ツタノテアル

小野鐵工所ニハ二年五箇月從事シテ工事モ次第ニ多ク稍盛大ニナツタカ最初契約ノ時ニ洋人雇入レノ様ニ年限ヲ定メテ置テ期限滿了前ニ改メテ又契約スル事ニシタイト予カ言ヒ出シタラ先方テハ何時迄モ永ク遣ツテ貰ヒタイト言ツタカ予ハ從來ノ經驗上双方得意ノ時ハ良イカ一朝意氣相投セ

サル場合ニ突然退去シテハ工場ノ差支ヲ生ル而已ナラス自已トシテモ面白カラス依テ一箇年宛ノ約束トシテ契約期限前六箇月ニ双方ノ都合上合議シテ進退ヲ極メル事ニシタカ従事後二箇年ノ後ニハ予カ連レテ行ツタ天野虎助氏カ設計ヤ製圖ヲ擔當シ各工場長等トモ折合カ良ク仕事モ順序ヨク運ヒ予カ居ナクテモ事ヲ鈌カヌ様ニ整頓シタノテ此ノ邉テ辞スルカ宜カロウト最初ノ口入人中村丑太郎氏ヲ以テ解約ノ事ヲ申込ミ先方ノ兼諾ヲ得テ後半箇年足ラステ引退セリ
明治三十二年十月小野鐵工所ヲ辞シテ熟ク考ヘタノハ最初ハ官立ノ諸工場ヲ勤メテ來タカ官立ハ規則ヲ楯ニ往々働ク事ニ自由カ叶ハス真ノカヲ盡ス事カ出來ス民間工場ハ利益ヲ第一ニスルカラ必カ一杯ノ働キカ出來ルニ相違ナイト考ヘテ多年民間ノ工場ニ従事シタカ利益ヲ第一トスル事ハ考通リタツタカ競争シテ安價ニ仕事ヲ取ル結果モアルカ兎角工事ヲ手抜キシタリ誤魔可思仕事ヲスル事カ盛ンテ確實可寧ニ注文先ノ便宜ヲ謀リ成ヘリ費用ヲ節減シ時日ヲ短縮スル等ノ事ハロテハ言フカ實行スル事カナク其上注文先ノ困

ツタ機會譬ヘハ修繕船ヲ急ニ代船ニ向ケナクテハナラヌトカ臨時ノ出來事ノアッタ時杯ニハ附込ンテ暴利ヲ占メ様トスル事ヲ得意然ト遣ルノテ勢ヒ其渦中ニ捲キ込マレ様トスル危険ヲ考ヘルト最キニ考ヘタ專心工事ニ盡スト言フ様ナ譯ニ行カス諸リ再ヒ官立ノ大工場テ將來働ク外ハナイト其就職ロヲ求メント思ヒツツアリシ

## 新隈鐵工所時代

### 新隈鐵工所ニ從事ス

前記ノ如ク思案中或日尼ケ崎汽船會社々主尼ケ崎伊三郎氏カ突然自宅ヘ來ラレテ御相談カアッテ上ッタカ自分ハ安治川通ノ新隈鐵工所主ノ先代トハ同郷里テ先代ト郷里尼ケ崎ヲ一緒ニ出テ大阪ヘ來テカラ互ニ扶ケ合ッテ先代ノ存生中ハ色々ト金錢上ノ事カラ何カラ面倒ヲ見テ漸ク今日ノ地位ヲ得マシタカ先代カ逝クナッテカラモ失張リ関係シテ貸込ンタ金モ多額ニ昇ッテ居マスガ今ノ様ナ仕事ノ仕振リテハ行ク先カ案シラレルノテ今度貴君カ難波島ノ方ヲ引カレタト承タマワリ一ツ同工場ノ工事ヲ擔當シテ頂キタイカ如何

トノ話シテ小生ハ最早民間ノ工場ニ厭キタノテ別ツニ計畫中テアルカラ折角ノ御頼ミテスカ其方ハ御斷リスルト言ツタラ無理ニ御願ヒモ仕兼子ルカ今一度考ヘ直シテ遣ツテハ下サラナイカ其代リ自分ハ君ノ後援トナツテカヲ盡スカラト言ハレタノテ考ヘテ見ルト尾ケ崎氏カ後援トナツテ呉レタラ工場ヘ對シテモ充分言フ事モ通ルタロウシ金融上モ樂タロウカラ思ヒ通リ仕事モ出來ル事テ之レハ一ツ遣ツテ見様ト言フ氣ニナリ夫レテハ折角ノ御相談テスカラ從事シマシウカ中途見込カナイト思ヒマシタラ其時貴君ニ御話シマスカラ御許シカアル様ニ願ヒマスト言ツタラ兼知シマシタ能ク引受ケテ下スツタ夫レテハ工場主ノ方ヘ話シテ置キマスカラ御通知シマシタラ工場ノ方ヘ御出下サイトテ帰ヘラレシ

明治三十二年十一月カラ予ハ安治川通ノ新隈鐵工所ヘ従事シタカ同工場ハ安治川ノ外ニ難波島ニ造船所ヲ持ツテ居タカ先代ノ時ニハ相當盛ンニ船ヲ造リシトカ當時安治川工場ハ重ニ紡績工場カ得意先テ大阪及其附近ヤ神戸ノ紡績工場

ノ小サナ仕事ヲ拾ヒ集メテ復雑ナ手數ノ懸カル仕事計リテ纏マツタ金高ノ仕事トテハナク市内外ヲ技手カ仕事ヲ引受ケル爲メニ毎日紡績工場ヲ廻ツテ居ルカ何レモ僅カナ仕事計リテ旅費ニモ當ラヌノカ多ク時ニハ少シ仕事モ出ルカ何レモ競争入札ヤ積リ合セテ中々仕事ヲ取ルニハ骨カ折レシ工場主ハ新限政次郎氏トテ未タ弱年テ工場主代理ヲシテ居ルノハ泉常三郎氏トテ三十四五歳ノ至極落附イタ人テ同氏ハ工場主ノ第二ノ姉婿テ專ラ事務會計其他來客ノ應接ニ從事シ工場ノ方ハ第一ノ姉婿某氏カ當レリ同氏ハ元工部省ノ兵庫工場ノ技手テアリシ造船場ノ方ハ親類ノ某氏カ遣ツテ居テ主要ノ位置ニハ皆親類カ集マツテ居ルカ互ヒノ折合カ悪シク一番奔走シテ居ルノハ泉氏一人テアリシ

悉シヒ事ハ分ラナカツタカ賎政カ中々困難テ毎月尼ケ崎氏ヘ支拂フ金高丈カ千七百圓宛モアリ夫レカ時々滞ルノテ泉氏カ尼ケ崎家ヘ平身低頭シテ延期ヲシテ貰ツタリ何カシテ同氏ハ金ノ遣操リニ修日諸方ヲ奔走シテ日モ亦足ラヌ有様テ諸方カラ高利ノ金ヲ借リ集メ其事ニノミ苦心シテ居タ樣

子ナリシ予カ最初入所スル時ノ考ヘトハ反對テ有カ者タル尼ケ崎氏ノ後援カアル事タカラ金融ノ事ニハ心配ナク唯エ事ノ隆盛ニナル事ニ努メレハ宜イノタト思ツテ居タラ實際ハ大違ヒテ尼ケ崎氏カラ是迄ノ貸金ノ利足カラ元金ノ返濟月割マテモ嚴重ニ取立テルノテ泉氏ハ苔シ間切レニ手當リ次第高利ノ金ヲ借リ込ンテ尼ケ崎氏ヘノ返金タノ他ノ融通ヲ受ケタ先ヘノ金ノ遣操リニ苔心シテ居ルノヲ見ルト氣ノ毒ニナツテ傍觀シテモ居ラレス福永正七氏ノ金ヲ借リテ遣ツタカ最初ハ期限通返濟シテ居タカ段々迫カ甚タシクナリ滞リ勝ケトナリ金高モ大キクナツテ來タノテ予ハ心配シテ居タラ幸ヒ鹿児嶋縣廳ノ浚渫船ヲ一艘引受ケル事ニナリ其引當テニ少シ金融カ附ク様ニナツタカラ此際福永氏ノ方ヲ返濟シテ貰ヒ永ク予モ引掛ツテ居タラ仕舞ニハ難儀ヲ受ケルカラ今ノ内手ヲ引クニ限ルト思ヒ前ニ考ヘテ居タ官立エ場ノ事カ胸ニ浮ンテ居タ時幸ヒニモ九州若松築港會社ヘ新隈カラ泥受船ヲ送ツタ關係上ト外ニ仕事カアルトカテ所員カ出張シテ居タカ埒カ明カヌトテ予ニ行ツテ來テ呉レト

テ同地ヘ出張シタカ社長ニ面會スルノニ當時製鐵所ノ製品部長兼機械科長安永義章氏ヲ八幡ニ訪ヒ來意ヲ告ケ社長ハ安永氏トハ學友テモアルカラ紹介書ヲ貰ッテ社長ノ宅ヲ訪ヒ夫カラ會社ヘ行ッテ技師ニモ會ッテ用事ヲ濟マセテ帰ヘリ掛ケニ再ヒ安永氏ヲ訪子タ時同氏ノ言ハレルニハ君ハ今大阪テ何ヲシテ居ラレルカトノ事テ予ハ從來民間ノ工場ニ從事シテ失意シタカラ又官立ノ大工場テ專心事業ニ従事シタイト言ッタラ君カソウ言フ考ヘナラ長官ニ話シテ採用スル事ニスルカ今長官ハ上京中テアルカラ帰ラレタラ話シテ見ルカラ跡カラ返事ヲスルトノ事テ若松ヲ引拂ヒ帰阪セリ安永氏カラ採用スルトノ返事カアッタノテ第一ニ尼ヶ崎氏ヲ訪子テ新隈ヲ退キタイト言ッタラ今少シ辛抱シテ貰ヒタイト言ハレシモ豫テ御約束ヲシタ通リ見込カナイカラ是非承知シテ下サイト堅ク言ヒ張ッタノテ同氏モ苦労人丈ケニ夫テハ止ムヲ得ント承知サレ夫カラ泉氏ヘ其事ヲ申入レタラ今貴君ニ出ラレテハ當所ノ信用上ニモ影響スルカラ今暫ク相當ナ技術者ヲ得ルマテ待ッテ下サイト言ッタカ製鐵所ノ方

モ永ク待タセル譯ニ行カンカラトテ漸ク兼知サセテ退ク事ニナリシ
予カ同所ヲ去ッテ跡ニ元舩舶司驗官ヲシテ後大阪商舩會社舩舶掛トナッタ渥美貞幹氏カ會社ヲ辞シテ新限技術部ヘ入リシカ一箇年ト立タヌ内ニ財政困難テ維持シ難ク遂ニ閉所セリ其時予ハ能ク何ノ時手ヲ切ッタト思ヘリ夫レニ予カ退ノ少シ前ニ期限カ來タノテ福永氏カラ借リタ金ヲ返サセテ予ノ責任ヲ果シタカ其時同氏ニ同所ノ状態ヲ話シテ以後ハ決シテ御貸シニナラヌ様ニト警告シ若シ御貸シニナッタラ貸倒レニナリマスカラト言ッタノニ予ノ去ッタ跡テ再ヒ多額ノ金ヲ貸シタノカ工場閉鎖テ取レナクナッタカ財産處分後僅カノ割前カ返ヘッタト後ニ同氏ニ會ッタラ君カ何ンナニ言ッテ下スッタニ慾張ッテ貸シタノカ悪カッタノテス誠ニ赤面ノ次第テスト言ハレシ

## 製鐵所時代

### 製鐵所ヘ勤務ス

明治三十四年二月久敷住馴レシ大阪ヲ跡ニ家族同伴テ梅田

驛ヲ出發シタカ福永正七氏ヤ佐野氏等ハ同驛マテ見送ラレ
シ岡山驛ヘ下車シテ同市ニ一泊シ第六高等學校ヲ鑑正ノ案
内テ巡覽シ宿ヘ帰ヘッテ鑑正ト談話ヲナシ翌朝出發宮嶋驛
ヘ下車渡船シテ宮嶋宮ヘ參詣シ翌日徳山驛マテ行キシ當時
山陽線ハ徳山止マリテ夫カラ汽船テ門司ヘ行ク事ニシテタ
刻乗船シタカ風浪烈シク周防灘テハ船暈ヲ覺ヘシ船ハ一時
宇部灣ヘ入ッテ風浪ノ静マルヲ待ッテ出發翌日午前門司ヘ
着川卯旅館ニ休息シ昼食ヲ修リ九州線テ大藏驛ニ着シ手荷
物ヲ赤帽ニ持タセテ數丁徒歩シ八幡製鐵所南門外尾倉ノ旅
宿ニ着テ予ハ直チニ安永氏ヲ高見山官舎ニ訪子テ來着ノ事
ヲ告ケタラ夫ハ宜カッタ待ッテ居タノダ明朝カラ出勤シテ
貰ヒタイト言ワレ翌朝同氏ノ詰所製品部ヘ出頭シタラ暫ク
シテ本事務所カラ呼ヒニ來タノテ行ッテ見タラ庶務課長ム
ラ辭令ヲ渡サレタノヲ見タラ製鐵所雇ヲ命シ月俸金百圓ヲ
給ス工務部勤務ヲ命ストアリ自後機械科修繕工場ヘ出ル事
ニナッタ
旅宿ニ半月計リ居タラ南門際ノ稲光官舎ノ内一軒明イタノ

テ安永氏ノ配慮テ入ル事カ出來タノテ引移リ荷物ヲ擴ケテ
漸ク落附ク事カ出來タ創立當時ノ事トテ官舍ノ裏カラ工場
ヘ行ケルノト晝食ニ歸ヘテ來ル自由カアリシ八幡ノ町モ未
タ開ケ始メテ日用品ヲ求メルニハ不便テ小倉市マテ行カナ
ケレハ間ニ合ハス當時ハ電車モナク汽車ニ乘ルニハ山越ヲ
シテ大藏マテ行ツテ乘ルノテ大分歩カナケレハナラス道路
ハ惡ク雨天ノ時ハ歩カレタモノテハナカツタ
着シテ直キニ遣ラナクテハナラヌノハ菊ト槙ノ學校ノ事テ
八幡ニハ當時小學校ハ大藏ヘノ通路ニ誠ニ如何ナモノカ一
ツト近來枝光ニ本願寺ノ末寺カ東西ニツアルカ其本堂ヲ教
場トセルモノ一ツハ尋常他ノ一ツハ高等テ高等女學校ハ小
倉ニアルノテ菊ハ小倉槙ハ枝光ヘ入學セリ
予ノ職務ハ前ニ記シタ樣ニ修繕工場ヘ出勤スルノテアリシ
カ當時製品部長兼機械科長安永氏カ專ラ諸工場建設ノ事ニ
當ラレ諸工場ノ建設ヤ機械類ノ据附最中テ多クノ技手ヤ雇
員カ各工場ヲ分擔シテ据附工事ニ掛ツテ居タカ修繕工場ハ
据附ニ要スル諸金物類ヲ調達スル事ニ多忙テアリシ事業ヲ

開始シテ居タノハ熔鑛爐一基丈テ他ハ皆据附中又ハ試運轉中テアリシ

當時ノ長官ハ和田維四郎氏テ技監兼工務部長トシテ技術員一同ノ上ニ立ツテ指圖サレタノハ大島道太郎氏テ氏ハ曩キニ佐渡鑛山ヤ生野鑛山テ技師長トシテ從事サレシ採鑛冶金學上有數ノ人テアリシ雇外國人テハ獨逸人技師長一人銑鐵部製品部ニ技師一人宛其他各工場ニ職工長一人宛ロール旋前專門ノ獨逸人一人ノ多數テアリシ

明治三十四年十一月マテニ銑鐵部ノ熔鑛爐製鋼部ノ製鋼爐製品部ノ壓延諸工場カ一ト通出來上ツタノテ茲ニ開業式カ行ハレ

御名代宮殿下《伏見貞愛親王》ヲ初メ諸官衙ヤ貴衆兩院議員ヤ鐵業關係ノ諸氏等多數ヲ招待シテ式ハ擧行サレシ

製鐵所ノ開業式ニ參會シタ議員達ヲ海軍テハ門司マテ軍艦ヲ派遣シテ開業式ヘ參列シタ海軍ノ高官達カ案内テ歸途呉ヘ招イテ歡待シツツ議會テ呉ニ製鋼所ヲ設ケル必要ヲ認メテ貰フ樣ニ說キ大イニ議員達ノ同情ヲ得タノニ反シテ製鐵

所ノ方ハ其待遇カ拙カツタノテ翌年ノ議會テ製鐵所癈止論マテ出テ遂ニ和田長官免官ノ止ムナキニ至ツタカ今製鐵所ヲ癈ストシタラ多クノ雇外國人ニハ約定期日迄ノ給料全部ヲ支拂タ上ニ帰國旅費モ拂ハナケレバナラス又清國大治鑛山ヘハ鐵鑛需用ノ約束ヲ解クノ困難カアリ夫カラ從業員ヤ各工場ノ職工等多數ヲ免スル爲メニ給スル金カ多額ニ掛リ返ヘツテ事業ヲ繼續シタ方カ一時金ノ出シ方カ尠クシテ濟ムト言フ説カ出テ當時國家ノ財政カ窮乏ノ時トテ多數ノ賛成カアツテ漸ク命脈ヲ保ツ事カ出來テ長官ニハ陸軍次官タリシ中村雄次郎氏カ任命セラレシ

前長官和田氏カ免セラレテ今度中村氏カ來任サレタノテ和田氏ト創立事業ニ盡カセラレシ技監大島道太郎氏銑鐵部長小花冬吉氏製品部長安永義章氏ノ三氏ハ袂ヲ連子テ辭職ヲ申出ラレタノテ中村氏ハ其留任ヲ勸告セラレシモ何レモ意志固ク小花安永両氏ハ數月後八幡ヲ去ラレ大島氏ハ事業上一時留マラレシカ後去ラレシ獨リ鋼材部長今泉嘉一郎氏ハ留任大イニ新長官ノ爲メニ盡サレタノテ長官ハ一ニ今泉ニ

ニ令泉ト之ヲ用ヒラレ同氏ハ得意ニ其手腕ヲ振フ時カ来タノテアル

明治三十五六年ハ製鐵所トシテハ其維持カ甚タ困難テ折角點火シタ熔鑛爐モ改修ノ名ノ下ニ一箇年間休ムノ餘儀ナキニ至リ従業職工モ大慌解雇スル等製鐵業發達トハ反對ニ成ル可ク經費ノ節約ニ努メラレシ製品ハ賣レス丸テ居喰ノ有様テ長官ノ盡力テ預金局カラ利子ノ附イタ金ヲ借リテ諸經費ヲ支辨シツツアリシ長官ハ諸員集會ノ席上テ貴君達ノ俸給ハ利子附ノ金テ拂ツテ居ル有様タカラ其積リテ諸事ニ精々氣ヲ附ケテ無駄ノ無イ様ニ心懸ケテ貰ヒタイト言ハレシ

明治三十七八年ハ彼ノ日露戰役ノ年トテ製鐵所モ前年マテハ辛クモ維持ニ努メテ來タノカ茲ニ俄カニ一點ノ曙光ヲ見ル有様テ鐵材ノ需用ハ輻湊シ陸海軍鐵道其他民間ヨリ押掛來リ金融ハ自由トナリ工場其他ノ擴張ヤ第二鎔鑛爐ヲ建造スルト言フ勢ヒテ日モ又足ラサルノ盛況ヲ呈シ御蔭テ製鐵所ノ基礎ハ確定シ職員職工ノ手腕ハ日一日ト進ンテ日露ノ大戰爭ニ一助ノ功カアツタ事ハ疑ヒナイノテアリシ

日露戦役モ修局ヲ告ケ軍隊ハ漸次帰還スルノ時論功行賞ハ行ハレ我製鐵所ニモ明治三十九年四月一日附ヲ以テ上長官以下職工ニ至ルマテ賞賜ノ沙汰カアリ予ハ勲五等旭日重光章及金七百圓下賜ノ恩命ニ接セリ

製鐵所ヘ勤務セシ明治三十四年二月以後稲光官舎ニ居住シテ居タカ合壁ノ隣家ニ病氣ノ人カアルノテ一軒離レタ少シ手廣ナ家ニ引越シタヒト思ヒ處々見テ歩キシモ都合ヨキ家カナク大藏ノ疋田氏ニ相談シタラ大藏ノ西舊街道ニ添フタ處ニ貸家カアルトテ見ニ行ツタラ百姓家ノ中ニアル家テ南側縁側前ハ直ク道路テ家ノ裏ハ高イ崖下テ如何ニモ濕氣想ナ處テ駄目ト思ヒ同氏ニ相談ノ末大藏驛ノ上テ眺望良キ地所ヲ借リテ家ヲ建テル事ニシテ建築ノ一切ヲ疋田氏ニ任セタカ丁度手明キノ職方ヲ多ク持ツテ居タ大工棟梁カアツテ三十八年十二月ニ着手翌年三月ニ落成セシカハ四月移轉シタ地所カ廣イノテ樹木ヲ色々植ヘタリ小菜園ヲ設ケタリセシ位置カ高臺テ衛生上ニモ至極良ク予ハ徒歩テ約十町モアル道路ヲ往復シテ出勤セシカ天氣ノ良ヒ時ハ運動ニモナツテ

頗ル愉快テアリシカ雨天ヤ暴風ノ時ニハ隨分難儀セリ
明治三十九年ノ夏休ミニ鑑正カ帰省セシ時菊ト槙ヲ連レテ京都ヘ行キ妹達ハ増井ヘ泊ツテ居タカ其折鑑正ト同年ニ京都大學工科ヲ卒業シテ関西鐵道ニ従事シテ居ラレシ景山齊氏カラ話カアツテ大阪ノ安永家テ菊ト見合ヲシテ茲ニ話カ纏リ妹達カ帰宅シテカラ支度ニ掛リ同年十二月予夫婦ト菊同道テ安永家ニ趣キ支度萬端ヲ調ヘ媒妁人ハ安永氏ニ依頼シ京都平安神宮ニ於テ式ヲ擧ケ新夫婦ハ奈良市ノ住宅ヘ行キ予夫婦ハ數日後八幡ヘ帰宅セリ翌年四月景山氏ハ製鐵所技手トシテ八幡ヘ來ラレ暫ク宅ニ居ラレシカ其後近所ニ借家ヲ探シテ移ラレ夫カラ官舎居住トナラレ同年十一月ニハ長女春那ノ出生ヲ見ル
明治四十一年四月京都大學教授朝永正三氏ノ媒妁テ同教授三輪桓一郎氏ノ長女信子ヲ鑑正ノ妻ニ貰ヒ受ケ予夫婦ハ京都ノ鑑正ノ家ニ行キ準備ノ後平安神宮ニ於テ擧式セリ翌年一月長男正敏カ出生セリ
明治四十二年鑑正カ京都大學助教授ノ時九州大學カ創立セ

ラレシニ依ッテ後年轉任スルト言フ事テ歐州へ留學ヲ命セラレ郵船熱田丸ヘ神戸カラ乗船シ門司碇泊中八幡ノ宅へ來リ一泊シ翌日ハ一同テ門司マテ見送リ同船ノ出港スルノヲ見テ帰宅セシ同船ニハ
久邇宮邦彦殿下ノ妃俔子殿下カ歐州ノ殿下御訪問ノ爲メ趣カセラルルノテ御乗船遊ハサレシ
同年末京都ノ三輪家ニ居リシ信子正敏ヲ迎ヘニ予ハ槇ト同家ヲ訪子テ両人ヲ同道テ八幡へ帰ヘリシ
明治四十三年槇ハ秋田縣人鳥海弘毅氏ニ男二郎氏ト婚約成リ予夫婦ハ槇ヲ連レテ京都ニ趣キ綾小路御幸町上ル太神宮社テ式ヲ擧ケ三日目ニハ三輪家テ里開ノ事ヲ行ヒ數日後予夫婦ハ八幡へ帰ヘリ鳥海新夫婦ハ任地愛媛縣松山ノ住所へ行ケリ
大正二年四月二十日母よ祢八十四歳ヲ以テ病死ス高年ノ事トテ僅カ二日間ノ悩ミテ世ヲ去ラレシ當時幾ゝハ槇カ初産ノ臨月ニ當ルノテ松山へ行ツテ居タノテ電報テ知ラセ福岡ノ鑑正方ヤ八幡ノ景山家へ知ラセタカ鑑正一行ハ午後ニ來

タカ僅カノ事テ臨修ニ間ニ合ハス景山夫婦ト予トテ臨修ヲ見送リシ幾ゞハ翌々日二郎氏ニ送ラレテ帰宅セシ槙ハ長女ヲ生ンテ産褥中テ來ラス

母ノ遺骸ハ八幡技光徳養寺ニ於テ葬儀ヲ營ミタルカ工作科諸工場ヨリ寄贈ノ白張提燈二十張白旗四十本ヲ職工達カ持ツテ棺ノ前後左右ニ並ヒ行列シ其他見送人カ多數テアリシ寺ニハ中村長官以下職員ノ參會テ供養カ濟ンテ後荼毘ニ附シ三七日後予夫婦カ之レヲ保護シテ東京ヘ行キ下谷谷中觀智院ノ亡父ノ墓ニ合葬セリ

東京滯在中幾ゞハ病氣ニ罹リ畑家テ近所ノ醫師ヲ呼ンテ呉レタカ病原カ不明テ勇吉殿カ東京大學病院ノ酒井醫學士ヲ呼ンテ數回診察ヲ受ケタカ判明セサリシ詰リ疲勞ノ結果起ツタモノト思ハレシ予ハ永滯在スル事カ出來ス夫レハ公私トモ引受ケテ貰テ居タ景山氏ニ洋行ノ命カ降ツタ事テ予ハ單獨テ帰ヘツテ來タラ其後程ナク幾ゞハ快方ニ向ツタトテ獨リテ帰ヘツテ來タ

大正二年七月大藏ノ宅ヲ地主秋山氏ヘ賣渡シ槻田ノ官舍ヘ

引越シタ官舎ハ地所モ建物モ相當ニ廣ク予ト幾ゝ正三ニ下女カ一人テハ手廣テアツタカ至極靜カテ住心持良カリシ此官舎ニ二箇年住居ツテ後次ニ述ヘル様ナ事テ八幡ヲ退去スル次第トナレリ

大正四年六月製鐵所技監服部漸氏カラ呼ハレタノテ詰所ヘ行ツテ見タラ實ハ君ノ身分ノ事テ話ヲスルカ先頃中カラ長官カラ度ゝ催促カアツタカ今又東京出張ノ同氏カラコンナ手紙カ來タノテ止ムヲ得ス御話ヲスルノタカ一應見テ貰ヒタイトテ手紙ニハ小野ヲ勇退サセル事ハ如何ニナツタカ後進ノ為メ辭シテ貰ハ子ハナラヌカラトノ意味テアリシ服部氏ノ言ハレルニハ君ノ様ナ老練家ニハ居テ御貰ヒシタイト先日來自分ハ思考シテ居タノタカ残念ナカラ勇退シテ頂ク事ニ願ヒ其代リ景山君ヲ君ノ跡ヘ据ヘル事ニスル夫カラ君ノ都合上本官ヲ退イテモ囑託トシテ景山君ノ下テ働イテ頂イテモヨイカ御都合ハ如何トノ事テ予ハ仰ノ通勇退シマスカ御相談ヲ願フノハ小生ハ隨分永ク官途ニ居リマシタカ去明治二十年頃海軍ヲ辭職シマシタ時僅カナ事テ恩給年限ニ

達セス當所ヘ奉職シマシテ本官勤務ノ年限カ未タ一箇年餘
不足テスカラ前ノ十四箇年カ無効トナリ又今度モ同様テハ
殘念テスカラ休職トシテ頂ケレハ仕合セテスト言ツタラ同
氏ハ君ハ多年官途ニ居ラレタカラ恩給年限ニハ達シテ居ラ
レル事ト思ツテ居タラ御話ノ様テハ御尤タカラ休職トシテ
長官ヘ申出テ見ヨウ夫レテ來ル九月中ハ從前通勤務シテ頂
ク事ニスルカラトテ話ハ濟ンタ
大正四年三月正三カ小倉中學校ヲ卒業シテ同年七月第三高
等學校ヘ入學試驗ヲ受ケタラ不合格テアリシ折カラ京都大
學教授朝永正三氏カ製鐵所ヲ見ニ來ラレ同所倶樂部ニ一泊
サレシカハ予ハ同夜倶樂部ニ行キ色々談話中正三カ來年高
等學校入學試驗ノ豫習ニハ何處カ良イカト御尋子シタラ同
氏ノ言ハレルニハ夫レハ東京カ一番タ何シロ手廣ク諸方ニ
準備教育ヲスル學校ガアルカラトノ事テ夫レテ丁度九月中テ
我家モ引拂ヒ東京ヘ行ク事ニシテ居タノテ正三モ東京テ豫
習スルニハ都合カヨイトテ其事ニ極メタ

# 職業ノ部

## 前編

# 序文

小生ノ一生ノ内活動セシ時ノ事柄ヲ跡ニ残サント拙文ヲ顧リミス職業部ヲ記憶ノ儘不秩序ニ時代別ニ列記セシモノナルガ幸ニ何カノ參考トナレハ仕合セデアル

此ノ記事ヲ思ヒ立ツタノハ大正十四年福岡ヘ移住シテカラ別府ノ手前亀川ニ入浴ノ爲メ滯在中間隙ヲ得タノテ古キ記憶ヲ呼ヒ起シテ其時ノ事ヲ記シツツ集合セシモノヲ福岡ニ持帰ヘリ字句ヲ訂正シ之レヲ綴リ始メ漸ク八箇年餘ノ年月ヲ經テ終了スルニ至リシ

職業ノ部ハ明治三年ヨリ大正四年迄四十六年間諸方轉々職業ニ従事セシ經過ヲ記セシモノデ進歩セシ當今カラ見ルト隨分迂遠幼稚ナ事柄カ多ク一笑ニ附スノデアルカ其時節ニハ一生懸命テアリシ

職業従事ノ年數ガ四十六年ハ少シ短イ様デアルガ其譯ハ製鐵所ヲ退イタ時カラ最早職業ヲ止メテ安靜ナ生活ヲ保ツテ見様ト思ヒ永住ノ適地ヲ探シツツ最後ニ福岡ニ居住スル事トナリシ

茲ニ職業ノ部ヲ編成セシ趣意ヲ述ヘテ置ク

昭和十年五月

福岡市大濠町ニテ

小野正作

# 職業ノ部

## 横須賀時代

自明治三年一月
至同　六年五月

217

製圖ノ仕方
製圖ノ寫シ方
造船所ノ全圖
木工場ノ鋸用機械
房州野嶋崎燈臺
佛人機械技師ノ妻
横須賀横濱ノ交通
鑄物工場ノ建築
學校ノ起リヤ語學ノ初マリ
雇佛國人ノ有樣
小林菊太郎氏ノ技倆

第一船渠ノ開渠式
通譯官ノ語學練習
山尾庸三氏ノ官舎
雇佛國人ノ嗅煙草
職工ノ賃金貯蓄
職工ノ服制未定
造船所ノ札場
職工ヘ酒肴下賜
横濱製鐵所
軍艦清輝
御召艦迅鯨
軍艦磐城

# 長崎造船所時代

自明治六年六月
至同　十五年十二月

249

造船所ノ規模
造船所ノ擴張
船舶ノ修繕
昔カラ預ツタ古鑵
海岸起重機ノ改造
海岸起重機ノ使ヒ方
春日艦ノ滊鑵破裂
春日艦ノ滊鑵入替
滊船高陽丸
曳船立神丸
滊船長崎丸
滊船安寧丸
滊船小菅丸
滊船淩風丸ノ滊筩滊鑵入替
砲艦丁卯號ノ滊鑵入替
曳船筑後丸
小機関ノ吸鍔鉺
滊船筑紫丸機関ノ改良
スペシャル喞筒
機関用ノ豫備螺鉺
五島町滊鑵ノ破裂
滊船通濟丸
露國砲艦ノ機関運轉
露國砲艦々體ノ揔見取圖
露艦ヘ派出ノ職工
露國水兵多數襲來
○船渠ノ築造
船渠假戸船
船渠締切ノ破壊
船渠戸船ノ組立
滊船寶運丸ノ修繕

西南戦役ノ寳運丸
船用瀛鑵ノ沿革
鑄造ノ改良
小形舩瀛鑵ノ一部爆破
精米機械ノ瀛鑵
六甲丸ノ瀛鑵
舩渠締切ノ破壊
有田香蘭社ノ陶器土器械
仕上職平井九八
浦上ノ精米器械
三池鑛山ノ「インジエクター」
三池鑛山ノ給水辞
三池鑛山ノ瀛鑵給水
特志家皆心ノ遺物
曲拐軸ノ傳授
長イ倉庫ノ煉瓦積
蓮池ノ麦粉器械

辞函ノ蓋應急取附方
煉瓦煙突ノ取除
修繕舩ノ殘品
木型工場ノ「ストライキ」
組立工場ノ錐揉器械
平削器械ノ三藏
鍛冶工場ノ送風管
金比羅山ト風頭山ノ凧揚ケ
百年使用ノ帆舩
小管事務所ノ火災
英國人ノ人夫頭
兵庫工作分局ノ雇支那人
清國艦隊水兵ノ暴擧
テーブル舩ノ乗揚ケ
安寧丸暗車軸ノ「ブラケット」
露艦ノ推進機昇降裝置
三池鑛山分局ノ車輪

小菅丸ノ隔心唧筒
長崎消毒所

赤羽工作分局時代
自明治十六年一月
至同　二月
393

築地ノ砂糖機械
紡績用蒸氣機械
紡績機械ノ製作
紡績機械製作ノ現況
製作サレタ紡績機械
廢局テ海軍へ引渡シノ事

赤羽海軍兵器製造所時代
自明治十六年三月
至同　二十年十二月
407

露國公使館ノ井戸唧筒
組立場ノ起重機
旋盤工場ノ原動機械
旋盤工場ノ新式原動機械
十人組ノ便利ナ工夫
十七珊砲ノ運搬
口経壹吋「ノルデン」砲ノ製造
七珊砲ノ施條
東京砲兵工廠ノアーク燈
兵器製造所製ノ鑪
職工ノ休憩所
廢彈ノ處分
小軌道ノ布設
組立工場ノ構造
築紫艦ノ砲彈
腕前アル職工ヲ雇タ事
發條ノ製作

原動機関ノ修繕
平發條ノ地金
道具ノ取締
仕事ノ奬勵
煉瓦煙突ヘ落雷
本所新廳ノ燒失
横濱市下水道ノ辭
龍讓艦ノ大砲据附
築紫艦ノ發射試驗
房州舘山灣ノ艦隊演習
官制ノ改正

# 横須賀造舩所時代

## 製圖ノ仕方

明治三年頃機械製作ノ原圖ヲ作ルニハ佛人技師長カラ渡サレタ主要ナル部分ヲ示サレシ寸法書ニ依ッテ従來カラ在ル參考トナル圖面ヲ見タリシテ佛國製ノ薄桃色ノ製圖紙ヘ製圖用ノ鉛筆テ引クノテアルガ佛式テハ決シテ「コンパス」テ穴ヲ穿ツ事ヲ禁シテ「デシメートル」ノ長サアル取牛附キノ物差ヲ線ニ當テ鉛筆ノ先キデ軽ク標ヲ附ケテ縦横ノ線ヲ引キ圓形ヲ引クニ「ハブンマハシ」ヲ用ユルカ中央ノ針ノ穴カ成ル丈ケ大キク明カヌ様ニ軽ク當テル事

製圖中ハ姿勢ヲ正シユウスル事ハ無論用談ノ外他人ト對話スル事ヲ禁セラレ静粛ヲ旨トスルカ故何時モ製圖場ハ整然トシテ足音モ餘リ聞ヘザリシ

技師長カ製圖場ヘ來テレルノハ一日ニ一囬又ハ数囬テ佛人場長カ附添ッテ製圖牛ノ引キツヽアル圖面ヲ見テ指圖ヲサレ其都度變更サレル事カ多ク輻輳ナ製圖テハ何百囬モ消護

謨ヲ用ユル故紙ノ表面ヲ損傷スルノデ何度モ更ラニ引キ替ヘタ事アリ當時製圖ハ決シテ急カス緩リ構ヘテスル事テ込ミ入ッタ機械ノ全圖杯テハ半年或ハ壹年モカヽリ御召艦迅鯨ノ機械製圖ニハ二年モ費セシ

製圖ノ寫シ方

各工場ヘ廻ス諸機械類ノ圖面ハ原圖カラ薄葉紙ノ礬水引シタノヲ使用大ニ継キ合セタ紙ヘ寫シ着色シタノヲ首長代理ノ技師長ノ署名ヲ得テ工場長ヘ送ルト場長ハ夫レヲ部分的ニ寫シテ現場ヘ出スノテ決シテ製圖場カラ送タ圖面ヲ其侭現場ヘ出サヌ事ニシテ居ル其趣意ハ全部揃ッタ圖面ヲ出シテハ其意匠ヲ盗マレルト言フ事ト今一ツハ職工ハ完備シタ物體ヲ知ラナクトモ一部受持ノ部分品サヘ仕上ケレハヨイト言フ事テ職工ハ一意自分ノ仕事ニサヘ尽カスレハ總體ノ纒メ方ハ場長一人カスルノテ茲ニ於テ場長ノ威望モ高マル事テ夫レハ場長ノミテナク順々ニ上ニ向ッテハ一切ヲ纒メル技師長マテ職權ヲ維持スル事ニナッテ居ル

## 造船所ノ全圖

造船所テハ來賓ニ呈スル爲ニ工場全圖ヲ大サ凡壹メートル×壹ノートル半位ニ薄葉紙ヘ礬水引キシタモノヲ護謨糊テ繕キ合セ原圖カラ引寫シ着色シテ美濃紙テ裏打シタモノヲ備ヘシカ當時一枚ヲ寫シ裏打マテスルニハ凡一週間ヲ費セシ事ヲ思ヘハ今ハ青色寫真テ僅カ十時間テ出來ル事ト比較シテ見ルト實ニ幼稚テアリシト考フ

## 木工場ノ鋸用機械 (41)

木工場ノ鋸器械ヲ動カス蒸気機械ヲ製造スル事ニナリ横置單筩式貳拾馬力テアリシト思フカ圖面カ出來テ技師長ノ署名ヲ經テ工場ヘ廻シタラ工場長カ圖面ヲ持ツテ製圖場ヘ來テ製圖場長ニ言フニハ工場据附ノ位置トハ反對ニナツテ居ルトテ心配想ニ話合ツテカラ暫クシテ技師長ノ室ヘ連レ達ツテ行ツタカ直キニ帰ヘツテ來テ製圖場長ノ言フニハ工場ヘ廻シタ分ハ其侭製作スル事ニナリ更ラニ反對ノ圖面ヲ作ツテ工場ヘ廻シ木工場用トセシカ之レハ技師長ノ威信ヲ傷

ケサル行為ナリト思へり

## 房州野島崎燈臺(42)

明治四年頃横須賀造船所雇佛國河川土工技師フロラン氏擔任ノ元ニ房州野島崎燈臺ハ建設セラレシ時ニ予ノ縁類テ當時横須賀造船所ノ土木建築請負業ヲ為シツヽアリシ中村曉長氏ハ該燈臺ノ築造工事ヲ請負タルヲ以テ予ハ時々同氏ノ代理トシテ同所ヘ行ッタカ燈臺ハ八角形ノ煉瓦積テ金物類一切ハ佛國カラ購入セルモノテ不動照明燈ニシテ遠距離ヲ照スモノテアリシ煉瓦積モ出來テ上部ニ燈器ヲ取附ケタ時ハ岬ノ突端トテ風當テ強ク下カラ見ルト上ハ幾尺カ常ニ風ノ方向ニ動揺シテ居タカ附添ノ佛人職工長ハ決シテ差支ナイ煉瓦積カ堅牢ダカラコンナニ撓ルノダト言ヒシカ後数十年間無事ナリシカ大正十二年九月一日ノ大震災ニハ遂ニ破壊セリト聞キシ

當時政府ハ英佛獨等ノ外人ヲ各省局署ニ雇聘シテ種々ナル事ニ當ラシメタカ各國公使ヤ其他有名ナ商店主等ハ新事業

カ起ル前ニハ競爭シテ自國カラ技師ヤ職工ヲ雇聘シテ事業ヲ爲サシムル事ヲ勸誘シテ止マス政府ハ豫メ事業ノ特長ヲ認メテ雇聘スヘキ適當ナ國ヲ定メテ居ルカ國交ノ圓滿ヲ謀ル爲ニ其時々ノ都合テ諸國カラ物品ノ購入ヤ技術者雇入ヲ爲セシ燈臺ノ管轄ハ工部省燈臺局ヲ横濱ニ置カレ全國燈臺ノ事ヲ司ラシメ同局ニハ英國カラ立派ナ技師ヲ雇ハレテ東京灣入口ノ御子元燈臺ヤ其他諸所ニモ英國人指導ノ下ニ燈臺カ築造セラレタ上ニ同技師ハ燈臺管理ノ事ヲモ委託サレテ居リシ處ヘ佛國人カ國交ヲ振リ翳シテ政府ニ迫リ遂ニ横須賀造船所ノ手テ野島崎燈臺ハ築造スル事ニナリシ其際英佛ノ競爭ハ中々劇裂テアリシト聞キシ

佛人機械技師ノ妻

横須賀造船所機械工場ノ現場取締佛人技師某ハ機械ノ据付運轉ヤ修繕ノ工事ヲ擔當シテ居リシカ或ル船ノ修繕テ試運轉ニ掛ルト如何ニシテモ動カス遂ニ妻女ニ相談シタラ妻女現場ヘ技師ト行ツテ彼是レト調ヘタ末汽筩ノ滑瓣ヲ能ク調

ヘテ見ヨト言フノテ滑辞ヲ外シテ見タラ取付カ逆對ニナッテ居タノテ取付替ヘタラ機械ハ無事ニ運轉セシ同女ハ豫テカラ機械學ノ素養カアルノテ特ニ造船所カラ月額五拾弗宛ノ手當ヲ受ケテ居タカ茲ニ至ッテ其効カ顯ハレシ其後ニモ二ノ三相當ナ助力ヲセシトカ造船所首長「ウヱルニー」氏ハ職務ニ勉励ナル上ニ能ク内外人ノ世話ヲセシ造船所ノ為ト本人ノ為トヲ謀リ以上ノ妻女ノミナラス雇佛人ノ中デ學識アル者ニハ職業ノ餘暇又ハ退場後學校ヤ自宅テ一時間宛日本人ノ通譯官達テ佛語ヲ話ス事カ未熟テアル人達ヤ製圖手テ佛語ヲ勉強シテ居ル者等ニ語學ヲ教ヘサセテ報酬ヲ與ヘテ居リシ其一二ノ人ヲ擧ケルト會計主任ノ「モンゴロヘー」氏仕上工場長「リシヨニー」氏鍛冶工場長「トロッテル」氏等テ斯クシテ相互ノ便益ヲ謀ラレシ

横須賀ト横濱ノ交通

明治初年ヨリ六七年頃マテノ横須賀ト横濱ノ交通ヲ述ヘテ見ルト横須賀造船所カラ毎日午前八時頃汽船カ出発シテ横

濱ヘ約一時間半テ着シ午後四時横濱阜頭ヲ発シテ帰港スル事テ其流船ハ大形ノ方カ横須賀丸一隻小形ノ方ハ「シアループ」ト言ツテ拾馬力程ノ蒸気機関ヲ備ヘシモノカ二隻都合三隻ノ内毎日一隻宛ヲ用ヒシ公用ノ外ニ許サレル限リ便乗スル事モ出来タカ便乗者ハ貳拾五銭ノ船賃ヲ定テ拂ハ子ハナラヌカ此ノ船ニ便乗セヌトスレハ横須賀カラ對岸野嶋ヘ二里ノ渡海ヲシテ夫レカラ七里ノ山道ヲ歩ナケレハナラヌ委シイ事ハ予カ横濱カラ陸路横須賀ヘ帰ヘツタ記事ニアル様ナ難儀ヲシタ上ニ多クノ費用カ掛ルノテ人ハ便乗ヲ望ムノテアル

造船所テハ雇佛人ノ為ニ使ヒ働キヲスル佛人「ヲギス」氏ト言フ月俸六拾弗ヲ取ル男ヲ毎日流船テ横濱ヘ遣リ食料品ヤ日用品ヲ買ヒ出サセル事テ流船ノ中テハ何時モ此ノ男ヲ見ナイ事ハナイノテアル當時横須賀ハ未タ藁葺家カ多ク人家ハ僅カ七百軒斗リノ小市街ヲ成シテ居ル有様テ家々ノ間ニハ畑カ散在シ一度降雨カアルト道路ハ泥濘田ノ中ヲ歩ク様テ困難セシ以上ノ様ナ市中トテ食料品ヤ日用品モ中々思フ様

ニ便セズ佛人斗リテナク官舎居住ノ役員達ヤ諸方カラ寄集マツタ御用商人ヤ職工達カ居ル事トテ和船ヤ牛馬ノカテ諸方カラ需用品ヲ運ンテ來タ

明治三年頃予カ初メテ横須賀ヘ行キシ時ハ横濱ヲ朝七時頃カラ出掛ケ陸路ヲ徒歩テ山越ヲシテ行ツタカ途中ハ寂シイ道テ其内ニモ金澤ノ近クニ能見堂ト言フ社ノアル山中抔ハ尤モ寂シイ處テ時々追剝カ出ルト言ハレル處テ夫レカラ山ヲ下リ渡船場ノ野嶌マテ横濱カラ七里程アル野嶌カラ横須賀行ノ船ノ出ルノハ朝夕ニ度位テ朝ノ船ハ前夜カラ泊込ンテ居タ人達ヲ乗合テ出シタノデ其後ニ集マツタ人達ヲ乗セテ出スノハ時間カ極ラナイ別仕立ナラ何時テモ出スカ船賃ヲ高ク取ラレル横須賀マテ海路ハ二里位タカ順風ナラ一時間位テ行ケルカ風向ノ悪イ荒レ模樣ノ時ハ二時間余モ掛ルト言フ話テアル予カ初メテ此ノ道カラ横須賀ヘ行ツタ時ハ野嶌ヘ三時頃着イタノテ午後ノ乗合船ニ間ニ合ヒ四時過出帆シテ夕方六時頃先方ヘ着タノテ丁度一日掛リテアリシ今ハ横濱カラ大船驛ヲ経テ横須賀行ノ汽車ニ乗レハ一時間餘テ

然カモ僅カナ汽車賃テ行ケル事ヲ考ヘルト時勢ノ進歩ニ驚カサルヲ得ヌト思フ

## 鑄物工場ノ建築

明治三四年頃ノ工場建築ノ有様ヲ見ルト一番遅レテ居タノハ鑄物工場デ他ノ工場ハ既ニ工事ヲ爲シ又ハ爲シツヽアル時ニ當ツテ獨リ鑄物工場ノミハ周圍ノ柱カ立チ煉瓦積カ漸ク半ハ位ノ程度テ中止シ屋根ノ合掌廻リハ仮組立ノ侭雨露ニ晒サレ或ル部分ハ腐朽シツヽアリシ一體如何ナ譯デ仕事ハ止メラレ其上雨晒ニシテ置クノカト聞テ見ルト建築ヲ請負ツタ者カ何カ遣リ切レナイ事情カアッテ逃亡シタノテ造船所ハ手續ノ末其事ヲ裁判所ヘ訴ヘタノテ裁判ノ結末カ附カヌ間ハ現場ヘ手ヲ觸レル事カ出來ナイノデ止ムヲ得ス其儘ニシテ置クノダト造船所ニシテ見ルト甚タ迷惑ナ譯テ夫レカラ何テモ一年程過キテ漸ク手ヲ附ケテ完成シタト思フカ當時ハ維新後未タ間モナイ時ノ事トテ請負者モ歐州風ノ建築ニ經驗アル者ハ尠ク見込違ヒヲセシ事モ往々アリシト

夫レニ契約上テモ確實一方ノ連帯保證人ヲ選フト言事カ出來ス語リ請負者ノ伎倆ニ待ツノ外ナキ程世間ニハ少数ノ經驗者テアリシ造船所ハ手落テナク全ク不幸ニ遭遇シタモノテ止ムヲ得サリシ

以上述ヘタノハ建築當時ノ有様ナルカ扨テ完成シテ工事ニ取掛ツテ見ルト海邊ニ近イ工場ノ事トテ地平面下数尺ノ處マテ滿潮ノ時ニハ海水カ浸潤シテ大形鑄物ヲ造ル事カ出來ズ止ムヲ得ス中央ノ或ル部分ニ数尺ノ囲ヲ設ケ盛土ヲシテ用ヲ便スル様ニセシカ働ク職工達ハ上ツタリ降リタリシナケレハナラス肝要ノ良イ場所ハ囲ヒニ取ラレテ場内カ手狭トナルノ不都合ヲ生セリ今カラ考ヘルト何故平面下ヘ浸水ヲ防ク鐵槽デモ埋ザリシト思ハル

## 學校ヤ語學ノ初期

明治初年頃カラ五六年頃技術員ノ養成ノ目的トシテ三十名程官費生ヲ募リ之レヲ教授スル為メニ造船所構外ヘ校舎ヲ設ケ構内ニモ教習所カアツテ佛人ノ專門教師ノ外ニ補助ト

シテ佛人工場長等ノ内學識アル人達ヲ職業ノ餘暇一時間語學教學物理製圖造船機械土木建築等ノ課目ヲ設ケテ學生ヲ專門的ニ分ケテ教授セリ
當時學生テアツテ後年知名ノ人ニハ機械專門テ神戸小野濱海軍造船所長トナリシ山口達彌氏ヤ同專門テ横須賀造船所造機大監ノ辰巳一氏ヤ土木專門テ同所技師ノ佐波一郎氏ヤ同專門テ同所技師大橋貞光氏等カアル佐波氏ハ佛人ト同行シ日本全國ヲ遍歷シテ木石ノ所在ヲ視テ歩キシ後佐世保造船所ニテ樞要ノ地位ニ居リシ大橋氏ハ長崎造船所第一船渠築造ニ佛人フロラン氏ト共ニ横須賀ヨリ轉任シテ大ニ力ヲ尽セリ後年東京鐵道本局ノ技師トシテ東京上野驛ヲ佛式テ建築セシ時ノ局長井上勝氏ノ眷顧ヲ受ケシ以上ノ外ニモ在間ヘ顔ヲ出セシ人達ハアリシカ其姓名ヲ忘レタカラ之レテ止メテ置ク
官費生ノ外ニ通譯官ノ内ニ洋書ハ讀メテモ語學カ不熟練ナ人達ノ爲メニ公務ノ餘暇又ハ退廳後教室ヤ佛人ノ住所テ一時間宛專ラ語學ノ教授ヲ受ケシメ首長ウエルニー氏ハ時々見

廻リテ之レヲ監督セリ其外ニ職工長ヲ養成スル目的テ少年職工ノ内ヲ選援シテ語學教學造船機械學ノ大意ヲ佛人ニ教授セシメシ教場ヲ設ケラレシ

## 雇佛國人ノ有様

當時造船所ニ雇聘セラレシ佛國人ハ約二十有餘名ナリシカ妻帯者アリ獨身者アリ妻帯者ノ爲メニハ一軒建ノ住宅ヲ貸與シ獨身者ニハ合宿所ニ居住セシメ首長ノ月俸ハ八百弗次長兼技師長「ゲユボゲ」氏カ六百弗會計主任「モンゴロヘ」氏カ三百五拾弗医師某氏カ四百五拾弗學校教師某氏カ貳百五拾弗夫レカラ工場長以下カ百六拾弗乃至百二十弗テ最後ニ小使ノ「ヲギス」氏カ六十弗テ給額ハ雇入ノ時之レヲ定メ就業後ノ勤勉又ハ使倆ニ依テ増額スル事テアリシ首長「ウエルニー」氏ハ造船所創立當時舊幕府ノ時カラ引續キ居据ハリデ他ハ二年乃至三年間ノ雇期限テアリシ

首長ハ各員ニ專ラ勤倹貯蓄ヲ奬励シテ居リシカ妻帯者ハ大ニ貯蓄ニ努メタルモ獨身者ハ酒色ニ多ク金銭ヲ費ス傾キカ

アリ密カニ賭博ヤ畜妾ヲナシ所得ハ之レニ入レ擧ケル者カアルノテ首長ハ屡々之レヲ戒メ甚シキ者ニハ罰金ヲ取ツタリ叱責シタリシテ帰國ノ際ニ少シモ多ク餘財ヲ持帰ヘル事ヲ勸告シテ止マナカツタ佛人ハ國風トシテ節儉者多ク錢勘定モ汚ナキ中ニモ職工氣質ハ又格別テ時ニハ隨分散財ヲスル事カアル予ハ屡々妻帯者ヤ獨身者ノ間ヲ往來セシカ妻帯者ノ家デハ茶一杯モ容易ニ出ス事カナイカ獨身者ノ方テハ時ニハ洋酒ノ一杯モ出シ或ル時ニハ三四人テ會食スルカラ來イトテ晩餐ニ招カレ御馳走ニナツタ事カアリシ

## 小林菊太郎氏ノ伎倆 (43)

造船所鍛冶工場長小林菊太郎氏ハ永年米國ヘ行ツテ讀業ヲ練習サレタ人丈ケアリテ帰朝後造船所ヘ就職ノ際ハ未タ佛人工場長カ居リシ時テアリシカ同氏ノ伎倆ニ壓倒サレテ雇期限滿了忽々歸國シテ仕舞ヒ其後ハ同氏カ專ラ伎倆ヲ振ハレタカ予カ感服シタ一二ノ件ヲ擧レハ

第二回内國勸業博覽會ヘ造船所カラ出品セシ相當大キナ曲

拐軸ハ双曲拐ノ半分ヲ旋盤仕上トシ半分ハ火造ノ侭トシテアリ見ルト仕上代ハ僅カ四分ノ一吋程テ周圍ノ厚サカ厚薄ナク其上火造面カ何トモ言ハレヌ平滑テ美シカリキ一寸ト見タ丈ケデハ何テモナイ様ニ思ハレルカ之レ丈ケノ美事ナ火造物ヲスルニハ格別ノ伎倆カナクテハ出來ヌ事テアル

予カ用事カ在ツテ鍛冶工場ヘ行キ小林氏ト話ヲシテ居タラ仕上工場カラ職工カ來テ曲拐ヲモ搔キシマシタラ仕上代ノ無イ處カ在リマスカラ一寸來テ見テ頂キタイト言ヒシカ夫レヲ聞クガ否ヤ馬鹿野郎ソンナ事ヲ言ツテ能ク職工トシテ飯カ喰ヘル事ダ巳レノ造ツタ品カ他工場ヘ廻シテカラ彼是言ハレル様ナラ巳レハ止メテ仕舞フチヤント調ヘテカラ送ツタノダカラ削リ代カナイト言フナラ持ツテ來イ巳レカ搔イテ遣ルカラト吐鳴リ付ケラレ職工ハ這々ノ体テ逃ケ帰リシカ暫クスルト恐縮ノ有様テヤツテ來テ先生誠ニ恐レ入マシタ何レテ亘數フ御坐イマシタ私カ少シ誤テ居マシタトテ平謝リニ謝ツタラ同氏ハ左様タロウ能ク気ヲ付ケテ貰ハナクテハト微笑セラレシ夫レカラ工場内ヲ見ルト仕上場ノ

様ニモ擡盤ヤ其外火造物ノ寸法ヲ調ヘル道具類カチヤント
備ヘテ在ツタノテ成程ト思ヘリ

## 第一船渠ノ開渠式 (44)

第一船渠カ落成シ其開渠式ニハ　明治天皇陛下ニハ諸官倍従テ軍艦ニ召サレテ行幸アリ式ハ嚴カニ擧行サレシ何シロ日本テ最初ノ船渠トシテ首尾能ク出來タ事トテ萬衆ノ勸聲海ニ響テ盛ナリシ

行幸ニ付テ首長ウヱルニー氏ハ無論　陛下ノ御先導ヲ申上開式ヲ行フニ付テ首長ノ通譯ヲ行フ人ハ造船所テハ山崎直胤氏カ當ル事トナリシカ同氏ハ當時判任官テアルノテ陛下ト首長トノ間ニ立ツテ御通譯申上ケル譯ニ行カヌトノ論モアツタカ當時佛語ノ通譯者ハ稀レテ外務省ノ高官テエ業ノ事モ分ル通譯者カ無イノテ山崎氏カ矢張務メル事ニナリ其時丈ケ高等官格ト言フ奇態ナ事テ御用ハ濟ンタカ後ニ同氏ノ事ヲ假五位ノ山崎サントト言合ヘリ氏ハ後年宮内首調度局長兼閑院宮別當ト言フ立派ナ身分トナラレシ事モ故ア

リト言フ可シ
行幸ニ倍従サレシ多クノ高官ノ中ニ驅身ノ人カ人目ヲ引ケリ夫レハ有名ナ和學者テ勤王家テアル福羽美静氏其人ナリ何ンデ人目ヲ引イタカト言フト當時ハ官等一級毎ニ大禮服ノ袖ニ金線一ツヲ加ヘル事ニナツテ居ツタノテ同氏ハ官等カ高イノテ線ノ数カ多イノテ小驅ノ處ヘ規定通ノ線ヲ付ケタノテ袖ロカラ肩ノ邊マテ金線テ埋メタ様ニ見ヘルノテ一ト際目立ツタノテ其時ハ多数ノ人達カ寄ツテ集ツテ大評判テアリシ

通譯官ノ語學練習

造舩所テ日本人ト佛人トノ間ニ通譯ノ事ヲ為シ其開發ニ努メタ人達ハ大概外務省又ハ文部省ノ外國語ノ内佛語ニ熟シタ人カ轉任シタノテアルカ如何ニ佛語カ讀メ佛文カ綴レテモ通辞ヲスル事ハ直接佛人ニ接シテ言語ヲ交換シナケレバ役ニ立タス夫レ故實際學問ハ次キテモ佛人ト話ス事カ上手ナ人ハ用事カ足リル處カラ諸方カラ持テ囃サレルカ話ノ下

手ナ人ハ學問カ能ク出來テ居テモ用辨カ足ラヌノテ人カラ嫌カラレタノテ通譯官トシテ高給ヲ取リナカラ外國人ノ宅ヘ語學ノ稽古ニ行キ幼稚ナ讀本ヲ並ヘテ選擇サレテ語學ノ稽古ニ通フ圖工ノ若者ト並ンテアナタ何カ好キテスカ私シ書ヲ讀ム事カ大好キテストカ又日本ノ物産ハ何ンテスカ茶ト絹糸テストカ又造船所ハ大キクアリマス御金澤山掛リマシタロート杯トカデ小學一年生程度ノ事ヲ讀タリ話シタリシテ語學ノ練習ヲシタモノデアリシ

通譯官ノ今村有隣氏後年東京外國語學校長トナリシ人杯ハ佛人ト對話スルノヲ聞クト漢詩テモ吟スル樣ナ節合ヲシテ悠々然ト話シ出スノテ相手ノ佛人ハ可笑シカリ何時モ微笑ヲ漏シテ幾度モ聞キ返シテ漸ク會得セシ同氏ハ談話中ニ額ヘ手ヲ當テヽハ次キノ言語ヲ考ヘツヽ話シ出セシ相手ノ佛人ハ同氏カ去ルト何ノ人ノ言語日本語ト佛語トノ中間ノ樣タカ何處テ學ンタノアルカト聞キシ同氏ハ佛語ハ充分知ツテ居ルカ談話ヲスルト田舎者カ都會ノ者ト話ス樣ニ骨ヲ折ツテ話シテモ相手ノ都會ノ者ニ容易ニ聞キ取ラレズ又都

會ノ者ノ流暢ナ語シ振リカ田舎者ニ直キニ聞キ取レヌト同ジデアル

## 山尾庸三氏ノ官舎

維新當時舊幕カラ引継ヲ受ケタ造船所ハ民部省ノ管轄トナリ民部權大丞山尾庸三氏カ所長ニ任命サレテ横須賀ニ赴任サレ同所南山手ニ所長官舎ヲ建ルトテ同氏カ指圖シテ圖面ヲ引カセルカラ圖工ヲ一人所長室ヘ出ス樣ニト製圖場ヘ申込ンテ來タノテ予ニ行ク樣ニト場長カラ言渡サレシ其時考ヘタノハ未熟ナ予ヲ出シテ佛人教養ノ價値ナキ事ヲ所長カラ思ハレルヨリ一番熟達シタ先輩者ヲ出シテ成程佛人ノ教ヘタ者丈アッテ良ク出來ルト言ハレタ方カヨサ想ナモノダト思ッテ居タカ命ニ從ッテ所長室ヘ行ッテ指圖通毎日建築圖ヲ引イテ居リ遂ニ首尾克引キ了ッタノテ製圖場ヘ帰ヘッテ來タカ後日予ノ考ヘテ居タ疑問カ分ッタノテアル山尾氏ハ早クカラ英國ヘ行カレ工業ノ事ヲ實地ニ研究サレタ人丈就任以來造船所ノ事テ首長ト意見カ合ハス同氏ハ英國流テ

進マントシ佛人ハ自國流テ行コウトスル處カラ衝突ヲ來スノテ其間カ面白カラス今回ノ所長官舎ノ如キモ立派ナ專門ノ佛人技師カ居ルニ均ハラス所長ノ指圖テ設計製圖ヲサセテ之レヲ建テルト言フ事ハ佛人ヲ侮辱シタ譯ニナル不滿カラ一番未熟ナ予ヲ出シタト言フ事カ分カリシ山尾氏ニシテ見テモ其事ハ兼知サレテ居ラレシト思フカ無心ノ予ハ御蔭テ同氏カラ懇ロニ指導サレテ初メテ洋式建築ノ製圖ヲ覺ヘタノテアリシ

## 雇佛國人ノ嗅煙草

造船所デハ工場内テ作業中職工ノ取締カ中々嚴重テ談話ヤ受持位置ヲ勝手ニ離レル事ヤ喫煙ヤ上長ノ命令ニ服從ヤ其外ノ工場法則カ色々施サレシ中テ喫煙ハ尤モ八ケ間敷夫レ故佛人中テモ喫煙ヲ時間中辛抱カ出來又者ハ嗅煙草トテ荒ク刻ンタ煙草ヲ窃カニ服ノ内ニ蓄ヘ置キ上長ノ目ヲ忍ンテ大急キテ嗅イテ居タ者カアリシ規則違犯ヤ失策ヲシテ首長カラ罰セラレタ者モ往々アリシ中ニ罰金ヲ取ラレシ其人ノ

様子カ萎レテ物モ言ハス其落膽サ加減カ著シク日本人ハソンナ時ニハ燒ケニ成ツテ殼威張テモスルノダカ佛人ハ可愛想ナ様ニ弱リ込ンテ居ルカラ大分多ク遣ラレタナト思フト夫レカ僅カ三弗トカ五弗トカ言位ナリシ成ル程罰金制度モ此ノ位ニ利キ目カアレバ良イ方法タト思ヘリ一体外人ハ何處カ正直ナ所カアツテ一度信用ヲ受ケタラ爲ル事ヲ任セテ呉レルカ其反對ニ不信用ト見ラレタラ最後跡カラドンナニ甘ク遣ツテモ駄目テアル其頃外人カラ愛サレタ人達ヲ見ルト正直ダカ少シ間ニ合ヒ兼ル様ナ人カ氣ニ入ツテ何テモ任セテアリシ

## 職工ノ賃金貯蓄 ㊺

造船所テハ職工ノ賃金ハ皆ンナ天保錢テ拂フ事テアリシカ賃金支拂日ニハ職工ハ銘々肩ヘ乗セテ帰ヘル者ヤ懐ヘ入レテ行ク者ヤラ多分ノ賃金ヲ受取ツタ者ハ叺毎肩ヘ乗セテ行クト言フ有様テ一叺ニハ二拾圓宛入レテアリシ天保錢ト言ヘハ面白イ話カアル夫レハ造船職工テ兄弟シテ勤メテ居タ

カ同人等ハ土着ノ者テ衣食ニハ困ラナイカ一番造船所テ働イテ見様ト申合セ一ツ家カラ毎日精勤シテ相當ノ腕前ニナリ賃金モ可ナリ多ク取ツテ居タカ毎月二度ノ支拂ヲ例ノ天保銭テ受取ツテハ帰ヘツタカ人カラアノ家デハ別ツニ食フニ困ラヌ上ニ兄弟シテ能ク稼クカラ定メシ金カ出來ル事ダロートト思ハレテハナラヌト賃金ノ天保銭ハ或ル戸棚ノ中ヘ其儘仕舞込ンテハ置キシタラ數年後ニ其重ミニ堪ヘス根太カ落チテ天保銭ハ皆床下ヘ落チタノテ小サナ家ノ事テ外カニ入レ替ユル處カナイノテ折角秘密ニ仕舞ツテ置タノダカ止ムヲ得ス天保銭ヲ表ヘ積ンテ夫レカラ職掌柄自分達ノ手テ床ヲ修繕シテ再ヒ入レ直シタノテ一層近邊ノ人達ノ注目ヲ呼ヒ起シ御苦勞様ニモ他人ノ財産ノ推定評定ニ花ヲ咲セタト言フ話モアリシ當時ハ未タ銀行モナク徒ラニ戸棚ノ中ニ隠居サセテ其上床ノ手入レマテサセラレテハ追附クモノテハナカリシ

## 職工ノ服制未定

造船所テハ船渠ニ拠ッテ居ル職工ノ外別段一定ノ服制ハナク千差萬別色々ノ服装ヲセシモノテアリシカ一番滑稽ナリシハ圖工某トテ四十歳前後ノ人ハ腕前モ上等テナク給料モ尠イノテ随分窮シテ居リシカ着テ居ル洋服ト名ノ附クモノハ諸方カラ貰ヒ集メ物テ身體ニ合ハス帽子カナイノテ暫ク無帽テ遣ッテ居タカ或ル時見ルト何處カラ貰ッテ來タカ古惚ケタ「シルクハット」帽ヲ冠ッテツンツルテンノ合ノ子洋服ニ履物ハ下駄ト言フ出テ立ニハ皆ナノ視線ヲ集メシ夫レカラ二三日スルト「シルクハット」ノ高サカ大層低クナッタノテ聞テ見ルトコレヲ冠ッテ歩クト佛人達カ取ッタリ冠セタリシテ調弄ハレテ困リマシタカラ中カラ切ッテ入レ子ニシマシタカ低クナッテカラハ劇シク取ラレナクナッテ大分樂ニナリマシタトハ何處マテモ滑稽ナ人テアリシ他ニモ外人ノ着タ大キナ「フロツクコート」ヲ着テ頭ニハ手拭ヲ冠リ下ハ草鞋ヲ履イタ異形ノ人モアリシ

造船所ノ札場

造船所テハ札場ト言ッテ職工ノ入場ニハ札場ニアル自己ノ

職札ヲ掛員ノ面前テ外シテ之レヲ工場ノ札掛ケ場ヘ持チ行キ退場ノ時ハ又札場ノ名前ノ處ヘ掛ケテ帰ヘル事ハ今日諸工場テ行ツテ居ルノト同様タカ茲ニ記載シテ置クノハ札場役員カ為シタ所置ハ感服シタノテアル夫レハ朝ノ入場ノ鐘カ鳴リ切ルト正面入口ノ戸ヲ閉シテ出口ノ戸ヲ漸ク出入カ出来ル位開イテ五分間斗リ遅参者ノ為メニ待ツテ呉レルノテアルカ何テモ遅参者ヲ入レルノテハナク造船所ニ必要ナ人トカ前夜深ク夜業ヲシタ人ニハ懇ロニ訓戒シテ入場ヲ許シタモノテ掛員ハ永ク居ル人テ能ク職工ノ顔覺ヘテ居テ弊害ナク造船所ノ為メ真實ニ努メタモノデニタ朝モ續ケテ遅参テモシタ時ハ氣ノ毒テ本人ノ方テ休ムト言フ様ニ訓戒カ身ニ染ミタモノテ職工達カラ賞讃サレシ

## 職工ヘ酒肴下賜

造船所テハ祝日等ニ職工一同ヘ酒肴ヲ賜ハル事カアリシカ職工カ退場ノ時札場ヲ出テ中仕切門ノ内ヘ丸テ縁日ノ露店ノ様ニ大道ヘ莚ヤ板ヲ敷キ酒樽ノ蓋ヲ開イテ柄杓テ茶香茶

碗ヘ注キ側ラニ錫ト干鰯カ置テアル職工ハ夜店ヲ冷カス氣持チテ一杯宛呑ンテ肴ヲ一片齧リツヽ辨當箱ヲ下ケテ帰途ニ就キシ職工ノ待遇ハ甚タ軽カツタモノテ當時デサヘ少シ心アル職工ハ之レヲ冷笑シテ素通シテ帰ヘッタ者モアリシ其頃職工ヘ役所カラ何カ訓示スル事カアルト役人ハ能ク言ヒシ恐レ多クモ　上陛下ニ置カセラレテハ爾ラ衆庶ノ為メニ職業ヲ與ヘ妻子ヲ養育セシメラレント　大御心ヲ以テ莫大ナル國費ヲ以テ此ノ造船所ヲ起シ業ニ就カセ賜フ事ヲ難有ク心得粉骨砕心職ヲ励ミ　皇恩ノ萬分ノ一ニ酬ヒ奉ラナケレハナラヌ言々職工トサヘ言ヘハ無學文盲ノ者ダカラ如何ナル事ヲシテモ構ハヌ彼等ハ壓制テ遣リ附ケ子バイカヌト官吏連ハ思ツテ居タモノテ夫レハ職工ノ方モ今日ト違ツテ無理往生ヲシテ居タモノテアリシ

## 横濱製鐵所(46)

横須賀造船所ヲ舊幕府テ創立スル際其準備ノ為ニ設ケラレタノガ横濱ノ川口製鐵所テ小規模ナカラ機械製作工場トシ

テ一ト通リヲ具備シテアリシ先ツ最初ニ此ノ工場ヲ起シ佛國カラ技師ヤ職工長等ヲ雇聘シ工場ニ必要ナル諸機械類ヲ佛國カラ購入シテ長崎造船所設立後第二番目ノ工場ナリシ
横須賀造船所首長佛人「ウエルニー」氏ハ支那政府ノ上海造船所ノ事ヲ司ツテ居リシカ轉シテ舊幕府ノ雇聘ニ應シテ渡來シテ茲ニ第一着手トシテ横濱製鐵所ヲ具備シツヽ東京灣ノ地形ヲ視察シタ結果相州横須賀ト長浦ノ両所ヲ選ヒシ最初ハ長浦ノ方カ選定シ掛ケシカ横須賀ノ方カ海底モ深ク風浪ヲ避クル事ニ便利ナル處カラ遂ニ之レニ決定シテ今日海軍ノ重鎮ノ地トナル基ヲ開ケリ横須賀カ完備スルニ從ツテ横濱製鐵所ハ自然閑散トナリ且其地勢カ餘リ海岸ト隔リ不便ナル所ヨリ後年遂ニ閉鎖セリ
首長「ウエルニー」氏ハ造船所設立ニ對シ舊幕府カラ全權ヲ委任サレ無期限雇トシテ所内ノ外國人及日本職工等ノ進退黜陟ヲ司リ兼テ造船所設立ニ關スル豫算額ヲ貳百四拾萬圓ト定メ其出納ヲ監督スル處カラ佛人ノ會計主任ヲ置テ收支ヲ司ラシムルト言フ事テ其權カハ大ナルモノテアリシ之レカ後年

維新後新政府ニ移ツテ日本當局トノ間ニ衝突ヲ起シ遂ニ佛人追拂ヒノ幕カ開カレタノデアル

## 軍艦清輝 ㊼

軍艦清輝ハ横須賀造船所デ佛人指導ノ下ニ最初ニ出來タ一砲艦ナリシ其艦材ハ多ク豆州天城山其他諸方カラ取揃ヘタモノデ當時ハ少シ大キナ木材一本デモ造船所ノ海岸ヘ運フ迄ニハ中々辛苦シタモノデ佛人技師ノ一人ハ日本ノ技師ト全國ノ立木ニシテ造船木トナル可キ物ヲ所有者ノ如何ニ均ハラス見分シテ後日造艦用トナル可ヘキ木タカラ大切ニ保存ス可ク萬一自己カ入用テ伐木セントスル場合ニハ所轄官廳ヘ願出テ認可ヲ得タ後テナケレハナラヌト申渡シテ歩イタトカ巡回ニハ一箇年半程ヲ費セシ後天城艦ヲ造ツテ仕舞ツタラ天城山ハ裸山トナツタト噂サレシコンナ風ニ一本ヲ得ルニモ非常ニ得難キ爲ニ時日ヲ要スル事ハ無論テ一艦ヲ造リ上ケルニハ三四年ハ掛ルト言フ有様テ材料ヲ多ク佛國ニ求メシ機關部ノ方返ヘツテ早ク落成ヲ告ケタノハ豫定ノ

期間ニ所用品カ着イテ工事ノ進行ヲ妨ケザリシ事デ彼ノ木材ノ爲ニ支障ヲ來セシ造艦ノ樣ナ事ナカリシ爲ナリ木材カ段々得難クナリシハ獨リ日本ノミナラズ外國テモ船骨材ハ拂底トナリシ爲後ニハ鐵骨ヲ用ヒ上ニ木板ヲ取附ケル樣ニナリ鐵骨木皮船ハ茲ニ初マツタ我カ國テモ次第ニ流行スル樣ニナリ大ニ造船家ノ苦腦ヲ輕カラシメタカ又進ンテ鐵造船トナリ衆人驚異ノ内ニ後候鋼鐵船トマテ進ンテ以テ今日ノ盛況ヲ呈スルニ至リシ人智ノ駸々呼トシテ進ム事ハ其停止スル處ヲ知ラズ

昔日一本ノ材木ノ爲ニ山林田圃ヲ通シテ道路ヲ造リ漸ク材木カ海岸ニ達シタト思フト今度ハ之レヲ如何ニシテ所定ノ場所ヘ運フカト言フ心配カアル水面ニ浮ヘテ船テ引張ルノ外ナク今日ノ樣ニ曳船ハナク滊船ヲ雇ヘハ頗ル高價ニ附クノテ和船テ風ニ順ツテ帆ノカテ引張ラセルノダカ長イ航路ノ間ニハ暴風怒濤ニ會フ事モアリ本船ヲ助ケル爲ニ栈木ヲ切リ捨テルノ止ムヲ得サル事モ出來一度ソウ言フ事カアルトソンナ危險ナ事ヲ爲ルヨリ從來ノ積荷ヲシタ方カ安全ダ

トテ應スル者カ無クナルカラ勢ヒ運賃ヲ非常ニ張リ込ンテ金盡テ曳カセル事ニナルカラ自然格外ナ直段トナル
當時ハ造船ノ如キ大木ヲ多數ニ用ヱル事ハ餘リ無ク城普請トカ大寺院ノ建立ヤ改築并橋梁等テ夫レハ前々ヨリ準備シテ拵ルノテ一時ニ多クノ材木ヲ集メルノテ無ク數年數十年前カラ材木ヲ選定シテ置テ或ル時期毎ニ徐々ニ切出スノテ運搬ニ田畑ヲ横切ルトシテモ植附ヤ収獲前ノ様ナ農家ニ尤モ大事ナ時ヲ避ケテ地面ノ明イテ居ル農民ノ暇ナ時之レニ仕事ヲ與ヘ運搬サセルノテアル京都本願寺ノ本堂ノ柱ハ槻材テ三十六本アルカ檀下ノ山持カ自巳ノ山ニ柱材ノ豫備ヲ立木テ備ヘテアツテ入用ノ時ハ切リ出シテ奉納スルト言フ杯ハ用意周到ノ部テアル
日本テ一番多量ニ絶ヘス材木ヲ使用スルノハ家屋ノ建築ト和船ノ製造テアルカ一年ヲ通シテ從來カラノ入用ノ程度ト其材料ノ尺度カ大概極マツテ居テ其地カラ其地ヘト取引関係ハ親代々カラノ永イ習慣テ都テノ手順カ運ハレ不都合ナク遣ツテ來タノテアルカ兹ニ我國ニ從來カラ無キ洋式ノ船舶

建造ノ事カ始マツタノテアルカラ杦木ハ唯自然生立ツタ大木ヲ目懸ケテ坊出スノダカラ此處ニ一本彼處ニ二本ト散在シテアルノヲ新タニ通路ヲ開イテハ運搬スルノテ其手順ノ調ハサル事ハ素ヨリ從ツテ非常ニ不廉トナルノハ明ラカナル道理テ夫レニ杦木ハ長日月ヲ費サ子ハ需用ノ大サニナラヌ事故限リアル數ヲ以テ無限ノ需ノニ應スル訳ニ行カス夫レ故外國テハ後ニ鐵ヤ鋼ヲ人工ニ依テ製造シテ需用ヲ滿ス樣ニナリ茲ニ船舶ノ製造ハ倍盛況ヲ呈スル事トナレリ今日カラ昔ノ事ヲ追思スレハ其進歩ハ實ニ驚歎スルノ外ナシ

御召艦迅鯨

明治三年頃カラ造船所次長佛人「チユボヂー」氏ノ設計テ製圖ニ着手シ同六年頃竣工(48)セシ御召艦迅鯨ハ見タ處ハ立派ナモノテアリシカ艦体ノ構造カ軟弱ノ爲實用ニ適セス屢改修セシモ其効ナク一度モ御乗艦ナクシテ遂ニ廢艦トナルノ止ナキニ至レリ

本艦ハ軍艦テハナク輕快ニ巡航スル平時ノ御召艦トテ

天皇后皇両陛下ノ御居間御寝室御浴室御上厠宮内官ヤ倍従大臣ノ扣室等カ設ケラレ舩側ニハ大キナ窓カ立並ヒ殆ント陸上ノ室ト變リナク誠ニ氣持ヨク其裝飾ハ華麗ヲ極メラレシ機関ハ斜形ノ外車式ニシテ快速カヲ出ス為巨大ナル物ナリシ該艦ノ使用ニ堪ヘサリシハ全速カヲ出スト艦体ノ動揺烈シク横須賀神戸間ノ航海デ外輪ノ「ホーコン」ガ大概外部へ飛ヒ出ス事テモ動揺カ如何ニ烈シキヲ知ルノテアル全速カト言ツテモ僅カ十海里位テアル軟弱ナル原因ハ艦側ノ窓カ非常ニ大キク設ケラレシニ均ハラス其補強カ不完全ナル為トハ誰レモ考ヘルノテ度々補強ニ手ヲ尽シタカ功ナク之レヲ完全ニ改造スルニハ頗ル多額ノ費用ヲ要スルノテ遂ニ癈艦トナリシハ遺憾ノ事テアリシカ畢竟スルニ佛人専門家ノ技術カ拙劣テアリシト言フノ外ナシ

## 軍艦磐城 ㊾

明治七年頃造船所テハ佛人首長「ヴエルニー」氏ノ雇ヲ解キ次長「チユボヂー」氏等ノ數名ヲ事業ノ修了スル迄或ル期間残シ

テ造船所ノ事ハ一切日本人ノ手テ扱フ様ニナリ彼ノ肥田濵五郎氏等ノ先輩カ長崎以来訓導セシ諸氏ハ佛人在所ノ時ヨリ各工場ニアッテ事ニ當ッテ居リシカ今哉佛人カ去ツタノテ専ラ工場ヲ主管スル得意ノ時ハ来レリ

政府ハ曩キニ甲鐵艦一艘鐵骨木皮艦ニ艘ヲ英國ヘ注文スルト同時ニ造船機關術研究ノ為留學生三名ヲ同國ヘ派遣セシカ諸艦ノ竣工シテ廻航ノ時三氏モ帰朝シテ佛人ニ代ッテ就任技術部ヲ分擔セリ當時所長ニハ渡邊忻三氏カ就任サレシ同氏ハ往年勝榎本肥田ノ諸氏ト長崎造船所カ蘭人ニ依テ開カレタ時教養ヲ受ケタ人テ温厚着實ナ人テアル

造船所カ日本人ノ手テ事業ヲ為ス事ニナッテ初メテ建造セラレタノハ砲艦盤城テアル同艦ノ設計ハ英國式ヲ採用セシハ前記留學ノ諸氏カ専ラカヲ尽シタルハ無論當時海軍ハ英式ヲ採用セルノテアリシ工場ヘ出ス圖面ニハ尺度ヲ英佛ニ様ニ書入タノハ計算ハ英式ヲ用ユルノ故ニ之レヲ佛尺ニスルト微少ナ數カ附クノテ輻雑ニナルノテ態ト両尺度ヲ書入レテ職工ヘハ英佛ニ様ノ尺ヲ渡スト言フ奇妙ナ遣リ方ダカ夫レ

レニハ理由カアル事テ多年佛人ニ仕込マレタ職工ハ「ソートル」尺ニ馴レタ目ヘ英尺ヲ出サレテハ一寸間誤附イテ仕事モ渋ラヌノト又仕上ケ機械ハ皆佛國製テ旋盤抔モ送リ螺旋ハ「メトル」テアルノテ或ルモノハ佛尺必要部分ハ英尺ト合ノ子テ仕上ケルノテアリシ

磐城艦ハ鐵骨木皮テ我國テハ初メテテアル機關ハ横置三個流筩式テ三個ノ内何レガ故障カ出來テモ二個テ運轉スル事カ出來キ三個働ク時ニハ聯成機關ノ働キヲシテ蒸氣使用量ヲ節約シ得ルト言フ至ツテ便利ナ構造テアル當時ノ評判テハ裏キニ佛人指導ノ下ニ出來キタ清輝ヤ天城ヨリハ此ノ艦ノ方カ完全ニ工合ヨク出來タト言フ事テアリシ首長佛人「ウエルニー」氏去ツテ元佛國海軍御タリシ佛人某氏ハ同國當局者トノ意見合ハス引退サレシヲ日本海軍ノ顧問トシテ招聘サレ渡來セラレシカ同氏ハ佛國テモ有數ナ博識ノ人ト聞キシカ造船所ヘモ屢々來ラレ有益ナ助言ヲセラレシト造船所テモ同氏ヲ重要セシトカ造船所其後倍發展盛大トナリシカ邦家ノ爲メニ慶賀ノ至リテアル

# 長崎造船所時代

## 造船所ノ規模

明治六年頃ノ造船所ノ有様ヲ言ハンニ舊幕府カ蘭人ヲ雇聘シテ造船ヤ機械ヲ製造又ハ修繕スル爲メニ設ケラレシモノデ其位置ハ肥前國長崎市ノ對岸飽ノ浦ニ敷地凡六千坪程ノ中ニ機械製造工場カアリ其續キノ山越シタ海岸立神ニ船渠ヲ掘リ懸ケシモノカアリ立神ノ對岸市ノ續キテ港口ニ近キ所ニ小管造船場カアリ場内ニ引上臺ノ装置カアル造船所ハ港内三箇所ニ散在シテ交通ハ通ヒ船デスルノテアル

機械製作工場ハ一ト通全備シテハ居リシカ規模ハ至ツテ小サク漸ク四五十馬カ程ノ機械ヲ製造スル程度ノモノカト思ハレシ昔幕府ノ砲艦ヲ造ツタ時ハ機械ノ大部分ハ蘭國カラ輸入サレシト聞キシ

立神ノ船渠ヲ掘リ懸ケタ所ハ海ニ面シテ左半カ高ヒ山テ右半ニハ立神村ヘ漁船カ通フ小サナ水路カアリ夫レヲ越シテ又廣イ平地カ船渠地ノ構内トナツテ居リ其全面積ハ飽ノ浦

ヨリ廣イ様テアリシ構内ノ隅ニ蘭人時代ノ煉瓦焼場ノ遺物
カアリシ
小管造船場ハ三方山ニ圍マレタ奥行長キ地所テ海岸カラ向
ツテ右側カ引上ケ臺テ七百噸位マテノ船ヲ引キ上ケル様ニ
ナツテ居リ左側カ造船場テ後年小管丸ヲ造タ程ノ廣サカア
リシ

造船所ノ擴張

明治七年頃工部省鑛山局ノ岩手縣釜石鑛山カラ銑鐵ヲ運送
スル荷物汽船ノ千噸程ノモノヲ造船所テ造ル事ニナリ從來
ノ諸工場ヲ改築擴張スル事トナレリ
飽ノ浦諸工場ハ改築ヤ新築サレタカ機械仕上工場ハ從來ノ
周圍煉瓦壁ノ一部分ヲ殘シテ幅長高サヲ擴張シ中央ニ手働
横行拾噸起重機ヲ備ヘ其下ニ諸器械ヲ据附ケ工場ノ窓際ニ
ハ仕上臺ヲ設ケ原動蒸氣機械ヲ修繕シ汽鑵ヲ新調シテ鍛冶
工場ノ蒸氣鎚ヘ蒸氣ヲ送ル事トセシハ頗ル經濟的設備デア
リシ

明治六年頃ノ長崎造船所デ機械ノ製造ハ小形モノ許リデ現ニ「ロコモビール」則鑵ノ上ニ機械ヲ取附ケタ凡七八馬力位ノモノ三臺ヲ造ッテ居ッタ様ナ訳デ従ッテ別ッニ機械組立場ノ必要カ無カッタカ今度小管丸ノ機械百七拾五馬力ト言フ大形ノモノヲ組立テル必要モアリ其上ニ近来三菱滊船會社ヤ三池鑛山ヤ高嶋炭坑ノ發展ニ依ッテ大形機械ノ製造ヤ修繕カ盛ンニ成ッテ来タノテ組立場ヲ新設スル事ニナリ機械仕上工場ノ右側ニ位置ヲ選ヒ煉瓦造ニシテ中央ニ架空横行起重機拾五噸釣リヲ備ヘ別ッニ穿孔機械ヤ仕上臺等ヲ設置シ組立作業ニ差支ナキ事トナレリ

鑄物工場ハ在来ノ分ハ取拂ヒ新規ニ機械工場真裏手ニ大キク建造セラレ貮噸熔銑爐ヤ熔銑爐用送風機ハ「ルート」式テ鑄型干燥爐ヤ旋回起重機ヲ備ヘラレシ

木型工場ハ木造ニ階建デ鑄造工場ト鍛冶工場ノ裏手ニ跨カッテ建テラレ二階ハ木型置キ場テ下ハ作業場ト木挽ヤ鋸機械ヲ据附ラレシ

鍛冶工場ハ在来ノ分ヲ取除キ更ラニ組立工場ノ裏手ニ煉瓦

造リトシテ設ケラレ貳噸蒸氣鎚ヤ鍛鐵爐ヤ旋廻起重機ヲ備ヘラレシ

製鑵工場ハ在來ノ位置ヘ新規煉瓦造トシテ擴張シテ建テラレ本家ト両側ニ下家トカアリ本家ニハ架空横行貳拾噸起重機ヲ備ヘ水カ錠鋲器ヤ板巻器ヤ穿孔器等ヤ火床カアリシ

立神ノ船渠掘リ懸ケノ場所ニハ今度船渠ヲ在來ヨリ大形ニ築造スルノテ右側山手ヲ切開キ船渠ヲ造リ入口ニハ山手側ニ吸水喞筒室ヲ設ケ四箇ノ隔心喞筒ヲ備ヘラレシ此ノ船渠ハ今日ノ第一船渠テアル

小管造船場ハ同シク小管丸建造テ在來ノ工場ヲ取除キ更ラニ木工場ヤ機械据附ヤ盛大ナ造船上家等ヲ造リ一大面目ヲ新タニセリ

船舶ノ修繕

造船所從來ノ工場中テ機械工場カ割合ニ具備シテ居ル上ニ大形ノ機械カ揃ツテアツタノテ擴張ノ時機械ノ補充ハシタカ大部分舊機械テ間ニ合ツタ夫レハ當時修繕ノ船舶カ長崎

ノ一造船所ニ集ルノ外他ニ修繕スル處カナカリシ事テ當時修繕ニ来ル船舶ハ大概諸藩ノ軍艦カ運送船テアリシ修繕中乗組員ハ緩リ休息スル爲大概上陸シテ定宿ヘ泊リ込ンテ居テ半年程ノ月日ヲ過セシ修繕ノ方モ段々數カ殖ヘテ費用モ多額ニ昇リシ

或ル滊船ノ如キハ航海中滊筩ノ中テ運轉毎ニ音カスルカ夫レカ何ノ音カ機関士ニハ分ラス用ヲ果シテカラ其音ヲ直ス爲ニ造船所ヘ回航シテ造船所ノ手テ滊筩ヲ調ヘタラ吸鍔銲ノ螺旋カ緩ンテ居タノテ何テモ至極手數ヲ掛ケテ之レヲ締直シタ代價カ金五百圓テ夫レカラ乗員ハ緩リ休息ト共ニ遂ニ數箇月モ掛ツテ色々ト修繕ヲ遣ツタノテ遂ニ多額ノ修繕費ヲ拂ヘリト

維新前ノ造船所ハ一年ニ三四艘ノ修繕ヲスレハ經濟カ立ツタト言フカ當時ハ相手カ算盤ヲ持ツ商人テナク諸藩丈ケニ都テカ寛大テアリシト船カ大切ナ軍艦タカラ大丈夫ニシテ置ナケレハナラヌト言フ事ト高イカラ外カヘ廻スト言譯ニ行カス夫レニ大名ノ顔ト言フ威張リ氣モアリシト思フ

昔カラ預ツタ古鑵

明治七年頃ノ造船所ハ未タ規模モ小サク機械製作工場六千有餘坪ノ構内モ空地多ク舊幕府開所以來ノ古瀛鑵ヤ古地金カ草原ノ中ニ散在シテアリシカ次第ニ擴張ノ時機ニ到達シ之レ等古金物ヲ取片附ケル事トナリシ中ニ相當ニ大キナ方形瀛鑵ノ餘程年數ヲ經タノカ貳基アリシカ其持主カ分ラズ右ヒ記録カラ漸ク調ヘ出シタカ其人ハ今何處ニ居ルカ不明ナノテ記録ニアル處ヤ姓名ヲ宛テ長崎縣廳カラ鹿児嶋縣廳、ヘ掛合ツテ取調ヘタラ漸ク所有主カ分リ引渡ノ事トナツタ時記録ニ鑵ノ敷地料一噸一箇月何程ト識シアリシ故最初カラ當時マテ十四年間程經過セシ事トテ通算スルト其料金ハ鑵ヲ地金トシテ賣ツテモ拂ヒ兼子ルノテ所有主モ皆シ紛レニ言ヒ出シタノハ最初ハ相當ノ重量モ在リマシタロウカ今ハ鑵體モ大分腐朽シテ重量モ大ニ減少セル事故今ノ重量テ納メル様ニ願ヒマス夫レカラ品物カ大キクアリ計量ニ御差支デシタラ大概程合ノ御見込テ成ルヘク料金ノ小額テ濟ミマス様ニ御取計ヒ下サヒ御所ノ方デモ十數年間一度モ御催促モナク今日ニ至ッタ事デスカラ手前ノ方テモ今更迷惑シテ居ル次第デ其辺ヲ御察下サレ最小限度ノ料金ニ願ヒマスト申出ニ對シ造船所ハ政府ノ事故寄リ處ナク良イ加減ニ話ヲ纏メル事モ出來ス鑵ヲ實測スルノダカ何シロ凡九尺計リノ立方モアル角形ノモノデ天秤量ヲ造ルニモ容易ナ事デハナク然シ幸ニ倉庫ニ古クカラ仕舞ッテアッタ重リ玉カ何十個トアリ夫レカ順々ニ鈎テ引掛ケル様ニ出來キテ居タノヲ利用シ天秤ヲ造リ高イ嚴重ナ櫓カラ釣リ下ケテ例ノ古鑵ヲ掛ケテ見タラ古鑵テモ馬鹿ニナラス一個カ十噸以上アリ二個ニ十噸餘アリ之レテ重量カ明ラカニナッテ記録通リ料金ヲ計算スルト最初所有主カ言ッタ様ニ地金ニ賣テモ猶何分カ不足ヲ生スル事テアリシカ造船所モ永年ヲ經タ事トテ夫レ丈ハ減額シテ遣リシ以上ハ平凡ノ事柄ダカ品物カ大キイノヲ秤ニ掛ケタノハ當時ハ珍ラシキ事テアリシ

## 海岸起重機ノ改造

明治七八年頃飽ノ浦諸工場擴張ノ時海岸ニアリシ昇降用起重機モ改造セラレシ同機ハ蘭人在所ノ時建設セラレシモノテ柱ハ腐朽シ其上石垣ノ水際ノ部ハ多年船舶カ波浪ノ為ニ打當テラレタノテ後退リシタノテ石垣マテ積直ス事トテ石ヲ上カラ取外シテ見タラ石ト石トヲ千切リテ結ヒ附ケテアリ「其栈料ニハ鉛ヲ用ヒテアリシ當時ハ内地ハ勿論歐州邊デモ「セメント」カ未タ普及セラレズ夫レテ高キ材料ノ鉛デ綴チ合セタモノナラン

新規ノ柱栈ハ末ロ一尺長サ四拾尺程ノ真直ナ松栈二本ヲ用ユル事テ内地ノ所在ヲ探シタカ容易ニ手ニ入ラヌノテ遂ニ上海ノ支那栈木商カ持ツテ居ル事ヲ聞イタノテ品物ノ有無ト代價トヲ問合セタラ持合ハセハ數本アツテ運賃ヲ拂テモ内地ヨリ安價テ早ク手ニ入ルノテ注文シテ取寄セタ栈料ヲ見ルト二尺角ノ良栈テ長サモ充分アツタノテ之レヲ所要ノ寸法ニ仕上ケテ使用セリ

海岸起重機ノ使ヒ方

起重機ハ前ニ述ヘタ様ニ改造セラレシモ捲揚装置ハ従前ト同様使用スル毎ニ上下ノ滑車ヘ白麻綱ヲ幾重ニモ通シテ準備ニ半日以上モ費シ使用後取外シニモ相當ノ時間ヲ要シ其上改造後モ暫ク神樂算ト言フ在リ来リノ捲道具ヲ用ヒ多人數掛ツテ歩キナカラ廻ハスノテ一囘捲クカ容易テナク夫レニ人夫頭ハ附テ居テモ銘々勝手ニ掛聲ヲ出スヤラ呶鳴ルヤラ中々諠諍ヲ極メタモノデアリシ

鍛冶工場ト製罐工場ノ主任テアリシ松浦鐵兵衛氏ハ鍛冶職出身テ往年箱舘戰爭ノ時榎本武揚氏カ引率セシ開陽朝陽ノ二艦ヲ箱舘港内ヘ追込メシ時中牟田倉之助氏カ甲鐵東艦テ乗込砲戰ノ際受ケシ爲トテ松浦氏ハ跛ヲ自慢話ノ種トセラレシカ其跛ヲ引キツツ起重機ヲ使フ時ハ必人夫ノ中ニ「ステッキ」ヲ振リ上ケテ同氏カ差圖セラレルガ前面ヲ視テ居ルカト思フト轉リ後面ニ向キ直ル早サハ全ク跛ノ加減テ誠ニ奇觀テアリシ

## 春日艦ノ汽罐破裂

明治十二年春日艦ハ滊鑵入替ノ爲長崎港ニ入ッテ碇泊中一日港外ヲ巡航セント滊鑵ニ火ヲ入レテアリシカ正午過一大音響カ港内ニ聞ヘタノテ造船所カラ見タラ同艦ノ滊鑵室ノ上ニ蒸氣カ盛ンニ立昇ルノヲ見タ時之レハ何カ變ッタ事カアッタト思ヒ遠慮シテ翌日現場ヲ見ニ行キシニ先方ノ言フニハ誰レニモ決シテ見センノダカ造船所ノ技術員ダカラ案内スルトテ機関室ヘ降リテ見タラ機関ニ面シタ鑵ノ横手カ三尺角計リ破裂サレテ居レリ機関士ノ話ヲ聞クト其處ノ外板カ薄クナッタノテ當金ヲシ様ト思ッテ造船所ヘ申込ンダラ今ハ多忙テアルトノ事テ止ムヲ得ス市中カラ職工(50)ヲ呼ンテ來テ遣ラセタノダト裂ケタ外板ヲ見ルト厚サハ十六分ノ一吋位ニ衰弱シタ鐵板ノ上ニ厚サ八分ノ三ノ鐵板ヲ螺旋止メテ取附ケラレシ其間ニ一本内外板ヲ支ユル支柱カアリシヲ當金カ丈夫ニナッタカラトテ今度ハ取除ケラレシト裂レ目ハ當金ト舊板トノ境目カラテアリシ遇然造船所ハ職工ヲ貸サナンダノテ災難ヲ逃レタ

後日火夫長カラ當時ノ話ヲ聞クト滊壓ハ七封度テアルノニ

盛ンニ安全瓣カラ蒸氣カ憤出スルノテ夫レヲ排出サセル積リテ狭イ階子ヲ昇リ今少シテ上甲板ニ達セントセシ時下カラ爆音ト共ニ蒸氣カ昇ツテ來タノテ甲板ヘ飛ヒ上ツテ生命ヲ全フセシト當時ハ丁度午餐ノ時テ火夫達ハ代リ合ツテ甲板ヘ上ツテ食事シテ居タノテ夫レ丈ハ助カツタカ可愛想ニ汽罐室ニ残ツテ居タ十餘名ハ破裂シタ處カ水線際ダツタノテ熱湯カ火焚場ヘ流レテ來ルノテ苦シガツテ火爐ノ下ヘ頭ヲ突込ンタ儘死ンテ居タモノサヘアリ中ニモ少機関士某氏ハ蒸氣ヲ排出スル目的カ機関ノ囬轉ハンドルニ手ヲ掛ケタ儘死去セラレシト事件後死者ヲ甲板ヘ運ヒ上ケタカ何レモ身體ハ糜爛シテ其惨状誠ニ哀レナリシト海軍省ハ艦長以下責任者ヲ退艦ノ上處罰セラレシ

春日艦ノ汽罐ノ入替

明治十二年造船所テ春日艦ノ汽罐全部四個ヲ新製シテ入替ヲセシ新製ニ要スル圖面カ無イノテ同艦カ長崎ヘ入渠シタ時現物ヲ見取ツテ圖面ヲ造ツタカ罐ハ機関ヲ中央ニシテニ

個ツヾ前後ニ据附テアツテ二個ハ相對シテ中ヲ火焚場トシ
鑵ノ上部ハ舩梁ニ樓シテ間隙ナク両側ハ囲ワレテ寸隙ナク
見取リスルニハ正面ト内部カラテナクテハ出來ヌノダカ夫
レニ鑵一個犬ケ點火シテナク他ノ三個ハ皆點火シテ蒸氣カ
アルノテ見取リスル蒸氣鑵ノ内部ヘ入ツテ見ルト塞氣辨締メテ
アル丈テ其處マテ蒸氣カ來テ居ルノテ鑵内ハ中々高温度テ
鑵内ヘ出入スル少サナ人孔カ一ツ開イテアル外ニ空氣ノ通
フ處カナイノテ鑵内ノ奥ヘ行クト燈リカ消ヘカヽルノテ囲
リシ何カセ他ノ鑵ニハ火ヲ入レテアルカト言フト出港ヲ急ク
ノトカラ蒸氣ヲ艦内必要ノ箇所ヘ使用シテ居ルノテアル
以上ノ様ナ有様テ見取リハ凡三時間計リテ濟セテ歸リシ
圖面カ出來上ツテ材料調ヲシテ材料ヲ外國ヘ注文シ其後新
鑵カ出來入替ニ掛ツタノハ凡十箇月ノ後テアリシ夫レテ鑵
ノ製造ハ二個カ造舩所ニ二個カ市内大浦町ノ外國人ノ鐵工場
ヘ製造ヲ海軍カラ命スル事ニナツテ入替ハ全部造舩所テスル
ノテ彌鑵ヲ艦ヘ積入レシニ艦梁カ支ヘテ舊位置ニ達セス能ク
調ヘタラ新鑵ノ竪ノ支柱カ螺旋止メトシタ結果上下テ三吋

(51)

高クナツタ事カ分リ鑵臺ヲ夫レ丈低クシテ納メルノ外ナク艦長ニ其事ヲ詰シタラ艦長ハ高クシタノハ造船所ノ過チテアルカラ納マル様ニ鑵ノ方ヲ直スノカ至當テアル艦ノ鑵臺ヲ削リ取ルト夫レ丈弱クナルカラ艦長トシテ許セヌトイツテ應シテ呉レヌノテ遂ニ海軍省ヘ其事ヲ申立テタラ海軍省ハ之レヲ工部省ヘ掛合ツタカラ同省カラ所長渡邉蒿藏氏ヘハケ間敷言ツテ來タカ同氏ハ出來タ事ハ仕方カナイ夫レニ僅カ三吋位ノ違ヒハ此ノ大キナ工事ニハ有勝タ舊鑵ヨリ丈夫ニスル爲メニ態々螺旋締ニシタカラノ事テ失策ト言フモノテハナイト泰然タル態度テアリシハ敬服ノ至リテアル

海軍省ハ間モ無ク艦長ニ上京ヲ命シ他ノ艦長カ代ツテ來タカ今度ノ人ハ話ノ能ク分ル相談ニ乘ツテ呉レタ好人物テ其上海軍省カラハ鑵ノ据替ノ事ハ一切造船所ノ見込ニ任セルカラ一日モ早ク竣工スル様ニ頼ムトテ造船所カ負擔スル覺悟テ居タ例ノ鑵臺切下ノ費用マテ増額シテ呉レタノテ今マテ大心配シテ居タ氣分モ愉快ニナツテ工事ノ進行ニ努メテ彌鑵ヲ舊位置ニ据附様トシタラ意外ニモ梁桟ト肋骨桟トヲ繫

ク曲栰カ鑵ノ肩ニ當ツテ奥ヘ行カス艦長ニ相談シテ曲栰ヲ鐵栰ニ取替ヘ漸ク舊位置ニ納マツタカ肩カ何セ當タカト思ツタガ肩ハ大キナ圓形ニナツテ居タカ見取リノ時鑵内ノ事テ前記ノ如ク燈リハ暗ク其上縦横ニ支柱カアルノテ充分ニ圓形ヲ測ル事カ出來ス三呎トセシカ夫レカ今少シ大キカツタノテアリシ舊鑵ヲ陸上ケシテカラ調ヘタラ僅カ一吋ノ違ヒデアツタ

今度ノ鑵入替位心配モシ諸方ヘ迷惑ヲ掛ケタ事ハナイガ跡テ能ク考ヘテ見ルト見取リノ時先方ノ都合ノ良イ事ニ計リ隨從シテ熟シタ鑵ノ中ヘ入ツタリ上モ横モ密閉シタ儘唯正面ト内部カラ丈ケテ全部ノ見取ヲシタ事カ抑間違ヒノ基デ後日面倒ナ問題カ起ル事カラ考ヘタラ其時先方ヘ正確ナ圖面ヲ造ルニハ鑵ヲ充分ニ冷ス事ト周圍ノ囲ヒヲ取除ク事ヲ申入レテヨイノテアル夫レカラ鑵ノ高サカ梁ト接近シテ居ル事ニ心附カハ支柱ノ上下ニ對スル螺旋止メハシナクトモ從來ノ様ニ鑵内テ鋲着シテ置テモ良イノテアリシ此レ等ハ思慮ノ足ラサリシ事ト熟々跡テ考ヘラレシ

瀛船高陽丸 (52)

明治年間ノ初メニ造船所テ造ツタ小形蒸氣船高陽丸ハ製造番號カ第一號トサレテ居タガ港内ニ繫イテアツテモ他船ノ出入スル毎ニ波動ヲ受ケテ随分強ク動揺スル船テ其上速カモ遅ク良イ船デハナカツタガ當時ハ瀛船ノ尠イ時テアリシカバ買手カアツテ運輸ノ用ニ供セラレテ居タカ未タ陸ニハ鐵道ノ設ケモナク何ト言ツテモ運搬ハ船ヲ以テ第一トスル世ノ中テアリ殊ニ瀛船トナルト定期ノ航海カ出來ル所カラ大ニ歡迎セラレタモノデ随ツテ運賃モ他ニ多ク競争者カ無カツタ為高率テ船主ハ皆相當ノ利益ヲ擧ケテ居リシ其頃ノ話ニ航海ノ危険ヲ侵シテ遣ル仕事ダカラ船價ハ二年乃至二年半位テ揚ラナケレバ誰カコンナ危ナイ仕事ヲスルモノカト言ツテ居リシ

其頃予カ知ツテ居ツタ某氏ノ如キハ貴船低當ニ外カラ金融ヲシテ上手ニ船ヲ廻シタ結果正ニ二年後ニハ全ク自分ノ船トナリシ現ニ人モ能ク知ツテ居ル岩崎家尾崎家原田家山下家

等數レハ限リ無キ諸家カ皆汽船ヲ以テ運輸ノ業ニ隨ヒ能ク
奮闘今日ノ隆盛ヲ致サレシ事ヲ見テモ其利益ノアリシ事ハ
明カテアル然シ物事ニハ必盛衰ノ伴フ事ハ古今皆同シ事テ
其時世ニ適應シテ能ク遣リ來ツタモノハ成功セリ
當時汽船ヲ購入スルニハ造船所カ尠ナイノテ新造船ヲ造ル
數カ尠ク東洋テ外人ノ多年使ヒ古シノ船ヲ多ク買ツタモノ
テ修繕スル事カ度々テ港々ニ入港スルト機械ヤ汽罐ノ應急
修理ヲ遣ルノテ豫定ノ時間ニ出港カ出來ス船客ハ皆失望シ
テ中ニハ急用ノアル人達ハ上陸シテ人力車テ行ク方カ確實
ニ先方ヘ行キ着カレルト言ツテ船カラ上ツテ仕舞フト言有
樣テ又殘ツテ居ル人達ハ先ヘ行ク事ハ急カヌデモナイガ陸
行スルト金カ大分掛ル船ニ居レハ搖レテ少シ居心持ハ惡イ
カ豫定ノ金テ先方ヘ行カレルカラ辛抱シテ居ルト言ツテ居
ル夫カラ客カ船員ニ何時ニ出港カ出來ルカト聞クト機械ノ
事テスカラ確トハ分リマセンガ今陸カラ上手ナ鍛冶屋ヲ呼
ンテ來マシタカラ甘ク直ツタラ明朝ハ出ラレルト思ヒマス
ト濟マシタモノテアリシ

曳船立神丸 (53)

明治八年頃造船所テ高嶋炭鑛所ノ注文テ曳船一艘ヲ造タノカ造船ノ第二四目テ船ノ長サハ九拾吠計リ船首ノ喫水ハ僅カ三吠船尾喫水ハ十吠計リ夫レテ割合大キナ瀛機瀛鑵ヲ据附ケルノデ船ノ形チハ妙ナ丸形テアリシ船名ヲ造船セシ地名ヲ取リ立神丸ト名附ケシモ實ハ小管ノ地テ造ラレシ何對岸ノ立神ノ名ヲ取タカハ船渠モ築造中テ一般ニ知レ渡リセ其上ノ縁故ハ蓄積スル石炭ヲ構内ノ一隅ニ貯藏セル關係カラ來タモノテアリシ船ハ引渡後毎日長崎港ト高嶋鑛山トノ間ヲ往復シテ居タカ後ニ大形曳船ト取更ヘタノテ同船ハ機械類ヲ外シテ帆船ニ改メラレシ

同船ノ進水シタ時予ハ乘ッテ降リタガ前記ノ様ニ丸形ノ船體テ機械類ヲ積マナイノテ進水ノ時左右舷ニ非常ニ傾イテ轉覆セントセシニハ驚イタカ夫レテモ無事進水ヲシテ瀛機瀛鑵等一切ヲ据附ケタラ船ノ重心點ヲ得タノテ動揺ハ大分尠クナリ夫レカラ運轉ヲ始メルト猶又良クナリシ

船單獨ニ運轉スル時ハ八海里以上ノ速力テ石炭船ヲ十數艘曳イタ時ハ七海里以上テ曳船ヲシタ方カ成績カ良イノテアル此ノ船ノ形チカ牽引ニ就テノ低抗力ヲ保ツ為メニ小形船ヘ十呎近イ推進機ヲ取附《ル》ノテ船首ノ喫水ハ船尾ノ喫水ト餘リ大キナ差カアルノテ速力ヲ加ヘル程船首ハ浮上リ船尾ハ吸込マレルノデ水壓面積ヲ増加スル故抵抗ヲ強メテ進行ヲ妨ケルノテアリ他ノ船ヲ曳クト船尾甲板曳綱ニ力カ拭ツテ吸込マレル事ヲ横ニ引ク力ノ為メニ制セラレルノテ割合ニ抵抗面積カ増加セヌノテ進行ヲ助ケル事ト思ハレル

## 滊船長崎丸 (54)

明治十二年大阪商船會社ノ注文テ造船所テ造リシ長崎丸ハ造船番號ハ第三號テスクーネル暗車登簿噸數二百三十二噸ノ木造船テ機関ハ併働冷滊三拾九馬力テ曳船立神丸ノ機関ノ取外シタノヘ冷滊器ヲ加ヘタ船ノ最大速力ハ九海里テアリシ船體モ機関モ堅牢ヲ旨トシタ故頗強ニ見ヘシ試運轉後會社ヘ引渡シタラ大阪ヨリ中國九州ノ航海ヲシテ居タ

機関ニモ格別不都合ノ事モ無カリシガ「バキユームメートル」ニ普通二十五乃至二十六ヲ示ス筈ナノガ二十三ヨリ示サナイノテ如何ナル譯カト考ヘタラ在來ノ高壓機関ヘ冷滊器ヲ加ヘタノテ冷滊器ノ形カ堅カ長ク幅カ狭イノテ最初蒸氣ノ觸レル表面カ尠ク上部ノ冷滊管ハ高温度トナリ充分ニ蒸氣ヲ凝縮スル働キヲ失ヒ其上漸次下部ノ表面ニ觸レタ蒸溜水ハ冷却シテ普通百二三十度ナルヲ百度以下トシ鑵ヘ給水スル水カ低温度ナル為燃料ヲ餘分ニ費ス損失カアリシ以上ニ鑑ミ後年機関ヲ造リシ時冷滊器ノ上部ヲ廣クシ下部ヲ狭ク高サモ適當ニシタラ「バキユームメートル」ノ示數ハ二十六給水ノ温度ハ百三十度テ好成績テアリシ

右ニ述ヘタノハ冷滊器ノ事テ之レヨリハ空氣喞筒ト循環喞筒ノ事テ機関ノ構造上以上ノ喞筒ヲ動カスノニ隔心器ヲ用ヒシ為割合ニ行長カ短クナリ従ツテ直圣カ大キクナツタガ摩擦ヲ尠クスルノテ「パツキン」ヲ用ヒズニ吸鍔ノ周圍ニ「グルーブ」ヲ設ケタ計リニシテ置タノテ段々擦レテ間隙カ出來テ用ヲ成サン事ニナツタノテ後ニ「パツキン」ヲ設ケル様ニ改メ

タラエ合カ良クナリシ

## 瀛船安寧丸

明治十二年ノ末大阪ノ住友家カ大阪ヨリ中國九州ノ運輸ニ用ユル瀛船ヲ造船所ヘ注文セリ造船番号ハ第四ナリ船ハ木造スクーネル双暗車三百三十餘噸テ機関ハ單筒冷瀛ニ基テ四十九馬力アリ翌年六月竣工安寧丸ト命名同家ヘ引渡セリ當時ノ瀛船ハ速力ノ早キカ一番人氣ヲ取ツタモノテ夫レ故同航路ヲ通フ船ハ速力ノ競争カ中々劇シク新規ノ船カ出來ルト舊來ノ船ハ何テモ新船ニ負ケテハナラヌト乘船客ニ見セ附ケル様ニ最大速力ヲ出シテ追ヒ抜ク事ヲ爲セシ安寧丸カ航海ヲ始メテ間モ無ク予ハ便乘シテ神戸迄行ツタ時讃州多度津ヘ入港シ程ナク出港シテ港外ヘ出タラ一瀛船カ安全辨ノ排瀛管カラ盛ンニ蒸氣ヲ出シテ遥カ沖合ニ待合セテ居タカ聽テ本船カ其船ヲ眼ニ見テ少シ行キ過キシ時船首ニ白浪ヲ起シテ追ヒ掛ケテ來タカ本船ハ速力モ充分ニ速イ上船モ大形テアルノテ追ツテ來タ船ヲ近寄ラセヌ程度ニ悠

々ト僅カナ巨離テ進行スルノテ追掛ケル船ハ今少シテ追稜ケル事ト必生ノ勢ヒテ追ツテ來タカ凡一海里モ附イテ來タト思ツタラ急ニ進行カ止マツテ段々遠クナリ遂ニ見ヘナクナツタノテ變ダナト思ツタラ後ニ聞イタラ無理ニ機関ヲ使ツタノテ主要部ニ損所カ出來タノテ曳船テ再ヒ多度津ヘ引返シ修繕シタト言フ事テアリシ

該機関ノ空氣及循環喞筒ハ壹個ノ喞筒テ往復テ両様ヲ兼ル新案テアリシカ實地ニ使用シタ結果カ面白クナカツタ事ハ以下ニ述ヘル通リデアル往ニ循環用ノ海水ヲ吸ヒ復ニ空氣ヲ吸フノテカノ均等ヲ欠キ其上往ニ冷海水ヲ喞筒内ヘ入レタ跡ヘ復デ直キニ蒸溜サレタ温度アル水ヲ入レルノデ折角ノ温度アル水ヲ冷却スル上ニ塩氣ヲ含ンダ水カ鑵ヘ給水サレルノテ石炭ノ消費ヲ増シタ上鑵内ニ塩分ノ附着スル爲メ掃除ノ度數ヲ多クスル不經濟カアリシ

該機関ノ一番欠点ヲ言フト單簡式ノ上ニ行長ノ割合ニ短カキ点テ夫レハ計画者モ兼知シテ居タノダカ當時ノ造船所ノ設備テハ大形曲拐ヲ鍛ヘル事カ出來ス去リトテ海外ヘ注文

スル暇カ無ク止ムヲ得ス古ヒ双曲拐ヲ二分シテ二個ノ拐ヲ造ッタノテアル

單曲拐ノ事故機関ヲ前進又ハ後進ニ働カス時鬼角上端ヤ下端テ止マルノテ曲拐ノ位置ヲ適度ニスルニハ軸ニアル車ヲ槓扞テ廻シツヽ瀛筩へ蒸氣ヲ送ッテ囬轉セシムルノダガ舩カ港ヲ出入スル時ヤ瀬戸ノ狭イ海路ヲ通過スル時ハ屡々前進ヤ後進ノ信号カアルノテ機関手ハ急キ込ンテ機関ヲ操縦スルカ双暗車ノ事トテ一方ハ掛ッテモ他ノ一方カ未タ掛ラヌノテ益氣ヲ苛立タセテ居ル處へ信号ハ再參來ルト言フ慌シイ場合カアルノテ舩長ハ危険ナ機関ダトテ物議ヲ生セシ時當時ノ機関士某ハ熟練スレハ決シテ差支ナク運轉セシム可シト主張シ果シテ後ニハ能ク自在ニ之レヲ働カセシハ某氏ノ努力ニ據ルモノテアリシ併シ大體何人テモ容易ニ前後ノ囬轉ヲ爲シ得ル機械テナクテハ完全ト言フ可カラス

夫レカラ今一ツ不利益ナノハ行長カ短キ爲餘議ナク瀛筩ノ直經ヲ大キクシテ力ヲ出サセタノテ「可ピストンスピード」ハ予定ノ通リデアリシガ曲拐ト進推螺旋トノ割合以上ニスル事

カ出來ズ之レヲ補フ為螺旋ノ面積ヲ大キクシピッチモ増加セシモ予定ノ實力ヲ出ス事カ不可能テ其證據ニハ滊鑵ハ何時モ樂々タリ

曲柺カ短クシテ予定ノ成績ヲ擧ケサリシハ安寧丸ノ機關ノミニ止マラス後年造リシ滊舩淩風丸ヤ淩波丸ノ機關モ曲柺カ短キ為充分ノ成績ヲ擧ケサリシ曲柺ハ所内テ造リシモ滊鎚カ所定ノ品ヲ造ル能ハサリシ事ニ帰セリ併シ双曲柺ノ事トテ囬轉上ニハ差支ナカリシ

## 滊舩小管丸 (55)

小管丸當時造舩所否日本國内ニ於テ軍艦ヲ除イテハ創メテ造舩セラレシ九百貳拾七噸ノ巨舩ニテ明治八年ニ着手シテ同十五年ニ竣工約八箇年ノ星霜ヲ經タルハ餘リ長キ様ナレトモ其製造中西南ノ変ニ遭遇セシ為折角肥薩ノ地ニ取集メシ舩材ノ大部分ハ戰亂ノ為メニ消滅サレ多額ノ費用ト時日ヲ損失セリ

用材切出ニ就テ一例ヲ述ヘンニ龍骨材槐仕上ケ尺角長三拾

五尺物ヲ得ントスルニハ甲ノ地テ一本夫レカラ數里又ハ數十里ヲ隔ル乙地テ一本ト言フ樣ニ之レヲ探索シ立木一本ノ價ハ僅カ拾圓内外テアルカ坊リ倒シ海岸船積ノ場所マテ運搬スルニハ田圃ヲ潰シ又ハ橋梁ヲ修繕スル等ノ費用カカロリ製材シタ時ノ代價ハ一本百圓位トナリシ官林カラ讓受ケタ材木ハ原價ハ無代價同樣ノ僅カナモノテ在ルニ均ワラス出シ場カ惡イ爲メニ多額ノ費用ヲ要シタノテアル

翻ヘッテ機關製造ノ方面ヲ視レハ當時和蘭人教師カ舊幕府ノ傭聘ニテ日本ニ創メテ設立セシ造船所ヲ維新後明治政府ニ引渡セシモノテ諸工場ノ規模倭小ニシテ大機關製造ニ適セス故ニ悉ク之レヲ擴張改築セシ事ハ擴張ノ部ニ述ヘタ通リデ其後製造ニ着手セシヲ以テ造船同樣ニ多クノ歲月ヲ費ヤセリ

工場ノ職工ハ年長者ニハ蘭人仕込ノ技術ニ熟練シタ者カ居リシモ當時交通ノ途開ケズ唯一箇所ノ小工場ニ從事セシ者計リテ見聞モ狹ク製造品モ尠ク小管丸ノ機關ノ如キハ初メテ見ル位テアリシ雇英國人「ストリ」氏ハ設計ヤ計算ヲ擔當

シ又同國人「デキソン」氏ハ工場現場ヲ擔當シテ着々歩ヲ進メ器械ヲ具備シ職工ヲ養成シテ今日ノ三菱造船所ノ基礎ヲ築キタル者トス

小管丸ノ機関ハ總重量カ六拾五噸アル内一塊五噸位アル物ハ高壓滊筩低壓滊筩冷滊器（貳個トス）機関臺（四個トス）等ニテ一塊ヲ五噸以内トシタルハ鑄物工場ノ熔銑爐カ一回貳噸ノ熔解ヲ為ス故ニ熔銑五噸餘迄ヲ蓄積シ得ルトセシナリ又鍛鐵物ハ鍛冶工場ニ貳噸ノ蒸氣鎚ヤ火爐カアルノテ吸鍔鋲ヤ接續鋲等ヲ火造シタカ曲拐ヤ軸類ハ英國ヘ注文セリ

同船ノ滊罐ハ貳個テ圓形滊壓六拾封度ノ新式ナルカ製罐工場阨築諸設備カ完全シタノテ容易ニ製造スル事カ出來タ棧料ハ英國ヨリ取寄セシ火爐火袋ハ粘着ニ富メル「ローモール」鐵板ヲ用ヒ外板其他ハ三ツBニツBヤB鐵板ヲ用ヒタリ當時在來ノ滊船ノ滊罐ハ皆角形ニシテ滊壓ハ大概七封度内外テ新規ニ滊罐ヲ製造スルニハ火爐火袋ハ「ローモール」其他ハ二ツBヤBノ鐵板厚サ八分ノ三ヲ多ク用ヒ罐内從横ニ角鐵ノ支柱ヲ入レテ壓力ヲ支ヘ試驗水壓ハ十五封度位テアリ

シ小管丸カ進水シテ間モナク予ハ造船所ヲ去ッテ東京赤羽工作分局ヘ轉勤シタノテ試運轉等ノ結果ヲ知ラヌノテ如何テアリシト心ニ懸リテ居タラ翌年三月東京灣ヘ入リ品川沖ヘ着シタノテ直チニ同船ヘ行ッテ結果ヲ聞イタラ至極好結果テ外ニ不都合ノ箇所モナシトノ事テ安心セリ轉舵機ハ蒸氣カテ操縦スルノテ便利テアリシ荷物滊船トシテハ完全テ堅牢ナル造リテ同船ハ前記ノ様ニ多年ヲ費シテ竣工シ造船第五番テアリシ故五番造船ト稱シテ各人ノ記臆ニ残レリ

滊船凌風丸ノ滊笛 (56)

明治十三年大阪ノ或ル滊船會社カラ造船所ヘ速力モ早ク成ヘク新式ノ滊船百五十噸位ノ物貳艘ヲ注文セリ當時設計者英國人「ストリ」氏ハ五番造船ノ機關ノ設計ヲ修リテ賜暇帰國中テアリシカハ留守中ハ予カ引受ケタノテ何デモ數多ク色々ノ物ヲ引受ケテ自身思フ様ニ設計カシテ見タク凌風丸モ骨折ッテ注文ヲ受ケシ其頃ハ小船ノ機關テ聯成滊笛ノ物

ハ皆無ノ時テアリシカ燃料節約ノ目的カラト一ツニハ小管丸ノ機関ヲ造ル小サナ模範トスル為大体ヲ同機関ニ則リ初メテ聯成機関ヲ製造シタカ高壓滊筩カラ排出スル蒸氣ノ通路則「レシーバー」ハ高壓滊筩ノ「バックプレシア」ヲ尠クスル目的テ高壓滊筩ヘ進入スル蒸氣ノ容積ノ約三倍半程ノ積ヲ設ケタモノナルカ實地ニ運轉シテ「インジケートル」ヲ取ツテ見ルト低壓滊筩ニハ滊壓ナク「ヴァキューム」計リデ働イテ居ル事カ分リシ故試ミニ「レシーバー」ノ容積ノ約三分ノ一ヲ縮メル為ニ假リニ掃除孔カラ木片ヲ入レテ運轉シツヽ「インジケートル」ヲ掛ケタラ低壓滊筩ニ蒸氣壓カ一封度ヲ顯ハシタノテ囘轉ノ方ヲ調ヘタラ一囘轉増シタノテカヲ得テ再ヒ容積ヲ二分ノ一ニ縮メテ運轉シタラ氣壓テ一封度半囘轉數テ二囘ヲ増シタノテ機関手モ大ニ欣ヒテ其儘長崎カラ肥後ノ百貫港迄航海セル途中滊筩ノ内ニ音響ヲ發セシユヘ先方ヘ着シテ蓋ヲ開イテ見タラ小サナ木片カ入ツテ居タノテ諸所ノ取所ヲ外シテ調ヘタラ何處ヘモ木片カ散在シテ掃除スルノニ中々手數ヲ費セシトハ滑稽至極ナリシ跡テ考ヘテ見ルト木

片ノ事トテ始修蒸氣デ蒸サレテ居ルノテ軟カクナツタノガ滊筩ヲ経テ冷滊器ヘ入ツテ給水唧筒テ給水ニ混シテ滊鑵マテ送ラレテ鑵内所々ニ散在セシトハ一笑ニ値スル迂遠ノ事テアリシ然シ他ノ一方テハ速カヲ早メ燃料ヲ節約スル實験ヲ得タノテ機関手モ苦情ハ言ハナンダ夫レテ長崎ヘ帰ッテ来テカラ今度ハ木片ノ代リニ鑄塊ヲ動カヌ様ニ入替ヘタラ好成績テアリシ

## 砲艦丁卯號ノ滊鑵入替 57

明治十年頃丁卯號ノ滊鑵ヲ新製シテ入替ユル事ヲ造船所デ引受タガ同艦ハ當時朝鮮警備ノ任ニ當ツテ居タノテ寸暇ナク漸クニシテ長崎ニ寄港シタ時僅カノ間ニ製圖ヲ作ル為見取リニ同艦ヘ行ツテ見ルト鑵ハ方形デ貳個竝ンテ居ルカ鑵ト鑵トノ間隙ハ約四吋位デ鑵ト艦側ハ一呎位然カモ鑵ノ下隅ハ艦ノ曲リニ添フテ彎曲ヲ為シテ居ル鑵ノ後部ハ艦員ノ室トナツテ囲ワレ居ルノテ見取リスルノハ正面ト内部トノ外ハナク其時後部ノ彎曲ヲ何トカシテ見タカツタカ艦員室

ノ一部ヲ取除ケナクテナラズ夫レハ容易ナ事テハナク止ムヲ得ス前部彎ノ形チヲ板ニ取リ其他ノ各部ヲ見取ツテ製圖ヲ作リ製鑵ニ掛リ鑵カ落成シテ後暫クシテ艦ハ入渠シテ舊鑵ヲ取除キ其跡ヘ新鑵ヲ据ヘタラ約一箇年間心配シテ居タ例ノ後部下隅ノ彎曲部カ艦ノ彎曲部ト折レ合ワス止ムヲ得ス約三吋計リ高ク据附ケテ漸ク納リカ附イタ幸ニ梁下ニ餘猶カアツタノテ宜カリシ夫レニ艦長モ從前カラノ事情ヲ了解サレテ一ツモ小言ヲ言ワレスニ濟ンダカコンナニ永イ間心配シタ事ハナカツタカ跡テ考ヘテ見ルト見取ノ當時當局者ニ其事柄ヲ告ケテ考ヘヲ待ツテモヨカツタノダ何モ獨リ極メヲシテ苔ム必要ハナイノテアリシ

曳船筑後丸

明治十三年三池鑛山分局ノ注文曳船筑後丸ハ木造船長廿八拾三呎デ三拾三噸機關ハ併働冷滊双暗車三拾四馬力其構造ハ中央ニ圓形冷滊器ヲ備ヘ夫レヲ挟ンテ斜メニ各滊筩等ヲ取附タノダカ曲柺ノ囬轉カ各同一方面ニアル時ハ良イカ各

カ及對ノ方向則一方ノ曲拐ハ上ニ向ヒ他ノ一方ノ曲拐ハ下ニ向フト言フ時ハ機関ノ震動甚タシク夫レハ中間ニ狭マレシ冷汽器ハ大キサハ可ナリアルカ中空テ外皮ハ薄ク為メニ揉マレテ動ク故運轉カ圓滑ナラス夫レカ為摺レ合フ各部ニ熱ヲ持ツノテ冷汽器ニ補強ヲ施シタラ大分結果カ良クナリシ

船體ニ取附ラレシ循環喞筒ノ吸水辨ハ一機関毎ニ一個ツヽ左右ニ設ケタノダガ船カ小サイノテ風浪ノ為メ動揺シ易ク吸水ノ量カ一定セス循環ノ具合カ悪シク夫レテ試ミニ一方ノ辨ヲ塞イテ他ノ辨一方カラ双方ヘ吸水スル様ニシタラ以前ヨリ良イ結果トナリ其儘テ使用セリ

冷汽器ハ圓形横置テアリシ為汽筩カラ排出スル蒸氣ハ容易ニ周圍ヲ巡クツテ下部ノ空氣喞筒ニ達スル量カ割合ニ多ク其結果ハ真空計ニ顕ワレシ真空ノ數カ低ク吸水ノ温度ハ高イノテ考ヘテ見タラ冷汽器ノ中央部ニ集合スル冷汽管ヲ蒸氣カ餘リ多ク接觸セスニ行キ易イ冷汽器ノ周圍ヲ多ク通ツテ直ケニ吸水サレル事ト思ヒ冷汽器ノ圓壔ノ内部ヘ二箇所

ツヽ左右四箇所ニ障壁様ナモノヲ取附ケ運轉シテ見タラ真空モ良ク蒸溜水ノ温度モ普通百三拾度位トナリシ

## 小機関ノ吸鍔銲

肥前ノ或ル港ヲ航行スル小蒸滊舩ヲ造ツタ時機関ハ直立併働式テアリシカ英國ノ或ル機械雑誌ニ吸鍔銲ノ新式ナノヲ見テ試ミニ造ツテ見タ夫レハ高壓滊筩ト下ニアル低壓滊筩トヲ貫通スル吸鍔銲ヘ各滊筩毎ニ「パツキングクランド」ヲ設ケルノ繁ヲ避ケテ各滊筩ヲ密接シ其境ニ「パツキングクランド」ノ代リニ「ブシユ」ヲ入レテ「ブシユ」ト銲トノ間則「ブシユ」ニ空虚ヲ作リ銲ニハ運動ノ長サ則高壓滊筩ニ出入スル全長ニ細カク溝ヲ坊リ之レニ擄ツテ滊筩内ノ蒸氣ノ漏出ヲ防クト言フ名案テアルノテ夫レニ則ツテ製造シ屡々運轉シテ見タカ別ニ不都合ナク舩主ヘ引渡シタカ後半箇年程シテ機関カ全ク運轉セヌ様ニナツタトテ舩ヲ廻シテ來タノヲ見ルト「パツキン」ノ部分カ摺レテ大キナ間隙カ出來テ高壓滊筩ト低壓滊筩ト蒸氣カ自由ニ流通スルノテ運轉不可能トナツタ事カ分ツタ

夫レハ小舩ノ事トテ舩カ動揺スルノテ「ブシユ」ト鉧カ斜形ニテ摺レ合フ事カ多ク夫レニ鉧ヘ切込ンダ溝カ鑢ノ働キヲシテ容易ニ摺リ廣ケタモノテアル夫レテ今度ハ「ブシユ」ニハ空隙ヲ設ケズ鉧ハ溝ナシノ丸棒トセシガ夫レカラ永ク故障ハ起ラヌ様ニナリシ

舊來カラ仕來タツタ事ヲ其通リニ遣ルノハ樂タカ一ツ新規ナ事ヲスルニハ周到ノ注意ヲ要スル事ヲ忘レテハナラヌ前記ノ吸鍔鉧ニシテモ或ル雑誌ヲ見テ之レハ良イト思ヒ直チニ小舩ノ機関ニ應用シタノハ思慮ノ足ラヌノテ機関カ何時モ不動垂直テ吸鍔鉧ヲ昇降サセテ居タラ半箇年位ノ間ニ大キナ空隙カ出來ナンダニ違ヒナク机上ノ考ヘデ之レヲ採用シタノハ間違ヒテ夫レテ實物教訓ヲ與ヘラレシモノテ跡デ考ヘルト誠ニ淺慮ノ至リデアリシ事ヲ恥カシク思フ小舩カ風浪ノ為メニ前後左右ニ勝手ニ動リト言フ事ハ誰レデモ知ツテ居ル事テ夫レニ氣附カヌノハ欠点テアリシ

## 滊舩築紫丸機関ノ改良

明治十三年造船所デ兵庫工作分局（川崎造船所ノ前身）ノ製造ニ係ル滊船筑紫丸(58)機関部ノ改修ヲナセリ夫レハ滊鑵ハ火カ焚キ憎ク機関ハ操従器ノ螺旋カ細カイノテ操従ニ手間取ルト言フノカ重ナ条件テアリシ本船ハ神戸港カラ中國九州ノ各港ヲ巡航スル荷客船テ速力ノ早イノカ人氣ヲ呼ヒ繁昌スルノテ快速力ヲ出ス積リテ船ノ幅ヲ狭ク長サヲ長クシタノテ勢ヒ滊鑵ハ細長ク造ツタカ爲吸込ヲ悪クシタノテアリシ滊船ハ陸上ノ様ニ高イ煙突ヲ設ケル譯ニ行カス吸込ノ悪ヒノハ之レニ原因シテ居ル其外ハ火焚場面積煙管ノ觸火面積トノ割合カ不釣合テアル事カ分リ煙管ヲ二呎ト鑵ノ長サニ呎ヲ切縮メテ初メテ各面積ノ割合ヲ相當ノモノトシタカ點火ノ結果吸込ハ良ク火ヲ焚クニ樂ニナツタ上ニ鑵後ノ荷室カ二呎廣クナリシ

機関ハ傾斜式外車ナリシカ滊筩ニ滑辨ト加減辨カアリシガ其形巨大ニシテ磨擦多ク夫レデ加減辨ヲ除イテ磨擦ヲ減シ滑辨モ小形ニ改造シ随ツテ之レヲ動カス隔心器モ小サクシ操従螺旋ヲ大ニシテ速カニ操従ノ出來ル様ニ改良シテ試運

轉ノ結果ハ誠ニ良ク引渡濟トナリシカ一ツノ疑問カアツテ
之レカ久敷ク解ケナカツタ夫レハ操縦器ノ事テ機関手ハ外
人テ充分腕カモアル人テアリシカ試運轉ノ時把手ニ手ヲ掛
ケタカ中々動カヌノテ止ムヲ得ス滊辨ヲ塞イテ操縦シ後ニ
辨ヲ開イテ運轉シテ見タラ滊鑵モ焚クノニ樂クテ機械モ工
合良ク運轉スルノテ其儘受取ツテ行キシ
筑紫丸ノ工事ハ時日ヲ急イタノテ徹夜業テ製圖ヲシタカ操
縦器ノ計算モ度々調ヘテ見タガ間違ヒカナイノテ如何ニシ
テ何ンナニ重カツタノカト言フ事カ始終念頭ニアリシカ夫
レカラ數年ノ後或閑暇ノ折計算書ヲ出シテ見ルト計算ノ數
字ニハ誤リハ無カツタガ「コンマ」ノ打チ處カ一位違ツテ十位
少ク示シテアツタ事ニ氣附カナカツタノデアルト茲テ疑問ハ
解ケタノデアル
計算ノ疑問ハ解ケタカ從來ノ操縦器ノ螺旋カ細カイノテ手
間取ルカラ速カニ操縦ノ出來ル樣ニト言フ注文テ螺旋ヲ大
キクシテ操縦ヲ早メル計算カ「コンマ」ノ打チ處ノ間違ヒデ丁
度良イト思ヒ改造シタノダガ能ク考ヘテ見ルト兵庫工作分

局ノ計算ハ間違ヒデナク手間ノ取レル原因ハ螺旋テ無クテ滑辡ノ運動カ大キ過キテ居ルノテアル瀛筩ノ蒸氣孔ヲ大キクスル為メ勢ヒ運動カ長クナルカラ螺旋ヲ細カクシテ手間ヲ取ツテモ把手ノ力ヲ輕ロクシナケレハナラヌ今度改造ノ時出來ル限リ滑辡ノ運動ヲ縮メタガ夫レ位デハ未タ充分デ無カッタノテアル最初ニ其點ニ着目シタラ操縦ヲ早メルニハ機関ヲ改造セン限リ不可能テアッタノデアル夫レデモ加減辡ヲ外シ滑辡ヲ改造シテ運動ヲ多少縮メタ事ハ機関運轉上ノ磨擦ヲ減少シタ譯テアリシ

59 スペシヤル喞筒

鑛山ニ使用スル「スペシヤル」喞筒ハ其形カ簡單デ狹イ坑内ニ使用スルニハ場所ヲ取ラズ至極便利テアル當時外國デモ創作ノ品テアリシ其形状ト動作ヲ言フト左ノ通テアル
喞筒ト中緒ト瀛筩ノ三個ヲ横ニ直結シテ瀛筩ノ吸鍔カラ直通シテ居ル鍔テ喞筒ノ吸鍔ヲ動カスノテアル瀛筩ノ吸鍔ヲ動カス蒸氣ヲ出入スルニハ瀛筩ノ上部ニ蒸氣溜ノ筒カ横置

セラレ其中ニ特種ノ小吸鍔カアリ其吸鍔ハ両端ノ蒸氣カ出入シテ自然ニ活動スル装置テ其蒸氣ヲ出入スルニハ瀛筩ノ吸鍔ノ進退スル運動テスルト言フ如何ニモ巧ミナ仕掛ケテアルノテ都テノ部分カ尤モ纖密ヲ要シ蒸氣ノ通路ヤ其他一坊カル瀛筩ノ前後少シモ相違スル事ヲ許サズ

船來ノ同唧筒カ初メニ來タノハ瀛筩ノ瀛孔カ鑄造ノ儘テアルカラ前後ノ瀛孔ノ容積カ僅カナカラ違ツテ居タノヲ属品テ加減シテ調子ヲ合セテ運動ノ具合ヲ良クシテアリシヲカ使用中或ル部分カ摩滅スルカ属品カ破損スルカシテ修繕ヲスルト中々具合カ良クナラス一ト通リノ寸法ヲ見テ代品ヲ造ツタリ杯シタノデハ到底調子カ直ラズ属品ヲ色々ニ加減シテハ動カシテハ直シ直シテハ動シテ最初ハ空ヲ摑ム様ナ感シテ段々調子ヲ良クスルノダガ夫レカ中々ノ骨折テ何度モ徹夜業ヲシテ數日掛リ坊ツテ漸ク直シタ事モアリシ

外國デモ失張リ修繕ニ手數ト時日トカ多ク掛ツタモノト見ヘ後年送ツテ來タ同唧筒ハ肝要ナ箇所ハ皆仕様ヲ改良シテ大概仕上ケテアリ瀛孔ハ鑄放シヲ止メテ仕上ケタ管ヲ嵌込

ンテアルカラ容積モ楕ヒ取替モ譯ナク前ノ喞筒ノ様ニ皆ンテ調子ヲ合セル必要ナク唯各属品ヲ一様ニスレバ自然調子ハ良クナルノテ修繕カ大ニ楽ニナリシ

## 機関用ノ豫備螺鋲

明治十一年頃三菱滊船會社ノ或ル滊船カラ造船所ヘ豫備螺鋲ノ注文カアツタ螺鋲ハ経四分三吋カラ一吋マデデ數十本デ普通ニ仕上ケテ船ヘ渡シタラ機関士ハ外國人テアリシガ螺鋲ノ螺旋ヲ一本宛首メカラ尾リマテ「スパナ」テ廻シテ見テ少シデモ堅イカ軟イカスル處ノアルモノハ癈物トシテ受取ラズ検査カ餘リ嚴重過キテ居タノデ其時ハ強情ナ機関士ダト思ヒシカ言カ儘ニ幾度デモ螺鋲ヲ作リ直シタカ遂ニ合格品カ楕ツタノテ機関士モ満足シテ言フニハ大イニ検査カ八釜シイト思ツテ居タローガ之レハ航海中不時ニ或ル部分カ破損シタ時一時螺鋲ヲ以テ締付ケテ或ル港マテ貴重ナ人命ヤ荷物ヲ登載シテ航行スル事ハ一ツノ此ノ螺鋲ノ力ニ據ラサレハナラヌノテ自分ハ第一ニ螺鋲ノ検査ニ力ヲ入レルノテ

アル夫レカラ螺鋲ノ長ク切ツタ螺旋ヲ丁寧ニ調ヘルノハ臨時適當ノ長サニ切ツテ之レヲ用ユル爲メテ何ノ部分テモ同シ様ニ螺旋カ密着シテ居ラ子ハナラヌノテアルト言ハレタノテ其心懸ノ深切テアル事ニ感服セリ

予ハ其時カラ螺鋲一本テモ輕卒ニ作ルモノテナイト思ツテ其後多クノ工場テ螺鋲ヲ作ル時ハ注意シテ見タカ螺旋カ首メハ手テ輕ロク廻リ次第ニ堅クナツテ尾リニ行クト初メテ「スパナ」テ廻スト言フノカ普通テ締附ケル品物カ螺旋ノ輕ク廻ル處ニアルト品物ト女螺旋トノ密着丈ノカテ漸ク締附ケラレテ居ルカ或ル機會ニ女螺カ緩ムト品物カ動キ出ス夫レヘ衝動カ來ルト螺鋲ヲ切斷スルト言フ危險カ行ハレルトナルト大キナ損害カ來ルノテアルカラ曩キニ外人機関士ノ言ツタ事ヲ守ツテ一本ノ螺鋲テモ能ク入念ニ首尾トモ同シク螺旋ヲ「スパナ」テ廻ス様ニ密着サセ子ハナラヌト思ヘリ

五島町ノ滊鑵破裂

明治十二年頃長崎市五島町ニ機械カテ働ク精米所カ在リシ

ガ或ル日作業中滊鑵カ破裂シテ其破片カ附近ノ酒造場ニ衝突シ其震動テ中ニ在ツタ酒樽カラ酒カ流レ出シテ酒造家ハ大損害ヲ蒙ツタカ外ノ家ニハ大シタ事モナク精米所ニハ鑵ノ破片モ残ラス皆所外ニ飛散シタノテアル

予ハ事變ノ二日前ニ調ヘル事ガアリ同所ヘ行キシ折滊鑵ヲ見タラ天秤式安全辨ノ錘ノ外ニ齒車ノ古物ヤ其他古地金カ天秤ヘ釣リ下ケテアツタノデ火夫ニ何セアンナ物ヲ澤山釣シテアルノカト尋子タラ辨カラ蒸氣カ逃ケル爲メ蒸氣カ上リマセンカラ何ンナ物ヲ餘分ニ釣シテ漸ク蒸氣ヲ上ケテ居ルノテスト言ツタノテ予ハ蒸氣ノ逃ケルノハ辨ノ摺合ヲシタラ止マルダロート言ツタラ今ハ仕事カ中々忙カシモノテ休ム事カ出來マセンカラ其内閑ナ時ニ直シテ貰ヒマシヨウト言ツテ居タカ夫レカラ僅カ二日ノ後ニ事變カ起リシハ誠ニ遺憾千萬ノ次第デアル錘ヲ無暗ニ重クシタノハ第一ノ原因ナルカ滊壓計ニ蒸氣ガ平素用ユル壓力ヲ顯ハサヽリシ爲メ頻リニ焚キ上ケシハ大原因デ滊壓計カ狂ツテ居タノニ氣附カナカツタノテアル

大事ノ前ノ小事ト能ク言フカ滊鑵カ破裂スルトスレバ一日休ンデ修繕スルモノハ修繕シ調ヘル所ハ能ク調ヘテ置イタラ不幸ニ遭ハズニ濟ンダノテアリシト思ヘバ誠ニ残念至極テアル油斷大敵トハ實ニコンナ事ヲ言ツタモノデアル獨リ滊鑵ノ事ノミテナク何事モ深重ニ注意シテ物事ヲ行ヘハ間違ヒハ出來ヌト言フ事ハ誰レテモ兼知シテ居ルノダカ實行スル事ハ六箇敷ヒモノト見ヘル今度ノ様ナ事カ起ルト誰レモ當分ハ氣ヲ附ケルカ其内ニ又忘レテ同シ事ヲ操返スノテアルカ何時モ用心ヲ怠ラヌ様ニセ子ハナラヌト思フ

## 滊船通濟丸ノ滊鑵

明治七年頃郵便滊船會社(三菱滊船會社ノ前身)ノ通濟丸ノ滊鑵ヲ造船所テ入替ヘタ時従來ノ方形滊鑵テハ上部滊室ニ従横ニ支柱カアルノテ鑵内ノ掃除ヤ錆落シノ時ニハ充分行届カス夫レニ滊壓ヲ高メレハ夫レ丈ケ支柱ノ巨离カ狭クナルノテ倍働キ憎ク々ナルノテ新鑵ハ頭部ヲ半圓形ニシテ滊室ノ支柱ヲ減シ同時ニ多少滊壓モ高メ鑵内ノ動作ヲ樂ニナル様

ニシタノハ大分進歩シタ設計ダト當時ハ賞揚サレシ陸用瀛罐早クカラ一ツ火爐ノ「コルニシユ」形ヤ二ツ火爐ノ「ランカツシヤア」形ヤ「ロコモビール」式ヤ豎罐等圓形ノモノカ行ハレテ居タカ船用瀛罐ハ遅レテ次第ニ圓形トナレリ長崎テハ高嶋鑛山ト長崎港ヲ往復スル石炭船ヲ曳ク小瀛船ヲ造船所テ造ツタ時初メテ圓形多管式ノ瀛罐カ備ヘラレタノテアル

通濟丸ノ瀛罐ヲ造ツテカラ十數年後ニハ瀛船(60)ノ瀛罐ハ皆ナ圓形高壓式トナリ方形低壓式ハ殆ンド姿ヲ隱ス有様テ追々ト進ンテ高壓百五六十封度ノモノカ造ラレ機関ハ四聯成ノモノマテ出來タガ其成績カ思ハシカラストテ専ラ三聯成式ノ世ノ中トマテ進歩シ燃料ハ大ニ節約セラレシ夫レ丈又製造モ昔日ノ様ニ容易テナク夫レカラ機関ヤ瀛罐ノ取扱モ大分意ヲ用イナケレバナラヌ様ニナツテ來タ

## 露國砲艦ノ機関運轉

明治八年頃長崎港ニ久敷碇泊シテ居タ露國砲艦「ゴルノースタイ」號カラ造船所ヘ士官カ來テ本艦カ今出港シテ浦塩港ヘ

航行セントシテ居ルガ機関カ運轉セヌノテ差支ヘテ居ルカラ直キニ誰レカ自分ト一緒ニ來テ直シテ貰ヒタイトノ申込ミテアリシカ正午休憩時間テ技師「ストリー」氏モ現場掛「デキソン」氏モ事務所ニ不在デアルカラト言ッタラ急クカラ誰レデモ宜イカラト言フノデ予ハ仕上職ヲ一人連レテ造船所ノ通船ニ乘ッテ直クニ出掛ケテ艦ヘ行ッテ見ルト士官ハ予等ヲ機関室ヘ導キ自カラ把手ヲ取ッテ機関ヲ囬轉セントセシモ曲拐ハ半周位廻リ掛ケテ跡ヘ翻子返ヘリ其状恰カモ發條テ翻子返ヘス様テアリシ士官ハ予ヲ顧ヘリミテ顎テ示シ其儘階子ヲ昇ッテ甲板上ニ去レリ士官カ去ルト見タ露人下士官ノ一人ハ予ノ腕ヲ握ッテ機関ノ裏手ニ連レ行キ何ヲスルカトト思タラ冷瀛器ヘ手ヲ當テ々見ロト教ヘルノテ當テ々見ルト高熱テアリシスルト機関カ廻ラザリシハ此ノ熱ノ爲メダト手真似テ知ラセ夫レカラ側ニアル海水瓣カ締附テアルノヲ指シテ微笑ヲ漏シ其瓣ヲ開イテ又操縦把手ノ處ヘ連レ行キ下士官カ把手ヲ廻ハシタラ機関ハ直ニ囬轉セリソーシテ予ニ把手ヲ取ッテ廻ハシテ見ロト手附テ示シタノデ其通

遣ツタラ前進後進トモ能ク動イタラ下士官ハ笑ヒ乍ラ甲板ノ方ヲ指シ士官ニ報告セヨトノ意ヲ與ヘシカバ予ハ士官室ヘ行ツテ見タラ士官ハ「コーヒー」カ何カヲ呑ンテ居テ氣樂想ナ有樣テアリシカ機關ノ動ク事ヲ告ケタラ直キ機關室ヘ來テ身ツカラ把手ヲ取ツタラ今度ハ首尾ヨク囬轉シタラ又甲板上ニ去レリ

予ハ其跡ヲ追ヒ士官ニ依賴ノ修リシ旨ヲ告ケタラ金ヲ何程拂フノダト言ハレ予ハ未タソンナ事ノ經驗カナイノデ位取リカ分カラズ自分ト職工ノ兩人カ艦ヘ行ツテ數時間過キタ計リ夫レニ機械ノ運轉ノ出來タノハ自分ノカテナク彼ノ下士官ノ御蔭テアルノテ餘程思ヒ切ツタ積リテ金三十圓ト言ヒシニ士官ハ宜シイト言ツテ何レヘカ出テ行キシ其内艦ハ拔錨ヲシカケルノテ氣カ氣テナク其内ニ進行ヲ初メタノデ頻リニ士官ヲ探シタラ一片ノ書附ヲ以テ出テ來タ此ノ書附ヲ長崎在住ノ領事ニ渡セバ金ヲ拂ツテ呉レルト言ヒシ其時ハ艦ハ港外ヘ出掛ケタノテ漸ク繋イテ置イタ通船ニ乗移リ造船所ヘ帰ヘツタ

帰ヘッテカラ一切ヲ技師「ストリー」氏ニ報告シタラ機関ヲ運轉シテ來タノハ大ニ良カッタガ其支拂金カ僅カ三十圓デハ話ニナラヌ若シ機関カ運轉不可能出港ノ期日ヲ空シク経過セシナラ艦長初責任者一同ハ如何ナル嚴罰ヲ受ケルヤモ知レス夫レヲ無難ニ出港スル事カ出來タノダカラ尠クモ五百圓位ヲ請求シテモ必出シタテアロー惜イ事ヲシタ然シ今ハ仕方カ無イカラ追メテ百三十圓貰ラウ筈ノ間違ダト領事ニ申出ル事ニスルトテ其後領事カラ浦監碇泊ノ同艦ヘ掛合シニ同艦カラ義諾ノ返詞カアッテ請求通金ヲ受取リシ

予ハ「ストリー」氏ニ何セ同艦ノ士官ト下士官ト仲カ悪イノカト言ッタラ同氏ノ言フニハ近來露國テハ海軍士官ノ教育法ヲ改メテ運用砲術機関ヲ一搬ニ教ヘ戦事中缺員カ出來ルト何レカラデモ補充スル事ニナッタノテ一技藝ニ長スル人カ尠クナッタ譯テ該士官ノ如キハ機関ノ方ハ不得手ノ人ナランナ夫レ故古参ノ下士等ニ馬鹿ニサレシモノカ又ハ何カ復讐ヲ受ケル事柄デモアリシナラン

## 露國砲艦艦體ノ總見取圖

明治七年頃長崎港ニ久敷碇泊セル露國砲艦カラ艦體ノ總見取圖ヲ引イテ貰ヒタイ夫レハ今度同國海軍省ヘ艦體ノ諸所修繕ヲシタ箇所ヲ示シテ差出ス事ニナツタカ夫レカ急クノテアルト造船所ヘ申込ンテ來タノテ予ハ圖工貳名ヲ連レテ同艦ヘ行ツテ見タラ中々活潑ナ艦長カ出テ來テ能ク來テ呉レタト言ツテ直ク自分カ案内シテ艦内ヲ一巡シテ夫レカラ何處カラデモ見取ヲ初メテ呉レト言ハレタカ何シロ全艦ノ見取ダカラ範圍カ廣ク正甲板カラ初メ樣ト考ヘテ居タラ艦長ハ艦務ノ餘暇ニハ側ヘ來テ士官ヤ水夫等ニ命シテ手傳ツテ呉レタ其内段々勝手モ分リ見取モ進行シテ來タカ檣ヤ帆桁ノ寸法ヲ取ルノハ不馴レナリ危險ナ處ヘ行カ子バナラヌト弱ツテ居タラ艦長ハ其樣子ヲ見テ自カラ水兵ヲ連レテ檣ヤ桁ヘ昇リ形状ヤ寸法ヲ見取リ其書附ヲ予ニ渡シテ呉レタノテ大ニ助カツタ艦長カ先ニ立ツテ世話ヲ能クシテ呉レルノテ他ノ艦員モ自ツカラ便宜ヲ與ヘテ呉レタ御蔭テ此ノ大形ノ艦ノ見取ノ仕事モ四日計リテ大慨修ツタノテ製圖ニ取掛リ見

落シタ箇所ヲ調ヘニ又艦ヘ度々行ツテ約半箇月ノ中ニ修ツタノテ造船所技師「ストリー」氏ニ見セテカラ予カ艦ヘ圖面ヲ持参シテ艦長ヘ渡シタ上見取中種々厚意ニ援助ヲ與ヘタ事謝シタラ艦長ハ滿足ノ意ヲ顯ハシ誠ニ御苦勞テアツタ之レテ早速ニ其筋ヘ申達スル事カ出來ルト言ハレシ

見取ヲシテ各乗組員ノ室ヤ其他殘リナク取調ヘテ最後ニ艦長室ニ取掛ツタ時正室ヲ濟マセテ次室ヘ入ラントセシニ艦長ハ之レヲ遮リ此ノ室ハ調ヘナクテヨイト言ツタノテ妙ナ事ヲ言フモノダト思ツテ居ル内ニ艦長ハ用事カ出來テ甲板ヘ上ツテ行ツタノテ次室ノ扉カ少シ明キカケテ居タノテ室内ヲ一寸覘イテ見タラ机上ニ光ツタ金屬ノ貴重品カ澤山竝ンテ居タノデ成ル程入ルナト言ツタノハ此ノ爲ダナト思ツタノテ早速甲板上ヘ上ツタラ其處ニ艦長ハ士官ト話ヲシテ居タカ滿足氣ニ笑ツテサモ安心シタト言フ顏附テアリシ

露艦ヘ派出ノ職工

造船所テハ露艦ノ修繕工事カ當時一番有益テアリシカ其露

艦ヘ仕事ニ行ク職工ハ露國人ノ風習ヲ能ク呑込ンダ者テナイトイケヌ夫レハ士官ト兵卒ト段格カ他ノ外國軍艦ト違ヒ餘程ノ隔リカアツテ丸テ人間扱ヒニサレテ居ラス隨テ教育モ甚タ幼稚ノモノテアリシ其頃造船所カラ艦ノ工事ト言フト一番ニ出掛ケル有名ナ仕上職テ仕事ノ腕前ハ餘リ優レテハ居ナカツタカ又藏ト言フ男テ小柄テハアルカ骨格逞シク膽力ノ勝レタルノカ値ケテ大男揃ノ露國水火夫等ト接シテ決シテ遅レヲ取タ事カ無イノテ彼等ハ又藏ノ顔ヲ見ルト恐レテ能ク言フ事ヲ聞クノテアリシ

或時滊鑵ニ調ヘル事カアツテ予ハ圖工ヲ一人連レテ同艦ヘ行キテ滊鑵室ヘ入ツテ或ル部分ノ寸法ヲ取ツテ居タラ何處カラ出テ來タカ一足ノ大猿カ側ヘ近附テ來テ物差ヤ其外ノ物ヲ握ツテ高イ所ヘ飛ンダリシテ邪魔ヲスルノテ丁度仕事ニ來テ居タ又藏ヲ呼ンデ猿ノ持去ツタ物ヲ取上ケル樣ニ命シタラ又藏ハ長イ鐵棒ヲ持ツテ來テ猿ヲ追ヒ廻シテ居ル内鐵棒ヲ振リ上ケテ猿ヲ敲イタノテ猿ハ驚イテ悲鳴ヲ擧ケテ持ツテル品ヲ投リ出シテ逃ケ去ツタラ夫レヲ視テ居タ露國ノ

火夫ノ一人ハ何カ言ヒナカラ又藏ニ飛ヒ掛ツテ來タラ又藏ハ行形リ其男ノ横面ヲ擲ツタノテ大立廻リトナリ其男ハ塗立ノ鑵ト鑵トノ間ニ倒サレ滑ツテ鑵ノ下マテ落チタカ外ニ五六名ノ仲間カ見テ居タカ加勢シテ又藏ニ掛ツテ來ルカト思ツテ居タラ小サクナツテ手出シハセサリシ

又他日甲板上ノ仕事カラ又藏ト或ル同艦ノ水兵ト衝突シテ其時モ大男ノ水兵ヲ甲板上ニ投ケ附ケタラ居合セタ仲間ヤ士官連ハ笑ツテ又藏ノ勇氣ヲ賞讃セシ日本人ダツタラ必仲間ノ者カ加勢シテ勝ツタ相手ヲ打叩ク事ヲスル筈ナルニ露國人ハ國ノ内外ヲ問ハス強者ヲ賞メル所ニ變ツタ國風カアルト思ヘリ

露國水兵多數役所襲來

或ル日造船所カ退ケテカラ表門へ露國水兵カ二十人計リ酒ニ醉ツテ押掛ケテ來タノテ門衛ハ驚イテ小門ヲ閉シテ當日製圖室ニ居リシ予ニ告ケテ來タノテ仕上場ニ居殘リヲシテ居タ又藏ニ水兵ヲ退去セシムル事ヲ命シタラ又藏ハ直チニ

單身無手ノ儘門外ヘ出テ物ヲモ言ハス先頭ニ居タ水兵ノ一二人ヲ拳固テ擲リ附ケソーシテ帽子ヲ取リ上ケタラ之レヲ見タ多クノ水兵等ハ周章テヽ逃出シタ夫レカラ暫クスルト帽子ヲ取リ上ケラレタ水兵ハ酔カ醒メタノカ又門ヘ來テ歎願スル様ニ帽子ヲ返シテ呉レト神妙ニ言ツテ居ルノテ返シテ遣ツタラ涙ヲ流シテ喜ンテ持帰ヘツタカ帽子ヲ失ツテ艦ヘ帰ヘルト重イ罰ヲ受ケルノテ喜ンタ筈テアル

又藏ト言フ男ハ露人ノ間ニ尊敬セラレ造船所テモ誠ニ重寶ナ男テアリシ當時職工ノ内テモ腕カノアル男モ多ク居タカ事件カ起ツタ時又藏ノ様ニ何時モ機先ヲ制シテ大膽ニ腕ヲ振ヒ勝利ヲ得ル男ハ無カリシ夫レテ露艦ノ仕事ハ必同人カ行テ働クノテアル

露艦ノ又藏又藏ノ露艦ト當時持テ噺サレシ同人ハ露國人ニ對シテハ無クテナラ又男タカ夫レカ英米等ノ軍艦ヘ仕事ニ行クト其効カナク夫レハ如何ナル譯カト言フト露艦ノ水兵等ハ無教育者カ多ク其上一風變ツタ風俗テ又藏ハ夫レヲ制スル呼吸ヲ能ク知ツテ居ルガ他ノ軍艦ノ水兵ハ規律正シク

相當ニ教育モアリ妄リニ亂暴ヲセンノテ例ノ腕力ヲ振フ餘地カナク仕事本意デアルカラテアル

## 船渠ノ築造

明治七年長崎工作分局ハ舊幕府カ着手シテ掘掛ケノ儘中止シテアリシ立神ノ船渠ヲ完成スル事ニナリ横須賀造船所ノ二番船渠築造ヲ擔當セシ佛國人河川土木技師「フロラン」氏カ招聘期限滿了セシヲ攺メテ立神船渠築造ノ為聘用兼テ神戸工作分局カ新設スル引上船架築造ノ事モ委任サレシ「フロラン」氏ハ佛人工手一人ト充横須賀造船所テ土木建築學ヲ專修セシ大橋貞光氏ヲ連レテ來タガ神戸ノ方ヲ兼務スルノテ時々大橋氏ヲ同所へ遣ルノテ外ニ技術者ノ佛語ノ分ル人カ入用ダカ當時適當ノ人カ無ク夫レテ予ハ横須賀テ「フロラン」氏トハ知合ノ事トテ當分飽ノ浦ト立神ト半日宛勤メル事ニナリ二箇所ヲ往來シタカ暫クシテ宮澤ト言フ通譯者抔カ來タノテ漸ク飽ノ浦專務トナツタガ夫レデモ技術關係等ノ事テ船渠落成マテハ全ク手カ引ケナカツタ

船渠築造ノ第一着手トシテ船渠ノ製圖ニ取掛ツタ其大サハ渠首カラ入口戸船ノ第一戸當リマテ長サ百四十「メートル」最大幅十一「メートル」深サ船台上九「メートル」餘テ横須賀造船所ノ船渠ヲ除テハ當時東洋第一ノ大サデアリシ

船渠ノ製圖カ出來テカラ今迠掘リ掛ケテアリシ處ニ據リテ位置ヲ定メ海ニ面シテ左側ノ斷崖ヲ掘リ下ケ船渠ノ首部ニ當ル村落ノ地ヲ買收シテ茲ニ初メテ一構ヘノ船渠區畫ノ地カ成リ夫レカラ海岸ヨリ渠首ニ到ル基礎線ヲ中央ト兩端トノ三線トシ佛國ヨリ購入セル犬夫ナ麻綱ヲ張リ夫レニ基イテ所々ニ鐶リ綱ヲ下ケテ舊時ノ鑿掘シタル深サヲ測リ之レヲ圖面ニシテ現在掘リ下ケラレテアル地形ノ基本トシ夫レカラ掘取工事ヲ受負ニ附セシカ當時此ノ大工事ヲ一人ニテ請負フ者カナク數人ノ組合請負トセシカ資金カ乏薄ナ人物計リテ一箇月ノ内ニ數度前記三條ノ綱ヲ張リ前同様ノ手數ヲシテ之レヲ製圖ニ顕シ以前ト深サヲ比較シテ何程掘リ取リシト請負人ニ示シテ其割合テ金ヲ拂ヒ下ケルノダカ時々請負人ノ思惑ト測量カラ出ル掘取高ト相違セル杯ト苦情カ出

タカ製圖カラ出ル測量ノ事カ幾ラ説明シテモ請負人ニ分ラスト随分難儀セリ夫レハ其筈土木工事ニ經驗ナキ土地ノ名主トカ田地持トカテ夫レニ掘方ヲスル者ハ百姓ヤ寄集リノ人間カ多ク工賃ヲ支拂フ程工程カ進マズ請負人ハ損失ヲ補フ考ヘテ掘高ノ苦情ヲ申立餘分ノ金ヲ拂下ケテ貰フト言フ事モアリシカ立神ノ事務所ノ方ニハ圖面ヤ書類ノ立派ナ證據物カアルノテ幾ラ苦情ヲ申立テヽモ請求ヲ容レナカツタノテ遂ニ裁判沙汰トマテ成ツタカ先方ノ敗訴トナリ其内ニ破産者モ出來テ一端請負ヲ解イテ再ヒ請負者テ定メテカラ工事モ渉取リ掘取修了マテ苦情モ出テザリシ

船渠ニ用ヒシ石材ハ多ク山口縣下カラ運ンタモノテ「フロラン」氏ハ大橋氏ヤ宮澤氏ヲ連レテ殆ント日本全國石材ノ産地ヲ歴巡シテ遂ニ近キ同縣下カラ取ル事ニセシ火山灰ハ横須賀船渠ニ用ヒシト同様ノモノヲ取リ「セメント」ハ佛國カラ取寄セタ「フロラン」氏ノ外ニ佛人エ牛カ例ノ綱張リヤ掘リ方ヤ石積工事ヲ監督セリ石材ハ一「メートル」立方ニ仕上ケ石ト石トノ間隙一「サンチメートル」宛ヲ置テ据附夫レヘ「セメント」砂

火山灰ヲ混和機テ交セ合セテ流シ込ミカ出來ル程度ノ液體トシ石ト石ノ間隙へ充分ニ流シ込ミ一週間目ニ大キナ吊シ木ヲ石ニ當テ、見テ填塞物ニ破レ目等カ發見サレタラ石ヲ取外シテ再ヒ遣リ直スノテアル夫レカラ石ノ裏面ニハ數尺ノ幅ニ「コンクリート」積ヲナシテ至極堅牢ナリ

海ニ向ツテ舩渠ノ右側數十間ヲ隔テヽ村落カラ流レテ居ル小川カアルカ舩渠ノ石積ヤ裏積モ地面上迄出來上ツタ時石ノ縫目カラ涙ノ様ナ水カ漏レ出シタノテ調ヘテ見ルト夫レハ滿潮時丈ケ然カモ小川カアル片側ニ限ルノテ之レヲ防ク為メニ小川ト舩渠ノ中間ニ幅約一「メートル」深サハ水漏ノ高位長渠頭カラ海マテノ暗渠ヲ築造シテ漏水ヲ流ス事ニシタヲ其後ハ決シテ渠壁ニ漏水スル事ナカリシ

舩渠締坊ノ破壊

前記ノ舩渠カ内部丈落成シ豫而英國へ注文セシ戸舩モ到着シ渠内テ組立工事中或ル日夕刻入港セシ佛國軍艦カ舩渠近クニ碇泊シテ禮砲數十發ヲ放チシカ海ニ面シテ築カレシ煉

尾造リ上部一「メートル」下部ニ「メートル」ノ厚サノ締切カ所々ニ漏所カアリシヲ假修繕ヲシテ戸船ノ組立ノ蹉成ヲ待《チ》ツ々アリシモノナルカ發砲ノ響ト共ニ俄然破壊シ怒濤ハ船渠内ヘ奔流シ組立中ノ戸船ヲ水中ヘ没シ水勢ハ船渠頭部近クニアル煉瓦塀ヲ越ヘテ構外ノ民家ヘ迨及ホセシ

破壊シタノハタ刻テ丁度職工等ハ退場後テアリシ為一人ノ怪我人モ無カリシハ實ニ天祐テアリシ夫レカ就業中テアリシナラバ多クノ死傷者ヲ出シタニ相違ナカリシ事件後報知ヲ得テ早速現場ヘ行ツテ見タラ船渠内ハ海水テ満サレ陸上モ海水ノ奔流テ洗ワレテ海嘯ノ退イタ跡ノ様テ全ク夢ノ心持カセラレシ其中テ誠ニ仕合セテアツタノハ船渠ノ戸船ヲ受ケル戸當ノ石積カ完成シテアリシ事ハ假戸船ヲ造ルノニ好都合テアリシ若シ此ノ工事カ完了セサリシナラハ是非トモ本式ノ締切ヲ造ラザル《ヲ》得ヌノテ多額ノ資金ト長時日ヲ要スルノテアリシカ之レカ誠ニ不幸中ノ幸ト言フモノテアリシト思ヘリ

今一ツ天幸ノ事ヲ述ヘルト船渠ノ排水喞筒カ此ノ時既ニ落

成シテ据附ノ上試運轉マテ濟マセテアリシ事テ同喞筒ハ瀛カテ運轉スルモノニシテ飽ノ浦機械工場テ製作セシモノテ隔心喞筒四基カラ成立ツタモノテ最初ハ四基テ運轉シテ渠内ノ海水カ減少スルトニ基トシテ急速カテ排水スル仕掛ケトナツテ居リシ此ノ喞筒機カ出來テ居ナカツタラ假戸船ヲ造ツテモ排水ニ難儀セシ事テアリシカ仕合ニ直チニ應用ノ出來タノハ實ニ大助カリデアル

船渠ノ假戸船

船渠ノ事故ヲ本省(工部省)ヘ上申スルト共ニ左ノ二案ヲ選ンテ裁決ヲ乞ヘリ

第一案ハ船渠擔當技師佛人「フロラン」氏ノ考案テ破壊セシ締切ヨリ外部ヘ向ツテ尤モ堅固ナル締切ヲ築キ夫レカ落成シタラ船渠内ノ水ヲ排出シテ戸船ノ組立ヤ船渠入口ノ残工事ヤ舊締切取除工事ヲ修ツテ船渠ノ完了ヲ告ケルト言フ計畫

第二案ハ飽ノ浦機械工場技師英人「ストリー」氏ノ考案テ輕便ナ假戸船ヲ造ツテ船渠ヲ締切リ排水シテ水中ニ横タハル戸

船ヲ組立位置ニ起シテ完成シツヽアル間ニ破壊セシ締切ハ水中テ爆破シテ水潜工事テ之レヲ取除カハ費用ト日數ノ經濟トナルノテアル

第一案テハ約一箇年ノ時日ト費用約四萬圓ヲ要シ其上戸船ハ空シク長日月ヲ海水中ニ置ク事トテ腐蝕スルノ恐レアリ第二案テハ假戸船ノ製造費ハ僅カニ千圓テ一箇月後ニハ船渠入口ヘ備ヘル事カ出來直ニ排水シテ本戸船ヲ完成スル事カ出來其間ニ破壊シタ締切ヲ取除クノテ經費ハ寡クシテ其上時日カ僅カノ間ニ竣工スルト言フ至極便法ナリシカバ本省ハ第二案ヲ認可セリ

右二案ノ内一方ハ船渠築造ノ擔任者他ノ一方ハ機械工場ノ主任者テ船渠築造ニ就テハ排水唧筒ト戸船ノ關係カアル丈テアルカ所長カラ殊ニ諮問ガアツタノテ第二案ノ様ニスレバ經費モ寡ク時日モ早ク竣功スル事ニナルト意見ヲ述ヘタノヲ所長ハ第一案ト共ニ上申シタラ第二案カ採用セラレタノテ「フロラン」氏ニハ氣ノ毒テアルカ之レヲ實行セ子バナラヌ事トナツタカラ是非好結果ヲ得ル様ニト「ストリー」氏カ言

フノテ予ハ下働キヲ務ノタカ何ダカ「フロラン」氏ニ氣ノ毒テアルガ引受ケタ上ハ一生懸命ニ遣テ除ケナケレバナラヌノテアリシ第一案ハ本道ヲ正々堂々ト行ク仕方第二案ハ奇道ヲ行テ奇功ヲ奏スル仕方ニ實際中々心配テアリシ其レニ「フロラン」氏ニシテ見ルト自分ノ領分ヲ他人カラ擠キ廻サレタ感カシテ面白カラス夫レ故便宜ヲ與ヘテ呉レヌ計カ失策アレカシト冷眼視シテ居ル其場所否其工事ノ中ヘ割込ンテ行ツテ働クノハ誠ニ仕憎イモノテアリシ

假戸船ノ構造ヲ大畧述ヘルト骨材ハ松尺角物ヲ三呎ノ巨離ニ竝ヘテ表面外板杉厚サ六吋幅十吋裏面外板杉厚サ三吋幅十吋ヲ木造船ノ取附方同様ニシ裏面外板ノ上ヘ横三箇所ニ補強兼支柱受トシテ一呎六吋ノ杉角材ヲ取附ケ夫レカラ据附テ水中ニ當ル高サノ所ニ横ニ三箇所開閉シ得ル水門ヲ設ケ戸當リ石垣ニ接スル所ニハ本戸船ハ麻ノ平打ニシタ物ヲ用ユルノダカ時日モ急キ經費ヲ省ク爲藁莚ヲ四ツニ疊ミ其上ヲ帆布テ覆ヒ間ニ合セタカ結果ハ良カリシ以上ハ假戸船ノ本體テアル

假戸船カ出來テ進水スル事ニナリ普通船舶ノ進水ニ倣ヒ滑走臺ニ乘セタカ傾斜不充分ノ為メテアリシカ少シモ動カズ挺子ヲ使ツタリ滑車仕掛ノ綱テ引イタリシテ一日掛リテ漸ク水面ニ浮ヘタカ之レヲ水中ヘ直立サセルニハ骨材ト骨材トノ間隙僅カ一呎ニ二呎ノ穴ヘ砂利ヲ押込ムノダカ深サガ何シロ三十呎モアル上ニ戸船ハ真横ニナツテ居ルカラ砂利ヲ少シツヽ長棹テ押込ムノテカノ入ル割合ニ埒カ明カズ遂ニ其儘船渠ノ入口ヘ曳イテ來テエ夫ヲ勵シテ一週間計リモ掛ツテ頻リニ砂利入レヲ遣ツテ居タカ戸船ノ底部カ僅カ水中ニ隠レル位傾斜シテ居タカ或日正午ノ休憩時間テエ夫等ハ皆陸ニ上ツテ食事ヲシテ居タ時近傍ヲ一滊船カ入港ノ為過シ其餘波カ假戸船ヲ大ニ動揺セシメ其拍子テ穴ノ中ニ停滞シツヽアリシ砂利カ一度ニ下部ヘ落下シテ傾斜カ大分出來タノテ夫レカラハ砂利入レモ樂ニナリ容易ニ直立スル様ニナリシ實ニ何カ仕合ニナルカ分ラヌモノテアル夫レニ丁度休憩時間テ誰レモ現場ニ居ナカツタノテ水中ヘ落サレモセス實況ヲ望見シタノハ何寄仕合セテアリシ

假戶舩カ直立シタノテ入ロノ正確ナ位置ヘ沈メ數本ノ大綱テ渠內ヘ引キ附ケ夫カラ約五呎毎ニ支柱ヲ横木カラ第二戶當ノ段トヘ嵌込横木三本上中下ニ三段支柱ヲ嵌メテ戶舩全面積ヲ壓スル海水ノ力ヲ支ユル事ニシタノテアル戶舩据附カ完全トナツタ後舩渠內ノ水ヲ排出シ本戶舩ノ損所ノ修繕ヤ組立未了ノ箇所ヤヲ修リ再ヒ舩渠ヘ入水シ本戶舩ヲ浮ヘタノテアルカ夫レハ本戶舩ノ部ニ記ス

本戶舩モ組立ヲ修ツタノテ舩渠開業式ノ期日モ極ツタノデ假戶舩ヲ取除ケ本戶舩ヲ入ロ戶當ノ所ヘ當テ々開閉スル事ヲ試ミナケレバナラヌノテ假戶舩ノ取除ニ掛ツタカ最初沈メル時ハ穴カラ砂利ヲ入レテ首尾克ク行ツタノダガ浮カセル時ノ用意周到ナラザリシ為茲ニ到ツテ應急ノ考ヘデ沖ノ方ニ設ケラレシ碇泊用ノ浮標ヘ假戶舩カラ綱ヲ掛ケ夫レヲ陸上ノ捲器械テ捲イテ見タラ浮標ノ錘リカ引摺レテ戶舩ハ動カス今度ハ重量物ヲ浮標ニ加ヘタカ失張無効テ夫レカラ滊舩テ曳カシタカ戶舩ノ上部丈ケヘナ々動ク而巳テ底部ハ少シモ位置ヲ變ヘス夫レテ水潛職ヲシテ水中ニ當ル戶舩ノ

砂利ノアル部分ノ外板ヲ切開シテ砂利ヲ落ス事ヲ遣ツテ見タカ厚サ六吋モアル外板ヲ水中テ切リ一人ノ水潜職ノスル事タカラ中々埒明カス夫レコレシテ居ル内ニ開業式ノ期日ハ僅カヲ餘ス事ニナツテ來タノテ心配ニ堪ヘス遂ニ大形滊船ヲ以テ引出ス事ニシタラ漸ク動キ出シ入渠船ノ水路ニ妨ケナキ所ヘ沈下シ後日緩リ浮カセル事ニシテ置タノテアル

## 船渠戸船ノ組立

戸船ハ鐵製テ英國ヘ注文シタモノテ當時ノ新型テ其容積ハ三百噸餘テ形チハ頗ル胴膨レノシタモノテアリシ着後船渠中テ組立工事ノ際前記ノ珎事ニ遭ツテ一時水中ニ没シテアリシカ假戸船カ出來テ四十噸牛捲起重機テ排水中水ノカヲ借リテ舊組立位置ニ復シ排水後再ヒ組立ニ着手沈没當時ノ損所ヲ修繕シタリシテ完了シテ渠内ヘ水ヲ入レ戸船カ段々浮上ルニ連レテ傾斜シ遂ニ甲板ノ艙口ノ邊マテ傾キタリ夫レカラ何ンテコンナニ傾クノカト送リ状ヲ能ク調ヘテ見タラ「バラスト」ノ量ヲ記シタ數字カ如何ニモ薄ク判明シテ居ラ

(61)

ナイノテ分量不足ノ爲ニヤト「バラスト」ヲ入レル事トシタガ水カ艙口ノ近クマテ來テ居ルノテ甚タ危險テ誰レモ入ル者ナク夫レテハ「ラスト」ヲ背負テ第一番ニ入ツタ者ニハ五圓ノ賞金ヲ遣ルト言ツタラ一人真先ニ飛込タノヲ初メトシテ追々人カ入ル様ニナツテ「バラスト」ノ量カ殖ヘル丈傾斜カ尠クナリ賞金モ段々減セラレテ賃金ノ二倍マテトナツタ序ニ誌スカ當時ハ體力丈ヲ以テ働ク人夫ノ賃金ハ二十五錢カ立テ派ナ男ノ賃金テ二十歳以下又ハ五十歳以上ノ者ハ夫レ以下テアリシ戸舩ハ其内ニ垂直ノ位置ニ復シタカ何テモ最初入レタ「バラスト」ノ量ト同シ位跡カラ入レタト思ヒシ仕様書ハ英文テ譯者カ和文ニ譯シタ時誤ツタノダカ原書ノ字モ極薄ク讀兼ヌル様テアリシ事カ原因テ一寸間誤附イタカ後英國ヘ問合セタ迄事テハ失張「バラスト」ノ量ハ現在程テアリシ數字ノ不鮮明丈ケテ多人數カ大騷キヲ遣ツタ事ヲ思フト一字タリトモ明ラカニ書カ子バナラヌト思ツタ

戸舩ヲ舩渠入口ヘ遣ツテ沈下セントシテ舩内ヘ水ヲ入レ掛ッタラ舩ハグラ々前後左右ニ動イテ一定ノ位置ニ落附カズコ

ンナ風テハ迚モ役ニ立タヌ事カト苦慮シタ末試ミニ「バラスト」ヲ入レテ見タラ段々動揺カ減シテ来ルノニカヲ得テ全ク静止スル迄入レタラ夫レテ定量ノ「バラスト」カ入ツタ事ヲ知タカ後日ハ差支ナク使ハレテ居タ

戸船ヲ外國ヘ注文スル時「フロラン」氏ハ自分ハ船渠築造技師テハアリ無論佛國ヘ注文スル事ト思ツテ居タカ事務所テハ試ミニ英國カラモ仕様書并見積書ヲ取ツテ見タノダカ意匠モ慙新ダシ代價モ安イノテ遂ニ英國ヘ注文スル事ニナツタ

前記ノ様ニ戸船カ傾イタリ又動揺シタリシテ騒テ居ルノヲ「フロラン」氏ハ来テ得意満面テ英國ノ品安イ計リテ用ニ立チマセン佛國ノ品高イ直キ使ワレマスト冷笑シテ居タカ其後差支ナク使用スル様ニナツタラ黙リ込ンテ仕舞ツタ

瀛船寶運丸ノ修繕

明治七年頃造船所テ佐賀ノ深川氏ノ外車瀛船寶運丸ノ修繕ヲセシ其重ナル仕事ハ曲拐ノ「キイ」カ緩ンタノヲ直シタノダカ同船ハ修繕カ済ムト直キニ神戸ヘ向ケテ出港スルノテ予

ハ公用テ東京ヘ出張スル事ニナツテ居タノテ其船ニ便乗シテ神戸マテ行キシカ途中肥前ノ平戸ノ瀬戸ヘ懸ツタ時曲揚ノ「キー」ガ抜ケ出シタノテ船ヲ停メテ打込ンテカラ進行ヲ始メタカ同所ハ極狭イ處ノ上ニ潮時モ丁度悪カツタノテ船ハ流サレ随分危険テアリシ夫レカラ神戸ヘ着ク迄ニ三度モ船ヲ停メテハ「キー」ヲ直シ最後ニハ神戸港カ見ヘル和田岬ニ懸テ「キー」ヲ又直スト言フ仕末テ予ハ造船所テ直シタモノカ度々抜ケ出シタノテ面目ナク船員ヤ乗客ニ對シテ言譯ナク恐縮シテ居タカ機関手抔ハ苦情モ言ハス機関ヲ停メタリ動カシタリスル労ヲ辞セサリシ語ヲ聞クト「キー」ノ抜ケ出ス事ニハ馴レテ居ルトカ一體アレ程マテニ念ヲ入レテ取替ヘタ「キー」ガ直キニ抜ケ出スノハ如何ナル譯カト實際ニ就テ研究シテ見ルト船體カ弱ク少シ大キナ浪カ當ルト船體カ自由ニ曲ルノト外車ノ羽根ニ浪カ衝突スルト曲揚軸ヲ勝手ニ曲ケルカラ勢ヒ其尻ハ「キー」ヲ緩メ甚タシイ時ハ「キー」ガカラント音ヲ立テ々抜ケ落ル事サヘアルカ機関手ハ平氣ナモノテ「キー」ヲ拾ヒ揚ケテ原ノ穴ヘ差込ミ間隙ヘ鐵葉板抔ヲ入レテ運轉

ヲシツヽアリシ
以上ノ様ナ牛數ノ掛ル機関ヲ扱ツテ能ク永ク機関手カ辛抱シテ居ルト思ツテ段々話ヲ聞テ見ルト夫レハ船主深川氏カ人ヲ使フ事カ上手ト言フヨリハ巧テアルノテアリシ機関手ノ言フニハ私モ此ノ船カラ降リ様ト思タ事ハ幾度モアリマシタカ何時モ深川ノ旦那カラ先キヲ打タレテハ降リラレン様ニナリマシタカ先達ツテハ今度ハ是非下船ト決心シマシテ自宅ヘ入リマスト家内カ私ニ旦那サンニ能ク御禮ヲ申シテ下サイ夫レ其處ニ米俵カ積ンテアリマショウ夫レハ今度良イ御米ヲ御取寄セニナツタ内ヲ分ケテ下スツタノ夫カラ今一ツ之レハ「アナタ」ニ話スナトロ留ヲナスツタノテスカ旦那サンノ言ハレルノハ船乗稼業ヲスル者ハ金銭ヲ在リ丈使ハツテ仕舞フモノテ何時迄シテモ金ノ蓄ル事カナイ御前ノ夫ハアンナ襤褸船ニ乗ツテ能ク働テ呉レルカラ給料ヲ増シテ遣ツテ先月分カラノ増金ハワシカチヤント貯蓄シテ置テアルカラ御前サン丈ニ知ラセテ置クト言ハレシ何ント内ノ旦那サンノ様ニ能ク氣ヲ附ケテ下サル方ハ世間ニハ無イカラ其

積リテ外ヘナンゾ行カスニ辛抱シテ下サイト言ワレ又ノコ々ト遣ッテ居ルノデスト

西南戰役ノ寶運丸

明治十年西南戰爭當時深川氏ノ寶運丸モ陸軍御用船トナリ陸軍大尉某氏カ上乘トナリ軍需品ヤ食料品ヤヲ積ンテ長崎港ヲ發シ肥後ノ日奈久ヘ着港シツヽ入口ヲ航行セシニ陸上ヨリ船ヲ目掛ケテ小銃ヲ打掛ケシ其レハ賊軍カラデ當時賊軍港口ニ屯集シ官軍ハ港内ニ屯集シテ熊本城ヘ連絡ヲ取ラントセシ際テアリシ上乘大尉某氏モ小銃ノ彈丸ヲ避ケル爲ニ甲板下ヘ行キシカ其時深川氏ハ甲板上ノ轉舵室ニ入リ遊々指揮シテ少シモ航路ヲ變セス直航無事港内ニ達シ積荷ノ陸揚ケヲ修リ又出港シテ長崎ニ帰ヘレリ後或ル人カ同氏ニ能クマア危險ヲ浸シテ入港ナサレシト言ヒシニ氏ハ危險ハ御用船トナッタ時カラテス御用船トナッタカラニハ戰地ヘ行クノハ當然テス敵ヲ見テ恐レテ航路テモ過ッテ坐礁デモシタラ夫レコソ我一命ノミナラス官軍ニ大ナル打撃ヲ與ヘル

カ分リマセント上乘大尉カ言フ可キ言葉テアル夫レカラ陸軍カラ大ニ稱賛セラレテ戰後迠用ヲ達シテ名ヲ舉ケシ同氏ノ大膽テ目先ノ見ヘル事ヲ述ヘルト佐賀ノ亂ノ時店ノ婦女老若者ハ他ニ避ケシメ自身ト屈強ノ店員丈ケ残ツテ店ニハ酒ヤ米カ蓄積シテアリシカ藏ノ鍵ヲ一ツハ縣廳他ノ一ツハ江東方ノ本部ヘ預ケテ自由ニ使用スル様ニ申出店頭ニハ酒ヤ握リ飯ヲ出シテ誰レテモ勝手ニ飲食スル様ニセシカ亂後ニ至ツテ見ルニ双方カラ警戒シテ及ヘツテ小賊ヲ防カシタ譯テ何一ツ紛失モセスニ濟ミシト以上ノ所置ハ餘程ノ達觀アルニ非ラサレハ出來ヌ事ト言フヘシ

船用瀛鑵ノ沿革

明治六年頃ヨリ同二十七年頃迠ニ十箇年船用瀛鑵ノ沿革ヲ述ヘルト大畧次ノ表ニ示ス様ニナル其年間ニハ臺灣征討日支談判朝鮮事件西南事件等カアツテ船舶ノ需用モ日一日ト旺盛トナリ夫レト共ニ海外ノ交通カ敏繁トナリ側ラ速力ト經濟ニ着目スル事トナリ次第ニ高壓機関ノ必要ヲ感シテ瀛壓

ヲ高メラレシ事カ分ル

| 明治年號 | 滊罐ノ形狀 | 滊壓封度 | 機關種類 |
| --- | --- | --- | --- |
| 六 | 角 角頭圓 | 七乃至十五 | 單筩又復筩 |
| 七 | 圓 | 四十〃〃四十五 | 聯成 |
| 八 | 〃 | 五十〃〃七十五 | 〃 |
| 九 | 〃 | 六十〃〃八十 | 〃 |
| 十 十四 | 〃 | 七十五 八十五 | 〃 |
| 二十一 二十七 | 〃 | 百五十 百六十五 | 三聯成 |

前記滊罐ノ滊壓ヤ機關ノ種類ハ年ヲ追ツテ進歩セシ事ヲ示シタモノデ其年内テモ滊壓ヤ機關カ示サレタ數字以下ノモノモ素ヨリ造ラレテ居ルノテアルガ其最高位ノモノヲ記シタノテアル

明治九年東京石川嶋造船所（當時横須賀造船所附屬）テ小形滊船横須賀丸(62)ノ滊罐滊壓百封度機關ヲ聯成冷滊トシテ造ラレシハ内地製ノ先懸ケテアル

同十三年頃ニハ外國ノ中古船カ多ク購入セラレテ滊壓七八十封度ノ聯成冷滊モノカ殖ヘタ夫レカラ十四年乃至二十年

ノ間ニハ滊壓ヤ種類ニ格別變化カ無カリシ
同二十一年ヨリ二十七年ノ間ニハ滊壓百五拾封度乃至百六拾封度機関ハ三聯成ノモノカ造ラレモシ外國ヨリ購入モサレシニ拾七年ニハ其ノ大形モノカ日本郵船會社ヤ大阪商船會社等カラ外國ヘ注文シタモノカ續々來着シタ
同七年カラ十年頃迄ハ極ツタ船舶撿查官ハ無ク所轄府縣ノ警察官カ船員ト造船所員ト三者立會ノ上テ遣ッテ居ッタガ何テモ七年頃ト思フガ角形ノ一滊罐カ出來テ三者立會ノ下ニ水壓試驗ヲシタカ壓力ハ十五封度テ實用七封餘テ試驗中支柱カ一本切斷シタカ之レヲ取替ユルニハ其位置カ大分面倒テ時日カ懸ルノダカ船員ハ一日モ早ク船ヲ廻船シナクテハナラヌカラ切レタ支柱ハ其儘ニシテ相當スル壓力迄下ケテ使用シ切レタ支柱ハ次ノ修繕ノ時取替ユル事ニシタイトテ其儘船ニ積込ンテ或ル時マテ使用スル事ヲ許サレシカ今カラ考ヘルト隨分勝手ナ事ヲシタモノダカ理屈カラ言フト相當スル壓力迄ニ下ケタノタカラ別ニ危険テハナイカ一時船ヲ早ク使ヒタイ計リニ船ノ進行ヲ遲クシ永イ間ノ損失ヲ

顧ミル事ヲセヌノハ馬鹿ケタ様タカ當時ハ競爭者モ寡ク船ノ遅速ハ餘リ問題テナク瀛鑵一個ヲ造ルノハ容易テナク夫故使用壓力ヲ一杯ニ遣ワス始修内輪ニ七封度ノモノハ六封乃至五封度ト低壓ニシテ瀛鑵テモ機械テモ一日モ永ク保ツ事ヲ第一ト心懸ケタモノテアリシ

鑄造ノ改良

明治十二三年頃ノ鑄造工場ハ設備ハ完備セシカ鑄造物カ不出來テアリシ夫レハ手腕アル者カ居ラス昔カラノ仕來通リ遣ツテ少シモ改良進歩ヲ謀ル事カ無イノテアルカ工事ハ次第ニ大形物ヤ技倆ヲ要スル物カ出テ來ルノテ何時モ滿足ニ一度テ合格品カ出來タ事カナク瀛鑵ノ如キ十個造ツテ一個ノ良品ヲ得タ位テ夫レテ使用棧料ノ銑鐵ハ「レツドガー」ヤソ「ツツ」骸炭モ舶來ノ上等品ヲ用イタケレド遂ニ進歩ノ跡ヲ見サリシ

當時兵庫造船所（長崎造船所ト同シク工作局ノ管下）テハ鑄造物カ良好ナ事ハ豫而承知シテ居タノテ同所ヘ頼ンテ鑄造ニ

技倆アル者ヲ譲受ケテ改良ヲセント思ツテ居タカ下牛ニ遣ルト同盟罷工テモサレテハト暫ク考ヘテ居タカ然シ其事計リ恐レテ居テハ何時マテモ果シカナイノテ決心シテ神戸ヘ出張シタ時兵庫造船所ヘ行ツテ相談シタラ丁度鋳物職長ノ次ニ居ル男カ今引込ンテ居テ外ヘ行クト言ツテ居ルカラ詰シテ見タラヨカロウ腕ハ職長ヨリ出来ルノテアル鋳造ノ改良ニハ本人モ望ム所テアロウカラ鬼ニ角會ツテ見タラトノ事テ夫レカラ本人ヲ呼ンテ詰ヲシタラ私ハ長崎ノ飽ノ浦ノ者テ早クカラ當地ヘ参リ鋳造ヲ修業シ諸工場ヲ經巡リ今ノ所ニ居リマスカ此頃外ヘ行コウト思ツテ居マシタ虜テ長崎ナラ故御テハアリ造船所モ段々盛ニナリマス想テスカラ一ツ願ツテ充分働イテ見タイト思ヒマスト言フノテ相談ハ纒タカ給料カ高給テ造船所内ノ諸職長ヨリ遥カニ昇ルノテ一應帰ヘテ當局者ニ相談スル事トシ帰所ノ上詰シテ見タラ高給丈ノ腕ハアルダロウガ他トノ折合上モ考ヘナケレハナラヌト言フ説カ出タガ當時神戸ハ閑港カ新シク發展シツ々アルノテ諸物價モ高ク随ツテ職工給ノ如キモ長崎ト比較スル

ト數割高イ上ニ神戸造船所ノ(63)内テモ職長ニ次ク給料ヲ取ツテ居タノヲ猶幾分増額スル事ニシタノダカラ高給ト言ワレルノハ素ヨリ覺悟ノ上ダカラ予ハ當局者ニ諄々ト鑄造改良ノ忽ニスヘカラザルヲ述ヘタラ漸ク言フ事ヲ容レラレ夫レデノハ本人ノ技倆ヲ見認メタ上テ支給スルト言フ事ニナツタノテ予ハ萬事腹ニ納メ本人ヘ雇入ノ事ハ約束通許可アリ速ニ來ル様ニ通知セリ

神戸カラ來タ鑄物職森川久吉カ工場ヘ出ル様ニナツタラ從來ノ職工ハ何トナク落附カヌ様子テアツタカ同人ハ委細構ハス今迄ノ遣リ方ヲ見歩イテ居タカ其後予ニ言フニハアレデハ迚モ良イ鑄物ハ出來マセン第一鑄物土カ熱度ニ堪ヘテマセンカラ良イ土ヲ探シマシヨウトテ二三日近所ヲ見テ歩テ三種程見本ヲ持帰リ今度ハ試ミニ人ヲ遣ツテ相當ノ量取ツテ來テ之レヲ遣ツテ見タラ從來ヨリ鑄物モ良ク出來タ上ニ肌土カ直キニ落ルノテ大ニ手數ヲ省イタ從來ハ鑄物カ不出來ノミナラス肌土カ燒附クノテ夫レヲ落スノニ多ク手數ヲ掛ケタ計リテナク落シタ表面ハ丸テ石ノ様ニ鑿疵ヲ残シテ

見苦シクアリシカ今度森川ノ造ツタ鑄物ハ表面ニ光澤カアツテ立派ナモノテアリシカ從來ノ職工等ハ其品ヲ見テ見モセン振リテ失張舊來ノ遣リ方ヲ續行スル計リテナク職工ハ一人モ森川ノ下ニ働カス森川ハ人夫ニ命シテ仕事ヲ遣ルト言フ有様テアリシカハ予ハ一日一同ヘ森川ノ命ニ從ツテ働ク様ニ申渡シテ置タラ一人退キ二人退キ遂ニ全職工カ退イタノテ改革ニハ丁度良イト神戸カラ腕ノアル職工數名ヲ呼ヒツヽ人夫ヲ雇入レテ仕事ヲ遣ツテ居タラ引込ンタ職工等モ考ヘタモノト見ヘ二三人ヲ除キ追々出テ來テ今度ハ服從シテ働ク事トナリシ

森川ノ申出テ《デ》鑄物土ヲ神戸カラ取ル事ニシタカ最初試ミニ或ル量ヲ滊舡テ取寄セタラ鑄物ノ原料銑鐵ヨリ目方トシテノ割合ハ高價テアリシカ後日多量ニ和舡テ取ツタラ大分安價トナツタ鑄物土ノ外材料ヤ方法ヲ森川ノ見込ニ任セタラ鑄造品カ段々ト良クナル上癈品ノ跡ヲ絶チシ後ニ五番造舡小管丸ノ大機關ヲ首尾能ク造リ得タノハ與ツテ大ニカアリシ

森川ノ給料ハ前記ノ如ク本人ノ腕前ヲ見テ極ルト言フ事ニ漸ク話カ極ツタノダカ其通本人ヘ言ツテ遣タノテハ迚モ来ナイカラ約束通極タカラト言ツテ呼ヒ寄セタカ何時マデモ給料ノ書附モ渡サヌ譯ニ就テハ可笑シク思フタロウト其處テ予ハ本人ニ充分働テ好成績ヲ擧ケテ貰ヒタイ夫レハ役所テ當局者ハ注目シテ居ルカラ満足スル様ナ改良ノ實績ヲ見セテ賞讃シテ貰ヘハ予ハ肩身カ廣クナルカラト言ツテ夫レトナク約束ノ給料以上貰ヘル様ニト匂ハセテ置《イ》タラ本人モ充分技倆ヲ振ツテ遣ツテ呉レタノテ遂ニ當局者ノ認ムル處トナツテ約束ノ給料以上ノ書附ヲ渡シタ時ハホツト息ヲ着イテ安心シタカ一時ハ中間ニ挟ツテ苦イ思ヒヲシタ

小形船滊鑵ノ一部爆破

明治十三年頃鹿児島ヨリ長崎港ヘ入ラントスル一小蒸氣船カ港入口邊ヘ来リシ時突然爆音ヲ發シ蒸氣ヲ噴出スルノヲ見《ル》ルヤ近傍ニアリシ船ヤ其他カラ早速救助ニ行ツタカ格別ノ事モ無ク本船ハ曳カレテ港内ニ入ツテ碇泊セリ夫レカラ暫

クシテ船カラ使ヒカ來タノテ予ハ行ツテ見タラ船テハ別段騷テモ居ナイカ左舷ノ方ニ當ツテ瀛鑵カラ蒸氣カ吹出シテ居タノテ船員ニ子細ヲ聞テ見ルト本船ハ今度鹿児島テ新造シ初航海テ長崎ヘ來タノテスカ途中異状ナク先刻港口ニ差掛ルヤ瀛鑵ノ蒸氣積ノ處ニ一錢銅貨大ノ穴カ明テ蒸氣ヲ吹出シタノテ驚キマシタカ外ニハ別条カアリマセンノテ仕合テシタ就テハ早速ニ損所ノ修繕ト共ニ能ク一体ヲ調ヘテ下サイト言フカラ現場ヲ見タラ凢一吋位節穴ノ様ニ梭ケテ居タノヲ見タ丈テ外ニ變タ處モ無イ様ダッタノテ翌日カラ附属品ヲ取除ケ「ペンキ」ヲ剥シ音ノ悪イ處ハ穴明ヲシタリシテ全體ヲ綿密ニ調ヘ梭ケタ穴ニハ當金ヲ施シ最後ニ水壓試驗ヲシテ修繕ノ事ヲ了シ其後ハ久敷無事テアリシ

永年陸上ニ置カレタ瀛鑵ハ如何ニシテ保存サレシト船員ニ聞テ見タラ納屋ニ漆フテ露天ニ置テアツタカ船ヘ積込ム時水壓試驗シテ見タカ異状ハ無カリシト夫レテ「ペンキ」ハ何時塗タト聞イタラ前ノ分ヘ塗掛ケシト言タノテ夫レテ漸ク今度ノ事カ分ツタ或ル一小部分ニ錆カ出タノヲ構ワス上ヘペ

ンキ」ヲ塗リ塗リシテ置タカラ錆ハ内部ヘ浸入シテ僅カニ壓カニ堪ヘテ居タノカ或ル動機テ破裂シタモノテ舩ヘ積入ル前ニ「ペンキ」ヲ剝シテ全體ヲ精密ニ調ヘタラ急度腐蝕ノ箇所ヲ發見セシ事ト思フ滊鑵ヲ永ク保存スルニハ濕氣ノナイ處ノ上家ノアル箇所ヘ枕木ヲ高クシ風通ヲ良クシ外面ハ素ヨリ「ペンキ」塗トシ内面ハ「ヘツト」ヲ塗ツテ置クノダカ「ヘツト」ニハ塗斑カアルカラ永年ノ保存ニハ清水ヲ充滿サセテ置ク方カ良イノテアル

今度ノ爆發ハ極一小部テ他ニ異状カナク且港口テ誠ニ都合カ良カツタカ若シ大キナ爆發テ大洋中テアツタラ大損害ノミナラス人命ニマテ危害カ及ホシタ事タト思フト機關ヤ滊鑵ヲ取扱フ者ハ細心ノ注意ヲ以テ平素怠リナク努メ子ハナラヌ事ヲ示サレタノテアル

## 精米機械ノ滊鑵

明治十二年頃博多ノ人宮川某氏カ同所テ精米所ヲ新設スルトテ其機械類一切ヲ造船所ヘ注文セシ其臼數ハ四十個梢テ

アリシ當時長崎ニモ精米所ハ四箇所アリシ夫レテ各所ニ就テ調ヘタ内西山精米所カ一番成績カ良カツタノテ範ヲ之ニ採リ製造ノ上引渡シタ其概畧ヲ述ヘルト發動蒸氣機械ハ横置單滊筩滊罐ハ圓形直立式五十封度ノ壓力臼ノ杵ヲ翻動スル椀木ノ真棒ハ角鐵ヲ横タヘシモノデアリシ同氏ハ指定通機械類ヲ据附營業ヲ開始シテカラ都合ヨク運轉シテ居ル只一ツ喞筒ノ吸水カ不充分テ色々直シタガ未タ不完全テ姑息ノ遣リ方テ間ニ合セテ居ルカラ序カアツタラ立寄ツテ見テ貰ヒタイト言ツテ來タ

其後大阪博多通ヒノ滊船ヲ調ヘル用事カ出來テ博多ヘ出張シタ時前記ノ精米所ヲ訪子タラ宮川氏ハ早速現場ヲ案内シ都合能運轉シツヽアル機械等ヲ見テ吸水スル井戸ノ水面ヲ測ツテ二十八呎モアツタノテ其原因カ分リ途中ニ辨ヲ設ケル事ヲ話シテ店ニ行ツタラ同氏ハ御尽力下スツタ機械ハ御覧ノ通能ク動テ居マス其内ニ滊罐ハ鬼滊罐ト言フ渾名ヲ取ツテ評判ニナツテ居マス其謂レハ火夫カ或ル事情テ罐ヲ焚割ツテ死セント覺悟シ安全辨ヘハ種々ノ鐵片ヲ引掛ケ其上横

杆ヲ動カヌ様ニ紐テ括リ附ケテ火ヲ充分ニ焚立テタノテ瀛鑵室カラ外ヘ盛ンニ蒸氣カ漏レテ居ルノヲ通行人カ見附テ知ラセテ呉レタノテ驚イテ私ハ早速瀛鑵室ヘ行ツテ見マスト入口ノ戸扉ヤ窓ハ皆締切ツテアツテ隙間カラ蒸氣カ漏レテ居ルノテ火夫ヲ呼ヘトモ何ノ答モナク夫レカラ漸ク入口ヲ開テ見タラ室内ハ蒸氣テ眞白ニナツテ居タカ暫クシテ少シ稀薄トナツタノテ内ヘ入ツテ行ツタラ隅ノ方ニ人カ屈ンテ居タノヲ發見セシ夫レハ火夫テアリシ同人ハ鑵焚割ノ事ヲ陳ヘタノテ其不心得ナル事ヲ説キ聞カセ死ヲ思ヒ停マラシメタカ鑵カ若シ微弱テアツタラ夫レコソ一大事カ出來シタノテアルカ實ニ堅牢テアツタ御蔭テ危難ヲ免レシ上人命ヲ扶ケシ有功ノ鑵タト衆人カ賞讃シテ夫レカラ鬼鑵々々ト言囃シテ居マスト談サレシ

六甲丸ノ瀛鑵

明治十三年大阪六軒家テ製造サレシ六甲丸(64)ハ木造「スクー子ル」形二百噸餘ノ荷客船テ機関ハ復筩注射冷瀛四十五馬力デ

其瀛鑵ハ製造當時適當ノ外板カ無カッタ爲メ薄板テ造ッタカラ漸ク三十封度ヲ許サレタノテアルガ出來ノ上實際ニ使用シテ見ルト如何ニモ船ノ進行カ遅イノテ後ニ鑵胴ヘ或ル間隔ヲ置テ「バンド」式ニ別ツノ鐵板カ鋲着サレテ瀛壓ヲ以前ヨリ高メラレシト聞テ居タノテ同船カ長崎ヘ入港シタノテ直キニ行ッテ見テ來タカ實ニ珍ラシイモノテアリシ機關手ノ話ヲ聞テ見ルト相當ノ外板ヲ外國カラ取寄セル暇カ無カッタノテ内地ノ有合品ヲ用イタノテ瀛壓カ低ク實際遣ッテ見ルト滿足ナ航海カ出來ンノテ其處テ更ラニ材料ヲ外國ヘ注文シテ壓カノ高イ鑵ヲ造ル事ニナリ夫レマテノ間ニ合セニコンナ追附細工ヲシテ少シ瀛壓ヲ高メテ貰ッタノデスト今カラ考ヘテ見ルト實ニ奇々怪々タルモノデアルカ其時分ハ内地ニハ製鐵所ハ無ク其上機關ヤ瀛鑵ヲ製造スル所モ寡ク其故鐵商ハ平素賣レヌ品ハ仕入レテ置カヌノテ新鑵デモ造ル人ハ前以テ材料ヲ外國ヘ注文スルノダカ六甲丸ノ如キハ機關ハ其時ノ有合セノ古物ヲ買ッテ夫レカラ瀛鑵ハ似寄ノ品カ見附カラナカッタノテ夫レデハ新規ニ急イテ造ラナ

ケレハナラヌトテ内地ニアル材料ヲ調ヘニ掛ツタカ相當ノ品カ無カツタカ去リトテ舩ハ大分渋リ機関ハ牛ニ入ツタシ此ノ上滊鑵ノ材料ヲ外國ヘ注文シテ滊鑵ヲ造テハ居ラレヌトテ滊壓ハ下テモ鬼ニ角有合セ材料テ間ニ合ハセテ置ナケレハトテ應急鑵ハ造ツタカ結果ハ更ラニ本道ヲ踏ンテ新鑵ヲ造ル事ニナツタノダカ當時ハ咄嗟ニ遣リ掛ツテハ失策ヲスル事ハ珍ラシクハナカツタ

65 有田香蘭社ノ陶器土器械

肥前有田ノ香蘭社カラ造舩所ヘ頼ンテ來タノハ社主深川榮左衛門氏カ先年佛國博覧會ヘ陶器ヲ出品シタ時彼地ヘ行ツテ購入シテ來タ陶器土ヲ精製スル器械ヲ工場ノ者ニ使ハシテ見タカドウモ甘ク行キマセンカラ技術者ヲ派遣シテ調ヘテ下サイト言ツテ來タノテ予ハ仕上職平井九八ヲ連レテ有田ヘ出張シ工場ニ行ツテ該器ヲ見タカ其構造ノ大體ハ左ニ器械ハ大キナ木造ノ桶ト唧筒ト陶器土ヲ溜メル器械トノ三個カラ成立テ居ル桶ハ水ヲ満シ粉末ニシタ陶器土ヲ入レテ攪

拌シテ後暫ク静止シテ置クト微細粉末ハ上ニ稍重キ粉末ハ下ニ落附イタ時其上水ヲ喞筒テ土溜器ヘ送ルト言フ仕掛ケニナッテ居ル

土溜器ハ精密ニ織ッタ帆布ヲ二ツ折ニシテ其三方ヲ三吋斗リ折疊ンテ角ノ一個處ヘ入水金物ヲ取附タモノヲ數十個横ニ並ヘテ喞筒カラ送水スル管ニ接續シテ一齊ニ中ヘ送水スル様ニシ其並ヘラレシ帆布ノ両端ハ鐵板ヲ以テ支ヘ一方ノ鐵板ハ下部カ蝶交ヒテ上部ハ把手テ少シ動カス様ニナッテ居テ帆布カ水テ強ク脹ランダ時鐵板ヲ押附ケテ水ヲ浸出サセル事ニナッテ居ル

深川氏ノ話デハ私カ佛國テ之レト同シ器械ヲ使ッテ居タノヲ見マシタガ喞筒カラ送水スルト帆布カラ清水カ流レテ居テ或ル時間過キテ帆布ヲ開クト美麗ナ白粉ヲ煉ッタ様ナ土カ蓄マッテ居ルノテソレヲ掻キ取ッテ乾カシテカラ使用スルノテスカ其土テ造ッタ陶器ハ疵一ツナシテ見事ナ物デス夫レテ同シ器械ヲ造ッテ送テ貰タノテ使テ見マシタカ濁水ト共ニ土カ流レ出テ帆布ノ中ヘ溜リマセンノテ御出ヲ願ッ

タ譯ナノテスト
予ハ平井ヲ相手ニ工場ノ人達ニ手傳ハセテ二日程色々ト器械ヲ働ラカセテ見タカ思フ様ニ行カス濁水カ出ナクナツテ良イト思テ居ルト又出テ來ルト言フ案配テ如何ニスレハ清水カ出テ土カ帆布ノ中ヘ溜ルカト言フ事カ未タ分カラナカツタカ正午予ハ深川氏ト坐敷テ中食ヲシテ居タラ平井カ庭先ヘ來テドオヤラ甘ク行キ掛ケテ來マシタカラ一寸ト見テ頂キタイト言フノテ行ツテ見ルト連續的ニ清水カ出ルノテドオシテコー甘ク行ク様ニナツタカト聞テ見タラ色々遣ツテ居マス内ニ清水カ出テ來マシタノテ其時ノ唧筒ノ囬轉數ヤ桶ノ中ノ粉末土カ水ニ溶解サレタ程度等ヲ見テ置テ成丈其通リニ後ノ分ヲ遣リマシタラ甘ク精水カ出マシタノテ微細ナ粉末土ヲ一定ノ量桶ヘ入レ水モ分量ヲ極メテ攪拌速度モ能ク粉末土ノ融合スル速度ニ定メテ遣リマシタラ始修良イ結果トナリマシタト其處テ送水ヲ止メテ帆布ヲ開テ中ヲ見ルト實ニ美麗ナ土カ溜テ居タノテ深川氏ハ大満足テ全ク佛國テ見タノト同シテスト言ハレ深ク平井ノ努力ヲ賞讃セ

ラレシ夫レカラ滯在中其土ヲ以テ陶器ヲ造タカ誠ニ優良ナ
品カ製出セラレシ

仕上職平井九八

造船所ノ仕上職平井九八ハ中等ノ位置ニ居タカ職業ニハ至極熱心テ工場カ退ケテカラ時々予ノ家ヲ訪ヒ種々仕事ノ話ヲセシカ大抵同人カ帰ルト東カ白ラム位テ夫レテ翌日遅刻モセスチヤント元氣ニ働イテ居ルニハ感心セリ或ル時大阪ノ一滊船會社カラ滊船二艘(66)ノ注文カ造船所ニアリ其船ニ据附ケル聯成冷滊四十馬カ計リノ機関ヲ製造スルニ附テ仕上及据附ヲ手間請負ニセントテ重立ツタ職工ニ話シタ處誰レモ進ンテ請負フ事ヲ好マナカツタ時獨リ平井ハ其事ヲ聞キ私ハ一番請負テ遣ツテ見マシヨウ外ノ人カ請負ヲ好マヌノハ定雇テ氣樂ニシテ居ルヨリ骨カ折レテ其上損テモシテハ馬鹿ラシイト言フノテスガ私ハ損德ハ置テ請負テ遣リマスト皆ナカ骨折ツテ働イテ何程ノ工費テ是レカ出來ルト言フ事ヲ知ルノハ我身ノ爲ニナルノデスカラ願ツタノデスト

平井ノ申出通請負ヲ許可シタカ何シロ初メテノ事テアリドンナ風ニ遣ルカト思ツテ氣ヲ附ケテ居タラ第一ニ同志ノ者ヲ以テ組合ヲ組織シ夫カラ鑄造鍛冶旋盤等ノ下拵ヲスル工場ヲ廻ツテ仕上ニ差支ナイ樣ニ運ヒヲ附ケル事ニ奔走スルカ別段際立ツテ働ク樣テハナク萬邊ナク氣ヲ附ケテ無駄ノナイ樣ニシ請負タカラ牛稜ヲスル事モナク請負金ノ一部カ下ルト一同ヲ自宅ニ呼ンテ其内カラ各自ノ定雇賃金ヲ渡シ殘金ハ預リ最修下ケ金ヲ前例ニ依テ分配シタラ少シ缺損カ出タラ夫レハ平井カ負擔スル事ニシテ他人ニハ迷惑ヲ懸ケザリシ一同ハ其實直ナルニ敬服シ他日又請負ノ時骨ヲ折ツテ損失ヲ補ハント言ヒシニ平井ハ少シ損ヲシタカ其代リ金錢以上ノ良イ經驗ヲシマシタノヲ何寄リト思ツテ居マスト第二回ノ同機關ノ仕上手間請負カ出タカ平井ノ損失ヲ聞イテ居ルノテ誰レモ手ヲ出サヌ計リカ已レ達ノ思テタ通リ平井ノ損ヲシヤガツタト言ヒ合ツテ居タカラ自然又平井カ請合フ事トナツタカ前ノ組合一同ハ今度ハ此度働キ出シテ見セルト申合テ一層勉強シタノト前ノ經驗モアルノテ時日モ

寡ク手際モ良ク出來上ツタノテ定雇給以上ノ收入ヲ得タノテ一同モ滿足シ平井ノ損失ハ補償シテ餘アル事トナツタ上ニ仲間内ノ大評判トナツタ其後請負工事ハ無論時間ヲ極メテスル仕事ヤ其外ノ難工事ハ大概平井カ遣ル樣ナ有樣テ僅カノ間ニ中等ノ位置カラ上等ノ位置ニ昇タノモ其筈平素ノ心懸ケカ拔群ニテアリシ故テアル

浦上ノ精米器械

長崎市外浦上ヘ新規精米所ヲ設立セシ時普通杵搗ノ精米所ハ諸所ニアルカ今度設立スルノハ一番最新式ノ器械テ遣リタイト創立者カラ頼マレタ夫レハ市内古川町ノ或ル工場ニ東京カラ取寄セタ最新式ノ精米器械カ一臺アルカ其レハ誠ニ便利ナ良イ器械タカラ夫レヲ見本トシテ數臺造ツテ事業ヲ起ソート言フノタカラ同所ヘ行ツテ見テ呉レトテ予ハ見テ來タカ其槪畧ハ左ノ如シ

精米器械ハ壷形鑄鐵製テ壷ノ中ニ直立シタ螺旋カアツテ螺旋ノ回轉テ米ヲ上カラ下ヘ捻シ下ケルト底部ニ三股ノ金物

カアツテ下リテ來タ米ヲ壷ノ内部ニ漆フテ上ヘ送ルト言フ装置テ三斗ノ米ヲ入レテ最大速力テ廻ハスト三十分間テ精白米ニスル事カ出來中白米ナラ二十分間デ出來ルカラ普通杵搗ノ四斗臼ノ三倍ノ働キヲスル上ニ場所モ取ラス人カヲ減スル上ニ經費モ安價ニ附クト言フ至極甘ヒ話ダツタカ當時ハエ場カ休業中テ器械ヲ試シテ見ル譯ニ行カス所有者ノ言ヲ信シテ其器械ヲ見本トシテ外ニ臺ヲ造リ都合三臺ヲ据附ケテ新式ノ精米所ハ出來上ツタ

開業シテ實際遣ツテ見ルト成ル程預定以上ノ成績テアツタノハ良カツタカ米ヲ劇シク捻シ下ケ押シ上ケルノテ摩擦カ強ク粉米カ多ク出來ルノテ普通一割以下八歩止リノ減リカアル筈ナノカ一割二三歩ト言フ減リ方ナノテ米屋カラ苦情カ出タノテ粉米モ多ク出ルシ精米費モ割合安ク附クトテ他ヨリ仕上費ヲ安クシテ其方ハ濟ンダカ困ツタ事ニハ精米ヲ米屋カ店頭ヘ置ク數日ノ内ニ少シ赤イ色ヲ帯ヒテ來ルノテ人カ嫌ツテ賣レカ悪イトノ事テ段々其原因ヲ調ヘタカ初メノ内ハ分ラナカツタカ後ニハ金錆カラ來ルト氣附キ内部

ヲ叮嚀ニ磨イタラ米ノ赤色ノ方ハ大分良クナツテ來タ代リ摩擦面カ滑ラカニナツタ為精米ノ時間カ永ク掛ル様ニナツタノテ内部ヲ荒砂テ磨イタラ少シハ時間カ早クナツタ夫レカラ仕上減リヲ減スル為メニ試ミニ徐カニ廻ハシタ將シテ減シタノテ一割以内ニナル様ニシタラ計算上普通杵搗ト餘リ違ワヌ事ニナツタ斗リテナク金氣カアルト言フ評判カ高マツタトカテ米屋カラ一向頼ミニ來ナクナツタノテ閑所シテ始舞ツタ

以上ノ如キ面白カラヌ結果ニナツタノハ誠ニ遺憾テアリシカ能ク考ヘテ見ルト最初充分ニ器械ヲ試験シテ萬遺漏ナシト視テ掛ラナカツタノカ抑間違ノ元テ其試験カ一寸遣リ憎カツタノトカ精米能カニ重キヲ置テ減リ高ヤ錆ノ出ル事杯ニ氣附カナカツタノカ失敗ノ原因テアツタ閑所後幸ニ其事情ヲ兼知テ器械類一切ヲ買取ツタ人カアツタノテ世間ハ廣イモノダト思ツタ

三池鑛山ノ「インジヱクター」

三池鑛山分局(三池炭鑛ノ前)カラ造船所へ言ツテ來タノハ先日送ツテ下スツタ宮浦炭坑ノ滊鑵給水用ノ「インジエクタ」ハ使ツテ見タラ一向其効ナク困ツテ居ル其外七浦ノ方ニモ見テ貰フ事カアルカラ誰レカ急ニ出張シテ呉レトノ事テ予ハ職工一人ヲ連レテ同所へ行キ翌日宮浦坑へ出掛ケ竪鑵ニ取附ラレタ「インジエクタ」ヲ見タラ造船所テ試験シテ其儘取附ケテ良イト態々言ヒ送ツタニ拘ワラス悉ク取外シテ御負ケニ光明丹ノ練タノヲ「パツキン」ヲスル様ニコテコテ塗附タ斗リデナク如何ニモゾンザイニ取附ケテアルノヲ見タ時此レテハ迚モ給水カ出來ナカツタト思ツタ

其ノ「インジエクタ」ハ英國ヘ注文シテ特別ナ品テ取附ノ箇處ハ緻密ナ摺合ニナツテ居テ水モ蒸氣モ少シモ漏ル様ナ事カナク造船所テ試シタ時モ皆ンナカ其仕事ノ手腕ニ感心シタ位テ夫レ故特ニ注意シテ遣ツタノカ普通品ノ如ク取附直シタノカ用ヲ達サナクナツタ原因テアル

其頃鑛山抔ニ働テ居ル火焚ヤ職工等ハ未熟ナ生物識リカ多ク夫レニ上ニ居ル技術者モ採鑛カ主テ機械專問者ハ稀レテ

三池鑛山ノ技術主宰者ハ英國人テ曾ツテ長崎テ耶穂宜教師テアリシカ採鑛ノ事ヲ心得テ居ルトカテ雇聘サレシ者テ機械ノヿハ分カラナカッタ「インシユクタ」ヲ取外シ光明丹ヲ竒麗ニ落シ掃除ヲシテ再ヒ取附ケタラ給水ヲ加減スル中央ノ針カ曲ツテ自由ニ動カヌノテ其邊ニ在ツタ平ラナ石ノ上テ真直ニ直シ自由ニ開閉スル様ニシテ鑵ニ取附ケ給水シテ見タラ見ル間ニ水ハ送ラレ何度モ試シタカ差支カナカツタ其時教師先生見廻リニ来テ給水ノ有様ヲ見テ居タカ別段何トモ言ハス直キニ外カヘ行ツテ仕舞ツタ顔附キカ餘リ喜ンテ居ラン様子ナノテ不思儀ニ思ツテ居タラ火夫ノ言フニハ先生面目ナイノテ逃ケ出シタノデス先日「インシユクタ」ヲ初メテ取附ケタ時ハ附坊リテ彼是レ世話ヲ焼キ光明丹テ何ンナ風ニ取附ケロト差圖シマシタカラ言フ通ニシマシタカ甘ク行カヌノテ仕舞ニハ此ノ品役ニ立チマセン外ノト引替ヘテ貰ヒマストイッタノカ今直キニ立派ニ使ヘル様ニナリ御負ケニ差圖ノ光明丹マテ落サレタノテ先生貴君ヘハトモカク私共ノ手前如何ニモ恥カシク成ツタノデス先生時々遣リ

失敗リヲスルノテスト夫レテ様子カ能ク分ツタ

### 三池鑛山ノ給水辨

三池鑛山分局ヘ出張「インシヱクター」ヲ直シタ事ハ前ニ述ヘタカ其序ニ七浦坑ノ瀛鑵給水唧筒辨カ自然ニ失セタトテ三池ノ事務所ノ話テハ多分激動ノ爲齏塵ニナツテ鑵ノ内ヘ水ト共ニ入ツタモノタロー能ク氣ヲ附ケテ丈夫ナ良品ヲ造ツテ呉レ子ハナラヌト苦情ヲ受ケタカソンナ馬鹿ナ事ハアルマイト思ヒ同坑ヘ行ツテ見ルト坑ハ入口カラ奥マテ斜面ノ坑道カ七百間モ在ルノテ隨分深ク其行止リハ今發掘中テ其少シ手前横手ニ排水唧筒用ノ瀛鑵カ二基据附ケラレ其上部ハ或ル大サノ四角ナ穴カ山上マテ掘リ拔テアリ鑵ノ煙突ハ中途テ止マリ何テモ穴ノ高サハ二百呎程アルトカ夫レテ鑵ノ水入替ノ爲メニ山上ノ水源カラ鑵ヘ給水管カアツテ蒸氣ノアル時テモ給水スル事カ出來ルト機關手ハ誇セリ給水辨ノ紛失シタ事ヲ機關手ニ尋子タラ貴殿ハ今度態々御出張下スタ方テスカラ事情ヲ御話シマスカ辨ハ決シテ紛失

ハシテ居リマセン私宅ニ仕舞テアリマス其譯ハ當所ノ外人教師ハ機械ノ事ハ少シモ分リマセンテ書物カ何カテ調ヘテ來テハ無理ナ事ヲ差圖シマス私ハ永年三菱ヤ其他ノ船ニ乗ツテ機械ヲ取扱ツテ來タ者テスカラ此ノ位ナ排水唧筒ヤ滊鑵ノ事杯ハ任セテ置テ呉レテモヨイト思ツテ居ル處ヘ詰ラヌ世話ヲ焼カレルト癪ニ障リマスカラ或ル時山上カラ給水シテ居マシタラ唧筒カ在ルノニ何セソンナ事ヲスルト言ヒマスカラ唧筒ヲ損シナイ様ニ是レテ給水シテ居ルノダト言ヒマシタラソンナ餘計ナ事ヲスルナト言ヒマスカラ私ハ餘計ナ事テハナイ自然ノカテ給水スル方カ蒸氣モ入ラス經濟テ唧筒モ損セスヨイテハナイカト言マシタラ何テモ命令通働テ居レハヨイト言ツテ帰リマシタノテ私モ腹立紛レニ唧筒ノ辨ヲ一ツ外シテ紛失シタ事ニシマシタラ其後來マシテ無クナツタノハ地金カ悪カツタノテ粉容塵ニナツテ鑵ノ中ヘ入ツタノニ違ヒナイカラ急イテ鑵ノ水ヲ替ヘテ見ロト言フデアアリマセンカ考ヘテ御覧ナサイ如何ニ悪ヒ地金タカラトテ唧筒テ僅カコツコツ當ル位テ粉ニナルモノデハ在リ

マセン呆レテ物カ言ヘマセント笑ツテ語リ修ツタ夫レテ辨ノ事ヲ事務所ヘ行ツテ分局長小林秀知氏ニ話シタラ雇外人ノ失敗談モ屢聞及ンテ居ルカ彼レハ技倆ヨリモ世間ノ交際カ廣ク三池ノ石炭モ御蔭テ大分賣レテ來タカラ子ト茲ニ於テ成ル程ト領カレタ

三池鑛山ノ瓦斯罐給水

三池鑛山ノ七浦坑内ノ瓦斯罐ヘ山上ヨリ自然カテ給水スル事ハ前ニ述ヘタカ丁度其時予カ坑内ニ居タラ火夫カ言フニハ最前カラ罐ヘ給水シテ居マスカ一向水カ入リマセンカドウ言譯テシヨウト言フカラ罐前ヘ行ツテ「ウオータゲージ」ヲ見タカ水線カ分ラヌノテ上下ノ嘴子ヲ拈ツテ見タラ上ノ方カラモ盛ンニ水カ噴出スルノテ火夫ニ是レハ水カ入リ過キテ居ルカラト言ツテ罐底ノ放水嘴子ヲ開カシテ水ヲ出シタカ稍暫クシテ漸ク水線カ顯ハレテ來タノテ火夫モ安心シタ様子テアリシカ坑内ハ「ランプ」頼リテ暗イニハ違ヒナイカ前カテ能ク氣ヲ附ケテ居レハコンナ事ニハナラヌ又筈タシ又變グ

ト思ツタラ人ニ尋子ル迄モナク「ウオターゲーシ」ノ嘴子ヲ開テ見ル事位ハ心得テ居ル筈テアル是レテハ不在中テハ在ツタカ任セテ呉レテモヨイデハナイカト威張ツタ機関手先生モ當テニナラヌノテアル當時屈指ノ三池鑛山テサヘ以上ノ次第テハ他ノ小炭坑杯ハ押シテ知ル可シト思ヘリ

夫レカラ是レハ工事ノ話テハナイカ予カ同所テ宿泊セシハ坑夫頭ノ家ナリシカ入浴セントテ角形ノ風呂ヘ入ツテ見ルト塗ツタモノテ出入シテ居ル内ニ縁ノ處ヘ足ヲ乗セタラ痛ミヲ覺ヘタノテ能ク見ルト丁度壁ノ木舞ノ様ナ竹ノ端カ出テ居タカ風呂ハ壁ヲ造ル様ニ真ニ竹ヲ入レテ其上ヲ塗タモノテアリシ聞テ見ルトコンナ山奥テスカラ都會カラ風呂桶ヲ買ツテ來ル事カ容易ニ出來マセン夫レニ此ノ邊ハ木ノ無イ處テ擾ロナク何ンナモノヲ拵ヘテ用ヲ達シテ居ルノテスト言ハレテ合点カ行キシ

夫レカラ洋酒ヲ一瓶持參シタノテ主人ニ一杯注イテ遣ツタラ是レハ珍ラシイ御酒ヲ頂キマシテ有難フ御座イマス勿體ナイテスカラ神棚ニ上ケテ置キ病氣ノ時ニ頂キマスト言フノテ

ソンナ事ヲセス直キニ呑ムカヨイト言ツテ遣ツタラ夫レテハ折角ノ御言葉テスカラ頂キマス御蔭様テ壽命カ延ヒマショウト言ツテ喜ンテ呑ンタカ帰ヘル時空壜ヲ遣ツタラギヤマンノ徳利ヲ下スツテ誠ニ有難フ御座イマストテ夫婦カ大悦ヒテ主人ハ一里計リモ山道ヲ送ツテ來テ別レル時モ又徳利ノ禮ヲ述ヘテ居タ當時交通ノ不便テアリシ有様カ以上ノ事實テモ能ク分ル

## 特志家苦心ノ遺物

造船所飽ノ浦機械工場ノ倉庫品ノ整理ヲセシ時在庫品ヲ悉ク外ヘ運ヒ出シタ中ニ砲金製ノ圓形約三十吋差渡シアル瀛鑵ト失張砲金製ノ小サナ瀛筩ヤ外ニ附属品カ三個計リ在ツタノテ珎ラシイ物タト思ツテ誰レカニ其由來ヲ尋子タイト思ツテ人ニ聞合セタ末古クカラ倉庫ノ棧料ヲ取扱ツテ居ル男カ知ツテルダロートテ其男ニ聞テ見タラ其言フ處テハ何テモ五島ノ人トカテ早クカラ瀛船ノ製造ヲ思ヒ立チシカ當時ハ蘭船カ年ニ一度位長崎ヘ來タ位テ夫レテ蘭書カラ調ヘ

テ苦心ノ末コンナ物ヲ造ツタノダ想テ瀛罐ヲ造ルニ鐵板ハナシ止ムヲ得ス砲金テ造ツタ様ナ譯テ其頃ハ誰レモ機械ノ事ヲ知タ者ハナク是レマテニスルニハ何度モ仕直シ漸クコンナモノカ出來掛ツタ時ニハ其人ノ相當ノ身代ハ潰レテ止ムヲ得ス中絶シタ其品カ潰シ材料トシテ今當所ニ在ルノテストテ聞テ始メテ珍物ノ事カ分ツタ

瀛罐ノ胴板ハ鐵板ヲ曲ケタ様ニ曲ケテ鑄造シタ物ヲ二枚合セテ銅鋲テ鋏メ附ケ鏡板ハ一枚物テ正面ノ板ハ煙管穴カ鑄抜カレ火爐ヤ火袋ハ一個宛ニ鑄造サレ夫レカ鋲着サレテアル事ハ胴板ト同一テアツテ鑄造ノ材料ハ皆砲金テ其出來具合ハ當時何レ丈ノ仕事ヲ能クシタモノダト思フ程テアリシ

瀛筩ハ先張砲金鑄造テ内部ハ削ツタモノテドンナ仕掛ケテ削ツタカ之レハ仕上ノ部分カ牛ノ附ケテナイ處カ多ク半仕上ケノ儘テアツタ

製造スル材料ノ無イ參考品ノ無イ當時ニアツテ之レ丈ケノ品ヲ造ツタ處ニ製造者苦心ノ跡カ見ヘル今テ在ツタラ博物館ヘ陳列サレ想ナ品タカ惜イト思ツタカ鑄潰シテ機械一部

ノ用ニ立テシハ聊カ製造者ノ志望ヲ充實サセタ氣カシタ

## 曲拐軸ノ傳授

造船所テ船用蒸氣機関ノ曲拐軸直經五吋四分ノ一ノ物ヲ造ルトテ良質ノ鐵片ヲ集メテ鐵塊ヲ造リ夫レヲ累積シテ火造後仕上ニ掛ツタラ一面ニ疵タラケテ役ニ立タス更ラニ又一本入念ニ火造リシモ疵ハ従前ノ通リ其内機関製造ノ日限モ追々迫ルノテ止ムヲ得ス之レヲ横須賀造船所ヘ注文スル事ニシテ予ハ横須賀ヘ行キ掛員ニ曲拐ノ圖ヲ出シテ製造ヲ頼ム事ヲ談シ積書ヲ乞ヒシニ製造ヲ依頼スルカラニハ積書ノ必要ハアルマイト言フカラ長崎造船所ノ仕來上必要ノ事ヲ述ヘテ漸ク兼知シタカ積書ヲ受取ルノニ午間取レルノテ其間ニ鍛治工場ヘ行キ工場長小林菊太郎氏ニ面會シテ長崎ノ曲拐軸ノ失敗談ヤ造船所ヘ頼ム事ヤラヲ語セシニ同氏ノ言フニハ一體長崎ノ鍛治工場ニハドンナ蒸氣錘カ在ルカトノ事テ二噸ノモノカアルト言ヒシニ其位ノ錘カアルナラ仕方サヘ呑込メハ注文スル軸ハ慥カニ出來ル當所ヘ頼ム事ハ止

ソテ自分カ仕方ヲ能ク教ヘルカラ遣ツテ見ルカヨイ當所ヘ頼ンダラ馬鹿ニ高ク金ヲ取ラレルカラト深切ニ言ツテ呉レタノテ夫レナラ一ツ御傳授ヲ受ケテ遣ツテ見マスカラ役所ヘ行ツテ見積書カ未タ出來テ居ランナラ斷ツテ來マスカラト言ツテ役所ヘ行ツテ其事ヲ聞テ見タラ暫ク待テトテ稍暫シテ渡サレタ見積書ヲ見ルト一本ノ火造ノ儘ノ代金壹千五百圓テ仕上ケルト三千圓トアルノテ仕上代カ餘リ高價ダト言ツタラ掛員ノ言フニハ仕上中疵ヤ不良ノ箇所ヲ發見スルト幾度モ遣リ替ヘナケレハナラヌカラト言フカラソレデハ火造ノ儘受取ツテ長崎テ仕上中疵ヲ發見シタラ如何カニナルノデスカト聞イタラ火造物ノ外カラ内部ハ分ラヌカラ外部ヲ陜メテ渡シタ上ハ後カラ内部ニ疵カ出テモ當所ノ負擔テハナイト言ツタノテ妙ナ事ダト思ヒ兎ニ角積書ヲ受取ツテ小林氏ノ詰所ヘ行ツテ其話ヲシタラソンナ無責任ノ事カアルモノカ頼ム事ハ斷然止メルカヨイ今カラ能ク教ヘテ上ケルカラトテ側ラニ懸ケテアリシ黒板ニ向ツテ曲拐軸鍛練ノ方法ヲ左ノ如ク示サレシ

一地金ハ請合ト言フ良質テ四吋角位ノ物ヲ外國カラ取寄セル事

一地金ヲ炙射爐ヘ入レル前ニハ角ト角トノ間隙ヲ約八分ノ三吋位透シテ置ク事

一最初ハ一本竝ヘトスル事

一炙射爐ヘ入レルニハ言ハズト知レタ事ナガラ取扱フ手捷ノ上ニ乘セル事

一鐵カ焼ケテ炙射爐カラ出シタラ滊鎚ノカ一杯ニ積金ノ中央目懸ケテ一撃ヲ與ヘル事

一一撃テ餘ッタ處ハ其儘テ再ヒ炙射テ熱シテ中央ヲ打ツタ心持テ順次ニ撃ツ事

一一ト通リ撃チ修ツタラ其上ヘ最初ノ様ニ角鐵ヲ交义ニ竝ヘテ炙射ヘ入レル事

一炙射カラ出シタラ前同様ニ最初ハ中央ヲ撃ツ事

一所用ノ厚サヲ得ル迄幾度モ之レヲ操返ヘス事

一周圍ノ出入ヤ形チ杯ニ頓着セサル事

一最初ハ良イ鐵塊ヲ造ルノダカラ奇麗ニ形チヲ拵ヘル必要

一　カナイカラ一撃テ金ト金トノ密接ヲ爲サシムル樣ニ一撃ニ心ヲ入レル事

一　一撃カ強ケレハ強イ丈ケ積金ト積金トノ間隙カラ金肌ノ錆ヤ其他表面ニ附着セル汚物等カ脱出シテ塊ト塊トカ能ク接合シテ一體トナルト言フ考ヲ頭ニ持ツ事

一　上カラ撃ツタ方向ノ外火造ノ時モ周圍ニナツタ方ヲ撃ツ可カラス之レハ纖維ヲ亂スカラ始修積金ノ方向カラ鍛ヘテ完成セシムル事

一　鎚テ撃ツテ出來上ツタ塊カラ所用ノ形ヲ火造リスルノハ燒テ切取リ周圍ノ出入シタ處ヤ密着シナイ處ハ皆切捨テル事

一　曲撓「ウヱブ」ヲ火造ルニハ  以上点線ノ處ヲ切取ル事

一　曲撓双「ウヱブ」ヲ火造ルニハ  以上点線ノ處ヲ切取リタル後九十度ナリ何度ナリニ撓シ曲ケル事

右ニ列記シタ方法テ得タ地金ヲ以テ各種ノ火造リヲ爲ス事ハ其道ニ明ルイ人ナラ一々話サンテモ出來ルカラ其仕方テ遣ツテ御覧ナサイト懇ロニ教ヘテ呉タノテ其厚意ヲ謝シテ

同氏ト別レ造船所ヘハ長崎ヘ帰ヘツテ返事ヲスルト言ツテ置キ帰所ノ後小林氏カラ傳授サレタ事ヤ見積書ヤヲ所長ニ陳述シタ後再ヒ曲拐ヲ造ル事トナリ横須賀ノ方ハ斷リ夫レカラ今度ノ火造法ヲ鍛冶工場長恒石榮作氏ニ話シタラ曩キニ二本火造タノハ全ク遣リ方カ間違ッテ居マシタ良イ事ヲ聞テ來テ下スッタ其方法テ遣ッテ見マスト得意ニ引受テ呉レタノテ予モ安心シテ角鐵三吋ノ物ヲ上海カラ取寄セ傳授法ヲ守ツテ鍛練シタ曲拐カ一本出來テ之レヲ仕上ニ掛ケテ見タラ美事ナ無疵ノ良品テ二本目モ同様ノ出來テ其上代價ハ横須賀ノ積金高ノ半額程テアリシ後小管丸ノ棲續鉀ヤ其他大形物ヲ同方法テ火造ツテ良品カ出來タ小林氏ノ好意ト斯業ニ熟達セルヲ皆ナカ賞讃セリ

長イ倉庫ノ煉瓦積

造船所雇技師英人「ストリー」氏ノ考案ニ成リシ飽ノ浦ノ鐵桟倉庫ハ正面ハ総ヘテ二枚開キノ戸扉テ三方ノ壁ハ煉瓦積テ奥行ハ鐵桟ノ長ト其前ヲ通行シ得ル丈ノ幅ヲ合セタ極狹イモ

ノテアルカラ夫レ丈長サハ二百數十呎ト言フ細長イモノテアリシカ鐵桟ヲ出シ入レスルニハ至極便利テアツタ其建築中ノ事テアツタカ或ル時予ハ當直ヲシテ居タ夜中所内ヲ見廻リツヽ倉庫建築ノ場所ヘ來タ時月夜ニ長イ煉瓦積ノ未タ高サカ五呎位ニ長ク積ンタ中程ニ人影カ見ヘルノテ之レハ怪イ賊テハナイカト靜カニ近寄ツテ見タラ其人物ハ立神船渠築造ノ爲横須賀カラ態々呼ヒ寄セタ後藤卯三郎ト言フ左官ノ親方テ此ノ倉庫ノ煉瓦積ヲ見廻テシテ居タ男テ時カ時ナノテ本人ハ恐縮シテ言フニハ煉瓦積ハ横須賀テ佛人教師カラ教ヘテ貰ヒマシタカ一日ニ厚サハ平五枚位トシテ長サハ建物ノ全長丈一様ニ積ミ毎日一定ノ積ミ方テ進ムト同シ重量テ落陥クノテ目通カ水平ニ出來ル上ニ接合ニ無理カナク將來ノ保存上良イト言フ事テ是レマテ遣リ來ツタ仕事ハ皆好結果テアリマシタカラ此ノ仕事ニ掛ツテ居ル職人ニ能ク其事ヲ話シテ聞カセ其遣リ方テ積マセルノテスカ私カ立神ノ方ヘ行ツテルト直キニ勝手ナ積方ヲシテ困リマス低ク長ク積ムノハ骨カ折レテ目立タナイノテ兎角短カイ處ヲ高

ク積ミタカルノテス短ク高ク積ンテ行クト落附カ不陸トナツテ續キ目カラ割レカ出來キ保存上カ悪イ計リカ外見上モ見苦シイノテアリマス私カ附テ居ツテ不都合ナ物ヲ造ラセテハ濟マナイト存シ毎夜出掛ケテ参ツテハ悪イ處ヲ積直シテ居ルノテストハ其職務ニ忠實ナルニハ感心セリ後年ニ至リテモ其長キ煉瓦積カ水平ニ一直線ノ継目ヲ保ツテ居ルノヲ見タ時ハ何時モ後藤ノ事ヲ思ヒ浮ヘリ

後藤ハ第一船渠カ完了後長崎ヲ去ツテ東京へ帰リシカ東京虎ノ門内ニ工部大學校カ設立サレタ時建築掛中村曉長氏ノ下ニ同校ノ煉瓦積ノ事ニ従事セリ同築造物ハ今猶存セリ

蓮池ノ麥粉機械

佐賀縣蓮池邊ノ士族連カ出資シテ麥粉製造工場ヲ創立スル事ニナリ四個ノ粉挽臼ヲ運轉スル蒸氣機械ヤ汽鑵其外車軸類一切ヲ造船所へ注文シタノテ機械ハ横置汽鑵ハ竪形トシ其外ノ物ノ製造ヲ修タノテ注文主テ工場ノ主宰者野村某氏へ引渡シタラ機械一切金属品ノ据附方ノ指圖ヲ頼ムトノ事

テ其旨ヲ了シ其後準備カ整ツタト知ラセテ來タノテ予ハ仕上職ヲ連レテ同地へ出張シ機械類ノ据附ヲ修リ臼ノ運轉ヲ試ミシニ具合モ良イノテ麥ヲ入レテ本運轉ヲシタラ臼カ温マルノテ重クナリ傳動用ノ調革カ外レ挽イタ粉ハサラサラセス濕氣ヲ帶ヒテボロボロシテ役ニ立タス其レテ干燥シタラリセシカ思ハシカラス段々研究シテ見タラ臼ノ石質目ノ切リ方回轉ノ速度麥ノ入レ方カ適度テナケレハナラヌト分リ種々ニ遣ツテ見タラ初メヨリハ大分良クハナツタカ未タ豫定ノ成績ヲ擧ケル事カ出來ス夫レカラ良質ノ石ヲ選ヒ目ノ切リ方ヲ色々ト替ヘタラ遂ニ好結果ヲ得ル事ニナツテ据附ヤ運轉ノ事ハ結了シタノテ予ハ職工ト長崎へ帰ヘツタ

然ルニ此ノ工場ハ小士族達ノ合資テ成立ツタノダカ彼是シテ居ル内ニ資金モ缺乏シ其上近傍カラ麥ヲ運ンテ賃挽スル目的テ始メタノダカ實際遣ツテ見ルト僅カ計リノ麥ヲ遠方態々運フヨリモ失張リ仕來リノ水車カ何カテ遣ル方カ結局利益タト言フ樣ナ事テ麥ハ來ラス夫レテ組合中ニハ解散說ヲ唱フル者サヘ出テ發起者トノ間ニ爭論カ始マリ發起者ハ

苔シ紛レニ機械ノ製造カ悪カッタノテ直シ方ニ手間取ッテ開業カ遅レタ結果タト言譯シタノテ工場ノ實際ヲ知ラヌ組合ハ夫レナラ何セ機械製造ヲ請合ッタ造船所ヘ其事ヲ掛合ハヌノタト言ハレ其處テ起業者ハ止ムナク仲間ノ者同道テ造船所ヘ来リ工場カ損害ヲ受ケタノハ機械不具合ノ為メダカラ相當ノ倍償ヲシテ貰ヒタイト申出カ在ッタノテ意外ニ思ッタノテ造船所ハ原動蒸氣機械瀛鑵車軸類ノ製造ヲ引受出来ノ上引渡シタラ取附運轉ニ熟練者カナイカラ誰レカ出張監督ヲ頼ムト言フカラ技師職工ヲ派遣シ一切カ結了シテ帰ヘタノテ機械ニ就テ不具合ハナカリシ開業ニ少シ手間取リシハ挽臼ノ事テ臼ハ造船所ノ知タ事テナク夫レモ臼ノ石ヤ目切等ヲ督ヘテ今テハ立派ナ成績カ擧ッテ居ルテハナイカ夫レニ附テ工場カ損失ヲ招イタ事ハ素ヨリ當所ノ預リ知ル事テナイト言ッタラ先方モ別段苦情ノ言ヒ様モナク帰ヘテ行ッタカラ夫レテ事濟ミト思ッテ居タラ

其後造船所ヲ相手取リ起訴シタト聞イタノテ如何ナル理由ヲ以テソンナ無法ナ事ヲシタノカト予ハ裁判所カラ呼ヒ出

シカ来タラ明白ニ申開ク積リテ居タラ暫クシテ訴訟ハ取リ下ケタト聞イタカ夫レカラ何トモ言ツテ来ナカツタカ話ニ聞クト起業者カ組合カテ八金數言ハレタノテ言譯ニシタ狂言テアツタトカ予ハ彼地ヘ出張中据附運轉ノ外臼ノ事ノ相談ニモ力ヲ儘シ粉節モ新案ヲ工夫シ完全ニ製粉カ出来ル事ニナツテ工場主宰者モ滿足シテ返ヘツテ来タノカ裁判沙汰トナロートハ思ハナカツタカ事情ハ前記ノ様ナ譯ト分ツタ夫レテ約定書ヤ引渡等ノ手續ハ後日ニ證據トナル様ニ明瞭ニシテ置ク可キモノダト思ヘリ

辨函ノ蓋應急取附方

造船所テ或ル小蒸氣船ノ試運轉ヲシタ時滑辨函ノ蓋ノ取附カラ蒸氣カ漏リ出シタカ生憎光明丹ヤ白ペンキカ船ニ無カツタノテ當惑シテ居タラ一職工カ言フニハ洋紙ニ油ヲ塗ツテ取附テ見マシヨウトテ蓋ヲ外シ接合面ヲ能ク掃除シテ洋紙代リニ或ル人カ持ツテ居タ新聞紙ヘ油ヲ塗ツテ取附ケテ後運轉シテ見タラ漏出シナクナツテ首尾ヨク運轉ヲ修ツテ帰

所シテ來タ應急ニハ便利テアルカ其後度々其方法テ試ミタカ永ク其儘使用スルト燒附テ掃除ニ手數カ掛ルト言フ事カアル從來仕來ノ遣リ方ハ光明丹ト白ペンキヲ交セ麻ノ細カク切ツタノヲ入レテ能ク攪キソーシテ出來上ツタ「ポテ」ヲ取附面ノ一方ヘ厚ク塗リ附ケ其上ヘ麻布ヲ取附面ノ幅丈ケ入レ其上ヘ「ポテ」ヲ塗リ蓋テ押ヘテ締メ附ケルノダカ夫レテ取附替ノ時ハ「ポテ」ヲ取除ケルノニ相當手間カ掛ルノテアル後年ニ至リ度々取附替ヘル部分ニハ鉛線ヲ接合部ヘ一線乃至ニ線當テテ締附ケル事カ流行シテ大ニ手數ヲ省ク事ニナリシハ一進歩ト言フヘキテアル

### 煉瓦煙突ノ取除

造船所カ蘭人ヲ雇聘シテ工場ノ建設ヲ創メタ時ハ使用材料ノ内テ木石等ハ内地品テ間ニ合ツタカ工場周圍ノ壁ヤ煙突ヤ汽罐ヲ包容スルニ必要ナ煉瓦ニ至ツテハ未タ内地ニ無キ品トテ蘭人指導ニ依ツテ立神ノ地ニ煉瓦製造竈カ築カレ其處テ日本最初ノ煉瓦ハ製造セラレシ其竈ハ第一船渠築造ノ

時マテ在リシ是レカラ煙突取除ノ事ヲ述ヘルカ
明治十年頃飽ノ浦工場擴張ノ時鍛冶工場ト旋盤工場トノ在來ノ煙突ヲ取除ク事ニナツタ鍛冶工場ノ煙突ハ方形煉瓦造テ高サ凡五拾呎位ノ至極堅牢ナモノテ其取除キ方ヲ請負ニセントト見積ラセタラ中々高價ナ事ヲ言フ上ニ日數モ多ク懸ルノテ請負ヲ止メテ直キ定雇夫ヲ遣ツテ懸ル事ニナツタカ足場ヲ掛ケテ煉瓦ヲ取除ケルトスルト中々工費カ掛ルノテ幸ヒ表門カラ煙突マテノ間ハ充分ノ距離カアツテ障害物カ無カツタノテ技師「ストリー」氏ノ考ヘニ依テ地上四呎計リアル煙突臺ノ上ヲ三方切リ取ツテ引倒ス方一方丈ヲ残シテ煙突ノ上部ヘ綱ヲ取附ケテ遠方カラ神樂算テ巻イテ倒ス事トシ實際遣ツテ見タラ綱カ切レテ煙突ハ少シモ曲ラス夫レカラ一方残シタ處ヲ兩方カラ切取ツテ中ヲ幅ノ二分ノ一残シテ再ヒ引張タラ彎曲シツツ遂ニ臺ノ上カラ折レテ地上ニ倒レタカ其形狀ヲ見ルト五呎或ハ三呎位ノ塊トナリテ散在シタ茲ニ於テ築造ノ堅牢テアリシヲ感セリ引倒シノ經驗ヲ得タノテ同工場周圍ノ煉瓦壁モ容易ニ倒シテ片附ケタノテアル

鍛治工場煙突ヲ足場ヲ掛ケテ上カラ取毀ス費用ト比較シテ見ルト引倒方ヤ大塊毀シ方等カ約五分ノ一テ濟タノテアル旋盤工場煙突取除キノ方ハ周圍カ倒ス丈ノ空地カナイノデ尋常ノ仕方テ遣ツタ此ノ方ハ跡ヘ大煙突ヲ築造スルノデ地形下マテ堀リ起サナケレハナラズ夫レテ栈面マテ堀下ケテ見タラ松丸太カ一面ニ打込ンテアリシカ松ノ香高ク今打込ンタ様ニ生々トシテ居リシ蘭人指導ノ元ニ建造サレテカラ多年ノ星霜ヲ經タルニ少シモ變ラサリシハ其邊ハ海岸近テ満潮時ニハ海水カ浸入シテ栈ヲ浸シタノニヨルモ真ノ良栈ヲ用ヒシ結果タト感セリ夫カラ栈一本毎ニ一噸宛ノ重量ヲ加ヘテ試シタカ異狀ナカリシカハ其栈ヲ存置シテ周圍ニ増栈ヲ打込ミ短時日ニ基礎工事ヲ修リ煙突築造ニ掛ツタノテ經費モ減シテ好都合テ在リシ

修繕船ノ廢品

造船所ノ機械工場ノ金物ヲ入レル庫ノ内ニハ澤山修繕船カラ取外シタ砲金ヤ銅ヤ鐵杯金物カ積込マレテアルノテ聞テ

見ルト修繕ノ時新製品ヲ取附ケ古物ヲ持ツテ来テ入レテアルノダトノ事テ其時分ハ船主モ大氣テ取外タ品ヲ唯持ツテア來テモ誰レモ何トモ言ハザリシカ後年ニ至リ癈品ハ相當ノ代價テ造船所テ引取リ又ハ現品ヲ渡シタリスル様ニ細クナリシカ其頃ハ其積込ンテアリシ癈品ヲ造船所テモ少シモ気附ケス昔カラ其儘投ツテアリ夫レカラ取出シテ地金トシテ使ツタラ中々ノ金高トナリシ當時ハ互ニ勘定盡ニハ寛大ナリシ機械工場計リテナク製罐工場テハ新罐ヲ船ヘ入レルト古罐ハ陸上ヘ揚ケタナリテ何年モ其儘ニシテアツタリ又造船場ノ方テハ修繕ノ為取外シタ古ヒ昇降口ノ木枠帆桁甲板ノ板其他種々ノ附属金物等カ陸上ニ揚ケ放シトナツテ居ル露國軍艦ノ修繕ナトデハ取外シタ木材ハ皆立派ナ「チイキ」ヤ「マホガニ」ノ様ナ上等ノ品テ新規取替ヘタ木材ハ多ク槻ヤ檜ヤ松材テアツテ夫レテ艦カラハ取外シ物ハ返セトモ引取ツテ呉レトモ何トモ言ハンカラ自然造船所ノ所得トナレリ外國艦船ノ内テモ英國艦船テハ取外物ハ相當代價ヲ以テ造船所ニ引取ラセタノテアル英艦テハ小修繕ハ乗組員ニ遣テセ

テ大修繕ハ香港等所領地テ遣ルノテ造船所ヘ頼ムノハ急キノ時カ臨時ニ破損シテ艦テ間ニ合ハヌ場合等テアル夫レ丈經濟ニハ取締ツテ居タカ露艦ノ方ハ大様テ何モ彼モ任セテ呉レタノテ造船所テハ上客テアリシ

## 木形工場ノ「ストライキ」

造船所ノ木形工場ノ職工長テ龍野ト言男ハ腕モ出來氣質カ確カリシテ居ルノテ他ノ職工長達カラモ立テラレテ居ル人物ナリシカ缺点ハ能ク休ム事テ夫レハ人ノ世話好キテ居住シテ居ル町内ノ事ヤ知己其他カラ何カ色々ノ事ヲ頼マレルト引受ケテ奔走スルノテ自然職業ノ方ハ休ミ勝チニナルノテアルカ同人カ休ムト代ツテ一同ノ職工ヘ指圖スル者カ居ナイノテ自然仕事カ遅延スル造船所モ擴張後仕事モ多クナリ夫レニ神戸カラ森川ト言フ職長ヲ雇ッテ來テカラ仕事ハ面白イ様ニ運フ鑄物工場カ木形ノ爲メニ差支ヘル様テハ困ルト龍野ニ言ヒ聞カセルカ失張休ミカ重ナルノテ遂ニ同人ニ話シテ腕ノ出來ル木形職ヲ神戸カラ呼シテ後一週間位ス

ルト従來ノ木形職ハ一人モ出頭セス神戸カラ來タ木形職ト臨時雇ノ大工ヤ工夫等數人出テ居テ其上前日マテ在ツタ「小管丸ノ六吋角位アル木形カ紛失シテ居ルノテ今デ言フト「ストライキ」ノ幕カ開カレタノテ一寸當惑シタカ之レカ丁度改正ノ時期ダト考ヘ神戸カラ來タ職長代リノ男ニ大工連ヲ使ハシテ仕事ヲサセ都合ニ依ツタラ神戸カラ職工ヲ呼寄セル積リテ休業職工ヘハ何ノ沙汰モセス三日計過セシニ四日目ノ朝予ノ官舎ヲ多數ノ職工カ取巻イテ居ルノテ二階カラ見ルト「ストライキ」連カ集マツテ門ノ開クノヲ待ツテ居ル樣子ナノテ暫クシテ門ヲ開イタラ徐々入ツテ來テ御話シタイ事カアルト言フカラ重立ツタ者數人ヲ内ヘ入レテ詰ヲ聞クト神戸カラ來タ人ヲ帰シテ下サレタラ私共一同ハ出頭致シ勉強シマスカラト言ヘリ其内ニ龍野カ居ナイノハ病氣タトノ事テ夫レカラ予ハ言ツテ聞カセタノハ世ノ中ハ段々進歩シテ來テ此ノ長崎造船所計リテナク神戸ニモ可ナリノ造船所カ二箇所モアリ横須賀ニハ大キナ海軍造船所カアリ其外小造船所カ諸方ニ出來ル時節テアルカラ當所テモ進ンテ改良

發展シテ行カナケレハ他カラ員カサレテ仕舞ノテアル今ノ様ニ職長ハ月ノ内ニハ度々休ミ仕事ニ差支ヘル様テハ何トモスル事カ出來ナイカラ職長ニモ兼諾サセテ新ラシイ仕事ノ出來ル人ニ來テ貰ツテ進歩シタ遣リ方ヲ御前達ニ覧ヘテ貰フ考ヘテ決シテ御前達ヲ追出ス爲メニシタ事テナイカラ其趣意カ分ツタナラ明日ト言ハス今カラ直キ工場ヘ出タラヨカロウ夫レトモ未タ分カラヌト言フナラ分ルマテ篤ト熟考シテ去就ヲ決スルカヨイ御前達ノ考ヘ様一ツテ妻子モ安心モスレハ又心配モスル事タカラ考ヘルカヨイト言ツテ聞カセタラ重立ツタ者ハ門外ノ一同ト相談シテ居タカ直キ工場ヘ出ルト言フ者ト歸ヘテ職長ヘ相談スルト言フ者トノニ派トナツタカ兎ニ角大分出頭シタノテ神戸カラ來タ人ハ出場者ニ指圖シテ仕事ヲ遣ラシタ

翌朝予ノ官舎ヘ職長龍野カ來テ言フニハ私ハ病氣テ數日休業致シテ居リマシタカ一同ノ者カ揃ツテ休業致シマシテ誠ニ相濟マセン事テ恐レ入リマシタ其事ヲ聞キ驚キマシテ重立ツタ者ヲ呼ンテ聞イテ見マシタラ今度神戸カラ來タ人カ

何ト言フ事モナク好カヌノテ仕事カ手ニ附カヌノダト言ヒマスカラソンナ馬鹿ナ事ハナイト段々申シマシタカ聞入レマセンノテ私モ困リマシタ未無理ナ御願ヒトハ存シマシタカ一同ニ夫レテハ直キニ願ツテ見ロト申シマシタノテ昨日御伺致シタ譯テ神戸ノ人ハ腕モ出來人物モ良イノテスカドウユウ譯カ皆ナニ嫌ワレテ誠ニ氣ノ毒テスカラ差出箇間シクハアリマスカ本人ト相談致シマシテ神戸ヘ帰ヘル事ニ致シマシタカラ御聞濟ヲ願ヒマス夫レカラ私モ是レカラ缺勤ナク努ソテ仕事ノ進歩ヲ謀ル様ニ致シマスカラト歎願スルノテ此ノ邊テ落着ヲ附ケヌトエ事ニモ差支ヘルノテ遂ニ之レヲ許シタノテアル

其後神戸カラ來タ人ハ自巳ノ都合テ解雇ヲ申出タノテ之レヲ許シタラ職長初一同カラ多分ノ餞別金ヲ貰ツテ帰ヘテ行ツタノテ職工一同モ従前通仕事ニ就タカ彼ノ大木形ハ何處ヘ匿シタカ是レヲドオスルカト默ツテ様子ヲ見テ居タラ仕事カ溜ツテ居ルカラ夜業ヲシテ片附ケタイト申出タカラ許シタラ翌日行ツテ見タラ紛失シタ木形ハエ場ニ在ツタカラ數日

土中ニ埋メテレシモノト見ヘ土カ附テル處モアリ濕リ氣ヲ含ンテ居ルノヲ職工等ハ氣ニシテ日光テ乾シタリ「拭ツタリシテ居ルノヲ見ルト微笑ヲ禁シ得ナカツタ之レテストライキ」ノ幕ハ閉シラレシ

職長龍野ハ各職長中テ一番確カリシタ人物テ職工ノ事テ役所ヘ申立ヲスル時ハ何時モ同人カ代表シテ出タモノテ予ハ彼レヲ平職工カラ職長ニシテ遣リシ程重用シタカ度々休ムノカ疵テ休マヌ様ニ言ツテ聞カセテモ失張リ能ク休ムノテ仕事ニ差支ヘルノテ本人ニモ兼諸サセテ職長次席ノ人物ヲ神戸カラ呼ンダノテアルカ表面テハ兼諾シタカ内心ハ不平テ一同カ罷業シタ時本人ノ家ヘ重立ツタ者カ集合シテ色々前後策ヲ相談シツヽアリシ事ハ予ノ甥テ木形見習トシテ工場ヘ出テ居リシ少年カ大層職長ノ氣立ヲ慕ヒ罷業中モ其家ヘ行ツテ泊リ込ンテ居タカ時々帰ヘツテ來テ先方ノ爲メニ恐喝的事ヲ言フノテ當方ノ遣リ方ニ不平ノ者ハ出場センデモヨイ補充ノ方法チヤント出來キテ居ルト言ツテ遣リシ甥ノ往復テ暗々裡ニ腹ノ探リ合カ出來テ面白カリキ當時ハ多

數ノ職工カ他工場ヘ轉スル事カ困難テ夫レニ長崎人ハ餘リ他國ヘ出ル事ヲ好マヌノカ當方ノ強ミテアリシ夫レテ色々皆心ノ未自談テ神戸ノ人ヲ帰ヘテ貫フ樣ニ謀リシモノテアリシ今度ノ事カ餘程職長ノ心魂ニ徹シタト見ヘテ其後ハ能ク出勤シテ事ナク濟ンダ

組立工場ノ錐揉器械

造船所テ組立工場ヲ建設セル時錐揉器械大小二基ヲ据附ケ其二臺ヲ動カス爲メニ煉瓦壁ニ取附ケラレタ小形ノ蒸氣機械ヲ備ヘタノハ良カッタカ大小二臺ノ錐揉器械ヲ使ッテ大ノ方ヲ停メルト力カ急ニ減スルノテ小ノ方ノ速力カ俄カニ増シテ錐ヲ破損シタリ孔ヲ悪クシタリシテ困ッタノテ蒸氣機械ヘ速度調節器ヲ附ケタラ急ニ荷カ輕クナルノテ一時停マッテ仕舞ヒ面白クナク機械工場テハ原働機械モ大キク各種ノ器械ヲ種々停メタリ動カシタリシテモ少シモ速力ニ違ヒカナイノハ動力ニ急變カ起ラナイノダト思ヒ遂ニ機械工場ヨリ動力ヲ送ル事ニシテ始メテ好結果ヲ得テ大小何レノ

錐揉器械ヲ使ツテモ差支ナキ事ニナツタカ機械工場カ丁度同方面ニ並ンテ居タノテ容易ニ傳動スル事カ出來キテ都合カ能カツタカ若シ傳動スル事カ出來ヌト言フ場合ニハ如何ニスレハ良イカ夫レハ錐揉器械ニ基犬ヲ漸ク動カス樣ナ小蒸氣機械テナク充分ニカアル大形ノ機械一臺ヲ据附ケルカ又ハ各錐揉器械ヘ一基宛ノ機械ヲ附屬サセルノダカ何レカ利益カト言ヘハ大形機械一臺ヲ据ヘル方カ良イノテアルト言フノハ單ニ錐揉器械ニ臺計リテナク後日必要ノ時他ノ器械増設スル時ノ便利トナルノテアル失敗モ又經驗ノ導トナル事テ跡テ考ヘルト全ク思慮ノ足ラサリシ譯カ明瞭ニ分ル一度失敗シテ見ルト其事ハ再ヒ過ツモノテハナイ種々ナ事ヲ多ク過ツト後日ノ爲メニハ大ナル利益トナルノテアル

平削器械ノ三藏

造船所ノ機械工場ニ昔蘭人カ來タ當時カラ「シカール」盤計リ使ツテ居ル三藏ト言フ職工カ居タカ外ノ器械ハ何ニモ使ヘヌカ唯「シカール」盤犬使ツテ居ルノテ外ノ職工カラ輕蔑サレ

テ居タカ夫レテ「シカール」盤ノ仕事ニ掛ツテハ牛ニ入ツタモノテ一番大形ノ「シカール」盤ヲ使ツテルカ何ンナ大物テモ小物テモソレハ甘ク削ルカ器械ヲ損シサセタ事カナイノテアル外ノ職工ハ器械ヲ牛荒ク使ツテハ時々直スノダカ三藏ノ「シカール」盤ト來タラ何時直シタカ分ラン様ニ直ス事カナク仕事ハ上出來テ何時見テモ器械ノ聯ニチアント附テ遣ツテ居ルノヲ見ルト器械ハ樂クニ動イテ居ル外ノ職工ハ鉋ヲ磨キ又ハ火造直シニ行ク時ハ必器械ヲ停メテ行クカ彼三藏ハ器械ヲ停メル事ハ滅多ニシナイノテ聞イテ見ルト鉋ハ同シ物ヲ三挺ツヽ持ツテ居テ其内一挺ヲ前以テ磨キ又ハ火造直シテ使ヒマスカラ器械ハ何時モ停メス二動カシテ居ルノテストト言タノテ成程ト感心シタ鉋ハ極ク短カクナルマテ使ツテ居タカ仕事モ上手器械モ停メス道具ヲ粗末ニセス其上勤勉ト來テ居ルカラ申分ノ無イ人物カト思フカ本人ハ餘リ賢イ風ハ無ク愚直ト言フ質テ蘭人カラ學ンタ其儘ヲ今テモ行ツテ居ル其頭ノ名物男ナリシ後年外人職工カ專問的ニ働クノヲ見テ三藏ノ事ヲ思ヒ浮ヘリ

## 鍛治工場ノ送風管

造船所ノ新築鍛治工場ノ送風管ハ木製角形テ送風機ハ機械工場ノ滊罐室内ニ据附ラレ其處カラ土中ヲ木管ニテ送風スル事ニシタノハ第一ハ經費ヲ節減スル為メ第二ニハ竣工期限ヲ早メル為メノ考カラ出タノテアル或時退場後同工場ノ側ヲ通ツタラ内カラ盛ンニ煙カ出ルノテ入ツテ見タラ火床裏ニ埋メラレシ木管ノ處カラ煙ハ土ヲ漏レテ出テ居ルノテ人ヲ呼ンテ來テ其處ヲ掘リ返ヘシテ見タラ管内ハ火カ廻ツテ居タノテ漸ク鎮火サセタカ一体如何ニシテ發火シタカト思ツテ數アル火床ヲ調ヘテ見タラ一箇所表面ハ水カ撒ツテ消ヘタ様テ中ハ火カ起ツテ居ル上ニ風管ノ嘴子カ閉メス二アツタノテ夫レカ火ヲ導イタ原因ト分リ火床附近ノ風管ヲ鑄鐵管ニシタラ其後ハ火ノ憂ハナカリシ諸方持歩ク木製ノ吹子モ火床ノ不始末カラ残リ火テ焼ケタ例ハ能ク聞ク事テアルカ今度ノ事モ同様ナ譯テ修日火床テ大キナ火ヲ取扱ツテ居ルカラ附近ハ乾燥シ切ツテ居ル處ヘ送風ヲ止メタ上ニ大事ナ

遮断スヘキ嘴子カ開ケ放シテアツタノテ火氣カ木部ヘ移ツタモノテアル夫レテモ早ク發見シタノテ夜業テ修繕ヲシテツ翌日ノ作業ニ差支ナカリシハ幸テアリシ建設當時火床ノ周圍犬鐵管ニシテ置イタラ過失モナカツタ事ト思ヒ事物ハ何テモ最初ニ能ク考ヘテ入念ニセ子ハナラヌト實物教訓ヲ受タノテアル

金比羅山ト風頭山ノ凧揚ケ

造船所テ毎年五月十日ト二十日ノ両日ハ日曜日ニ相當シナケレハ職工ハ出場ハスルカ午後カラ何ノ彼ノト退場シタガルノテ申出通リ許シテハ仕事ニ差支ヘルカラ退場ヲ差止メルト皆ナカ工場カラ外ヘ出テハ市中ノ方計リ見テ居テ一向仕事カ手ニ附カン様子ナノテドウ言フ譯カト聞イテ見ルト十日ハ金比羅山二十日ハ風頭山テ凧ノ競争カアルトノ話テソンナニ凧ノ競争ヲ見ニ行キタカルカト思ヒシ夫レテ翌年實地ドンナモノカ見ニ行ツタテ成程是レテハ職工ガ帰リタガルノモ無理テハナイト思ツタ今其實況ヲ述ヘテ見ルト左ノ

通テアル凧ハ菱形ヲシタ二本糸目ヲ附ケタ物テ大キサハ大小在ルカ大ノ方ハ何テモ五呎位テ之レヲ揚ケル糸カ「ビイドロ」糸ト言フノヲ凧カラ大分ノ長サ附ケテ夫レカラ普通麻糸ヲ附ケルノダカ其「ビイドロ」糸ハ麻糸ヘ粉末ニシタ硝子ノ粉ヲ飯粒ヲ練ツタノニ交セ暑中炎天ニ麻糸ヘ塗リ附ケテ能ク乾カシタモノテアル凧ハ唯高ク揚ケテ居ルノテナク必敵ノ凧カ襲ツテ来ルカ又ハ先方ノ凧ヲ襲フノテアルソーシテ例ノ「ビイドロ」ノ在ル所テ敵ノ方ノ普通糸ヲ擦スツテ糸ヲ切ツテ飛ハシタラ勝ツノテアル擦ルニハ敵ノ糸ヘ我糸ヲ載セ掛ケタリ又ハ下カラ抄ヒ揚ケルガ同時ニ糸ヲ延ハシテ擦リ切ルノテアル敵モ糸ヲ延ハシテ切ラレヌ様ニスルノテ切レル迄双方糸ノ延シ合ヲスルノダカラ糸ノ長クアル方ハ優勢テ其内ニモ「ビードロ」糸ノ長クアル方多ク勝チヲ制スルノテアルカ凧ノ扱ヒニモ巧拙カアリ一慨ニ長イ方カ必勝トモ言ヘヌ所ニ妙味カアルノテ凧ニハ定紋ヤ繪カアルノテ一見誰レノタト分ルカ毎年遣ルノテ手腕ノ等級カ畧ホ定マツテ居ルカ上等ノニ打チ勝ツト名譽ニナルトテ長崎人ハ此ノ凧ノ支

度テ一年モ前カラ用意シテ居ル想テアル山ニハ凧ヲ揚ケル人達計リテナク見物人カ澤山来テ居テ敷物ヲ敷タリ辨當酒肴ヲ持ツテ来タリ中ニハ三味線ヲ彈イテ浮カレテ居ル連中モアリ又ハ飲食物ヲ商フ小屋ヤ凧ヤ糸ヲ賣ル店モ諸所ニアルト言フ迚モ山中トハ思ハレヌ賑ヤカサテアル長崎ノ三大行事ノ一ツニ算ヘラレテ居ル丈ケハ在ルト思フ三大行事トハ九月ノ諏訪神社ノ大祭ト盂ノ精霊流シト此ノ凧揚ケカ夫レテアル予ハ實地ヲ視察シテ成程遊ヒ好キナ長崎人トテ職エノ當日帰リタガルノモ尤モタト思ツテ其事ヲ當局者ニ話シテ翌年カラ當日ハ休業スル事ニシタラ一同ハ大喜ヒテアリシテ何テモ悪イ事テナケレハ成ル丈土地ノ風習ニ隨フ事ノ得策テアルノヲ感シタ

百年使用ノ帆船

造船所テ造船用トシテ「マニラ」栈ヲ本國カラ帆船一艘分買ツタ時注文ノ木栈ヲ積ンテ入港シテ来タ其船カ如何ニモ古船ニ見ヘタノテ乗組ノ外人船長ニ其船齢ヲ聞テ見タラ此ノ船

ハ製造後モ一百年モ立ツテ居ルカ此ノ通未タ使ハレテ居マス夫レハ木材ノ自由ナ土地テ良材ヲ選ンテ入念ニ造タノテ永ク使ハレルノデストト言ヒシカ其形カ如何ニモ古風テ頑丈造リナリシ他船ト違ツタ點ハ船首ノ水線上數呎ノ處ニ二呎方形ノ木材ヲ出入スル口カ在ル事テ是レハ木材運搬專門ノ船トテ能ク考ヘタモノテ其口カラ自在ニ長イ木材カ出入サレル事ニハ感心セリ

積ンテ來タ木材ハ皆堅木計リテ約一呎角長サ十二呎乃至十五呎位木質ハ「チイキ」ニ似テ居リ中ニハ「マホガニ」朱檀杯モ交ツテアリシ木材ハ多ク小管丸ノ機関臺ニ用イラレ其外修繕船ノ船具臺ヤ艙口ヤ牛摺等種々用ニ供シテ好評アリシ夫レテ代價ハ一立方呎ニ附金五拾錢程テ當時内地ノ槻材ヨリ安價テアリシト聞キシ

昔ハ何テモ永ク保ツ事ヲ專一トシテ堅牢ニ船舶初メ何ンデモ造ツタモノテ是ノ帆船杯ハ其内テモ拔群ナルモノテアル當時ハ段々ト改良進歩シテ來テ唯一ツノ物ヲ不便テモ永ク持續スル事ヲ止メテ便利テ然カモ安價ナ物ヲ或ル期間使ツタ

ラ追々ト改良サレタ品ト取換ヘル方カ利益タト成ツテ來タノテ此ノ帆船杯ハ博物館物ノ組ニ入ル方ナランカ然シ能ク永年保タレシモノト思フノテアル

## 小管事務所ノ火災

造船所小管造船場ノ事務所ハ木造テ新築カ落成シ開所後一週間計リシテ出火ノ為焼失セリ原因ヲ調ヘテ見ルト「ストーブ」ノ煙突カラ火カ移ツタノデアル暖房ノ煙突カラ火事ノ出タ事ハ能ク聞クガ之レカ豫防ヲ充分研究シナイテ置イテ事件後ニナツテ彼是レト騒クノデアル煉瓦造リノ煙突カラハ流石ニ火災ヲ起シタ事ハ聞カヌカ「ブリツキ」製ノ煙突カラハ大事ヲ引起シタノヲ度々耳ニスルガ未タニ完全ナ防火方法ヲ餘リ實行シナイノハ遺憾テアル

從來「ブリツキ」煙突ノ場合ニハ家ノ内外部ノ煙突ニ接スル處ヘ熱ノ傳導ヲ防ク為メニ石ヲ入ルノテアルカ其石カ大概申譯ノ様ナ小形テアルノテ修日修夜熱セラレテ石ニ接シタ木部ヤ燃焼シ易キ壁ノ中ニアル梟竹ヤカ干燥シ切ツテ居ル處ヘ

高度ナ熱カ傳ハルト發火スル夫レカラ煙突カ屋外ヘ出テ居ル部分ト軒トカ接近シタノハ往々アルラ外部タカラ通風テ何分カ冷却ハスルカ煙管ハ裸ノ儘タカラ油斷ハ出來ヌ暖房ハ大概室内ノ壁寄リノ處ニ据附ケラレテ居ルノテ「ブリツキ」煙突ハ壁際ニ漆フテ居ルカラ壁ハ大分熱セラレテルカ壁ニハ別段防熱装置カシテナイノカ多イ塗壁ナラ未タ良イトシテ中ニハ張壁ノモアルノハ不用心テアル

建築スル時少シ注意シテ防熱ニ用ユル石材ノ質ヲ選ヒ大サモ相當ナモノトシ石ト壁ノ接觸部分ニハ壁ニ用ユル寸莎ヤ梁竹杯カ顯ワレヌ樣ニ充分ナ厚サ熱ノ傳導セヌ物テ塗ツテ置クノテアル建築物ヲ烏有トスル事ヲ考ヘタラ第一ニ之レニ意ヲ注キ少シ多ク費用ヲ掛ケタ處テ何テモナイノテアルカ物事ハ都テ欠點ノアルノテ困ル兎角事後ニナツテアーノコーノト考ヘル事カ多イノテアル唯煙突ノミデナク火ヲ扱場ニハ一層設備ニ周到ナル用意ヲ以テ災ヲ未然ニ防ク事ヲ心懸子ハナラヌ一度火災ヲ蒙ムツタラ單ニ建築其物ヲ燒失スルニ止マラス必要ナル物品等ヲ燒失又ハ棄損シ諸人ニ迷

惑ヲ蒙ラセ多大ノ損害トナル恐ル可シ

英國人ノ人夫頭(67)

造船所小管造船場ニ大分古クカラ居ル英國人ノ人夫頭ノ老人カ居タカ人夫頭ニ外人ヲ雇フ必用ハ無イノテアルカ前カラ永ク居ルノト外人トシテハ給料モ僅カ月五十圓テアリシ引揚臺ニ外國船デモ引揚ケタ時抔ハ言語カ通シルノテ少シハ役ニ立ツノテアルカ一體ハ不用ノ雇人テアリシ當人ハ生涯日本テ暮ス考ヘタトテ神妙ニ働キ居タリ然ルニ第一船渠ノ開業式ニ井上工部御カ長崎ヘ出張サレタ時止セハ能イニ態々工部御ノ前ヘ行ツテ挨拶ヲシタノテ工部御ハ御前ハ何ヲシテ居ルカト尋子ラレシニ人夫頭ト荅ヘタカ其時ハ何事モナク濟ミシカ他日工部御ハ所長ニ人夫頭マテ外人ヲ雇フ必要カアルカト聞カレタノテ所長モ返荅ニ窮サレ別段必要アツテ雇ツタ譯テナク從來カラ雇ヒ續キテ今日マテ來タト有リノ儘申サレタラ例ノ經濟ニ明ラカテ聞カヌ氣ノ井上サンタカラソンナ詰ラヌ男ヲ雇ツテ置クノハ造船所ノ爲ニナ

ラヌカラ解雇シタラ可カロートエ部御ノ一聲テ可愛想ニ直キニ解雇サレシカ誰レカヲ便ツテ上海ヘ行キシ

兵庫工作分局ノ雇支那人

兵庫工作分局(川崎造船所ノ前身)ヘ予カ出張セシ時仕上工場ヲ見タラ支那人ノ職工カ一人日本職工ノ中ニ交リツテ働イテ居タノテ工場ヲ一巡シタ後局長松田氏ニ面會シタ時神戸ニハ澤山職工カ居ルノニ支那人ノ職工ヲ御雇入ニ成ツテルノハ特殊ノ技術テモアルノデスカト尋子タラ同氏ハ何ニ普通ノ職工テ腕カ格別良イト言フ譯テナイト言ハレタノテ夫レテハ支那人ヲ雇ツタ謂ハレカ分ラヌノテ段々詰問ヲ進メテ行ツタラ職工ヲ就業中遊ハセヌ様ニスル事ハ隨分骨ノ折レルモノダカ其中ニモ夜業ヤ徹夜業トナルト人目カ尠クナルノテ遊フ事ニナル夫レカラ試シニ支那人ヲ雇ツテ一緒ニ働ラカシテ見タノダカ結果ハ大分良イ様テアル支那人ハ餘計ニモ働カヌ代リ夜業ヲシテモ隱レテ遊フ様ナ事ナク辛抱強ク何時モ變ラス働イテ居ルノカ得色テ日本人ハ支那人ト言

フ外國人カ側ニ居ルト敗ケ嫌ヒタカラ勢ヒ遊ハナクナルト言フ譯タト言ハレタノテ成程ト其譯カ分リシ支那人ハ呂長ノ言ハレタ通辛抱強ヒノテアル目的ハ金錢テ金錢ノ前ニハ何物モナク無心テ事ニ當ルカラ長時間ノ勞働モ氣永ニ遣ツテ行ノテ堪ヘルノテアル日本人モ金錢ハ無論欲シカラヌデハナイカ然シ唯金ヲ放リ出シタラ何テモ默ツテ遣ルカト言フトソーテハナク頭カ輕クテ直キニ感情ニ走リ易クヤレ職長ノ言ヒ樣カ悪ヒトカ無理ナ仕事ヲサセルトカ仲間ノ誰レハ樂ナ仕事ヲシテ甘ヒ事ヲシテ居ルノテ自分カ精々遣ツテルノガ馬鹿ラシクナルトカ色々ノ事ヲ仕事ノ方ヘ以テ來テ不平ダラダラ遣ツテルノテ永續キモシナケレハ良イ仕事モ出來ンノテアル以上述ヘタノハ短所テ長所ニハ負ケヌ氣カアルカラ甘ク得意ニ働カスト永續キハセンカ一時一生懸命ニ其時ハ金錢ノ事ヲ顧ミス努力スルノテアルカ昔ハ先ツソーシタモノテアリシカ世ノ變遷ト共ニ段々金錢ノ貴キ事ヲ感シテ遂ニ金錢ノ前ニ叩頭勤勉シツヽ働ク事トナレリ

## 清國艦隊水兵ノ暴擧

明治九年頃長崎港へ清國ノ艦隊カ入港シテ乗組員ハ毎日市中へ上陸シテ諸所ヲ徘徊シ買物ヲシタリ飲食シタリシテ代價ヲ拂フニハ金ノ薄ク延ヘタ物カラ適當ノ大キサニ切リ取ツテ支拂ヲセシトカテ中ニハ非常ナ利益ヲ得シ商人モアリシトカ數日間ハ無事ナリシカ或ル日上陸シタ兵卒ノ一群カ醉ニ乗シテ亂暴ヲセシカハ巡査カ之レヲ制シタカ倍々暴行ヲシテ居ル内ニ他ノ同上陸連カ集マリ來ツテ加勢ヲ爲シ一大騒動トナリシニ其上ニ同艦カラ多數ノ水兵カ應援ノ爲メ上陸參加シタノテ最早鎮撫スル事カ出來ナクナリ警官總出テ之レト對抗シツヽアリシカ水兵方ハ日本人ヲ敗走セシメントシテ大多數テ暴力ヲ振フノテ警官ハ小數テアル上ニ人民ニ被害ナカラン樣ニト唯防禦ニ努ムル故自然後退スルノ止ム無キ有樣トナリシヲ視タ市民ハ警官方ニ助力シ其多クハ屋根ニ昇リテ瓦ヲ投ケタノテ水兵モ之レニハ弱ツタト見ヘ漸次退却シテ帰艦シタノテ騒動ハ止ミシ翌日カラ一人モ上陸スル者ナク其内間モナク艦隊ハ出港セリ

同艦隊ハ示威的ニ日本ノ各港ヲ巡航シタノテアル故ニ長崎市中ニ起リシ水兵ノ暴行ヲ艦隊ノ上官カ制止セスシテ返ッテ多数ノ兵士ヲ艦カラ送ッテ之レヲ助ケ日本人ヲ壓倒セシメントセシモ市民カ一齊ニ立ッテ之レヲ防キ勢ヒ敵シ難キヲ見テ漸ク引上ケタノニ見テモ分ル長崎ヲ始メトシテ各港ヲ巡航シタカ長崎ノ失敗ニ鑑ミ其後ハ至極大人氣シカリシ今度ノ暴擧ハ實ニ長崎市ニ大利益ヲ與フ可カリシヲ妨ケタ事テアリシ暴擧ナカリセハ艦隊ハ暫ク滞在シテ需用品ノ供給ヤ乘組員ノ市内ヘ落ス金銭ハ夥ナカラスシテ市ヲ霑ス事多大ナリシニ惜キ事テデハアッタカ事件ノ突發ハ如何トモスル事カ出來ナカッタノデアルガ官民一致テ之ヲ防キ國威ヲ發揚シタノハ大ニ益スル所カアリシト思フ

「テーフル」船ノ乘揚

明治九年頃元工部省燈臺局ノ燈臺巡視船テ「テーフル」船ト言フ鐵製滊船ヲ當時大阪ノ或船主カ拂下ヲ受ケテ大阪九州間ノ旅客ヤ荷物ノ運送ニ用ヒテアリシカ或時九州カラ大阪ヘ

帰航ノ途中長崎港へ入ラントﾄ港外醫王嶋へ濃霧ノ為過ッテ乗揚ケタトノ報ニ接シ造船所ヤ水上警察署ヤ船舶関係ノ向カラ多數ノ小蒸滊船テ遭難現場へ乗附ケシカ風波強ク激浪ノ為中々本船ニ近附ク事カ出來ス遠方カラ乗上ケタ有様ヲ見ルト外車輪船ノ両舷ノ車カ暗礁へ乗リ揚カリ船尾ニ浪カ當ルト船カ動揺シツヽアリシ翌日ハ海モ穏カニナリ再ヒ本船ヲ見ニ行キ近附テ能ク見ルトコハ如何ニ船體ハ機関室ト滊鑵室トノ間テ奇麗ニ前後ニツニ折レテ舳ヤ艫ハ水中ニ没シ船體ノ切断面ヲ現場實物テ見タ事ハ初メテナリシ

其後船主ハ該船ニ再用ノ見込ナキトシテ現狀ノ儘賣却スル事ニシタカ港外遠キ島ノ一端ニ乗リ揚ケテアル事トテ月ノ内平穏ノ日數ハ尠ク其上當時ハ未タ古地金ノ販路モ狭ク取毀シヤ賣拂ニ骨カ折レテ其上採算上カラ見テモ餘リ面白クナイノテ買受希望者カ尠ク在ッテモ相談カ纒マラヌ程ノ安値テアルノテ暫ク其儘放ツテアリシカ長崎ノ醫者橋本清氏ハ目的カアッタカ後ニ該船ヲ引受ケテ大ニ利スル處カ在ッタトカ言囃サレシ造船所テ造リシ小管丸機関ノ支柱其他ニ

其杖料ヲ使用セシ支柱ニ用ヒシ杖料ハ寸法カ少シ太イノテ削リ取ル代リニ鍛ヘ直ス方カ良イトテ普通ノ鐵杖ヲ燒ク様ニ火床ヘ入レテ充分燒タノヲ瀛鎚テ一ト打チ打ツタラ粉微塵ニ飛ンテ仕舞ツタノテ初メテ唯ノ鐵テナイト知リ今度ハ削リ取ツテ用ニ立テシ跡テ杖質ヲ調ヘタラ立派ナ硬質ノ鋼テアリシ當時鋼ハ尋常ノ物ニハ使ツテナカツタカ流石ニ本船ハ佛國製テ第二世「ナポレオン」皇帝盛時ノ遊覧船トシテ造ラレシモノトテ室内ノ装飾ナドハ美麗ナモノデアリシ

安寧丸暗車軸ノ「ブラケツト」

瀛船安寧丸ノ暗車軸ノ船尾ニアル「ブラケツト」ハ鍊鐵製ナリシカバ同船ハ木造船トテ「コーペル」板ヲ水面下ニ張ツテアルノデ「ブラケツト」ニ腐蝕ヲ及ホス事ヲ防ク爲メニ鉛板ヲ以テ被覆シタノハ良カツタガ何度カ大阪九州間ヲ航海シテ居ル内ニ所々鉛カ落剝シタノデ船尾ヲ淺處ニ當テヽ干潮ノ間ニ應急修理ヲ爲セシカ暫時ノ間ニ又剝レルノテ遂ニ是レヲ取除ケタ儘使用シテ居タラ次第ニ腐蝕スルノテ後年砲金製ノ

「ブラケット」ニ改造シテカラ何事モナク永年無事テアリシ腐蝕ヲ防クト言フ事カラ一ツ似寄リノ事ヲ書ク其頃造船所ノ立神船渠ヘ鐵造ノ可ナリ大キナ露國軍艦カ入渠シタノヲ見ルト双暗車ノ一方ハ錬鐵製ノ「ブラケット」ニ鑄鐵製ノ暗車ヲヲ用ヒタノハ鐵艦トシテ相當テアルト思ッテ他ノ一方ヲ見ルト砲金製「ブラッケット」ニ砲金製暗車ヲ用ヒ其附近一體ヲ亜鉛引板テ張ッテアッタノテ如何ナル譯カト艦員ニ聞イタラ暗車ヲ鑄鐵製ニシテ置クト激浪ヤ氷塊ノ爲メニ壊ワサレルノテ試驗ノ爲一方砲金製ニシテ見タノテアル是レナラ永ク保ッ事ト考ヘルト言ハレ其譯カ分ッタ亜鉛引板ヲ張ッタノハ外板カ鐵テアルカラ砲金カラノ害ヲ防カン爲メテアル後年ニ到ッテハ鑄鋼製ノ暗車ヤ「ブラッケット」ヤ何テモ好キナモノカ出來テ來テ其上鋼鐵板カ出來テ船艦モ追々鋼鐵製トナリシ前記ノ安寧丸ヤ露艦ノ苦シテ砲金ヲ使用シ高價ナ品ヲ使ッテ其上完全ナ仕事ト言フ譯ニ行カス今日カラ考ヘルト工業モ又幼稚テアリシト思フカ當時如何ニ苦心セルカト言フ事ヲ玆ニ記シテ其材料ノ不充分テアリシヲ示ス

露艦ノ推進機昇降装置

昔ハ石炭カ得難カツタノテ瀛船テモ順風ノ時ハ機関ノ運轉ヲ止メテ帆ヲ張ツテ航海セリ其内ニモ軍艦ハ商船ヨリモ其設備カ完全テ帆走ニ變ヘル装置カ行届テ居リシ中ニハ帆テ航海スル時暗車カ水ニ抵抗セザル様ニ推進機ヲ桙ノ内ニ装置シテ自在ニ甲板上ニ桙ト共ニ巻揚ケル事ノ出來ルノモアリシ夫レテ如何ニシテ水中テ推進機ノ軸ト機関軸トヲ接合又ハ分離スルカト思フト双方ノ軸ノ端カ凸凹ニナツテ居テ接合又ハ分離ノ時ハ一定ノ方向ニ定メテ置テ昇降スレハ良イノテアルカラ面倒ハナイノテアル

予ハ長崎港碇泊ノ露艦テ前記ノ様ナ引揚ケ装置ノアルノヲ目撃シタ艦員ノ話ニ此ノ通リ甲板上ニ引揚ケテレルカラ推進機ヲ撿査シタリ又損シタ時ナドハ豫備品ヲ取附替タリスルノニ船渠ヘ入レスニ碇泊ノ儘テ出來ル夫レカラ航海中推進機カ不時ニ損シタ時ニハ尤モ便利テ海上ニ漂ツテ居ル中テ容易ニ取替ヘル事カ出來ルト言フノハ此ノ設備ノ一番ノ

特色テアルト言ヘリ話ヲ聞テ見ルト此ノ引揚裝置ハ至極有益ナモノト合點カ行ク今ト違ヒ其當時ハ港毎ニ船渠カアルノテナク一度推進機カ損シタ場合遠ク船渠ノアル港マテ入替ヘノ爲行カ子ハナラ又現ニ朝鮮警備ノ我一砲艦ハ砲金製ノ推進機カ羽根ヲ入レ替ユル裝置ニナツテ居ルニ拘ハラス朝鮮附近ニハ船渠ナキ爲羽根一枚ヲ取替ヘニ態々長崎マテ來タモノテアリシ

## 三池鑛山分局ノ車輪

造船所テ三池鑛山分局カラ注文テ坑内ニ使用スル小運搬車ノ車輪カ早ク損シルノテ軌道ニ當ル部分ヲ「チルド」製ニシテ貰ヒタイトノ事テ引受ケタカ當時ハ未タ一般ニ「チルド」鑄物ノナイ時テ初メテ遣ル仕事テ主要部則チ車輪ノ軌道ニ當ル部分ヲ金型トシ普通ノ通リ鑄流シテ見タラ金型ニ小サナ龜裂カ出來キテ其部分ニ當ツタ鑄肌カ滑ラカデナク金型ヲ幾度モ造ツテ種々温メ方ヲ加減シタラ型ノ裂レハ良クナツタカ「チルド」カ不充分タト見ヘテ暫時使用スルト直キニ磨滅ス

ルノテ「チルド」ニシタ甲斐カナイト言フ事テ地金ノ硬イノヲ用ヒタラ破レカ出タリシテ種々方法ヲ更ヘテ遣ツテ見タカ滿足ナモノカ出來キス種々頭ヲ惱マシタ末白銑鐵ヲ混合シテ「チルド」鑄物ヲ造ル事ヲ或ル書物カラ見附ケタカ其白銑鐵カ手ニ入ラス漸クノ事テ後日外國品ノ「チルド」製品ノ不用品ヲ地金トシテ買入レテ普通銑鐵ト混合シテ「チルド」製品ヲ造ッテ見タラ良品カ出來キタノテ三池ノ方カラモ永ク保ット言ッテ來タノテ「チルド」鑄物ノ方ハ成功シタカ夫レニ附イテ又一ツ囲ツタノハ「チルド」ト普通鑄物トノ境等ニ鑄張リカ出來テ居ル處ヲ削ルノニハ特別ナ鉋地金カ當時ハ無イノテ隨分囲ツタ後年ニ到ツテ燒入ラスナ鋼ヤ金剛砂砥等カ出來キテ容易ニ硬質ノ地金ヲ削ル樣ニナツタカ以前ハ餘リ硬イ處ノアル鑄物ハ其儘癈品トシテ仕舞ツタノテアル當時重ニ用ヒタ銑鐵ハ「ソッツ」ヤ「レツトガ」ノ一番ニ番ハ軟カク三番四番ハ硬イノテ古地金テモ上等品ハ軟カク下等品ハ硬イノテ鑄造ニ依テ各使ヒ分ケタモノテ下等ノ一番硬イ悪イ地金ハ多ク火焚場ノ「ハイヤバー」ニ使ワレシモノテアツタ

## 小管丸ノ隔心唧筒

滊船小管丸機関ノ循環唧筒ハ原動機附ノ隔心唧筒ヲ使用セルカ其唧筒ハ英國製テアリシ外ニモ一臺入用カアツタノテ其レヲ見本トシテ入念ニ製作シテ双方トモ運轉シテ見タラ囬轉數ハ百八拾囬モスルノテ中々早ク造船所製ノ方モ別段不都合ナ所モナイカ唯勵シイ囬轉ニナルト微音ヲ聞クカ英國製ノ方ハ如何ニ急速度ニ囬轉サセテモ少シモ音カシナイ唧筒ヲ背後ニシテ居ルト全ク何モ廻ハツテ居ラヌ様ニ静カテアル夫レカラ造船所製ノ方ノ各部ノ摺合セヤ其外ヲ調ヘ少シモ間隙ノナイ様シタラ音ハ殆ントナクナツタカ今度ハ熱氣ヲ帯ヒテ來タノテ色々手ヲ盡シテ百五十囬マテナラ燒ケヌ事ニナツタ

英國製ノ方ハ無理ニ締附ケヅ極緩ヤカニシテ於テモ少シモ急速度テ發音セヌノハ什言フ譯カト段々研究シテ見タラ詰リ機械ノ中真角度カ縦横正九十度ヲ保ツテ居ルノテ囬轉ニ少シモ無理ヲセヌト言フ事カ分リ其積リテ角度ヤ中真ヲ正

確ニ陂メテ後ハ無理ニ締附タリシナクトモ始メテ英國製ノ通リ發音モナク素ヨリ燒ケモナク全速度テ回轉スル事カ出來テ後ニ是レヲ他船ニ使用シテ好成績ヲ擧ケシ跡カラ考ヘテ見ルト何モ別段六ケ敷ヒ事テハナク當前ノ事ナレトモ新規ニ造ッタ品ヲ最初碌ニ調ヘモセンテ行形試運轉ニ掛ケ夫レテ不結果タト茲ニ至ッテ考ヘタリ何カシテ色々ト手數ヲ懸ケ再應試驗ヲシテ又不工合タト又考ヘツ、直シテ行クカラ時ト金トヲ多ク費スノテアル夫レモ何遍テモ構ハス根氣ヨク遣リ通セハ遂ニハ良品ヲ造ル事カ出來《ル》ノテアルカ期日ニ迫マラレタリ經費ヲ壓タリスル處カライ、加減ナ事テ濟マセテ什フモ何ント言ツテモ船來ハ流石ニ船來丈ノ直打カアリマス抔ト言ツテ頭カラ是非共研究シテ船來同樣否夫レ以上ノ成績ヲ擧ケ樣ト言フ意氣カ必要タトハ思ハナイテ中途テ止メテ唯其時間ニ合セテ置ケハ良イト言フ習慣カ甚タ悪イノテ遣リ掛ケタモノハ子コソケ遣リ通スト自然良イ物ヲ造ルニハコーユー處ハコーセ子ハナラヌアーユー處ハアーセ子ハナラヌト能ク頭ニ入ルカラ次回ニ同シ

物ヲ造ル時ニハ時日モ早ク經費モ尠ク出來ル樣ニナルカラ最初カ肝要テアル事ハ言フマテモナイ
此ノ喞筒機テモ引續イテ研究シタカラ縱橫ノ正確ト言フ事カ頭ニ入タ樣ナモノテ自得シテ仕舞ヘハ何テモ無ヒ道理タカ夫レカ造ツタ喞筒ハ誠ニ正確ト信シテ碌ニ調ヘモセンテ直キニ廻シテ見タノカ聊疎漏ナノテ出來上ツタラ能ク各部ヲ特別ニ調ヘテ見タラ其短所ヲ發見セシナラシ短所ヲ發見シタラ其起リハ製作スル原機械カ不正確テアルカ或ハ毛掻カ過ツテ居タカ明瞭ニ分ツテ來ルカラ之レヲ正シクシテ行クト言フ風ニナツテ次ニ造ル物ハ自然正確ナ良品カ出來ル事ニナル以上ノ樣ニ仕事ヲ大切ニシテ行クト一事カ萬事知ラス知ラスノ間ニ良品ヲ製造スル事ニナルカ併シ自分一人天駒ニナラヌ樣ニ舶來品テモ又內國製品テモ時々見テ見聞ヲ廣メテ其長所ヤ短所ヲ知ル事ハ尤モ必要タト思フ

## 長崎消毒所

長崎消毒所ハ皇室カラ全國衞生事業ノ爲御下賜金カアツ

タ内ヲ以テ建テラレシモノニテ場所ハ長崎港ノ入口女神ト言フ前面ハ海邊左右ト奥ノ三方ハ山ニ囲マレタ消毒所ニハ適當ナ所テ内務省衛生局長長與專齋氏ハ長崎ヘ出張セラレ今度同所ヘ新タニ設ケラレル消毒所ノ諸設備ニ附指揮萬端ヲ致サレ造船所ニ消毒所諸器械製造ヲ依頼セラレシカ造船所ハ該器械ニハ經驗カナイトテ一應斷ハッタカ長與氏ハ自分カ萬事思フ處ヲ話スカラ其通遣ッテ貰ヘハ良イノテ造船所ニ迷惑ハ掛ケンカラ是非引受ケテ呉レトノ事テ予ハ長與氏ト同行ノ衛生局技師下村當吉氏等ト會シテ其設計ニ取掛ツタ

消毒所ハ悪疫流行地ヨリ長崎港ヲ経テ九州其他内地ヘ入ル船舶ヤ積荷乗客乗組船員等ヲ消毒スル目的テ其一日ニ消毒スル程度ハ三百人ノ乗員ト夫レニ相當スル荷物手廻品及其船舶ヲ差支ナク消毒シ得ルモノトシ今其順序ヲ述ヘルト消毒ヲ受ケル者ハ上陸シテ先ツ扣所ヘ入リ掛官ノ指圖ニ依テ順次脱衣ノ上直チニ浴場ヘ行キ入浴中脱衣ハ消毒器械テ消毒シ着衣場ヘ廻スノテアル入浴者ハ浴後着衣場ヘ行ツテ着

衣シ手廻荷物ハ本船カラ揚ケテ消毒器械テ消毒シ再ヒ本船ヘ戻スノテアル本船ヤ積荷ハ掛官カ出張シテ消毒スルカ荷物ノ内開放シテ消毒スル必要品ハ陸上ケシテ消毒器械テ消毒スル事消毒濟ノ人ヤ荷物ハ本船ノ消毒濟後帰船スル事扣所浴場着衣場ハ長廊下テ往キ來スルカ各ノ巨离ハ大分離レテアリシ消毒所ノ建物ヤ土木工事ハ一切衛生局ノ直營テ大畧ハ左ノ如シ

| | |
|---|---|
| 一受消毒者扣所 | 一棟 |
| 一浴槽及上家 | 同 |
| 一着衣場 | 同 |
| 一消毒器械上家 | 同 |
| 一熱湯溜上家 | 同 |
| 一滊罐室 | 同 |
| 一事務室 | 同 |
| 一従業員扣所 | 同 |
| 一物置 | 同 |
| 一各室へ通行スル廊下 | 數箇所 |

一海岸上陸場　一箇所
一同　乗船場　同
一周圍ノ柵　數箇所
一荷物運搬軌道及車輛　往復共
一焚出場　一棟
一見張所　數箇所

造船所テ製造セシモノハ大畧左ノ如シ

一消毒器械　二基
一汽罐　一基
一汽罐給水唧筒　一臺
一水槽同　一臺
一熱湯溜装置　一箇所
一浴槽ヘ熱湯ト給水装置　一式
一各関係方面ヘ蒸氣管水管
一熱湯管及附属品等　一式

消毒器械ハ方形ニ重張ノ鐵板製テ正面ニ鐵戸扉ヲ設ケ消毒品ノ出入口トシ内法約六呎テ消毒品用車ヲ二輛入レル様ニ

ニ条ノ軌道カアリ其二重張ノ間ヘ蒸氣ヲ通シ内部ニ熱度ヲ保タシメ熱氣消毒ヲスルモノテアル器械ノ正面ヲ除ク外ハ或ル間隙ヲ置テ防熱ノ爲ニ煉瓦積ヲ爲セシ

消毒器械ノ外面ノ熱ヲ内部ヘ流通セシメントテ圣三吋ノ「パイプ」ヲ内外板ヲ通シテ處々ニ入レタノハ良カツタガ實際遣ツテ見ルト熱ノ爲ニ煉瓦積ノ濕氣カ内部ヘ浸入シテ折角乾燥セントスル品物ヘ濕氣ヲ加ヘルノテ木栓テ「パイプ」穴ヲ塞タラ天井穴ノ木栓カ穴ノ膨張テトン々々音ヲ立テ丶下ヘ落チタノハ滑稽テアリシ夫レカラ螺旋止メニシテ落チナクナツタ

消毒器械内部中央カ十分間乃至十五分間テハ熱度カ豫定通高マランノテ後ニ経ニ吋ノ管ヲ六吋ノ間隔ニ入レタラ直キニ熱度カ上ル樣ニナツタ

熱湯溜ハ一定ノ高處ニ設ケラレ喞筒テ水ヲ送リ蒸氣ヲ中ヘ潛ラセテ熱湯ヲ造リ之レヲ浴槽ヤ洗面所ヤ焚出場等ヘ送ルノテアル

水槽ハ一定ノ高處ニ設ケラレ浴槽ヤ洗面所焚出場其他入用

ノ場所ヘ自在ニ送水スルノテアル
浴槽ハ煉瓦造リテ男子用ノ方ハ幅九呎長サ十二呎深サ二呎五吋女子用ノ方ハ幅六呎長サ九呎深サ二呎五吋テ最初湯ヲ造ルニハ唧筒テ水ヲ入レテ熱湯ヲ交セテ適當ノ温度トスル入浴者ハ備附ラレタ水又ハ熱湯ノ嘴子ヲ捻シッテ適宜ニ浴湯ヲ加減スル事カ出來ル
汽鑵ハ圓形直立式テ汽壓六拾封度火爐ニハ「ガルロレチユーブ」ヲ入レタモノテ此ノ汽鑵壹基カラ消毒所諸方面ヘノ蒸氣ヲ送ル事テアル
汽鑵給水唧筒ハ普通船舶ニ用ユル直立式テアリ水槽ヤ浴室ニ水入替ヘ用ノ給水唧筒ハ同式ノ大型ノモノテ水ハ井戸カラ吸上ケラレシ
蒸氣管熱湯管水管ハ鐵管ヲ用ヒ其所用ニ依ッテ架空又ハ地下等適宜ニ設置セラレシ
消毒所ノ設備完成後屢消毒ヲ實施セラレシカ中ニモ日清日露ノ戰役後歸還兵ハ長崎通過ノ分ハ此ノ消毒所ニ據ッテ消毒セラレ大ニ國家ノ用ヲ達セシ事ヲ思フト當時ノ衞生局長

長與專齋氏ヤ當局者ノ功勞ヲ大ニ謝セサル可カラス

## 赤羽工作分局時代

### 築地ノ砂糖器械 (68)

明治十六年頃東京赤羽ノ工部省工作分局テ砂糖精製器械ヲ造ッテ失敗シタ事ヲ述ヘルカ其注文先ハ東京テ屈指ノ砂糖問屋小西商店其他有名ノ砂糖商カ合資シテ白砂糖製造所ヲ東京築地ニ建設スル事ニナリ技師ニハ多年米國テ實地製糖工場ニ従事シテ今田帰朝シタ某氏ヲ聘用シ製造器械ハ一切内地テ造ル事トシ同技師カ彼地テ使用セシ器械ニ基キ製造ヲ工作分局ニ注文アリ分局ノ技師長ハ某氏ノ諮ニ依リ参考書等ヲ調ヘテ茲ニ器械製造セラレ据附後數十田ノ試作ヲセルカ何時モ白黄交リノ砂糖カ出來テ純白ノ良品カ得ラレス其不結果ノ原因ノ重ナルモノハ製造所ノ三階ニ据附ラレタバキユームパン則最初ニ糖液ヲ流シ込ム釜ノ二重底ノ蒸氣ニ蒸サレテ糖液カラ蒸發スル蒸氣ヲ側ラニアル喞筒テ速カニ吸收セサルカラス然ルニ其喞筒ハ「スペシヤル」喞筒ノ舊式形テ分局テ始メテ造ッタノテ不具合テ時々運轉カ停マル

ノテ其ノ為「パン」ノ中ノ蒸氣ハ充滿シテ不結果トナル事カ多カリシ後日唧筒ノ「バルブ」ヲ新式ニ改メテ運轉ハ差支ナクナツテ始メテ純白ノ砂糖カ出來ル樣ニナリシカ唧筒ノ吸收カカ未タ不充分テ何時モ良イ結果ヲ見ル事カ出來ス夫レテ充分吸收力ノアル他式ノ唧筒ニ改メン事ヲ技師長カラ注文主ニ謀リシ時ハ既ニ工場ヲ閉塞スルト言フ多數ノ資本主ノ意見ニ傾イテ居タノテ實行スル事カ出來ス誠ニ遺憾至極テアリシ其後豊前國大里ニ精糖所カ出來キ其後大阪ニ盛大ナ精糖所カ設ケラレ內地テ多ク白砂糖ヲ製スル樣ニナツタカ一番最初ニ着手シタ東京ハ反ヘテ關西方面ニ勝ヲ制セラレタ感カアル前者ハ器械ノ不良ニ加ヘテ起業者ノ悉堪力ニ乏シキ結果何物ヲモ握リ得サリシ後者ハ器械ト技師トヲ熟練ナ外國ニ求メテ確實ナ好成績ヲ擧ケテ漸次之レヲ本邦人ノ手ニ移シタ事ハ何ト言ツテモ着目カ一歩先キンジテ居ル

紡績用蒸氣機械

工作分局テ紡績機械ヲ製造シツヽアリシ時米國カラ取寄セ

タ紡績機械ヲ運轉スル三拾馬力蒸氣機械ハ運轉カ困難トテ空シク倉庫ニ入レラレテアリシ一體夫レハ如何ナル譯カト聞テ見ルト蒸氣出入辨カ圓筒式ニナツテ居ルノテ「リードヤテ「ツプ」ヲ外カラ見ル事カ出來ス其上進入ト迯出ノ辨カ各別ニナツテ居ルノテ輻雜テ是レヲ調節スルニハ少シノ頭ヲ遣ハ子ハナラヌ面倒カアルノテ一度三州ノ或ル紡績工場ヘ送ツテ使用サセタラコンナ取扱憎ヒ機械ハ御免タトテ帰サレタノテ普通ノ蒸氣辨ヲ備ヘタ機械ト引替ヘテ遣ツタノダトノ話テ當時ハ一般技術モ幼稚テ精巧ナ利益アルモノハ面倒カラレ取扱ノ為シ易ヒ頭ヲ餘リ遣ハヌモノカ歡迎セラル丶時節テアリシ是ノ米國製ノ機械モ蒸氣辨ノ磨擦尠キ上蒸氣ノ進入ト排出ヲ自由ニ加減シ得ル四個ノ圓辨アルモノハ面倒カラレテ排斥セラレシ其後倉庫内テ邪魔物扱ニサレテ居タ其機械ヲ出シテ能ク調テ見タラ辨ノ位置カ適度ニナツテ居テス夫カラ辨ノ位置ヲ正シク改メテ試運轉ヲシテ見タラ至極良イ結果トナツテ今度ハ頭ノアル機関士ノ居ル野州ノ或紡績工場ヘ送ツタラ炭量モ節約セラレ機械カモ自由ニ加減

スル事カ出來ルトテ重寶カラレシ機械モ使用スル人ニ依ツテ其眞價ヲ顯ハス事カ出來ルノテアル如何ニ良イ物テモ夫レニ相當シナイ人ニ宛行カツタ日ニハ一文ノ價値モナイモノト言フ事カ是ノ機械ニ就テ證明セラル、ノテアル

## 紡績機械ノ製作 (69)

明治十五年頃赤羽工作分局テハ全國ノ紡績工場ニ使用スル目的ヲ以テ舶來ノ紡績機械二千紡錘ノ物二臺ト其附屬具一切ヲ見本トシテ買入差當リ二十臺ヲ製造スル事トナリ其製造ニ要スル仕上用諸器械ヲ工場内ニ据附テ製造ニ着手シツ、アリシカ當時政府ハ紡績工業ヲ速ニ全國ニ起サントテ他ニ舶來ノ紡績機械多數ヲ購入シテ全國適當ノ地ニ貸附テ綿糸ノ製造ニ着手セシメタカ從來製糸ノ業ハ水車又ハ人工ニ依テ小部分區々ニ製造シアリシ事トテ完全ナル機械カヲ以テシテハ原料其他ノ集散等カ機械ニ應セサル而已ナラス附近ノ該業ニ從事セル者等ハ爲メニ其業ヲ失フト言フ事トナリ實行困難トナリ購入機械ノ配附サヘ意ノ如クナラヌ有様

トナリ折角工作分局テ製造ニ着手シテ技術員ヤ職工ヲ養成シ懸ケタ大事ナ時ニ今取掛ツテ居ルニ臺ノ紡績機械式ヲ纏メテ其他ハ中止スル事トナレリ工作分局テハ他ノ工作物ヲ漸々止メテ專ラ紡績機械製造ニ移ラントシツヽアリシ時トテ中止ニ依テ茫然自失ナリシ翌十六年工場ヲ擧ケテ海軍兵器局ヘ引渡シテ兵器製造所トナレリ

物事最初ニ手ヲ附ケル事ハ誠ニ難儀ナモノテ紡績業カ今全國ニ旺盛ヲ極メ産業ノ一大勢力ヲ持スル樣ニナリシモ始メハ前記ノ樣ナ有樣テアリシ事ヲ思フト實ニ今昔ノ感ニ堪ヘサルヲ得ヌノテアル一體今テモ紡績ノ材料綿ハ是レヲ海外ノ産地印度等ニ大部分ヲ求メテ内地産ハ極小部分ニ過キヌノテアル創始時代ニハ重ニ内地産ヲ目的トセシ爲メ桟料ノ不足ヤ不引合等テ事業ヲ進メル事カ不可能ニ畢リシカ後年海外綿ヲ需用スル事ニ着眼シテカラ次第ニ其目的ヲ達シテ漸次擴張シテ今日ノ隆盛ヲ極メ東洋ノ霸權ヲ掌握シテ内ニハ數多ノ従業者ニ職業ヲ與ヘ外ニハ海外ノ需用ヲ充タシテ外資ヲ輸入シ國家財政ノ基ヲ強固ニスル等誠ニ當局者ノ功

勞ヲ謝セサル可カラスト共ニ是ノ事業ノ發展ヲ慶賀セサルヘカラス

紡績機械製作ノ現況

赤羽工作分局テ紡績機械ノ製作ヲ始メテ居リシ事ハ前ニ陳ヘタカ紡績機械ハ纖密ナ小形モノカ多數集マッテ成立テ居ルノテ之レヲ製作スルニハ一々モ擦イタリ何カシテハ手間モ懸ルシ不揃ニナル故模範形ヲ造ッテ夫レニ擬ッテ仕上ケテ行ク事ナルカ其數ハ驚ク程多ク一ト通仕事ニ差支ナイ所テハ百枚程ニナリシトカ當時製作シツヽアリシハ二千錘ノモノニ基臺ナリシカ附属品ヲ併セルト隨分廣キ工場カ一杯ニナル程ノ場積ヲ要シタ事テ使上ヲスル器械ハ悉ク英國カラ取寄セテ据附ケ使用セルカ綿ヲ引延ス「ロール」ヲ削ル旋盤ハ前後四箇所ニ鉋臺カアッテ一時ニ四箇所カラ荒中仕上ト同時ニ削ルノテ「ロール」ノ長サハ餘リ長クハナイカ鉋ヲ懸ケタラ其儘一齊ニ仕上ルノテ鉋ハ特別上等鋼ヲ用ヒシ何セ一齊ニ仕上ケルカト言フト休ンタリ又ハ鉋ヲ取附替ヘタリスル

ト製品ニ不同カ出來ルカラト言フノテアル他ノ仕上器械モ一度ニ多ク仕事カ出來ル裝置ニナツテ居ル錐揉器械ノ如キハ一度ニ四箇ノ穴ヲ穿チ穴穿カ濟ムト把手ヲ其距离ニ依ツテ一回又ハ二回廻ハスト所要ノ寸法ニ違ハヌ所ヘ來ルカラ次ノ穴ヲ穿ツト言フ樣ニ出來テ居ルカラ仕事ハ速カニ渉取ルカニ臺位ノ小數ノ機械ヲ仕上ケル事ニ使ツテハ器械カ專門的ニ出來テ居ルノテ何ンナ物テモ直キニ穴ヲ穿ツト言フ譯ニハ行カス夫レ故器械ヲ休マセテ置ク事カ多ク反ヘツテ不經濟ナリシ尤モ是ノ器械購入當時ハ續イテ多クノ紡績機械ヲ製造スル筈テアリシニ中途テ止ミシ次第テ事情ハ誠ニ止ムヲ得ヌ事テアリシカ專門器械ト言フモノハ多數ヲ製作スル爲ニ出來テ居ルノテ是レヲ普通ノ器械トシテ使用スルニハ甚タ不便テ相當ナ仕掛ヲシテ其一部分丈ヲ使用スルノニ大キナ重イ器械ヲ動カシテ緩急ノ調子ヲ取ル事モ意ノ如クナラス現ニ是ノ器械類ハ海軍兵器製造所ヘ引續トナツタカ兵器用品ヲ仕上ケルノニ成ル可ク備ヘ附ケテ在ルモノダカラトテ使フ事ハ使ツタカ錐揉器械ノ如キ經八分ノ五吋乃至

四分ノ三吋位ノ穴ヲ穿ツニ長サ二十二吋幅三吋モアル平削盤ノ様ナ形ヲシタ大形器械ヲ用ユルト言不便サ之レヲ普通ノ器械トシタラ三吋ノ二吋位ノ小器械テ濟ムノテ遂ニ此等ノ器械類ハ後年入札拂ヒトナリシカ買手モ潰シ値段テ安ク落札シテ引取シカ茲ニ至ツテ貴重ナ專門器械ノ末路ハ誠ニ憫然タルモノテアリシ

製作サレタ紡績機械

赤羽工作分局テ製作サレシ二千錘ノ紡績機械ハ我國テ創作セラレシモノテアリシカ製作後暫ク農商務省ノ倉庫ニ入レラレテアリシカ栃木縣ノ或ル紡績家カ拂下ヲ受ケテ之レヲ使用シテ糸ヲ製シテ見タラ糸ハ細大交リノモノカ出來テ夫レカラ色々ニ加減シテモ直ラス不揃ノ糸計出來ル(70)ノテ輸出向處テハナク内地テモ買手アレハ良イカト弱ツテ居タラ土地ノ百姓連カ其事ヲ聞テ糸ノ良否ヨリモ直段ノ安ヒノヲ本位トシテ之レヲ買ツテ行ツテ自家用ノ布地ヲ織ツテ見タラ外見ハ滑ラカテハナイカ着テ見ルト保チ方モ良ク好評トナ

リ我レモ我レモト亢方ヘ買ヒニ來ルノテ二臺ノ機械テハ間ニ合ワヌト言フ盛況トナリシカハ製造者ハ其筋ヘ同様ノ機械ヲ數臺造ツテ頂キタイト申出タトハ滑稽ナリシ畢竟スルニ糸カ不揃ニ出來タノハ機械ニ一様テナイ處カ在ツタノテ何ントモ言ツテモ創メテノ事テ不熟練ナ處カアツタニ違ヒナク熟練ト言フモノハ何ントモ言ハレヌ妙味ノ在ルモノテ器械ハ專門ノ良イモノテモ之レヲ使用スル者カ未熟ナト器械ノ價値カ無クナツテ仕舞フノテアル

今一ツ其例ヲ擧ケテ見ルト或ル時旋盤職工數名ヲ雇入レル試驗ノ爲態ト使ヒ古シタガタガタ旋盤テ試驗品ヲ造ラセタラ同様ナ器械テ在リナカラ熟練ナ職工ノ仕タ仕事ト夫レヨリ未熟ナ職工ノシタ仕事ト比ヘテ見ルト第一螺旋ノ切リ方テモ上等職工ノシタ物ハ螺旋ニ不揃カ無ク初メヨリ修リ迄同シ手當リテアルカ下等職工ノシタ物ハ螺旋ニ固ヒ處ト緩ヒ處トカ出來テ居タノテ什シテコンナニ違ヒカ在ルノカト思ツテ能ク調ヘテ見タラ旋盤ノ始修使ツテ居ル處ハ送螺旋カ磨滅シテ居ルノテ無頓着ニ螺旋ヲ其處テ切ツタノテ自然

功ツタ螺旋ニ夫レカ移ツテ雌螺旋ト雄螺旋カ一定セン處カ出來テ固ヒ緩ヒカ出來タノハ下等職工ノ為シタ方テ夫レナラ上等職工ハ什フシテ立派ナ工合ノ好ヒモノヲ造ツタカト調ヘテ見ルト其磨滅シタ處ヲ避ケテ平素多ク使ハヌ送螺旋ノ處ヲ使ツテ螺旋ヲ功タノテアル夫レテハ如何ニシテソンナ處テ功ツタノカト思フト長イ功レ歯ヲ横ニ附ケタ鉋テ功タノテ正確ナ送螺旋ハ雌螺旋ト雄螺旋トニ差カ出來ヌノテ一様ノ牛ニ對テアル良イ螺旋カ功レタノテアル夫レ丈上牛ノ方ハ頭ヲ働カシテ仕事ヲスルカラ甘ク出來ルノテアル仕事ヲスルニモ失張頭カ働ラナケレバナラヌト言フ事ト熟練ノ功ヲ積マナケレハ一寸其處ニ心附カヌノテアル赤羽工作分局製ノ前記ノ紡績機械モ引續イテ製作シテ居タナラ器械ヲ使フ呼吸モ分リ遂ニ良品カ出來タテアロウト殘念ノ至リテアリシ

廢局テ海軍ヘ引渡シノ事

工部省所轄ノ各工場ハ民業ノ發達ト共ニ漸次官業ヲ廢シテ之ヲ民業ニ移スト言フ事カ當時政府ノ方針テ東京赤羽工作

分局モ東京府下ニ機械類ヲ製造スル工場モ追々ト出來テ分局ヲ廢シテモ差支ナイト言フ意見テ工場ハ全部海軍兵器製造所へ引渡ス事トナリ海軍テハ在來ノ築地兵器製造所カ手狭テ何レニカ相當ナ土地へ之レヲ移シテ擴張セントスル際トテ工作分局ノ工場ヲ其儘引受ケタノデアル當時工作分局ノ工場テハ紡績機械製造ヲ爲シツヽアリテ未タ完成セス其上色々殘工事モアリ旁技術員三名ト職工全部約三百名程ヲ海軍へ引渡シ兵器製造所員ヤ同職工等ト合併シテ兵器製造ノ傍引續キ工事ヲ片附ケル事トナリシ

其時ノ情況ヲ陳ヘルト赤羽方ノ職工ハ兎ニ角從來ノ職業其儘ノ席テ就業シテ居ル處へ海軍側ノ職工ハ凡三百名計リ築地工場ニ備附ケテ在リシ器械類道具類ヤ半製品等ヲ持ツテ其職業ニ相當スル工場へ入來ツテ一隅ニ集合シ在來ノ職工ハ自己ノ領地へ敵カ進入セシ氣分テ冷眼以テ外來ノ職工ヲ注視シ其間何ント無ク各自不快ノ感ヲ抱キ素ヨリ一言ノ言葉サヘ交ユル者ナク其樣ナ情態カ凡一週間計リモ續キシカ其内追々ト部署ニ就ク事トナリ互ニ言葉ヲ交ス者モ出來テ來

タカ然シ赤羽側ノ職工ハ自分達ノ仲間ハ海軍ノ者ヨリ技倆カ立勝ツテ居ルト言フ顔附ヲシテ外來ノ者ヲ見下シテルト海軍方ノ職工ハ貴樣達ハ我海軍ヘ降參シタ者テ是レカラ我々ニ隨ツテ兵器ノ仕事ヲ覺ヘナクテハナラヌカラ今ニ一目モ二目モ置テ降參スルニ違ヒナイト言フ樣ナ態度テアルカラ兎角居常折合カ悪ク夫レテ我々工部省カラ引續キヲ受ケタ技術官達ハ同僚トナッタ海軍ノ技術官達ト職工ノ和親スル樣ニ色々接近策ヲ採ツタカ海軍ノ技術官ハ從來カラ馴染ノ海軍ノ職工ヲ贔負ニスル有樣又工部省カラノ技術官ハ矢張舊來ヨリノ職工ヲ使フ方カ便利テアルト言フ風テ何テモア半年計リハ何トナク双方瞰合ッテ不愉快ナ日ヲ送リツタアリシ

大體公平ナ眼ヲ以テ視タ處テ工部省ヨリ引續イタ職工ノ方カ腕ノアル者カ多ク海軍ノ職工ノ方ハ一體ニ年齢ノ若ヒ者カ多ク隨ツテ腕ノ方テハ及ハント言フ譯テ其内ニ工事モ追々ト盛ンニ成ツテ來テ隨分六箇敷仕事カ澤山出テ來タ處カラ其成績カ工部方ノ方カ良好トナルニ連レテ日一日ト歒意

モ薄ラキ其内不滿ヲ抱ク者ハ自然淘汰シ賢イ者ハ上手ノ腕前アル者ト和熟シ自己ノ技術ヲ磨ク者モ大分出來テ滿一箇年ノ後ニハ先ツ一ト通折合カ附タ事ニナツテ工部方ノ我々技術官モ海軍方ノ技術官モ一寸一安心セシ其時ノ事ヲ思フト多數ノ集合者ヲ合併スルト言フ事ハ六箇敷ヒモノタト考ヘシ

夫レカ同一ノ種類ノ者ノ合併ナラ良イカ種類ノ相異セル一方ハ海軍々人氣質ヲ帶ヒテ居テ仕事カ兵器ヲ造ルノテ他ノ一方ハ一般諸器械ノ製造ヲ爲ス事トテ各方面ノ官民ヲ相手トシテ經濟ヲ立テヽ行ク所謂半官半民ト言フ性質ヲ帶ヒテ居ルノテ全ク相異シタ者ヲ一處ニシタノダカラ折合カ直キ附カナカツタノモ道理テアリシカ夫レテモ擴張ト共ニ新兵器ノ進歩ハ腕ノ在ル者カ其技術ヲ顯ワス機運ニ遭遇シタノテ勢ヒ優勝劣敗テ合同ノ期ヲ速カニシタノテアル事ヲ思フト世運ノ力ノ大ナルヲ考サル可カラス

# 赤羽海軍兵器製造所時代

## 露國公使館ノ井戸喞筒

露國公使館カラ赤羽海軍兵器製造所へ井戸喞筒壹個ヲ製作シテ貰ヒタイカラ掛リノ人ニ來テ實地見テ呉レテカラ造ル様ニ頼ムト申込ンテ來タノテ製造所長ハ態々當所ヘ頼ンテ來ルカラニハ餘程六箇敷ヒ喞筒ニ違ヒナイト思ハレ當時同所ハ工部省赤羽工作分局ノ工場ト我々三名ノ技師并三百名計リノ職工ヲ海軍ヘ引渡シテ間モナイ時テ喞筒ノ様ナモノハ我々ノ方カ本職ナノテ所長カラ三人シテ同公使館ヘ行ツテ篤ト實地ニ就テ見聞シテカラ入念ニ製造シテ遣ル様ニト申渡サレタノテ三人テ同館ヘ行ツテ見タラ邦人小遣ノ様ナ男カ一人出テ來テ館側ノ井戸端ヘ連レテ行キ喞筒ト言フノハ是レデスト示サレタ喞筒ハ経貮吋半計リノ小サナ手押喞筒テ夫レハ本館三階ノ浴槽ト洗面所トヘ送水スルノタ想テ其男ノ言フニハ御覧ノ通彼ノ三階ハ随分高イ處テスノニコンナ小サナ片手押喞筒テハ充分ニ水モ上リマセン上ニ力カ

足リマセント申マシテモ館員ノ外人ハソンナ事ハ分リマセンテ私共カ不精ヲスル様ニ申シマスカラ此ノ喞筒テハ不適當テスカラ能ク分ル人ニ見テ貰ツテ下サイト再三申シマシタノテ夫レテ漸ク貴所ヘ御願シタ事ト思ヒマスカコンナ喞筒位ハ市中ノ喞筒屋テモ間ニ合ヒマス處ヲ貴所ニマテ御厄介ニ成リマシタノハ誠ニ御氣ノ毒様テストノ話ヲ聞テカラ一同ハ歸所シテ其事ヲ課長ヲ經テ所長ヘ復申シタ後遂ニ製造ノ運ヒトナリ充分研究シテ高所ヘ送水スル手押喞筒ヲ造ツテ試驗後同館ヘ据附好成績ヲ擧ケシ

製品ハ僅カナ一小喞筒タカ日本海軍ノ兵器製造所ト向フハ露國公使館ト言フ所カラ國際的氣分テ日本ノ不名譽ニナラヌ様ニト製品ニモ周到ノ注意ヲ拂ヒ優良品ヲ造タカ能ク考ヘテ見ルトコンナモノヲ造ルノニ技術者カ三人モ出掛ケテ行ツテ現場視察ヲシタノハ抱腹ノ至リテアリシ

## 組立場ノ起重機

赤羽海軍兵器製造所ノ機械工場ノ組立場ニアリシ横行起重

機ハ其両端ニ回輪把牛カ一個宛備ヘラレテアルノテ工夫カ両側ニ一人宛立ツテ夫レヲ廻ワシテ起重機ヲ進行サセルノタカ鬼角調子カ揃ハヌノテアル夫レハ各自カ把牛ヲ多ク廻シタリ又少シ廻ハシスルノテアル一方カ多ク動キ他方カ少クテ勤ク爲メ起重機ハ斜メニナルカラ其儘進ムト重クナルノテアル其上ニ工場ノ梁下ヲ通過スル時ハ工夫カ立ツテ居ル丈ノ距蹢カナイノテ腰ヲ屈メテ把牛ヲ廻スノテ勢ヒ少シ宛シカ廻ラ又爲時間カ多ク費ヘルノテアル夫レテ工場ノ端カラ端マテ行クニハ三十分程モ掛ルノテアル把牛ヲ廻ス事ニ就テ奇談カアル夫レハ二人ノ工夫ノ内一人ハ古參者他ノ一人ハ新參者テアルト古參者ハ把牛ヲ心持少シ廻ストカカ樂テアルカラ能クソンナ事ヲシタノタト言ハレテ居タ

後兵器製造所ニ移ツテカラ中央テ一軸ノ把牛ヲ二人テ廻ス様ニ改正シ梁下ヲ通過スルニモ頭カ梁ヘ觸レヌ様ニ改メテカラ始修同シ速度テ進行カ出來ルノテ一端カラ他ノ一端マ

テ行クノニ從前ヨリ約三倍モ早クナツタノテ始メテ有益ナ起重機トシテ使用セラル、事トナリシカ以前ノ事ヲ思フト實ニ悠長ナリシニハ驚カレシカ此ノ組立工場ト共ニ起重機マテ設計セシハ工部大學ノ教師英國人「コードル」氏トテ有名ナ人テアルカ前記ノ様ナ起重機ヲ完全ナモノトハ思ツテ居ナカツタニ相違ナイカ思フニ經費ノ点テ止ムヲ得ス間ニ合ハセニ何ンナ事ニシテ置イタノタト考ヘルカ今少シ何トカシタラ良カツタモノト追想セシ夫レカ名アル人ノ設計丈ニ猶更其名望ヲ傷ケル事カ誠ニ遺憾ノ到リテアル其上一度使用シテカラ改造スルト言フ事ハ仕憎ヒモノテアルカラ最初ニ充分考慮シテ造ラ子ハナラヌモノト思ヘリ

旋盤工場ノ原働機械

兵器製造所器械工場ノ原働蒸氣機械ハ工作分局カラノ引継ノ品テ表面冷汽器附單筩横置式四十馬力テアリシカ諸器械ヲ動カスニハ大キ過キテ居リシ或ル日其實力ヲ知ル爲メニイ「ンジケートル」ヲ懸ケテ見タラ真空計リカ顕ハレテ少シモ汽

壓力見ヘナイノテ試ミニ四分ノ三テアリシ蒸氣切断ヲ無理
ニ八分ノ三迄ニシテ再ヒ「インジケートル」ヲ懸ケテ見タラ僅カ
滊壓ヲ見ル事トナリ其儘使用シテ居タカ燃料石炭ハ一日四
百封度ヲ減少スル事ニナリシ
此ノ機械ノ冷滊器ニ用ユル水ハ構内ニアル大池ノ水ヲ引イ
テ來テ使ツテ排水ハ再ヒ小溝カラ池ヘ戻シテ居タカ其循環
カ悪ヒノテ自然真空ノ結果モ面白クナカツタノテ池カラノ
導水樋ヲ大キクシテ使用シタ排水ノ温度ヲ低下スル為メニ
日光ニ當ラヌ樹下ヲ迂回シテ池ヘ帰ヘシテカラ真空モ大分
好結果トナリシ
滊罐ノ壓力モ従來ハ三十五封度ヲ用ヒテ居タカ之レヲ四十
封度迄高メタノテ前記ノ如ク燃料經濟ヤ其他都合カ良クナ
ツタノテ一層完全ナ原動機械ヤ滊罐ヲ造ツテ大ニ燃料ノ經
濟ヤ使用上ノ便利ヲ講ラント其事ヲ當局ヘ申告シテ置イタ
テ其年度ニ計理方面ノ餘裕カ出來タトテ豫而ノ志望ヲ聽許
サレタノテ次ニ記載スル新機械ヲ設計シテ英國ヘ注文セリ
過大ナル機械ヲ動カシテ燃料注油其他ヲ顧ミサリシ往時ノ

事ヲ思フト實ニ痛歎ニ堪ヘヌノテアル日常テサヘカ餘ッテ不經濟テアルノニ日曜日ヤ夜業僅少ナ器械ヲ動ス時ニハ一層其極ニ達スルノテアル事ヲ一向顧ミサリシ幼稚時代ノ事ヲ思フト感慨無量ノ念ヲ起スノテアル

旋盤工場ノ新式原動機械

新式原動機械ハ横置聯成冷氣器附使用氣壓六十封度ニシテ高壓氣筩ト低壓氣筩トハ並ンテ別々ノ臺座ニ置カレ其曲拐軸ハ中央テ「クラッチ」仕掛テ接續又ハ分離ヲ容易ナラシムル装置トシ冷氣器ハ各氣筩ノ後部ニ一個完備ヘ機械ノ一方ニ故障アル時カ又ハ手入レヲ要スル時ハ「クラッチ」テ分離シテ高壓氣筩ノ方テモ低壓氣筩方テモ一方丈使用スル事カ出來ル様ニナッテ居ル

冷氣器ハ平素充分ナル力ヲ機械ニ用ユル時ハ二個ヲ使用シ機械ノ一方ヲ使用スル時ヤ双方使用シテモ日曜日ヤ夜業等ニテ器械ノ一部分ヲ使用スル時ハ冷氣器ノ何レカ一方ヲ使用スル事カ出來ル其上平素事業中テモ冷氣ニ故障カアルカ

又ハ牛入等ノ時ハ何時テモ使用ヲ停メテ作業シ得ルノ便利
カアル
瀛鑵ハ「コルニシユ」式火爐ニ「ガルローウヱーチユーブ」ヲ嵌メタ
モノテニ基ヲ備ヘ平常ハ一個ヲ使用シ或ル期間使用シテハ
代ル代ルニ取換ヘテハ掃除等ヲ爲シ豫備トセシ其構造ハ六
拾封度ヲ永ク使用シ得ル樣ニ地金ヲ優良品トセシハ無論其
上ニ計算上規定ヨリ數割高瀛壓ニ堪ユル事トセシ
海軍兵器製造所ハ帝國海軍ノ諸軍艦ノ諸兵器類ヲ製造或ハ
修繕スル貴重ナ所テ何時テモ差支ナク工事ヲ爲サ子ハナラ
又其内テモ尤モ必要ナ機械工場ノ原動蒸氣機械テアルカラ
不斷運轉シ得ル樣ニシテ置ク事ト經濟的方面トヲ主眼トシ
テ設計シタモノテ此ノ機械ノ得色ハ聯成機械全體トシテ第
一燃料ノ節約ヲ謀リシ事ノ外ニ各部カ都合上一部分宛働キ
無用ノ動力ヲ費サヌト共ニ修繕ニ當ツテ休マスニ運轉ヲ續
ケ得ルテアル
當時以上ノ如キ機械ヲ製造シ得ル工場カ稀レテアリシカハ
遂ニ英國ヘ注文スル事ニナリ予カ同所ヲ辭職セシ明治二十

年末ニハ着荷シタカ辞職後豫而ノ設計通リ機械工場内ヘ据附使用セラレシカ豫定ノ如ク萬事好都合ノ結果テ燃料ハ従來ノ半額テ事足レリトノ事テ予モ滿足セリ

### 十人組ノ便利ナ工夫

兵器製造所ノ機械工場ニハ工作分局カラ引續カレタ職夫達ノ内ニ十人組ノ工夫カアリシ各自異ナツタ技倆ヲ持ツテ居タカ大工左官石工鳶等テ中ニハ竹細工ヲスル男カ居テ其男ハ頭カ非常ニ良ク難工事ニハ何時モ仲間カラ相談ヲ受ケルト即時ニ甘ヒ考ヘヲスルノテ尊敬サレタ竹籠ヲ以前職業ニシテ居タノテ籠清ト仲間カラ呼ハレテ居タ以上ノ様ナ工夫カ十人互ニ意氣相投シテ専心事ニ當ルノテ小人數テ能ク工事ハ渉取リ所内ノ評判モ良カリシ

或ル時工場内ニ据附テアリシ一旋盤ヲ他ニ移シ代リノ器械ヲ其場所ニ据附ケル事ニナリシカ其邊ハ多クノ小形器械カ間隙ナク据附ラレテアルノテ尋常ニ遣レハ通路ニ當ル器械載臺ハ是非一時取外子ハナラヌカ當時工事ハ繁忙中トテ成

ル可ク器械ヲ止メスニ据替ヘタイト思ツテ十人組ノ内頭立ツタ酒井龍ニト言フ男ニ其事ヲ話シタラ一二ノ仲間ヲ呼ンテ來テ何カ相談シテ後其注文通リ御引受シマスト言タノテ何ンナ事ヲスルカト任セタノテアル

据替ユル器械ノ上部ノ屋根ヲ或ル大サニ切開シテ屋上ニ三叉ヲ設ケ場外ニ備ヘタ「ウインチ」テ器械ヲ屋外ヘ捲キ揚ケ屋根ニハ板ヲ並ヘテ器械ヲ滑ラセ程ナク場外ノ地上ニ釣リ卸シテ今度ハ代リノ器械ヲ前ト反對ニ引上ケ釣卸シテ据附ヲ聊カモ故障ナク畢リシ其ノ仕事ヲ遣ル間近傍ノ器械ニ掛ツテ居タ職工ハ平常通リ働テ居タ夫レテ是ノ工事ニ掛ツテ居タ工夫ノ數ハ場内ニ一人屋上ニ二人ト「ウインチ」ニ二人テ都合五人テ一向騷カス靜カニ進行シテ行キシ工夫等ノ仕事ハ器械ノ運ヒ方丈ケテハナク取除タラ据附タリスル間ニ二箇所ノ基礎改築ヲシタノテアル基礎工事中ハ適宜ニ他ノ用事ヲシツ、受持ノ男カ數人掛ツテ手ヲ附ケルノテアルカ其申合セカ行届テ居テ少シモ働ク時間ニ無駄カナイ計リカ互ニ氣持ヨク我物トシテ遣ルノテ仕事ハ容易ニ渉取ルノテアル當

今カラ見ルトコンナ仕事ハ珍ラシクモナイカ當時技術ノ幼稚時代テハ衆人ノ驚異ヲ引キタリ

十七珊砲ノ運搬

兵器製造所テ十七珊「クルプ」砲ヲ組立工場カラ構外川淵ニアル起重機ノ處マテ運ヒ舩ニ積込ムノテ雇砲丁ヤ人夫カ五十人計リモ掛ッテ朝ノ七時カラ正午頃マテニ漸ク工場外十間程ノ處マテ運ヒ來ッタ時工場ヲ巡視サレツヽアリシ所長カ之レヲ見ラレテ予ニ言ハレルニハカヽル多人數ヲ要シテ遅々トシテ運ハサルハ如何ナル譯カト夫レテ予ハアレハ倉庫掛ノ牛テ運ンテ居ルノテ何時モアンナ工合ニ多人數掛ッテ遣ッテ居リマスト言ッタラ所長ハ君ノ所ニハ立派ナ工夫カ居ルト想タカ其工夫ニ遣ラセタラモツト速ク運フタロウト言ハレテ居タ時丁度十人組ノ酒井龍ニカ前ヲ通リ懸ッタノテ呼ヒ留メテ其話ヲシタラ同人ハ所長ノ前モ構ハスニ卒直ニ彼レ等ノスル仕事ハ速ク運フ氣杯ハ少シモナク唯時ト金トヲ目的ニシテ居ルノテスカラアンナニ騒キ廻ツテモ多ク前ヘハ

出マセンアノ調子テ行クト退場時間マテニ漸ク通用門ノ邊マテシカ行キマセン舟ヘ積込ハ明日中ノ仕事テショウト言ツタノテ所長ハ驚カレテ夫レテハ工場ノ工夫テ運フトシタラ何時頃マテニ船ヘ積メルカト尋子ラレタノテ酒井ニ詰シタラ私共ニ御任セアラハ五人掛リテ三時間位テ積込ンテ御覧ニ入レマシヨウト言ッタノテ所長ハ直ク倉庫掛長ヲ呼ハレテ何ンテアンナニ多人數掛ッテ埒カ明カヌカト言ハレタラ掛長ハ外ノ仕事カ片附イタカラ今少シ前カラ手傳ハセテ早ク積込マセタイトテ多勢掛ケマシタト申譯ヲシタラ所長ハ今カラ機械工場ノ手テ運ハセテ見ルカラト言ハレ茲ニ十人組ノ手テ運フ事トナリシ

彌工場工夫ノ手テ運フ事ヲ所長カラ命セラレタノテ其支度ニ取掛ツタカ道具ハ手捲ニ噸起重機ト滑車ヤ綱等テ大砲ハコロ臺ニ据ヘテアルノテ其儘綱テ曳ク様ニシテ五人ノ工夫ハ夫レ々ニ配置シテ仕事ヲ始メタカ平素カラノ熟練モアリ決シテ急イテ働クト言フ風モナク暫時ニシテ大砲ハ構外ヘ出掛ケタカ往來ヲ横切ツテ起重機ノ處ヘ行クノテ綱ヲ通行

人ニ踏マレヌ爲メニ其装置ヲシタリシテ彼是半數ヲ要シタカ怠慢ナク仕事ヲスル事ハ割合ニ渉取ルモノテ船積ヲ畢ッタ時ハ丁度二時間半テ酒井ノ所長ノ前テ受合ッタ三時間ヨリ三十分間モ早ク濟シ夫レテ其事ヲ上申シタラ工夫達ニハ特別賞金ヲ與ヘラレシ

(71) ロ經壹吋「ノルデン」砲ノ製造

明治十八年兵器製造所テ英國式ノロ經壹吋四連式「ノルデン」砲二十臺ヲ造ル事ニナリ見本品ニ倣ッテ砲身ノ鋼栈ハ技師大河平戈藏氏カ苦心ノ結果數十回試驗ノ後同等ノ地金ヲ製造シ得ル様ニナリ火造後ノ仕上ハ器械工場テ爲シ其他砲架ヤ屬品ハ種々研究ヲ重子テ同等品ヲ製出スル事ニナリシカ其中テ一番頭ヲ惱マシタノハ砲架ニ屬スル回轉用ノ「オ、ムギア」テ隨分精密ニ間隙ノ無イ様ニ造ッタ積タノニ試驗シテ見ルト舶來ト比較シテ余中カ尠ク察スルニ發射ノ都度砲身カ不規則ニ動揺スル事ナラント思ヒ「オ、ムギア」ノ處ヲ間隙ノ無イ様ニト金剛砂仕上トシテ入念ニ改造シテ試射シテ見タラ以前トハ稍良好ノ結果トナリタレトモ未タ中々船來品ト比敵ス可ヘクモアラス船來品ハ旋囘シテ見ルト手對ヘカ輕ク自由ニ動クノニ和製品ハ入念ニスル程堅ク重クナルノハ如何ナル譯カト色々苦心シテ取附ノ各部ニ就テ研究セシモ何處モ之レト言フ悪ヒ箇所モナク數囘取附替ヲシテ試シタカ各別効モ見ヘス其後浮ト考ヘタ事ハ是レハ仕上器械カ悪ヒノタト言フ事カ頭ニ浮ンタカ精密ナ良イ器械カ工場内ニナク何レモカタカタ器械計リテアツタノテ精密ナ器械ヲ海外ヘ注文スル許可ヲ得テ器械カ到着シテ工場内テ一ニト言フ精密ナ仕事ヲスル旋盤職ニ新器械テ第一ニ「オームギア」ヲ削ラセ其他ノモノモ夫レ々仕上ケサセ砲架全部カ完成後試射セシニ今度ハ船來品ト少シモ變ラヌ成績テ好結果テアリニ十台ハ續イテ完了セリ

物事ハ何テモ實地ニ當ツテ見ナケレハ其真味ヲ解スル事ハ出來ヌモノテ今度ノ「ノルデン砲」製作ハ日本海軍テハ最初ノ仕事テハアリ夫レニ砲身ヤ砲架ハ決シテ粗製濫造ス可ヘキモノテナイ事ハ百モ承知テアリナカラ從來カラ遣ヒ古シタ

器械テ取扱リ散々失敗シテカラ遂ニ精密ナ品ハ精密ナ仕上器械ヲ要スルト言フ考ヲ起シタノハ愚ノ至リト思フカ其處カ實地教訓ト言フモノテ千軍萬馬ノ功ヲ積ンテ始メテ必勝ヲ知ルノテアル

七珊砲ノ旋條

明治十九年兵器製造所テ七珊砲ノ創製ニ取掛ツタカ同砲ハ軍艦ニ据附ケテ置テ重ニ陸戰隊カ上陸ノ時ヤ又軍需品ヲ積ンタ舩等ヲ護衛スル時端艇ヘ備ヘ附ケテ使用スルノテアル砲身ノ鋼材ハ前記ノ大河平氏カ造ラレ鍛造ハ横須賀造船所テナシ仕上ケハ製造所器械工場テシタカ砲身ノ仕上モ修リ砲孔内ヘ旋條ヲ劫ラ子ハナラヌカ扨テ如何ナル仕掛ケテ之レヲ劫ルカト言フ事カ一問題テ技術員ハ素ヨリ關係職工モ頭ヲ惱マシタカ數アル職工ノ中ニ仕上職國友某ト言フ者ハ舊幕時代カラノ鐵砲鍛冶ノ家柄ノ一人テ相當ノ家産モ在リシカ漁業用ノ網ヲ結ク器械ヲ研究スルトテ種々金銭ヲ遣ヒ込ンテ遂ニ家産ヲ失ヒ今ハ一職工トシテ働テ居ルシタカ蘭書抔モ

讀ンテ何カ發明セント研究ヲ怠ラヌ男タカ今度施條ヲ功ル道具ノ事モ色々考ヘタ未特種ナ鉋ヲ造ツテ之レヲ一ツ遣ツテ見テ下サイト出シタノヲ見ルト普通ノ差込鉋トハ變ツテ居タカ早速試シニ或ルモノヘ旋條ヲ功ツテ見タラ甘ク功レタノテ其式ノ鉋ヲ以テ數門ノ砲ヘ旋條シタカ後獨逸國カラ砲ノ仕上鉋類一式ヲ取寄セタ中ニ旋條用ノ鉋カ在ツタノヲ見ルト先頃國友ノ發案品ト殆ント同式テ國友ノハ功レ及カ一枚船來品ハ二枚ニナツテ居ル丈ノ相違ナリシ國友ハ見テ考ヘテ居タカ二枚タト迄モ勞レス其上翻ラスニ旋條カ奇麗ニ功レマス私モ大ニ修行致シマシタト言ヒシカ後日本器ヲ使用シテ見タラ旋條カ奇麗ニ功レル上ニ迄ノ保チモヨカリシ

船來品ノ來ル前ニ殆ント同樣ナ道具ヲ造リ之レヲ實用ニ供シタ事ハ國友ノ功ヲ多トセ子ハナラヌ同人ハ蘭書ヲ讀ンテ居タカラ或ハ同書カラ發見セシカト思フカ砲孔ヘ旋條ノ施サレタノハ近來ノ事テアルカラ當時蘭書ノ渡來ハ僅レニテ專ラ英佛書カ渡來ノ時トテ以上ノ有樣タト同人自己ノ發見

ト思ハレルカ何レニシテモ考ヘノ深イ男テ外ニモ二三仕事ノ上ニ發案シテ便益ヲ與ヘタ事カアリシ

## 東京砲兵工廠ノ「アーク」燈

明治十六年東京砲兵工廠ノ砲具製造所ニ始メテ「アーク」燈カ點セラレタノテ兵器製造所カラ或ル夜製造課ヤ檢査課ノ課長以下職員達十數名カ揃ッテ參觀ニ行ッテ驚異ノ目ヲ以テ實ニ便利ナモノテアルト歎賞シテ視テ來タ事タッタ其後製造所テハ瓦斯燈ヲ工場一般ニ用ユル事ニナリシ當時市内ニハ未タ瓦斯製造所ハ無ク依ッテ所内ニ魚油瓦斯發生爐ヲ設ケテ原油ハ重ニ越後産ヲ用ヒシ従來ハ石油「ランプ」ヤ蝋燭ヲ用ヒ來リシカ一度瓦斯燈カ用ヒラル、ニ及ンテ大ハ工場一体用小ハ各自用トシテ之レヲ用ヒ至極便利且經濟トナリシ瓦斯ニ就テハコンナ事カアリシ夫レハ機械工場ノ組立場ノ出來事テ定時間ニ職工カ退場シテ閂鎖シテアリシカ器械工場ニ居残リシ職工カ組立場ノ前ヲ通ッタラシユシユ音カスルノヲ聞イテ知ラセタノテ予ハ工夫ニ明リヲ持タセテ同所へ行ッテ見タラ締切ッテアル工場内テ微カナ音カスルノテ之レハ多分何處カラカ瓦斯カ洩レテ居ル事タカ退場後二時間餘モ過キテ居ルカラ容易ニ明ヲ持ッテ中ヘ行ケヌト思ヒ如何ニシテ瓦斯ヲ發散サセ樣カト第一ニ入口ヲ開イテ見タカ廣イ場内トテ中々埒明キ想モナイノテ止ムヲ得ス窓硝子ヲ表カラ鐵棒テ數十箇所叩キ壊シテ其儘數時間ヲ過シテカラ恐ル恐ル明リヲ持ッテ中ヘ入リ音ヲ頼リニ諸々ヲ見テ歩イタラ場内ノ元栓カ充分締ラヌ上ニ各自用燈ノ栓カ一箇所能ク締ラスニアル處カラ瓦斯カ洩レテ音カスル事カ分リ夫レヲ締メタラ音カ止ンタカ退場時間カ來テ最後ノ燈ヲ消ス者カ栓ヲ或ル程度マテハ締メタカ從來カラ石油燈ヲ扱フ習慣テ上カラ明リヲ吹消シテ置タ事ト思フカ夫レテモ早ク氣附イテ大事ニ至ラナカッタ事ハ仕合セテアリシ今度ノ事テ何テモ大事ニナラヌ樣平素注意スル事カ肝要タト思ッタノテ職工退場後ハ予初メ掛員ハ必ス瓦斯ノ事ハ勿論其外ノ事モ取締ル爲メニ受持工場ヲ見廻ッテ歸ヘル樣ニシタカ其功空シカラス時ニハ窓ヤ入口ノ戸締リカシテ無カッ

タリ道具類カ散亂シテアツタリ不潔ナ職着カ拔ケ出シテアツタリスルノヲ見附ケテ注意ヲ職長等ニスルノテ有益テアツタ

## 兵器製造所製ノ鑪

明治十九年兵器製造所ノ築地分工場テ技術員大河平戈藏氏カ堝壷鋼ノ研究ヲ爲シツ、アリシ夫レハ鋼鐵製兵器ノ内第一カ砲身テ其他各種ノ製品ヲ造ル事ヲ目的トセシカ砲身地金ノ合格品ヲ造ラントテ屢々地金ヲ製造シタノカ澤山蓄マタノテ其處分法トシテ工場用ノ鑪ヲ造ツテ各工場テ使用サセタノカ何レモ使用シ難ヒトテ返却スルノテ大河平氏モ大ニ困リ種々製造法ヲ研究サレシカ大體鑪地金ニ適當テナイモノテアルカラ形チ計リ鑪ノ様テモ其ノ功レ味ヤ磨滅カ早ク夫レモ荒ヤ中ハ未タ無理ニモ使用シタカ細目ニ至テハ到底使用ニ堪ヘヌノテ諸工場カラ之レヲ返納シテ倉庫ニアル一船來品ニ引換ユルノテ是非トモ使用セシメントト鑪ノ購入ハ一功止メテ命令的ニ所製品ヲ使フ様ニナツタノテ弱ツタノハ工場ノ當事者テ止ムヲ得ス使ヒ古シノ船來鑪ヲ仕上直シテ内々必要ナ仕上物ニ使ツタリシテ一時ヲ間ニ合セテ居タカ職工ノ中ニハ自腹ヲ切ッテ舶來鑪ヲ内々持ッテ來テ居ルノモアリシ

所製品ヲ使ッタ一職工ノ中ニハ勢ヒ込ンテ仕上品ヲ萬カニ挟ンテ使上ケ中鑪カ中程カラ折レテ前ヘノメッテ胸部ヲ萬カニ衝突シテ軍醫ノ厄介ニナリ數日間療養スル事ニナッタカ折レタ鑪ヲ見ルト其折レロハ眞黒テ僅カノ表面カ密着シテ居タヲ見テ之レテハ折レタ筈ト思ッタ

鑪モ最初ハ砲身地金ノ癈物利用カ目的ナリシカ當局者モ其可能ナラヌ事ヲ覺リ色々研究ノ末改メテ鑪用ノ地金ヲ造ッテ各種ノ鑪ヲ造ッタカ次第ニ焼入ノ方モ熟練シテ前ヨリハ餘程上手ニナッテ來タカ夫レテモ荒ト中カ用ヒラレ當時マテハ細目ハ無論歡迎サレサリシ後海軍ノ諸工場ヤ各軍艦ノ需用ニ應センドセシカ之レハ容易ニ行レナカッタ

夫レテモ小年月ノ間ニ七珊砲ノ砲身ヤ「ノルデン」砲ノ砲身ヤ砲架ノ金物ダノ鑄鋼製ノ軍艦用滑車等ハ成功シタ事ハ誠ニ

大河平氏ノ勞ヲ感謝セ子ハナラヌ

## 職工ノ休憩所

明治十七年兵器製造所ノ各工場職工総員ハ七百有餘名テアリシカ其ノ休憩所ニハ元有馬邸ノ表門通リノ長屋ヲ當テタノタカ床ハ取拂ツテ下ハ土間テアルカ莚ヲ敷ヒテ休マセシニ數日ノ内ニ莚ノ上ハ一面ニ喫煙殼ノ燒ケ跡カ夥シク夫レニ一日數回之レヲ敷タリ巻タリスルノテ塵カ散亂シテ掃除カ中々容易ナラス莚ハ一箇月トハ保タス其上萬一火ノアル吸ヒ殼テモ巻込タラ危險ユヘ莚ヲ止メテ食台ト腰掛ヲ設クル事ヲ其筋ヘ工場カラ申出タケレトモ經費カ無イトテ一向取上ケテ呉レス去リトテ其儘ニシテ置テハ如何ニモ危險テアルカラ予ハ自分ノ受持ノ機械工場ノ職工二百餘名ノ休憩所ヲ丁度外國カラ機械類ヲ入レテ來タ木箱カ澤山アツタノテ日曜ノ休日ヲ利用シテ木工職ヲ多人數掛ケテ居殘リマテシテ一日ニ俄リノ食台ト腰掛ヲ造ツテ仕舞タカ多數ノ上ニ木カ新ラシイノテ随分立派ニ見ヘシ

造ツテ見タラ案外目立ツ様ニ立派ニナツタノト隣接セル他工場ノ憩ミ場ノ莚敷ト比較シテ見ルト如何ニモ氣ノ毒ナ感シカシタ夫レニ今度ノ仕事ハ其筋ヘ話シテモ迚モ許シヲ受ケル事ハ六箇敷ヒカラ叱ラレル覺悟テ專斷テ遣ツタノテアリシカ或ル時製造課長心得岡某氏カ現場ヲ見テ行ツタカラ何トカ言フカト思ツテ居タラ別段何モ言ハナカツタ其後他ノ莚敷ノ休憩所カラ出火シテ大騷キテ漸ク大事ニナラスニ消止メタ事カアリシ時ハ左モアル可シト思ヘリ其後當局者モ其儘テ置ケナキ事ニ氣附イテ莚敷キヲ板張リトシタカ是非機械工場ノ憩ミ場ノ様ニシテ貰ヒタイト請求スルノテ其屍カ機械工場製ノ方ヘ廻ハツ來テ何ンナモノヲ拵ヘタモノタカラ他工場ノ職工達カ羨シカツテ餘計ナ事ヲ申出テ困ルカラ腰掛ヤ食台ヲ癈シテ板張ニ改メロト言ハレタノテソンナ事カ出來ル筈カナク職工ハ總ヘテ立ツテ仕事ヲシテ居ルノテ休憩時間テモ腰掛テ食事等ヲスル事ハ姿勢ヲ崩サヌ要點テアルカラ今更改造スル事ハ工事上ノ損失テアルト衝張リ其押問答カ永ク續テ居ル内ニ他工場ノ職工中ニハ少數彼是

言ッテ居ル者モアリシカ時日カ立ツ内ニ泣寝入トナツタカ夫レテ滑稽ナ事ハ他ノ職工等ノ目ニ觸レ又様ニスルノカ肝要タトテ表ノ窓ヘ「カーテン」ノ様ニ白布ヲ掛ケテ内部ノ見ヘヌ様ニシタ事杯ハ後ニ考ヘテ見ルト児戯ニ類シタ仕方ナレトモ當時ノ豫防ニ努メタ有様テアル

## 廢彈ノ處分

兵器製造所テハ舊式ノ二十珊砲彈ノ廢物カ所内ニ山ト積マレテアルノテ邪魔ニモナルノテ何カ是レヲ利用スル事ヲ考ヘテ片附ケナケレハナラヌト沙汰セラレタノテ諸方面ノ人達カ考ヘタ末浮標ノ錘ヤ工場用ノ敷板等ヲ造タ外ニ一番贅澤ニ使ツタノハ諸器械据附ノ基礎ニ「コンクリート」ヤ石栈煉瓦ノ代リニ廢彈ヲ鑄込ンタ或ル大キサノ「ブロック」ヲ多數ニ造ツテ夫レヲ土中ニ積重子テ基礎トシ多量ノ廢彈ヲ使ツタ事ハ廢彈ノ片附方ニハ上策テアリシカ何タカ有用ノ地金ヲ土中ニ埋沒セシ事ハ惜キ心持カシタ如何ニ廢彈ナレハトテ其栈質ハ砲彈ヲ造ル位ナ結構ナモノヲ無下ニ使ヒ果シタ事ハ

今カラ考ヘルト甚タ不經濟極ルノテアルカ然シ其處ニ又原因カ在ルノテアリシ夫レハ諸官衙ニハ年度内ニ使フ定額金カ定メラレテ在ルノテ兵器製造所トシテハ兵器ヲ造ルニ癈物ヲ利用スルト夫レ丈經費カ省カレルカラ年度末ニハ自然金カ残ル事ニナル當時定額金ヲ定ムルニハ既往三箇年間ニ費シタ金額ヲ目途トシテ其平均ヲ取ル事ニナッテ居タノテ年度末ニ剰餘金カアレハ大藏省ヘ返却シタ上ニ翌年度ノ定額ハ減セラレル譯ニナルカラ經濟上カ苦シクナルノテ勢ヒ定額金ハ成ル丈ケ残サナイ様ニ使ヒ盡ス事ニスルノハ各官衙皆然リテアル前ニ述ヘタ癈彈テモ規則通ニ之レヲ處分シ様トスレハ入札拂トナシ其金ハ大藏省ヘ納入スルト言フ次第テ手數ヲ掛ケテ折角入ッタ金ハ他ヘ渡サ子ハナラヌト言フ製造所カラ見ルト馬鹿々々シイ譯ニナルカラ先張前記ノ様ニ主要部テ無イ場處ヘ使用ッテ仕舞フ事ニナルノテアルカ之レハ經濟ノ立テ方カ定額ト言フ法令ノ下ニ束縛サレタ弊害ニ外ナラヌノテアル國家經濟ノ上カラ言ヘハ癈物ハ成ル丈ケ之レヲ活

用シテ少シテモ經費ヲ省ク事カ本分テアルカ前記ノ様ニ三箇年平均テ定額ヲ極メルト言フ規定ニ押ヘ附ケラレテ一度減セラレタラ再ヒ増額スル事ハ中々六箇敷ヒノテ遂ニ努メテ定額ヲ使ヒ尽スト言フ弊風カ行ハレタノハ實ニ痛歎ノ至リテアリシ

## 小軌道ノ布設

兵器製造所ノ機械工場テハ場内必要ノ處ヘ二吋半ノ曲鐵ヲ以テ小軌道ヲ設ケ手押運搬車テ彈丸ヤ其他ノ製作品ヲ運搬スル事ニシタラ僅カ此ノ小軌道ノ御蔭テ工事カ大ニ進渉シ運搬夫ノ手數ヲ省キ好成績テアリシ今カラ考ヘルト何ンテモナイ事ノ様ニ思フカ其時節ニハ夫レテモ珎ラシイ仕方トシテ賞讃サレタノテアリシ

軌道ヲ設ケル時諸器械ノ位置カ不規則テアツタノテ之レヲ据替ヘルト軌道ハ直通シテ誠ニ都合カ良イノタカ夫レハ中々容易ノ事テナイノテ在來ノ位置ノ儘テ布設シタノテ曲リ曲子リカ多ク其爲ニ使用中運搬車カ脱線シテ手數ヲ要シタ

事ハ止ムヲ得ンノテアリシ以上ノ如ク地上運搬カ大分便利トナツタノニ比ヘルト器械ヘ重量物ヲ取附タリ取外シタリスル事カ大ニ手數ヲ要シテ居タ今其概畧ヲ述ヘルト器械工場ニハ架空起重機カ備ヘテ無カツタノテ機械ヘ重量物ヲ取附ケル時ハ梁ト梁トノ間ヘ丸太ヤ角材ヲ渡シテ夫レニ滑車ヲ取附ケテ捲揚器械テ巻クノタカ重量ノ大ナル物ニナルト梁ニ突張棒ヲスルノタカ最大重量物ニナルト捲揚仕掛ト同時ニ萬力テ下カラ押上ケテハ枕木ヲ井楼ニ積ンテ品物ヲ之レニ持タセテハ萬力ヲ仕替ヘ目的ノ高サマテ上ルト今度ハ器械ニ面スル所マテ横ニ「コロ」仕掛テ轉カシ器械ノ中眞ニ出會ハスニハ滑車ヤ萬力ヲ用ユルカ品物ニ擦ツテハ損杆ヲ使フ事モアリシ

以上ノ様ナ有様テ多クノ時間ト勞力ヲ費シタカ其時間ハ最初仕掛ケヲスルノニ一日取附ニ一日仕事カ濟ンテ品物ヲ取外スノニ一日夫レカラ後片附ケ方ニ一日ト都合四日間ヲ要シタノハ今カラ考ヘルト隨分暢氣ナ事テアルカ當時テハ夫ヨリ外ニ方法カ無カツタノテアル其後「ウヱストン」滑車カ渡來

シテカラ之レヲ使ッテ大ニ便利トナリ時間ヤ勞力ノ經濟ト
ナッテ珎重カラレタ

組立工場ノ構造

兵器製造所ノ組立工場ハ海軍ニナッテ集成室ト改稱サレタ
カ元工部省管轄時代ニ工部大學校ノ機械工學ノ教師テ英國
人「ダイヤル」氏ノ主裁テ同校教授建築學專門ノ同國人「コード
ル」氏ノ設計監督ニ成リシモノト聞キシ
其構造ノ大畧ヲ述ヘルト煉瓦造リノ架空起機ヲ備ヘタモノ
テ當時テハ新式ノ部ニ入レラレシ構造テアリシカ惜ヒ事ニ
幅カ狭ク高サカ割合ニ高ク長サハ充分テアッタ其缺點ヲ言
フト周圍ノ明リ窓カ下カラ高過キテ居ル上ニ窓ノ幅カ狭ク
窓ト窓トノ間カ遠ヒノテ一番困ルノハ壁際ニ接シタ仕上臺
ノ處カ暗ク窓ノ中間ニ當ル處テハ雨天曇天ノ時ハ蠟燭ヲ點
シテ仕事ヲスルト言フ有様テアリシ
壁際ノ薄暗ヒ處テ仕事ヲシテ居ル職工達ハ自然氣分カ陰氣
クサクナルノテ工場カラ少シ離レテ居ル便所ヘ通ヒ往復シ

ナカラ明ルイ空ヲ眺メテ氣分ヲ良クスルノテ便所ハ何時モ大繁昌テアリシカ以上ノ事情ヲ知ラヌ構内ヲ巡廻スル守衛ハ職工カ屢々便所通ヒヲスルノハ職業ヲ怠ルモノト心得テ其取締リ方ヲ掛員ヘ申入レタカ掛員ハ工場ノ不完全ナ事ハ既ニ上長ニ申告シテアリ職工ノ便所通ヒヲ制限スル譯ニモ行カヌノテ色々考ヘテ居ル内ニ守衛ハ掛員ノ取締カ緩漫タト思ツタカ其筋ヘ上告シタノテ事カ大形ニナリ所長カラ課長ヘ嚴達カアツタノテ課長カラ是非共取締ル樣ニ命カ降ツタノテ何トカセ子ハナラヌ苦シ紛レニ便所ノ小改、造ヲ遣ツタカ第一カ明ルク清潔ニスル外周圍ノ明リ窓ヲ低ク大キクシテ硝子張トシ遠方カラ誰レ彼レト窺ハレル樣ニシテ工場掛員ハ巡囘ヲ託ケテ度々便所内ヲ見ル事ニシタノテ流石ニ職工モ顏ヲ見ラレルノカ嫌サニ便所通ヒモ自然尠クナリシ事抔ハ丸テ職工ヲ動物扱ニセシ當時カ窺レル

海軍部内ノ工場丈ケ一層束縛主義テ統御スル風ノアツタノハ無論ノ事テハアリシカ職工ノ方テモ不平カアツテモ御無理御尤テ從ツテ行カ子ハナラヌノテアル夫レハ當時製造工

場ノ數モ尠ク下手ニ不服テモ唱ヘタラ直キニ追出サレルノテ追出サレタカラ又他工場ヘ直ク入ルト言譯ニ行カス夫レニ某官廳ノ工場テ是レコレテ解職サレタト評判カ高クナルト何處テモ雇入ナイノテ從順ニ一箇所ニ永ク辛抱スル者カ利口者テ諸所ヲ轉々シテ歩ク者ハ世間カラ排斥セラレルノテアル

組立工場ハ前記ノ樣ニ至ツテ働キ憎ヒ工場テアル上ニ架空起重機カ前述ノ如ク海軍ニナツテ少シ改造ヲシテカラ用便ヲ達スル事ニハナツタカ高サカ高クテ下カラノ合圖カ難儀テアツタ夫レニ海軍テハ大砲ヤ砲架等ノ重量物カ多ク餘リ高ク引揚ケル必要カナカツタノテ高サヲ減シテ引揚ケルカヲ増シタカツタ夫レテモ當時世間ニ僅レナ起重機ヲ備ヘテアリシ事ハ大ニ有益テアツタ

筑紫艦ノ砲彈

支那政府カ英國ノ「アームストロング」會社ヘ新式軍艦貳隻ヲ注文シテアリシカ夫レカ出來上ツタ時支拂ニ窮シテ内壹隻

ヲ賣物ニ出シタノテ日本海軍ハ是レヲ買入レテ日本ヘ廻航
シテ筑紫艦ト命名セリ今該艦ノ構造ヲ述ヘルト輕快ニシテ
水線上ノ高サヲ低クシ成ル可ク敵ノ目標カラ避ケル事トシ
艦體ニ不相應ナ十吋砲ヲ首尾ニ備ヘ艦側ニハ貳門宛六吋速
射砲ヲ備ヘタル等斬新ノ鋭ヲ集メタルモノテアリシ
兵器製造所テハ該艦ノ新式砲彈ヲ造テ子ハナラヌ依ツテ實
物ヲ取寄セテ見タラ彈體ハ鑄鐵製テアルカ從來ノ彈體ニハ
ニ箇所ニ伸銅製ノ「バンド」カ嵌入セシモノナルニ今度ノ砲彈
ニハ彈底部ニ一箇所丈ケ鑄銅製ノ鈕ヲ嵌メテアツタカ其鈕
ハ如何ニシテ彈體ヘ密着サセタ事カト劫斷シタリ鈕ヲ取外
シタリシテ調ヘテ見タラ「ハンダ」カ美事ニ内面ニ附着シテア
リシ事カ分ツタカ此ノ隙ノナイ間ヘドオシテ「ハンダ」ヲ流シ
込ンタモノカ夫レカ十吋砲彈テハ鈕ノ幅カ四吋計リモアル
カラ全面積ハ大分廣イカ能ク遣ツタモノタト其方法ヲ研究
シツヽ苦心シテ見タカ一寸ニハ名案モ出テ來スニ數日ヲ過
シタ時
砲彈ノ内腔ヘ炸藥ノ爆發ヲ防ク爲メニ脂ヲ塗ル事ヲ專業ト

シテ居ル元職工ノ尾嵜ト言フ男カ予ニ言フニハ先頃カラ今度ノ
渡來シマシタ砲彈ノ脂ノ塗替ヲ遣ツテ居マス中ニ十吋彈ノ
一箇カ温メ過キタ加減カ鉏カ外レマシタノテ之レハ飛ンタ
事ヲシタト思ヒ何ントカ原ト通リニシタイモノト帰宅後懇
意ニシテ居リマス鋲附職ニ相談シマシタラ何アニ心配スル
事ハナイ「ハンダ」ナラ遣リ方一ツテドンナ密接シタ處ヘテモ
流シ込メルカラトテ其男カラ聞イタ仕方テ遣ツテ見マシタ
ラ外見ハ立派ニ附キマシタカ外ノ品ト違ヒ大切ナモノテス
カラ一ツ充分御試驗ヲ願ヒマスト言フカラ未タ半信半疑テ
甘ク密着シテ居カト思ヒシモ試シニ切斷シテ見タラ「ハンダ」ハ
能ク廻ツ居タノテ鉏ヲ外シテ見タラ申分カナイノテ初メテ
安心カ出來タ
尾嵜職工ノシタ通リニスルト砲彈ト鉏トヲ適度ノ温度ニナ
ル迄焼イテ彈ト鉏ノ接スル箇所ヲ叮寧ニ掃除シテカラ嵌メ
込ミ彈ヲ直立サセ「ハンダ」ヲ底部カラ上部ヘト押シ上ケテ餘
分ノ「ハンダ」ハ上カラ流レル様ニスルノダカ其流シ込ミロヤ
流出口ノ装置ハ粘土テ造ルノテアル夫レカラ其遣リ方通リニ

新製ノ分ヲ試ミ功斷モ屢々遣ツテ見タカ最初ハ不合格品モ出來キタカ追々數ヲ手掛ケテ功者ニナツタラ甘ク行ク樣ニナリ發彈試驗ニモ合格シテ茲ニ任務ヲ果シタ事ヲ喜ヘリ偶然尾嵜カ過ツテ鈕ヲ外シタ事カラ容易ニ接合ノ方法カ分ツテ來タノダカラ是レカ所謂過チノ功名ト言フモノデアル彈體ト鈕トハ堅ク差込ム程ノ間隙テアルノニ能ク「ハンダ」カ一面ニ廻ル事ダト思ツテ居タラ彈體モ鈕モ同時ニ温メラレルノテ鐵ノ澎張ヨリ銅ノ澎張カ大キイノテ接合部ハ冷却ノ時ヨリ餘分ノ隙カ出來キテ「ハンダ」ハ樂ニ其間ヲ充ス事カ出來温度ノ爲メ暫ク流動體テ居ル内ニ漸次彈體ヤ鈕カ冷却スルカラ接合部カ空隙ヲ縮メテ來ルカラ「ハンダ」ハ一面ニ薄ク殘ツテ剰餘ノ分ハ上部カラ流出スルノテアル彈體ヤ鈕ノ温メ工合ヤ冷シ工合ハ尤モ必要ナ譯テ其工合一ツテ成功スルノタカラ熟練ヲ要スル事ハ素ヨリ細心ノ注意ヲ怠ラサル樣ニセ子ハナラヌ

從來ノ砲彈ノ「バンド」ハ伸銅製ノモノヲ器械テ彈體ヘ嵌込ノテ伸銅製「バンド」ハ專門ノ民間工場ヘ特別注文ヲシテ入用ノ

分ハ在庫品トシテ備ヘテ置カ子ハナラス又「バンド」嵌込器械モ一彈ヲ修ルノニハ相當ノ時間ヲ要スルノテ輻湊セシ時ハ隨分ノ骨折テアル今度ノ彈體ヘ鈕ヲ附着スルノハ前記ノ如ク幾ツモ並ヘテ同時ニ着手カ出來ルノミテナク鈕カ鑄銅テアルカラ工場内テ勝手ニ造ル事カ出來ルカラ至極便利テアル之レモ新進ノ遣リ方タト思ツタ

腕前アル職工ヲ雇タ事

兵器製造所ノ仕上工場テハ職工ヲ雇入ル時試驗品トシテ上等職工ニハ毛播用「コンパス」中等職工ニハ圓形ヤ孔ヲ量ル「コンパス」下等職工ニハ曲リ定規又ハ直定規ノ火造ヲシタモノヲ渡シテ就業時間中ニ是レヲ仕上ケサセテ其時間ノ遲速ト仕上ケ方ノ巧拙ニヨツテ賃金ヲ定メル事ニシテアリシカ或ル時一人ノ體格良キ年齡三十五六歳位ノ男カ試驗ヲ受ケニ來タノテ履歴ニヨツテ上等部トシテ毛播「コンパス」ノ火造シタノヲ渡シタラ直キニ仕事ニハ掛ラス自已ニ充行ハレタ仕上臺ノ邊ヲ掃除シテ水撒キマテシテカラ使用スル萬力ヲ螺

旋其他必要部分ヲ外シテ掃除シ油ヲ塗リ何度モ廻シテ工合ヲ見テカラ職長ニ火造場ヲ拜借シタイト言ツテ工場附ノ鍛治場ヘ行キ自分テ「コンパス」ヲ火造リ直シテ仕上臺ヘ持帰ヘツテ來タ時ニハ以前トハ見違ヘル様ナ立派ナモノニナリ黒肌テハアルカ丸ルテ仕上ケタ様ニ見ヘシ夫レカラ渡シテアリシテ鈩ヲ一本毎ニ調ヘテ其中數本ヲ引替ヘテ貰ツテカラ悠然ト仕上ケニ取掛ツタノハ正午近クテ少シスルト休憩トナリ中食後他ノ職工ト一處ニ休ンテ世間話ヲシテ居タカ午後ノ就業時間トナルト今度ハ職長ニ旋盤ヲ拜借シタイト言ヒ旋盤テ何ヲスルカト思フト「コンパス」ノ頭ノ旋回點ノ孔穿ヤ真金坐金等ヲ悉ク旋盤仕上トシ其後僅カノ間ニ「コンパス」ハ出來上ツテ其レヲ職長ヘ差出シタ時ハ午後三時テ未タ退場時間ノ一時間前テアリシ職長カ「コンパス」ヲ見タラ外廻リカ中仕上ケトナツテ居タノテ何セ本仕上ケニシナイノダト言ツタラ同人ノ言フニハ使用ニハ中仕上ノ方カ使ヒ良イノテソーシテ置キマシタカ光ラセルノナラ其處ラニ居ル小僧サンテモ間ニ合ヒマスカラト大氣焔ヲ吐イタノテ職長モ其氣勢ニ

呑マレテ其儘請取ッテ置タカ其「コンパス」ヲ廻シテ見ルト何トモ言ヘヌ工合テ何處ヲ廻シテモ同シ手應ヘテアリシソーシテ模範品トシテ後々迄モ大事ニ取扱ハレタ

其男ハ姓名ヲ関口佐平ト言ヒ横濱ノ或ル工場テ機械製作ノ現業ヲ外人ニ従ツテ修業セシ後一人前ノ働キカ出來ル樣ニナツテ諸所ヲ轉々シテ居ル内ニ新燧社カ東京テ創メテ燐寸ノ製造ヲ開始シタ時ニ相當ナ位置ニ用ヒヲレテ社ノ爲メニ馬車ニ乘ツテ市中ヲ奔走シテ居タ時ハ至極盛ンナ時節テアリシカ又其處ヲ飛ヒ出シテ轉々シテ何時モ貧乏暮シヲシテ居ルトカ聽キシ試驗ノ結果ハ當時群ヲ抜イテ居ルカラ最高日給金五十錢テハ氣ノ毒テモアリ又辛抱モシナイ事ト思ヒ特別ニ申立テ、六十錢ヲ以テ雇入レシ

## 螺旋發條ノ製作

今度雇入レタ仕上職関口佐平ノ仕事ハ奇抜テ他ノ職工カ良イ手本トシテ同人ニ敬服シテ居タカ其一例ヲ擧ケルト或ル時ニ百個計リノ小銃用發條ヲ二三日中ニ造ラ子ハナラヌ事

カアッタ時上等職工十餘名ヲ一人宛呼ンテ見本ノ發條ヲ示シテ一日何程仕上ケルカト尋子タラ九個ト言フ者カ尠イ方テ多イ方カ十二個迠造ルト對ヘタノテ夫レテハ多クノ人ヲ掛ケテ造ラ子ハナラヌカソースルト外ノ仕事ニ差支ヘルカラ一ツ關ロノ意見ヲ聞テ見樣ト最後ニ同人ヲ呼ンテ聞テ見ルト總數ハ何程アリマスカ數カ多ヒ樣ナラ其積リテ道具拵ヲシテ掛リマスト多ク出來マスカラト言フカラ數ハ二百個タトシテ言ツタラ夫レ位テシタラ一寸トシタ道具ヲ拵ヘマシタラ一日掛リテ樂ニ出來マスカ見習ノ少年ヲ二人手傳ニ貸シテ戴キマス之レカ町工場テ遣リマスト近所ノ子守ヲ呼ンテ來マシテ手傳ハセ燒革ノ一ツ二ツ遣リマシタラ喜ンテ手傳テ呉レマスカラ品物カ安ク出來マス御役所テハソンナ譯ニ行キマセンカラ自然御高クナリマスト言ヒシニハ何處迠モ仕事ヲ呑込ンテ居ルト思ヒシ

發條ニ百個ノ製作ヲ關ロニ命シタラ翌朝火造場ヘ入ツテ發條ヲ巻ク鐵棒ヲ探シテ夫レニ螺旋ノ溝ヲ切リ夫レカラ針金ヲ所用ノ長サニ切リ修ツテカラ火床ノ中ヘ夫レヲ四五個宛

入レテ焼ケタノヲ鐵棒ヘ巻キ附ケテ鎚テ一寸叩キ附ケテハ外シ正午頃マテニハ全體ノ火造リヲ修リ午後カラ經三吋計リノ鐵管ノ坳レヲ持ツテ來テ火床ノ中ヘ差入レ炎カ中ヲ通ル様ニシテ其中ヘ發條ヲ二三個宛入レテ適度ニ焼イテハ出シテ加減ヲシテアル冷水ヘ投入シテ焼キヲ入レテ水カラ出シタノヲ手傳ノ青年ニ言ヒ附ケテ見本ノ發條カ或ル程度迄重リニ依ツテ縮ンタト同シニ新規ノ發條ヲ縮マセテ焼入方ヲ試シ關ロモ時々見テ遣ツテ不合格品ハ再ヒ焼直シ焼入ニ濟ノ品ハ青年ニ磨カセテ居タカ午後三時過ニハ二百個ノ外ニハ驗査準備トシテ全數ヨリ餘分ニ造ツテ持ツテ來テ言フニハ一層千個モアリマシタラ二日位テ樂ニ出來其上仕事ニ馴レテ來マスカラモツト手際ヨク出來マストハ何處マテモ仕事ヲ呑ミ込ンテ居ル事テアル

原働機關ノ修繕

兵器製造所ノ器械工場ノ原働蒸氣機關ノ吸鍔「スプリング」カ破損シテ居ルノデ何時カ取換ヘナケレハナラヌト思ヒツヽ

工事カ忙カシイノテ日一日ト延ヒ延ヒニナツテ居タカラ最早ヤ辛抱カ出來ナクナツタノデ或ル日曜ノ休日ヲ利用シテ修繕スル事トナリ仕事ノ一切ヲ前記ノ關口佐平ニ遣ラセテ見タラ左ノ結果テアリシ

吸鍔「スプリング」ハ一枚ノ豫備品モ無ク何ンナ形チカ取外シテ見ナケレバ分ラヌカ鬼ニ角土曜日ニ倉庫カラ「スプリング」栈ヲ大凡ノ寸法ト數量ヲ豫測シテ請取ツテ置イタカ當日吸鍔ヲ取外シテ見タラ「スプリング」ノ數ハ十一個テ大概損シテ居タ夫レテ用意シタ栈料ハ現品ヨリ大分大キク火造場ハ手押吹子テ風ヲ送ル始末テ火造リハ容易テナク取外シ丈ケニ午前中ヲ費シタカラ「スプリング」十數個ヲ造ツテ取附試運轉ヲスルノハ恐ラク徹夜仕事タト考ヘテ心配シテ居タカ關口ハ午後カラ靜カニ先ツ火造場ニ入ツテ青年職工ニ吹子ヲ押サセテ自分ハ火造リニ掛ツテ居タカ三時頃ニハ一揃ノ「スプリング」ヲ造リ了リ地金カ未タ殘ツテ居マスカラ序ニ出來ル丈豫備ヲ造ツテ置キマシヨウトテ四時マデニ數枚ヲ造リ夫レカラ機關ノ取附ニ掛ツテ日沒頃ニハ試運轉ヲ修ツテ好成績

テ明日ノ仕事ニ差支ナカリシ
序ニ記シテ置クノハ或ル時艦内ヘ備ヘル兵器用ノ小道具類数十種ヲ一個ノ箱ノ内ヘ偏重ナク取附ケル仕事カ出來タカ何テモ無ヒ様テ其取附カ六箇敷上等職工カ幾日モ掛ツテ居タカ甘ク行カス其内期限カ追々迫ツテ來タノテ関口ニ相談シテ見タラ同人ノ言フニハ品物カ大小色々ノ形ニナツテ居マスノテ其配置カ面倒テスカ詰リ箱ヲ持タ時片重カナク取外ヤ取附カ樂テアル様ニシタラ良イト思ヒマス先日カラ遣ツテ居ルノヲ見テ居マシタカ取附ケタ體裁ヲ良クシ様トスルト片重リニナルト言フ難物テスノテ遣ツテル者モ困ツテ居ルノテスカ何トカ一ツ遣ツテ見マショウト引受タカ三日計リノ内ニ完成シタノヲ見ルト大小アル品物ヲ一見同シ高サニナル様ニ細エヲシテ竝ヘタ處ニ巧妙ナ手際カアリ片重モ素ヨリナク取附モ至極簡易テ申分ナキ仕方テアリシ
同人ハ以上ノ様ナ優レタ腕前ト壮快ナ氣質ナノテ仲間ノ職エハ関口サン関口サント言ツテ折合ヨク少シカニ餘ル仕事ニナルト相談スルト能ク教ヘテ遣ルノテ皆ンナカラ立ラレ

テ居タカ其後不參カ續クノテドオシタノカト思ツテ仲間ノ者ニ聞テ見タラ關口サンハ借ヒ人テシタカ借金テ首カ廻ラナクナツテ姿ヲ消シマシタ私共仲間テモ五拾圓計貸シ倒レトナリマシタカ併シ仕事ノ事テ色々良イ仕方ヲ教ハリマシタカラ御禮ト思ヘハ安イモノテス借金ノ事ヲ前ニ知リマシタラ何トカ都合カ出來マシタロウト殘念ニ思ヒマスト跡々マテモ一同カラ慕ハレタカ予モ又借ヒ事テアルト思ヒシ

平發條ノ地金

兵器製造所テ平發條ヲ造ル事カ在ツタカ在庫品ノ地金カ生憎缺乏シテ居タノテ間ニ合セニ或ル商店ノ持合セ品ヲ購入シテ平常通リ火造リヲシテ燒入ニ掛ツテ見タラ何レモ皆龜裂シテ仕舞ツタノテ地金カ發條ニハ役ニ立タヌノタト思ツテ商店ヘ其事ヲ掛員カラ掛合ツタラ店員カ早速出頭シテ現品ノ龜裂シタノヲ見タカラ私ニハドオ言フ譯テコンナニナリマスカ分リマセンカ地金ハ特別品ト申スノテ納メマシタノテスカ誠ニ御手數ヲ掛ケテ相濟マセンテシタ早速仕入先ヘ

此ノ事ヲ申遣ハシマスカ外國ノ事テ手間取リマスカラ御差支ノ無ヒ様ニ代リノ品ヲ納メマスカラ何分御承知ヲ願ヒマス外國カラ何ントモ申シテ参リマスカラ返事カアリマシタラ又申上マストテ當時ノ仕事ハ代品テ間ニ合ツテ其後稍暫クシテ同商店カラ漸ク外國カラ返事カ参リマシタカラ申上ケマス書面ヲ持参致シマシタカラ御覧下サイトテ差出シタノヲ見ルト特製發條地金ハ激裂ナ衝突ヲ受ケル處ニ用ヒテ有効テ更ニ亀裂ノ憂ナク其製造ハ火造ノ儘テ使用シ普通ノ發條地金ノ様ニ焼入ヲスルノ必要ハナシト明記サレテ在ルノテ先日ノ失敗カ分リシ夫レテ今一度申越通リニ前ノ地金ヲ試験シテ貰ヒタイト商店モ言ヒ製造所テモ試シテ見様トテ地金ヲ取寄セテ書面ノ様ニ火造リノ儘發條ヲ造ツテ衝突ヲ試ミタカ弾カカアツテ好成績テアリシ此レハ不思儀タト桟料ヲ精密ニ調ヘタラ軟質ト硬質ト幾重カ合併サレテアル事カ分ツタ其後同地金ヲ以テ大砲カ砲架テ退却スルノヲ受留メル發條ニ造ツテ試験ヲシテ見タラ好成績テアツタノテ同地金ヲ注文スル様ニナツテ重寶カラレシ

## 道具ノ取締

兵器製造所ノ機工鑛工集成ノ三工場ノ職工カ使用スル道具ヲ引替スル場所ハ工場掛員ノ室ノ向側ニアツテ相當手廣ナ一室テアリシカ道具ノ引替ヤ配置カ甚タ不整理テアリ何時モ引替所ニハ職工カ數人立ツテ居ラヌ事カナイ有樣テアツタカラ大英斷ヲ以テ根本的道具ノ取締ヲ改正シタ事ヲ記ス機工則チ旋盤職用ノ鉋類初一切道具ヲ納メル棚製ノ道具戸棚ヲ機械毎ニ一個宛一定ノ形ニ造リ鍵ハ各組合毎ニ違ツタ形トシ鍵ハ一組合毎ニ二個ツヽヲ造リ一個ハ工場掛員ノ手許ニ備ヘ他ノ一個ハ工場用トシテ組長カ保管スル事トシ道具戸棚ノ中ハ數段ノ引出ヲ設ケ其内ニハ所用道具ノ形ヲ彫刻シ實物ヲ形ノ處ヘ入レル事トセシハ平素職工カ格納スルニ容易テアル事ト點檢ノ際テモ一目シテ短時間ニ明瞭ニ分ル事ノ便ニ供セリ

鑛工則仕上職集成則組立職ノ道具ハ旋盤職程數カ多クナイ上ニ大概種類カ一定シテ居ルカラ木板ヘ道具ノ種類ヤ寸法

ヤ個數ヲ記シ夫レヲ各自ノ仕上臺ノ引出シノ内ヘ道具ト共ニ入レル事トシ引出シノ鍵ハ旋盤ト同樣組合毎ニ違ツタ形トシ掛員ヤ組長カ保管スル事ハ前記ノ通テアル夫レカラ共通ノ道具ハ組合毎ニ一個宛大キナ戸棚ヲ設ケテ其内ヘ格納シ組長ノ保管トシテ現場ノ道具取締ハ之レテ濟ンタ

道具引替所ノ方ハ職工カ引替ヘニ來タラ即時ニ代品ヲ渡スニ差支ヌ樣ニ旋盤ノ何號仕上ノ何號組立ノ何號ト現場ト同樣ノ數アル枠ノ中ヘ道具ノ種類寸法カ一目ニ分ル樣ニ形チヲ彫刻シタリ木札ニ記シタリシテ引替ニ便利ナ事トシ渡シタ跡ヘハ備品ノ中カラ補充シ戻ツテ來タ道具ハ直キニ道具直シ場ヘ持ツテ行キ火造直シ其間ニ補充品ヲ造ラセル鑪ノ樣ナ物ハ癈品ヲ倉庫ヘ納メテ代品ヲ受取ツテ置クカラ引替ニハ手間取ラナイ詰リ現場ニアル道具類カ引替所ニモ一ト通備ヘテアル上ニ豫備品マテ在ルカラ何時テモ渡セル

道具引替ニ當テ居ル人物ハ老巧ナ職工カ人選ノ上置テアルカラ未タ役ニ立ツ引替品ヲ持ツテ來ルト其譯ヲ話シテ引替ヘヌノテ職工ノ方テモ充分使ツテカラ持ツテ來ル樣ニナツ

タ或ル時仕上職ノ一人カ鑪ノ引替ヲ申出タラ道具掛ハ是レハ當工場テ渡シタ品テナイカラ引替ヘヌト断ハツタト同時ニ其男ニ注意シテ居タラ地金カ紛失スルトカ人目ヲ避ケテ作品ヲスルトカ不正ナ事カ追々知レタノテ遂ニ解雇シタカ鑪一本ノ引替カラ取締カ附イタノハ道具整理ノ効テアリシ機工鑪工集成ノ三工場テ職工ノ數ハ三百五拾名計テアリシカ道具整理前ノ有様ハ職工カ鉋ヤ鏨ノ直シ方ニハ火造場ヘ直ク行クノテ火造場ハ何時モ大勢ノ職工カ詰メ掛ケテ我勝ニ鍛冶職ヲ責メ附ケ居ル者ヤ中ニハ混雑ヲ良イ事ニシテ鉋ヲ一本握ツテ其處ヘ行ツテ雑談抔ヲシテ遊ンテ居ルモアリシ鉋ヤ鏨ヲ新規造ルニハ引替所ニアル長イ地金ヲ道具掛カ職工ノ請求ニ依ツテ渡スト職工ハ火造場ヘ持ツテ行ツテ都合ノ良イ鉋ヲ造ツテ貰ツテ残リノ地金ヲ返スノテ道具掛ハ寸法ヲ量ツテ差引何程使ツタト言フ事ヲ帳面ニ記ス丈ケテ職工カ今何程道具ヲ使ツテ居ルト言フ事ハ判然セヌノテアル夫レカラ共通ノ道具ニナルト職工カ借リニ来タ時有合品カ無イト帳面ヲ繰ツテ誰レニ貸シテアルト言フ事ヲ見出

シテ當人カラ借リテ來テ貸スノタカ夫レカ甘ク行カヌト更ニ猶一度繰返シタリスルカラ三十分ヤ一時間ハ待タセラレル以上ノ様ナ有様ナノテ引替所ヤ現場ノ道具調ヲ遣ツテ見ルト現在品調ニ過キス其時ノ數ヲ記ス丈ニ止リ一向取締カ附カヌノテアリシ

改正ノ主眼トセシ點ハ職工カ使用スル道具ノ種類及數量ヲ定メテ之レヲ基礎トシ現場ニアル數量ニ對シ引替所ニモ同數ヲ備ヘタ上豫備迄置テ何時テモ引替ニ時間ノ懸ラヌ様ニシ共通ノ道具ハ一ト通組合毎ニ渡シテ引替所ニモ相當ニ備品ヲ置キシ今度ノ改正ニハ引替所内ノ改築ヤ現場用ノ戸棚類ヤ鍵等迄完備サセルニハ随分多額ノ金ト時日ヲ費セシカ改正後ニハ毎土曜日ニ全部ノ道具調ヲ遣ツタカ一時間テ鑪一本ノ間違モナク調ヘ修ル事カ出來タカ道具整理テハ前後ニ此ノ時程好成績テ在ツタ事ハナカリシ

## 仕事ノ奬勵

兵器製造所ノ機工鑪工集成三工場ノ仕事ノ仕方ヲ改メテ一

日ノ豫定高ヲ定メ其工事ヲ修ツタ後ハ定時間マテ休憩ヲ與ヘル事トシ進ンテ増工事ヲ爲セシ者ニハ増賃金ヲ與ヘル事トセリ詰リ手間請負ノ形ナレトモ當時ハ唯金銭計リヲ目的トセス腕比テ仕事ヲスル風習カアッテ競爭シテ互ニ遣ツタカラ製品ハ著シク増加シタ中テ意外ニ多ク出來タノハ各種ノ彈丸テ從前ハ製品ノ出來ルヲ待ッテ各艦ノ要求先ヘ渡シテ居タノテ別ツニタイシタ貯藏庫ノ設ケモ無カリシカ此ノ奬勵ノ爲メニ置場カナク新規二棟ノ彈丸貯藏庫カ出來タノテ之レヲ聞イタ職工等ハ倍憤勵仕事ニ努メ非常ナ好成績ヲ擧ケシ

職工仲間テ仕事ノ競爭カラ自分カ引受ケタ仕事ノ數モ多ク其上仕上ニ手數ノ掛ラヌ樣ニト原作品ヲ造ル鑄造工場ヤ鍛治工場ヘ密カニ行ッテ製品ヲ都合能ク自分ノ工場ヘ送ッテ貰フ事ヤ仕上易イ樣ナ造リ方等ヲ先方ノ職工ヘ懇談スル者カ大分出來テ來タカ素ヨリ悪意テスルノテハ無ク他ヨリ多ク甘ク仕事ヲスル目的テアリ實際手ヲ下ス者同志ノ談合ハ良イ事ト思ッテ其成行ヲ見テ居タラ前工場カラハ送ッテ來

ル品物カ多クナツタ上ニ仕上代ノ附ケ方カ品物ニ依ツテハ充分ナノカ在リ又僅カノカ在ツテ仕上ハ樂ニナツテ面白ヒ樣ニ捗取ツテ行キシ

競爭者ノ内ニハ筋ノ良イ見習職工テ腕カ段々上達シツヽアル元氣旺盛ノ若者ト側ニ竝ンテ居ル年長ノ職工トカ彈丸抔ノ仕上比ヘヲシテ居ルノヲ見ルト年長者ハ油汗ヲ流シテ遣ツタニ拘ハラス結果ハ若者カ定時間ニ樂想ニ仕上ケタ仕事ノ漸ク七割處ニシカ行カス本人至極恐縮シテ居ルノヲ他ノ職工カ冷笑シナカラモ自分達モ茫然トシテハ居ラレス油斷ナリ立働キシ是レ等ハ競爭ニ當ツテ大ナル刺戟テアリシ當時予ハ思ヘリ今ハ一同張合盡デコンナニ能ク働イテ呉レルカ何時マテ續ク事カト又一ツ心配テアリシ若シ皆ナノ氣分カダラケテ來タ時ハ何ンナ方法テ之レヲ喰止タモノカ抔ト前途ヲ案シテ居タカ夫レハ杞憂ニ修ツテ間モナク予ハ同所ヲ辭シタカ後日聞ク處テハ何テモ三箇月計モシタラ仕事ノ成績ハ前ト同樣ニナリシト夫レハ當局者カ別段職工ヲ鼓舞セサリシニ原因スル事ハ素ヨリナレトコンナ僅カナ間ニ

原状態ニ移リシトハ誠ニ遺憾ノ事ナリシ

煉瓦煙突ヘ落雷

兵器製造所機械工場ノ煙突ハ高サ漸ク百呎足ラズテアリシカ尤モ堅固ナ煉瓦造リテ上部ノ厚サハ約三呎モアル至ッテ厚イモノテアリシ或ル夏之レニ落雷シテ煉瓦ヲ處處操リ取ッテ大塊カ幾個モ地上ニ落チ散リ其上亀裂シテ居ル處モ彼方此方ニアルノテ改築スル事ニナリ鐵製ノ假煙突ヲ設ケテカラ本煙突ノ取毀シニ掛ッタカ煉瓦カ堅イ上ニ継目カ能ク喰ヒ合ッテ一塊ノ岩石ノ如キ有様テ容易ニ之レヲ取毀ツ事カ出來ヌ處カラコンナ堅固ナモノヲ毀ス必要ハナイトテ損處ヲ修理シテ其儘使用スル事トシ頂部ニ避雷針ヲ取附テ其後無事ニ使用セシ

其時地下ヲ掘ッテ基礎ノ有様ヲ調ヘタラ基礎ノ大サカ地上ノ下部ト餘リ違ワヌノニ驚イテ此ノ煙突ヲ差圖シテ造ラセタノハ佛國人技師「フロランン」氏（長崎造船所第一船渠ヲ築造セシ「フロラン」氏ノ舍兄ナリ）テアルカコンナ不釣合ナ小サナ基

礎テ能ク今迄無事テアリシト不審ヲ抱キ乍ラ段々掘下ケテ行ツテ最低部マテ掘ツテ見タラ下ハ一面ノ磐石テ深サモ隨分アツテ煙突ノ重量ヲ支ヘ得ルモノテ在ツタノテ始ソテ成程ト領カレシ

夫カラ又一ツノ疑問ハコンナ立派ナ煙突ヲ造リ乍ラ何セ避雷針ヲ取附ナカツタノタロウト當時古クカラノ事ヲ知ツテ居ル人ニ詰シタラ此ノ煙突カ出來タ頃ニハ直キ側ノ山上ニ隨分繁ツタ大木ノ林カ在ツテ其レカ煙突ヨリ高カヽツタノテ態々避雷針ヲ附ケル必要カ無ナカツタノテハナイカト思ヒマス處カ其森林ハ煙突カラ出ル石炭ノ煙ノ爲ニ追々ト枯レテ來テ今テハホンノ僅カ計リ残ツテ居ルカ其レモ大分弱ツテルノテ今度落雷シタモノテハナイカト思ヒマスト聞イテ或ハソンナ事テ附ケナカツタノカト考ヘシ落雷ノ在ツタ翌日ノ或ル新聞ニハ製造所ノ煙突ニ落雷シタカ其クセチヤント避雷針モ附テ居タ想タト記シテアリシハ皮肉ナ事ヲ書タモノタト一寸恐縮セリ

今度ノ事カアツテ感心シタノハ煉瓦積ノ堅固ナ事テ取毀ニ

拭ツテ見タ處カ煉瓦ト煉瓦ノ繼キ目ノ「セメント」カラハ什フシテモ剥レス煉瓦カ割レルト言フ有様テ其堅固ナ事ハ丸テ大岩ノ様テアリシニハ感服シタ煙突ト同時ニ建築サレシ前ノ製鐵工場今ノ鑄造工場モ煉瓦造ナリシカ是レモ又堅固テアリシ使用サレシ煉瓦モ中々密質テ良ク焼ケテ居ルノテ叩クトカンカン音カスルノテアリシ夫レカラ後年表通ニ建築サレタ煉瓦造ノ工場杯ハ見拭ハ一寸新式テ良イ様タカ壁ヘ穴ヲ明ケル必要カ在ツテ煉瓦ノ繼キ目ヘ鏨ヲ打込ンテ置テ煉瓦面ヲ叩クト譯ナク飛出シ來ルト言フ有様テ大地震テモ在ツタラ忽チ崩潰シテ仕舞ヒ想テアル建築費カラ比較シタラ迚モ前者トハ比ヘモノニハナラヌ事テハアルカ永久保存ヤ安全ノ點カラ考ヘルト及ヘツテ安値ニツク譯タト思フ

## 本所新廳ノ焼失

兵器製造所ノ新築廳ハ木造二階建テアリシカ落成後間モナク椄近シテアツタ古小屋カラ出火シ風向カ悪カツタ事ト退廳後トテ手廻リ兼子遂ニ全焼セリ出火ノ原因ハ工場テ使用

セシ糸屑（ウイス）カラ浸ミ込ンタ油ヲ去リ糸屑ハ再用スルト言フ仕事ヲ分析課テ遣ツテ居タノテアリシカ仕事中誤ツテ揮發油ニ火カ入リ側ラニ澤山積ンテアツタ油浸ミタ糸屑ニ火カ燃ヘ移ツタノテ當事者ハ之レヲ消シ止メント彼是レシテ居ル内ニ火勢ハ次第ニ強クナリ小屋ハ古ヒ木造ノ事トテ忽チ燃ヘ拔ケタノテ始メテ出火タト分リ機械工場ニ居殘ヲシテ居タ小數ノ職工カ駈附ケ消防具ノ格納庫カラ唧筒ヲ出シテ火充ヘ持行キ消防ニ掛ツタ時ニハ小屋全部ハ火焔ニ包マレ餘焔ハ廳壁ノ方ヘ吹キ附ケ第一ニ小使室ヘ火カ移リ夫カラ床下ヘ燃ヘ擴カリ玄関正面ニアル唯一箇所ノ二階ヘ上ル階段ヲ早クモ燒キ落シタ

折カラ二階ノ會議室ニ參集會議中ナリシ所長ヤ課長達ハ火事ト知ツテ廊下ヘ出タ時ハ一面ニ煙カ籠ツテ居タノテ漸ク階段ノ處マテ來テ見レハ燒落チタ後テ夫レカラ二階ノ窓ヤ下家ノ屋根ヤカラ飛ヒ降タノテ中ニハ負傷セシ人モアリシ機械工場居殘者ノ内ニ工手近藤盛次氏ト言フ人カ居タカ火事ト知ルト數名ノ職工ヲ引連レ廳ヘ馳セ附ケ直チニ二階ヘ

上リ第一ニ書類ヲ窓カラ投ケ出サセテ焼失ノ難ヲ免カレシ
メタ事ハ感服ノ至リテアリシ夫カラ自身ハ最後迄働イテ窓
カラ飛降リ怪我モセス直キニ其邉ニ横タハテ居ル負傷者ヲ他
ノ安全ナ處ヘ移ス手傳ヲシテ大ニ盡カセシ
階段ノ焼ケ落チタノテ大怪我ヲシタノハ機械工場ノ職工テ
ニ階テ働イテ居タカ燃ヘ上ツテ來タノテ苔シクナツテ下ヘ
降リ様トシテ階段ノ中途マテ來タラ燃ヘ拔ケテ地上ヘ落チ
タカ直キ上ノ床ハ一面ノ火テ遁ケ出ス事カ出來ス其上熱ク
テ堪ヘラレス裸體トナリテ着衣ハ背中ノ方ヘ掛ケ顔面ヤ腹
部ヲ地面ニ當テヽ苔熱ヲ堪ヘ鎮火スル迄辛抱シテ一命ハ助
カツタカ其顔面ハ黒焦トナツテ見違ヘル様ニナリシ
當日予ハ休暇ヲ貰ツテ遠方ヘ用達ニ行キ夕刻帰宅シテ晩食
ノ膳ニ向ツタ時警鐘ヲ聞キ所内ノ出火ヲ知ツタカラ直キニ
所内ヘ駈附ケタラ職工達カ喞筒格納庫ノ前ヘ集マツテ錠前
ノ鍵ノ來ルノヲ待合セテ居タカ中々持ツテ來ヌノテ錠ヲ叩
キ壊シテ喞筒ヲ火元ヘ持行カセ近所ノ井戸カラ水ヲ運ハセ
テ消防ニ掛ツタ時ハ廳ノ小使室ノ硝子窓カ明イテ居タノテ

火氣ハ風ニ煽ラレテ盛ンニ室内ヘ飛込ンテ遂ニ燃上リ最初ハ床下ヲ舐メ夫ヨリ仕切壁ヲ傳ヒ二階ヘ上リ全焼スル事ニナリシ

此ノ火事テ一ツノ笑話カアル夫レハ火事テ怪我ヲシタ者ヲ重傷者ハ高輪ノ海軍病院ヘ運ヒ近假手當ヲシ輕傷者ハ所内ノ醫務所テ手當ヲシテ自宅ヘ引取ラセルノタカ退廳後トテ詰合ノ醫官モ至テ小數テ手廻リ兼子テ困ツテ居ル處ヘ本省カラ將校達ト交ツテ軍醫カ二三名馳附ケテ來タノテ負傷者手當ノ應援ヲ頼ンテ見タラ剛然トシテ言フ事ニハ當所ハ自分達ノ掛リト違フカラ斷ルト素氣無ク言ヒ放ツタノヲ側ニ聞イテ居タ職工達モ其無情ヲ憤ツテ居タ平時ナラ兎モ角非常ノ時テアリ身醫官トシテ馳附ケテ置ナカラ唯火事ノ見物ヲ邪魔ニナル處テシテ呉レルノテハ反ツテ迷惑ヲスル計リタト思ハヌ者ハナイ夫レテ唧筒ノ筒先ヲ持ツテ居タ氣早ノ職工ハ混雜ニ紛ラカシテ醫官ノ居ル方面ヘ水ヲ飛ハセタノテ驚イテ他ニ避ケタラ又其處ヘ飛ハスノテ彼方此方ト逃ケ廻ハツタノニハ聊カ返報ヲ遣ツタ事ニナツテ笑ヒヲ禁シ得

ナカッタノデアル
物事ハ都テ注意カ肝要ナ事ハ言フ迄モナイカ今度ノ大事ヲ引起シタノハ誠ニ遺憾千萬テアリシ僅カ半拭キノ糸屑ヲ再用スルト言フ事カラ出來テ間モナイ新廳屋ヲ全焼シタ上ニ負傷者マテ出シタ事テ考ヘルト燃ヘ易ヒ品物ヲ火カ移リ易ヒ木造ノ小屋テ扱ッテ居ル上ニ其小屋ハ大事ナ廳屋ニ接近シテ居ルト言フ何處マテモ注意ヲ缺テ居タ事ハ爭ワレヌノテアル話ニハ小屋ハ近日取除ケル事ニナッテ居タトハ如何ニモ残念テアリシ
後新廳カ煉瓦造リテ正門ヲ入ッテ遥カ奥ノ山上ニ建テラレタカ今度ハ前ノ焼失ニ懲リテ周圍ニハ燃ヘ易ヒ建物モナク至極安全テハアリシカ用事多キ役所ノ事トテ出入ノ人達ハ山坂ヲ昇降スルニハ閉ロシテ居タ今日カラ考ヘテ見ルト折角煉瓦造リニスル位ナラ出入便利ナ中央ノ地點ヘ建テタナラ用事カ何ノ位果取リシカト思ヒシ予モ日ニ何度モ役所通ヒヲシタ事カアッタカ山道ヲ昇降スル時ハ何時モ不便ナ事タト感セリ

横濱市下水道ノ辨

赤羽工作分局カラ兵器製造所ヘ残工事トシテ引繼カレタ工事ノ内ニ横濱市ヨリ注文ノ下水道用ノ開閉辨ハ水ト共ニ停滞セル汚物ヲ放出スル者故其開閉ハ速カテナケレハナラヌノテ市ノ技師ト相談シテ加減辨ノ大形ノ者ヲ用ユル事ニシタカ注文ニハ溜リ水カ閉シタ時ニ漏レヌ様ニトノ事テアツタカ此ノ種ノ辨ハ即時ニ開イテ停滞物ヲ流スノニハ都合カ良イカ閉チテ居ル間少シモ漏水セヌ様ニスル事ハ中央部カ開閉スル餘裕カナケレハナラヌノテ閉シタ時微細ナ間際ヲ生スルノテ少シモ水ヲ漏サヌ様ニスル事ハ出來ヌノタカ夫レテモ出來ル丈辨函ト辨トノ椄合ニ注意シテ仕上ケタカ水ヲ入レテ見ルト小量ノ漏水カアツタノテ椄合部一体ニ帆布ヲ取附テ見タラ前ヨリハ良クナツタノテ實地使ツテ見様トテ持ツテ行キシカ其後暫クシテ使用シタ結果ヲ知ラセテ來タノニハアレテ充分用ニ足リタト言ツテ來タ

知ラセヲ聞テ安心ハシタカ何ンナ案配ニ能カツタカヲ知リ

タイノテ或ル日横濱ヘ行キ現場ニ就テ調ヘテ見タラ下水ノ事トテ汚物カ混濁シテ居ルノテ漏水シヨウトスル空隙ヘハ良イ案配ニ自然ト砂泥抔カ流レ込ンテ漏ラナクナルト言フ案外都合ノ良イ事ヲ發見シタノテアル
裏キニハ類リニ清水ノ試驗テ漏水ヲ止メル事ニ苦心セシカ一體此ノ辨ハ蒸氣ノ進入抔ヲ調節スル事ノ用ニ供セラレルモノテ蒸氣ヲ漏レヌ樣ニスルニハ別ツニ普通蒸氣辨カ附テ居ルノテアル今度此ノ加減辨ヲ下水ニ試用シタノハ始メテヽアツタカ成功シタノハ幸テアリシ何テモ實地ニ當ツテ自然カラ授カル教導モ大切ナモノタト思ヒシ

龍讓艦ノ大砲据附

朝鮮ニ不穩ノ事アルヤ政府ハ公使館及居留民保護ノ為品川沖ニ碇泊ノ龍讓艦ヲ同地ヘ派遣スル事トナリ同艦長ハ海軍首ヨリノ帰途兵器製造所ヘ立寄兵器ノ調達ヤ旋回砲ノ据附ヲ急速ニスル為ニ直チニ掛員職工ヲ派出シ該工マテ同艦ニ宿泊シテ工事ノ進捗スル樣ニトノ依頼テ予ハ職工數十名ヲ

連レテ其日同艦ヘ趣キシニ艦長ハ未タ歸艦サレヌノテ砲術長ニ面會シテ其旨ヲ告ケタルニ意外ニモ砲術長ノ言フニハ未タ何モソンナ話ハ聞テ居ラヌカ考ヘテモ見テ貰ヒタイ一體コンナ襤褸軍艦テ軍サナンカ出來ルモノカ第一速カ遅ク逆風ニテモ逢ヘハ後退リスルシ備砲ト言ヘハ昔シモノテ遠イ處ヘハ彈丸ハ届カス杯ト遇痴計言ツテ居ツテ搆ツテ呉トモ何トモ言ハヌノテ案外テアリシカ其儘引返ス事モ出來スト艦長ノ歸艦ヲ待ツテ居タカ其内日ハ薄暮ニ近ツキ一同モ空腹ヲ覺ヘタノテ炊事長ニ賴ンテ粗末ナタ食ヲ調ヘテ貰ツテ吹晒シノ甲板上テ一同ト一處ニ食シ飢ヘヲ凌イテ居タラ日ハ全ク暮レテ夫カラ暫クシテカラ漸ク艦長カ歸艦セシ様子ナリシカ少シ待ツテ居タラ

艦長附見習士官カ甲板上ニ予ヲ尋子テ來テ艦長室マテ來テ下サイトテ案内サレテ同室ヘ行ツテ見タラ艦長ハ予ニ謝シテ言フニハ歸途用事カ出來テ斯ク遅ク歸リシカ今副長カラ聞キマシタカ大分久敷御待タセシタ想テ夫レニ砲術長ハ遠方態々派遣セラレタ貴殿方ニ對シ誠ニ申譯ナイ待遇ヲ為セ

シ由誠ニ御氣ノ毒テシタ今夜カラテモ仕事ニ取掛ツテ御貰ヒシタイト自分ハ考ヘテ居タノタカ午違ヒトナツタノテ致方カナイ今晩ハ休マレ明朝カラ仕事ニ掛リ出來ル丈速カニ竣工スル様ニ御頼ミ申ス就テハ貴殿ハ士官室ニ宿泊食事ハ士官ト一緒ニ取ラレ職工達ハ下士官室ニ宿泊食事ハ下士官ト一緒ニ取ル事ニシテ起居ノ世話ハ部屋附「ボーイ」ニ申附ケテ置クカラ用事カアツタラ御申附ナサイト懇切ナル待遇ト變タノテ今迄不平満々テアリシ職工達ハ皆大喜悦テ夫レニ又叮寧ナ晩食カ艦カラ出タノテ夜中操業シテ一日モ早ク竣エサセマスト大元氣トナリシ

夫レト反對ニ砲術長ノ顔ヲ見ルトショボケ返ヘツテ元氣カナイノテドオシタノカト思ツテ居タラ傳聞シタノテハ艦長ハ帰艦スルト副長ヲ呼ンテ申傳ヘタ事ニハ本艦ハ老朽物テ用ニ立タヌトハ海軍部内一般ノ評判ナル事ハ卿等モ知ラレテ居ルノタカ其老朽艦ニ無事ノ日ハ海軍々人テ候トテ威張ツテテ乗組ンテ居テ一朝事アル時ハ老朽艦ヲ名トシテ逡巡スル者モアルトカ大事ノ起ツタ場合ニハ其老朽艦ヲ有効ナラシ

ムル様ニ身命ヲ賭シテ國家ニ盡サ子ハナラヌ戰爭ハ獨リ軍艦兵器ノミニ依頼スルモノテナク其意氣カ一番肝要テアル以上ノ趣意ヲ上申シテ今度ハ振ツテ出征ノ任ニ當ル事ニシタカラ乘組士官以下一同ヘ其旨ヲ傳ヘテ貰ヒタイ若シ此際去艦ヲ云云ト言フ者カアツタラ何時テモ退艦ヲ命スルカラ夫カラ自分ハ兵器製造所ヘ行ツテ急速ニ兵器ノ準備ヲ依頼シタ其中テ大砲据附ノ爲職員職工ノ派遣ヲ頼ンタラ同所テモ其旨ヲ了シテ直チニ出張サセテ呉レタノタカラ之レヲ好遇シテ一日モ早ク竣成サセ出艦ノ出來ル樣取計ラハ子ハナラヌトノ嚴命カ下タノタトテ聞テ成程待遇ノ變タ事ヤ砲術長ノ事モ是レテ悉ク了解シタ

元氣旺盛トナリシ職工達ハ早朝カラ夜中迄大砲据附工事ニ能ク働テ居タカ三日間テ竣功シタノテ艦員ニ引渡シテ一同カ歸ラントセシ時通舩カ居ラヌノテ待合セテ居タラ副長カ來テ竣工ノ速キヲ謝シ今艦長ハ上陸シテ不在タカ歸ラレタラ滿足サレルテシヨウ君達ハ勞レタ事テシヨウ通舩ノ來ルノヲ待ツテ居ルノテスカ陸地マテ遠イカラ通舩テハ大分手

聞取ルカラトテ艦載ノ滊艇テ品川迨送ラレシ愉快ハ今テモ忘レヌカ其時予ハ思ヘリ前ニハ冷遇ニ逢フテ各自カ不満テ在リシニ後ニハ意外ナ厚遇ト變タ時ノ職工達ノ意氣ハ何トモ言ヘン様ニ緊張シテ協力事ニ當リ數日ニシテ功ヲ奏シタ事ヲ思フト人ヲ使フ將ニ斯ノ如クナルヘシト感セリ

## 筑紫艦ノ發射試驗

新來ノ英國「アームストロング」會社カラ購入サレタ筑紫艦ハ其構造ノ大畧ヤ購入ノ事ハ前ノ砲彈ノ項ニ述ヘタカラ茲ニハ畧シテ發射試驗ノ事ヲ記ス當時我海軍テハ扶桑艦ノ旋回砲カ最大巨砲テアリシカ今度筑紫艦カ購入サレテ失張旋回砲カ備ヘ附テラレ稍同程度ノ効力カアルト言フノテ之レヲ比較研究スル為メ或ル日両艦ヲ横濱港カラ相州觀音崎ヘ廻航シテ同所砲臺附近ニ設ケラレシ標的ニ向ツテ發射ヲ行フ事トナリシ

両艦ハ舳艫相結イテ横濱港ヲ出發目的地ニ向ヘリ参加將校ニハ陸海軍有數ノ將星ヤ士官技術員ヤ我兵器製造所員等ニ

シテ陸軍側テハ畏シコクモ

小松陸軍大將宮ヲ始メ大山陸軍大將以下陸軍參謀官其他テ海軍側テハ川村海軍卿以下艦政本部員其他將校等テ兩艦ニ分乗セラレシ各艦カ到着地ニ達スルヤ標的ニ関係アル將校技術員ハ直チニ上陸其部署ニ就キ其他大部分ハ艦ニ止マリ發射ト彈着ヲ研究スル事トナレリ

標的ハ砲臺ニ向ツテ左側ノ丘陵ニ煉瓦ヲ以テ厚サ一「メートル」高サ三「メートル」長サ十「メートル」ノ壁ヲ築キ壁ノ表面三箇所ニ圓形ヲ畫キ標準トセリ茲ニ發射ハ開始セラレシ筑紫ノ巨砲ハ口經十吋テ英國「アームストロング」會社製ノ新式砲テノ又扶桑ノ巨砲ハ獨國「クルップ」會社製ノ二十四珊砲テ射撃ノ結果ハ扶桑ノ方カ命中カ多カリシ之レハ穴勝砲ノ優劣ノミテナク砲ト艦トノ割合カ扶桑ノ方カ艦カ大キク發射ノ時動揺カ少ク筑紫ハ艦カ小サク其上砲ハ扶桑ヨリ稍大且ツ重ノ為メ動揺カ多大テアルカラ自然命中ヲ少クセシモノタトノ衆説テアリシ筑紫ノ得色ハ快速力ヲ以テ敵ニ接近シ射撃ノ後ハ直キニ退却シ得ルモノテアリシ

標的ノ煉瓦壁ハ依然トシテ直立シ彈丸ノ通過シタ跡ハ彈丸大ノ穴カ穿タレテアリシカ扶桑ノ着彈跡ハ穴ノ周圍カ奇麗テ筑紫ノ着彈跡ハ穴ノ周圍カ往々破壊セラレタノヲ見ル之レハ標的ニ彈丸カ突撃スル時直線テアルト斜線テアルトノ相違モアリ突撃力ノ強弱ニ原因スルテノハ明カテアル依ッテ少シク砲腔内ノ構造火藥ノ説明ヲシテ見ルト

「クルツプ」砲ハ砲尾ノ火藥室カ餘リ大キクナイ夫レハ六稜褐色火藥ヲ用ユル爲メテ該火藥ハ燃焼カ遅イノテ彈丸ヲ砲口マテ押シ進メル間ニ燃ヘ切ルカラ腔内全積ニ壓力充滿シテ彈丸ヲ飛スカラ其力モ強イノテアル

「アームストロンク」砲ハ砲尾ノ火藥室カ大キイノテアル夫レハ同社製ノ火藥ハ容積モ大キナ上ニ燃焼カ早ク藥室内テ最強力ヲ起シ彈丸ヲ飛ハシ掛ケルノテ彈丸カ砲口ヲ離レル時ノ壓力ハ幾分減セラレルノテ砲身ヲ三十五口経マテニ長クシテ平均壓力ヲ強カラシメタノテアル

右雙方ヲ比較シテ見ルト「クルツプ」砲ノ穿撃力カ「アームストロンク」砲ヨリ強イ事カ分ル夫レハ標的ニ残サレシ彈孔計リ

テナク射撃ノ時ノ照尺ノ角度テモ扶桑ハ二度ヲ昇ラ又ノ二筑紫ハ以上ヲ用イタ事テモ彈道ノ弧状ニ進撃カノ相違カアツタ事カ分ル

射撃ハ夕刻頃修リ夫レヨリ乗艦ノ將校一同ハ砲臺ヘ上陸シテ標的突貫ノ有様等ヲ視テ其夜ハ浦賀港ニ一泊シ翌日ハ又砲臺ニ集リ昨日ノ講評ヲ了ヘテ今度ハ陸軍側テ觀音崎海峡ニ布設セラレシ水雷發射ノ試射カアリ夫レカラ砲臺備附ノ臼砲テ海峡通過敵艦ヲ撃ツ演習等カ行ハレ修了後一同ハ両艦ニ分乗シテ横濱ヘ帰港夫レヨリ各自随意解散セリ

小松宮殿下ニハ演習地ヘ御出ノ時ハ扶桑艦ヘ御召シテ横濱港ヲ御出發アリシカ同艦カ横須賀沖ヲ航行ノ際少シク暗礁ニ觸レ撃動ヲ感セシトカテ觀音崎テ軍艦射撃修了後横須賀軍港カラ差廻サレタ滊船横須賀丸ニ召サレ横須賀ヲ御経由即日御帰京アラセラレシ

房州館山灣ノ艦隊演習

房州館山灣テ艦隊ノ旋回航行射撃演習カアリシ参加艦ハ横

須賀軍港所屬ノモノ十數艦ニテ灣頭ノ山腹ニ一箇所標的ヲ
設ケテ各艦カラハ航行シツヽ隨時ニ的ニ向ツテ發射スルノ
タカ其進行ニ依テ艦ノ前面側面後面ト遠近ニ均ハラス種々ノ
ナ位置カラ發射スル其有樣ハ實ニ壯觀テアリシ川村海軍御
初將校技術員ハ各艦ニ分乘シテ其職掌ノ事ヲ研究セリタ刻
演習ヲ了リ一同館山町ヘ上陸一泊シ翌朝乘艦後艦隊ハ沖ヘ
向ツテ出港シ全速力テ進行シツヽ最高角度ヲ以テ遠距離ニ
一齊射撃ヲ行ヒシカ彈丸ハ最後ニ水中ニ沒シテカラ三度モ
水面上ニ飛ヒ上ツタノヲ見タノハ面白カツタタ刻演習ヲ了
ツテ横須賀ヘ帰港セリ今回ノ射撃テハ各艦競フテ其技能ヲ
顕ハシ一小的ニ向ツテ能ク命中セシ事ニシテ其熟練ノ功顕
著ナル事ヲ示セリ
演習參觀者一同カ館山ニ一泊ノ事ヲ述ヘンニ將校技術員等
ハ上下ノ隔テナク親密ニ三々五々市中ヲ見物シタリ又ハ旅
宿ニ談笑シタリ愉快ニ一夜ヲ過シ翌朝ハ前後シテ帰艦セシ
カ多人數トテ旅宿ハ三軒ニ分宿セシカ一軒毎ニ同宿者中カ
ラ二名宛ノ會計掛ヲ選ヒ各自一定ノ金ヲ出シテ會計掛ニ託

シ支拂萬端ヲ濟マセ帰京後計算ヲスルノテアル兵器製造所ノ技術員坂湛氏ト予ト二人カ第一班ノ會計掛ニ選ハレテ各自カラ金五圓宛ヲ託サレタカ帰京後出費ヲ差引イテ各自ヘ殆ント半額平均ノ残金ヲ戻シタカ當時ハ未タ物價ノ安キ時節トハ言ヘ安値テ濟ミシ

川村海軍御ハ我々第一班ノ泊ツタ宿ノ奥ノ間二十二三歳ノ子息ト二人テ泊ツテ居ラレシタ食後銃ヲ肩ニシテ附近ノ山ヘ鳥ヲ打チニ出掛ケラレル時一同ノ居ル間ヲ通リナカラ親話ヲサレル杯如何ニモ打觧ケタ態度テアリシ海軍將校達ハ共ニシミ易キ感シカアル夫レハ海上生活テ何日何時生死ヲ共ニスルカ分ラヌト言フ所カラ親ミヲ深クスル事ト思ハレル

官制ノ改正

海軍省ノ改革ニ依ツテ兵器製造所モ一大改革ヲ擧行セラレタ夫レハ剰員ト老朽淘汰テ新進ノ途ヲ開クノ目的ナリシ改革ノ噂ハ早クカラ傳ヘラレシカ夫レカ實現セシハ明治十九年一月二十九日ナリシカ朝出勤スルト所員ハ三々五々寄合

ツテ話シテ居ルノヲ聞クト彌今日改革カ行ハレルノタカ所長ヤ童立ッタ人達ハ本省ヘ行カレテ居ルカ帰所サレルト發表ニナルノタカラ我々ノ進退ハ僅カノ間ニ迫ッテ居ルノタト囁キ合ッテ誰レモ職務ニ手カ附カス中ニハ一體何ノ位ニ減員ニナルヤラ分ラヌカ若ヒ人達ハ安心タカ老朽無能者ハ覺悟シテ居ラ子ハナラヌ抔ト話シ合ッテ居ル者モアリシ曩キニ工部省工作分司ヨリ兵器製造所ヘ引継カレシ者ハ技術員三名ト職工全部テ技術員ハ貴志泰氏坂湛氏ト予ノ三名テアリシ我々ハ轉任後日モ淺ク無論御癈シ組ニ相違ナシト觀念シテ後継者ニ工事引渡ノ準備ニ取掛ッテ居タラ夕刻所員カ集合シテ居ル事務所ノ一室カラ予等ヲ呼ヒニ使ヒカ來タノテ行ッテ見ルト伊東海軍中將ノ舍弟テ古參ノ技術員テアル伊東某氏カ言フニハ此レカラ皆サン方ト御別レスルノテ今豚汁ヲ拵ヘサセテルカラ一杯ツヽ食ヘテ下サイトテ少シシテカラ一杯御馳走ニナッテ殆ント皆ナカ食ヘ了ッタ頃本事務所カラ小使カ一枚ノ書附ヲ持ッテ入リ來リ此ノ書附ニアリマス方ハ廢務掛ノ詰所マテ直キニ御出下サイト言ッ

タノテ待構ヘテ居タ連中ハ一同緊張シテ其内ノ或ル人ハ其
書附ヲ取ツテ讀ミ上ケシカ其人數カ餘リ寡イノテ一同ハ不
思儀ニ思ツテ居ルト又外ノ小使カ一枚ノ書附ヲ持ツテ來タ
ノテ扱テハ少シモ早ク皆ナニ知ラセタイノテ何度ニモ分ケ
テ書附ヲ遣スノタト一同ハ早呑込ヲシテ待ツテ居タカ夫レハ
ニ囬丈テアリシ
我々工部省カラノ三人ハ呼出シノ内ニ入リ然カモ樞要ノ地
位ヲ授ケラレシカ(72)呼出シニ會ハシ人達ハ退官者トシテ我々
カ辞令書ヲ受ケテ従前ノ室ヘ帰ヘテ來タラ呼出シニ會ハヌ
人達ハ皆ンナ退散セシ後テアリシカ誠ニ氣ノ毒ナ感シヲ起
シタノテアツタ
夫レカラ留任者一同ヲ集メテ新任所長事務取扱海軍少技監
前田亨氏カラ一場ノ訓諭カアリシ其趣意ハ冗費ヲ省キ事業
ノ開發勵精事ニ當ル等ナリシ今度留任セシ人員ハ百數十名
ニシテ従來ノ約半數弱テアリシ改革後ハ一致シテ勉勵セシ
カハ事業ハ大ニ擧リ兵器諸品ノ貯藏カ増加シテ格納ニ差支
ヘル爲新規倉庫ヲ増築スルト言フ盛況テアリシ其後約二年

ノ間ニ當時ノ所長初メ重立ツタ人達ハ追々他へ轉任シ新任者ハ前任者ノ趣意ヲ繼續セス人心ハ次第ニ安逸遊惰ニ流レ其内何時カ増員シツヽ事務ヲ取ル事カ繁雜トナリ改革當時ノ精神ヲ以テ事ニ當レハ彼是ニ差支ヲ生シ窮地ニ陷ラ子ハナラヌ事ニナルノテ世渡リ上手ナ者ハ其時々ノ風潮ニ合セテ行クカ昔風ノ頑固者ニハ夫レカ出來ス行詰ルマテ遣ルカラ折角ノ苦心努力モ水泡トナル計リカ遂ニ上長ノ氣受マテ損シ實行不可能トナレリ其時改革ハ一時的ノモノテ永ク續カヌモノタト知リシ

# 職業ノ部

## 後　編

最初ハ此ノ職業ノ編ヲ
一冊ノ本トスル考ヘテ
アツタノカ紙數カ多ク
ナツタノテ讀ミ良イ様
ニ二冊トシタノテ自然
目次モ各冊ニ別記スル
事ニセリ
各紙ノ番号ハ左ノ下ニ
記入シ時代ノ見出番号
ハ其下ニ記シテ目次ノ
番号ハ省畧セリ

## 田中製造所時代

自明治二十一年三月
至同　二十二年七月 483

田中製造所ノ攺革

船用機關ノ製造
石川嶋造船所ノ注文
天津丸ノ好評
海岸ノ起重機
水雷發射用ノ空氣溜
水雷局ノ瀛罐
芝浦ノ澪抗
海中布設水雷罐ノ鍍
皇城暖房ノ煙突避雷針
水雷發射用壓搾空氣喞筒
演習用魚形水雷

## 安宅鐵工所時代

自明治二十二年八月
至同　二十三年十二月 509

足尾銅山ノ熔解爐

浚渫船ノ製造
古川孝七氏ノ注文振
佐渡通ヒノ小蒸氣船
古河煉瓦製造機械ノ「ガハナー」
製罐工場技術ノ改良
工場ノ擴張ト工事多忙
別子銅山ノ熔解爐
緒明造船所注文ノ船用機関
緒明造船所注文ノ小捲曲軸

## 大阪鐵工所時代

自明治二十四年六月
至同　二十八年八月

535

第二大浚丸ノ製造
水道浄水場用汽罐
震災テ煙突ノ破損

汽船武庫川丸ト太田川丸
消毒所ノ機械
日清役用ノ小蒸氣船
支那人ノ軽喫水汽船
軽喫水船汽壓計ノ故障
新築鑄造工場
大阪電燈會社ノ蒸氣機械
大島ノ砂糖煮釜ノ井樓
露國鐵道用小蒸氣船
英國ヘ豫ノ注文書ヲ送タ事
露國ノ海獵船
太湖丸ノ進推機　汽船常磐丸ノ進
兵庫ノ外人造船所ノ競賣
古木型ノ買入
工場汽罐ノ燃料
船渠ヘ船ヲ出入スル時ノ難儀
進水ヲ行フ時ノ苦慮

安寧丸ノ暗車軸繕ヰ
電氣分銅會社ノ原動機械
三州豊橋原田氏機械ノ基礎
怠業シテ居ル職工ヲ勵マシタ事
天満織物工場ノ振リ器械
太湖汽船會社ノ小形汽船
住友汽船御代島丸

## 小野工業事務所時代

自明治二十八年九月
至同三十年五月 609

櫻井亀二氏「ベアリング」依頼
臺灣ノ砂糖製造機械
鑛油使用ノ始
木型ノ貸借
蒸氣機械吸鍔ノ「スフリング」
北安治川ノ道路

難波島ノ釘鍛冶
設計製圖ヤ監督

## 小野鐵工所時代

自明治三十年六月
至同三十二年十月 627

小蒸氣船ノ三聯成機関
鑄造ヲ簡易ニスル事
工場用品ノ買入
高壓汽罐ノ修繕ニ就テ
製罐職仕事ノ着實
船卸屋ノ手際
尼崎汽船ノ修繕
難波島ノ小船渠
輕便ナ道具テ拐曲軸ヲ造リシ事
工場主ト職工ト意氣投合

# 新隈鐵工所時代 649

自明治三十二年十一月
至同　三十四年一月

鐘淵紡績會社兵庫分工場ノ給水管
銅工職長ノ牛腕
大阪製蝋會社ノ器械
若州小濱ノ製塩機械
鐘淵紡績會社兵庫分工場ノ「ベアリング」
鹿児島縣ノ浚渫船
油置場ヲ鐵張リトセシ事
傳染病テ工場ニ籠居

# 製鐵所時代 673

自明治三十四年二月
至大正四年九月

製鐵所ノ創業
大蒸氣管ノ破裂
厚板工場原働機械
延塊工場水壓筒
第一熔鑛爐熱風辭
運滓丸ノ製造
六呎旋盤
修繕工場ノ起重機ノ綱
第二熔鑛爐熱風爐ノ組立
修繕工場ノ大旋盤
平削盤「オープンサイド」式
九大工學部ノ捻リ器械
第三熔鑛爐ノ煙留
各種ロールノ製造

水壓唧筒機ノ基礎
木型工場ノ火災
鍛冶工場貳噸水壓機
鍛冶工場四分ノ三噸空氣鎚
鑄造工場電氣接合機
修繕工場屈伸自在旋盤
齒車齒切機械
鑄造工場二拾噸起重機
平爐工場送風管ノ破裂
砲彈工場建築材料ノ燒失
砲彈工場水壓機械ノ基礎
第三第四熔鑛爐煙突ノ動搖
轉爐ノ水壓辨
製棧各種用ノ火箸
軌條壓延中ノ珎事
大形工場原動機蒸氣溜ノ蓋
第二熔鑛爐々底ノ鐵塊
第二送風機滊筩ノ蓋破損
修繕工場ノ增築
工作科各工場ノ擴張
鑄造工場銑鐵破碎器

## 雜種

自明治十六年
至同三十四年
日本製鐵會社
依姫丸ノ修繕
川口鑄物工場テ機械鑄物ノ始
外國ノ賣船ヲ見タ事
鐵商ノ在庫品
電信局ノ鐵線製造
橫濱ノ荷造機械場

749

赤羽兵器製造所ノ入札
志州鳥羽ノ舩渠
淀川新會社ノ滊舩
奥山一郎氏ノ「スペシヤル」
喞筒
滊機滊罐ノ保温
焼入ラス鋼ノ渡來
焼入レノ改良
神通丸ノ修繕
石川島前滊舩ノ滊罐破裂
大阪川口鐵工所
職工ノ牛腕

# 田中製造所時代

## 田中製造所ノ改革

東京芝浦ノ田中製造所(三井ノ芝浦製作所ノ前身)ハ海軍ノ長浦水雷局ノ水雷一切ヲ製作スル為別ツニ官立ノ工場ヲ設ケス民間ニ専門ノ工場ヲ設ケテ製作品ハ都ヘテ之レニ任スト言フ事ニナリ水雷ニ必要ナル電氣ニ明ルイ人ヲ選ンダノカ電氣局ノ技術員田中久重氏ニ當ツテ同氏カ新規芝浦ニ工場ヲ起ス事ニナリ其建設費ハ水雷局カラ貸與サレ無利子永年賦返濟ト言フ至極都合ノ良イ事テ職工四百名程ヲ使役スル立派ナ工場カ出來テ水雷局ノ工事ハ一手ニ引受ケ盛ンテアリシハ束ノ間能ク言フ事タカ好事魔多シト遂ニ其魔カ飛込タノハ明治二十一年テ海軍省ノ方針カ變リ一手引受ケノ制ヲ癈シテ特別品數種ノ外ハ一搬入札法ヲ以テ諸工場ニ製作ヲ命スルト言フ事ニナリ其上貸與金返濟ノ期間ヲ短縮シテ十箇年トサレタノテ是レ迄水雷局ノ附属工場ノ積リテ氣樂ニ遣ツテ居タノカ變更テ俄カニ今後ノ維持法ヲ立テナケレ

ハナラヌ事ニナリ茲ニ改革ニ着手サレ内ニハ整理節約ヲ講リ外ニハ獨リ水雷局ノ工事ノミテナク廣ク一搬ノ求メニ應シ諸機械造船等ノ業ヲ營ム爲其設備ニ着手セリ
同工場ハ開始以來水雷ヤ其屬品ノ緻密ナ製作ニ從事セシ事トテ總ヘテ叮寧テアル中ニモ取分ケ鑄造工場テハ彼ノ面倒ナル魚形水雷ノ胴體ノ如キ全長ヲ數個ニ別チ各個毎ニ砲金ヤ青銅ヤ各配合ノ少シツヽ違ツタ地金ヲ造ルノテ船來ノ見本ニ依ツテ分析ヤ強力試驗ト種々ノ年數ヲ經度々ノ實驗後漸ク船來品ト同樣ナ品カ出來ル樣ニナリ演習用魚形水雷數個ヲ製スル事カ出來タ機械仕上其他ノ工場テモ緻密ナ良イ機械ヲ備ヘテ叮寧ナ仕事ヲスルノテアリシ
改革後ノ工場ノ有樣ハ從來ヨリノ水雷局注文品ヲ重ナルモノトシ船用蒸氣機械ヤ一搬諸機械等ヲ側ラ製作セシカ緻密ト言フ事カ職工ノ頭ニアルカラ其成績ハ良好テアリシ事ハ良カツタカ職工待遇上ニ至テハ所謂御機嫌取主義テ遣リ來タノカ禍ノ種トナリ各自カ勝手氣儘ナ振舞ヲシテ取締カ附カヌカ從前ノ樣ニ寛大ナ利純多キ水雷局ノ仕事計リ遣ツテ

居タ時ナラ未タ良イトシテモ今ノ様ニ世間ト競争シテ仕事スル場合テハ其儘ニシテ置テハ工場カ立行カヌノテ工場主ハ初支配人ト恊議ノ末取締ヲ断行シタ時職工カ騒キ立テタノニ工場主ハ恐レ込ミ蒦カラ緩和策ヲ取タノテ職工ハ勢ヒヲ得テ益我意ヲ恣ニシ取締カ附カナクナッテ其儘テ遣ッテ居タノテ維持困難トナッテ明治二十二年三井ノ手ニ移タノテアル

## 船用機關ノ製造

田中製造所テ世間一般ノ工事ヲ為ス様ニナッテ第一番ニ請合ッタノハ東京靈岸島カラ房州館山通ヒヲスル滊船會社カ創立サレ従來カラ在ル會社ト對抗シテ運輸業ヲ始メルノタカ運輸品ハ魚類タカラ少シテモ速ク運ハレル事カ希望テアルノテ今度新造スル滊船ハ速カノ速イノト石炭消費ノ寡キヲ主眼トスル事ニテ差當リ二隻ヲ造ル事ニナリ船體ハ房州ノ船大工石川竹次郎氏カ引受ケテ越中島テ會社カ造ラセツヽアルノテ田中工場テハ機關二組ノ製造及据附ヲ請負フ事

ニナリシ當時東京灣テハ横須賀ノ海軍造船所ノ外ニハ完全ナ造船所ハ石川島造船所位テ其石川島ハ反對會社カ得意先テアルカラ勢ヒ其處ヘ注文スル譯ニ行カス夫レテ越中島テ船ハ會社ノ手テ着手シ機關ハ何處カヘ頼ム事ニシテ居タカ折カラ田中工場テ造船機關ノ仕事ヲ初タノテ早速注文シテ来タノテアル今度創立サレタ會社ノ社長ハ彦根出身ノ大東義徹氏テ後年隈板内閣ノ司法大臣トナリシ人テ人物テアリシ

今度ニ艘造ル船體ヤ機關ノ大體ヲ示スト船體ハ木造「スクー子ル」暗車長百〇四呎六總噸数百一六噸四七機關ハ聯成併働冷瀛高壓瀛筩ノ経拾五吋低壓瀛筩ノ経貳六吋五行長拾五吋公稱馬カ三〇馬カ九瀛鑵ハ圓形常用瀛壓八五封度第一船ハ天津丸ト命名セラレシ

機關ニ就テ一二其特點ヲ言フト機械仕上工場テ機關ヲ組立ノ際「ピストンロッド」ヤ「バルブスピンドル」ニハ未タ「パッキング」抔ハ素ヨリ入レテ無イノタカ曲拐ヲ上方ニシテ瀛筩ノ下部」「ドレーンコック」ヲ開クト「ピストンロッド」ハ自然ニ下リ「ド

レーンコック」ヲ閉ルト「ロッド」ハ直キ停ルノテアル是レ各部ノ摺合セカツ精密テ空氣ノ逃出スル隙カ無カラテアル夫レカラ今一ツハ機關ノ据附モ修リ試運轉ノ時テアリシ當時芝浦海岸カラ臺場内マテノ水深ハ至ツテ淺ク干潮時ニハ小舩ノ外航行不可能ノ有様ナノテ試運轉ノ時ハ満潮時ニ舩ヲ臺場外ニ出シテ後ノ満潮時ニ入舩スル事ニシタノタカ出舩ノ時誤ツテ機關ニ用ユル白絞油ヲ入レタ鑵ト石油ヲ入レタ鑵ト間違ツテ積込ンタ事カ在來ノ油ヲ遣ヒ切ツタ舩海中ニ發見シテ當惑セシモ如何トモスル事カ出來ス海水ヲ灌カント言フ說モアツタカ「ベアリング」ノ焼ケル迄運轉シテ見ル事ニシテ無論「ベアリング」ハ棄テモノトシテ豫定通リノ回轉ヲシテ「全速力ヲ以テ横濱」沖マテ進行シ始修運轉ヲ續ケタリシ運轉中「ベアリング」ニ手ヲ當テヽ見タラ焼ケテ居ルト思ヒ込ンテ居タノテ最初ハ高熱ト手ニ感シカ能ク當ツテ見テ居ル内ニ手ヲ觸レテ居ラレル位ノ温度ナリシ遂ニ満潮時ヲ待ツテ帰航セシ早速「クランクベアリング」ヤ「メエンベアリング」ノ上部ヲ取外シテ見タラ其表面ハ鏡ノ様ニ光澤ヲ帯ヒ全面積ノ十

分ノ八計リハ尤モ密棲研磨シテ顔面ヲ寫セシ是レ實ニ精工ノ致ス處ナリト實地ノ教訓ヲ得シ
運轉時間ハ午前八時頃工場前ヲ出發静カナ速カテ三十分計掛ッテ品川臺場外マテ行其處テ試運轉ノ準備ヲシテ午前九時出發最大速カテ横濱沖マテ行ッテ引返シテ臺場外マテ來タ時ハ正午過キテ正味三時間續行シタノテアル有合セノ機関用油カ盡キテ用意シテ來タ鑵ヲ開ケタラ石油テ驚イタノハ横濱カ見ヘタ時テ前後ヲ考ヘテ見ルト一時間半余油ナシテ高速度テ運轉シタノテアル夫レカラ臺場外テ長イ間潮待ヲシテ午後四時頃カラ至ッテ静カナ運轉ヲシテ午後五時過キ帰航セシ其後正式試運轉ヲ濟マセテ會社ヘ引渡セリ

## 石川島造船所ノ注文

石川島造船所主平野富ニ氏カラ天津丸ノ機関ト同形ノ機関一組ヲ田中製造所ヘ注文スルカラ代價ヲ知ラセテ貰ヒタイト申込ンテ來タノテ造船所トシテハ東京テハ第一ニ位スル同所カ此頃漸ク天津丸ノ機関ヲ造ッタ計リノ工場ヘ態々見

積書ヲ取リニ來タ事カ如何ナル考ヘテアルカ合點カ行カナカッタカ先方ヵ同商賣テアルカラ特別ニ勉強シタ見積書ヲ出シテ置イタラ後日注文スルカラ誰レカ話ノ分ル人ニ來テ貰ヒタイト言ツテ來タノテ予ハ平野氏ヲ住所ニ尋子テ注文ノ要件等ヲ聞イタ跡テ石川島位ナ立派ナ造船所カラ此頃漸ク造船ノ方ニ着手シタ工場ヘ注文サレシ事ハ不思儀ニ思ヒマストト言ツタラ同氏ハ其御考ヘハ一應御尤テスカ是レカラ先キハ馬鹿ナ競爭ヲ止メテ其特長アル物ハ他カラツンツン買入レテ用ヲ辨スル事ニシナクテハナラヌト私ハ極メタノテスト石川嶋テハ是レマテ數多ノ機關モ造リ此頃ハ海軍省カラ砲艦ノ製造マテ引受ケテ居ル位テスカラ相當ナ仕事ハ遣リ來ツテ居マスカ天津丸ノ機關カ評判カ良イノテ前ニ述ヘタ趣意ニ依ツテ今度御注文シタ様ナ譯テス丁度彼ノ機關ヲ入レル位ナ汽船ヲ一艘引受ケタノテ夫レヘ使用スルノテスト何モ彼モ能ク分ル様ニ言ツテ呉レタノテ不審モ晴レテ帰所シタノテアル

天津丸外一艘ノ機關ヲ造ル序ニ猶一臺ヲ仕入品トシテ造リ

掛ケテ居タカラ其レヲ今度ノ注文ノ方ヘ廻シタノテ割合ニ日限モ約束ノ日ヨリ早ク出來キテ引渡シタラ先方テモ舩カ思ツタヨリ早ク出來タノテ機關ノ爲メニ大分待タ子ハナラヌト思ツテ居タ處テ好都合テアツタト喜ハレシ其滊舩ノ速カヤ外萬事良イ成績テアリシト跡テ石川島ノ人カラ聞キシ

天津丸ノ好評

天津丸ノ好評ヲ博シタノハ舩體モ完全テ機關ノ精巧モ無論ナレト猶夫レ以外ニ速カト機關ノ修繕ノ寡ナキ等カ當時東京灣出入ノ房州通ヒノ諸船舶ヲシテ讓歩セシメタ事ニテ夫レニハ又一ツノ原因カアル今度ノ機關ヲ製造セシ時カラ舩主ヨリノ依頼モアリ六箇月間機關ノ能ク落附ク間特ニ高級ノ機關士ヲ招聘スル事トナリ予カ知己ノ郵舩會社ノ一等機關士某氏ニ依頼シテ置イタラ同會社ノ滊舩ニ永年從事シツヽアル乙種二等機關士某氏ヲ廻ハシテ呉レタ一體機關ニ相當ナノハ小形三等機關士テアル筈ナノヲ上級然カモ老練家ヲ聘用シタノハ機關ハ最初ノ取扱ヒカ大事テ最初ニ能ク使ヒ

込ムト機関ノ為メニ後々迄モ工具カ良イノテ今度ノ話カ極マツタノテアル

夫レテ上級ノ機関士カ來タノテ船長ハ船相當ノ免状ヲ持ツタ房州通ヒニ馴レタ小形船長テアリシカ自分ノ船室ヲ機関士ニ譲ッテマテ尊敬セリ實ハ船長ト段違ヒテアルカラ六箇月間トハ言ヘ折合ヲ案シテ居タカ船長カ服従シテ折合能ク遣ッテ呉レタノテ大イニ都合良カリシ

機関士ノ言フニハ私シカ今度本船ニ乘組ンタノハ全ク機関ヲ完全ニ使ヒ馴ラス為メテアルカラ乘船中機関ノ事ニ就テハ一切一任サレタシトテ彌乘組ンテ機関ヲ取扱ッタカ決シテ全速カヲ出サナイテ他船ト併航シテ本船カ遅レ様カ平氣テ何アニ今ニ分リマストテ矢張速カヲ増サヌノテ溜リ兼子テ船長ヤ乘客カ一寸ノ間テ良イカラ他船ヲ一度追ヒ拔ヒテ欲イト言ッテモ機関ハ船主カラ任サレテ居ルノテ充分良クスルノカ自分ノ責任テアルトテ承知セス併シ月一月ト機関ノ馴レルニ随ツテ段々速カヲ増シ約束ノ六箇月ニ機関士ノ下船スル時ニハ全速カヲ出シテ他船ヲ追ヒ拔キ房州通ヒノ

滊舩中テハ第一位ヲ占メタ上ニ修繕カ寡ナイノテ評判カ良ク夫レ等カ聞コヘテ同業者ノ石川島カラ注文カ来タ様ナ譯テアルカ詰リ其取扱カ叮寧テアリシ為メテ舩カ四時間ノ航海ヲシテ房州舘山灣ヘ入ルヤ一寸ノ間モ機関士ハ休息モセス直キニ「ベアリング」等ノ要所ヲ調ヘテ悪ヒ所ハ之レヲ直シ滊罐ノ如キ壓カヲ急變セス徐々ニ下ケ又出港前ヨリ漸次壓カヲ加ヘ滊罐ヲシテ壓カノ劇變ナキ様ニセシ

其「クランクベアリング」ノ如キ實ニ九年ノ久シキニ渡ッテ保存用ヲ辨シタ事ハ後年東京灣滊舩會社長櫻井亀二氏カ大阪テ會社舩ヲ造ラレシ際態々予ヲ訪問サレ天津丸ノ「ベアリング」ト同等ノ品ヲ得ン事ヲ求メラレシ以上良好ノ結果ヲ来シタ譯ハ製品ノ優等ナルト取扱ノ叮寧ト周到ナル注意ヲ以テ各部ノ椄合ヲ良ク折合ハセタ結果テアル

## 海岸ノ起重機

田中製造所テ舩舶業ヲ始メタノテ工場ノ海岸ヘ積込積取用二十五噸起重機ヲ備ヘル為松材末口一尺長サ三十五尺物二

本ヲ購入スル爲諸方ヲ調ヘタラ東京深川木場ニ貯藏品數本アリシカ深ク水中ニ沈メテアル上ニ多クノ桟木カ積重子テアルノテ其レヲ取除ケルニハ餘程手數カ掛ルカラ下ノ松桟ヲ買ツテ貰ヘナケレハ取除ケル譯ニ行カヌ見タ上テ若シ破談ト言フ事ニナツタラ相當ノ費用ヲ拂ツテ呉レロ夫レカラ下ノ松桟ノ代價ハ一本壹百圓宛テアルトノ事テ見モセヌ物ヲ買フ譯ニモ行カス夫レテ外ヲ探ス事ニシテ諸方聞合セテ居タ内ニ工場ヘ出入スル桟木商某カ來テ玉川縁カラ八王寺附近ニ頃合ノ立木カアリマスカラ實物ヲ見テ下サイト言フノテ同人ト新宿カラ殿々ト甲州街道ヲ進ンテ行ク内ニ調布町近クテ樵ヲ一人頼ンテ案内サセテ暫ク行ク内ニ遥カ右手ノ山上ニ一本目ニ附ク高ヒ立木カアリシヲ樵ハ何ノ大木ハ持主カ賣ラント言ツ居マスカ一應御覽ノ上御望ミカアツタラ直キニ持主ヘ御話ニナツタラ良イト思ヒマスト言ツタノテ立木ノ下マテ行ツタカ途中雜木林ヲ潜ツテ行クノテ隨分難儀ヲシタ夫レカラ木ニ近寄ツテ見タラ使用ノ寸法ハ充分アル眞直ナ立派ナ赤松テアリシ

其所有主ヲ尋子タラ其處カラ餘リ遠カラヌ村落ニ住ンテ居ル人タト聞キ其村ヘ行キ所有主ノ家ヲ見タラ門構ヘノ相當ナ家テ夫レカラ同行者ヲ他ニ待タセテ予一人テ主人ニ面會シテ山ノ松ノ木ヲ工場用起重機トシテ永ク使用シタイカラ何卒御譲リヲ願ヒタイト懇願シタラ主人ノ言フニハ何ノ木ハ是レマテ度々望ミ手モアリマシタカ譲リマセント申ス譯ハ何レハ家ニ由緒アル木テアリマスカラテスカ東京カラ態々御出御使用先ハ工場ノ大切ナ道具トシテ永ク御使ヒナサルトノ事テスカラ私ハ御譲シテモト思ヒマスカ一應親族ノ評議ニ掛ケテ御返辞シマスト言ツタノテ予ハ甚タ勝手ナカラ急キマスカラ御待シテ居マスカラ御相談ヲ願ヒマスト言ツテ同家テ待ツテ居タラ段々人カ集マツテ來テ外ノ室テ相談カ始マツタ様テアリシカ暫クシテ主人カ出テ來テ言フノニハ御希望ノ事ヲ皆ナニ話シマシテ彌御譲スル事ニナリマシタト言タノテ代價ヲ聞クト賣物テナイカラ御思召テ良イト言フノテ金五圓ヲ出シテ相談カ纏リ其木ヲ山カラ切リ出シテ街道マテ出スノハ案内ニ頼ンタ樵カ引受ケ枝ヤ葉ヲ貰

へハ別ツニ金ヲ拂フニ及ハスト樵カ言フニ任セ先ツ一本ハ手ニ入ツタカ殘リ一本ノ方ハ其處カラ一里餘モ隔リタル場所テ見附ケ此ノ方ハ代金十圓テ買ヒ取リ切リ出シト街道マテノ運搬ハ前同人カ引受ケ以上二本ノ松杙ハ牛車テ曳カセテ芝浦ノ工場ヘ持込マテ一箇月餘ヲ費シタ上ニ運送費用ニ金二百圓ヲ支拂ヒシ跡テ考ヘテ見ルト深川木場ノ方ヲ買ツタラ早ク辨シタ上費用モ安ク勞セスシテ濟ンタ事ト思ヒシ

柱杙カ楠タノテ起重機ハ組立ラレ舩舶ヘノ積込ヤ陸揚ケヲ容易ニスル事カ出來ル樣ニナリシ

### 水雷發射用ノ空氣溜

田中製造所テ水雷局カラ製造ヲ命セラレテ水雷發射用ノ空氣溜ヲ造ッタ事ヲ述ヘルト舶來ノ見本ハ内径四吋ノ鋼管多數ヲ横タヘ夫レヲ溝鋼テ結束シ管ト管トノ繼キ手ハ鑄鋼製テ惣容積ハ一米突立方テアリシ今度ノ新製品ハ鋼管ハ舶來品ヲ用ヒ繼キ手ハ鑄鋼カ未タ内地テ製造サレヌ時テアッタカラ其筋ノ許可ヲ得テ砲金テ代用スル事トシ製造ヲ修ッテ

船来品ト並ヘテ一昼夜ノ間壓搾空氣ヲ滿タシテ對照試驗ヲシタラ和製ノ方ハ空氣カ漏レルノテ幾分壓力カ減スルノテ何度モ繼キ手ヲ改造シテ見タカ未タ完全トナラス種々手ヲ盡シタ未試ミニ繼手ノ内部ヘ「ハンダ」ヲ一面ニ流シテ見タノカ成功シテ一昼夜ノ試驗ニ合格セリ

純良ナ砲金ヲ造ル事ハ本所ノ特色テアルノテ今度ノ繼手モ鑄鋼製ノ代用ニハ譯ナク間ニ合フ事ト最初ハ餘リ重キヲ置カナカツタカ空氣ノ漏出テ段々緻密ナ質トシテ試ミタラ夫レ丈漏出ハ尠クナツタカ未タ完全トナラス遂ニ「ハンダ」ヲ以テ成功ヲ告ケタカ如何ニ「ハンダ」カ緻密テアルカヲ知ル事カ出來タ何テモ實際遣ツテ見ナケレハ分ラヌモノタト思ヘリ夫レカラ比較シテ見ルト船來ノ鑄鋼製ノ繼手カ外見粗雜ニ見ヘ厚サモ餘リ厚クナキモノカ能ク壓搾空氣ノ逃出ヲ防ク事カ出來得ルカト感服セリ

## 水雷局ノ滊鑵

明治二十二年海軍ノ長浦水雷局カラ陸用滊鑵一個ノ製造ヲ

田中外一ニノ指定工場ヘ競争入札ニ附セシ事アリシ同局カラ出シタ圖面仕様ヲ見ルト「コルニシユ」形滊鑵直經四呎餘テ常用滊壓八十封度外板ノ厚サ八分ノ七吋トアリシニハ如何ニモ厚イモノテアルト思ヒシ當時市中ニ有合セ鋼板ハ大概八分ノ五止リテアルカラ若シ着手スル事ニナツタラ海外ヘ注文シナケレハナラヌカソースルト期限ニ間ニ合ハヌ何レニシテモ一應注文先ヘ聞合ハセル必要カアルト思ツテ居タラ外ニ用事カ出來テ長浦マテ行ク事ニナツタノテ序テニ鑵ノ事ヲ聞イテ來ヨウト局ヘ出頭シテ局長ニ面會シ用事ヲ濟セテカラ鑵ノ外板ノ非常ニ厚イ譯ヲ聞イタラ何アニ別段厚クシタノテハ無ク現在アル鑵ノ豫備ニスルノタカラ現場テ調ヘテ其通リニ造レハヨイト言ハレタノテ

現場ヘ行ツテ現在ノ鑵ノ外板ノ厚サヲ調ヘタラ夫レハ二分ノ吋テアルカ楼合ノ處ヲ斜メニ削ツテアリ其斜面テ謀レハ稍八分ノ七吋程アリシ是レハ製圖者カ實地ノ頭ノ無イ人テ圖面ヲ引ク時斜面ノ寸法ヲ書入レタモノト思ハレル夫レテ工場監督者ニ實際ノ厚サハ二分ノ一テアル事ヲ話シ計算書

マテ示シテ義諾ヲ得テ帰所シテ其積リテ入札シタラ落札シテ鑵ハ製造ヲ修ッテ上納濟トナリシ

後日入札指名ノ工場ノ人ト出會シタ時鑵ノ外板カ厚カツタノニハ驚イタカ海軍ヲ信用シテ何カ特別ノ譯カアルノタト思ッテ別ニ聞合セモセス入札シタカ若シ材料カ手ニ入ラヌ時ニハ何トカ延期ヲ願フ積リタッタカ我々ノ方ニ落札セ丈カモ道理ソンナ譯テアリシカト其人達ハ言ッテ笑ヒ話シトナリシ

## 芝浦ノ澪杭

明治二十一年田中工場テハ船入場ヲ設ケル為工場カラ澪筋マテ數十間ヲ堀割ル為東京府ヘ出願許可ヲ得タノテ第一着ニ澪筋テ幅三間ノ間ニアル澪杭十本餘ヲ抜取ル事ニ掛ッタカ扱テ其杭ヲ抜取ルニハドンナ方法ヲ用ヒンカト色々考ヘタ末大形荷足船ニ艘ヲ並ヘ夫レヘ丈夫ナ角材ヲ渡シ杭頭ヘ鐵棒ヲ通シ鎖ヲ以テ角材ヘ結ヒ附ケ船ニハ最初ニ水ヲ滿シテ置キ結合カ濟ムト水ヲ汲ミ出シ船ノ浮キ上ルカテ杭ヲ引

拔クノテアル滿潮時ニハ其儘ニシテ置クト自然ニ拔ケテ來ルト言フ仕掛ケテ遣ッタカ都合ヨク行キシ

最初府ノ掛員ノ話テハ澪ハ猶深ク淺渫スルノテ杭ハ其積リテ土中ヘ三間モ打込ンテアルカラ是レヲ拔取ルニハ中々容易ナ事テハナカロウト聞イタノテ此方テハ充分力ヲ入レテ掛ッタカ實際拔イテ見ルト杭ハ土中ニ九尺カラ六尺中ニハ三尺位シカ埋マツテ居ラヌノテ容易ク拔取レテ思ツタヨリ樂テ大助リヲシタカ御上ノ仕事ハコンナモノカト呆レタ其後掛員ニ會ツタラドヲダツタ隨分拔クニハ骨折リダッタロウト言ハレ御意ノ通ト御追従計リモ言ツテ居ラレス割合ニ樂ニ拔ケマシタ中ニハ土中ニ短ク入ツテ居タ杭モアリマシタト言ツタラ掛員ハ夫レハ扣ヘ杭ハ短ヒサト言ツテ何處マテモ誤魔カシヲ振リ廻ハシテ居タカ此方テハ萬事コンナモノカト苦笑ヲ禁シ得ナカッタ

澪杭モ拔取ツタノテ干潮時九尺ノ深ニナル様ニ舩溜ヲ掘割澪筋カラ舩溜マテノ水道ハ干潮六尺ニ掘リ下ケ起重機ヲ据附ケ舩入場ノ工事ヲ修リ第一ニ天津丸ヲ入レテ機關類滊鑵

ヲ積入レシカ芝浦邊ニハ當時完全セル舩入塲カ無カツタノテ需用ハ日ニ增多クナリ相當ニ繁昌セシ

## 海中布設水雷罐ノ鍍

田中製造所テ海軍水雷局カラ注文ノ海中布設水雷製造ヲ爲シツヽ在リシカ初メノ内ハ水雷罐ノ表面ハ「ペンキ」塗テアリシカ後ニハ舶來品カ亜鉛鍍トナツタノテ舶來品ニ倣ヒ亜鉛鍍ヲスル事ニナリ其支度モ出來テ仕事ニ掛ツ見ルト處々ニ處禿カ出來テ手直シニ時日ヲ要スルノミナラス外見モ悪シク夫レテ色々ト遣ツテ見タカ思シカラス所主ト懇意テアル電氣局技師工學博士志田林三郎氏ニモ相談シテ同氏ノ意見モ採用シテ見タカ未タ充分ト行カス當惑ノ折柄鍍ノ方ヲ引受ケテ居タ多年實地電氣ノ事ヲ手掛ケテ居タ南某氏カ言フニハ小形物ハ良ク出來テ大形物カ甘ク行カヌノハ掃除ノ行キ届カヌ爲メト思ヒマスカラ一ツ極入念ニ錆落シヲシテ遣ツテ見マシヨウトテ時日ヲ惜マス残ル處ナク磨キ立テヽ鍍ヲシタラ美事ニ出來上ツタノテ今度ハ手數ヲ省ク爲メニ硫

酸ヲ水ニ交セ其中ヘ鑵ヲ入レテ或ル時間後引上ケテ清水テ是レヲ能ク洗ヒ錆等ヲ點檢シテ鍍ニ掛ツタラ矢張立派ニ出來上リ其後ハ同法テ多數ヲ仕上ケタカ南氏ハ流石ニ多年實地ニ從事サレタ丈ケ小庇カ甘ク出來ルカラ大形モ同様ノ手數ヲ経レハ甘ク出來ル筈ト言フ處ヘ着眼サレシハ尤ナ考ヘテアリシ最初ハ餘リ六箇敷考ヘシ事ハ無駄骨折テアリシカ鍍ノ仕掛ケカ電氣ヲ使用スル様ニナツテ居タノテ電氣ノ故障トノミ思ヒ込ンテ志田博士マテヲ煩ハシタノダカ實際ハ掃除ノ行届カサリシ事テアリシ

水雷鑵ノ事ヲ書イタ序ニ鑵ノ檢査ノ事ヲ述ヘルト水雷鑵カ製作濟トナルト數十個ヲ竝ヘテ水壓下試驗ヲシテ壓カノ上カツタ儘ニシテ檢査ヲ受ケルノテアル檢査官ハ海軍ノ尉官ト下士テ所内ニ交代テ詰切ツテ居ルノテ檢査ヲ請求スルト直キ來テ檢査ヲシテ呉レルカ鑵胴ヤ両端ノ鋼板ヲ繼キ目絞鋲ノ周圍ヲ罫擡針テ撫セテハ奉書紙ニ當テヽ漏水ヲ試驗シ夫レカ通過スルト一定時間水壓ノ異同ヲ調ヘル為其儘置イテ夫レカ變ラヌ時檢査ハ合格シタノテアル漏水ノ有無ヲ奉書

紙テ見ル事ハ一寸變ツタ遣リ方テアルト思ヒシ

皇城暖房煙突ノ避雷針(73)

田中久重氏ハ皇城御造營後正殿裏ニアル薫氣暖房用煙突ヘ自已ノ工場テ製造サレタ避雷針ヲ取附獻納セシカ其取附ニ職工ヲ差出シタノテ予ハ見廻リトシテ現場ヘ行ツタカ煙突ハ正殿直キ裏中庭ノ樣ナ處ニアリテ三方ハ廊下ニ圍マレテ通路ニナツテ居ルノテ始修人カ通行シテ居タカ宮内省ノ掛官カ來テハ今貴顯ノ御人カ通ラル、カラ仕事ヲ止メテ職工ハ見ヘヌ所ヘ遣ツテ置イテ呉レ通行カ濟ンタラ知ラセルカラトテ隨分永ク待セラレル夫レカ一日ノ内ニハ何回タカ分ラス無心ナ職工達ハ是レテハ迚モ仕事ニナラヌ仕事ト言フモノハ充分氣乘カシナケレハ甘ク行クモノテナイノニ折角仕事ニ掛ツテ是カラト言フ時何時モ止メラレ御負ケニ煙突ノ蔭タノ廊下ノ下タノニ隱レテ丸ルテコソコソ盜賊ノ樣ダカ人カ折角雷カ落チヌコンナ結構ナ物ヲ取附ケテ上ケ樣ト骨折ツテ遣ツテ居ルトヤレ貴人カ通ル誰レカ通ルト言ツテハ一々止メラレタ上ニ隠レテマテ居ルトハ馬鹿ナ話タ一體色々ニ働ケハコソ良イ物カ出來ルノダ此ノ立派ナ皇居モ皆ンナ多クノ職工達ノ働イタ結果タ扨々身分ノ貴ヒ人ハ宮内省テモ嘸御困リテシヨウトハ職工氣質丸出シテ可笑シクモアリシカ理屈ニモ叶ツテ居タ

避雷針ハ完成シテ宮内省内匠寮ノ検閲ヲ経テ献納濟トナリ田中氏ハ宿望ヲ果シテ滿足サレシ後日宮内省カラ褒賞ノ御沙汰ヲ蒙ツテ光榮テアリシ

水雷發射用壓搾空氣喞筒

田中製造所テ長浦水雷局カラ製作ヲ命セラレシ魚形水雷發射用空氣溜ヘ壓搾空氣ヲ送ル空氣喞筒ヲ舶來ノ見本通リ製作スル事トナリ見本品ヲ解體シテ其レニ倣ツテ入念ニ製作シ出來上ツテカラ舶來品ト竝ヘテ運轉シテ見ルト舶來品ト同一時間ニ空氣溜ヘ空氣ヲ送ル事カ出來ヌノテ色々ト手直シヲシテ見タカ僅カノ處テ舶來品通ニ行カス段々ト原因ヲ調ヘテ見ルト空氣ヲ送ル「ピストン」ノ「パツキング」ニ用ヒタ護

謨カ船來喞筒ノト比ヘテ劣等テアル事カ分リ夫レカラ東京市内横濱カラ大阪邊マテモ手ヲ尽シテ探シタカ良品カ手ニ入ラヌノテ困ツタカ試ミニ見本品ノ護謨ヲ外シテ製品ニ取附ケテ試驗シテ見タラ船來ノ見本通リノ成績カ舉ツタノテ其次第ヲ水雷局ヘ申出同局ニアル豫備ノ護謨ヲ貸下ケテ貰ツテ其レヲ用ヒテ試驗シタラ好結果テアツタノテ製品ハ納附濟トナリ其後外國ヘ注文セシ護謨カ着シタノテ水雷局ヘ返納シテ玆ニ完了ヲ告ケシ

最初ハ製作上ノ欠點トノミ思ヒ込ミ詳細ニ調ヘテ悪ヒト思フ處ハ一々手直シ又ハ改造ヲシテ見タノテアルカ其爲精密ニナツタ事ハ言フマテモ無ヒカ護謨ノ爲メトハ氣カ附カス餘計ナ年數ヲ掛ケタカ百計盡キテ漸ク護謨ヲ船來品ト取替ヘテカラ成功シタカ船來喞筒ノ護謨ハ軟カナ上ニ粘着カ強ク特等品テアル事カ分リシ

其時思ツタノハ今度ノ喞筒ヲ造ルトシテモ内地テ思フ様ナ護謨カ製造サレタラ無益ナ心配ヤ時日ヲ費サストモ立所ニ用カ便スルノダカト熟々思タ製品カ都テ分業的ニ發達シナ

ケレハ良品ヲ瞬息ノ間ニ製スル事ハ出來又國民ハ宜敷協力一致發展スル事ニ努メナケレハ國家ノ開發ハ六箇シイノテアル自已唯獨リ前進シテモ其功ハ誠ニ微少テ大功ヲ奏スル事ハ出來又モノダト痛感セリ

演習用魚形水雷

田中製造所テ水雷局ヨリノ下命テ演習用魚形水雷ニ個ヲ船來ノ實用水雷ヲ見本トシテ製作セシハ我國テ創メテノ事トテ掛員初其工事ニ從ッタ重立ッタ職工達ハ隨分苦心シタ魚形水雷ハ當時英獨ニ國ノ一會社究カ專賣品トシテ製出サレシモノテ英式ハ鋼鐵製デ獨式ハ特種ノ砲金製ナリシ今見本トシテ渡サレシハ獨式ノ方テアルカ其形狀等ノ慨畧ヲ述ヘルト所謂魚形トテ中央カ一番大キク兩端ニ至ルニ隨ッテ漸次細クナッタ相當ニ長キ圓形ヲシタモノテ前部最端ニハ小サナ折レ曲ッタ針カ突出シテ居ルカ是レカ前進シテ物體ニ衝突スルト爆發ヲ起シテ其物ヲ破壞スルノテアル後部最端ニハ右廻リト左廻リトノニ個ノ進推機ヲ備ヘ中央ノ機關

室カラ之レヲ動カス装置トナリ居レリ動カハ壓搾空氣室カラ空氣ヲ送ツテ機関ヲ働カスノテアル全長ヲ各室ニ區劃シ火藥室壓搾空氣室機関室錘量室空室等ノ各室ニ別チ各室ハ一個宛ノ圓壔ニシテ接合ハ印籠繼キテ小サナ螺旋鋲テ之ヲ留メ壔内ヘ漏水セヌ樣ニ繼合セヲ精密ニ摺合セテアル全體カ各種ノ砲金製各室ニ依ツテ其配合ヲ異ニシ又各所ノ重量カ頗ル面倒テアル

演習用トシテハ内部ノ機関カ無ヒ丈ケニ餘程製作ハ樂テアリシモ各種ノ砲金ヲ造ル事ハ中々頭ヲ勞シタカ數ヲ造ル内ニ似寄ノ品カ出來タカ其研究テ腕ヲ上ケタノハ鑄造工場ノ職長テアリシカ其頃隨分外ニモ六箇敷ヒ砲金ノ製品モ製造ヲ頼マレタカ遂ニ夫レヲ立派ニ造リ上ケタノモ偏ヘニ原ハ水雷製造ノ賜ト言ハナケレハナラヌ水雷ハ製造カ修ツテ嚴密ナ檢査ヲ経テ水雷局ヘ納附セシカ演習用ニ使ワレテ成績ハ良好テアリシ

海軍省ノ方針カ一變シテ水雷局ノ工事一手引受ケノ事カ止メトナリシ田中工場テ實ニ惜ヒト思ヒシハ前記ノ樣ナ特種

品ノ製造ヲ頭ニ入レテ是レカラ進ンテ上達シ様ト言フ處テ其仕事ハ継續セス前ノ皆心ハ其時限リテアル事カ工業進歩上誠ニ國家ノ損失テアルカ當時ニ在テハ往々カヽル事カ多カリシ(74)

# 安宅鐵工所時代

## 足尾銅山ノ熔解爐(75)

安宅鐵工所テハ專ラ製鑵ヤ鐵板仕事ヲ重ニ遣ツテ居ツタカ古川家ノ足尾銅山ノ銅ヲ吹キ分ケル熔解爐ハ方形三呎計リ鋼板ニ重張リテ平面ノ中央ニ送風用ノ穴ヲ設ケタモノテ夫レヲ何個モ竝ヘテ一大熔解爐ヲ構成スルモノテアリシカ其鋼板二重張リノ内部ニ當ル板ヲ曲ケテ鋲着シテアルノダカ爐カ盛ンニ熱セラレルト兎角隅ノ鋲カラ漏水スルノテ種々手ヲ盡シタカ當時ハ鋼板ノ沸シ附ケカ未タ充分ニ出來ナイノテ都ヘテ鋲止メテアツタカ其鋲止メカラ折々漏水スルノテ熔解上ニ害ヲ及ホストテ苦情ヲ受ケタノテ沸附ケノ事ヲ色々研究シタ末遂ニ沸シ附ノ品ヲ造リ先方ヘ送ツテ見タラ成績ハ良好トテ大ニ歡迎セラレ從來ノ品ヲ漸次今度ノ品ト取換ユルトテ多數ノ注文ヲ受ケタノテ沸シ附ケモ段々上手トナリ製品ハ出來上ツタ丈銅山ヘ向ケ送ツテ居タカ其後ハ少シモ苦情ヲ言ワレナカツタ

沸シ附ケカ出來ル樣ニナツタノテ瀛鑵ノ火爐ヤ火袋ヲ始メ觸火スル處ハ皆沸シ附ヲスル樣ニナツタカ其沸シ附ケカ一ツノ手際仕事テ下手ニ遣ルト地金ヲ悪クシタ上ニ厚サカ薄クナル憂ヒカアル最初ニ接合スル處ノ下地ヲ少シ厚目ニ拵ヘテ置キ沸シ附ケル處ヲ二箇所ノ火床テ燒キ夫レカ同程度ニ燒ケタ時ヲ移サス直チニ打附ケルノテアル其打附ケ方ノ手際カ熟練シナケレハ甘ク行カヌノテアル夫レカラ長イ沸シ附ケモノニナルト火床テハ一度ニハ燒ケナイカラ或ル長サツヽ燒イテハ打附ケテ行クノダカ其内ニ悪イ處カアルト其直シ方カ中々容易テナク夫レ等ハ度々失策ヲ遣ツテ其呼吸カ分ルノテアル全ク數ヲ叩イテ熟練シナケレハ其妙味ハ會得サレヌノテアル

住友別子銅山ノ技師熔鑛主任堀其氏カ或ル時足尾銅山ヲ視察セラレシ時安宅製ノ熔解爐ノ金物ヲ見ラレ其要處カ沸附テ完全ト言フ事ヲ同所テ聞カレ帰途東京へ來ラレタ序ニ鐵工所ヲ尋子ラレ別子用ノ熔解爐ヲ一ツ新製スルノダカトテ圖面ヲ示サレタカ足尾ノトハ形チカ違ツテ隋圓形喇叭狀ノ

一個テ成立ツモノテ失張ニ重張リテ其内面周圍ヲ沸シ附ケ竪繕キハ鋲着内面ハ隠シ鋲着テ竪繕キハ運送ノ關係上先方テスル約束テ引受ケ落成シタノテ東京ノ出張所員ニ引渡シタ後年予カ大阪鐵工所カラ別子ヘ出張シタ時堀氏ニモ面會シテ前年造ツタ熔解爐ヤ在來ノ爐モ見タカ沸シ附ケノ方ハ改良サレタ點ト沸シ附ケノ爲メニ成績カ良イト聞イタ夫レカラ猶一基ヲ増設スルカラトテ少シ大形ノ爐ノ製造ヲ引受ケテ帰ヘツタ

浚渫船ノ製造

鐵工所テ内務省土木局ノ注文テ九州ノ港灣ニ用ユル浚渫船一艘ノ製造ヲ引受ケシ夫レハ十時間ニ百立方坪ノ土砂ヲ浚渫シ得ルモノテ兩舷テ「バケツ」鏈ヲ旋囘スル式テアリシ其機關カラ「バケツ」鏈ヲ旋囘スル横軸ニ傳動スルノハ調帶ヲ用ユル事ニナツテ居リシカ試運轉ノ結果水中土砂ニ硬質ノ處カアツタリ石塊抔カ交ツテ居テ「バケツ」ニカカ強ク當ルト調帶カ滑ツテ機關カ空廻リシタリ調帶カ外レタリスルノテ遂ニ

歯車式ノ傳動装置ニ改メテカラ好結果トナリ首尾克ク撿査モ濟ンテ九州ハ肥後三角港マテ送ツテ上納濟トナリシ此ノ工事ヲ引受ケタ時丁度予カ同鐵工所ヘ従事スル事ニナツタカ前ニモ述ヘタ通リ當時工場テハ製罐カ専業テアツタノテ船體ハ無論鑄造鍛冶仕上等ハ一切他工場ヘ頼マ子ハナラヌカ其時ノ考ヘテハ分業トシテ各工場ヘ請負ハセ取纏メ方ヲ自巳工場テスル事ニシタラ何ンナ多數ノ仕事テモ又何ンナ大工事テモ引受ケテ仕事ハ出來ルシ諸經費モ大工場トハ安價ニモ附キ隨ツテ利益モ多ヒ事タト思ヒ第一ニ此ノ浚渫船ニ依テ實際ニ當ツテ見タノテアルカ考ヘト實際トハ全ク相違シテ下請工場ノ仕事カ大概遅レ勝トナルノテ氣ヲ揉ンテ諸方駈磨リ廻ハテ埒ノ明ク様ニ頼メハ勢ヒ代價モ増サナケレハナラヌ夫レカ彼方モ此方トナツテ知ラス知ラス積リ積ツテ利益ヲ掃キ出ス丈ナラヨイカ元ニマテ切込ムト言フ始末テ愚圖愚圖シテ居ルト延滯償金ヲ土木局ヘ納メナケレハナラヌノテ少シノ損失位顧ミテ居ラレス是非期限通仕上ケテ引渡サ子ハナラヌト一生懸命ニ盡力シタラ工事ノ方ハ纏

マツタカ今度ハ諸拂金ニ窮シテ自身諸方ヲ奔走シテ事情ヲ話シテ滞納金ヲ取集メタリ都合ノ出來ル向キカラハ前借ヲシタリシテ漸ク月末ノ拂ヒヲ濟セタリスルノテ日モ又足ラヌ有様テアリシ

物事無理ハ出來ヌモノテ仕事ハ下請工場ヲ當テニシテ金融ハ遣リ操リテ行クト言フ最初ノ考ヘカ抑モ間違ツテ居タノテアル下請工場カ引受工事ノ期限勵行ヲシテ呉レヌ計リカ差迫ツテ來ルト足元ヲ見込ンテ言ヒ草ヲ拵ヘテ増金ヲ請求スルト言フ案配又工事ノ取引勘定ハ約束通リニ計リハ行カス中ニハ工事ニ難癖ヲ附ケテ減額ヲ申出ル向キ抔モアツテ兎角拂不足トナルノテアリシ實際遣ツテ見テ最初ニ考ヘタ小工場テ大工場ト同様ナ大工事ヲ引受ケテ遣ツタ事カ無經驗テアツタ事カ今タカラ浚渫船ヤ北海道ノ大修繕船等ノ工事ヲ片附ケテカラ漸次小仕事ヲ工場テ手廻ル程度ニ引受ケル事ニシタラ工事ヲ纏メルノモ樂ニナリ隨ツテ金融ノ方モ馬鹿ニ苦シマンテ濟ム様ニナツタノテ予カ従事スル必要モ無クナツタノテ助手トシテ連レテ行ツタ龍野巳之吉氏ニ引渡シテ予ハ

## 同工場ヲ引退シタ

吉川孝七氏ノ注文振

本所ニ骸炭製造工場ヲ持ツテ居ル古川孝七氏ハ其頃一銭蒸滊トテ小蒸滊船テ客船ヲ曳キ大川筋ノ渡船ヲ始メタ人テ予ハ安宅鐵工所ニ居リシ時知ル人トナリシカ氏ハ一風變ツタ遣リ方ヲスル人テ一ツ機械ナリ何ナリヲ注文セントスルニハ工場ヘ来テ此頃ハ忙カシイテスカ閑テスカト聞イタモノテ忙カシイト言ヘハ直キニ帰ヘツテ行ク夫レカ諸所一ト通リ聞イテ廻ハツテ其内閑タト言ヒシ工場ヲ今度ハ一巡注文品ノ話ヲシテ廻ル内ニ是非仕事ヲサセテ呉レト熟心ニ言ツタ工場丈ヲ見積書ヲ取ツテ歩クカ仕事ヲ急クナンテ事ハ言ハス閑ナラサセテモ良イカ手塞ケニ遣ルノダカラ極安テシテ貰ハ子ハナラヌトテ積書ヲ一ト通取集メ最後ニ直段ノ押引ニ廻リ其上テ直段モ安ク仕事モ良ヒト思フ處ヘ注文スルノダカ或ル時ハ自分カ豫而何處カテ見テ置イタ機械ノ古物トカ部分品トカ又ハ一部ノ材料トカヲ使ツテ貰ヒタイカ品物ヲ

能ク見テ何程位ニ引取ルカト言フ様ナ風テ一方ニハ注文主他ノ一方ニハ賣込人トナリ掖目ノナイ遣リ方テ我目的物ニ對シテハ始修市中ヲ徒歩テ見テ歩キ彼處ニハ何々カアル此處ニハ之レ之レノモノカアル直段ハ何程ト記臆シテ居テ自巳ハ無論知人ヤ田舎向キノ機械類ヲ求メントスル人達ニ其古物ヲ利用サセル様ニ斡旋シ其取纒メ方ヲ引受ケルノテアル安宅工場ヘ來タ時抔ハ邪魔ニナラヌ様ニ隅ノ方ニ陣取ツテ約一時間位人ノ話ヲ聞イタリ又話シタリシテ行クノテアル人カ手ヲ出サナカツタ大川筋ノ渡船モ遂ニ成功シタノダカ其皆心ハ容易テナカリシト思フ渡船ハ北ハ千住ノ大橋吾妻橋両國橋新大橋永代橋ト橋ノ袂ヲ停船所トセシカ此ノ川筋ノ陸上ハ交通ノ便利ナ處テ馬車テモ人カ車テモ多ク急クモノハ車ヲ利用シ急カヌモノハ徒歩シテ店頭ヲ見テ行クノテ初メノ内ハ餘リ舩ノ方ニハ乘リ手カ無カツタモノテ夫レニ車ノ方テハ競爭シテ廉價テ客ヲ車ノ方ヘ引附ケルノテアル之レハ古川サン見込カ遠ツタト人カ思ツテ居タカ同氏ノ辛抱強キ相變ラス遣ツテ居ル内其處ハ廣イ東京ノ事トテ少シ待

合セテモ一文テモ安イ方カイヽト言人ヤ嵩張リ荷物ヲ携帯セル人抔ハ結局船ノ方カ都合カ良イトテ次第ニ多ク人カ便乘スル様ニナツタ後氏ハ本所テ小蒸氣船ヲ造ル工場マテ設ケ相變ラス市内ヲ隈サヘアレハ徒歩テ工場ヤ地金店ヲ見テ歩イテ思ヒ附イタモノカアレハ買受ケテ利用スルノテアリシ氏ノ成功ハ見込ヲ附ケル事カ深重テ何處マテモ辛抱強キ事ト研究ヲ怠ラヌ事テアリシ

佐渡通ヒノ小蒸氣船

安宅鐵工所テ新潟ノ造船所テ寛政二年カラ続イテ居ル古ヒ工場ノ持主小島次郎七氏カラノ注文テ新潟カラ佐渡ヲ通フ小蒸氣船ノ機關類一切ヲ造ツテ同所ヘ送リ据附濟ノ上試運轉ヲシタ處カ車軸カ燒ケテ困ルカラ來テ見テ貰ヒタイト言ツテ來タノテ予ハ同所ヘ行ツテ其据附方ヲ調ヘテ見タラ車軸カ燒ケルモ道理テ機關ハ双暗車式ダカ機關ノ中真ト船尾管ノ中真トカ八分ノ三吋モ僅カナ距離ノ内テ違ツテ居ルカラ燒ケル筈テアル事カ分ツタ

是レヲ直スニハ船ヲ陸ニ上ケナケレナラ又ノテ相當ノ時日ヲ要スルノダカ注文先ナル滊船會社安進社カラ船ノ必要カ迫ツテ居ルカラ此ノ上又時日ヲ費ヤサレテハ困ルカラ何トカ一ツ考ヘテ直キニ運轉ノ出來ル樣ニシテ貰ヒタヒト請求サレタノテ考ヘ出シタノハ佛國軍艦カ用ヒテ居タ自在繼手ノ形ニ倣ヒ繼手ノ間ニ僅カ計リノ透キヲ拵ヘ取附「ボールト」ノ繼手穴ニ楔スル處ヲ心持丸味ヲ持タセ中真カ直線テナクテモ回轉ニ當ツテ繼手ト繼手ノ透キテ屈伸スルノテ回轉シテ車軸ノ燒ケル事カ無ヒ方法ニ基イテ見タノテアル直シ方ハ繼手ノ取替ヘ丈テアルカラ船ハ浮ヘテ置テ出來タノテアリシ夫カラ試運轉ヲシテ見タカ燒ケル事カ止ンダノテ翌日ハ佐渡ヘ初航海ヲ爲シ豫定ノ速カ八海里モ出テ往復トモ無事テ夕刻新潟ヘ歸港セシ佐渡ノ夷港ニハ四時間計リモ碇泊シテ居タカラ相當近所モ見物スル事カ出來タノダカ自在繼手ヲ調ヘル爲メ之レヲ外シタリ取附タリシテ機關士ニ能ク取扱ノ事ヲ呑ミ込マセタリシタノテ時間ヲ費シタノテ出發少シ前ニ夷港ヘ上陸シテ海邊ヲホンノ少シ計リ見タ丈ケテ奥ノ

方ヘハ行カナカッタカ夫レ丈ケ機関ノ方ハ都合能ク引渡シヲ濟セテ帰リニハ其舩テ新潟カラ直江津マテ送ラレ小島氏一行ト同所テ別レ夫レカラ信越線ヲ経テ帰京セリ

## 古河煉瓦製造機械ノ「ガバナー」

東北線古河驛カラ少シ入ッタ處ニ一大煉瓦製造所カアリシ或ル時同所ノ東京出張所員カ安宅工場ヘ來テ蒸氣機械ニ用ユル「ガバナー」ヲ一個造ッテ貰ヒタヒトテ其「ガバナー」ヲ取附ケル悉シイ話ヲセンテ唯一定ノ速度テ働セタイト言フノテ普通ノ錘玉式ノ「ガバナー」ヲ造ル事ヲ請合ヒ夫レニ必要ナ點ヲ聞テ造リ上ケテカラ先方ヘ送ッテ遣ッタカ使用ノ結果ハ餘リ面白クナイト聞テ居タ其後滊鑵ノ注文ヲ受ケタノテ其据附位置ノ爲實地ヲ見ル必要カ出來タノテ予ハ同所ヘ行ッタカ其時煉瓦製造機械類ト原動蒸氣機械トノ傳導装置ヲ親シク見タ時曩キニ送ッタ「ガバナー」デハ効カカ薄イト思ッタ今煉瓦製造機械運轉ノ順序ヲ述ヘルト工場下ニ運ハレタ煉瓦土ヲ鋤鏈式捲上機械テ工場内ノ高處ヘ運ヒ上ケ篩ヲ通シ

テカラ混和機テ土ヲ壓搾シタノヲ螺旋仕掛ノ練リ出シ機ヲ經テ最後ニ煉瓦ノ形トナツテ出テ來ルト言フ當時テハ機械盡シト言ツテヨイ程何テモ機械テ製出サレタノテアル機械類ノ運轉シテ居ル實況ヲ視察シテ歸ヘツテカラ何テモ敏感ナ「ガバナー」ト取替ナケレハナラヌト今度ハ蒸氣辨ノ直經ヲ大キクシテ開閉ヲ少ナクシテ直キニ感スル樣ニシ其上「ガバナー」ノ錘玉ヲ小サリシテ回轉數ヲ增シ敏活ニ働ク事ニシタモノヲ送ツタラ前ヨリ大分効力カアル樣ニナツタト聞キシ

一體煉土機械ノ樣ナ相手ノ土カ軟硬粗密テアルカラカニ不同カ出來其上至ツテ荒ポイ仕事ヲスル機械ト精製サレタ土ヲ練リ出ス一定ノ速度ヲ要スル機械トヲ混同シテ一ツノ原動機械テ動カス事カ無理ナノテアル夫レニ原動機械ハ漸ク全部ノ機械ヲ動スカ位シカナク少シ重量カ增スト直キニ止リ懸ルノテアルカラ中々調節ノ辨ノ働キ丈ケテハ甘ク行カヌ事カ跡テ分ツタ予ハ後年大阪ノ天滿分銅會社ノカ一杯ヲ使ツタ原動機械テ苦キ經驗ヲ味ハツタ事カ丁度此ノ古河ノト

同様テアッタト思ヒシ

製罐工場技術ノ改良

安宅鐵工所ハ元來製罐カ專業テ後ニ旋盤仕上工場ヲ増設シテ一般機械類ヤ汽罐ヲ製作スル事トナリシモノナルカ其根本ノ製罐工場ニハ設立當時カラノ職工長ヤ重立ッタ職工カ居ルカ其仕事ノ遣リ方カ舊來ノ方法ニ依ッテ得意カッテルカ一向ニ進歩發達スル事カ無ヒノテアル

今其一例ヲ擧ケテ見ルト鋲孔ハ昔ハ打抜機テ鐵板ヘ孔ヲ穿チ之レヲ合ワセテ喰ヒ違ヒノアル處ハ浚ヒ器テ直シテ鋲ヲ打タモノナルカ昔ハ汽壓モ低ク角罐時代ニハ水壓試験カ十五封度使用汽壓ハ七封度位ナリシカ安宅テ製罐ヲスル時代ニハ六拾封度乃至八拾封度ト段々高壓ノ汽罐ヲ造ル様ニナリシ隨ッテ鋲孔モ總ヘテ錐揉ニシテ鐵板ニ無理ノ行カヌ様ニシ孔ト孔トノ合セ目ハ必ス一度錐揉ヲシテ喰ヒ違ヒノナイ様ニシ罐板ヲ曲ケルニハ灣曲機テ曲ケルノダカ夫レカ甘ク合ワヌノテ鎚ヲ振リ上ケテ是レヲ叩キ附ケル為メニ多クハ

真圓形ヲ失フ等ノ學理ト合ワヌ様ナ事カ幾ラモアルカ其道理ヲ言ツテ遣ツテモ昔シ育チノ職工サン學者ノ言フ事ハ空論トシテ聞流シテ眞ニ實地ト學理合體ヲ意トセス我意ニ舊習ヲ枉ケヌト言フ弊風アリ夫レハ獨リ安宅工場ノミテナク一般ノ風テアリシ

予ハ工場所有者達カラ頼マレテ工場一切ノ事ヲ管理スル事トナツタノテ什フカシテ追々ト進歩發達セシメント職工長等ニモ仕事ノ改良ヤ能率ノ擧ル事ヲ話シテ見タカ中々思フ様ニ遣ツテ呉レヌノテ之レハ英斷ヲ以テ改革シナケレハ何時マテ待テモ迚モ良イ結果ヲ見ル事ハ出來ヌト決心シタカ夫レハ今居ル重立ツタ職工ヲ屈服サセル様ナ技藝ノ勝レタ人ヲ頼ンテ來テ仕事ノ遣リ方ヲ教ヘテ貰ヒ一同カ納得シテ覺ヘタラ本望若シ不服テ罷業テモスル様ナラ其時ハ斷然人ノ入替ヲスルト腹ヲ極メ其腕前ノ勝レタ人ヲ頼ミニ大阪ヘ行ツテ事情ヲ述ヘテ同行シテ帰ヘタ其人ハ

今大阪安治川北通テ盛ンニ製鑵業ヲ營ンテ居ル元長崎造船所ノ製鑵工場長ヲシテ居ラレ蘭人直傳ノ熟練者テ大阪テモ

一ト言ッテニト下ラヌ聲望アル大井權次郎氏テ予カ長崎在勤以來ノ知人故大阪ニ趣イテ且ニ安宅工場ノ事ヲ話シテ其技術ヲ傳ヘテ貰フ様ニ頼ンタラ氏ハ頗ル義侠アル人ユヱ自已工場ノ繁忙テアルノヲ置テ予ト同道出京シテ呉レ現場ニ就テ職工ノ働テ居ル有様ヤ製作ノ仕方ヲ見テ言ハレルニハ成程アレテハ本當ノ仕事ニナッテ居ランカラ當分滯在シテ皆ナニ要所ヲ教ヘテ遣リマシヨウト翌日カラ氏ハ職衣ヲ着シテ職工ノ中ニ立入ッテ其要點ヲ教ヘテ居タカ職工長初一同ハ上空テ聞流シ何ニ生活キナ事ヲ言フ位ニ唯ロ先丈テ受答ヘヲ居《シテ》ッタカ氏ハソンナ事ニハ頓着セス深切叮嚀ニ自カラ鎚ヲ振ッテ實際ニ其得失ヲ示シ一箇月モ過シテカラ一同カ其技倆ノ優レタ事ヲ知リ次第ニ先生々々ト敬意ヲ表スル様ニナリ眞實示導ヲ受ケル事トナリシ

氏カ教導サレテ以來改良セシ重ナル點ヲ擧レハ從來ハ一日（九時間半）ノ鋲着數ハ二百本乃至二百五拾本位ヲ一組テシタノカ三百本乃至三百五拾本位マテ多ク絞メル上ニ鋲着カ確カリシテ水壓試驗ニ漏水カ罕レトナリシ夫レハ從來ノ遣リ

方ハ鋲ヲ順々ニ鋲メテ行クト孔ニ喰ヒ遠ヒカ出來ル事ヲ恐レ五六本モ鋲メルト五六孔飛ハシテ先キノ方ヲ五六本鋲メ中間ノ分ハ後ニ鋲メルト言フ遣リ方夫レニ鋲頭ヲ奇麗ニ見セル爲未タ赤ク燒ケテ居ル内ニ「スナップ」ヲ當テ、鑵板ヘ打附ケタ上ニ廻リヲ「コーキング」スルノテアリシ

氏ノ遣リ方ハ鋲ノ燒ケテ居ル内ニ何テモ孔ニ鋲カ充實スル樣ニ強ク打附ケル事ヲ主トシテ頭ノ落附ヤ恰好ハ從トスル事ニテ之レハ鋲ト板ト密着スレハ強サモ強シ漏水ノ憂モナクナル譯テ夫レカラ鋲ハ順々ニ鋲メテ行ク事ニシテ喰ヒ遠ヒカ孔ニ出來タラ「ライマー」テ直シテカラ鋲メテ行クノテ板ニ無理ナク密椄スル譯テアル從前ノ飛シ打チハ板ト板ニ無理カ出來キテ來ルノヲ何テモ「コーキング」テ誤魔化シテ置クカラ段々ト使用シテ居ル間ニ鑵板カ膨脹收縮スルノテ漏所カ出來ル譯ナノテアル事ヲ說明サレ職エハ氏ニ心腹シテ氏カ言ハレル樣ニ仕事ヲシテ見ルト餘計ナ事ニ頭ヲ遣ツタリ骨ヲ折ツタリスル事カ馬鹿ラシクナリ仕事ニ無駄骨折カナリテ確實ナ良イ仕事カ多ク出來ル事カ分リ一同カ進ンテ

氏ノ説明ニ從ッテ働ク様ニナリ茲ニ改良ノ實績ヲ擧ケル効カ顯ハレ氏モ今暫ク滯在シテ猶進ンテ示導シ度ヒト思フカ大阪ノ自宅工場カラ用事カ溜マッテ居ルカラ是非帰宅ヲスル様ニ言ッテ來タカラトテ惜シキ袂ヲ別チ大阪ヘ帰ラレシ職工達ハ一同別レヲ惜シミ重立ッタ者ハ東京驛マテ氏ヲ見送シテ謝意ヲ表セリ爾來確實ナ仕事カ出來ル様ニナリ東京テハ有數ナ工場ト稱セラル、ニ到リ予モ本志ヲ達セル事ヲ喜ヘリ

## 工場ノ擴張ト工事ノ多忙

安宅製鑵工場ヲ擴張シテ諸機械ヤ造船ノ工事マテ引受ケル事トシ道路ヲ隔テ、向側ニ機械仕上工場ヲ新設シ鑄物ハ本所ノ程遠カラサル某工場ト特約シテ辨スル事トシタカ當時ノ考ヘテハ小工場テ技能アル技術者ヤ職工ヲ成ヘク小人數使用シテ多クノ良イ仕事ヲシタナラバ利益ヲ擧ケル事ハ無論テ随ッテ從業者ニハ充分ノ報酬カ與ヘラレ骨ヲ折ッテ働ク代リ収入モ多ヒ事タト言フ理屈ヲ以テ遣リ出シタノダカ

扨テ實際ニ就テ見ルト下ニ述ヘル樣ニ中々思惑通ニ行カヌモノテアリシ其第一ノ缺點ハ資金ノ不確實テ唯技術上サヘ甘ク行ケハ金融ノ方ハ什フテモナルト思ツタノハ間違ヒテアリシ仕事ノ方ハ諸方ノ知人ヤ出入先ヲ大ニ奔走シタ結果諸方カラ注文ヲ受ケタノテ自己工場丈テハ手廻兼子ル分ハ他工場ヘ下請負ヲサセタ迄ハ良カツタカ其進行上ヤ仕事ノ成績ガ中々思フ通リニ行カス其為メ止ムヲ得ス約束ノ代價ヨリ増額シタリ不出來ナ物ヲ改造サセタリ日限ハ遅レ注文先カラハ嚴シイ催促ヲ受ケタリ延滞償金ハ取ラレタリシタカ其引合ニハ主任者カ始修奔走セシ

主任者ハ仕事ヲ引受ケルニ大車輪テ御客ノ住所ヤ旅宿等ヲ訪問シタリ料亭其他ヘ案内シタリシテ同業者トノ競争ニ打勝ツテ仕事カ漸ク手ニ入ルト今度ハ其仕事ヲ果取ル樣ニ配慮シナクテハナラス夫レカラ材料ノ仕入方モ割安物ヲ見附ケナケレハナラス諸拂ヒモ成ヘク延滞セヌ樣ニ其内テモ工賃ハ何ヲ置テモ差支ナク月ニ兩度拂ツテ遣ラナケレハナラス材料テモ見切モノヤ掘割安モノヲ買フニハ現金買テナク

テハナラヌ金融ノ忙カシイ事目ノ廻ル様テ其金融ヲスルノモ拂込金ノ前借ダノ入金ヲ低當ノ借入杯テ何處ヘ行ツテモ平身低頭先方ノ御機嫌ヲ損セヌ様ニ努メル事トテ幾度テモ足ヲ運ハサナクテハナラヌ夫レカ為日モ又足ラサル奔走テアリシカ手廻リ兼子ル程多忙ナ工事ト事務トヲ一手ニ引受ケタ事ハ先策ノ基テアルト感シタ工場ト人員トニ相應シタ仕事ヲシテ漸次ニ手ヲ擴ケ行カナクテハナラヌモノダト心附キ爾來引受ケタ工事ヲ片附ケル毎ニ手ヲ縮メテ無理ナ事ヲセヌ様ニシ工事ノ方ハ龍野巳之吉ト言フ予カ長崎在勤中工場ニ居タ龍野卯八氏ノ男テアル者ニ任セテ會計ヤ雜事ハ工場持主ノ方ニ讓リ予ハ手ヲ引キシカ其後ハ大工事等ハ引受ケス工場相當ナ仕事ヲ遣ツテ數年間維持シテ行キシ之レヲ見テ無理ナ事ハ出來ヌモノダト實驗セリ

## 別子銅山ノ熔解爐

別子銅山ノ技師堀氏カ足尾銅山視察ノ帰途安宅鐵工所ヘ來ラレタ事ハ前ニモ述ヘタカ同氏ノ言ハレルニハ足尾ノ熔解

爐ヲ構成スル金物ハ貴所テ製造シテ絶ヘス送ラレテ居ル想テ今度實地ヲ見テ來マシタカ彼方テハ至極良イト聞キマシタノテ今度一個爐ヲ別子用ニ造ロウト思テ居ルトテ一葉ノ圖面ヲ示サレタノヲ見ルト下部ハ圓形テ途中ヨリ上部ニ向ツテ隋圓形ノ圓錐テ上部七呎ト四呎下部四呎ノ圓形テ七呎餘上下ニ枚ノ継目ハ鋲着周圍ノ継目ハ沸シ附ケ夫レテニ重張テ中ニ水ヲ通ハセル装置テアル是迄別子ノ工場テモ數個造ツテ使ツテ見タカ沸シ附ケカ不充分テ度々漏所カ出來テ居タカ足尾ノ爐ハ和製テ立派ニ漏所モナク使用サレテ居ルト聞タノテ今度態々同所ヘ見ニ行ツタノタカ同所ノ爐ハ構造カ丸テ違ツテ居ルカ沸シ附ケタ處ハ完全ダト聞タノテ貴所ヲ御尋シテ製造ヲ御頼シタイト思ツテ出タノタカ足尾ノヨリ大形ノ上ニ形カ大分面倒テスカ一ツ引受ケテ貰ヒタヒト言ハレシ當時東京テモ薄板ヲ完全ニ沸シ附ケル事カ出來ル工場ハ稀テアリシ安宅工場テハ足尾ノ爐ヲ沸附ケル事テ種々研究ノ功ヲ積ンテ其技術ヲ修得シタノテアル今田堀氏カ態々依頼ノ爲立寄ラレシハ一ツニハ工場ノ名譽テアリ又

一ツニハ同氏ノ折角ノ依頼ヲ受ケタノヲ無ニスル事モ出來ス遂ニ之ヲ引受タカ形チカ形チ丈ケニ中々骨カ折レシカ出來ノ上東京ノ出張員ニ引渡セシ

後年予ハ大阪鐵工所ニ従事シ別子ヘ出張シタ時安宅以來ノ知人堀氏ノ案内テ熔銅場ヲ見タカ熔解爐三基ノ内一基ヲ同氏カ指差サレ何レカ先年御世話ニ預カッタ爐テ今以テ使ッテ居マス夫レカラ古ヒ爐ヲ取替ヘルノテ新規ノ爐ヲ一基注文シマスカラ現在ノ古ヒ爐ト圖面ト對照シテ下サイトテ現場ヲ見テ帰リ一基ヲ造ッテ引渡セリ當時大阪ハ東京ニ比較スルト工事モ多ク隨ッテ職工ノ技術モ進ンテ居リシ事トテ安宅工場テ專賣的ニ沸シ附ケヲ得意トシテ居タカ夫レカラ少シ年數カ立チ世ノ中カ進歩シタトハ言ヘ今度引受ケテ來タ爐ノ仕事モ容易ニ出來タノハ夫レ丈一搬技術カ發達セシ事テアルト思ヒシ

緒明造船所注文ノ船用機関

緒明造船所主緒明菊三郎(76)氏カ或時安宅工場ヘ來ラレ小蒸氣

舩用ノ蒸氣機關及附屬品ト滊鑵及附屬品ヲ造ルノタカ何程
ノ代價テ何日頃マテニ出來ルカ自分ハ近所ヘ用達ニ行ツテ
來ルカラ其間ニ調ヘテ置テ貰ヒタヒトテ圖面ト仕樣書ヲ置
テ行カレタノテ調ヘテ置タラ後刻見ヘテ今外ノ工場ヘモ行
ツテ來タカ充分勉強スルカラ是非仕事ヲサセテ貰ヒタヒト
言ツ居ルカラ一ツ積ラセテ見樣カト思ツテ居ルカ當工場ハ
餘程勉強シテ呉レタラ仕事ハ良ヒカラ御頼スル積リダカ決
着何程テ引受ケテ貰ヘルカトノ事テ是レ々々テスト代價ヲ
示シタラ夫レテハ大分見込ヨリ高ヒ樣タカモツト充分安ク
造ツテ貰ヒタイトノ事テ算盤ヲ取ツテ仕事ノ方モ成ヘク簡
便ナ方法ニ變ヘテ或直段マテニ値下ケシタラ夫テハ參考ニ外
ノ積リモ取ツテカラ近日否ヤノ返辞ヲスルカラトテ歸ラレ
シ
數日ノ後宅マテ來テ呉レル樣ニトノ事テ同氏ノ御殿山下ノ
宅ヘ行ツタラ同氏ノ言ハレルニハ他ノ積リハ大分安イカ安
宅ノ方ヘ御頼ミシヨウト思ツテ呼ヒニ上ケタノダカラ一ツ
大憤發ヲシテズツト値段ヲ下ケテ貰ヘマヘカト仕事ハ頼ム

カ値段ヲ下ケロト、話テ勢ヒ是レマテニ話カ進ムト人情是非共引受ケタク思フモノテ再参熟考シテ仕事ノ上テ大勉強ヲシテ安ク拵ヘル事トシヨウト決心シテ大々的値下ケヲスル事ニシタラ漸ク相談カ纏リ引受ケテ帰リ數箇月後注文品全部カ落成シテ引渡シタラ先方テ言フニハ造舩所テモ舩カモウ直キニ進水スル様ニナツテ居ルカラ夫レヘ機械類ヲ据附テ貰ヒ試運轉濟ノ上テ殘金ハ仕拂フトノ事テ職工ヲ派出シテ据附ニ掛リ殆ント修了ニ近クナツタ時据附費ノ書付ヲ出シタラ先方テハ最初カラ据附費モ含ンテ居ルト思ヒシトテ機械ヲ造レハ据附ハ附隨シタ仕事タト言ヒ當方テハ夫レハ話カ違フ最初圖面ト仕様書トヲ見テ積タノテ別段据附ノ事ハ含ンテ居ラント言ヒシニ機械類丈ナラ仕拂金ヲアンナニ殘サンテモ良イノタカ据附カアルカラト思タカラダト貴所ト自分ノ處トハ懇意ノ間柄タカラ書附抔ニハ餘リ重キヲ置カンテアリシカ損ヲサセテハ氣ノ毒ダカラ何レ又何カテ埋メ合セヲスルカラト言ハレ機械類ノ代價ハ數度ニ値切ラレタ其上ニ据附費マテ脊負ハサレテハ遣リ切レヌノテアルカ證擾書類ハナシ先方ノ考ト當方ノ考カ相違シタト言フ丈ニ止マリ泣寢入トナツタカ如何ニ懇意ノ中テモ後日ノ爲明細ナ書類ノ交換ハ必要ノ事タト思ヒシ所謂念ニハ念ヲ入レヨトハ此ノ事テアルト思ヒシ

## 緒明造船所注文ノ撈曲軸

緒明造船所カラ小撈曲軸ノ製作ヲ頼マレタカ當時安宅工場テハ相當ナ鍛冶職カ居ナカツタノテ他工場テ造ラセル積リテ頭ニ浮カンダノハ三田四國町ノ三田製作所主カ何カ火造リ物カ在ツタラサセテ貰ヒタヒト聞テ居タノテ同所ヘ行ツテ所主ニ話シタラ大喜ヒテ大勉強テ遣リマスカラ二本注文シテ下サレハ安ク上リマスカラトテ其理由ヲ聞テ二本ヲ注文スル事ニシ特別安價テ約束シテ帰リ其一本ニ對スル代價ヲ其儘緒明造船所ヘ申送ツテ置タノダ其後用事カアツテ三田製作所行ツタラ所主ノ話シニ二三日前緒明ノ子息圭造サンカ見ヘテ撈曲軸ヲ一本注文シタイトテ圖面ヲ示サレ何程テ出來ルカトノ話シテ是レ々々ト言ヒマシタラ夫レハ大分高

ヒ様ダカ幾日位掛ルカト聞カレタノテ今外カラ二本注文ヲ受ケテ造リ掛ッテ居マスカラ其跡テナイト出來マセント言ヒマシタラ今造ッテ居ルノハ何處カラノ注文ダト尋子ラレ安宅工場カラデスト言ヒマシタラ嗚呼夫レナラ先日小野君ニ頼ンダ物ニ違ヒナイカ自分ハ一本頼ンタノニ二本注文シタノハ外ニ入用テモアッタノダロウト言ハレマシタカラ夫レハ私カ二本造レハ安價ニ上ルト申シマシタラ今差當リ入用ハナイカ夫レテハ注文スルト言ハレシト聞カレル儘話合マシタカ同氏ハ注文モシナイテ帰ラレマシタカ私ノ考ヘマスノニハ貴君ノ差出サレタ積書ヲ先方テ見テ製作ハ多分當所テアルト考ヘ何程ノ手數料カ掛ッテ居ルカト言フ事ヲ知ル爲同一拐曲軸ノ積ヲ聞キニ來ラレシカ始マリテ貴君ノ一錢ノ手數料モナク其上二本マテモ注文シテ安價ニナッタ其儘ヲ先方ヘ申出ラレタ事カ大ニ感動セシ事ト思ヒマスト予ノ意見ハ先方ハ多年造船業ヲ營ミ居ル事トテ何處テ何々ヲ製造スルト言フ事ハ百モ兼知ニ百モ合點シテ居ナカラ我安宅工場テハ拐曲軸抔ハ出來ヌノヲ兼知シナカラ予ニ同品

ノ製作ヲ頼ンダ趣意ハ第一カ予ノ心中ヲ探クル爲メテ當時予ハ各工場ノ間ヲ往來シテ居タノテ安宅工場テ出來ヌモノハ必他ノ工塲テ造ラセル事テ其奔走料ハ何程取ルカ試ミニ遣ラセテ見テ夫レ次第テ又跡ノ考ヘモアルト言フ積テアルト思タカラ戈取趣意テハナク義務テ世話ヲシタノテト言フ考ヘテ前記ノ樣ニシタノカ偶然ニモ先方ノ耳ニ入ツタノテ果シテ其後ハ色々ト相談モ受ケル樣ニナリシ

緒明氏ハ維新ノ際箱館戰爭ニ榎本氏ノ率ユル軍艦ニ乗組ンテ働テ居ラレシカ箱館平定後東京ヘ來ラレ芝浦ニ小造船所ヲ起シテ共同運輸會社ノ船ヲ受負テカラ追々發展シ後ニハ造船所トシテ品川沖ノ舊第四砲台跡ヲ借受ケテ造船ヲ爲シツ丶大形滊船數艘ヲ以テ囬漕業ヲ營ミシニ時恰カモ日清戰爭ニ遭遇シ巨利ヲ得ラレシト聞キシ氏ハ目ニ一字ヲ解スル丁キモ頭カ良ク萬事拔目ナク勤勉奔走至ラサルナク家ニハ養嗣子圭造氏ト番頭一人カ氏ノ差圖ノ下ニ業務ヲ補助シテ居リシ

# 大阪鐵工所時代

## 第二大浚九ノ製造

明治二十七年大阪府土木課長技師植木平之允氏(77)カラ大阪鐵工所ヘ浚渫舩ノ事テ話シタイカラ話ノ分ル者ニ來テ貰ヒタイトノ事テ予ハ同氏ノ役室ヲ訪問シタラ氏ノ言ハレルニハ今使用シテ居ル第一大浚九ハ吸砂管テ土砂ヲ舩内ヘ吸込ム様ニナッテ居ルカ近來安治川ヤ木津川筋ニハ粘土ノ固リカ多クアルノテ吸砂管テハ用ヲ爲サヌノト舩ノ喫水カ深ヒノテ川上ヘ行ケヌノテ今度鋤鏈式ノ浚渫舩一艘ヲ造ル事ニナッタノダカ舩ハ第一大浚ヨリ小サク喫水モ淺クシテ川上ヘ行ケル程度トシ一日百坪ノ土砂ヲ浚渫シ得ルモノトシテ其計畫ハ任セルカラトノ話ニテ第一大浚九ニ就テモ色々研究シタ末舩ノ長サ一〇五呎幅ニ四呎深サ八呎六總噸數一五八噸八五登簿噸數八五噸七八喫水ハ滿載六呎五機関ハ公稱二十馬カテ浚渫スル時ト舩ヲ進退スル時トニ樣ニ働カス事ノ出來ル樣ニ「ギヤ」ヲ掛替ヘル裝置トシ計畫カ出來テ後見積書ヲ

出シテ置タラ製造命令カ在ツタカラ直キニ着手シテ四箇月後ニ竣工シタノテ安治川ノ中流ヘ舩ヲ出シテ試運轉ヲシテ見タラ機關モ良ク回轉シ随ツテ鋤鏈モ土砂ハ勿論問題ノ粘土モ譯ナク掬ヒ上ラレタノハ良カツタカ

茲ニ一ツ困ツタ事ノ出來タノハ土砂ハ水ト共ニ流レテ容易ニ土砂溜ノ中ヘ落込ムカ粘土ハ如何ニ水カ流レテモ一箇處ニ山ヲ爲ス程積重子ラレテ一向ニ流レヌノテアリシ夫レカラ色々ト考ヘテ長方形ノ鐵板ヲ或ル距離ニ連結シタモノヲ横行サセツヽ上カラ粘土ヲ落下シテ見タラ粘土ヲ鐵板カ良ク浚ヒ行ク事カ分リシ故其通舩ヘ備附ケ鐵板ヲ連結シタモノヲ動カスニハ鎖車ノ装置トシ試驗ノ結果ハ良好テアリシカ使用中鎖カ延ヒタリ切レタリシタカラ試ミニ五噸「ウエストン滑車ノ鎖ヲ外シテ使ツテ見タラ故障ナク永ク用ヲ達シタノ」テ豫備品トシテ同様ノ鎖ヲ製造元ヘ注文シ到着後納附シテ完成ヲ告ケ其後同舩ハ最初ノ目的通安治川木津川ノ川上迄ヲ充分浚渫シ大ニ出入舩舶ノ便利ヲ與ヘシ事ハ誠ニ痛快ノ至リテアリシ

此ノ第二大浚九ノ様ナ鋤鏈仕掛ケノ浚渫船ハ世間ニアル形テ別段珎ラシイモノテハ無カッタカ鋤鏈カ両側ニアルノテ中央ノ土砂溜マテ流シヲ設ケナケレハナラヌカ船ノ幅カ廣ヒノテ充分ナ傾斜カ取レヌノテ出來得ル丈ケノ傾斜ヲ以テ假設流シヲ造ッテ粘土ヲ落シテ見タラ甘ク行クカラ本式ニ遣ッタラ前記ノ通不結果テアリシ夫レハ烈シク粘土カ落下シテ山積スルノテ流シノ傾斜カ不充分テアル事ハ明カテアリシ

夫レカラ感心シタノハ「ウヱストン」滑車ノ鎖テ普通ノ鎖ト對照シテ延ヒモセス切レモセスシテ實用ヲ辞シ如何ニ品質カ優等テアリシカヲ立證セリ當時粘土輸送ノ一點カ此ノ浚渫船ノ最大命脈テアリシ事カラ考ヘルト其特色ヤ知ル可シ示來永ク浚渫事業ヲ継續シ便益ヲ各川ニ及ホシタ功ハ常ニ忘ル可カラス

水道淨水場用瀘鑵

明治二十七年大阪市水道事務所カラ大阪鐵工所ヘ「ランカシ

ヤ」形汽鑵直経六吹ニ吋余長二十四吹汽壓百二十封度ノ物六個製造ノ注文カアリシ夫レテ従來ノ陸用汽鑵ト異ナツタ點カ鑵胴板ヲ一枚テ捲ク事テアリシ普通ハ二枚乃至三枚板テ捲クノダカ特ニ一枚板トシタノハ煙道ヤ煉瓦積ノ中ヘ繼手ヲ尠ナクスル趣意テアルト聞キシ鋲ハ水壓錠メトスル事ニシテ引受ケタ數箇月後ニ到リ準備モ調ヒ材料モ着シタノテ彌製作ニ掛ツタカ何シロ鑵胴板カ二十吹近ノモアルノテ取扱カ困難テアル計リテナク「ロール」機ニ掛ケテ真圓形ニ捲キ上ケル事カ出來ヌノテ多クハ手仕上ケトシタ事等ハ次キニ述ヘル通リテアリシ

普通ノ鑵胴板ハ周圍ヲ大體二枚半ノ板テ捲クノテ板ヲ「ロール」機ニ掛ケテ捲ク時板ノ極端マテ曲ケテ曲ケテハ反對ニ曲ケ返シツ、所定ノ圓形ニナルマテ曲ケルノテアルカ今度ノ鑵胴板ハ一枚板ノ圓形ノ内一箇處繼合セカアルノテ「ロール」ニ掛ケテ捲ク時繼合ノ處ヨリ大分手前カラ「ロール」ヲ逆轉サセ子ハナラヌ上ニ板ノ重量カ掛ツテ楕圓形トナルノテ所定ノ真圓形ヲ得ル事カ出來ス大概ニ曲ケタ處テ「ロール」機カラ外シテ跡ハ牛直シスルニ餘程工費ヲ遣ツタカ夫レ計リテナク鑵胴ト鑵胴トノ緒キ合セテアルカ最初上板ト下板トノ寸法ヲ量ツテ小サ目ニ鋲孔ヲ錐揉シテ置テ鉸鋲ヲスル前ニ板ト板トヲ合セテカラ實物大ノ孔ニ浚ヘ水壓機ニ掛ケテ鉸メテ行クト板カ密着スルノテ孔ニ喰ヒ遠ヒカ出來ルカラ之レヲ浚ツテ行クノタガ普通ハ板カ二三枚緒キテアルカラ板ノ修リノ孔ノ喰ヒ遠カ尠ナイカ一枚テ全週トナルト其喰ヒ遠ヒカ大キクナツテ來ルノニ困ツタカ兎ニ角完了シテ首尾ヨク先方ヘ引渡濟トナツテ安堵シタ

夫レハ仕事カ困難テアリシ計リテナク一枚捲キノ鑵胴板ハ特別注文テ外國カラ購入シタノダカ請負價格ハ競爭入札テ落札シタノテ至ツテ低價テアルカラ豫備ノ板マテ買入レル事カ出來ス割當テタ丈ノ數テアツタノテ若シ誤ツテ一枚テモ使ワレヌ品カ出來タラ最後内地ニハ迚モ無ヒ材料テアルカラ更ラニ外國ヘ注文シナケレハナラヌ夫レハ仕方カナイトシタ處テ延滯償金ヲ六個分モ取ラレタ日ニハ損モ損遣リ切レタモノテハナイト氣ヲ揉ンテ居タカ幸ニ無事ニ出來上

ツテ良ヒ案配テアリシ今考ヘルト鑵胴ノ一枚捲ハ骨ノ折レタ割合ニ其効力ハ夫レ丈有カテハナイト思フ其證據ニハ其後絶ヘテ同一ノ仕方ヲ見ヌ事ニテモ分ル

## 震災テ煙突ノ破損

明治二十四年大阪地方ニ強ヒ地震カアリシ時大阪鐵工所機械工場ノ煙突カ破損シタカ其破損シタ形チカ珍無類テ煙突ハ方形煉瓦造リテアリシカ上カラ全高サノ三分ノ一位ノ處テ重心點ヲ失ハナイ程マテニ横ニ滑ヘツテ直立シテ居リシカ強ヒ風テモ吹イタラ落下シ想テ誠ニ危險ダト思ツタカ震災テ市内ハ諸所ニ損害カ多カツタノテ煉瓦職ハ大多忙テ呼ヒニ遣ツテモ中々來ラス夫レテ工場ハ仕事カ忙カシイノテ一日モ休ム事カ出來ス震災ノアツタ翌日カラ恐ル恐ル喰ヒ遠ツタ煙突其儘テ煙リヲ上ケテ仕事ヲシツヽ側ラ人夫ノ手テ煙突修繕用ノ足場ヲ掛ケテ四五日待ツテ居タラ漸ク煉瓦職カ來タカ破損シタ煉瓦ヲ取除ケル爲メニ休業スル事カ出來ヌノテ煤煙ヲ漲ラシツヽアル中テ煉瓦ヲ取除ケテ又新規

ニ煉瓦ヲ段々ト積ンテ行キ一日モ休業センテ以前ヨリ十吹計リモ高ク積ミ了レリ此レ等ハ大阪ノ職工トシテ出來タノテアル當時大阪ノ職工ハ東京ノ職工ト比ヘテ賃錢ノ爲メニハ何物ヲモ辭セヌノテアリシ夫レ故幾ラカノ割增賃錢ヲ得ル爲メニ此ノ煉瓦職モ煤煙ト戰ツテ遂ニ工事ヲ了々ノテアル予ハ震動中機械工場ヘ入ツテ見タラ二列ニ貫通セル動カ軸カ飴ノ樣ニ曲リクヽ子リシツヽ回轉シテ居タカ其内ニ震動カ劇シクナツテ來タノテ運轉ヲ停メタカ夫レハ見モノテアツタ夫レカラ毎夜々業ヲシテハ屈曲シタ工場ノ柱廻リヤ車軸ヲ一部分ツヽ直シテ段々直ツタ分ヲ運轉シテ五六日ノ間ニ全部ノ直シ方ヲ了ツテ始メテ從前ノ働キヲシ得ル事トナリシカ損害ハ割リニ尠ナイ方テアツタ

序ニ記スカ工場カラ中津川ヲ一ツ隔テヽ北ノ方ニ見ヘル浪華紡績會社ノ煉瓦造リノ大紡績工場ノ上層カ震災ノ爲全部崩レテ多クノ死傷者ヲ出セシ予ハ鐵工所ノ鑄物工場熔解爐ノ焚口ノ高床カラ其實況ヲ見タカ紡績工場カ見ヘヌ程ニ最初ハ煉瓦壁ノ崩壞ト共ニ石灰ノ煙リカ一面ニ發散シテ居タノ

ニハ又ト見ラレヌ有様テアリシ

瀛船武庫川丸ト太田川丸[78]

明治二十五年大阪商船會社ハ中國通ヒニ使用スル爲三聯成機関ヲ備ヘシ鋼鐵船二艘ヲ造ル事トナリ長﨑造船所川﨑造船所大阪鐵工所ノ三箇所カラ積書ヲ取ツタカ最低價テ大阪鐵工所カ引受ル事トナリシ其瀛船ノ慨畧ヲ記スト船長一五六呎六最大幅二一呎深サ一五呎四五總噸數四〇七噸三登簿噸數二五二噸五二瀛筩ノ直経高壓一三吋中壓二一吋低壓三四吋行長二六吋瀛鑵ノ直経一一呎五長サ一〇呎瀛壓百五〇封度機関ノ公稱馬力五八馬力八實馬力四九一馬力四速力十海里ト言フノテ會社カラハ大體ノ寸法ヲ示シ設計ハ製造者ニ任カサレタノテ専心計畫ニ従事セシ當時三聯成機関ヲ備ヘシ瀛船ハ誠ニ尠ク郵船會社商船會社ヲ通シテ二十餘艘ニ過キス其内郵船會社ハ全部外國製商船會社ハ外國製ト機関瀛鑵ヲ外國ヘ注文シテ其外ハ船體ト共ニ内地製トシタモノト全部内地製トシタノハ五艘[79]ニ過キヌト言フ有様テアリシ

商船會社カラ注文ヲ受ケタ時技師長原田虎三氏ノ言フニハ三聯成機関ヲ備ヘタ滊船ハ今迠内地テ造ラセタノハ評判カ悪クテ困ル夫レハ滊壓ハ高シ機関ハ複雜テアルカラ二聯成機関ヲ取扱フノトハ少シ面倒ダカ其代リ石炭ノ消費ヲ減スルト言フ點カアルカラ辛抱セ子バナラヌカ外國製ト比較スルト修繕モ多ク石炭消費高モ多ヒカラ機関士カラ苦情ヲ言ハレテモ何トモ言ヘヌノテアルカラ今度御頼ミシタ機関ハ其點ヲ能ク考ヘテ外國製ニ劣ラヌモノヲ造ツテ貰ヒタイトノ事テ夫レカラ會社ノ船モ幾艘モ見セテ貰ヒ乗組員ニ就テ實際上ノ得失ヤ燃料ノ消費高等ヲ聞取リ又鐵工所テ二年前外人技師長「コードル」氏カ在職中商船會社ノ注文テ三聯成機関ヲ備ヘタ滊船ヲ造ラレシカ機関類一切ハ外國ヘ注文シ船丈ヲ製造セシ事カアルノテ機関ノ組立圖位ハアツタノテ参考トシ種々研究シテ三滊筩各自ノ平均壓ニ大差ナキ様滊鑵ニ無理焚キナキ様滊鑵ノ燃焼カ適當ナル様等ヲ主眼トシテ製圖ヲ了リ曲拐軸車軸鋼板ハ英國ヘ注文シ其他ハ内地製テ踆工後試運轉ヲシタラ好結果テ速カモ豫定通リテ期限内ニ

會社へ引渡シタカ使用サレタ成績ハ至極良ク後日原田氏ハ満足シテ速カモ會社ノ船ノ内テ一番取扱モ樂タシ例ノ石炭消費モ尠ナク今カ半歳モ立ツタカ修繕ハ未タセヌ甘ク遣ツテ呉レタ子ト言ハレシ

右滊船ノ機関設計中大阪九善支店テ最近出版ノ英國「ロイド」會社ノ滊鑵製造法ノ書カ見當リ代金四圓テ求メテ帰リ之レヲ見テ居ル中ニ新式ノ鋄鋲法カアリ其法ニ依ルト従來鑵胴板カ百五拾封度テ厚サ一吋ノモノカ十六分ノ十五テ同シ効カアル事ニナツテ居タノテ其式ヲ用ヒ胴板ノ厚サヲ定メ鋼板一切ヲ英國ヘ注文シ一方ニハ機関ヤ滊鑵ノ製圖ト仕様書ヲ調ヘテ管船局ヘ差出シ製造ノ許可ヲ乞フ手續キヲシテ置イタラ其後大阪司驗所ヲ経テ滊壓ハ百五拾封度ハ許サレヌトノ沙汰カアツタノテ司驗所ヘ其譯ヲ尋子タカ同所ハ取次ヲスル丈テアツテ譯ヲ聞クナラ管船局テ聞クカヨイトテ相手ニナツテ呉レス夫レテ先キニ手廻シテ注文シタ鋼板類ハ既ニ先方カラ發送シテ途中ニアル事テモアリ猶豫カ出來ス會社ノ原田氏ニ相談ノ末丁度同社長モ上京中テアルカラ

原田氏ト予ト上京シテ河原社長ニ其話ヲシテ管船局ヘ出頭不許可ノ譯ヲ尋子ル事トシ出京ノ上社長ニ話ヲシタラ社長ハ委細了承サレテ予ヲ管船局長塚原周造氏ノ邸ヘ同道サレテ事情ヲ陳述サレタラ局長ハ理由ガ明白テアルナラ官權ヲ以テ何テモ押シ附ケル事ハシナイカラ明日局ヘ出頭シテ掛官ニ話ヲシテ呉レ自分モ立會スルカラト言ハレ翌日ハ河原氏原田氏予ト三人連レテ局ヘ出頭シテ局長ト機関掛員一同ト對話スル事トナリシ

予ハ掛官ニ言ツタノハ遞信省令ニハ船舶用ノ機関ヤ汽鑵ノ設計ハ英國「ロイド」會社ノ法則ニ従ツテ之レヲ定ムトアリ夫故最新式ノ同會社ノ法則通汽鑵ノ設計ヲ為シ鑵板ノ厚サヲ定メタノテアル然ルニ百五拾封度ヲ許可セラレヌノハ如何ナル譯カト尋子タラ掛官主席ノ某氏ガ言フニハ日本ノ工業ハ未タ未熟ダカラ一割位弱ク見テ置ク方ガ安全テアルトノ衆議テ百五拾封度ヲ許サヌノテアルトノ事テ予ハ製造日數モ尠ク實ハ手廻シニ枚ヲ外國ヘ注文シ今途中ニアル事トテ之レヲ變更スルト製造期日ガ遅レ延滞償金ヲ取ラレル事ニ

ナリ困難シマス茲ニ河原社長モ原田技師長モ居ラレルノテスカ延滞償金ハ一艘一日金百圓宛テ二艘テ金二百圓ト言フ多額ノ償金ヲ取ラレテハ鐵工所ハ立行キマセン省令テ一割引キト言フ事カ出テ居ナイノニ掛官ノ御考ヘテ御極メ下ステハ當惑シマスト言ツタ時

河原社長ハ會社カ幾ラ延滞償金ヲ取ツテモ滊船ノ使用カ一日遅レレハ莫大ナ損失トナリマスカラ此際ハ鐵工所技師ノ陳述ヲ御容レ下スッテ出願通百五拾封度ヲ御許シ下サル様ニ願ヒマスト言ハレシ

原田技師長ハ元管船局ニ勤メテ居タ人テ掛官トハ皆知合ノ間柄テ今度ノ出願ニ對シ取調主任ノ握義負幹氏ハ東大修學當時原田氏カラ教ヘヲ受ケテ居タ関係上一目置テ居ル有様テアツタカ原田氏ノ言フニハ一體日本ノ機械工業カ未熟ダカラ計算上ハ立派ニ合格シテ居テモ一割ヲ減スルト言フ事ハ聞ヘヌ話シテ機械工業ヲシテ居ル所ハ全國ニ數多クアルカ其中ニハ優劣モアル事テ夫レヲ一概ニ未熟トシテ仕舞フノハ無理タト思フ夫カラ遞信省布達ニハ英國「ロイド」社ノ規

定ヲ用ユトアルカ御承知ノ通「ロイド」社テハ日進月歩改良ニ努メテ居ルノテ毎年改正シタ點ヲ發表シテ居ルノテ其新式ニ依ツテ計算シタ事ハ大ニ進歩シタ遣リ方テアルト思フカ掛官ハ何ント思ハレルカト遣リ込メタラ掛官主席ノ人カ言フニハ昨年郵船會社テ英國カラ三聯成機関壓カ百六拾封度ノモノヲ備ヘタ滊船ヲ購入シタカ同社テハ安全ヲ謀ツテ夫レヲ百五拾封度ニ封鎖シテ貰ヒタイト申出タ例モアリスルノテ英國製デスラ拾封度モ減シテ使用スルノダカラ一割位減シテ置タ方カ良ヒト極タノテアルト言ヒシニ原田氏ハ承知セス郵船會社ハ何ントナ考ヘテソンナ事ヲ申出タカ知ラヌカ夫レヲ牛耳ニ一般ノ事ヲ極メラレテハ甚タ迷惑テアル管船局ハ日本ノ船舶ヲ取締ル役所テアリナカラ如何ニ大會社トハ言ヘ郵船會社ノスル事ニ倣ツテ事ヲ極ルト言フノハ當局者ニ見識カナイ事ニナル

東京ハ知ラス今大阪テハ會社ト言ハス工場ト言ハス一般ニ一銭テモ徒浪ナル費用ヲ省ク事ニ汲々トシテ居ルノテ毎年出版ノ「ロイド」社ノ出版物テモ何テモ手ニ入レテ研究シツヽ

アルノテアル實ハ今度ノ設計抔ハ管船局トシテハ賞揚サレテモ良ヒト思フ位テアルト述ヘタノテ掛官ハ沈黙シテ仕舞タラ塚原局長ハ自分ハ一割減ト言フ事ハ聞カナカツタカソンナ事カアツタラ前以テ自分ニ相談シテ呉レナクテハナラヌ鐵工所ヤ商船會社ノ申出ハ尤タト思フ別ツニ差支カナケレハ出願通許可シタラヨカロウト言ハレ掛官ハ弱リ込ンテ居タカ主席掛官ハ許ストシタラ鑵ノ直経ヲ少シ縮メテト言ヒシ夫レハ一端許サスト言ツタノヲ其儘許シテハ極リカ悪ヒカラテアル局長ハソンナ體裁ナンゾ繕ハンテモ良イテハナイカ政府ノ法令テモ不都合カアレハ直キニ改メルテハナイカト言ハレシモ属官根情トテ氣カ濟マヌカホンノ僅カ計リテヨイカラ縮メテト言フノテ直経ヲ二分ノ一吋縮メテ許可サレタ掛官ハ予カ携帯セシ「ロイド」社出版ノ書ヲ貸シテ貰ヒタイ早速ニ探スカラドウモ新版モノハ東京ヨリ大阪ノ方カ早ク發行サレル様タ管船局カ如何ニモ迂遠ノ様ニ思ハレルダロウカ實ハ経費カ尠ナイノテ手カ廻ラナイノテアルト語所ヘ行ツテカラノ話テアリシ彼是ト面倒テアツタ事ハ茲ニ

河原社長ヤ原田技師長ノ助カテ漸ク解決シテ目的ヲ達セリ

## 消毒所ノ機械

明治二十八年日清戦争カ済ンテ派遣ノ軍隊カ内地へ引上ケノ際偶彼ノ地ニ悪疫カ流行シタノテ内地へ上陸ノ時ハ九州方面ハ下ノ関海峡彦島大阪方面ハ天保山ノ向フ櫻島東京方面ハ相州長浦ノ三箇所ニ消毒所ヲ設ケル事ニナリ陸軍省ハ後藤新平氏ヲ衛生長官ニ任シテ其事ヲ司ラシメシ消毒所ノ設立ハ短日月ノ間ニ行ハナケレハナラヌノテ土木事業ハ直営建築ト機械事業ハ相当ナ請負者ヲ定メル事ニテ後藤氏ノ下ニ以前衛生局長長與専齋氏ニ属シテ長崎消毒所等ノ事ニ従事セラレシ技師高橋当吉氏カ又今度ハ消毒事業ニ当タラレテ東京大阪方面テ請負者ヲ求メラレシカ日数カ短カヒノト消毒事業カ分ラヌノテ應シル者カ寡ナク遂ニ大阪鐵工所カ機械類一切ヲ引受ケル事ニナリシ消毒所三箇所ノ内相州長浦ハ従前カラ小規模ノ消毒所カ在タノテ之レヲ擴張シ其餘ノ二箇所ハ全部新設テ夫レテ日数ハ六拾日間ト言フ短イモノ

テアルカラ有合セノ喞筒類ヤ何カヲ利用シ「コルニシユ」形滊罐六箇ト消毒室用鐵箱三箇并ニ鐵製煙突六本ヲ新製品ノ單ナルモノトス着手當時ハ滊罐ノ配置カ定マラヌノテ各罐毎ニ一本宛ノ煙突ヲ添ヘテ置テ滊罐ノ數カ定マツタラ夫レ丈煙突ヲ集合シテ用ユル事トセリ

大阪ノ櫻島ニハ滊罐三箇ヲ据附タノテ三本ノ煙突ヲ集メテ建テ地下煙道ハ普通ノ煉瓦積テ之レハ陸軍直管ノ手テ造ツタノテアリシカ夫レニ就テ珍談カアル滊罐ニ始メテ火ヲ入レテ見タラ何トナク火ノ燃ヘ方カ悪ヒノテ不思儀ニ思ヒ從來ノ仕方ト變テ居ルノハ集合煙突ダカラ或ハ其爲コンナニ吸込カ悪クナツタノカ夫レニシテモ意外ノ事タト諸所ヲ入念ニ調ヘタカ別ツニ變ツタ所モナク煙道ニ故障テモアルカト陸軍ノ掛官ニ話シテ見タラ暫ク考ヘテ居タカ浮ト思ヒ出シタ樣ニ夫レハ誠ニ濟マヌ事ヲシマシタ煉瓦積ノ枠ヲ取除ケル事ヲ忘レテ居マシタト煙道ノ掃除ロカラ工夫ヲ入レテ中カラ半燒ケノ木枠ヲ取出シ夫レカラ罐ヲ焚テ見タラ能ク燃ヘテ直キ蒸氣カ出來タノテ安心シタ前ニハニ時間餘

モ焚テ未タ蒸氣カ出來ヌノテ時カ時トテ氣カ氣テナク大急キテ一本煙突ニ改造シ樣カトマテ考ヘタカ夫レテモ煙道ノ故障テ仕合セダッタ

彦島ヘハ鐵工所カラ監督者ヤ職工ヲ派出シテ取附工事ヲ遣ラセテ居タカ首尾ヨク出來上リ長浦ノ方ハ陸軍ノ方テ据附萬端ヲ爲セシ櫻島ハ規模カ一番大キク一日一千人ノ消毒ヲスルニ差支ナキ樣ニ浴槽ヤ消毒裝置ヲ長崎ノ例ニ倣ッテ造リシカ工事ヲ了ルカ了ラヌ内ニ第一着ノ歸還兵カ消毒所ヘ押掛ケ來リ夫レカラ毎日ノ樣ニ消毒カ行ハレシ後藤長官モ實況視察トシテ大阪ヘ出張サレ能ク僅カナ間ニ出來タトノ賞詞ヲ與ヘラレシ

序ニ記ルスカ櫻島消毒所ノ地均シ工事ノ壯觀ハ又ト見ラレヌモノテ在ッタカ消毒所ヲ六十日間テ完成スルノテ第一ニ廣イ地所地均ヲ着手シタカ其構内ニハ小舩渠モアリ建物モアリ畑ヤ溝等カアッタカ夫レヲ一週間内ニ一大平面トスルニドンナ遣リ方ヲスルカト思ッタラ先ツ工事場ノ中央ニ小屋ヲ設ケ其處ニ掛官達カ詰メテ何處カラデモ見ヘル臺ノ上

ニハ紙幣銀貨銅貨ヲ積上ケテ置テ札ト引換ヘニ何時テモ支拂フノテアル夫レテ働ク者ハ老弱男女ヲ廣ク募集シタノテ誰レ彼レノ差別ナク集マツタノテアル其働ク方法ハ札一枚ヲ何錢ト極メテ仕事ト札ト即時ニ引換ヘニスル譬ヘハ土砂ヲ運フニ一荷ヲ何處カラ何處マテ運ヘハ札幾枚トカ又土砂ヲ一坪ヲ堀リ取レハ札幾枚トカ人ノ頭數ニヨラス仕事ト札ノ引換ヘテアル働テ居ル者カ金ノ欲イ時ハ何時テモ小屋ヘ行ツテ札ヲ出セハ直キニ引替ヘニ金ヲ渡シテ呉レル夫レカラ一定ノ時間ニ一區域ノ仕事ヲ片附ケントスル時ハ相當ニ札ノ數ヲ極メテ働カスノテアル夫レニ就テ商人ハ儲ケニ懸ケテハ透サヌモノテ工事場ノ門外ニハ飲食物ハ何テモ好キナ物ヲ賣ル露店ヲ初日用品マテ揃ツタ店カ出來働キ人ハ腹カ減ルト今受取ツテ來タ金テ好キナ物ヲ呑食ヒシ滿腹スルト又入ツテ働キ勞レ切ツタ者ハ歸ヘテ行キ新牛ノモノカ入ツテ來ルノテ門前ハ實ニ賑ハシキモノテアリシ

建造物ハ一切東京ノ清水組カ引受テ居タカ切組一切ハ外テ遣ツテ地均シカ濟ムト持運ンテ來テハ組立テルト言フ風テ

板葺家根杯ハ一坪位ニ拵ヘタモノヲ幾ツモ組合テ行クカラ忽チニ出來上ル半日計リノ間ニ大キナ小屋カ處々ニ出來上ルト言フ案配テ豫定ノ日數テ完成シタノニハ流石ハ陸軍ノ遣リ方ハ格別ダト感心シタ

日清役用ノ小蒸氣船 (80)

明治二十七年日清戰爭ノ當初呉海軍造船所カラ戰地ヘ廻ス小蒸氣船長サ四十二呎滊筩ノ経八吋行長九吋滊壓百封度ト言フモノ十艘ヲ六十日間ニ造ル事ヲ申込ンテ來タカ如何ニ小蒸氣船デモ十艘ハ請合兼子タノテ六艘ヲ引受タカ六十日トハ短カイ間ニ纒メル事ハ尋常ノ遣リ方テハ迚モ間ニ合ハヌノテ船ノ方ハ造船職工ヲ六組ニ分ケテ請負トシ期限ヨリ一日早ク出來レハ何程ニ日早ケレハ何程ト早ヒ程多ク賞金ヲ與ヘル事トシ機関ノ方モ各工場ニ組分ヲナシ賞金附トシ附属小金物ハ東京又ハ大阪ノ専門工場ヘ注文シ之レモ日數テ賞金ヲ附ケ東京ヘ注文シタ品ヲ受取ル為メニ大阪ノ梅田停車場ヘ受取人ヲ人力車テ出シテ置キ到着品ハ直キニ工

場ヘ持込ミ直ク取附ケルト言フ譯テアルカラ大阪市内ヘ注文シタ品ハ出來タラ何時テモ持ツテ來ルカラ即時ニ取附ケルト言フ様ニ一時一刻ヲ競ツテ遣ラセタラ期日前ニ日ニ悉皆落成シタノテ呉造船所カラ受取ノ為掛官カ出張シ三艘ツツ海軍旗ヲ擧ケテ試運轉ヲ為シ二日掛リテ全部六艘ノ試運轉ヲ了リ引渡シタ

十艘ノ小蒸氣船ノ内殘リ四艘ハ呉造船所ノ手テ造ツテ居タカ同所ハ非常ニ多忙テアツタ故期日モ遅レタ上ニ成績カ能クナカリシト後日掛官カラ聞キシ曩キニ引渡シタ鐵工所製ノ船ハ戰地テ艀船ヲ曳ヒテ大ニ働テ居ルカ好成績テアルト言ハレシ

今度ノ船ハ主要ノ寸法ハ海軍ノ方カラ示サレタカ計畫ハ當方ヘ任セラレタノデ戰地行キテハアリ堅牢ハ勿論成ヘク簡單テ取扱ヒカ為シ良ヒ様ニト種々考ヘタ末機関ハ以前長崎テ造ツタ形ニ倣ヒ汽筩「フレーム」「ベッド」ヲ一箇ノ鑄物トセシカ二箇ヲ造ルマテハ出來損シタノテ日數カ無ヒノニソンナ變ツタ物ニシテハ及ヘテ手間取ルトノ衆評テアツタカ熱心

ナ鑄物職ノ其仕事ヲシテ居タ男ハ出來ナイノハ研究カ足ラヌノテアルカラ今一度遣ラセテ下サイト言ツテ三回目ニ掛テカラ甘ク行ク事ニナリ其後ハ六箇カ良ク出來タ此ノ一箇ノ鑄物トシタノハ仕上手間ヲ省ク事ト堅牢トノ利益カラ考ヘタノダカ鑄物カ甘ク出來ナケレハ其考ヘモ無駄ニナリ想テアツタカ熱心ナ鑄物職カ一生懸命ニ遣ツテ呉レタ御蔭テ其意ヲ果シテ愉快テアツタ

## 支那人ノ輕喫水滊船

明治二十七年日清戰爭カ未タ始マラヌ少シ前ニ大阪鐵工所テ清國人カラノ注文テ水深淺ク流レノ強イ大河ヲ遡行シテ運航スル小形滊船一艘ヲ造ツタカ船ノ長サハ七拾呎喫水一呎六吋速力十哩ト言フ客船テ何セコンナ小船ニ十哩モ速カヲ要スルカト言フト此ノ船ヲ用ユル河流ノ末カ海ニナツテ居ルノテ干潮時ニナルト流レノ速度カ處ニ擾ルト八哩カラ九哩ニモナルノテ何時テモ航行ヲ續ケルノニハ夫レ以上ノ速カヲ備ヘテ置カナケレハナラヌノテアル

夫レテ舩體ヤ機関ニ無駄ナ重量ノ懸ラヌ様ニ成ヘク軽クスル事ニ計畫シテ製作圖面ニハ一々重量ヲ記入シ出來タ品ハ夫レト對照シテ少シテモ重ヒ時ハ差支ナイ處テ削リ落シテ既定ノ重サヨリ超過セヌ様ニ遣ッテ行ッタカ夫レテモ機関部ノ方テ貳噸舩體部ノ方テ七噸ヲ増加シタ結果喫水ヲ計畫ヨリ二吋深メタノテ落成後試運轉ヲシテ見タラ速カ一哩ヲ減シテ九哩トナリシカバ監督トシテ來テ居タ清國人テ同國海軍ノ水兵上リノ男カ是非約束ノ速カカ出ナケレバ受取ラヌト言ヒ其處テ手直シヲシテハ度々試運轉ヲシテ居ル中ニ一寸ト思ヒ附イテ甲板ノ木板幅八吋長五呎アルモノヲ外シテ二枚斜形ニ取附ケテ舩首水線下ニ當テ、全速カテ進行サセテ見タラ舩首ノ抵抗カ減シタト見ヘテ速カ半哩ヲ増加シタノテ監督者ノ承諾ヲ得テ舩首ヲ十二呎延ハシテ抵抗ヲ少ナクスル様ニシテ運轉シテ見タラ約束通十海里走ル事ニナッテ始メテ安心シタ

夫カラ舩ヲ引渡サウトシテ居タラ其後數日間監督者カ工場ヘ來ヌノテ同氏ノ宿所ヘ行ッテ尋子テ見タラ急ニ本國カラ

呼ヒニ來タノテ帰ヘツタ委細ノ事ハ神戸在勤ノ領事ニ聞テ呉レトノ事テ領事ニ聞テ見ルト船ハ上海ノ清國人某カ受取ル事ニナツテ居テ今掛合中ダカラ返事ノアル迄待ツ呉レト言ヒ其内ニ日清両國ノ関係カ面白ク無ヒ事カ聞ヘテ來タカ船價ノ残額ハ未タ受取ラス船ハ特殊ナモノテ何處ヘテモ向ク品テナク早ク渡シテ仕舞ツタラヨカツタノニ困ツタ事ニ成ツタト言ツテル内ニ果シテ戰端ハ開カレシ
夫レカラ間モナク海軍省カラ各造船所ヘ當時造船中ノ船舶ノ明細書ヲ出ス様ニ達シカ在ツタノテ鐵工所モ他ノ船ト一緒ニ本船モ書出シテ置タラ掛官カ出張シテ一々現品ヲ調ヘタ末本船ヲ海軍省テ徴發スルカラ或點ヲ改造セヨトテ船ハ同省ヘ引渡シテ船價全部ノ支給ヲ受ケシヲ本船ハ輕喫水ノ上ニ速力カ速ヒノテ戰地テハ兵員ヤ軍需品ヲ積ンタ艀數艘ヲ曳ヒテ鴨緑江ヲ溯リ水深淺キ處マテ行ツテ大ニ便益ヲ與ヘシト聞キシ最初歐國ノ注文テ造ツタ船カ速力ノ點テ手間取リ我國ノ便宜トナリシハ實ニ偶然ノ幸テアリシ同戰役カ了ツテ曩キニ清國人カラ受取ツタ船價ノ内金ハ領事ヲ經テ權

利者へ返戾シタカ戰爭中無利子ノ金ヲ使ツタ鐵工所ノ懷勘定モ都合ノ良カツタ事テコンナ廻リ合セハ又トハ無ヒト思ヒシ

## 輕喫水船瀛壓計ノ故障

前記支那人注文ノ輕喫水瀛船ハ最初速力カ不足テアツタノテ度々試運轉ヲ行ツタカ或ル時試運轉ヲスルトテ瀛鑵ニ火ヲ入レテ居タカ船ノ側ヲ通ツタ時安全辨ノ排瀛管カラ盛ンニ蒸氣カ發散シテ居タノヲ見タノデ船ヘ行ツテ火夫ニ今瀛壓ハ何程アルカト上カラ聞イテ見タラ火夫ハ大分永ク焚テ居マスカ八十封度マテ上ツテ夫ヨリ少シモ上リマセント言ツテ居タカ排瀛管カラ出ル蒸氣ハ最大瀛壓百貳拾封度以上テアルカラ盛ンニ噴出スルノテ是レハ變ダト思ツテ機関室ヘ降リテ試ミニ瀛壓計ヲ一寸輕ク叩イテ見タラ針ハ直チニ瀛壓計ノ示ス貳百五拾封度ノ止リ金マデ飛ンテ衝突シタカラ夫レ以上何封度昇ツテ居タカ分ラス鳴呼良イ時ニ氣カ附ヒタト思ヒ直キニ排瀛辨ノ發條ヲ弛メテ蒸氣ヲ遁シタカ暫

クシテカラ針カ百貳拾封度ノ處ヘ戻ツタ若シ何時マテモ氣カ附カズニ居タラ或ハ不慮ノ難ニ遭遇セシヤモ知レズ今度ノ事テ滊罐ノ堅牢テアリシヲ保證スル事カ出來タ滊罐ハ使用滊壓ノ五倍ノカヲ以テ計算シテ居ルカラ容易ニ破裂ハシナイトシテモ水壓試驗ハ二倍テアルカラ現在夫レ以上蒸氣ヲ焚上ケ居タノニ鋲着ノ處ヤ板ノ接合部ニ漏所テモ出來タカト思ツタカ一向ソンナ事ノ無カツタノハ製罐職工ノ技術カ許多ノ罐ヲ手掛ケテ熟練シテ居タ事ハ無論ダガ一ツハ水壓鉸鋲機械テ鋲ヲ鉸メテアツタノカ其効カヲ顕ハシタノテアル

序ニ記スカ水壓鉸鋲機械テ鉸メタ鋲ヲ拔取ル事ガアツタガ鋲ヨリ小サ目ニ錐揉ヲシテカラ周圍ニ殘ツタ殘片ヲ取除ケルノニ中々骨カ折レル程密着シテ居タニ反シテ手鉸メノ方ハ鋲頭ヲ切落シテ鋲ヘ丸鐵ヲ當テ、叩クト拔ケ出テ、容易ニ拔取ル事カ出來タ丈ケ周圍ノ密着カ弱ク詰リ頭部テ重ニ支ヘテ居ル位ノモノデアルガ水壓絞メノ方ハ頭部計リニ依ラズ鋲體カ一體ニ板ニ接觸シテカヲ支ヘテ居ルカラ誠ニ安

全テアル

## 新築鑄造工場

明治二十五年鐵工所テハ舊來ノ鑄造工場カ手狭ノ上建物ガ腐朽シタノテ新規ニ改良シタ鑄造工場ヲ舊工場ノ隣地ヘ建築スル事トナリ秋月工場総理カ當時大阪テ開業シ立テノ土木建築請負ヲスル工學博士某氏ヲ頼ンテ來テ今度ノ新築ヲ任セタカ功組ヲスル他所テ遣ツテ年末年始ノ工場カ休業中ニ建テ方ヲスルト聞テ居タノテ予ハ休ミ中時々見ニ行ツタガ功組ンタ栈木ヲ運ンテ組立方ニ掛ツテ居タガ一月三日ニ行ツタラ全部出來上ツテ工場ノ内外ハ奇麗ニ掃除マテシテアツタガ工場ノ側ヲ歩イテ居タラ地面カ何ダカフワリフワリスルノテ能ク見ルト處處ニ藁屑ヤ塵カ土カラ見ヘルノテ少シ掘ツテ見タラ下ハソンナモノテ厚ク積マレテ在ツタノテ仕事ガ始マツテカラ試ミニ工場内ノ五噸起重機ヘ五噸ノ物ヲ鈎ツテ引廻シテ見タラ建物ガギイギイ音ガシテ其方ヘ傾クノテ請負者某氏ヲ呼ンテ見セタラ同氏ハ構造上ハ極堅牢ニ

シテアルカラ學理上此ノ上何トモ仕方カ無ヒト言ツテ居タ
カラ建物カ堅牢テアッテモ起重機ト共ニ一方ヘ傾キ音カス
ル様テハ熔解シタ鐵ヲ取扱フノテアルカラ安心シテ仕事ガ
出來ヌト言ヒシニ能ク考ヘテ見ルトテ帰ヘッテ行ッタ
夫レカラ工場ノ土臺下ヲ掘ラセテ見タラ藁屑ヤ枯レ草カ埋
メラレ深イ處ハ三尺モアリシ其處テ又某氏ニ現場ヲ見セタ
ラ同氏モ驚イテ之レテハ建物モ動揺スル筈テス私ノ部下ノ
者ガコンナ仕事ヲシマシタノハ實ニ申譯カアリマセント恐
縮セシ無論同氏ノ知ラヌ事テ下請人ガ基礎ニ相當ナ設備ヲ
スルト金カ掛ルカラコンナ誤魔カシ仕事ヲシタノダカ如何
ニ工業幼稚時代トハ言ヘ旋回スル五噸起重機ヲ備ヘシ相當
堅固ニ出來テ居ル建物ヲ支持スル土臺下ヘ藁屑抔ヲ入レタ
事ハ所謂頭ヲ隠シテ尻隠サストモ言フモノテ直キニ露見シテ
仕舞フノテアル跡テ考ヘルト休業中僅カナ日數ノ内ニ地形
建前仕上マテシタノハ以上ノ狡滑ナ手段ヲスル爲人目ナキ時
ヲ考ヘタノテアル
掘返シタ土臺下ヘハ工場ノ手テ土ヲ入レタリ石ヲ竝ヘタリ

シテ能ク搗キ堅メタノテ今度ハ起重機ヲ廻シテモ音モセズ
建物ノ傾ク事モナク使用上差支ナカリシ
此ノ建方工事ノ手接キハ随分大形ナ遣リ方タガ當時ハ誤魔
カシ仕事ヲスル事カ一般ノ風習テ引受直段ヲ廉價ニシテ仕
事テ手接キヲスルカラ少シ油断ヲスルト直キニ遣ルノテ用
心シナケレハナラヌ何セ相當ノ代價テ引受ケテ誠實ニ仕事
ヲセヌノカト思フト仕事カ尠イカラ引受直段ヲ廉クシテ競
争スル注文スル方テハ廉イ方ヘ頼ンテ良イ品ヲ造ラセ様ト
シテ品物ノ真價ハソツチ除ケニシテ唯金高ヲ第一トスルノ
テ勢ヒ手接ヲスルノテアル

## 大阪電燈會社ノ蒸氣機械

明治二十八年鐵工所テ大阪電燈會社ノ注文テ實馬力貳百四
拾馬力ノ發電用蒸氣機械一臺ヲ製造セシガ機械カ出來テ發
電室ヘ据附テ試運轉ニ掛リシガ同社テ従來使用シツ、アル
米國製ノ同シ機械ハ發電用「モーター」ヲ掛ケタ時一分時間ニ
百四拾回轉ヲスルガ夫レヲ外シテ空回轉トシタ時テモ僅カ

二回轉ヨリ多クハナラヌノテアルガ鐵工所製ハ十回轉モ多クナルノテ會社テハ是非船來通ニセヨトテ聞カズ夫レテ其原因ヲ種々調ヘタカ此ノ機械ヲ製造シタ時ハ丁度日清戰爭カ了ツテ出征軍カ内地ヘ引擧ケニ間ニ合フ様消毒機械製造ニ全カヲ傾ケテ遣ツテ居タ時テ勢ヒニ流ノ職工テ纒メタノテ行届カナカツタ處モアツタノテ夫レ等ヲ手直シシタリ「フラウイル」ニ屬スル速度調節用ノ發條ヲ度々造リ替ヘタガ當時内地テハ發條地金モ普通品計リテ上等品カナク其上望ミ通リノ寸法ノモノカナク止ムヲ得ス太ヒ地金カラ寸法通ノ地金ヲ造ルノダカ手製ノ事トテ不同カ出來タカ夫レテモ段々ト機械ノ調子カ良クナツテ回轉ノ差ガ五回マテニ減シタガ船來機械ノ様ニ二回マテニナラヌノテ茲ニ於テ匙ヲ投ケテ船來ノ發條ヲ取寄セル事ニシテ其間ハ現在ノ儘テ使用シテ貫ヒシガ其後注文品カ着シタノテ早速取附ケテ見タラ二回マテニナツテ船來機械ニ負ケヌ様ニナツテ全ク引渡シ濟ミトナリ其後ノ成績モ良好テアリシ跡テ考ヘルト數箇月ノ間無駄ニ頭ヲ勞シタリ工費ヲ掛ケタリシタ様ダカ決シテ左

様テナク考ヘ考ヘ乍落チアリシ處ヲ直シ最後ニ發條ノ不良トマテ氣カ附キ夫レヲ取替ヘテカラハ工合モ至極良ク何ンノ苦情モ受ケサリシカ唯直シ方ニ日數ヲ多ク費シタノハ止ムヲ得スニ流職工ニ遣ラセタ爲メ粗漏カアツタノト發電用機械ヲ造ツタノガ始テ、アツタノテ機械カ運轉中加重ニ時々變化カ起ルノヲ「フラウイル」ニ屬スル發條ノ働キテ運轉速度ヲ調節スルト言フ事ニ重キヲ置ナカツタ等ノ結果テ思ハヌ時日ヲ費シタガ一度遣ツテ見タラ能ク分ツタ

此ノ數十回ノ試運轉中危難ヲ免レタ事ハ或時機械カ運轉中予ト技手トガ「フラウイル」ノ前數尺ヲ離レテ見テ居タラ目前ヲ何カ飛ンテ行タト思ツテ居タラ左手ノ五間計リ先キノ柱ニ電氣用器具カ取附ケテアツタノニ衝突破壊シタ上又三間計先キノ工場ノ壁ニ當ツテ跳及ヘツタ物ヲ見ルト「フラウイル」ニ取附ケテアツタ「バランス」用ノ鍾リテアリシ若シ我々ヤ工場内ノ人達ニ當ツタラ或ハ生命ヲ失ヒシヤモ知レスト思フトゾツトスルノテアリシカ誰レニモ怪我ガナクテ誠ニ仕合セテアツタト喜ンダノテアツタ

## 大島ノ砂糖煮釜ノ井樓

明治二十五年鹿児島縣大島ノ島司トシテ前年同地ヘ赴任サレシ大海原尚義氏カ鐵工所ニ予ヲ尋子ラレテノ話シニ大島ハ砂糖ノ産地テアルガ其製造所ハ島内處々ニ散在シ小規模テ區々ニ遣ツテルガ其中テ一番不經濟ト思フノハ糖汁ヲ煮ル釜ノ上ニ糖汁ガ沸騰シテ釜ノ外ニ流レ出スノヲ防ク爲ノニ井樓ノ様ナモノヲ釜ノ上ニ載セテアルガ其レガ甚タ不完全テアルカラ糖汁カ間カラ流レ出テ竈ノ周圍カラ土間ニ固マツテ居ルノヲ見タカラ自分ハ釜ト井樓トノ間ニ完全ナ「パツキンク」ノ在ル物トシ高サモ沸騰シテモ流出セン程ノ井樓ヲ造ツテ試用サセテ見様ト思ツテ居ルニ就テハ今上京ノ途中ダカラ一箇月後ニハ又當所ヘ來ルカラ夫レマテニ二十箇造ツテ置テ貰ヒタイトテ寸法ヤ其他ヲ同氏カラ聞テ約束ノ通リ造ツテ置イタラ其後同氏ハ農商務省ノ砂糖専門ノ技手某氏ト同道テ立寄ラレタノテ注文サレタ井樓ヲ出シテ見セタラ是レテ良イカラ早速大島ヘ送ツテ貰ヒタイトテ一行ハ同地

へ向ハレシ
同氏ノ考ヘテ改良サレタ井樓ノ結果ハ何ンナテアリシト思
ツテ居タラ其後數年シテ同氏ハ大阪ニ居住サレタノテ予ハ
同氏ヲ玉造ノ邸ニ尋子テ談話中例ノ井樓ノ結果ハト言ツタ
ラ物事ハ思タ様ニ行カヌモノテナトテ話サレタノハ糖汁ノ
流出ヲ防ク新式井樓テ試驗シタ年ハ結果カ良カツタガ翌年
ハ甘蔗ノ發育カ思ハシクナク夫レテ調ヘテ見タラ竃ノ周圍
ニ流レテ土ト固マツタ糖汁ノ凝結シタモノハ時々取除ケテ
甘蔗畑ノ肥料トシテ居タノタカ改良後ハ糖汁ノ流出カ寡クナ
ツタノテ肥料カ不足シタ為メト分ツタカ外ニ肥料ノ補充モ
出來ナカツタノテ残念テハ在ツタカ従來仕來リノ不完全ナ
井樓ト取換ヘテ見タラ其翌年ハ甘蔗ノ成績カ良クナツタカ
夫レテ何カ代用肥料ヲ探シ出シタイト思ツテ其道ニ明ヒ人
ニモ相談シテ居タガ其内同地ヲ去ル事ニナツタノテ後任者ニ
意志ハ傳ヘテ置タガ都テ改良ヲスルニハ氣永ク色々ト研究
ヲ積マナケレハ成功ハセヌモノテアルト來歴ヲ語サレシ

露國鐵道用小蒸氣船

明治二十六年露國ガ西比利亜ヘ鐵道布設ノ當時鐵道用ノ材料等ヲ運搬スルノニ附近ノ河川ヲ利用スルノ為ニ使用スル小蒸氣船ニ艘ヲ鐵工所テ造ッタガ夫レハ船ノ全長四十呎餘幅八呎喫水一呎速力六海里半ノ外車船テアル船ヲ使用スル沿道ニハ石炭カ無イノテ滊鑵ノ燃料ハ堅木ヲ用ユル事船ヲ滊車テ處々ヘ運フ都合上中央テ二分シテ繼キ合セル様ニスル事等ノ條件テ設計ヲ任セラレタノテ種々調査ノ上設計製圖モ出來上リ製造ニ掛ッタガ何シロ喫水ガ至極淺イノテ成ヘク重量ヲ尠クスル様ニ努メタガ其内デモ機關部ハ必要ノ外ハ鑄物ヲ用ヒス練鐵製トシテ少シモ無駄ナ重量ノ掛ラヌ様ニ骨折ッタ結果船ハ進水後一坊ノ物ヲ積ンテ一呎ヲ越ヘナカッタ

夫レカラ速カハ定メノ六海里半マテ進行セヌ時ハ受取ラヌト言フ事テアッタガ最初試運轉ヲシタ時最大速度ニ掛ケルトト船ガ止マッテ仕舞フノテ變ダト思ッテ能ク調ヘテ見ルト外車ノ水掻キ板テ水ヲ掻キ上ケテ跡カ空虚トナルノテ抵抗カ

無クナルカラ空廻リヲスルト分リ水撥キ板ノ長サヲ増シタラ抵抗カガ出來キテ空廻リカナクナツテ優ニ七海里ノ速カカ出ル様ニナツタ又瀛鑵ノ燃料ノ木質ハ彼地テハ日本ノ樫ヤ槻ノ様ナ堅木ヲ使フト聞タノテ造船テ使ツタ槻ノ切レ端ヲ集メテ適當ナ大サトシテ焚テ見タラ好結果テ重量ハ丁度普通塊炭ノ二倍位テ石炭ト同シカガアリシ瀛鑵ハ圓形直立式テ火焚場則「フハヤグレト」ノ面積ハ石炭焚ノ二倍トシテ置タノモ都合良カリシ普通ト變ツタ此ノ小蒸氣モ首尾能ク先方ヘ引渡シタ

英國ヘ豫メ注文書ヲ送タ事

明治二十四年頃ノ鐵工所主ハ英國人「ハンタ」氏テアリシカ其頃ハ未タ外國人カ所有權ヲ持ツ事カ出來ヌ時テ表面ハ秋月氏カ総理トシテ遣ツテ居タ「ハンタ」氏ハ頗ル用意周到ナ人テ當時鐵工所テ他カラ注文ヲ受ケ想ナ機械類ノ部分品ヤ瀛鑵ノ栈料等ノ圖面ヲ何十種トナク調成シテ夫レニ一々番號ヲ附ケテ英國ノ取引ヲスル商店ヤ工場ヘ送ツテ置クノデアル

夫カラ鐵工所テ仕事ヲ引受ケルト圖面ニ當嵌ル番號ヲ記シテ電報テ注文シテ取寄セルノダカ夫カ唯簡單ナ電報テ早ク用カ足リル計リテナク充分時日ノアル時テモ電報テ先張先方ヘ知ラセテ置テ栈料ハ相場ノ安イ時ニ買入機械ノ部分品ハ甘ヒ出物カアレハ買入レテ送ツテ貰フ様ニスル便利ナ事モ出來タノテアル

英國ノ取引先カラハ改良進歩シタ物ノ「カタログ」ヤ其他變ツタモノハ廣告的ニ時々送ツテ遣コスノテ利益ニナツタ事モ多ク夫レ等ニ就テ成丈新ラシイ便益ニナル仕事ヲシテ内地ノ諸工場ニ負ケヌ様ニシテ得意ヲ殖ヤ想トスルノテアルカラ「ハンタ」商會カラ時々送ツテ來ル書類ヲ見ルノカ樂ミニナツテ來タノテアリシ

「ハンタ」氏ハ最初ハ横濱ノ外國商館ニ勤メ後神戸ノ「キルビー」商會ニ務メテ鐵物ノ方ニ從事シ「キルビー」氏歿後商店ヲ神戸ニ開キ鐵類ヤ藥品ノ輸入ヲ英國トナシ次第ニ發展シテ大阪鐵工所ヲ獨カテ經營スル迄ニナリシ人丈ケニ萬事ニ抜目ナク神戸ニ出張セル英國「ロイド」社ノ技師某氏ニ時々鐵工所ヲ

視察サセタリ印度人某ヲ工場見廻役ニシタリ又一週間一回商會ノ英國人某ヲ鐵工所ヘ遣シテ會計簿ヲ撿査サセタリ「ハンタ」氏モ用事カアルト來所シテ總理秋月氏ト談合シタリ我々技術員ニモ工事上ノ話ヲシテハ歸ヘリシ又「ハンタ」氏ハ秋月氏ヲシテ大阪商船會社ノ株ヲ多ク所有セシメシ外市内ノ確實ナ商店ヘ金融ノ途ヲ開イテ取引セル等何處マテモ挍カリハナカツタ

## 露國ノ海獵船

明治二十六年鐵工所テ露國ノ「ウラジオストク」附近テ膃肭臍ヲ捕獲スル帆前船ヘ速力七海里ヲ出ス蒸氣機關ヲ備ヘル注文ヲ受ケタカ船ハ當時使用中テ廻航スル事カ出來又カラトテ畧圖ト要點ヲ認メタ書付ヲ送ツテ來テ機關ヤ滊鑵ノ事ハ任カセルカラ見積書ヲ送ツテ貰ヒタイトノ事テ夫カラ圖面ヤ書付ニ依テ見ルト船ハ長サカ短ク幅カ割合ニ廣ク喫水カ中々深イノテ計算シテ見ルト相當大キナ噸數トナルノテ在ルカ夫レテ機關ヲ据附ケル船室ノ高サハ漸ク人カ立ツテ歩

カレル位低イノテ想像スルト此ノ舩ハ荒波ノ中ヲ航海スルノテ喫水ハ深イカ必舩腹ハ狭メラレテ居ル事ナラント種々考察シタ上テ噸數ヲ尠イ方ニ見テ機関ノ大サヲ定メタ夫カラ帆舩ノ事テアルカラ雙暗車トシタガ機関ト機関トノ中心ヲ最初カラ極メル譯ニ行カヌノデ左右別々ニ造ツテ適宜ニ据附ラレル様ニシテ其中間ニ冷瀛器ヲ備ヘル様ニシタ「ステルンチユーブ」ト車軸ヤ進推機ハ舩ヲ見テカラ造ル事ニシテ置タ機関ノ落成後三四箇月シテ舩カ廻航シテ來タノテ見ルト丸々シタ大形ノ舩テアツタノデ此レハ大變迚モ造ツテ置タ機関デハ間ニ合想モナイト落膽シタガ兎モ角舩ヲ陸ヘ引上ケテカラト思ヒ引上ケテ見ルト又意外水面ニ浮ヘテ在ツタ時ハ如何ニモ大形テ高サモ高ク見ヘシガ喫水ハ舩尾ハ畧圖ニ示サレタト同様十呎アリシガ舩首ノ方テハ僅カ三呎シカナク其上水線下ノ舩腹ハ何トモ言ハレヌ様ニ進行ニ當ツテ能ク水ヲ乗切ル形トナツテ居タ夫レテ外部カラ測ツテ舩底ノ見取圖ヲ作リ之レニ據ツテ機関ノカヲ計算シテ見ルト以前ノ豫定通優ニ八海里ヲ出ス事ニナツタノデ始メテ微笑ミヲ

禁シ得ナカッタ
機関ノ据附「ステルンチューブ」ヤ車軸ヤ進推機等ノ取附ヲ了ッテ後進水シタガ丁度進水ノ時予ハ他出シテ居タノテ帰所シタ時ハ既ニ進水後テアリシガ掛員カ誠ニ申譯ノナイ事ヲシマシタト言フノテ何ンナ事ヲシタカト聞イタラ船ヲ卸ス時時刻ガ豫定ヨリ早マッタノテ船尾軸ノ「カプリング」ヲ取附ケル間カナイノテ水テ押シ附ラレルカラ差支ハナイト思ヒ其儘進水シマシタラ船ガ行止マッテカラ水壓ノ為メニ逆行シタ時進推機ガ水ニ低抗シテ軸カ半ハ抜ケ出シタノテ船内ヘ海水カ流レ込ンダカラ水ハ止メタガ不注意ナ事ヲシタト謝セシ本船ハ船尾ガ非常ニ細ッソリシテ居ルノテ船尾軸ハ割合ニ長ク外部カラ嵌入シナケレバナラヌノテ其通リニシタノダカ船ノ逆行テ軸ノ抜ケ出ス事ニ氣カ附カザリシハ不注意テハアルカ普通ノ滊船テハ船内カラ船尾軸ヲ嵌メルカラ「カプリング」ハ最初カラ取附テアルカラ軸ノ抜ケ出ス事ハナイノテアルカラ遂船ノ逆行杯ハ頭ニナイノテアル之レハ變ッタ船カラ教ヘラレタ教訓ト思ヘハ聊カ怒スヘキ處モア

ツタノダ船ノ逆行ノ事ハ後日ノ為心得置ク事ト思フ
船ハ一切ノ工事ヲ了リ何ンナ結果ヲ見ルカト待チニ待ツタ
試運轉ヲ大阪神戸ノ沖テ遣ツテ見タラ計算通樂ニ八海里ノ
速カヲ出シタノテ實ニ安心シタ最初設計スル時ハ漠然トシ
タ畧圖ヤ注文書ニ依テ憶測テ遣ツタノダカラ船底ノ形チガ
何ンナ案配ニナツテ居ルカ分ラヌノテ心配シタガ實物ガ又
美事ナ工合ノ良イ形チテアツタノテ安心シタガ果シテ試運
轉ヲシテ見ルト水切リ能ク計算通リノ速カガ出タノハ仕合
セカ良カツタ注文先テモ一海里速カガ増シタノテ喜ンテ言
フノニハ實ハ始メ上海ノ方ヘ頼マウト思ツテ聞合セタラ現
物ヲ見ナケレバ請合ハレヌト言ハレタノテ困ツテ居タラ「ハ
ンタ」氏カ遣ラセテ貰ヒタイト言ツタノテ頼ンダノダツタガ
何ンナ結果ニナルカト心配シテ居タラ今日ノ試運轉テ好結果
ヲ來シテ都合カヨカツタト引渡ヲ濟セ本船ハ直キニ帰航
シタカ其後ノ話テハ從來ヨリ活動自在ニ海擺ニ從事シテ居
ルト聞キシ上海ヘ頼マウトシタノガ先方テ斷ハツタノテ此
方テ遣ツタノガ好結果テ氣持カ良カツタガ其代リ隨分頭ヲ

労シタカ其甲斐カ在ツテヨカツタ

太湖丸ノ進推機

汽船太湖丸ハ江州琵琶湖上交通ノ為大津市ノ太湖汽船會社カ二艘ヲ造ッテ專ラ湖上ノ運航ヲ遣ッテ居タガ其後追々交通カ頻繁トナリ他ニモ汽船會社カ出來テ小形汽船ヲ以テ競争カ始マッタノデ小形汽船ノ方カ採算上都合ヨク太湖丸ノ様ナ三百噸モアル船ヲ使ッテハ引合ハヌ事ニナッテ來タノテ會社モ考ヘテ居タ折柄大阪カラ中國九州ヘノ海運カ追々盛ンニナッテ來タノデ太湖丸ヲ解體シテ大阪ヘ送リ組立テ、大阪以西ノ運輸ヲ始メタノデアル

或ル時第一太湖丸ノ機關手原田十次郎氏ガ鐵工所ヘ來ラレテノ話ニハ大阪以西ノ運輸ハ荷客モ澤山アルカ競争カ烈シク第一ガ船ノ速ヒノガ勝チテ速ヒ船ニハ何時モ荷客カ満載デアル就而御相談ニ出タノハ自分ノ乗テ居ル太湖丸デスガ出來ル丈船ヲ速クシタイノデスガ一ツ船ヘ來テ能ク調ヘテ何トカナルモノナラシテ下サラナイカト言ハレ予ハ同氏ト

天保山沖ニ碇泊セル同船ヘ行ツテ船體ヤ機關ヤ滊罐等ヲ詳細ニ調ヘテ帰所ノ上色々ト調査シテ見タラ滊罐ニ餘融カアルノト今ノ進推機ハ水ニ抵抗スル事カ強ク船カ進行スル時動揺カ烈シイト聞ヒタノカ捉ヘ處テ改正ノ要点ハ滊罐ノカヲ一杯ニ使フ為ニ進推機ヲ今ノヨリ輕ク田轉サセルト言フ方針テ「ブレード」ノ面積ヲ尠クシ水ヲ切ル部分ヲ薄手トシ角度ヲ緩クシタ進推機ヲ造ツテ取附替ヘテ見タラ船ノ動揺カ減シ田轉數カ殖ヘテ速カハ從來ノ七海里半カ優ニ八海里半ヲ出シテ好成績テアリ原田氏ハ大喜ヒテ御蔭テ是カラ樂ニ航海スル事ガ出來マスト言ハレシ續テ第二太湖丸ノ分モ注文サレタ

原田氏ハ機關手カラ身ヲ起シテ後年大滊船主ト成リシ人丈アリテ機關手トシテ諸港ヲ出入セル間ニ運輸上ノ取引萬端ヲ能ク呑込ミ後日ノ基礎ヲ築キシ太湖滊船會社々長淺利某氏ノ信用又厚ク滊船寧静丸(81)トテ當時使ヒ古シノ速カハ遅ク石炭ハ多ク費ヘ其上修繕カ度々廻ハテ來ルト言フ持テ餘シ船カ賣物ニ出テ居タカ誰レモ買ヒ手ニナラヌノテ代價モ割

合羸カツタノヲ原田氏ハ一萬圓ノ年賦拂テ買取手附金ハ淺利氏カラ借受ケ機関手カラ一躍船主トナリ自身舩ニ乗込ンテ運輸ニ従事シテ居リシガ同業者カ見込ナシト棄テタ厄介舩ヲ原田氏ハ何ンナニ使フ積リカ迚モ算盤ガ立タヌデアロウト皆ンナカ言ヒ合ツテ居タカ同氏ハ中國筋ノ競争烈シキ場所ヲ避ケ未タ餘リ海運ノ發達セヌ地方ヲ選ンテ荷物ヲ主トシテ遣ツテ居ル内追々目的ヲ達シ舩價ハ期限内ニ支拂ヒシ上猶進ンテ新造舩ヲ始メ追々手ヲ廣メ明治二十七八年日清戰役テハ大形舩ヲ手ニ入レテウント儲ケ上ケタ上又例ノ三十七八年日露戰役テ大滊舩主トナリシハ幸運モアルカ又運輸業ニ卓絶ナ点カアリシト思フ

### 滊舩常磐丸ノ進水

明治二十五年鐵工所テ長崎市ノ松田源五郎氏所有滊舩常磐丸ノ大改修ヲシタカ舩ハ三百噸程テアツタカ舩腹ヲ十呎計繼キ足シ機関ヤ滊鑵ニモ大修繕ヲナシ完成後進水ヲシタ時舩カ卸シ臺ヲ滑ツテ舩尾カ水ニ望マントシタ時ドシント突

撃シタ様ニ震動ヲ起シテ直キニ止マツタノテ夫カラ引下サントして色々遣ツテ見タカ少シモ動カズニ日モ同シ事ヲ遣ツテ居タカ駄目テアツタ其内段々潮時ノ工合モ悪クナツテ來タノテ断然意ヲ決シテ前ノ卸シ臺ヲ取除ケテ更ラニ丈夫ナ卸臺ヲ設ケ潮時ヲ待ツテ進水ヲ行ツタラ今度ハ無事ニ下リタノテ船ノ止マツタ場所ヲ能ク調ヘテ見タラ其處ハ特別ニ地面カ他ヨリ軟ラナノテ船ノ重ミノ為メニ下カツタノテ進行ヲ妨ケシト分リ其處ヲヨク衝キ堅メテ後ニハ失敗スル事カナカツタカ従來度々其處テ進水ヲ遣ツテ居タカ何時モ差支カナカツタガ何ゼ今度故障カ出來タカト考ヘテ見タラ是迄ハ船カ小サカツタノテ差支ナカツタカ今度ノ船ハ大キナノテ重サニ堪ヘナカノテアルト分レハ別段不思儀モ無ヒノテアル夫ナラ最初船ヲ引上ケタ時地面カ下カラナカツタトハドオ言フ譯カト考ヘルト第一船腹ノ繼足ヤ腐蝕シタ鐵板ヤ鐵骨類ヲ取替タ上ニ機関ノ属品モ大慨新規ニナツタモノカ多ク以前ヨリ重量ノ増加シタ事ハ明ラカデアルノニ卸台ノモ以前通ノモノヲ使ツテ別段丈夫ニモセナカツタノガ失敗

ノ原因テアル以上ハ全ク仕事カラ授カッタ教訓デアル
進水ノ事ハ前ニ記シタ様ナ事テアリシガ此ノ船ノ修繕工事
ヲ引受ケタ時ノ事ヲ述ヘルト當時鐵工所ハ閑テ僅カ八十人
計リノ職工カ半日交代テ働テ居タ有様デアリシガ獨リ鐵工所
ノミデナク世間ガ一體ニ不景氣テアリシ常磐丸ノ船主ハ此
處ガ附込ミ處ト言フ素配デ競爭サセル積リテ諸工場カラ修
繕見積書ヲ取リ容易ニ取極メズニ置テ懸引ヲ遣ッテ居ルノ
テ諸工場カラハ競ッテ引受タヒト迫レハ迫ル程代價ヲ直切
ルガ中々取極メナイノデ皆根氣負ケガシテ追々午ヲ退イテ
仕舞テ後或ル時鐵工所ヘ船ノ事テ相談シタヒカラ誰レカニ
來テ貰ヒタイト言ッテ來タノデ總理秋月氏ト予ガ夕刻カラ
先方ノ店ヘ出掛ケテ行ッタラ船主代ノ人ガ引合ニ出テ何ン
ノ彼ノト言ッテハ値段ヲ値切ルノデ當方テハ結着ノ處マテ
負ケタノダカラ最早一錢モ値引ハ出來ナイト言ヒ其内ニ段
々ト夜ハ更ケル双方根氣比ヘデ雜談ヲシタリ又船ノ話ヲシ
タリシテ夜明ケマデ茶一杯呑ムデモナク對談シテ居タラ先
方デモ此ノ邊デ極メナクテハト考ヘタカ少シ計リ愛嬌ニ値

引シタラ極メルト言ヒ當方モ少シノ事ナラ是非引受タイノ
ラ遂ニ少シ値引シテ話ヲ纏メタガ其時予ハ大阪ヘ來テ未タ
間モナイ時テ大阪ハ東京ト違ツテ僅カナ値段ノ押シ引キデ
夜明シマデスルトハ扨々業務ニ熱心ナモノデアルト感心セ
シ今度ノ船ノ修繕ヲ引受ケタノデ第一ニ喜ンダノハ鐵工所
ノ職工デ是レカラ全員一日ノ働キカ出來ルノデ何レノ工場
ヘ行ツテモ喜悦ノ顔ヲシテ活氣附タノヲ見ルト實ニ愉快テ
アリシ

## 兵庫ノ外人造船所ノ競賣

兵庫港ニ在リシ外國人ノ小造船所カ閉鎖シテ後工場及機械
器具一切ヲ區別シテ競賣ニ附セシ丁度其時大阪鐵工所デハ
工場ノ阪修ヤ擴張ノ際デ在リシカバ競賣品中入用ノ物ヲ競
リ落シテ使用セント鐵工所主「ハンタ」氏ト現場ヘ行ツテ見タ
ラ神戸大阪ノ商賣人カ集マツテ居タ「ハンタ」氏ト行ク前ニ打
合ハセテ置タノハ是非入用ノ物ハ予カラ暗號デ同氏ヘ知ラ
セル事ニシテアリシ聽テ競賣ガ始マリシ第一番ガ機械工場

ノ大旋盤デ予ガ同氏ニ知ラセタラ同氏ハ商賣人ガ競上ケレハ競上ル程ズンズン競上ケテ止マナイノテ商賣人達ハ呆氣ニ取ラレタ風テ遂ニ同氏ニ落札セリ夫カラ正午休憩時間マデ色々ノ競賣カアツタガ予ガ同氏ニ示シタ物ハ相變ラス競上ケテハ落スノデ正午商館へ帰ヘツテ同氏ト食事ヲシテ居タラ商賣人ノ代表者カ來テ言フニハ午前ノ様ニ為サツテ下スツテハ私共ハ迚モ商賣ニナリマセンカラ何如カ午後カラ手ヲ引テ下サイ其代リニ御好ミノ物ハ何ンデモ僅カナ手數料デ買ツテ上ケマスト言ヒ出シタノデ同氏カ何ント答ヘルカト思ツテ聞テ居タラ夫レハ出來マセン私シハ大阪鐵工所へ機械類ヤ其他必要品ハ何程高値ニナツテモ買ツテ行ツテ据附テ直キニ使ヒマスカラ彼方ノ手カラ廻リ諄クシテ買ハナイデモ私シカ欲ヒ物ハ皆ンナ買ヒマストテ承知セス代表者ハ弱ツテ色々ト任セテ貰ヒタイト陳ヘタカ同氏ハ取上ケナカツタノテ代表者ハ悄悄トシテ帰ヘツテ行キシ

午後カラ行ツテ見ルト商賣人ノ頭數カ減ツテシヨボケ込ンテ居タカ「ハンタ」氏ハ勢ヒヨク續テ競賣ニ應シテ居リシカ大

慌同氏ノ指値テドンドン落スノテ同氏ノ獨舞臺ノ觀カアリ
シ翌日ハ一工場全部トカ滊艇ヤ船栈ノ樣ナ大キナ物計リテ
在ッタノテ前日テサヘ同氏ニ呑マレテ仕舞ッタ商賣人達ハ
全ク閉ロシテ皆ナ退却ノ足取トナッタノテ造船所ノ方テモ
競賣ハ止メルカラ同氏ニ全部買テ貰ヒタイト言ヒ出シタカ
同氏ハドオ話シ附ケタカ其中テ鐵工所ニ必要ナ物ヤ工場一
棟ヲ買取ッタ流石ハ商賣ニ掛ケテ遣リ手ノ同氏ノ事トテ初
日ニ二三大キナ機械ヲ何程高クトモ競リ落シテ當日立會ッ
タ人達ノ荒膽ヲ奪ヒ當日午後カラ翌日ハ皆ナヲ閉ロサセテ
大部分ヲ安價ニ競落シタ手際ハ驚ヒタモノナリ

古木型ノ買入

兵庫ノ外人造船所ガ未タ競賣ヲ始メヌ時「ハンタ」氏ト秋月總
理ト相談シテ同所ノ古木型一坊隨分澤山アリシヲ買入レテ
船テ大阪へ運ハセテ得意然トシテ言ハレル事ヲ聞クトサア
是丈木型カ在ッタラ之レヲ使ッテ仕事ヲスレバ大層利益ダ
ロートハ言ハレタノテ予ハ木型ニハ圖面ガ添ヘテアリマスカ

ト聞タラ圖面ハ無ヒ圖面カ無クトモ木型カアレハ直ク役ニ
立ツデハナイカト言ハレタノデ両氏トモ商賣ニ掛ケテハ敏
腕家カモ知レナイガ技術方面カラ見ルト素人ダト思ヘリ如
何ニ木型計リアツテモ圖面カ無ケレバ手ノ附ケ様カナク其
上運搬ノ時何テモゴタゴタニ交セ合セテ仕舞ツタノデ木片
ノ山ヲ爲シテ居ルカラ之レヲ組合セル事ハ六ケ敷カラ其侭
小屋ノ中ヘ入レテ置テ木型ヲ造ル時一部ノ材料トシテ使ツ
テ居タガ工場カ餘々擴張スルノ小屋ヲ取拂ハナケレバナ
ラナク成ツタノテ一時造船場ノ方ヘ移シタカ夫レモ後ニ邪魔
ニナルノテ一千圖モ出シタ古木型ヲ賣ルニハ賣レズ勿體ナ
イトハ思ヒシガ止ムヲ得ス両氏ノ承認ヲ經テ遂ニ滊鑵ノ中
ヘ入レテ焚物トセシハ何ダカ氣ノ毒ニ感セシ
一體古木型ハ其工場ニ在ツテ初メテ再用スル事カ出ルモノ
テ之レラ他工場ヘ移シテハ値打ノ無ヒモノテアル夫レヲ何
ント考ヘタカ澤山ニ買込ンダノテアル買フ前ニ一寸技術員
ニ相談シテ呉レタラ買ハセルノハ無カリシ其處カ所謂半可
通テ工場ヘ持込メハ直キニ使ハレルト考ヘタノト多ク金ガ

掛ッタモノヲ二足三文テ買ヘルト思ッタニ違ヒナキモ夫レカ間違テ居タノテアル木型ノ買入ニ失敗シタノテ機械類ノ競賣ノ時ニハ予カ引張出サレテ一々指定シタモノ計リ買入タノデアリシガ今度ハ大ニ利益ト便益トヲ得テ木型ノ損失ヲ償フタ計リテナク獨専的ニ必要品カ手ニ入ッテ工場擴張ヲ助ケタ事カ明カテアリシ

工場滊罐ノ燃料

鐵工所ノ工場滊罐ノ燃料ニ石炭ヲ焚クト高價ニツクカラ何カ外ニ安上リノ焚物ハ無ヒダロウカト始終心掛ケテ居タラ或時仕事ノ事デ木津川久保吉町ノ新田帯革製造所ヘ行ッタ時澤山ニ革ノ小サナ屑カ積ンテ在ッタカ目ニ附タノテ之レハ何ンニスルカト尋子タラ染物ニ使ヒマスト言ッタノデ其使ッタ後ニハドンナニスルカト聞ヒテ見タラ焚キ物ノ外何ンニモナリマセン其焚物モ人家ノアル處テハ皆ンナガ嫌カルノテ遠方ヘ運ンテ焚テ貰フノテ染物屋モ餘リ歡迎ハシマセントノ話カラ試ミニ工場テ焚テ見ル事ニシテ送ッテ來タ

ノヲ石炭ノ中ヘ交セテ焚テ見タラ良ク燃ヘテ好結果テアッタノテ其後ニ三回モ送ッテ貰ヒ續イテ焚テ居タラ先方デモ欲カ出テ代價ヤ運賃ヲ拂ヘト言ヒ出シ夫レガ又廃物利用以上ノ金高テソンナ金ヲ拂ッテハ當方テハ反ヘッテ損失トナルカラト色々話合ッタカ折合ハヌノテ遂ニ手ヲ引ク事ニナリシ

國家經濟ト言フ事ヲ一般ノ人カ頭ニ入レテ良ヒト言フ事ガ在ッタラ互ニ持合ッテ廃物利用ヲ行フ様テナケレバナラヌ少シ見込カ附クト直ク自己ノ利益計謀フトスルカラ折角成立チ掛ケタ事カ破壊サレテ仕舞フノテアル發見者ハ苦心シテ廃物利用ガ出來掛ルト側カラ唯一時ノ利益ノ為メニ打壊サレテハ遣リ切レナイノテアル夫レナラ今日専賣特許ト言フモノカアルカラ特許権ヲ受ケレバヨヒト言フモノカアルガ一寸トシタ有益ナ思ヒ附キ位ナ事ハ何程テモ世間ノ人ハ考テモ居ルシ一々特許ヲ受ケル譯ニ行カヌカラ夫レニ本文ノ華屑ノ棄テルノヲ利用セシ事抔ハ未タホンノ試験中ニ先方カラ打壊ハサレタ譯ナノデ當方テハ手ヲ引クノ外致シ様ガ

無ヒノテアリシ茲ニ意見ヲ述ヘテ置ク

船渠ヘ船ヲ出入スル時ノ難儀

鐵工所ノ位置ハ安治川ノ中程ニアルガ小造船所トシテハ尤モ便利ナ良イ場所タガ物ニハ一得一失ノアル事ハ免レ難キモノデ大阪市ニ取ツテハ海運ノ咽喉ヲ扼シテ居ル安治川ノ事トテ出入ノ船舶ハ頗ル敏繁テアルノデ船渠カラ満潮時ヲ測ツテ船ヲ出ス時程心配ナ事ハナイノデアル川ヘ出入スル大形船ハ失張満潮時ヲ以テ出入スルノデ時ニハ出入ノ船ト船渠カラ出タ船ト三艘カ一處ニナル樣ナ危險ナ時カアル其時ハ實ニハラハラスルノデアル各船員モ必死トナツテ衝突ヲ防ク爲メニ「タンブラー」ヲ船側ヘ當テタリスルガ木製ノモノハ碎ケテ仕舞ヒ麻袋ノモノハ潰レテ今ニモ何レカノ船體ニ損傷カ出來ルカト思ハレル漸ク引放サレルト先ツヨカツタト一安心スル夫レカ船カ大形ノ時程其危險ノ度心配ノ度モ隨ツテ大キイノテアル船ヲ船渠ヘ入レル時ハ機關部モ具備シテ居ル事カ多ヒノテ進退カ自由ナ上ニ側ヲ通フ船カラ

モ良ク目標カ附クノテ出ス時程椄艑スル事カ尠イノテ樂テアル安治川ヘ出入スル船員ハ船カ椄艑シタリ引放チタリスル事ニハ馴レテ居テ餘リ苔情モ言ハヌカ習慣ト言フモノハ實ニ妙ナモノテアルト思ヒシ

船渠カラ今船ヲ出スト言フ時ニハ川中ヘ小舟ヲ出シテ置テ船カ通リ掛ルト知ラセルノダカ川ノ事トテ近附イテカラ止メタ船ハ滿潮時テモ川下ヘ流サレルノテ川上カラ來タ船ト船渠カラ出タ船ト一番ニ椄艑シテ川下ヘ流サレ時ニハ入船ト三艘カ艑レ合フ場合カアル船ヲ船渠カラ出ス前ニハ大慨機關ノカテ動カス事カ出來ル樣ニスルカ機關部ノ修繕ヤ何カテ止ムヲ得ヌ時ハ瀛艇テ引出ス事モアル一體コンナ地勢ノ處ヘ船渠ヲ設ケタノカ無理タト思フカ夫レハ安治川ノ出入船舶カ後年ニ至ツテ非常ニ多クナツタ事テアル以上述ヘタ樣十不都合ナ點カアル代リニ又他ノ一方ニハ出渠前カラ艀テ出渠スル船ヘ搭載スル荷物ヲ船渠ノ外迄送ツテ置テ出渠後直キニ積込ミ荷役カ濟ムト荷客船ナラ對岸ノ乘船場ヘ附ケルト待構ヘテ居タ船客ハ直キニ乘込ムカラ出渠後僅カ

ノ時間テ早クモ出船スルト言フ便利カアリ夫レニ修繕中モ物品ノ供給ヤ乗組員ノ出入等カ市内樞要ノ土地柄丈簡便ニ用ヲ達スル事カ出來ルノテ此ノ船渠ノ得色トスル處カアル同シ市内テモ木津川ニアル船渠ハ川幅モ廣ク船舶ノ出入モ尠ク船渠カラ船ヲ出スノモ心配セスニ濟ムカ土地カ市内中樞ノ地カラ隔リテ不便テアルノト安治川ハ大形船ノ出入上カラ川底ヲ始修浚渫スルノテ水深カ益々深クナルノテ次第ニ大形船カ入ツテ來ルニ及シテ木津川ノ方ハ水深カ淺ヒノテ小形船計リ入ルノハ全ク地勢カ然ラシメルノテアル

進水ヲ行フ時ノ苦慮

明治二十四五年頃鐵工所ノ造船場ハ南安治川ノ町外レテ丁度鐵工所トハ川ヲ隔テヽ對岸ニアリシ其造船ヲシテ進水ヲスル時ノ事ヲ述ヘルト前ニモ記セシ如ク川幅カ狹キ處ヘ出入船舶カ多ヒカラ船渠カラ船ヲ出ス時ヨリ一層心配カ強ヒノテアル進水ヲスル時ハ卸シ台ノ方向ヲ川下ニ向ツテ成ヘク斜メニ据付ケテ卸スノテアルカ一番心配スルノハ進水シ

テカラ行キ足カ附イテ對岸ヘ衝突スル憂カアルノテ相當ナ所テ船カ止ル様ニ扣ヘ綱ヲ附ケテ置クカ時トシテハ進行ノ障カテ綱カ切レル事カアル切レタラ百年目最早自然ニ任セルヨリ外ナク心膽ヲ寒カラシムルノテアル

夫レカラ進水ノ日時ヲ前日ニ大阪ノ滊船主ニ豫メ通告シテ置テ其時出入スル船ノ通航ヲ暫時差扣ヘテ貰フノダカ入船ノ方ハ遠方カラ來ルノテ思フ様ニ行カス小舟ヲ川中ヘ出シテ合圖杯サセルカ狭ヒ處テノ進水ハ餘計ナ事ニ頭ヲ遣ハ子ハナラヌ進水後ハ鐵工所ノ岸壁ヘ船ヲ横附ニシテ艤裝ヤ機械滊鑵等ノ据附ヲスルノダカ通船カ絶ヘス其前ヲ出入スルノテ其餘波ヲ受ケテ船ハ何モ前後左右ニ動揺シテ中々仕事カ出來憎ヒノテアルカ職工人夫達ハ毎日其中テ働ヒテ馴レテ居ルノテ餘リ苦痛ニ思ハヌ様ニナルノテ仕事ニハ差支ナイノテアル

夫テハ兵庫ノ川崎造船所ノ様ナ海岸ヲ前ニシタ處テハ進水ヲスルニモ對岸ニ當ルト言フ心配モナク又直キ前ヲ通航スル船モナイカラ自由ニ進水カ出來ルシ都合ノ良ヒ事テアロ

ウト思フト成程進水ハ樂ニ氣兼ナク出來ルカ進水後ノ取附工事ハ容易テナク船ヲ岸壁ニ横附ニシテ置クト波テ打附ケラレルノテ相當離レタ處ニ碇泊サセテ陸カラ通ヒ船テ用事ヲ達スルノテアル夫レテ何時モ平穏ナ時計リハナク風波荒キ時ハ小船ハ奔弄サレ動揺烈シク仕事ニナラス餘儀ナク休ムノテアル夫レト對照シテ見ルト安治川ノ方カ進水當時一度ノ心配ハアツテモ跡テ仕事ヲスル事ニナルト便利テアル詰リ川崎造船所ノ方ハ大形船舶ヲ取扱フニハ適シテ居ルカ小形船ニハ不向キノ点カアリ其處ヘ行クト鐵工所ノ方ハ小形船ニハ有利ナ地ヲ占メテ居ルノテアル

## 安寧丸ノ暗車軸繼年

滊船安寧丸ハ長崎造船所テ住友家ノ注文テ造ツタ事ハ曩キニ長崎造船所時代ノ中ニ記シタカ其後同船ハ大阪商船會社ヘ引渡サレテ失張中國九州ノ運輸ヲ繼續サレテ居タカ予カ大阪鐵工所テ又同船ノ修繕ヲシタ事ハ面白キ廻リ合セト言フモノテアリシ同船ヲ造ル時代ニハ未タ長イ車軸ヲ造ル事

カ出來ス又沸シ結キヲスル事カ出來又ノテ餘儀ナク舩外テ二本ノ軸ヲ特殊ナ繼手テ繼キ合セタノデアルカ其繼手カ鑄鐵製ノ長手ニ二ツ合セタモノテ相當重量カアルノテ數多クノ螺釘テ締附ケタノダ其繼手カ時々運轉中ニ外レテ進水機ノ働キヲ空シクスルノテ後年鐵工所テ修繕ノ際鍊鐵製ニ改メ形チモ小サク重サモ減シタノテ振リ落ス事ハナクナリシ繼手カ鍊鐵製トナツタノハ良カツタカ其締附螺釘ノ腐蝕ヲ防ク爲メニ「セメント」ヲ塗タガ定期檢査杯ノ時入渠シテ軸ヲ取外サントスル時其「セメント」カ容易ニ落脱セヌノテ夫レヲ大骨折テ取ツテ居ルト檢査官ハ來場スル車軸ハ未タ披取レヌト言フ時杯ハ隨分魔誤附イタモノテ夫レカラ檢査カ濟ミ軸ヲ取附ケテ出渠セントスル時又「セメント」ヲ大急キテ塗ツテ潮時ノ都合テハ直キニ舩ヲ出スノテ未タ「セメント」カ充分固マラヌ内ニ波ニ當ツテ直キニ落脱シテ仕舞フ事カアリテ久敷ヒ間悩マサレシ後年ニ到リ大阪商舩會社ハ長イ軸ヲ外國カラ取寄セテ取替ヘタノテ前ノ様ナ心配ハ無クナリシ

前記ノ車軸ノ事一寸考ヘルト何セ造舩ヲシタ當時ニ大阪商

舩會社カ爲シタ様ニ一本ノ長イ軸トシテ外國カラ取寄セナカツタト思ハレルカ夫レニハ理由カアリシタ當時テハ外國カラ物品ヲ取寄セルノニハ多クノ時日ヲ費サナケレナラス其中テモ小數ノ品ヲ短時日ニ手ニ入レル事ハ尤モ六箇敷ヒノテアリシ夫レテ製造スル舩ノ方ハ成ヘク短期間ニスルト言フノテアルカラ何トカシテ内地有合セ品ヲ使用シテ仕事ヲ片附ケナケレハナラヌカラ最良ナ意匠カアツテモ夫レヲ施ス事カ出來ヌノハ遺憾至極テアリシ本舩ノ車軸カ色々手數ヲ要シタノモ其一例テアル

電氣分銅會社ノ原動機械

鐵工所テ大阪市天滿ノ外レニ工場ヲ創立シタ電氣分銅會社ノ注文テ銅板壓延ロール機ト原動蒸氣機械ヤ滊罐ノ製造ヲ爲セシガ會社技師ノ希望テ原動機械ハ成ヘク小形ニシテ囲轉數ヲ多クスルモノテ調節器ノ鋭敏ニ働クモノヲ附ケテ改良ノ實施ヲシテ見タヒトテ好ミノ通リ計畫シ製造ヲ了リ据附後實際仕事ニ掛ツテ見タラ「ロール」ヘカノ掛ル事ノ有無デ

原動機械ノ方ハ一寸運轉カ止リ想ニナツテハ又非常ナ速カデ廻ルノテ囬轉ニ大ナル不同カ出來ルノテ之レヲ調節器テ改メ様ト種々苦心シテ見タカ思フ様ニナラス會社テハ製品ニ差支ヲ生スルカラ研究ハ止メテ仕事ノ出來ル様ニシテ貰ヒタイト言ハレタノテ遂ニ高速度ノ機械ヲ癈シテ相當ナ大形機械ト取替ヘテカラ完全ニ働ク事トナリシ

夫レテ高速度ノ機械ハ如何ナル譯テ「ロール」ニ力カ掛ルト止マリ掛ルカト能ク考ヘテ見タラ「ロール」ニ壓延スル事カ無クナルト急ニ輕クナルノテ機械ノ囬轉カ非常ニ増スカラ調節器カ蒸氣ノ入口ヲ塞クト同時ニ「ロール」ノ方テハ再ヒ壓延シ掛ルノテ囬轉カ止マリ掛ルノテ「ロール」ノ方ニ囬轉ノ不平均カ出來キテ自然製品ニ不同ヲ生スルノテアリ大形機械ノ方ハ囬轉數カ尠ク從カツテ機械ノ力モ強ク其上囬轉ノ不平均ヲ調節スル運動車モ大イノテ譬ヘ「ロール」ノ方ニ力カ尠クナツテモ機械其物ノ運轉力ニ相當ナ力ヲ要スルノテ囬轉數ニ各段ノ違ヒカナク夫レニ運動車カ速カノ平衡ヲ保ツテ呉レルノテ調節器カ蒸氣ノ入口ヲ密閉スル様ナ事カナク囬轉ニ

ハ少シハ差異ヲ生スルガ止リ掛ケルト言フ事ハ無イノテアル最初電氣分銅會社技師ノ話ヲ聞イテ機械ヲ小形ニシテ敏速ニ運轉スル事ニ賛成シタノハ予カ考ヘノ足ラサリシ爲メテアリシ仕事カ同程度ノ力テ始修働ク場合ニハ不都合ハ無キモ「ロール」壓延ノ如キ力ニ不同多キ原動力ニハ不可能テアツタノテアル後年幾多ノ「ロール」ヲ使用スル工場テ調ヘテ見ルト何處テモ先張大形機械ヲ用イテ居ル事カ見出サレテ誠ニ汗顔ノ至リテアリシ

三州豊橋原田氏機械ノ基礎

鐵工所テ三州豊橋ノ原田氏ノ煙草製造所ノ原動蒸氣機械ノ注文ヲ受ケテ製造ノ上引渡シタカ据附後何ンデモ機械ノ基礎カラ動クカラ誰レカ來テ見テ貰ヒタイトノ事テ予ハ東京ヘ行キシ帰ヘリニ行ツテ見タカ一見別ツニ變ツタ處モ見ヘヌノテ機械ヲ運轉サセテ見タラ成程動クノテ同氏ニ基礎ノ松杭ノ長サハ地盤ノ強弱ニモ擾ルガ豫メ圖面ノ通リニ成サレシヤト尋子タラ圖面通リニシタトノ事テアリシ夫レカラ

其機械ヲ据附ケタ室ノ屋根ヲ見ルト漸ク七八尺位ノ高テアルノニ氣カ附キ此レハ隨分低イノデスガ機械ヲ据附テカラ後ニ造ラレシヤト聞ヒタラ之レハ從來カラ在ルノダトノ荅ヘテ夫レテハ杭ヲ打込ンダ時ハ如何ニシテ打タレシト言ツタラ私シハ其時ノ事ヲ能ク知ラヌカラ其當時掛ツテ居タ人ヲ呼ヒニ遣ルカラトテ暫クスルト其人カ來テ言フニハ杭ハ圖面通ノ長サノモノヲ打ツトスルト是非屋根ヲ取除ケナケレハナラヌノテ止ムヲ得ス出來ル丈ノ長サニシテ置キマシタト言フノテ何程位ノ長ニシマシタカト聞クト夫レハ杭ヲ打ツタ人夫ニ任セタト言ヒ一向明瞭テナイノテ夫レテハ基礎ノ側ヲ掘ツテ見セテ下サイト言ツテ凡四尺計リ掘ラセテ見タラ杭ハ無クテ唯「コンクリート」カ圖面通リニ爲シテアツタカ夫レモ砂利カボロボロ落チル様ナ積ミ方テアリシニハ驚イタ流石ニ同氏モ之レデハ運轉中機械ノ動揺シタノモ全ク其筈デスト言ヒ今度ハ圖面通杭モ充分ニ打タセマス屋根ハ邪魔ニナルナラ取外シテ充分ニ仕事ヲサセマス私ノ方テ正式ノ仕事ヲセンデ彼是申セシハ誠ニ恐縮テストテ其後充

分正直ニ仕事ヲシタラ少シモ動揺シナクナッタト後ニ通知シテ來タノテ夫レハ良カッタト思ヘリ
其頃豊橋邊テハ未タ機械ヲ以テ仕事ヲスルト言フ事ハ僅レテ原田氏ノ話シニ停車場カラ工場マテ機械類ヲ運フノニ途中ノ道路ヲ改修シタリ橋梁ハ従來ノデハ重量ニ堪ヘンノテ三箇所モ小橋ナカラ架設替ヘヲシタリシテ同氏ノ出費スル所ハ随分多額ナリシト煙草切器械ハ従來牛切器械テ百基計リモアリシカ夫レヲ蒸氣機械カテ働カス事ニシタラ仕事ノ出來高ハ何テモ三倍以上ニ昇タトカ聞キシ同氏ノ如キ熱心ニ改良進歩ニ力ヲ盡サレシ事ハ誠ニ感服ノ至リト思ヘリ

怠業シテ居ル職工ヲ励マシタ事

鐵工所テ或ル時舩ノ修繕カ急クノテ徹夜業テ仕事ヲ遣ラセテ居タカ予ハ外ニ調ヘ物カアッテ事務所ニ遅クマテ居リシガ仕事ノ事モ氣ニ懸ルノテ修繕舩ヘ行テ甲板上ノ天窓カラ中ヲ窺イテ見タラ五六人ノ徹夜業ヲシテ居ル職工ハ白川夜舩ト言フ有様テアリシカ之レヲ什フ言フ風ニ爲シタモノカ

中ヘ降リテ行ッテ叱ッテ遣フカ否叱ッテ若シ又感テモ持タレタラ肝要ナ仕事ノ為メニナラヌ之レハ精神カラ感動シテ働カセル方カ得策タト考ヘテ静カニ船ヲ去ツテ事務所ノ當直者ノ處ヘ行キ臨時用意ノ金三圓ヲ借リテ再ヒ船ヘ行キ今度ハ目ノ覺メル様ニ甲板ヲ踏ミ鳴ラシテ職工達カ驚テ起キ上ツタノヲ見濟シテ悠然ト下ヘ降リテ行ッテイヤ誠ニ御苦勞御苦勞仕事ノ方ハ什ンナ案配カ子大分出來タ様タ子御前方モ職業トハ言ヘ此ノ深夜ニ寢ル事モ出來スコー遣ッテ勉強シテ働テ居テ呉レルノハ金盡テハ出來ヌ事テ自分モ満足シテ居ル就テハ之レハホンノ志ノ印マテニ御前方ヘ上ルカラ仕事カ首尾ヨク濟ンテ明日宅ヘ帰ヘッタラ一抔ヤッテ御呉レト例ノ金ヲ一同ヘ遣ッタラ良心ニ恥チタモノタロー頻リニ辞退シタカラ是非ニト渡セリ

夫レカラ事務所ヘ帰ヘテ調物シツツアリシニ俄カニ金槌ノ音カ高ク聞ヘテ來タカラ今度ハ大丈夫ト思ヒ帰宅シテ寢ニ就タカ何テモ明ケ方五時頃宅ノ表ヲ敲ク者カアルノテ出テ見タラ昨夜船テ徹夜ヲシテ居タ職工ノ一人テ仕事ハ今濟セ

マシテ機関手ニモ見テ貰ヒマシタラ是レテ良イト言ヒマシタ且那ガ何ンナニ御心配ナサツテ居ラシヤイマシタカラ一寸御知ラセシマスト言ヒ工場ノ方ヘ帰ヘツテ行タカラ予ハ直キニ工場ヘ行ツテ徹夜業ヲシタ一同ヘ昨夜來ノ骨折ヲ謝シ之レテ自分モ安心シタソウシテ能ク知ラセテ呉レタ仕事カ濟ンダラ帰ヘツテ緩リ休息スルカヨイト言ツテ遣ツタラ一同モ満足シテ昨夜金ヲ貰ツタ禮ヲ厚ク述ヘテ退場シテ行キシカ予モ思フ様ニ運ンタノテ愉快ヲ感シタ

當時内地ノ諸工場テ外國人カ職工ヲ使フノヲ見ルト規則嚴重ナル上ニ使フ人ト使ワレル人ト其間ノ段格カ箸シルシク一寸言ツテ見ルト軍隊式テ只余之レ従フト言フ遣リ方テアリシカ規則ヲ適守スル事ハ素ヨリ良イ事テ使用スル人ノ威嚴ヲ保ツ事モ肝要ナ事テアルカ之レヲ其儘我國ノ職工ヲ使フ方法トシテ日本人同志カ遣ツテハ外國人カ遣ルノ様ニ行カヌト言フ事ハ彼我國情ノ相違カアルノテ夫レハ彼ノ國人ハ金銭ヲ無上ノ貴イモノトシテ居ルノテ職工トシテ使ワレルノハ賃金カ目的タカラ使役者カラ如何ニ威張ラレ様カ叱ラ

レ様カ決シテ抵抗スル事ヲシナイテ目的ノ賃金ノ前ニ屈服スルト言フ風俗テ時ニハ多數ノ人カ團結シテ「ストライキ」ヲ起スル事モアルカ個人トシテハ至極穏カテ能ク使役者ノ命ヲ守ルト言フ性質タカ我國ノ職工ハ目的ハ失張賃金タカ之レヲ外國人カ遣ル様ニシテ使フト第一不平ヲ起シ氣ノ早ヒ者ハ直キニ抵抗スル其時ハ賃金ト言フ觀念ハ何處ヘカ行ッテ仕舞ッテ發怠スル仕事ヲ隋ケル始末ニオヘヌ有様トナルソウナルト双方トモ感情ニ走リ使ッテ居ル譯ニ行カス職工ノ方モ中腹ニナッテ出テ行クト言フ様ニナル

夫レモ昔ハ工場ノ數カ尠ナカッタカラ出テ行ッテモ行ク先カ容易ニ無イノテ大低ハ辛抱シタモノダカ追々ト工場ノ數モ殖ヘテ來タノテ直キニ出テ行ッテ仕舞フ事テアリシカ其仕打ハ無論良クナイノテアルガ之レヲ及對ニ得意ニ働ラカス事ニスルト賃金ノ事ヨリ自身カ引受ケタト言フ觀念カラ非常ニ盡カスルト言フ事ハ我國風ノ大和魂ト言フ外國ニ向ッテ誇ル可キ特別ノ義使心カラ來ル事テアッテ日本人同志トシテハ是ノ意氣ヲ以テ上下一致事ニ當ル事カ一番利益テ

アルガ扱テ此ノ義侠心ヲ永續的ニ續カセル事ハ尤モ困難ナ事デ誰レシモ一時ハ感憤シテ非常ナ働キモスルカ永ク續イテ遣ラセル事ハ普通ノ人テハ中々出來難キ仕事テアル一體我國人ハ一時ハ乗氣ニナルカ直キニ厭カ來テ嫌氣ニナル風カアル事ハ彼レ外人ノ何時モ變化ナク働ク事ニ勝ヲ制セラルルノニハ大ニ鑑ミサル可ラスト思ヘリ

天滿織物工場ノ振リ器械

大阪天滿ノ織物工場カラ呼ヒニ來タノテ行ツテ見タラ曩キニ修繕見積書ヲ出シタ振リ器械ノ事テアリシ工場ノ技師ト現場ヘ行ツテ見タ事ヲ今茲ニ述ヘルノテアルガ夫レハ修繕カ出來上ツタノテ今日試運轉ヲシテ見タラ此ノ通破壊シタトテ示サレタノヲ見ルト器械ノ主要ナ桶カ取附ケテアツタ回轉軸カラ離レテ正面入口ノ上ニ突撃シテ數間離レタ横ノ處ヘ飛ヒ下リ揉ミ潰シタ様ニナリ其内ニ入レテアリシ糸ハ四方ヘ散亂シ何トモ言ハレヌ有様テアリシ實ハ其器械ノ修繕ヲ引受ケル處テアリシガ値段カ高ヒトカテ他工場ノ方ヘ

修繕カ廻ハツタノダカ今日トナリテハ反ヘツテ夫レカ仕合ハセトナツタ事ト思ヒシ夫カラ什言フ譯テコンナニナツタノダト注意シテ破壊シタ原因ヲ調ヘテ見ルト其器械ハ銅板製ノ桶ノ上部ハ明ケ放シテアツテ水テ洗ワレタ織物用ノ糸ヲ其處カラ入レテ桶ヲ非常ニ速ク囬轉スルノデ桶ノ周圍ニ無數ニ穿タレシ小孔カラ水分ハ飛ハサレテ糸ハ數分時間ニ全ク乾燥サレル仕掛ケニナツテ居ルノテアルガ其銅板製ノ桶ヤ真棒ハ不平均ノ無ヒ様ニ精密ニシテ置カナケレバナラヌノデアルガソンナ事ニ頭ノナイ職工カ唯形ノ午丈ケ前ノ物ニ習ツテ中真ハ不正確水平カ不充分ノ上ニ桶ノ銅板ノ厚サカ不同ノ箇所カ在リシ爲遠心力ニ對抗シテ無理ナ運動ヲ起シタニ起因セシト思ヘリ其竝ヒニ同様ナ器械カ至極圓滑ニ仕事ヲシツッアリシ夫ハ近頃取寄セタ外國製品テ運轉シテ居ルノカ居ラヌノカ少シモ分ラヌ位正確ニ音響モナク動イテ居タノニハ感心シタ工場技師カ言フニハ修繕スル時工場ノ如何ニ均ハラス値段ノ安ヒ處ヘ頼ンタノカ間違ノ素テアツタカラ今度ハ貴工場

へ御頼ミスルト言ヒシモ引受ケテ若シ不満足ノ結果ニテモナッタラ工場ノ名ニモ拘ハル而已テナク此ノ仕事ハ精密ナ仕上機械ノカト優良職工ノ手腕ヲ要スルト思タカラ今折角精密ニ仕上スル機械ヲ外國ヘ注文シテアルカラ到着後テナイト引受ケ兼子ルト言ツテ帰ヘッ來タカ工場テハ外國ヘ注文シタト後日聞キシ

破壊シタ器械ノ事ニ就テ能ク考ヘテ見ルト最初修繕見積書ヲ出シタ時ニハ唯簡單ナ器械ト計リ思ツテ居タカ今度破壊シタ状態ヤ側ニ至極圓滑ニ動テ居ル器械ヤラヲ見テ一事一物ニモ忽セニセス最初ニ深重熟慮シテ遣ラ子ハナラヌモノダト言フ教ヘヲ受ケシ

太湖滊船會社ノ小形滊船

太湖滊船會社カラ大津長濱間ヲ航行スル小形滊船ヲ或ル技師ノ指圖テ造ツタカ速カカ遅イノテ困ツテ居ルカラ來テ調ヘテ貰ヒタイト申込ンテ來タノテ或ル時長濱ヘ出張シテ同所カラ大津マテ乗船シテ篤ト調ヘル積リテ同所ヘ行キ出港

前ニ舩ヘ行キ機関士ニ要點ヲ尋子實物ノ調査ヲシテ見ルト
舩體ニ對シテ機械カ小サイ様ニアルカ滊鑵ノ方ハ樂テアル
様テ機関士モ火ヲ焚ク事ハ樂タト言ヒ今ノ機械ヲ其儘トシ
テノ改良トシテ進推器ヲ改造シテ機械ノ回轉數ヲ増シテ滊
鑵ノカ一杯ニ働ラカセタラ速カモ幾分速クナル事タロウカ
若シ算出ノ結果カ不充分テアル時ハ全部ヲ入替ユルノ外ナ
シト考ヘテ先ツ航行中ノ現狀ヲ見ント出港ヲ待ッテ居タラ
其處ヘ指圖ヲシタ技師カ便乘ノ為メ乘込ンテ來タノテ知リ
合ノ事トテ予カ出張ノ用件ヲ話シタラ夫レハ遠方御苦勞テ
シタ今御話ノ様ニ會社テハ速カヲモツト速クシタヒト言ヒ
マスカ此ノ上ドンナ事ヲシテモ速クハナリマセン大體金ヲ
充分ニ掛ケンテソンナニ速カノ速イモノカ出來ル筈カアリ
マセンニ夫レニ此ノ地方テハ職エカ拙劣ト來テ居マスカラ迚
モ大阪邊テ遣ル様ナ譯ニハ行キマセンヤ之レテモ充分用ハ
達シテ居マスカラ此ノ上ニ牛ヲ附ケヌ方カ得策テスト得意ニ
辨シ立テテ此ノ上改良スルト言フ意志カナイノテ最初考ヘ
夕航行中機関士ト種々運轉ニ就テ試ミ大ニ改良ノ實驗ニ當

ロウト言フ事ハ畫餅ニ屬シテ仕舞ヒ機關士モ又技師ヲ憚ツテ普通ノ運轉ヲ爲シツツアルノテ修點大津マテ乘船シテモ無益ト考ヘ途中竹生嶋ヲ見物シタイト言フロ實ノ下ニ同所ヘ上陸シテ技師ト別レ歸航ヲ三時間モ待ツテ同所長濱間ノ航行中ニ僅カ實驗シテ歸途ハ滊車テ大津ニ立寄リ會社副社長北川與平氏ニ面會シテ改良ノ意見ト技師ノ事ヲ話シタラ同氏ノ言フニハ彼ノ人ハ餘リ餘計ナ事マテ世話ヲヤクカラ實ハ困ツテ居ルノダカ關係筋ノ御役人トテ無下ニ斷ル譯ニモ行カス閉ロシテ居マス今伺ツタ御話ノ様テハ直キニ改良ニ手ヲ附ケテハ技師モ面白ク思ハナイテスカラ暫ク待ツテ其内ニ良ヒ時節ニ着手スル事ニシマシヨウトテ別レシカ遂ニ其儘トナリシ

世間ニハ幾ラモコウ言フ事ハアルモノテ折角改良トカ研究トカ進歩的方面ニ向ツテ手ヲ附ケル様トスルト或ル姑息者カ出テ來テ之レヲ妨タケルガ事業上大事ナ人ダト其人ノ顏ヲ立テナケレハナラヌノテ餘儀ナク服從シテ時機ヲ失フ事カ多クアル薄志弱行テ遂ニ世ノ進運ニ遲レ一事カ萬事事業ハ

不振ニ修ルト言フ事ハ大ニ考フ可キモノテアル技師カ言ツタ事ヲ聞クト一應尤ノ樣ニアルカ金ヲ掛ケンカラ速カノ出ヌト言フノハ變ニ思ハレルノハ最初速カノ程度ヲ會社カラ聞タノテアロウカ其速カカ出ヌノテ會社カ彼是心配シテ居ルノダカ夫レカラ地方職工ノ腕カ拙劣タト言フカ如何ニ拙劣テモ速カカ豫定ヨリ遲クナル程機械ニ故障カアルトモ見ヘス之レハ詰リ申譯ノ言葉ニ過キヌノダカ其申譯カ及ヘテ聞慣ヒノテアル夫レヨリ會社カ望ム速カヲ出スニハ如何ニ改良シタラ宜シキヤト相談シタ方カ立波ナ言ヒ方テアルト思フ

住友滊舩御代嶌丸

鐵工所カ引受ケテ新造セシ住友家カ別子銅山ノ港新濵ト大阪間ヲ往復スル小形木造滊舩御代嶌丸ノ事ヲ述ヘル舩ノ長サ八拾呎速カ八海里テ當時ハ造舩業モ格別發達セサリシ時テアリ僅カ一艘ノ小形滊舩ヲ造ルニモ材料ノ取集メニハ大分骨カ折レタノテ山根道方面カラ切リ出シテ來ルト言フ始

未テ當時ハ舩骨栈ハ蒸氣テ蒸シ曲ケヲスル事カナク自然ノ曲栈ヲ用ユル故ニ曲栈ノ圖面ヲ造ツテ坊出シ先ノ山林出張員ヘ送ツテ之レニ當嵌ツタ栈木ヲ坊ツテ遣スノダカラ容易ナ事テハナク夫レカ順序ヨク送ツテ來ナイノテ仕上ケモ一部分カ揃フ迄ハ舩骨ヘ取附ケカ出來ス挾イ造舩所ノ内ヘ積重子テ置クト言フ譯テ隨ツテ餘分ノ工費ヲ費ス而已テナク工事モ遲延スルノテアル何セ不順序ニ送ツテ來ルカト言フト適當スル栈料全部ヲ一箇所テ坊出ス譯テナク數里又ハ數十里モ離レタ所カラ要求スル栈料ニ當嵌マツタ物ヲ探シ出シ買取直段カ豫算範圍内テ賣ツテ呉レタラ坊出シニ掛ルト言フ有樣テ譬ヘ木栈ハ安價テモ坊出シテ運搬ニ多ク費用カ掛ル樣テハ詰テ又ノテ止メナケレハナラヌ事カアツタリシテ出張員ハ中々苦心奔走シタモノテ之レハ一度山林ヘ行ツテ所用ノ木栈ヲ探シタ人ニハ能ク會得カ出來ルノテ從來日本テハ木栈ヲ多ク使用セラルルノハ家屋ノ建築テ隨ツテ家屋用ノ木栈ハ多ク市内ニモ貯ヘラレ又山方テモ其手筈カ附テ居テ何ニ用ユル木栈ハ何國ノ何栈ト全國ノ山方カラ平素需用

ニ應シテ送リ出シテ居ルカ扱今不意ニ造船木ヲ求メントス
ルト中々容易ナ事テハナク夫レモ直段ニ構ワス求メタラ未
タ少シハ樂ニ手ニ入ルカモ知レヌカ夫レハ豫算カ許サス苦
心シテ漸ク所用ノ材木ヲ得タ時ハ多ク日數ヲ費シテ遂ニハ
請負期日ヲ經過シ其上意外ノ工費雜費ヲ費シタ上ニ注文主
ハ又其目的ノ使用期カ遅レテ損失ヲ招クト言フ双互ニ痛手
ヲ受ケル事テ内地テ求メル船材ハ以上ニ述ヘタ様ニ苦心シ
タモタガ機械製造ニ用ユル重ナ材料ハ皆外國製品ヲ使用ス
ル事トテ内地商店ニ無ヒ品ハ外國ヘ注文シテ取寄セルカラ
一定ノ日數サヘ待テハ材料ハ得ラレ工事モ最初カラ其積リ
ニシテ掛ルカラ魔誤附ク事カナク順序ヨク進行セシ
當時思ヘリ此ノ一小滊船ヲ造ルサヘコンナニ不便ヲ感スル
ノテアルカラ内地各般ノ事業カラ見タラ以上ノ如キハ多々
アル事テ一日モ早ク國土ノ發展ヲ望マケレハナラヌ以上ハ
材料ヲ得ル難儀ヲ述ヘタノテアルカ是レカラ仕事ヲ引受ケ
ル事ノ容易テナカツタ事ヲ言フカ鐵工所ハ大阪市内テハ一
番大キイ工場テアルカラ大キナ纒ツタ工事モ引受ケ又區々

タル小工事モ市内多數ノ小工場ト引張合テ引受ケ大工事ハ神戸川崎造船所ト競爭シテ引受タモノテ今度ノ住友家ノ滊船モ川崎ト競爭テ直段ノ安ヒ所カラ引受ケル事ニナリシカ川崎ヘ對シテモ安カロウ悪カロウト言ウレ度クナク大ニ盡カシテ踐工ノ上天保山沖ト神戸港ノ間ヲ試運轉セシカ豫定ノ速カ以上ヲ出シ船體機械トモ不都合ノ點モナク運轉ヲ修リ堺大濱ニ碇泊シ一同上陸住友家ノ總理以下重役達ノ待合セラレシ料亭ヘ集リ祝宴ヲ為シ首尾ヨク引渡ヲ了セリ其後多年目的地ノ航海ヲナシ好成績ヲ擧ケタノテ都合良カリシ

# 小野工業事務所時代

## 櫻井亀二氏ノ「ベアリング」依頼

明治三十年東京灣瀛船會社長櫻井亀二氏カ同社ノ瀛船ヲ大(82)阪テ造ラレシ時予ヲ江戸堀五丁目ノ事務所ニ訪問セラレテ今度當地テ瀛船ヲ造ル事ニシタノテ船ハ難波嶋ノ或ル造船所ヘ頼ミ機械ハ西區本田ノ木村鐵工所ヘ頼ンテ製造中テアルカ往年貴君カ東京芝浦ノ田中工場ニ居ラレシ時造ラレシ天津丸ハ今社ノ船ニナッテ働テ居マスカ其機械ノ「ベアリング」類ハ實ニ永ク保ッテ今年テ九年間モ使ッテ居ル様ナ譯テ會社テモ評判ニナッテ居ル位テ夫レテ今度機械ニ着手スル前ニ貴君ニ御相談スル筈テシタカ社員カ前ニ来テ相談ヲシテ仕舞ッタノテ今テハ致シ方ナク私ハ「クランクベアリング」ト「メエンシヤフトベアリング」丈ハ是非貴君ノ御指圖テ立派ナ品ヲ造リタイト思ヒマシテ伺ッタ次第テスト言ハレシ夫レテ予ハ同氏ニ言ッタノハ今當地ノ工場テハ到底以前ノ様ナ品ヲ造ル事ハ出来マセン其理由ハ往年田中工場テ造ッ

タノハ海軍水雷局カラ注文ノ尤モ八ケ釜シイ仕事ヲ遣ツテ第一ノカ鑄造職カ多年苦心熟練ノ結果外國製品ニ劣ラヌ品ヲ造ルノ様ニナリ第二ノカ旋盤職ヤ仕上職モ能ク精密ナ仕事ニ慣レテ外國製品ニ讓ラサル手際ヲ示シタノテ天津丸ノ機械モ單ニ「ベアリング」カ優良ノ鑄物テアツタ計リテナク機械全體ノ仕上カ正確テアツタ事カ與カツテ大ニカアリシト考フ

時ト金トヲ争ツテ仕事ヲ遣ツテ居ル大阪ノ機械工場テハ精密ナ仕事ニハ馴レス迚モ満足ナ品ハ出來マセント言ヒシモ夫レテモ是非指圖シテ遣ラセテ見テ下サイトノ事テ其處テ前記ノ木村工場テ徃年芝浦ノ田中工場テ造ツタ仕様ニ倣ヒ銅九錫壱亜鉛貳ノ割合ヲ以テ最初ニ沸シタ湯ハ滑カナル鑄鐵板ノ上ニ流シ冷ヘテカラ是レヲ小サク切断シテ再ヒ沸シ消失セシ亜鉛ヲ補充シ今度ハ空氣ノ拔ケヨキ荒キ砂土テ造ツタ形ニ流シ又是レヲ細断シテ沸シ其時モ前同様亜鉛ノ消失ヲ補フノテアル之レハ尤モ熟練セサレバ其分量ヲ豫測スル事カ六箇敷ヒノテアル三度目ニ沸シタ湯ハ本式ノ鑄形ニ流シ込ンテ品物ヲ造ルノテアル

以上ノ方法ニ依ツテ鑄造サセテ入念ニ仕上ケヲサセテ機械ヘ取附ケテ後試運轉モ無事ニ濟ンテ東京ヘ回航セシカ其後同氏ニ面會ノ機會カ無カツタノテ「ベアリンク」ノ結果ヲ知ル事カ出來ナカツタカ何ノ沙汰モ聞カナカツタカラ好結果テアリシト思フ

臺灣ノ砂糖製造機械

臺灣カ我版圖ニ歸シテカラ児玉總督時代大ニ産業ノ發達ヲ謀ラレ諸種ノ事業ヲ奬勵サレシ中ニ砂糖製造ノ改良ヲ總督府ノ手テ示ス爲メニ製造機械ヲ造ツテ同府ノ試驗所ヘ据附研究スル事トナリ往年予カ長崎造船所勤務中同地女神消毒所ノ器械ヲ造ツタ時衛生局長長與專齋氏ノ隨員トシテ專ラ事ニ當ツテ居タ高橋當吉(83)氏カ今ハ大阪ニ居住シ砂糖製造機械ヲ造ル事ヲ總督府カラ囑託サレシトカテ江戸堀北通五丁目ノ工業事務所ヘ予ヲ尋子ラレテノ話ニハ今度總督府カ試驗的ニ同地ヘ製糖所ヲ設ケルノテ其製造機械ヲ内地テ造ルニ就テ自分ハ一切委託サレタノテアルカ貴君ハ工業事務所

ヲ開カレテ專ラ設計製圖ヲサレテ居リ舊知ノ事テハアリ今度
ノ製圖ト豫算ヲ御頼ミスルト言ハレタノテ引受ケタノテア
リシ
夫カラ同氏ハ毎日事務所ヘ來ラレテ製糖機械ノ話ヲサレル
ノテアリシカ一向要領ヲ得ヌノテ予ハ箇條書ヲ造ツテ荅ヘ
ヲ求メテ行ツタラ同氏ノ言フノニハ此ノ機械ハ製圖カ出來
タラ内地ノ信用ス可キ製作所テ造ラセテ自分カ彼ノ地ヘ行
ツテ製糖ノ實驗マテシテ引渡ス事ニナツテ居マスカ實ハ貴
君タカラ御話シマスカ其筋カラ極秘密ニスル必要上製圖モ
部分的ニ引カセ製作モ區區ニ造ラセロトノ命テテアルカ夫
レテハ甚タ面倒テアルカラ製圖ト豫算ハ君ニ御頼ミシタノ
テスカラ其積テ秘密ニ遣ツテ下サイト言ツタノテ初メテポ
ツポツ纏マツタ話ヲセヌ事カ分リシ夫レテ一時ニ早ク纏メ
スニ緩リト遣ツテ下サイトノ事テアツタカラ氣長ニ多クノ
日數ヲ掛ケテ四十餘枚ノ製圖ヲ修リ豫算ヤ仕様書ヲ調成シ
テ同氏ニ引渡セリ
右ノ機械製造ハ大阪鐵工所カ全部引受ケシト聞キシ機械ハ

大體世間ニ行ハレテ居ルモノト大差ナク多少相違ノ點モアリシ製造後臺灣ノ何レ地ニ据附シカ兼知セサリシ我工業事務所ハ當時大阪ノ小工場ノ爲メニ小面倒ナ事テモ引受ケタ内テ右ノ製糖機械程手間ヲ要シタ事ハナカリシ毎日談話昀ニポツリポツリ計畫ノ一小部分ヲ話サレシニハ聞テ直キニ設計製圖ニ掛ル譯ニ行カス二三日又ハ五六日位ツヽ聞イタ事ヲ集メテハポツポツ掛ルト言フ風テ誠ニ仕憎クカリシ同氏ハ中々敏渉ナ性質ノ人テ愚圖々々シテ居ナイノニ此ノ一件テハ何セアンナニサレタノカト思ヒシ如何ニ毎日少シツツ說明シタカラトテ遂ニハ其計畫カ分明トナルノテアル夫レテハ同氏カ種々ニ研究サレタ爲カト言フニ同氏ハ御醫者サレン側テ機械ノ方トハ丸ルテ遠ツタ方面ノ人テアルカラ之レニハ何カ入組ンタ事情ノアルノテアロウカ其譯ヲ話スル事カ出來ナカツタノテアロウト思ハレシ同氏ハ其筋カラ秘密ニスル様ニ言ハレタノヲ何テモ堅ク守ツテ少シツツ途切レ途切レニ說明シテ纏マツタ話ヲセヌ事ニ苦心サレタノテアロウカ予ノ考ヘテハ餘リ有功テナイト思ヒシ機械カ出來上ツ

テ臺灣ヘ送リ同氏モ彼地ヘ出張サレ運轉ヲ濟シテ内地ヘ歸ラレシト聞キシ

## 鑛油使用ノ始

今日テハ各種ノ機械ニ用ユル油ハ大概鑛油トナリシカ明治二十年頃ハ白絞油種油等ヲ重ニ用ヒシモノナルカ舶來品ハ兎モ角内地製ノ鑛油トシテハ東京テ山内某氏カ内地ノ石油カラ製造シテ海軍省ヘ納メ其成績モ優良ナル事ヲ認メラレ以後盛ンニ製造セル事カ最初タト思フ其後工場ヤ船舶ヤ種々ナ方面ニ用ヒラレシカ何テモ先入主トナルモノテ鑛油カ賣リ出サレテモ從來カラ用ヒ馴レタ白絞ヤ種油ノ方カ多ク使用サレ跡カラ出テ來タ鑛油ノ方ハ排除セラルル事ナノテ特別ノ盡力ヲ以テシテモ賣行キ面白カラス

夫レニハコンナ譯モアリシ油ノ性質ヲ比較シテ見ルト鑛油ハサラサラトシテ粘質カナク白絞ヤ種油ハ子ツトリトシテ粘質カアルソコテ最初ニ鑛油ヲ試ミニ使ツテ見ルト車軸受テモ又各種ノ摩擦スル部分テモ一般ニ荒仕事ヲシテ居ル機

械ハ大概摺合セノ部分カ緩ンテ居ルカ白絞ヤ種油ハ差シテモ粘リ附テ流出シナイカ鑛油ハ粘リ氣カ尠イノテ流出シテ仕舞フノテ代價ハ廉テモ割合ニ損タト言ツテ評判カ悪ヒノテアル

是レハ大體使フ方テ間違ツタ使ヒ方ヲシテ居タノテ油受ニ少シ注意シテ油カ循環スル様ニ造リ直スカ又ハ油ノ多ク流レ出ナイ様ニ軸受ノ蓋ノ裏ニ毛布ノ様ナ切レヲ附ケルカ軸ト軸受ケヲ精密ニ摺合セルカスレハ幾ラ鑛油テモ無暗ニ流出スルモノテハナク良ヒ具合ニ行クノヲ一途ニ念頭ニ新規ナモノハ詰マランモノトシテ注意ヲセスニ在來ノ儘テ使用スルノテ鑛油ノ多ク流出スルノハ當然ノ事テアル速力ノ早ヒ機械程燒ケタカルノハ油ノ廻リカ悪ヒカラテアル

後年ニ至リ種々ニ鑛油ヲ使フ様ニ機械ノ方ヲ改良シタノテ今日テハ何處テモ其ヲ使用シテ有益ナ事ヲ認メテ居ルカ都テ新規ニ使用セラルルモノハ最初衆人カラ是認セラルルカ迄ニハ中々容易ナ譯ノモノテハナク衆人カ改良進歩ヲ以テ事ニ當ラントスレハ早ク良ヒモノカ使用セラルルナレトモ餘

計ナ事ニ頭ヲ使テモ詰ラヌト言フ風ノ人々ノ多カツタ時代ニハ迚モ速カニ有益ナ事ハ行ハレサリシカ世ノ中カ一般ニ便益ヲ目的トシテ來リシ近來テハ昔ト違ヒ新規ノモノカ速カニ使用セラルル事トナリシ

木型ノ貸借

大阪ノ小鐵工場テハ當時工場不相當ナ大キナ機械類ヲ製造セシモノテ什フシテ小工場テ大機械類ヲ製造スル事カ出來ルカト思フト木型ヲ專門トシテ居ル處カラ相當ナ木型ト圖面トヲ借リテ鑄物ヲ專業トシテ居ル處ヘ持チ行キ鑄造サセテ今度ハ大形器械ヲ備ヘテアル工場テ仕上ケヲシテ貰ヒ鍛鐵物モ殆ント大形モノハ他工場ヘ頼ミ自己ノ工場テハカ相應ノ事丈ケヲナシ最後ニ諸方ヘ頼ンタ大形物ヲ適宜据附ヘキ處ヘ取纏メ組立テテ後完結シテ注文主ニ引渡スノアルカ是レヲ大工場テ一手ニ製作シタモノニ比較スルト品質ヤ時日ノ點ニ於テ迚モ比較ニナラヌ又券等テ多クノ日數ヲ要スルノテアルカ夫レヲ兼知テ注文主カ態々不適當ナ小工場ヘ頼ム

ノテアルカト言フ夫レカ所謂大阪人ノ特色テ小工場ヘ頼メハ出來上ルノモ遲クナルシ又完全ナ良品ヲ得ル事モ六箇敷ヒノニ何セ態々小工場ヘ頼ムノテアルカト言フニ製造代價ヲ結着ノ處マテ負ケサセタ上ニ拂渡シノ事カ一小部分則チ鑄物カ出來テ小工場ヘ引取ル時トカ鐵工モノヲ引取ル時トカ節々ニ支拂フノテ手數ハ掛ルカ大工場ヘ支拂フ樣ニ纒マツタ金ヲ一時ニ拂フノテナイカラ金錢出納ノ敏繁ナ商家テハ煩サイ事杯ハ平氣ナモノテ採算上ヤ遣リ操リ上都合カ良イノテアル

夫レカラ出來タ製造品ノ品位ニ附テハ高速度ノ電氣機械ノ如キモノハ別トシテ荒ポイ事ヲスルニ用ユル原動機トカ其外普通ノ機械類テハ差支ナク使用ニ堪ユルノテ敢ヘテ第一流ヤ第二流ノ工場ヘ頼マナイテモ用便ヲ達ストイフノテアル唯製造日數カ多ク掛ルカラ其積リテ前以テ手廻レヲシテ注文シテ置クノテ差支モナイノテアル東京ニモ其類ナキニシモアラサリシカ大阪ハ注文者カ多數テアル故第一木型ヲ貸シテモ商賣ニナツテ行クト言フ位テ小工場テ大工事カ

出來ル様ナ自然仕組ニナツテ居ルカラ仕事モ容易ニ出來テ代價モ廉クテ濟ムノテアル其代リ何時モ有來リノ物ハ出來ルカ特別ニ面白ヒ機械トカ又ハ至便ナ新規ナモノハ出來ナイノハ致シ方カナイノテアル

當時予ハ工業事務所ヲ設ケテ設計製圖ノ求メニ應シテ居タカ或ル工場カラ陸用安全辨ノ圖面ヲ頼マレタノテ發條テ自在ニ滊壓ヲ加減スル事ノ出來ル新式安全辨ノ圖面ヲ引ヒテ渡シテ置タカ其後或小形滊船ヘ行ツテ見ルト形狀尺度カ寸分違ワ又現品カ附テ居タノテ機關士ニ是レハ何時何處テ製作シテ取附ラレタカト聞イタラ一箇月程前ニ大阪本田ノ川崎鐵工所テ製作ノ上取附ケタトノ話テ曩キニ圖面ヲ渡シタノハ同町ノ木村鐵工所テアリシカハ後日同工場テ船ノ安全辨カ先頃渡シタ圖面ト能ク似テ居タ事ヲ話シタラ工場主ノ言フニハ御蔭テ何ノ圖面ト木型ヲ諸方ヘ貸シテ大分儲ケマシタト喜ンテ居タノハヨイカ大體陸用滊罐用トシテ天秤式ニ發條ヲ用ヒタモノヲ小蒸氣船ニ其儘用ヒタ事ハ知識未タ發達セサリシ當時トハ言ヘ幼稚ノ至リテアリシ

「蒸氣機械吸鑼ノ「スプリング」

吸鑼ノ「スプリング」ノ事ヲ述ヘンニ吸鑼モ大中小種々ノ大キサト種類カアル事ハ勿論テアルカ今示スノハ吸鑼ニ相當スル「スプリング」ノ實際遣リ来ツタ寸法ヲ記シテ參考ノ資料トスルノテアル

大中ノ吸鑼ハ直経カ大キイカラ「スプリング」ヲ氣筩ノ内面ヘ密接セシムルニハ「ジアンクリング」ヲ用ユルカラ其押附ケル度合ヲ加減シ得ルカ小形ノ吸鑼ニナルト「ジアンクリング」ヲ嵌メ込ム隙カナイカラ是非「スプリング」其物テ丁度良イエ合ニ強サヲ出サナケレハナラヌノガ一寸呼吸モノテ「スプリング」ニスル材料ハ上等ノ極軟カナ銑鐵ノ鑄物カ氣筩内ヲ傷メヌテヨク夫レカラ第一ノ要點ハ押附ケル強サテ之レハ蒸氣ヲ漏サヌ程度ニ極クジワリト當ル位カヨク夫レテ直経一呎ノ吸鑼ニ相當スル樣ニ造ルニハ幅一吋二分ノ一外経一呎十六分ノ三吋ノ輪ヲ旋盤テ削リ其厚サハ十六分ノ九吋ト十六分ノ七吋ト詰リ八分ノ一吋ノ厚薄ノアル樣ニ削リ最後ニ薄

イ方ヲ斜メニ切割ルノダカ切割ツテ輪ヲ押附ケテ切口カ密着シテ直経カ滊筩内ト同経テ樂ニ中ヘ入ル様ニスルノテアル是レ位ノ程度カ丁度ヨイノテアル滊筩ノ大小テ之レニ倣ヒ跡ハ參酌シテ造ルノテアル

夫レカラ小経六吋以下ニナルト銑鐵テハ彈カカ充分テナイカラ鋼鐵テニ條ノ「スプリング」ヲ入レタ方カ良ク六吋ノ滊筩トシテ幅四分ノ一吋経六吋十六分ノ一厚サ四分ノ一吋ト十六分ノ三吋ノ厚薄ヲ造リ竪テニ切リ割リソウシテ切タ所ラ合セテ外経カジワリト滊筩内ヘ入ル程度ニスルノテアル以上ハ六吋ノ直経ノモノニ對スルノテアルカ其前後ノ直経ノモノニハ少シ寸法ヲ參酌シテ造レハ良イノテアル

直経一呎以上ノ吸鍔ニハ「ジヤンクリング」ヲ用ユルカラ「スプリング」ハ餘リ強ク張ラヌ方カ良イ滊筩内ヘジワリト當ル様ニシテ「ジヤンクリング」テ工合ヨク張ラセル事ニスル其寸法ハ地金ノ軟硬ニモ依ルカ大凡四分ノ一吋カラニ分ノ一吋位滊筩ノ直経ヨリ大キク削リ夫レカラ切リ割ル事ハ前ノニ記シタ様ニスルノテアルカ實地ニ就テ三度試セハ直キニ會得

スルノテアル實際小経ノモノ程其工合カ六箇敷大経ニナル
程容易テアルノテアル

北安治川ノ道路

予ハ大阪鐵工所ニ従事シテ居タ時ニハ北安治川ニ居住シテ居タカ其時ニハソンナニ繁雑ヲ覺ヘヌノテアリシカ其後江戸堀ヘ移ツテ工業事務所ヲ開ヒタ時代ニ同所ヲ通行シテ見タラ小サナ機械類ノ製造工場ヤ商店等カ道路ノ一方ニ竝ンテテ道路ト川端數間ハ官有地テ道路ヲ隔テタ地主カ大概其持地五間幅宛官廳カラ借地シテ居テ貨物ヤ諸材料ノ積卸シニ使用スル必要ナ場所トナツテ居テ中ニハ地所前ノ濱地カ他人ノ借地トナツテ居ル所ハ地價カ廉イト言フ譯テ其濱地ノ借用權カ賣買サレルノハ其邊ノ地價ト同値位テ工場テモ商店テモ前ノ濱地カ命脈トナツテ居ル

前ニ記シタノハ濱地ノ有様テ是レカラ述ヘルノハ道路ノ繁雑ナ事テアルカ大阪ハ一體ニ川筋カ縦横ニ通ツテ居テ運搬物ハ多ク川ヲ利用スル中ニモ機械類ヤ重ヒ荷物ハ都ヘテ水

運ニ依ルノテ安治川ノ如キ道路一ツヲ隔ツタ諸工場ヤ諸商店カラ荷物ヲ艀ニ移ス事カ頻繁テアル事ハ無論テアルカ僅カ一ツノ道路ヲ横切ル丈ケテモ一々警察署ヘ道路使用届ヲ出スノテアルカ大慨ハ手廻シニ届ト同時ニ運搬品ヲ運ヒ懸ケルノテ許可ヲ待ツタリ何カスルノテ彼方此方ニ品物カ置カレテアルカラ狭ヒ道路ハ諸所塞カレテ通行人ハ難儀ヲスルノダカ其邊ヲ通行スル人達ハ大慨機械類ヤ何カニ関係シタ用向ノ人々テアルカラ別段苦情モ言ハス反ヘツテ其盛況ヲ賞讃シツツ歩クト言フ有様テ道路ハ丸ルテ工場内カ商店内ノ形チテ従事者ハ内外ノ差別ナク得意ニ働テ居ルノモ一奇觀ト思ハレシ

## 難波島ノ釘鍛冶

大阪難波島ヲ通行シテ居タラ一軒ノ小サナ鍛冶屋テ古釘ヲ大小澤山積ンテ一人ノ中老ノ鍛冶職カ頻リニ其古釘ヲ無數ニ火床ノ中ヘ入レテハ焼ケタノヲ出シテハ打直シテ居タノヲ予ハ立留マツテ見テ居タカ一寸ト金鎚ヲ當テタカト思フ

ト立派ナ釘カ出來テ見テ居ル間ニ多數積ミ上ケラレ其側ニ小サナ子守女カ一人居テ出來タ釘ヲ種類ヤ大サヤニ揃ヘテ居ルノカ中々速カラ此ノ二人カラ出來キ上ル釘ハ丸ルテ釘カ自カラ踊ツテ火中ヘ出入シテ良品トナツテ行ク様ニ見ヘルカ實ニ樂樂ト仕事ヲシテ居タノテ此ノ仕事ハ永ク續イテ遣ツテ居ルノカト聞テ見タラ鍛冶屋ノ言フノニハ大阪テ出ル古釘ハ大概自分方テ直シマス是レヲ遣リ始メテカラ凡十箇年計リニナリマスカ近頃西洋釘カ内地テ澤山出來ル様ニナツテ來テ安ク賣リ出サレマスノテコンナ直シ釘ヲ餘リ人カ使ワヌ様ニナツテカラ古釘ノ直シモ以前ノ様ニ出マセンノテ年中ノ仕事ヲスル程ハ無クナリマシタカ是迄遣リ來ツタ仕事テ骨カ折レマセンノテマア遣ツテ居マスガト話ヲシツツ始修手ヲ動カシテ居タ
玆ニ於テ予ハ思ヘリ仕事ハ至極簡單テアルカ斯ノ如ク專門的ニ熟練シテ無駄ナク遣ル事ハ實ニ國家ノ利益テアル百般ノ仕事モ此ノ鍛冶屋ノ様ニ熟達シテ譯ナク出來ル様ニナリシナラハ何ンナニ利益カ擧ル事テアロウト考ヘシ

## 設計製圖ヤ監督

大阪市テハ市ノ内外至ル處ニ大小ノ機械類製造工場カ許多アリ大工場ニハ夫レ夫レ相當ナ監督者ヤ技術者ヲ聘用シテ居ルカラ事業ヲ行フノニ差支カナイカ數アル小工場テハ職工ノ親方ト言フ様ナ者カ何ニモカモ遣ツテ居ルノテ少シ六箇敷ヒ設計ヤ仕様書ヲ要スル仕事トナルト大分困マツテ居ル様ナ譯テ夫レカラ思ヒ付イテ予ハ當時大阪鐵工所ヲ辞シ一時鳥羽造船所設立ニ従事セシカ意見カ合ワス手ヲ退キ閑散ナ身トナツテ居タノテ市内西區江戸堀北通五丁目ニ工業事務所ヲ設ケ專ラ小工場主ノ爲メニ機械類ノ設計製圖ト監督等ヲ至極便利ニスル事ニシタノテ諸方カラ依頼カアツテ相當ニ忙カシカリシ以上ノ側ラ一二ノ保険會社カラ船舶ノ検査ヲ頼マレテ大阪附近ヤ中國筋ヘモ時々出張セシ

當時ハ工業モ稍發展シツツアリシ時代トテ中ニハ大分大キナ設計製圖モ頼マレシカ備後國因島ニ設置セントスル三十噸ノ船舶ヲ容ルル船渠ノ設計ヤ製圖夫レカラ前ニ記シタ基

灣總督府カ設立スル砂糖製造機械所ノ製糖機械ノ圖面カ重ナルモノテ小ナルモノノ中テ一風變ツタノテハ中國ノ或ル港灣ニ生スル立貝ヲ採取スル網ニ用ユル金物ノ圖面テ依頼者ノ話テハ貝ハ深キ海底ニ林立シテ居ルノタカ海士ニ取ラセルト一日ニ何程モ取レス夫テ地曳網テ取ラセテ見タカ貝カ至ツテ軟ラカナノテ大概壊レテ始舞ヒマスカ何トカ良法ハナイカトノ事テ海底ハ砂地ト聞ヒタノテ網ノ下ニ鋤様ナ金物ヲ取附ケ夫レカ正位置ヲ保ツテ海底ヘ落附ク様ニ設計シテ遣ツタラ其後ノ便リニ聞タノテハ下カ軟ラカナ砂地計リタト良ヒカ所々ニ岩石カ出テ居ル處テハ鋤ノ功カナク岩石ノアル處ニハ貝カ澤山アルトノ事テ猶進ンテ實地ヲ見テ研究シタラ良イ考ヘモ浮フテアロウト思ヒシカ先方カラ其後何ンノ沙汰モナカツタノテ其儘トナリシ

大阪ノ地タルヤ元來カ商業地トテ工業者モ算盤ニ賢ク予カ依頼ヲ受ケテ製圖シテ遣リシモノハ他ノ人カラハ何時モ依頼カナイノテ不思儀ニ思ツテ居タカ氣カ附テ見ルト初メノ依頼者ハ持テ行ツタ圖面テ一度用ヲ足シ同業者ノ依頼テ夫

レヲ復寫シテ安値テ賣渡スト言フ事カ分リ第二者カラ又第三者ト轉々賣渡シテ安價テ手ニ入ルカラ態々我カ事務所ヘ來ラストモ輕便ニ圖面ヲ得ラルルト言フ次第テ夫レカラ後ニハ初メノ依頼者ヘ轉賣セヌ様ニ話合ツタカ其時分テハ唯有來リノ形チニ倣ヒ一刻モ早ク安ク製品ヲ造ルト言フ事カ主眼テ設計ノ巧妙ニシテ工費ヤ材料ノ節約ヤ使用上ノ便利ト言フ事ニ重キヲ置カス製圖料カ僅カ計リ安ク附クト言フノテ轉々一ツノ圖面ニ基キ次カラ次ヘト同形ノ品ヲ造ル様ナ至極幼稚ナ時代モアリシ事ヲ序ニ茲ニ記ス

# 小野鐵工所時代

## 小蒸氣舩ノ三聯成機關

小野鐵工所テ製造セシ小蒸氣舩ノ機關ハ三聯成式テ小形ノ舩ニハ珍ラシイノテアリシカ大阪築港カ始マル時テ小蒸氣舩カ必要ノ時トテ買上ケラレシ(84)築港ノ天保山カラ安治川邊近傍ノ用ニ供セラレシ小蒸氣舩ノ事トテ遠方ヲ長時間使用サレル事ハナク使用時間ハ僅カテ繋留時間ノ方ガ多ヒノテアル夫レテイサ是レヲ用ヒントスル時瀛壓カ百「ポンド」以下ニ下カツテ居テハ機關カカカラス去トテ始修高瀛壓ヲ保ッテ居ルニハ多量ノ石炭ヲ要スルノテ舶行中ノ石炭ノ節約ハ小量テ繋留中ノ石炭ノ費エノ方カ多量テアルカラ三聯成トシタ効能カナイノテアル

三聯成機關トナルト製造費モ高價トナリ其上機關室ノ場所モ多ク取リ第一其取扱カ面倒テアル小蒸氣舩ノ機關手抔ハ技術モ平凡テアルカラ勢ヒ給料ヲ高ク出シテ上級者ヲ乘舩サセ子ハナラス何レノ點カラ見テモ有益テハナク寧ロ普通

百ポンド」以下ノ蒸氣ヲ用ユル單筩機關ノ方カ手取早クモ動キ取扱ニ便利テアルト思ヒシ築港ノ如キ高尚シタ技術者揃ノ處テアルカラ物好キニ買入レタノテアルカ夫レテモ後ニハ持テ餘シテ居タ位テアル一體小野鐵工所テ何セアンナモノヲ製造シタカト言フト同所ニハ半可通ナ技術者カ予カ頼マレテ行ク前ニ居テ何テモ三聯成機關ト言フ名前ニ惚レ込ンテ使用上ノ事ニハ御構ナク斬新ト言フ考ヘテ造タノテアル其證據ニハ製造後久數賣レスニ繋留サレシ事テモ分ル何テモ一物ヲ製造スルニハ詳細ニ其用途ニ適當スル様ニセ子ハナラヌ又事ヲ此ノ一小滊舩ニ就テ良キ教訓ヲ與ヘラレタノテアル能ク人ノ言フ事ニ物事ハ夫レ相當ニセヨトハ至當ノ言語テアル

予ハ小野鐵工所テ阿波通ヒノ百噸計ノ滊舩ノ石炭節約ヲ頼マレタカラ機關部ヲ調ヘテ見タラ滊壓ヲ少シ高メル事カ出來ルノテ司驗所ヘ屆ケテ一部分改正ノ許可ヲ得テ滊筩ヘ入レル蒸氣ヲ制限シタカ唯從來ヨリ半數ヲ要スルノハ機關ヲ掛ケル時普通ノ蒸氣辨ヲ開ヒテカラ外ニ調節辨ヲ開ヒテ機

關ノ回轉ヲ容易ニスル丈ケカ仕事カ殖ヘタノダカ其代リ石炭ノ消費カ注文通リ減シタノダカ其後ニ航海計リシテ機關午カ來テ言フニハドオカ從來ノ通ニ直シテ下サイ船ノ發着ニ麁誤附キマシテ困リマスカラトノ事テ何シテ困ルカト思ツタラ調節辨カラ蒸氣ヲ瀉筩ノ上下ヘ一時ニ入レルカラ回轉セヌノテ能ク曲拐ノ位置ヲ見テ回轉サセル一方ヘ蒸氣ヲ入レレハ良ヒノテアル事ヲ言ヒ聞カセテモ舊習ヲ脱セザル頭ノ機關午ハ仕事ヲ樂ニスル事ヲ好ンテ改良ヤ節約ヲ念トセス是非原状ニ復シテ貰ヒタヒト言ツテ聞カヌノテ請求通以前ノ如クニ直シテ遣ツタガ其時々ノ情況ニ隨ハ子ハナラヌト思ツタ前記ノ三聯成ノ方ハ船不相當ナ高尚シタ機關ヲ備ヘタノテ甘ク行カス此ノ阿波通ヒノ方ハ折角改造シタノダカ機關手カ不相當ト來テ實行サレヌノテアリシ今不相當テハ甘ク行カヌト言フ例ニ附記シテ置ク

## 鑄造ヲ簡易ニスル事

小野鐵工所テ簡易ニ經濟ニ鑄物ヲ造リシ事ヲ茲ニ述ヘルカ

土地カ大阪テ小工場テアルカラ出來タノテアリシ其遣リ方ハ毎日鑄造ヲスルノニ銑鐵店ノ若者カ朝鑄物場ヘ來テ職工長ト直接ニ其日ノ何時マテニ何程何銑鐵ヲ持ツテ來ル事ヲ話シ合ヒ「コークス」ヤ其他鑄物ニ必要ナ品物モ夫々商賣人カ銑鐵店員同樣用聞キニ來ルノハ丁度東京邊テ日用品ヲ商人カ得意先ヲ聞テ歩クノト同シテアル

夫カラ地金ヲ沸ス時間カ來ルト熔解爐ニ火ヲ入レテ居ルト時間ヲ違ヘス銑鐵店ノ小僧ハ車ヲ押シテ注文ノ銑鐵ヲ運ヒ來リ下ニ卸ス側カラ爐ヘ投入スル事ニテ「コークス」其他ノ材料モ前日ノ殘品ヲ掻キ集メテ點火シテ居ルト時間通リ運ンテ來ルカラ少シモ差支ヘヌノテ鑄物職ハ夫ヲ信シテ時間カ來ルト仕事ニ掛ルト言フ有樣テソーシテ持ツテ來ル銑鐵ハ使ヒ頃ノ大キサニ折ツテアルカラ直キニ爐ヘ入レル事カ出來テ工場テハ手數カ省カレルノテアル

手數ノ省カレル事テ至極便利ナ事ハ毎日運ンテ來ル銑鐵ヤ「コークス」類テ各店テ秤量シテ持ツテ來タ丈ケテ其儘直キニ使用シテ居ル事テ之レカ官立工場ヤ私立工場テモ大工場テ

アルト一度ニ大量ノ受渡ヲスルノテハアルカ一々立會ノ上秤量スルノテ手數カ掛ルカ前記ノ樣ニ相互カ約束ヲ守ツテ簡易ニ間違ナク遣ツテ居タノニハ感心セリ

予ハ毎日小量ツツ運ンテ來ル事ニ就テ工場主ニ意見ヲ述ヘタノテアル夫レハ毎日是非共入用ノ品物テアルカラ努メテ幾日分カヲ一時ニ取寄セタ方カ運フ費用丈ケテモ安ク附キハシナイダロウカト言ツタラ工場主ノ言フニハ夫レモ考ヘテ見タ事カアルカ併シ毎日取寄セルノモ無駄カナイノテアル入用高ノ目的通リ吹立テルカラ餘分ノ湯モ沸サス地金ヤコークス等モ粗末ニセヌノテアル夫レニ數日分ヲ工場ニ積ンテ置クト其金利カ掛ル計リテナク相場カ時々變動スルカラ製品ノ眞價カ分ラナクナル等ノ不便カアルカラ今ノ遣リ方ニシテ居ルノテアルト

成程毎日ノ相場テ勘定スレハ製品ノ實費カ分ル筈テアル大阪ノ如キ小工場櫛比セル土地テハ斯ノ如キ緻密ナ勘定ヲシナケレハ他ト競爭カ出來ヌノテアル一寸ト考ヘルト餘計ナ手數ヲ掛ケテ居ル樣ニ思ハレルカ其方カ進ンタ遣リ方テア

ル澤山ノ小工場ニハ夫々變ツタ色彩カアル中ニモ是レハ大分研究ヲ積ンタ結果優レタ方法テアル

工場用品ノ買入レ

工場ヘハ毎日出入ノ商店カラ用聞キニ來ルカ工場主ハ重ナ諸物品ノ買入ニ出歩テ居リシ夫レハ言フマテモナク安イ良ヒ品ヲ手ニ入レル樣ニト心當リノ所ヲ見テ歩クノテアルカ普通ノ商店先キニアル品計當テニセス抵當流レニナツテ居ル大量品杯ヲ手早ク探シ出シテ仲間ヲ語ヒ寄リ集マツテ分ケ取リスルノテアルカ夫ニハ先取權テ口錢ヲ取ル事モアルカラ品物ハ安ク手ニ入ツタ上ニ相當ナ利益トナルノテアル機關ニ使用スル銅管ノ如キハ古銅管ヲ買ツテ置テ其レヲ燒鈍シテ用ユルノテアルカ潰シ直段テ買ツテ新管ノ用途ニ當テルノテアルカラ利益ハ多ヒノテアル是ノ方ハ銑鐵ト反對ニ賣物ノ見當リ次第ニ買溜メテ置クノテアル銅管計リテナク真鍮ヤ砲金ノ潰シ物モ安ヒモノカアレハ失張買入レテ置テ新規ノ丁銅ヤ錫等ハ減多ニ遣ワヌ事ニシテ居ル

以上ニ述ヘタ材料ノ外ニ古機関ノ解體品ノ内少シ手ヲ入レテ再用ノ出來ル部分品テ曲捲ヤ車軸類鎖類ニ至ルマテ極安ニ買ハレル物ハ買込ムノテアルカ是レハ工場主カ鍛冶職出身丈ケニ目カ利クカラ出來ル仕事テ同氏ハ流石ニ身代ヲ仕上ケタ人丈アツテ萬事ニ拔ケ目カナク品物ヲ買ツテ歩ク事カ一ツノ商賣ニナツタノテアルソウシテ買入レタ品物ハ合間々々ニ手入レヲサセテ置テ入用ノ時直キニ遣ワレル様ニ庫内ニ整理シテアルニハ感心セリ

買物ヲ隨分澤山スルノテ其金融ノ方ハ何ンナニシテ居ルノカト思ツタラ決シテ自己ノ懐カラハ出サスニ多クハ短期ノ信用貸リテ馴染ノ金融業者ヤ銀行カラ借リ出シ割高ナ金利ヲ拂ツテ居タカ品物ヲ極安ク買入レテ夫レカ端カラ使用サレタカラ高利ヲ拂ツテモ利益カアツタノテアル時期モ良カツタノテ段々仕事モ多クナツテ來タノテ隨ツテ買入物モ殖ヘテ來タノテ賣込ム方カラ競リ込ンテ來ルト言フ勢ヒニナツテ買入レモ樂ニナリ思ヒ切リ直段ヲ安ク附ケコナシテモ買ツテ貰ヒタイノテ押掛ケテ來ルト言フ情況テ夫レ丈ケ金融

ノ方モ好都合トナリシハ全ク工場主カ忍堪始修一貫憤勵事ニ當リシ賜テアル

## 高壓滊鑵ノ修繕ニ就テ

小野鐵工所ヘ或ル船主カラ高壓滊鑵ノ漏所カアルカラ直シテ貰ヒタイトテ廻船シテ來タノテ船ヘ行ッテ見ルト鑵ノ正面鏡板ノ下部ニ漏所カアッテ一見シタ處テハ鋲ノ數テ凡十五本計リモ取替ヘタラ大シタ事モナク直ルタロウト考ヘテ鋲ノ捩取リニ掛ッタノテアル元來高壓ノ鑵トテ鋲ノ鋑メ方水壓器械テシテ在ルノダカラ鋲ハ錐揉テ取ラナケレハナラヌカラ其積リテ掛ツテ見ルト其中ニハ揉ミ取ラストモ直キニ打ツテ捩ケルノモアリ最初見込シタ十五本ヲ悉皆捩取ツテ見タラ外板ト鏡板トハ下部テ大分隙カ出來テ離レテ仕舞ヒ何ンナニ螺旋「ボールト」テ締附ケテ見テモ密着セス餘儀ナク板一枚ヲ取外シ鏡板ト密着スル樣ニ燒キ附ケ鋲孔ノ喰ヒ違ヒヲ直シ最初見込ンタ鋲數ヨリモ數倍ノ鋲ヲ捩取リ其上燒附ヤ孔揉リ等マテシテ大仕事トナリシ

是レハ全ク最初滊鑵ヲ造ル時鐵板ト鐵板ト密着シテ居ナカツタ事ニ起因スルノテアル普通手鉸メタト充分力カ掛ラヌノテ鐵板カ鉸メナカラ延ヒテ行カス水壓器械テ鉸メルトカヵ充分掛ルカラ板ト板ト密着シテ居ナイ處テハ一方ノ板カ延ヒル為メニ鋲孔カ合ハナクナルノテアル予ハ曩キニ大阪鐵工所テ其事テ苦ンタノテ今度ノ滊鑵テ思ヒ出シタノテアル水壓器械テ鉸メテ行クトカカ強ヒカラ板ハ能ク密着シテ行クカ鋲孔ニ喰ヒ遠ヒカ出來ル處カアルカラ孔ヲ浚ツテ鋲ヲ少シ大キクスルト良ヒノテ一體板ノ椄合部ハ入念ニ密椄スル様ニシテ置カ子ハナラヌノテアル前記ノ様ナ譯テ本船ノ滊鑵モ鉸メ掛ツテ鋲孔ノ喰ヒ遠ヒヲ恐レテ間ヲ飛ハシテ鉸メテ行ツテ中間ノ鋲ハ後ニ手加減ヲシテ鉸メタノカモ知レス其證據ニハ容易ニ拔レタ鋲カアルノテモ分ル製造後間モナイノニ漏水騷ヲ遣ツテ板ヲ一枚全部取外シテ燒付タリ鉸メ直シタリスル事ニナツタノハ最初ニ念ヲ入レテ仕事ヲシナカツタ失策カラ來タノテアル機関テモ滊鑵テモ正直ニ深切ニ仕事ヲシナイト跡カラ直キニ其

缺陷カ顕ハレテ所有者ニ迷惑ヲ掛ケル上ニ製造者ノ信用ヲ失フ事ニナルカラ其製造中ニ發見シタ一時ノ手數ノ掛ル事位ニ頓着セス即時ニ着實ナ仕事ヲシナケレハナラヌト言フ教訓ヲ與ヘラレシ

## 製罐職仕事ノ着實

小野鐵工所ニ製罐職長カ親子テ働テ居リシカ親ノ職長ハ至極手堅イ仕事ヲシテ居タカ其代リ多クノ仕事ヲ片端カラ捌テ行ク事ハセス下拵ヘハ配下ノ職工達ニ遣ラセルカ肝要ノ處ヤ仕上ケハ必ス親子カ手ヲ掛ルカラ良ヒ品カ出來ルカラ引渡シテカラ後ニ手直ヲスル様ナ事ハナク好評ヲ受ケテ居タカ工場主ノ方テハ數尠ク良品ヲ造ツテ計リ居テハ算盤カ持テヌトテ市内松島町ニアル分工場ノ方ヘ仕事高ヲ多クスル別ノ職工長ヲ雇入レテ其方テモ製罐其他鐵板仕事ヲ遣ラセテ居タカ數量ハ多ク捌ケタカ仕事カ粗雑テ注文主ハ少シ侍テモ良ヒカラ本工場ノ方テ遣ツテ貰ヒタヒト言ヒシ

本工場テ製造シタ瀛罐ハ何處カラモ苦情ヲ受ケス得意ニナツ

テ居タラ或時北海道ノ得意先カラ前年製造シテ貰ツタ瀛舩ノ鑵カ此頃損處カ出來テ度々航海ヲ休ムカアア言フモノヲ得意タノニ拵ヘテ呉レテハ損失ヲ來シ大ニ迷惑スル就テハ早速彼ノ鑵ヲ造ッタ職長ヲ遣シテ呉レト大不滿足ノ通知カアッタノテ職長ニ其話ヲシタラ同人ノ言フニハ是迄多ク鑵ヲ造リマシタカ何方カラモ苦情ヲ申サレシ事カナク今度ニ限リ故障カ起テ困マルトハ合点カ行キマセン此レカラ先方ヘ參リ損所ヲ能ク調ヘ故障ノ又出來ヌ樣ニシテ帰リマストテ北海道ハ箱館ヘ向ッテ行キシ

其後暫ク何ノ便リモナカリシカ凡一箇月餘モ過キテ職長カ帰所シテノ話テハ御安心下サイ損處ノ出來タノハ私ノ失策テナク取扱機關士ノ不注意ト言フ事カ能ク舩主ニモ分リ機關士ヲ取替ヘテカラ何ノ異狀モナク今ハ無事ニ航海シテ居マス事ヲ申上ケテ置テ次ノ御話ヲシマス

曩キニ度々損處ノ出來タノハ鑵內ノ水カ減ッタノニ氣附カス焚立テタ爲メテ夫ハ北海道テハ小形瀛舩ハ他ノ瀛舩ト競争シテ早ヒ者勝チニ湊々ヘ乘入テハ積荷ヲ奪ヒ合フノテア

リ又或ル時ハ風浪怒濤ノ爲メ他船カ出港ヲ見合セテ居ル中ヲ乗切ツテ船ノ入港ヲ待チ構ヘテ居ル港々ヘ行クト良イ積荷カ取レルノテ鑵水ノ動揺ヤ給水不足抔ニ噸着セス目的地ヘ航行スルカラ無理遣ヒノ爲メ遂ニ鑵ノ損處カ出來テ來ル私ハ如何ニシテ損處カ出來ルカヲ調ヘル爲メニ航海ノ時乗組ンテ其取扱ノ亂暴テアル事ヲ見テ之レテハドンナ良ヒ造リ方ヲシテモ損處カ出來ル筈タト思ヒ箱舘ヘ帰ヘッテ其話ヲ船主ニシマシタラ能ク了解サレテ機関士ヲ取替ヘタラ其後度々航海シマシタカ何ンノ異状モナク船主モ御前ノ言ツタ通リタト喜ハレテ帰ヘル事ニナリマシタト此ノ職長ノ如キハ其職務ニ忠實ナ頼母敷男ナリシ

### 船卸屋ノ手際

大阪難波島邊ニアル小造船所テハ船ヲ進水シタリ又引上ケタリスルニハ夫レヲ專業トスル船卸屋ヲ頼ンテ造船所テハ何モ構ハンテ誠ニ樂ナモノテ其卸屋ハ至極熟練シタモノテ僅カナ人數ト「コロ」「コロ」臺、捲器械、綱、木槌、數板、位ナ輕便ナ道具ヲ

持テ來テ船ヲ自由ニ動カシテ進水サセルノデアル小野鐵工所
テ新造船ノ船卸ヲ頼ンタ時ニハ卸ス船ノ前面濵手ノ方ニ外
ノ船カ引上ケテアッテ進水スルノニ邪魔ニナッテ居タカラ
困ルタロウト思ッテ居タラ譯ナク其船ヲ少シ服ノ方ヘ寄セ
テ進水スル船ノ方モ卸シツッ脇ノ方ヘ遣ッテ行クノヲ見ル
ト人混ミノ中ヲ人カ除ケ合ッテ通ルノト違ハ又有様テ無事
進水ヲ修リ定メノ場所ヘ繋留シテカラ畏キニ片寄セタ船ノ
位置ヲ直シタノテアルカ其手際ハ誠ニ慣レタモノテアリシ
修繕船ヲ陸上ヘ引上ケル時モ失張前ニ述ヘタ道具ヲ持ッテ
來テ滿潮時ヲ目懸ケテ成丈ケ船ヲ陸ノ方ヘ引寄セテ水中テ
「コロ」ヤ「コロ臺」等ヲ船底ヘ宛行ヒ干潮ヲ待ッテ陸カラ捲キ揚
ケ船ノ進行ニ隨ッテ「コロ」ヲ入替ヘ追々ト船カ上ッテ定メノ
場所マテ來ルト本式ニ積木ヲシテ船ヲ据附ケルノテアル
難波島ニハ多クノ造船所ノ外ニ大キナ船溜カアッテ北海道
ヤ山陰道地方ノ和船ハ冬期航海ノ閑ナ時ハ大概大阪ニ送ッ
テ此ノ船溜ヘ入レテ置テ得意ノ船大工ノ手テ修繕ヲスルノ
テ引上ケヤ進水ノ仕事カ多ク卸屋ハ中々忙箇敷毎日何艘ト

ナク引上ツツアル事ヲ見受ケシカ引上ケル時ニハ調子ヲ合セルル爲メニ太皷ヲ敲キツツ音ニ連レテジリジリ船ハ上ツテ來ル事ナドハ面白ヒ樣テアリシ大體大阪ノ地タルヤ古來商業中極タルカ爲メニ何カラ何マテ能ク連絡カ取レテ居ル事ニテ此ノ多數ノ和船中ニハ合ノ子船モアルカ冬籠リカ濟ンテ各本國ヘ歸ヘル時ニハ大阪カラ北國向ノ積荷ハ船卸シト同時ニ積載セラレ出帆スル事ニテ其レカ又年々ノ事トテ各得意先カチヤント極マツテ居テ夫レ々々積送ル樣ニナツテ居ル荷物ヲ送ル問屋モ船頭モ殆ント一家内ノ人ノ樣ニ談笑ノ間ニ受渡シヲ成シテ居ルノテ何モ彼モ手配カ間然スル處ナク期日カ來レハ夫レ々々ニ出帆シテ行クト言フ事ハ流石ニ大阪ノ大阪タル處テアルト思ヘリ

尼ケ崎濊船ノ修繕

尼ケ崎濊船會社ノ船ハ大概難波島ノ造船所ヤ船渠テ修繕セシカ其修繕ニハ會社カラ技師カ來テ大體修繕ノ方法ヲ極メルカ實際修繕ニ取掛ルト一切ノ極メ引萬端ハ船長カ我物ヲ

扱フト同様ニ深切ニ經濟ニ使用シ得ル物ト否トヲ一々調へ取外シタル鋲ヤ釘マテ拾ツテ歩キ其ノ屈曲シタノハ自身テ直シテ之レヲ再用スル位鎖末ナモノマテ注意周到テ夫レテ何ンテモ倹約一方カト言フト充分直スヘキ處ヘハ金ヲ掛ケテモ惜マヌ事テ豫備品テモ規則以上必要品ハ多ク備ヘ其遣リ方ハ何レモ實地ノ經驗上カラ來テ居ルノテアル同會社ノ舩長ノ遣リ方ハ人々大同小異ハアルカ我物トシテ深切ニ遣ル事ハ變リハナイノテアル

什フシテアンナニ遣ルカト思ツテ或時是レヲ社長尼ケ嵜氏ニ尋子タラ夫レハ其筈テス我社ノ舩ハ會計一切ヲ舩長ニ任セテ其利益ヲ計算シテ定メテレタ利益配當ヲスル事ニシテアリマスカラ自カラ萬事ニ氣ヲ附ケル譯テスト言ヒシ夫レテ又尋子タノニハ一舩毎ノ利益配當トナルト良イ舩テ良イ航路ニ當ツタ舩ト及對ニ悪イ舩テ悪イ航路ニ就イタ舩トハ利益ヤ其他萬事カ相違スル事テショウカ能ク兼知シテ遣ツテ居ル事テスト言ツタラ其尋子ラレタ點カ私ノ配慮ヲ要スル處テ利益配當ヲ手加減シタリ悪イ方ニ居テ充分骨ヲ折テ

好成績ヲ擧ケタ者ハ追々良イ舩ヤ良イ航路ヘト進マセテ行ク事ニ奬勵シテ居マスカラ別ツニ不平モ言ハスニ皆ナカ勉強シテ呉レマスカラ私ハコウシテ會社ノ二階テ樂ヲシテ居マシテ皆ナカ稼イテ金ヲ集メテ呉レルノヲ視テ居マスト言ヒシ流石ニ天秤棒ヲ擔イテ居タ人カラアレ丈成功シタ氏ノ遣リ方ニハ普通人ト違ツタ處カアルト思ヘリ
大阪商船會社杯ハ大會社テハアリ一個人カラ仕上ケタ尼崎氏ト遣リ方ノ違フノハ素ヨリテハアルカ今同社テ舩ヲ修繕スル有様ヲ述ヘルト會社カラ現場ヲ見廻ル監督者カ來テ修繕ノ箇所ヤ仕方ヲ極メテ二三指定工場カラ代價見積ヲ取リ總監督者ノ指圖ヲ待ツテ始メテ仕事ニ取掛ルノテ舩長ハ定メラレタ點ニ就テ見張ツテ居テ取外シタ古物テ再用セヌモノハ會社ヘ納メ修繕ノ箇所カ首尾ヨク出來上カレハ夫レテ役目カ濟ムト言フ風テ搔ユイ處ヘ手カ届カヌ場合モアリヌ修繕ヲ引受ケタ工場ノ方テハ他工場ト積リ合セノ上安イ方カ引受ケタノテ約束通ノ仕事サヘスレハ監督者ノ檢査ヲ受ケルカラ別段差支ハナイノテアルカ唯舩長ノ心行キヤ工場

カ得意先ヘノ心盡シト言フ徴妙ナ所ニ何トモ言ヘヌ味ノアル事丈ハ稼キニシナケレハナラヌノガ何タカ物足ラヌ思ヒカスル其代リ大會社トテ修繕費モ年毎ニ豫算ヲ立テテ居ルノタカラ隨分多額ノ金ヲ掛ケテ修繕上改良進歩ヲ謀ル得點モアル以上述ヘタ處ハ両者自カラ組織上ノ異ナル點テ双方ニ得失ノアルノモ妙ナラスヤ

## 難波島ノ小舩渠

大阪難波島ニ小野清吉氏カ所有スル小舩渠カアリ舩渠ニハ番人兼取扱者夫妻ト舩カ出入スル時臨時雇人夫カ一人雇ハレル丈ケテアリシ如何ニ小舩渠トハ言ヘ能ク此ノ小人數テ間ニ合ツテ行ク事テアルト思ヒ或ル時舩ヲ入渠スルノヲ見テ居タラ大體左ニ述ヘル樣ニ至ツテ手輕ニ取扱ハレル事ニナツテ居リシ

舩渠入口ノ戸舩ノ代リニ角材ヲ積重子ラレテアリ其角材ヲ積ミ重子ルノニハ舩渠入口ノ両端ニ輕便ナ起重機カアツテ順々ニ重子テ行キ最後ノ角材ヲ重子ルト上部カラ螺旋テ締

附ケルノテ角栰上下面ノ防水装置ハ密着シテ水ヲ防クノテアル以上ニ述ヘタ角栰ヲ取除ケルノニハ反對ノ手順ヲ取レハヨイノテアル

入渠船ヲ入レル時ニハ番人ト雇人夫二人ノ外乗船員モ手傳ツテ捲キ機械ヲ使ツテ船ヲ船渠内ヘ引込ミ夫カラ角栰ヲ嵌メ込ミ排水喞筒テ水ヲ排出シテ船カ船架ニ落附クト両舷ヘ支柱ヲ當カツテ行クノテアル渠内ノ水カ排出サレルト掃除スルノテアルカ其時ニハ妻モ手傳フノテアル船ヲ入渠スル時抔ハ妻ハ喞筒室ヲ見張ツテ居ルノテアル

什シテ番人カ我物トシテ萬事抜目ナク立働クカト言フト夫レハ小野氏カ叩キ職人カラ出身シテ鐵工所造船所船渠ニ箇所松島鐵工所其他地所家作等色々ノ資産ヲ所有シテ一廉ノ紳士トマテ成リ上ツタ人丈ニ人ヲ見ル事使フ事ニハ能ク其呼吸ヲ知ツテスルノニ基ツクノテアル

船渠附ノ番人夫妻カ勉強シテ働ク事ハ前述ノ理由ニヨルトシテ船員カ助カシテ呉レル事ハ之レモ船渠主カ平素ノ好遇ニ報エル次第テアルト思フ

軽便ナ道具テ拐曲軸ヲ造リシ事 (85)

小野鐵工所ノ小サナ鍛冶工場テ直經五吋位ノ拐曲軸ヲ唯金敷ト軸受臺ト火床ノミノ設備カアル丈ケテ手鍛ヘテ立派ニ火造ラレ其レカ充分使用ニ供サレタ事ハ感服ノ至リト思ヒ茲ニ其製造サレタ次第ヲ述ヘル

火床都合五箇所アリシ内大形ノ分二箇所ヲ用ヒ準備サレタモノハ鑄物ノ金敷一個ト藥研臺ト稱スル山形溝ヲ設ケタ軸受二個夫カラ製造材料ハ五吋仕上リノ軸テアルカラ直經及全長トモ相當ニ削リ代ヲ見込ンテ其ヨリ大キナモノテ軟鋼ノ純良品ヲ選ヒ其外ニ拐曲「ウヱブ」ヲ造ル材料トシテ厚凡二吋位テ幅及長カ一ト焚キシテ叩キ附ケラレル丈ノ大キサノ鋼片ヲ多數用意シテ置クノテアル

愈製造ニ掛ル時ニハ二箇所ノ火床ヲ用ヒ一方ニハ丸鋼他ノ一方ニハ鋼片ヲ入レテ充分燒ケタ時双方カラ金敷ノ上ニ運ヒ「ウヱブ」ヲ設ケル所ヘ一齊ニカヲ入レテ鋼片ヲ鍛合シタ後其ヲ又火床ヘ入レ次ノ「ウヱブ」ニ用ユル鋼片ヲ燒ク事ハ前ト

同一テ此レヲ幾度モ操返ヘスノテアル若シ双拐曲軸ヲ造ラントスル時ハ同シ事ヲ二度續ケルノテアル

以上ニ述ヘタ遣リ方ハ設備完全ナ鍛冶工場テ拐曲軸ヲ造ル事カラ考ヘテ見タラ同日ノ論テハナイカ簡單ナ設備テ役ニ立ツモノカ出來ルノヲ賞サ子ハナラヌ唯少シ日數ヲ多ク費ス事ト熟練ナ職工ノ腕ヲ要スルノテアルカ其代リ計算シテ見ルト製造費ハ完全ナ工場テ造ルヨリ大分安値ニ出來ルカラ急カヌ時ニハ經濟トナルノテアル

予ハ最初此ノ鍛冶工場ヲ見タ時蒸氣鎚モナク迚テモ拐曲軸杯ハ打テヌカラ是レハ相當ナ設備アル他ノ工場ヘ注文スルカ又ハ外國ヘテモ注文スルノタロウト思ツテ居タカ前述ノ通リ牛拵ヘテ完全ナモノヲ造リ上ケタノニハ感心シタ何テモ遣リ方ヲ甘ク考ヘレハ出來ヌ事ハナイト思ヒシ

## 工場主ト職工トノ意氣投合

小野鐵工所主小野清吉氏ハ腕一ツカラ叩タキ上ケタ純職工出身者丈ケアリテ職工ノ使役方ハ何トモ言ワレヌ様ニ職工

ノ意氣ニ投シ職工達ハ得意ニ能ク働ラキツツアリシ其レヲ他工場ト比較シテ別段優遇スルト言フ譯テモナイカ職工ノ家ニ出産カアツタトカ又ハ病氣テ誰レカ寢テ居ルトカ不幸カアツタトカ言フ樣ナ時ニハ必見舞ヒヲ遣ツテ心附ケル事ハ全ク親族兄弟ニスルト同樣テアル盆節季テ金ノ入用ナ時ニハ先方テ言ヒ出ス前カラ相當ノ金ヲ用意シテ置キ相談カアルト快ヨク直キニ貸シテ遣ルカ本人カニ拾圓借リタイト言ヘハ儉約シロトテ十五圓貸シ拾圓ト言ヘハ七圓ト言フ風ニ内輪ニ貸シテ遣リ次ノ給料支拂テ是レヲ引去ルカ夫レテハ困ルト言フ者ニハ幾分ヲ殘シテ又次ノ給料支拂テ引去ル樣ニシテ勘定ハ至極嚴重ナリシカ夫レテモ入用ノ時直キニ貸シテ呉レテ別段利子ヲ取ラヌカラ職工達ハ喜ンテ貰ツタ樣ナ氣持テ得意ニ働イテ居ルノタカ當時他テ金ヲ借ルトナルト高利ヲ取ラレタ上ニ中々纏マツタ金ハ無抵當テハ貸サス其上返濟期日カ來ルト強談テ持ツテ行キ金カ不足スレハ何テモ家戝ノ内有用品ヲ持行カレ令日ニ差支ユルノテアル工場主ハ昔ノ實驗上カラ金融ヲ職工

達ニ與ヘテ得意ニ工場テ働イテ貰ツテ居ルカラ製品ハ渉取リ注文主ハ喜ヒ隨カツテ仕事カ段々多クナルト言フ大利益ハ迚モ貸シタ金ノ高利トコロテハナイ予モ多クノ工場テ經驗シタ處トハ比較ニナラヌ程雇ヒ主ト雇ハレ人トノ中カ親睦テアリシ事ニハ感心セリ

工場主ハ非常ナ勉強家テ暇カアレハ工場ヲ見廻ハツテ歩クカ餘リ職工ヲ叱ツタリ怒ツタリシタ事カナク真面目ニ氣ノ附イタ事ヲ言ツテ廻ルト言フ有様テ工事一切ハ工場ヲ擔當スル技師ニ任セテ技術上ヤ職工ヲ使フ事ハ責任ヲ持タセルト言フ風テ夫レテ經濟ノ遣操一切ハ自カラ奔走シテ他ヲシテ少シモ顧慮セシメサリシ職工モ今ノ様ニ自己ノ權利ヤ待遇ヤ何カヲ持出シテ怠業ヤ罷業ノ様ナ事ヲスル者ハ無ク職工ヲ使フニハ誠ニ樂ナ時代トハ言ヘ其有様ハ又格別テアリシ世間ニハ往々勞働出身者テ大工場ヲ起セシ人モアルカ其特色タルヤ種々テアルカ此ノ工場位上下一致事ニ當リシハ稀レニ見ル所トス小野氏ノ發展セシモ又遇然ナラサリシト思ヘリ

# 新隈鐵工所時代

## 鐘淵紡績會社兵庫分工場ノ給水管

大阪北安治川一丁目ノ新隈鐵工所ヘ得意先ノ鐘淵紡績會社兵庫分工場カラ呼ヒニ来タノテ予ハ同所ヘ行ツテ見タラ紡績工場ノ原動機械ノ滊鑵ヘ今度工場外ニアル水槽カラ給水スル事ニシテ土中ヲ直管テ繋テ来タ處工場入口ニ間計リノ土中ニ大小種々ノ管カ亂雑ニ横タワツテ居テ給水管ヲ唧筒ノ吸水管ト繋キ合ス事カ出來ナクナツテ困マツテ居ルカラ實地ヲ見テ何トカ工夫シテ緒キ合セル様ニシテ貰ヒタイ其邪魔ニナル諸管ハ取外サナイ事ニシテ考ヘテ見テ呉レト言ハレシ

夫レカラ現場ヘ行ツテ其邪魔ニナル管ノ處ヲ見タラ成程迚モ直管テ緒キ合セテ行ク事ハ出來ナイノテアル其處テ横タワツテ居ル管ノ處ヲ下ノ方マテ掘ラセテ見タラ一番下ノ管ト其上ノ管トノ間カ六吋計アル處ヲ見出シタカラ短カイ印籠管テ屈曲サセテ内外ノ直管ヲ繋キ合セル事ニシテ必要ナ

尺度ヲ量ッテ給水管椄續ノ事ヲ請合ッテ帰ヘテ來タ帰所ノ後熟考シテ長サ十五吋ノ少シ曲ッタ印籠緒キノ管ヲ予定ノ數丈ケ造ッテ先方ヘ送リ或ル日又出掛ケテ行ッテ印籠緒キノ管ヲ緒キ合セテ見タラ豫定通甘ク椄合シタノテ緒キ目ノ奧ノ方ヘ鉛ヲ流シ其外方ニハ「セメント」ヲ塗リ茲ニ始メテ成功シタノテ數日後給水シテ見タラ好結果テ會社ノ方テモ滿足シテ呉レタ

新隈鐵工所ヲ起シタ先代ノ人ハ尼ケ崎滊船會社ヲ起シタ尼ケ崎伊三郎氏ト御里尼ケ崎ヲ大阪ヘ同行シテ各自思ヒ思ヒノ業ニ就テ成功シタノダカ新隈氏ハ將來紡績業ノ發達スル事ヲ見込ンテ專ラ大阪附近ノ紡績工場ヘ出入シテ諸器械ノ修繕ヤ製造ヲ引受ケタノテアルカ數多イ細々シイ木型ヲ叮寧ニ木型庫ノ内ヘ整列サセテ何時テモ取出セル様ニ一々注文先ト器械ノ内何品ト言フ事ヲ明記シテアリ夫レカ紡績器械ノ部丈特別ニ陳列サレテアルカラ分リ易イノテアル紡績工場テモ其事ヲ知ッテ居ルノテ破損品カ出來ルト直キニ注文シテ來ルノテアルカ紡績工場ハ多クハ市外ニアルカラ僅

カナモノテモ調ヘニ行カ子ハナラヌノテ後ニハ毎日技手ヲ諸工場ヘ巡廻サセテ居リシ

予カ關係スル樣ニナツテモコンナ事カアツタ鐘紡兵庫工場カラ誰レカニ來テ見テ貰ヒ度モノカアルト言ツテ來タカ丁度受持技手カ不在テアツタカラ予カ出懸ケテ行ツテ見タラ紡績器械ノ歯車直經僅カ三吋計ノカ一個破損シタカラ代品ヲ造ツテ貰ヒタイ極ク急クノテ新隈工場ニハ必木型カアル筈タカラ夫レテ態々遠方ヲ呼ヒニアケタノダカ僅カ計リノ仕事テ御氣ノ毒テシタカ宜敷御頼ミスル其内ニ又相當ナ仕事カアツタラ御頼ミスルト工場長カ言ツテ居タカ其後手押唧筒一臺ノ注文ヲシテ呉レタ事カアリシ

銅工職長ノ手腕

新隈鐵工所テ天満ノ織物工場ノ乾燥器械ヲ修繕セシ時銅工職長某カ大ニ手腕ヲ振イシ事ヲ述ンニ此ノ乾燥器械ハ該工場カ外國ヘ注文シテ神戸稅關ノ波止場ヘ陸揚ケシテ見ルト直經五呎計リモアル薄イ銅板テ巻イタ「ロール」ノ一部カ嚴重

ニ荷造リシテアルニ均ハラス何カ衝突シタモノト見ヘ荷造ノ木ヲ折ッテ中ノ「ロール」カ三分ノ一程凹ンテ居ルト言フノテ注文ヲ引受ケタ外國商館テハコーナツタラ仕方カナイカラ日本テ修繕カ出來ナケレハ止ムヲ得ス外國へ送リ戻シテ代品ヲ取寄セル外ハナイト申出タノテ注文シタ工場テハ成ルヘク日本テ修繕シテ一日モ早ク使用シタイノテ大阪ノ二三鐵工場ヲ聞合セタカ中々面倒ナ仕事テ是レヲ請合ッテ若シ甘ク修繕カ出來ス役ニ立タヌ様ナ事ニナッタ曉ニハ困ルト考ヘテ引受ケナカッタノテ新隈鐵工所へ申込ンテ來タ當所ハ元來紡績工場ノ仕事ヲ重ニ遣ッテ居ル相當ナ工場テ前記ノ織物工場ハ得意先テアルカラ第一番ニ言ッテ來ナケレハナラヌ筈タノニ外工場ヲ方々聞合ハセテ斷ワラレテカラ後ニ申込ンテ來タ事ニハ原因カアルノテアル夫レハ前々カラ仕事ヲシタ支拂ヲ何ントカ彼トカ言ッテ延シテ居タ際タカラ申込ンテモ容易ニ引受ヌタロウト思ッタカラ外ヲ聞合セタノタロウカ今ハ絶對絶命テ言ヒ込ンテ來タノテアル夫レテ若シ今度ノ仕事ヲ引受ケルトシタラ支拂延滞テハ引

受カ出來ヌト言ツタラ今度御頼ミスレハ代金ハ前拂ニシテモ良ヒトノ事テ

兎ニ角現品ヲ見ヨウトテ予ハ銅工職長ヲ連レテ神戸税関へ行テ現品ヲ能ク見ルト其レハ大キク凹ミ込ンテ一見迚モ手ノ附ケ様モナイ有様ナリシカ職長ノ言フニハ是レハ隨分面倒ナ仕事テアリマスカコンナニ損シタ品ヲ修繕スルノハ必竟自分ノ腕ヲ磨ク事ニモナリ又興味ノアルモノテスカラ遣ツテ見マシヨウト言タノテ引受ケル事ニシタカ先方テハ修繕見積代金ト成功期限ヲ聞イテ約束ヲシタイト言フノテ職長ノ考ヘヲ尋子タラコウ言フ仕事ハ他工場テモ歡迎サレマセヌ夫レハ骨ノ折レタ割ニ出來榮ヘカセス其上代價モエ貴ト雑費カ重ナノテ金高モ小額テアルカラテス私カ仕事ニ掛リマシタラ隙ニ任セテポツポツ遣ツテ先ツ一箇月テ仕上ケル積リテス實際急ケハ一週間モ掛ラヌ仕事テスカソウ早ク出來上ラシタラ御金カ多ク取レマセヌカラ私モ工事ノ隙ナ時テモ相變ラス御使ヒ下サル報酬ト思ヒ今度ノ様ナ難工事テ充分骨ヲ折ツテ見マスカラ一ツ思ヒ切リ價値丈ケノ

金額ヲ取ル様ニシテ下サイト言ヒシ
夫カラ普通通リニ計算シテ見タラ百五拾圓程ニナルノダカ
若シ日本テ修繕カ出來ス外國ヘ積戻シテ代品ノ來ルノヲ待
ツトスルト約五箇月モ掛ルカラ今假リニ日本テ修繕スル一
箇月ヲ差引リト四箇月無駄ニ過サ子ハナラヌ損害ハ隨分大
キイノテアルカラ五百圓ト一箇月ト言フ事ニシテ先方ヘ通
知シタラ賴ムカラ期限ヲ精々早クシテ呉レトノ事テ無論金
ハ前金テ拂込ミシ
約束カ出來タラ直キニ破損器械ヲ送ッテ來タカラ仕事ニ掛
ツテ見ルト案外早ク出來想ナノテ職長ノ言フニハ時々先方
ノ人カ見ニ來マスカラ餘リ早ク出來ル樣ニ見ラレテハ仕事
ノ價値モナク又餘リ儲ケ過キルト思ハレテモナラヌカラ間
ハ休ンテ外ノ仕事ニ掛ッテ居ル樣ニシテ誰レカ工場ノ入口
ニ番ヲサセテ置テ先方ノ人カ來タラ知ラセテ下スッタラ私
カ彼ノ仕事ニ掛ル樣ニシマスカラト言フカラ其通リニシテ
見タカ二十日計リスルトモウ出來上ッタノテ彼是シテ二十
五日目ニ先方ヘ引渡シ取附テ試運轉ヲ濟マセ仕事ニ掛ッテ

見タラ誠ニ好結果テ工場ノ方テモ欣ンテ呉レ此方テモ餘分ニ利益カアツタノテ職長ヤ年傳職工ニ相當ノ賞與金ヲ遣ツタラ皆ナカ喜ンテ居タカ此ノ職長ノ腕前ハ中々勝レテ居タ事ヲ認識セリ

今一寸其時修繕ヲシタ仕方ヲ言フト器械ハ太鼓胴ノ様ナ直經五呎計アル全體カ薄イ銅板テ出來テ居テ内部諸所ニカ金ヤ支柱カアリ中真ニ軸カアツテ胴ノ中ヘ蒸氣ヲ入レテ廻轉サセツツ胴ヘ乾燥サセル織物糸ヤ織物ヲ巻テ乾カスノテアルカラ周圍ニ凹凸カアツテハナラヌノテアル是レヲ修繕スルノニ何ンナ風ニスルカト思ツテ居タラ側面ヲ大キク仕事カ出來ル様ニ取外シ周圍ノ屈曲シタ處ヲ直スニハ二呎角程ノ充分厚サアル木ヘ其外法ト同シニ操ツタ一ツノ型臺ヲ設ケ又別ツニ同様ノ内法ト同シ型臺ヲ造リ仕事ニ邪魔ナ内部ノカ金ヤ支柱ハ取外シ内外カラ型臺ヲ同位置ニ据ヘ内部ノ型臺ハ胴ヘ障ラヌ様ニ丈夫ニ横木テ支ヘ外部ノ型臺ヲ徐カニ柔ワ々々ト萬カテ締附ケ少シツツ根氣克ク押ヘ々々シテ行クト銅板カ薄ヒノテ自由ニ曲リカ元ヘ返ヘツテ行キ段々

ト無事ナ表面ト同様ニナツテ行ク事カ見テ居テ面白イ様テアリシ職長ノ言フニハコンナ仕事ハ極楽ナ方テスカ唯直ス方法ヲ一寸考ヘル事丈ケカ少シ頭ヲ遣ハナクテハナリマセンカ仕事ト言フモノハ妙ナモノテ品物ノ方カラ教ヘテ呉レマスト言ヒシカ實ニ其通リテアルト感心シタ

## 大阪製蠟會社ノ器械

大阪製蠟會社ト言フ會社ノ工場ハ大阪天満ノ外レ淀川寄リニ設ケラレシ其レハ普通蠟ノ原料黄櫨ノ實ヲ使フ代リニ未タ世間テ使ツテ居ラヌ或ル木ノ實カラ蠟ヲ製スル事ヲ發明シタ某氏カ工場ヲ主宰シテ同氏ノ考案ニ依ル諸器械一切ノ製造ヲ新隈鐵工所テ引受ケタカ其器械ノ大畧ハ鐵板製ノ直經五呎高サ六呎計リノ製蠟蒸シ器一個木ノ實ヲ潰ス「モルタルミル」ト同形ノモノ二個運轉用十二馬力横置蒸氣機械一個運轉用車軸調車「コルニシユ」形蒸氣滊鑵等カ重ナルモノテ製造後工場ヘ送ツテ据附ヲ濟マセテ操業ニ取掛ツテ見タラ蒸氣機械ヲ初メ普通ノ器械類ハ都合能ク運轉シテ差支ナカリ

シカ一番肝要ナ原料蒸シ器カ思フ様ニナラヌノテ色々ト午
ヲ盡セシ
蒸シ器ハ發明者カ是迄度々有合セノ小形ノ罐類等テ試驗シ
タ實驗上其レヲ大形トシテ考案シタモノテアルカ同氏ハ化
學者テアルカ機械的方面ニハ經驗カ薄ク小形モノテ扱ツタ
事ヲ其儘大形モノニ利用シタノテ實際ニ就テ使用シテ見ル
ト思フ様ニ行カヌノテアリシ今其實況ヲ擧ケテ見ルトニ
試驗シタ時ニハ小形モノテアルカラ一寸ト蓋ヲ開ケテ中ノ
原料ノ蒸シ加減ヲ容易ニ見ル事カ出來タカ何シロ今度ノ蒸
シ器ハ大形ノ上ニ地上カラ底マテ六呎モアルカラ蓋ノ處マ
テハ中々高ク其蓋モ重ヒ上ニ螺旋釘テ止メテアルカラ取外
スシテ内部ノ様子ヲ見ルノハ容易テナク其故後ニ器ノ胴ヘ
幅六吋長一呎六吋程ノ硝子枠ヲ取附ケ裝置ヲシタラ熱ノ爲
胴體カ膨脹スルノテ硝子カ度々破レタノテ改メテ硝子ノ幅
ヲ三吋ニ縮メ長サハ從前通一呎六吋テ厚サヲ八分ノ三吋ニ
厚クシタラ破レナクハナツタカ硝子面カ曇ルカラ一々拭ツ
テ見ナケレハナラヌカラ毛布ヲ張ツタ蓋ヲ取附ケ中ヲ見ル

時ニハ其蓋ヲ開テ直キニ見ルト言フ事ニ改正シタカ未タ充分内部全體カ見ヘヌトテ工場ノ屋根ヘ天窓ヲ設ケシ工場ヲ起ス前ニ屢々試驗シタ成績ハ良好テアリシカ今度大掛リニ遣ッテ見タ結果ハ面白カラヌトテ發明者ハ色々苦心シテ居リシカ予ノ目テ見タ處テハ蒸シ器ニ充分ナ改良ヲ施シ若シ大形テ甘ク行カナケレハモット輕便ナ小形モノトシテ數ヲ増セハ能クハナイカト同氏ニ言ッテ見タ事モアリシ發明ノ要點ハ黄櫨ノ實ヲ使用スル代リニ極安値ナ未タ一般ニ使用サレテ居ラヌ或ル木實ヲ使用スルト言フ點カ目的テアリシカ實際其木實カ餘リ多ク手ニ入ラヌノテ大量ヲ永ク使用スル事カ六箇敷イト言フ事カ問題トナッテ株主カラ異議カ出テ遂ニ會社ヲ解散スル事ニナッタトカ聞キシカ發明者カ蒸シ器改良ニ今一層尽カシタラ良イノニト思ッタ事モアリシカ當時ハ既ニ解散ト決シタノテ駄目ト見切ッテ居タカモ知レヌノアリシ

若州小濱ノ製塩機械

新隈鐵工所ヘ若州小濱ヘ設立スル製塩場ノ機械ヲ注文サレテ製造セシ其新案ノ機械ノ目的ハ下ニ述ヘル如キモノテアル普通ノ製塩ハ人ノ能ク兼知シテ居ル樣ニ海水ヲ砂上ニ散布シ日光テ乾シ其レヲ幾囬モ反復シテ塩分ヲ多ク砂ニ含マセテカラ其砂ヲ搔キ集メテ塩水溜ノ上ニ盛リ海水ヲ上カラ流シテ其濃厚ナル塩分ヲ溜ノ中ヘ流シ込ミタル後之レヲ煮、鍋ニ入レテ煮詰メ鍋底ニ結晶シタル塩ヲ取出シテ日光テ乾カシテ玆ニ製塩ヲ了ルノタカ以上ノ方法テハ廣大ナル土地ト日光ト人カヲ要スル事ニテ第一雨天曇天ノ日ニハ仕事カ出來ス夫レニ土地ヤ人カヲ多ク費ス爲メニ經費カ多ク掛リ安價ナ塩カ得ガタク

夫レテ今度ノ機械發案者ハ以下ニ述ヘル樣ナ場所モ手廣クナク人カモ多ク費サス其上晴雨ニ均ハラス短時間ニ製塩シ得ルカラ費用ハ少ク未タ夫レ計リテナク一定ノ製造量ヲ何時テモ得ラルルト言フ至極便利ナモノテ

機械ノ大體ハ鐵板厚サ四分ノ一吋カラ十六分ノ三吋マテ幅五呎テ全長ヲ三十呎トシ鐵板ノ繼キ目ハ重子掛ケテ之レヲ

螺折締メトシ幅ノ中央ヲ少シ高ク左右テ低クシ両端ヲ少シ
折リ曲ケテ水カ鐵板上ヲ流レル様ニシタノテアル此ノ鐵板
ヲ現場ヘ据附ケルニハ水カ自然緩カニ流レ得ル程度ノ斜メ
トシ行止マリ最下部鐵板ノ下ニ火焚場ヲ設ケ其鐵板ノ最上
部ノ外レニ煙突ヲ造リ火焚場テ焚イタ火煙ハ鐵板ヲ熱シツ
ツ煙突ヘ逃ケルノテ喞筒テ静カニ鐵板上ヲ流サレル海水ハ
水分ヲ蒸發サレツツ下部ニ至ルニ随ツテ結晶體トナルノテ
アル人ハ鐵板ノ上ヲ見張ツテ萬遍ナク海水ヲ都合能ク流通
セシメ結晶シタ塩ヲ漸次取リ去ルノテアル
海水ハ海邊カラ喞筒テ工場ノ水溜ヘ送リ清浄サセタ海水ハ
別ノ喞筒テ製塩機械ヘ送ル事テアル喞筒ハ何レモ場所ヲ取
ラ又簡單ナ「オウシントン」式テ普通ヨリ二倍ノ行長アルモノ
トセリ出來上ツテ先方ヘ引渡シタカ使用後ノ結果ヲ聞キタ
カツタカ遂ニ其儘トナリシハ残念テアリシ

鐘淵紡績會社兵庫分工場ノ「ベアリング」

鐘淵紡績會社兵庫分工場カラ原動蒸氣機械軸「ベアリング」ノ

注文カ新限鐵工所ニアツタカラ従來ノ方法テ造ツテ遣ツタラ僅カ數箇月ニシテドウモ早ク磨滅シテ困ルカラ充分良イ地金ヲ用ヒ永ク持テル樣ナ品ヲ造クツテ貰ヒタイト言ツテ來タカラ曩キニ東京芝浦ノ田中製造所テ海軍ノ長浦水雷局ノ諸機械ヲ造ツタ時ノ砲金地金ノ配合ニ倣ヒ則チ銅八十錫ニ十亜鉛五ノ割合ニ従ヒ地金モ銅ハ百分ノ九十七以上ノ銅分ヲ含ム越前大野ノ丁銅錫ハ英國ノ「バンカチン」又ハ薩摩ノ谷山錫ノ内ヲ選ミ亜鉛モ特別品ヲ用ヒ荒地金カラ三田目ノ鑄流シノ後鑄型ヘ流シ込ミタルモノヲ旋盤ニ懸ケテ削リ始メタカ其色ハ金色ヲ帯ヒテ美シカリシカバ

當時大阪邊テハ青味掛ツタ粗悪ナ砲金計リ見馴レテ居リシ職工等ハ驚異ノ目ヲ以テ是レヲ見ツツ皆爭ツテ旋盤ノ廻リヲ取巻イテ賞讃シツツアリシ「ベアリング」ハ出來上ツテカラ先方ヘ引渡シタカ其後數箇月シテカラ言ツテ來タノニハ今度ノ品ハ骨ヲ折ツテ拵ヘテオ呉レタツタカラ大分都合カヨク未タ何ンノ事モナク必ス永ク保ツニ相違ナイカ何ンナ良イ品ハ一寸出來ヌト思フカラ豫備ニ同樣ノ品ヲ一揃造ツテ

貫ヒタイト申込ンテ來タ
序ニ記シテ置クノハ從來此地テ「ベアリング」地金トシテ使ツテ居タノハ砲金ヤ眞鍮ノ古地金テ溶解セントスル時色合ニ應シテ幾分カノ銅地金ヲ加ヘルカテンデ錫地金ハ用ヒヌ様ニシテ少シ黄ハンテ居タラ其儘熔解シテ直ニ鑄型ヘ流シ込ムト言フ有様テ眞鍮地金カラ見レハ少シ錫ノ氣カアル位タカラ車軸受抔ハ永ク保タナイノハ無理テハナイノテ良イ砲金地金トナルト大阪砲兵工廠ノ拂下ケタ古砲金地金ヲ其儘熔解シテ用ユルカ其レハ上等品ヲ造ル時計リテ普通ハ舩舶機関等ノ外シモノテ仕事ハ何テモ安イ物勝テ深切叮寧ニ各製造機械ノ本質ニ就テ各様ノ地金ヲ使ヒ分ケルト言フ事ナク唯形式ケヲ造ル事ニ計リ心懸ケテ居タカ
最初ハ何ンテモ構ハス安値一方ニ傾イテ居タ機関手ヤ舩主達モ段々世ノ進運ニ隨ツテ眞ノ經濟ヲ知ル事トナリ良質ノ品ハ高價テアツテモ永ク使用スル事カ出來ルカラ算盤上利益トナル事カ分リ機械ノ高尚ヤ粗雑ニ依ツテ夫々專門方面ニ依頼スル様ニナリシ

先キニハ粗製亂造ヲ得意トセシ此ノ地ハ人カ嗚呼大阪出來ハ誥ラヌト口頭ニ上ル様ニアリシハ誠ニ故アル事テアリシカ後年ニ至リテハ專門的ニ仕事ヲスル様ニナツテ次第ニ改良サレシハ全ク世運ノ然ラシムル處テアル

鹿児島縣ノ浚渫船

鹿児島縣土木課ハ同市ノ築港内外ヲ浚渫スル爲メ新タニ浚渫船ノ一日百噸ノ土砂ヲ浚渫シ得ルモノニ艘ヲ内地ノ造船所ヘ注文スル事トナリ大阪鐵工所ハ早ク人ヲ同縣ヘ派出シテ引受ケル事ニ奔走最中テアリシカ同縣ノ有力者某氏カ或ル紹介者ヲ以テ新隈鐵工所ヘ一ツ出懸ケテ行ツテ大阪鐵工所ト競爭シテ見ル氣ハナイカト言ヒ込ンテ來タノテ同所テハ早速紹介者ヲ同地ヘ派遣シテ其入札ニ加ハル事ニシテ居タカ勢ヒ大阪鐵工所カ獨占ニ傾キ想ナノト派遣者ヲ先方テ小僧扱ヒニシテ兎角要領ヲ得ヌ事ト彼地トノ通信カ思フ様ニ行カヌ事情カ判明セヌノテ
新隈鐵工所ノ主宰者泉常三郎氏ハ予ニ出張シテ是非此ノ工

事ヲ引受ケル様ニシテ呉レト言フカラ予ハ引受ケタカ出發ノ時同氏ト話シ合ツタノハ文明ノ利器ヲ利用スル事ハコンナ時ニ必要タカラ彼地ヘ行ツテ其節ノ人ト交渉ノ成行キハ其都度暗号電報テ報知スルカラ主宰者カラモ同様電報料ヲ惜マス返信其他ノ用件ヲ電報テ辨スル約束ヲ爲シ製造用ノ栰料ノ内船體ノ鐵栰ハ詳細ナ調書カ拵ヘテアルノテ前以テ栰料商ト引合テ置テ工事ノ引受カ物ニナルト見込ンタラ其事ヲ報知スルカラ二艘分ノ栰料ハ直ク買入レル事ニ取計ツテ置ク様ニ申合セ同地着後ハ毎日二三回ツツ長文ノ電報テ其情況ヲ知ラセツツアリシ

大阪鐵工所ハ最初ハ迚テモ競争者ハナイ事ト得意テ成ヘク高價テ引受ケ様トシテ居タ處ヘ新隈カラ出懸ケテ來タ事ヲ知ツテカラ烈シク運動ヲ始メ是非自分ノ方ヘ引受ケル様ニト努メタカ當局者ハ競争者カ出テ來タノニ理由ナク單ニ大阪鐵工所ヘ注文スル譯ニ行カス夫レテ双方カラ入札サセタ上テ兎モ角極メルト言フ事ニナリ其處テ入札シテ見タ結果ハ無論新隈ノ方カ安値テアツタ大阪鐵工所ハ以前大阪府ノ浚渫船

第二大浚丸ヲ造ッタ事ヤ工場ノ信用ヲ盾ニ是非共自分方ヘ命シテ貰ヒタイト必死ニ其筋ヘ迫ッテ居ルシ當方テハ大浚丸ヲ造ッタ時ノ主任技師ハ予テアリシ事ヤ小規模ナカラ確實ナ工場テアル事ヤ第一カ製造代價カ廉テアルノカ當局ニハ都合カ良ク遂ニ種々交渉ノ末當方カラ出シタ製造代價テ双方ヘ一艘宛注文スルト言フ事ニ極マッタカラ豫テ申合セタ通リ手廻シニ材料買入レノ事ヲ電報テ工場ノ方ヘ知ラセテ置タリノテ予カ懸應ト注文ノ手續キヲ濟マセテ大阪ヘ歸ヘテ見タラ材料ハ手附金ヲ拂込ンテ有合セ品全部ノ約束カ出來ラ居タ二艘分ニハ少シ不足ノ分モアッタカ夫レカラ直キニ着手スル事ニセシ

其後大阪鐵工所カラ支配人カ來テ言フニハ貴所テ手廻シシテ材料ハ皆ンナ買入レラレタノテ當惑セリ時日カアレハ外國カラ取寄セルノダカ時日カナイカラ是非共内地ノ有合セ品テ仕事ニ懸ラ子ハ期限ニ間ニ合ハス夫レテ御相談ニ出タノハ餘分ノ材料ヲ譲ッテ御貰ヒ申シ度ヒノテス貴所テハ能クモ速カニ材料ヲ手ニ入レラレシ實ハ自分方テモ大體材料ノ

有合セ品位バ前ニ調ヘテ置タノテスカ仕事カ極ツテカラ牛ヲ附ケル積テ居マシタノヲ先鞭ヲ打タレタノテス商賣ハ都テ敏捷ニ遣ラナケレハナリマセント言ヒシ其處テ餘分ノ棧料ハ差當リ入用カナイノテ譲リ渡ス事ニシタラ支配人ハ喜ンテ帰ヘツテ行ツタカ其時貴所テ若シ何カ器械仕上ケ等カ間ニ合ハヌ時ニハ御遣シニナレハ何時テモ為テ上ケマスト言ツテ帰ヘタノハ棧料譲渡シヲ直キニ承諾シタノカ餘程嬉シカツタノテアロウ棧料ヲ二艘分買入レタノハ最初持合セ品全部ヲ買入ルトシテ直段ヲ聞合セテ置タ後引受ケル船カ一艘トナツタケレトモ割安タカラ牛ニ入レテ置ケハ又次ノ仕事カアツタ時遣カテモヨイト思ツテ居タラ案外前記ノ様ニ直キニ譲リ渡ス事ニナリシハ好調子テアリシ

後泉氏ハ言ヒシ貴殿カ鹿児島出張中何レ丈多ク然カモ長文ノ電報ヲ打チシカ電報料抔ハ何テモナク着々用事カ運ヒ今日テハ仕事モ大分果取リ約定面ニアル一日百圓宛ノ延滞償金ヲ取ラレル心配モナク必期限前ニ引渡ス事ニナルト思ヒマスカ電報料ハ往復共合算シテ僅カニ百圓計テシタカ大阪

鐵工所カ桟料讓受ヲ賴ンテ來ルトハ當所カ如何ニモ優勝ノ地位ニ立チシカヲ滿足シマス文明ノ利器モ使ヒ方ニ依ツテ有功ナ事カ知レマシタト喜悅サレシ因ニ記シテ置ク當時鹿兒島テハ電報ハ餘程重要ナ事テナイト打タヌノテアツタカラ每日ニ三囘モ打チニ行クノテ局員モ驚イテ能クマアコンナニ每日打タレル今日抔ハ貴君ノ方ノ往復式ノ外ハ未タ取扱ヒマセント言ヒシ位ナリシ

新隈鐵工所ハ從來造船ヤ諸機械類ヲ製造シツヽアリシカ造船ノ方ハ木造船計リ造ツテ居タノテ今度ノ浚渫船ハ鐵船ユヘ元神戸小野濱海軍造船所ノ造船職長(86)ヲシテ居タ鐵船製造ニ熟練ナル佐野ト言フ人カ丁度手明キテ居タカラ賴ンテ來テ難波島ノ造船所テ船體製造ニ取掛リ機械一切ハ安治川工場テ製造スル事ニシテ全部落成スル少シ前ニ予ハ豫テ約束アリシ八幡製鐵所ヘ赴任スル爲メ同所ヲ辭シタノテ引渡ニハ預カラサリシカ首尾克ク落成ノ上試運轉ノ後鹿兒島ヘ廻航シテ同縣ヘ引渡シ濟トナリ同市築港内外テ浚渫ニ從事シ好結果テアリシト聞キシ

油置場ヲ鐵板張リトセシ事

新隈鐵工所ノ油格納所ハ工場ノ入口テ事務室ト向ヒ合ツテ居テ狭イ通路ヲ隔テタ戸棚テ油ハ工場用ノ各種カ其中ニ入ツテ居ル外ニ旋盤ヤ仕上工場テ重ニ用ユル石油「ランプ」カ雑然ト入レテアリ至極危險テアルノテ外ニ安全ナ場所ヘ移サントセシモ適當ナ所カ見附カラヌノテ主宰者泉氏ト相談シテ用心ノ爲メ戸棚ノ中一體ニ薄鐵板テ張リ詰メ其レカ出來上ツテ間モナク予ハ浚渫船ノ事テ鹿児島ヘ出張シタカ其留守中自盈幼年ノ見習職工カ油ヲ出シニ格納所ヘ來タカ中カ暗イトテ石油「ランプ」ヲ點シテ油ヲ出シテ居ル内過ツテ火カロヲ明ケテアツタ石油鑵ニ移リ燃ヘ出シタノテ當人ハ驚イテ其處カラ飛ヒ去リ中カラハ盛ンニ黒煙カ舞ヒ出ルト言フ騒キテ職工達カ駈附ケ鑄物土ヲ投ケ入レ杯シテ漸ク鎮火シ外ハ無事テアリシ若シ鐵板ヲ張ツテナカツタラ前カラ土ヲ投入レタトテ周圍ハ薄ヒ木板テ張ラレテアルノタカラ忽チ燃ヘ擴カリ場所ハ狭隘テ防火シ難ク大事ニ至リシヤモ知レス

鐵板ヲ張リ詰メシ為メニ僅カノ間ニ鎮火シ別条ナカリシト
テ帰所シタラ第一番ニ禮ヲ皆ナカラ言ハレタ
油ノ格納所ハ極小サカツタノテ鐵板ヲ張ツタ費用ハ僅カ十
四五圓程モ掛ツタカ夫レテ外カ無事テ濟タカラ安イモノテ
若シ其カ大事ニ至レハ其損害ハ謀ル可カサリシ事ニ至ラン
誠ニ幸福テアリシ此レ等ハ轉ハヌ先ノ杖ト言フ可キテアリ
シ厄難ノ内テ火災カ一番恐ルヘキモノテ衆人ヲ悩ス事モ多
ク夫レテ危険物ヤ火ヲ取扱フ家業者ハ平素能ク注意シテ設
備ヲ完全ニスヘキモノテ獨リ我一家ノ為而巳テナク他ヲ顧
ミルモノテアル故ニ危険ヲ自覚シタラ明日ト言ハス直チニ
其防禦ノ方法ヲ為ス事ヲ忘ルヘカラスト思ヘリ

傳染病テ工場ニ籠居

新隈鐵工所テ北安治川一丁目ノ同工場近クニ虎烈羅病患者
ヲ出セシ家カ出來タノテ晝間作業中道路ノ中央カラ附近一
帯ニ竹矢來ヲ結ヒ廻シテ交通遮断ヲ行ハレタノテ工場テハ
當惑セシモ如何ントモスル事ヲ得ス工場ノ主宰者泉常三郎

氏ト外ニ外部ニ居テ働ク者一名都合ニ人丈カ特別ニ柵外ヘ出ル事ヲ許サレ消毒ヲ受ケテ外ヘ出タカ残リノ工場主ヤ家族ヤ予以下職工百餘人ハ工場内ニ留マツテ相變ラス事業ニ従事シ三度ノ食事ハ近所ノ賄ヲスル家カラ運ヒ寢具モナイノテ職工達ハ身體ノ續ク丈働ク方カ勝手トテ夜業マテシテイ疲レタ身體ヲ莚ヤ板切レノ上ニ横タヘテ僅カニ眠ルト言フ有様テアリシカ時候カ暖カナ時テ都合ハヨカリシ予ヤ職員達ハ工場主カラ貸シテ呉レタ夜具ヘ一組ニ二人宛前後カラ潜リ込ンテ寢タ様ナ譯テアリシ

工場テ働イタ實況ヲ言フト使用ノ棧料ハ追々ト缺乏スル處カラ平素ハ何トモ思ツテ居ラヌ品テモ大切ニシ今迄ハ顧ミラレヌ様ナ棧料テモ之レヲ引出シテ丹念ニ使用シ成丈ケ一日モ永ク持合セ品テ間ニ合ス様ニ一同カ氣ヲ附ケルノテ工場内ニ轉カツテ居タ不用品カ大ニ役ニ立チ二週間ノ永イ間必要止ムヲ得サルモノ丈ハ外カラ運ヒ入レタカ御蔭テ是迄邪魔モノ扱ヒニサレシ品カ大概使ヒ切リトナリ都合ヨカリシ職員ヤ職工達ノ意氣組カ平日ト違ヒ少シモ職業ノ外ニ氣

カ散ラヌノテ互ニ仕事上ノ話ヲシテ目カ覺メテ居ル間ハ仕事ニ掛ツテ居ルノテ知ラス知ラスノ間ニ仕事モ大ニ渉取リシ是レハ止ムヲ得スニ週間工場内籠居スル事ニ各人カ皆觀念シテ傳染病豫防ノ爲メ堪ヘ忍ハサル可カラスト衆心カ一致シタ結果テ其證據ニハ多人數ノ寄合トテ喧呵擲リ合ヒ等ハ平日ハ能ク行ハレシモ此ノ籠居中ニハ曾ツテ其事ナク皆從順ニシテ懇切ナリシ

隔離ノ解ケタノハ丁度ニ週間目ノ夜半ナリシカ唯見ル工場ト言ハス事務所ト言ハス一瞬間ニシテ忽チ人影カ見ヘナクナリシ然カ言フ予モ跡カラ夜中帰宅シ戸ヲ叩イタ組ナリシ自由出入ノ令カ其筋カラ下ルヤ帰心矢ノ如ク何トモ言ハレヌ快心ノ笑ミヲ禁セサリシ事ヲ思ヘハ皆ナカ即時退場セシ心中ヲ察スル事カ出來ル始メニハ傳染病豫防ノ爲メ定メラレタ期間止ムヲ得ス困難ニ堪ヘシモ期滿チテ自由出入カ許サレタトスレハ誰レテモ早ク帰宅シテ一家ノ安否ヲ聞キ自已ノ疲勞ヲ慰セントスルハ人情ノ然ラシムル處テアル今其勞苦ヲ共ニシテ實况ヲ目撃シタ事ハ大ニ將來多數ノ人ヲ使

用スル時ノ良ヒ參考トナルト思ヒシ

## 製鐵所時代

### 製鐵所ノ創業

明治三拾四年頃ノ製鐵所ハ二月五日始メテ第一熔鑛爐ヘ點火セシ時トテ製銑部ノ諸工場ハ熔鑛爐関係ノ部丈カ漸ク出來上リ製鋼部ヤ製品部ノ諸工場ハ盛ンニ工場ノ建設ヤ諸機械類ノ据附中テ機械ノ運轉ヲシテ居タノハ第一熔鑛爐ヘ送風スル送風機カ二臺ト所内ノ必要ノ箇所ヘ送電スル發電機カ一臺テ建造物テハ熔鑛爐ノ外ニ送風ヲ加熱スル熱風爐カ四基高サ二百六拾呎ノ煉瓦造リノ大煙突カ一基蒸氣罐直經六呎三吋長三拾呎ノモノカ二拾四本骸炭爐カ多數海岸ニ旋回起重機二十五噸カ一基所内必要ノ場所ニ運搬用鐵道線路ト機関車貨車カ數十臺諸機械製造工場ハ仕上旋盤鍛冶鑄造木型銅工製罐「ロール」削等ナルカ建物ハ稍出來上ッテ内部ノ諸設備カ完成トナラス仕上旋盤丈カ先ツ荒カタ目鼻カ附イテ居タ位テアリシ

製鋼製品ノ諸工場モ出來ツツアリシカ其諸機械類ハ獨逸國

カラ到着シタ儘所内ノ廣イ草原ノ中ニ散在シテアルノヲ段々ト取出シテハ据附ヘキ工場ヘ運ンテ磨イタリ假組立ヲシタリ基礎地形ノ出來タ方カラ据附ケテ行クノテアルカ機械ヤ仕上工場ハ前記ノ樣ニ未タ充分ナ設備モナク道具類モ不足勝テ夫レニ職工ハ諸方カラ募集シタ事トテ良イ腕ノアル者ハ尠ク取附ケル諸機械類ハ今迄見タ事モナイ大キナ珍ラシイモノ計リテ何處カラ手ヲ附ケテヨイカ分ラス夫テモ日一日ト毎日遣ッテ行ク内ニ品物カラ教ヘラレテ何如コウカ納リカ附テ來ルノモ面白シ
外國カラ送ッテ來タ品物ノ外ニモ澤山造ラナケレハナラヌ機械屬品カアルノテ其レラハ三池鑛山ノ工場ヤ(87)長崎造船所其他大阪東京等ノ諸工場ヘ賴ンテ製造シテ貰ッテ間ニ合セタ樣ナ譯テ兎ニ角工事ハ能ク進行シテ行キ其年十一月頃マテニハ重ナル所内ノ工場テハ夫レソレ事業ヲ開始シ各工場ニハ一人乃至二人位ツツ獨逸人ノ職工カ雇ハレテ居テ日本ノ素人職工ニ仕事ヲ傳習サセタノテアリシ
明治三十四年十一月十八日ニハ貴衆兩院議員達ヤ陸海軍其

他諸官省ノ顕官達ニ諸商人ノ製鐵業ニ關係アル人達ヲ招待シテ茲ニ開業ノ式ハ擧ケラレシ然ルニ其翌年一月議會カ開カルルヤ製鐵所長官和田維四郎氏カ巨費ヲ設立ニ費シタ割合ニ一向ニ其成績カ擧ラント言フ事ヲ以テ攻撃ノ聲カ嚴敷ナリ議會ニ向ツテ今後ノ要求ヲ爲ス事カ困難ナ形勢トナリ氣ノ毒ニモ同氏ハ懲戒免官トナリ(88)製鐵所長官ノ職務ハ農商務次官安廣伴一郎氏カ一時兼務サレル事トナリシカ議會ノ形勢ハ製鐵所存癈論カ八釜敷癈止説カ勢力ヲ示セシ當時一箇年ヲ支ユル費用ハ一百萬圓ヲ要スルカ議會ハ製鐵所ヘ投ケ込ム金ヲ他ノ有益ナ方ヘ向ケタシトノ説カ多カリシカ安廣氏カ言ハレタノニハ自分ハ一時兼務シタ事トテ是非存立サセ子ハナラヌトハ申サンカ一寸御斷リ申シテ置クカ同所ニハ多數ノ雇外國人カ居ルカ當方カラ解雇スル時ハ約束年限丈ケノ給料ヲ拂ツタ上ニ帰國旅費モ渡ス事ニナツテ居ルシ又多數ノ職員ヤ職工ニモ規定ノ手當ヲ拂ハ子ハナラス其上支那大冶鐵鑛ニ對スル約束モアルノテ夫レ等ヲ概算スルト約ニ百萬圓ノ金ハ右カラ左ニ入用ニナル事テアルカラ今

諸君ノ言ハレル様ニ一百萬圓ヲ他ヘ流用サレルト別ツニ癈止ノ為メニ二百萬圓ノ金ヲ持ツテ掛ラ子ハナラヌト言ハレタノテ議員諸氏モ成程ソンナ事カアルトスレハ反ヘツテ存在シテ置イタ方カ安上リニ附クトテ存在説カ勝ヲ占メタノダカ安廣氏カ超然タル態度テ言ハレタ事カ製鐵所ノ為ニナツテ危フカリシ癈止論ハ消ヘテ存在スル事トナレリ改メテ經營ノ大任ニ當ラレシハ陸軍次官中村雄次郎氏カ選ハレテ新タニ長官トナラレ赴任後ハ專ラ陸海用ノ鋼材ヲ製出スル事トナリ擴張ニ要スル金モ出ル様ニナリ従事者モ始メテ安心シテ業ニ就ク事トナリシ中村長官ノ方針ハ努メテ節約ヲ旨トシ豫算額カラ一割ヲ控除シテ必九割テ事物ヲ完成スル様ニシ残シタ一割ノ金ハ臨時止ムヲ得サル支途ニ向ケルト言フ案配テアリシ茲ニ一番多額ノ金ヲ要スル熔鑛爐ハ折角出銑シツツアリシカ爐底ニ鐵ノ大塊カ出來テ是非其ヲ取除ケル必要カ起リ斷然事業ヲ中止(89)シテ改修ニ着手シ諸工場ノ整頓ニカヲ盡シツツ在リシ事數年テ三十七年ニ到リ天ハ我製鐵業ニ恩惠ヲ與ヘラレシ日露ノ大戰ハ開始セラレ俄

カニ熔鑛爐ヲ始メ諸工場ニ增築ヲ加ヘ更ラニ必要ノ工場ヲ新設スルト言フ有樣トナリ茲ニ初メテ職員ヤ職工ヲ增員シ晝夜業ニ就キ日モ又足ラサルノ盛況ヲ呈シ技術モ日一日ト進歩發達シテ完成ノ域ニ達セリ中村長官モ赴任當時ハ東奔西走陸海軍其他當路ノ官憲又ハ議會ニ向ツテ製鐵事業ノ國家的必要ヲ說キ其贊同ヲ求ムルト同時ニ財原ヲ大藏省ニ要求スル等頗ル盡力サレシ結果漸次諸方ノ是認スル所トナリ正ニ緒ニ就カントセシ時開戰トナリ一時ニ諸方就中陸海軍兵器ノ材料注文カ輻湊シテ主客所ヲ異ニスルノ勢ヒトナリ擴張又擴張テ財源ノ如キハ答慮スル處ニ非ラサルノ好時機トナリタルハ誠ニ天祐ト言フヘシ

## 大蒸氣管ノ破裂

明治三十五年頃テアルト思フカ所内ノ流鑵場カラ諸工場ヘ蒸氣ヲ送ル爲メニ高架式テ大蒸氣管カ工場ニ添フテ長ク通シテアリシカ或ル時分塊工場ノ前テ管ハ美事ニ二ツニ割レテ直經ニ十吋ノ大完カラ百二十磅ト言フ強力ノ蒸氣カ噴出

シタカ其處カラ滊鑵場マテハ隨分遠ク漸ク掛員カ駈附ケテ來タカ當惑ノ體ナリシカ其處カラ約三十間計リ離レタ處ニ蒸氣辨カアルノテ之レヲ閉鎖シ様トシタカ錆ヒ附ヒテ中々動カナイノテ遂ニ滊鑵場マテ行ツテ辨ヲ閉シテ漸ク噴出スルノヲ止メタカ事件突發カラ辨ヲ閉スマテニハ三十分間餘、テモ掛リシカ噴出シツツアリシ蒸氣ハ誠ニ良ク澄ンタ薄藍色テ五六呎位カラ段々ト白色トナリ最後ハ霧トナツテ飛散セシカ其有様ハ又ト見ラレヌ形狀テアリシ

一體如何ナル譯テ管カ輪切リノ様ニ切レタカト其原因ヲ考ヘテ見ルト管ノ所々ニハ或ル間隔ヲ置テ立派ナ伸縮自在管カ取附ケテアリシカ自在管ハ一個ノ重サカ三噸モアル鑄鐵製テ「パツキング」ノ處テ伸縮スル管ニ出來テ居ルカ露天ニ晒サレテ居ルノテ錆ヒ附キ其上ニ高架ノ柱ハ態ト自在ニナル様ニトテ管ヲ支ユル丈ケテグラグラシテ居ルノテ管ハ自在ニ上下左右ヘ屈伸スルノテ自在管ニ摩擦カカ強ク掛リ其用ヲ為サス管ハ鋼鐵製ノ沸シ續キテ直經ハ前記ノ如クニ十吋テ厚サカ十六分ノ五吋テアリシカ破裂セシ場所ハ前後カラ

長距離ノ管カ合シテ鏈ノ牛ニナツテ居ル處ヘ又分塊工場ヘノ支管カ股ニナツテ屈伸ニハ難儀ナ場所テアリシ全體ニ管ニ無理ノ行ク處ハ續キ牛カラ諸所蒸氣カ漏レテ居ルノテ始修牛直シヲシテ居タノテアルカ今度ノ出來事ハ第一カ自在管カ其用ヲ達サヌトニ加ヘテ支柱カ支ヘ切レ又爲メテアリシト思フ

其證據ニハ後年鐵骨製ノ駐カリシタ支柱ヤ管受カ出來其上伸縮自在管ハ銅製ノ大キク曲ツタ形チニナツテ居ル管ニ改メタカラ屈伸ニハ至極樂ニナツタカラ正直ナモノテ管ノ續キ牛カラノ蒸氣漏カ殆ント無クナツタ事テ夫カラ前ノ取外ンタ鑄鐵製ノ自在管ノパッキングヲ取除ヒテ屈伸スル部分ノ取除カントスルモ錆附テ中々取レス之レテハ自在管ノ効カハ全ク無カリシモノト思ヒシ

一概ニ前ノ計畫カ誤ッテ居ルト而已考ヘルノハ少シ酷テアルト言フノハ當時ハ建設費カ切詰メ場合トテ成丈ケ經費ヲ省ク事ニ意ヲ注ク時代テアリシカハ止ムヲ得ス第ニ流ノ設計ニ隨カツタノテアル

厚板工場原働機械 (90)

厚板工場ノ壓延用「ロール」ヲ回轉スル蒸氣機械ハ横置單筩式ナルカ筩内ノ吸鍔「スプリング」ヲ押サユル彈キ金カ機械ヲ使ヒ始シメテカラ約一年計リノ後ニハ大概一週間毎ニ瀛筩ノ蓋ヲ開イテ見ルト吃ト二三枚或ル時ハ四五枚ノ彈キ金カ壞ワレテ居リ夫レニ吸鍔鍓カ始修燒ケテ疵タラケニナルノテ「子ツキブシユ」ヤ「パツキングランド」ノ「ブシユ」ヲ充分緩クシテ注油ハ流シ通シニシテモ吸鍔鍓カ燒ケルト言フ有様テアリシ

其原因ヲ調ヘテ見ルト本工場ヤ諸機械類ハ彼ノ日露開戰ノ當時急ニ米國ヘ注文シテ造ラセタノテアリシカ先方ヘ約束シタノハ工事ノ進行順序トシテ第一ニ工場ノ鐵骨類ヤ屋根壁板夫カラ原働蒸氣機械ロール機ト言フ風ニ据附ニ差支ヘヲ生セヌ樣ニ引受ケサセタノテアリシカ實際ニ就テハ中々其通リニ行カヌ計リテナク約束ノ期限ニ着荷セス度々催促ノ末漸ク着荷シタノハ至極不順序ニナツテ跡カラ据附ケル

部分カ先着スルト言フ譯テ先方ヲ責メテ見ルト分業テ遣ツテ居ルノテ當方テ思フ様ニ行カス工場ノ都合テハ速ク出來タモノモアレハ遅ク出來タモノモアリ其上運搬上モ汽車ノ都合テ前後ニナツタ様ナ譯テ聞テ見ルト無理モナイ事テ止ムヲ得ス到着品カラ基礎ノ上ニ据附ケテ行タノテ「ロール」機ヲ据附ケテカラ後ニ蒸氣機械ヲ据附ケタノテアルカ平常ノ時ナラロール機ノ枠丈ケ据附ケテ其軸受カラ中真ヲ引張ツテ蒸氣機械ノ中真ヲ定メルノテアルカロール機ノ据附ヲ遣ツタ職工組ト蒸氣機械ノ据附ヲ後ニ遣ツタ職工組トハ別ツノ組テ先キノ組合ハ「ロール」ヲ外シテ置クト仕事カ片附カヌトテ後ノ事ニハ構ハス「ロール」ヲ取附ケテ仕舞ツタノテ跡カラ蒸氣機械ヲ据附ケル時「ロール」ヲ外スノハ面倒テアルト緒手ノ中真カラ九拾度ノ線ヲ出シテ蒸氣機械ヲ据附ケタノカ聊間違ヒノ基テ前記ノ様ニ一週間毎ニ手數カ懸ル計リテナッ吸鍔銲ハ一本新調シタ様ナ始末テアリシ夫カラ日露戰役モ濟ミ作業モ平常ニ復シテカラ年末年始ノ休業時之ヲ大修繕スル事ニナリ蒸氣機械ヤ「ロール」機部分品

ヲ全部取外シテ直角ヲ出シテ見タラ「ロール」機ノ末端テ六吋ノ差カ發見サレシガ「ロール」機ハ荒ッポイモノテ結手ナイカラ處ニ大分間隙カ與ヘテアッテ「ロール」ノ囬轉ニハ差支ヘナイ樣ニナッテ居ルカ蒸氣機械ノ亦少シモ餘分ノ間隙カナク精密ニ揩合セカ附テ居ルカラ九拾度直角ノ差カ甚タシイノテ無理ハ精密部ヘ現ハレテ來タ事カ明瞭ニ分ッタカ扨テ之ヲ根本カラ据附替ユレハ無論良イ事ハ分ッテ居ルカ時日ヲ多ク費スノカ當時多忙ノ際難儀テアリシ夫テ止ムヲ得ス「ロール」機ヤ蒸氣機械臺締附ノ基礎ボールトノ許ス限リ成丈ケ九拾度ニナル樣ニシテ見タラ極端ノ差カ二吋半許リニ減少セラレタノテ夫テ我慢シテ据附後運轉シタラ驚ク可シ從來ノ故障ハ全ク無クナリ二箇月目位ニ一囬手入レヲシテ濟ム事ニナリ發條ノ破壞ハ絶ヘテナクナリシ之ニ依ッテ見ルモ仕事ニハ嘘ハ出來又モノテアル事カ了解サレタカ如何ニ急ク仕事トハ言ヘ變則ニ遣ッテハ反ヘッテ後ニ手數ノ懸ルノテアルカラ當初ニ熟慮シテ何處マテモ本式ニシテ手早ク出來ル樣ニセ子ハナラヌト思ヘリ

延塊工場水壓筒

延塊工場ノ壓延機ニ屬スル鋼塊ヲ切断スル双物ヲ動カスニハ水壓力ヲ用ユル事ナルカ其水壓ヲ送クル開閉器ノ側ニアル水壓溜ニ裂レ目カ出來タノテ夫ヲ修繕工場ヘ持ッテ來テ鐵板テ普通ノ當金ヲシテ使ッテ見タラ漏水スルノテ今度ハ極入念ニ當金ノ箇所ヲ直シテ再ヒ試シタカ失張リ不結果テアルノテ遂ニ水壓溜ニ掛カル最大壓力ノ計算ヲシテ見タラ當金ノ絞鋲ノ力カ不足ノ事ヲ見出シタノテ最大壓力ノ二倍ニ當ル鐵輪ヲ全長三箇所ヘ當金ノ上カラ燒嵌メテカラ使ッテ見タラ夫テ水ハ少シモ漏レス其儘半年計リ使ッテ後新製品ヲ造ッテ取替ヘタノデアル

最初ハ計算モ何モセスニ唯實地ノ考ヘテ是レ位ニスレハ水ハ止マルタロウトテ當金ヲシタノダカ壓力ノ低イ水ナラ鋲丈ノ力テ充分ニ止マル筈タカ何シロ高壓テアリシ爲メ堪ヘラレス水カ漏レタノテ別ツニ不思疑ハナカッタノカ此レ等ハ全ク品物カラ道理ヲ授ケラレシ事ニテ其當時ハ是ノ機

械ヲ見ル度毎ニ感謝セスニハ居ラレヌ心持テアリシ都ヘテ物事ニハ念ニハ念ヲ入レロト言フカ一カラ十マテ能ク熟考シテ掛ラ子ハナラヌカ今度ノ事モ最初ニ高壓ノ懸ル機械タト言フ事ニ氣カ附ケハ二囘モ無駄骨折ヲセス餘分ナ工費モ費サスニ濟ンタノテアルカ一度實驗シタラ次囘カラハ直キニ運ンテ高壓ノ機械類テモ容易ニ修繕スル事カ出來タカ何テモ多ク種々ナ出來事ニ當ツテ見ナケレハナラヌモノダト思ヒシ

### 第一熔鑛爐熱風辨

第一熔鑛爐ハ我國テ始メテ建設セラレシ大形ノモノナルカ其熔鑛爐ヘ熱風爐カラ熱風ヲ送ル出口ニ熱風辨ト言フ辨カ在ルカ夫ハ風ヲ送ツタリ止メタリ調節スルモノテ辨ノ前後ニハ辨坐カアツテ風ヲ止メル道具トナツテ居ルカ辨ヤ辨坐ハ鑄鐵製テ高熱ナ風カ當ルノテ何レモ内部ヲ水カ通ル様ニナツテ熔解ヲ防イテ居ルカ辨ヤ辨坐ヲ包容スル大キナ鑄鐵枠カ破レテ其處カラ漏水スルノテ一箇月ニハ何度モ枠ヲ取

替ヘテ居タカ熔鑛爐ハ年中休ム事カナイノテ一寸ト送風ヲ止メタ間ニ取換ヘナケレハナラス長時間止メルト爐内ニ山積サレタ鐵鑛ヤ其他ノモノカ固マル恐レカアル上ニ辞枠ハ地上四十五呎ノ高所ニアツテ扱ヒ足場ハアルカ其邊ハ高温度ナルニ辞枠ヲ外シタラ爐内カラ直接ニ鐵モ熔ケルト言フ非常ナ熱カ出テ來ルノテ働テ居ル職工等ハ三十分間漸ク持對ヘラレルト言フ有様テ多クノ職工カ入代リ仕事ニ從事スル上ニ給料ハ平素ノ二倍テ三十分働クト一時間モ休憩スルト言フ譯テ中々渉ラス第一回ノ時ニハ午後六時ニ取掛ツテ翌朝ノ六時頃マテモ掛ツテ漸ク取替工事ヲ了ツタノテアルカ漸次ニ馴レテ來テ五六時間テ濟ム様ニナリシ熔鑛爐掛ノ方テハ多クノ職工ヲ休マセテ出銑ハセス其上熔解シカケタ鐵カ悪質ニ變スル恐レカアルノテ時々刻々竣工ヲ促シテ來ルノテ氣カ揉メテナラス漸ク取附カ仕舞ヒニナルトホツト一息シテ生キ返ヘツタ氣持トナレリ

以上ノ有様ヲ目撃サレタ製品部長兼機械科長安永義章氏ハ辞ノ改造ヲセ子ハナラヌトテ製鋼平爐ノ熱風輸送辞ニ似寄

ツタ辨ノ圖面ヲ製シテ之レヲ技監兼工務部長大嶋道太郎氏ヘ申出タ處カ同氏ノ言ハレルニハ今度製鐵所ニ採用シタ熔鑛爐ノ型ハ歐州テモ最新式テアル中テモ尤モ評判ノ良イモノヲ選ンタノテ彼地テハ立派ニ用達ツテ居ルノタカラ僅カ使用シタ計リテ詰マラヌトテ直キニ改造スル事ハ如何ナモノカ夫ヨリ猶能ク何レヲ研究シテ使ツテ見タラドオダトテ改造ノ事ハ見合セトナリ夫カラ後生大事ト今迄通リノ予備品ヲ何十個モ造ツテハ取替ヘツツアリシカ後年爐底ニ鐵塊カ出來テ作業カ困難トナツタ上ニ帝國議會ノ形勢面白カラスト維持カ六箇敷ナツタトテ默火ヲ中止シテ大修繕ヲ為ル事トナツタカラ平素難儀ヲシツツアリシ熱風辨ヲ永ク保タセル様ニ研究スルノハ此ノ時ナリト辨ヤ辨枠ヲ悉ク取外シ損所ノ出來ル原因ヲ能ク調ヘテ見タ處カ辨ヤ辨坐ヘ水ヲ流通サセル鐵管ノ繼目カラ水カ漏レテ其レカ枠ニ流レ込ミ非常ナ高熱テ焼ケテ居ル枠ニ當ルノテ壊ワレル事カ分リ鐵管ヲ長クシテ水ノ漏レヌ様ニ改造セシカ其後熔鑛爐事業カ始マツタノテ結果ハ如何カト思ツテ居タラ夫カラ後ハ枠ノ壊レ

ル憂ヒハ更ニ無クナリ粋丈ケ一年間ニ二三回取換ユルノカ僅カニ三十分間テ齊ム様ニナリシ後熔鑛爐モ第二第三第四ト遂次増設セラレシモ粋ハ同一方式テ使用セラレシ其時思ヘリ流石ニ大嶋氏ハ目カ高カツタト感セリ

## 運滓九ノ製造

製鐵所テハ熔鑛爐カラ出ル鑛滓ヲ初メハ所内ノ窪地杯ヘ捨テテ居タカ熔鑛爐ノ數モ追々増加シ毎日何百噸ト言フ多量ノ鑛滓カ出ルノテ後ニハ鑛滓煉瓦製造ノ原料ニ使ツタリシタカ夫レハ小量テ捨テルノハ鑛滓計リテナク諸工場カラ出ル塵芥モ随分多量テ是等ノ捨場ニ困リ遂ニ若松港ノ外濱ニ一定ノ場所ヲ選ヒ其處ヲ埋立テル事トナリ鑛滓ヤ塵芥ヲ其處マテ運フ必要カ起リ百噸積ノ運送船二艘ヲ造ル事トナリシ其構造ヲ述ヘルト船ノ全長百呎餘最大幅貳拾呎喫水貳呎六吋載荷ノ時五呎餘テ中央ニ載荷室ヲ設ケ室ハ明放シテ上カラ載荷ヲ落下スル様ニナツテ居リ室内ノ中央長手ニ馬ノ鞍形ニ鐵板ヲ張リ詰メ両舷ノ水中ニ開閉スル鐵扉ヲ設ケ荷

積ノ時ハ扉ヲ閉メ捨場ヘ行クト徐行シツツ左右ノ扉ヲ一時ニ開放スレハ馬ノ鞍形ノ斜傾ニ依ツテ積荷ハ自然ニ水底ヘ落込ムト言フ仕掛テ本船ハ尾端ニアル轉舵臺テ舵ヲ操縦シツツ小蒸氣船テ曳船スルノテ結果ハ良好ナリシ

後日又同型ノモノ三艘ヲ造リ外ニ船橋テ轉舵スル少シ形チノ變ツタモノ一艘ヲ大阪鐵工所ヘ注文シテ都合六艘トナレリ第三号ノ分カラ製造費ヲ節約スル事トナリ船長ヲ縮メ正味百噸積トセリ船名ハ号ヲ逐ツテ第一ヨリ第六マテ第何号運滓丸ト命名セラレシ

第一第二ノ中央馬ノ鞍形ノ傾斜ハ試驗ノ結果三十五度トセシカ粘土ノ如キ粘リ氣ノ強キモノハ上ヨリ落下ノ際室内ヘ固着シテ解放ノ時水底ヘ落下セス故ニ第三カラ四十五度ノ傾斜トシテ試ミタ結果ハ能ク落下スルノテ後ニ第一第二モ同角度ニ改メタリシ

或時第三号船カ捨場テ水扉ヲ開イテ積荷ヲ落下サセタラ一方ノ荷ハ落下シタカ他ノ一方ノ荷カ落下セス爲メ船カ傾斜轉覆シテ船底ヲ水面ニ顯ハシタノテ漸ク正當ノ位置ニ復ス事

ニナリシカ如何ナル譯カト考ヘテ見タラ右右ノ水扉ヲ一齊ニ開クノテ片重トナルカラタト思ヒ四個アル扉ヲ前部ト後部ニ度ニ開ク事ニ改メテカラ後ニハ其憂ハナカリシ

## 六呎旋盤

製鐵所テ擴張工事ノ時修繕工場テハ多クノ仕上用ノ器械ヲ内外國ヘ注文セシカハ試ミニ英米獨ノ三箇國ヘ六呎旋盤ノ優等品ト普通品ト代價モ殆ント似寄ノ處テ選ヒ各國ノ伎倆ヤ特色ヲ比較スル目的テ注文シト到着スルノヲ待ツテ居リシニ時カ來テ各到着シタノテ早速之レヲ組立テテ使用シテ見タ處カ優等品テハ比較的代價モ高カリシカ米國製カ如何ニモ垢拔ケカシテ其恰好ト言ヒ能ク新規ノ意匠カ顯然トシテ具合モヨク之レカ一等テ次ハ英國製テ何ノ處トナク落附イテ從來ノ型ト大シテ變ツタ處モ見ヘ又處ニ英國堅氣カアリ具合モ中々良ク優等品タカラトテ別段ニ餘分ナ附屬品モナイカ何ントナク奧行カシイ形ヲシテ居ル其次ハ獨國製テ之レハ特有ノ筒尻シタ型テ具合ハ鈍重テ少々亂暴ニ使ツテモ損

シハスマイト思ハレル程都ヘテカ丈夫向テ見懸ケハ人間ニ譬ヘテ見ルト田舎風ト言ツタ様ニ何處マテモ頑丈造リテ實務向キト見ラル
普通品ノ方テハ第一カ獨國製テ失張箇尻シタ型テ實用的ニ出來テ居テ安値タカラトテ使ヘヌト言フ様ナ事ハナク唯附屬品カ尠ク把手抔テモ一本テ數箇所ノ用ヲ達スト言ツタ様ニ軽便ニハナツテ居ルカ仕事ニハ差支ナク普通品タカラトテ具合ニハ格別ノ遠ヒハナク次ハ英國製テ値段ノ安イ丈ケ一見粗末ニハ見ユルカ使ツテ見レハ當時ノ和製品ノ上等位ニハ使ヘル夫カラ米國製ハ中テ一番粗末テ和製テ言フト大阪製ト言ツタ風テ何處マテモ手稜キカシテアリ之レナラ態々外國ヘ注文センテモヨイト思ハレル程ナリシ
今三箇國ノ優等品ト普通品トヲ併セテ六臺ニ就テ等級ヲ附ケテ見ルト第一カ米ノ優等品第二カ英ノ優等品第三カ獨ノ優等品第四カ獨ノ普通品第五カ英ノ普通品第六カ米ノ普通品トナル様ニ考ヘラレテ頗ル興味ヲ持テリ各國トモ多數ノ製造所カアル事テ夫々得色ヲ以テ居ルト思フカラ今六箇所

犬ノ製造所ノ製品ニ就テ直チニ三箇國ノ製品ノ批評ヲ下ス事ハ無理カモ知レヌカ其試ミタ處ニ依ツテ述ヘタ迄タカ大體米國ハ世界テ一番專賣品杯モ多ク又發明品モ多イノテ隨ツテ優秀品モ數アル事ト思フカ安値ナ品モ又多イトテ其善悪ノ差カ極端テアル傾キカアルノハ唯此ノ旋盤計リテナク曩キニ鋼桟部テ同國カラ購入シタ移動起重機モ安値品トテ一見内地製ノ粗造品ト思ヒシ位テ使用中車輪カ抜ケ出シタリ又度々修繕ヲシタノテモ分ル

英國ハ國風カ着實漸進主義テ輕率ニ改良進歩スルト言フ風テナク夫レ丈ケ一臺ノ旋盤ヲ見テモ何時モ極ツタ型テ夫レテ少シツツ改良セシ點カ見ヘル處杯ハ全ク國風カ萬事ニ顯ハレテ居ルト思フ

獨國ハ何處マテモ實益主義テ英米其他諸國ノ長所ヲ見テ取捨酙酌シテ夫レニ學理ヲ應用シ居ル今旋盤ニ就テ見ルニ臺カ肉厚テ重ク大キク又其脚カ馬鹿ニ大キイカ取附「ボールト」ノ宂ハ誠ニ小サク數モ尠ク詰リ臺ノ重サヲ多クシテ振動ヲ防キ基礎取附「ボールト」ノカテ振動ヲ防クノテナク總テカ犬

夫ニナッテ居ルノハ旋削ニ當ッテ下削リヲ二度モ三度モスル代リニ一度テ下削リヲシテ直クニ仕上ニ懸ルト言フ則テ能率ノ增進ヲ謀ル爲メタト思ヒ成程獨逸主義ヲ發揮シタモノト感セリ

### 修繕工場ノ起重機ノ綱

修繕工場ノ下家ニ五噸横行起重機カ備ヘ附ケテアリシカ或時起重機ノ釣カラ太イ綱カ下ッタ儘下ニアル旋盤ノ上ヲ通過スル際送リ用ノ把牛ニ綱カ引懸ッタト思ッタラ起重機ノ行過キタ後テ見ルト送リ金物ハ破壞シテ把牛ト一緒ニ片腸ニ落サレテ居リシ其旋盤ハ六呎物テ大阪製ノ出來合物テアリシカ夫レカラ送リ金物ノ木形ヲ造リ鑄物カラ仕上葛端ヲ爲シ把牛ハ缺ケテ役ニ立タヌノテ代リヲ新製シタリシテ彼是一箇月計リモ掛ッテ漸ク使ヘル樣ニナリシ
夫カラ暫ラク後ニ又外ノ旋盤ニ前ト同樣起重機ノ綱カ送リ用把牛ニ引懸ッテ起重機ハ行過キタノテ能ク見ルト今度ハ把牛カ引クカテ無理ニ曲ッテ別段疵モ見ヘヌノテ之レヲ鍛

治工場ヘ送ツテ一ト焼キシテ原ノ通リニナリシ其時間ハ磨キヲ懸ケタリ何カシテ一時間計リテ直ク役立ツ事ニナリシ送リ金物ニハ別段異状ナク工事ヲ進メタリシ其旋盤ハ六呎物テ英國製ナリシカ裏キニ綱ノ懸ツタ和製品ト値段ヲ比較シテ見ルト漸ク五割高位ナリシ一方ハ一箇月モ工事ヲ休ンテ多クノ修繕費ヲ要シ他ノ一方ハ一時間テ僅カナ修繕費テ濟ミシ其時思ヘリ少シ位高價テモ純良品ヲ使用セ子ハナラヌト感セリ

夫カラ能ク調ヘテ見ルト舶來ノ良品トナルト旋盤臺ト送リ金物ノ如キ始修摺レ合ツテ摩擦スル物ノ地金ハ特別ナ栈料カ用イテアリシ當時日夲テ製造シツツアリシ旋盤ヤ諸器械類ノ地金ハ同一ノモノヲ何處モ彼處モ用イテアルノテ始修摺レ合ツテ居ル部分ハ直キニ磨滅シ譬ヘハ一呎ノ處ヲ多ク動カシテ居タノニ一呎半ノ長サノ物ヲ削ルトスルト緩イ處ト堅イ處トアルノテ削ラレタ品物ニ其レカ影響シテ一夲ノ仕上ケタ丸棒ニハ不同ナモノカ出來ルト言フ不都合ヲ生スル是レハ唯旋盤計リテナク一般ノ諸器械カ其通テ今起重機

ノ緻ノ失策カラ仕上用諸器機ノ良否ヲ鑑別スル事カ出來タ
ノテ茲ニ記シテ参考ノ用ニ供ス

(91) 第二熔鑛爐熱風爐ノ組立

第二熔鑛爐熱風爐ハ修繕工場テ製作シテ組立マテセシカ組立テルノニ普通ハ尤太足場ヲ造ツテ段々上ノ方ヘ爐枚ヲ組立テヽ行クノダカ其通リニスルト中々多額ノ費用ト時日ヲ要シ其上段々高クナルノテ自然監督モ不行届キトナルノテ第一熔鑛爐ノ熱風爐組立ノ例ニ倣ヒ最初半圓形ノ頂部ヲ組立テ夫カラ胴環一ト側分ヲ組立鋲着ヤ「コーキング」ヲ了ツタラ豫テ備ヘ附ケテ置イタ鐵製四個ノ押上機テ一側分ノ高サマテ押上ケ次キノ胴環ヲ組立テ一日ニ一側分ツヽヲ仕舞フ事トシ高サ約九十呎程ノ物四基ヲ三箇月内テ修リシ組立中幸ニ暴風モ吹カス無事ニ蹉エセシカ頂部カラ數条ノ鋼索テ用心索ハ引張ツテ置キレモ何シロ唯重量丈テ支ヘテ居ルノテ心配セシカ順調ニ運ヒ押上機ノ効能カ顕ハレテ滿足セリ最初押上機ヲ造リツヽアリシ際夫レハ甚タ危険ダカ

ラ失張足場ヲ組ンテ下カラ順々ニ上ヘ取附ケテ行ケト忠告サレシモ押上機テ押上ケツツ下カラ組立テテ行クノハ順調ニサヘ行ケハ格別危險ナ事テハナク機械利用ノ趣意ニ叶ヒ居ルノテアルシ次第ニ高クナルノカ危險ノ樣ニ見ユルカ夫丈ケ又重量カ増シテ來ルノテ基礎ヤ機械ニサヘ故障カナケレハ安全ナ筈ト確認シテ目的通進行セシカ實際仕事カ證明シテ呉レタカ唯懸念シタノハ非常ナ暴風ヤ強震カアツタラト思ハヌ事モ無カツタカ夫レモ充分考ヘテ安全ナ點マテ計算シテ置タノテ大丈夫トハ思ツテ居タカ何シロ大キナ物丈意外ナ故障テモ出來ハスマイカト心配セリ

第三熔鑛爐(92)ノ熱風爐以下ハ同シ遣リ方テ皆組立テシト前ニモ度々述ヘシ如ク非常ニ大キナ物トカ又ハ危險視サレル物ノ工事ハ能クシタモノテ指揮者ハ無論タカ職工ヤ工夫達マテモ皆仕事ニ興味ヲ持ツテ一日モ早ク無事ニ仕事ヲ仕上ケタイト言フ念カ一致スルノテ割合ニ考ヘタヨリ良イ結果ニ行ク事カ實歴ニ照シテ明カテアル恊同一致シテ事ニ當ルノハ好結果ヲ來スノハ言フマテモナイカ又能ク些細ナ點マテ

モ注意スル事ハ缺點ヲ補フ有益ト思ハサルヘカラス

## 修繕工場ノ大旋盤

修繕工場テ擴張工事ノ際豫テ大旋盤ノ必要アリシカハ諸方カラ形録ヲ取寄セテ調ヘテ見タカ平面盤テ十呎マテヲ削ル物ハ當時日本テ需用カアルノテ形録モアルカ夫以上ノ物ハ僅レテアリシカ或ル形録ニ十六呎位テ長サ二十五呎位マテヲ削ラレルノヲ見附ケタカラ是レヲ英國ヘ注文シタカケト大キ過キハセヌカト思ツテ居リシニ現品カ着シテ据附後使ツテ見タラ無クテハナラヌ重寶ナ物トナリシ

今マテハ大キナ品ヲ造ルニハ一度ニ仕上ケル器械カナイノテ幾個ニモ合セテ造ツテ居タノカ一個ノ大形ノ儘直キニ削ル事カ出來キテ費用ト時間ヲ減少スルノテ能クコソ是レヲ備ヘ附ケタト思ヒシ奇妙ナモノテ其旋盤カ遊フ暇モナイ様ニ次カラ次ト仕事カ出來テ至極便利ニ用ヲ達セシ

仕事ト言フモノハ實ニ不思儀ナモノテ便利ナ良イ道具カ出來ルト夫相當ナ仕事カ出テ來ルモノテ能ク考ヘテ見ルト良イ

道具ノ無イ時代ニハ色々ト苦ンテ成丈仕上ケヲスル箇所ヲ寡クスル様ナ計画ヲ立テテ間ニ合セタノカ道具カ備ハツテ来ルト苦労ナシニ立派ナ品物カ早ク出來ル事ニナルノテ一度便利ナ道具カ手ニ入ツタラ最後是レヲ用イヌ譯ニハ行カナクナルモノテ最初少シ充分過ルト思ツテモ成丈良イ大キイ位ナモノニシテ置クト後ニハ大助カリヲスルノテアル

此ノ旋盤モ最初買入レル時ハチト大キクハナイカト思ツタカ後ニハ大キイ處テナクテ誠ニ重寶シテ居ルノテモ分ル此ノ旋盤ノ形録ヲ出シタ會社員カ言ツタノニハコンナ大キナ高價ナ旋盤ハ内地テハ用カナイノテ御求メニヨツテ型録ハ出シマスカ御一覧成サル丈ケテシヨウト迚モ購入ハ為スマイト高ヲ括ツテ居タト掛リノ人カラ又聞キセシトコロカ代價ヲ極メテ早速是レヲ注文シタノニハ社員モ面喰ツタトカ其代價ハ一萬九千圓テ据附費マテ入レルト二萬圓餘ト言フ事ニナリ旋盤トシテハ大將株ノ處テアリ隨分高價ナ旋盤タカ使用シテ大形物ヲ自由ニ旋削シ短時日ニ仕上ヲ了ツテ其働ラキヲ顯ハス事ヲ見ルト其價値ノアル處ハ實ニ茲ニアルノ

タト思ハレシ

平削盤「オープンサイド」式

修繕工場テ諸器械類ヲ増設セシ際大小ノ仕事ヲ兼用スル便利ナ平削盤カ欲イト思ッテ色々ト取調ヘタ結果「オープンサイド」式ノ事ヲ思ヒ附キ削リ臺ノ幅カ四呎長サカ拾貳呎ノ物ヲ英國ヘ注文シテ到着後使ッテ見タラ之カ誠ニ便利テ幅カ四呎ニ納マル様ナ物ハ無論ノ事夫以上ノ幅廣キモノハ半分ヲ盤ノ上ヘ取附ケ餘分ノ處ハ別ッニ支ヘル臺カ在ッテ其臺ハ下ニ「ロール」カ取附ケラレテアルノテ盤カ動ク通リニ前後スルノテ餘リノ部分ハ其臺ヘ取附ケ盤上ノ仕事カ濟ムト又對ニ取附直シ殘リノ分ヲ削ル事カ出來ルノテ至極便利テアリ詰リ幅八呎位マテハ削レルノテアル平常ハ支ヘ臺ヲ取外シテ置クノテ其場所ニハ物ヲ置ク事カ出來ル幅四呎ノ盤ヲ動カシテ幅八呎マテノ用ヲ達スカラ輕イ臺ヲ動カシテ大キナ仕事ヲスルト言フ經濟的ヤ學理的ヤハノ道理ニ叶ッテ之レカ實ニ文明ノ利器ト言フモノテ事物ハ

能ク考ヘテ遣レハ段々ト經濟的ニ能率ヲ擧ケル事カ出來ルモノテ何處マテ行ッテ何ンナニ面白イモノカ發明サレルカ前途遼遠テアル翻ヘッテ昔日ノ事ヲ思ヘハ隨分迂遠極ハマル馬鹿ケタ事モ遣ッテ居タノテ前後ヲ對照シテ見ルト日一日ト人智カ開發セラレタノハ公衆カ努力研究ノ結果テアル事ヲ感謝セ子ハナラヌト思フ

九大工學部ノ捻リ器械

九州大學工科大學ノ工學部カラ製鐵所ヘ金屬材料ノ強弱ヲ實驗スル捻リ器械製作ノ依頼カ在ッテ修繕工場テ造ル事ニナリシ同器械ハ大學ノ材料強弱學ノ試料トシテ金屬中鋼鐵鑄鐵銅等ノ丸棒ニシタノヲ器械ニ掛ケテ捻リナカラ變化シテ行ク處ヲ見ナカラ切斷スルマテヲ試スモノテ其器械ノ構造ハ一見旋盤ノ様ナ形チテアルカ彌製作ニ取掛ッテ見ルト器械臺カ三度屬品カ十數度モ鑄直シタノテ在ルト言フ有様テ半歳掛リテ漸ク完成シテ引渡セシ

其鑄物ノ事カ本文ヲ書イタ目的トナッテ居ルカ一體製鐵所

ノ諸工場ニ在ル諸機械類ハ大形モノカ多ク夫レテ平素荒ポイ鑄物計リ造ツテ居タ職工カ小サナ緻密ナモノヲ造ルノダカラ一寸勝手カ違ツタノト職工長ヲ除イテ他ノ職工達ハ諸方カラノ集リ者テ多クハ私立ノ小工場ヤ田舎廻リヲシテ居タ者カ寄リ集マツタノテ正式ニ修業ヲシテ來タモノハ少ナイ(93)ノテ今度ノ様ナ舶來品ト比較スル様ナ面倒ナ仕事カ出ルト當惑シテソンナ六箇敷ヒ仕事ナラ斷ハツテ仕舞ツタラト言フ意氣組タカラ良イ品カ出來ル筈カナクト言ツテ製鐵所タルモノカ一度請合ツタモノカ出來ヌトテ無下ニ斷ハル事モ出來キス

大學ノ注文當局者ハコンナ仕事ヲシタラ職工モ腕ヲ磨クニ好機會テアルト考ヘテ一品々々精密ナ検査ヲシテ僅カテモ缺點カアレハ之レヲ許サス何處マテモ完全無缺ナモノヲ選フトテ熱心ニ検査スルノテ職員等ハ弱ツテ仕舞ヒ遂ニ鑄物職長ヲ出シテ立會ハシタカ同人ノ言フノニハ舶來品ト言フ立派ナ鑄物カアルノニ日本テハ同様ナモノカ出來ヌト言フノハ詰リ職工ノ技術カ拙劣ノ事タカラ一ツ憤發シテ是非ト

モ良品ヲ製出スル様ニ致シマシヨウトテ度々方法ヲ變ヘテハ鑄直シタ末遂ニ用ニ足リル様ナ品カ出來タノダカ後ニ同人ノ話シニ度々鑄直シタノハ製鐵所ノ用品ヲ造ル湯テ鑄込ンタノカ一ツノ誤リテアー言フ精密ナ品ヲ造ルニハ別ツニ湯ヲ沸シテ湯加減ノ頃合ヲ計ツテ鑄込マナクテハ良イモノハ出來マセンカ心附イテハ居マシタカ遂イ面倒ト思ツテ多量ニ沸シタ湯ノ内分ケテ鑄込ミマシタノカ悪カツタノデス大學ノ方ノ様ニアンナニ熱心ニ御話カアルト此方テモ其氣ニナツテ一生懸命ニ出來ル限リ腕ヲ振フ事ニナルノテス詰リ仕事ニハ噓ハ出來マセン御蔭テ勉強サセテ頂ケマシタト満足シテ居タノニハ感心セリ

夫カラ仕上ヤ旋盤職ニモ勉強心ヲ以テ度々ノ仕上直シニモ屈セス何度モ遣リ直シテ遂ニ完全ナ器械ヲ造リ上ケタ人物モ數人アリシ其時思ツタノハ物事ハ念ニハ念ヲ入レテ何處マテモ完全ナ物ヲ造リ出スト言フ精神テ遣ラナケレハナラヌ事テ此ノ器械モ中隕テハ大慌ナ處テ許シテ呉レタラヨカリ想ナモノタナト思ヒシモ先方ノ人カ中々兼知シテ呉レナ

カツタ爲メニ度々遣リ直シテ多ク時日ト費用トヲ費シテ漸ク蹉エシタカ出來タ後ニハ良品カ出來タ計リテナク職工達ニ將來ノ爲ドレ程有益テアリシカト考ヘレハ前ノ努カシタノハ決シテ無駄ニハナラヌト思ヘリ

## 第三熔鑛爐ノ煙留

第三熔鑛爐ノ頂部ノ蓋カ損シテ中カラ盛ンニ瓦斯ヲ吹出スノテ其處ニ働イテ居ル職工達ハ瓦斯ヲ吸込ンテ昏倒シ仕事カ不可能トナツタノテ修繕工場ヘ應急瓦斯ヲ防ク様ニシテ貰ヒタイトノ依頼カアツタノテ早速現場ヲ見ニ行ツタカ上甲板ト爐頂トハ數呎ノ差テ風ハ瓦斯ヲ頂部カラ横ニ盛ンニ吹附ケルノテ長時間其處ニ居ル事カ出來スドンナ方法テ一時的テモ瓦斯ヲ防ク事ニセンカト考ヘタ末爐ノ周圍ヲ方形ニ或ル高サマテニ丸太組トシ其外部ヲ薄鐵板テ張リ廻ハス事カ一番手取リ早ヒト思ヒ必用ナ材料ヲ上甲板マテ運ハセテ職工ヤ工夫達ハ瓦斯ノ來ヌ次ノ甲板ニ溜ラセ約五分間交代ニ仕事ヲシテ瓦斯ニ醉ハヌ様ニシテ豫定通リノ工事ヲ修リ

上甲板テ作業ニ差支ナキ樣ニナリシ多人數ノ職工ヤ工夫達カ牛代リニ遣ツタ仕事タカ杙料ノ運搬ヲ除キ約一時間程テ工事ヲ修リシハ全ク衆心協同一致ノカカ之ヲ爲サシメタノテ普通樂ナ處ノ仕事テハ一日モ掛ルノト思ハレシ此ノ假設ノ庇斯除ケハ其後鎔鑛爐改修工事ノアリシ時マテ其儘テ仕事ヲ遣ツテ居リシ一時的應急工事テアリシモノカ數年間用ヲ達セシ事テ最初工事ヲ爲セシ時ハ何シロ鎔鑛爐ノ火ヲ止メルト言フ事ハ容易ナラサル次第テアルノテ兎モ角何トカシテ仕事ノ出來ル樣ニト前ニ述ヘタ樣ニ早急ニ遣ツタカ跡カラ今少シ完全ニスル筈ナリシカ能ク保テルノテ使用スル方テモ何トモ言ハス當方カラ求メテ苦シイ仕事ヲ先方ヘ勸メル勇氣モ出ス遂ニ其儘テ過キシ何テモ差迫ツタ場合テナケレハ一同ノ氣合カ揃ハヌモノテ平常ハ相當ニ注意シテ仕事ノ渉行ニハ怠リナク遣ラシテ居ルカ非常時ノ樣ニ督促シナクトモ一同カ進ンテ合意的ニ油斷ナク働クカラ成績モ良シ跛エモ早イノテアル平常ハ皆ナカ怠慢シテ居ル譯テハナイカ何處カニ氣ノ緩ミカアツテ自

然仕事ニ時間ヲ費スノテアル今度ノ仕事ニ就テ協同一致ノ
カト言フモノハ強イモノテアルト感セリ

各種ロールノ製造

製鐵所テ用ユル道具ノ中テ尤モ必要ナモノハ壓延用ノ各種「ロール」テ我國テモ從來或ル物ノ製作ニハ「ロール」ハ用イラレテ居リシカ大キナモノテハ銅板ノ壓延位テ銅板ノ事トテ軟ラカイノテ「ロール」モ一ト通リ硬イ鑄鐵製テ間ニ合ツテ居リシカ製鐵用ノモノハ高熱ニ燒イタ上ニ壓延ニ至極力カ掛ルノテ損シ易ク其内ニモ形ヲ造ルモノハ直キニ原形ヲ毀損シテ用ニ立タナクナリ屡々削リ直ス事トテ其都度取外シ取附ケニ多クノ時間ヲ費スト言フ譯テ結局舶來品ヲ用ユル方カ代價ハ高クトモ經濟ニナル次第テアリシカ製鐵所ノアラン限リ必要ナ「ロール」ヲ何時マテモ外國品ヲ仰イテ居テハ國家的不經濟テモアリ又不便テモアルノテ是非トモ良品ヲ製出シナケレハナラヌト種々ニ研究シテ製出セシロールノ數多數ニ及ヒシカ中々甘クハ出來ス一二回モ削リ直スト廢品ト

ナリ癈品ノ山カ出來テキタ様ナ譯テ是レヲ熔銑爐テ鑄直ス爲メニ小サク打碎ク事カ又容易テナク碎カレル物ヲ下ニ置テ高イ處カラ大キナ鑄物ノ球ヲ落シテ破碎スルノテアルカ硬イノニナルト一箇所ヲ二三度モ打タナケレハ碎ケス一本ノ「ロール」ヲ使用程度マテニ破碎スルニハ一日モ掛リシ事スラアリシ

板モノニ用ユル「ロール」ハ「チルド」シタモノテ金型ヘ熔銑ヲ流シ込ミ表面ノ或ル厚サカ急ニ冷却スル爲メニ凝縮スルノテ緻密ニ結晶シテ硬クナルノテアル夫カラ型モノニ用ユル「ロール」ハ土型ヘ流シ込ムモノテ各種トモ地金ノ配合ヤ沸シ方型拵ヘ等ニ夫々ノ研究ヲ遂ケテ十數年ノ後ニハ漸ク舶來品ニ比歓スル様ナ品カ出來ル事ニナリシ内地テ製作スルト舶來品ノ約半額位テ夫レテ適宜ニ入用品カ間ニ合フ様ニナツテ大ニ便利トナレリ

丸、角、山形、工形、軌条、等ノ形モノヲ造ル「ロール」ハ鑄造ノ時荒ラ方ノ形チヲ鑄出シテ置テ仕上ケノ時正確ナ形トナスノテアルカ三本一組トナツテ居テ最初ハ荒ラ増シノ形チカラ次第ニ形チカ出來テ來テ最後ニ仕上ケノ形チトナルノテアルカ其形チカ中々面倒ナノテ壓延サレル地金ハ眞赤ニ燒ケテ居ルカ次第ニ冷ヘテ小豆色位ニナル時カ仕上壓延タカ膨張シテ居ルノテ現形ヨリ少シ大キイカ壓延後冷ヘ切ルト初メテ正確ナ寸法トナルノテアル

其「ロール」ヲ鑿削スルノカ形チニ依ツテ冷却カ違フノテ大サノ兼合カ中々六箇敷ヒモノテ獨逸カラ專門ノ技術者ヲ聘用シテ其技術ヲ傳習セシメ段々ト指導ヲ受ケテ二箇年内ニ日本人ノ手テ差支ナク是ヲ實施スル事カ出來タカ都ヘテ最初ニ着手スル事ハ困難ナモノテ「ロール」製作モ八幡製鐵所カ創始(94)テ後年各所テ是レニ倣ヒ製作スル事トナリシカ船來稍近ヒモノカ出來テ其「ロール」ヲ使用シテ見ルト船來ハ壹百噸ノ壓延ニ堪ユルモノカ内地製ハ五拾噸モ造ルト形カ崩レルトイフ有樣テ直キニ削リ直サナケレハナラヌノテ手數カ掛リシカ次第ニ研究シテ遂ニ船來品ト比ヘテ遜色ナキモノカ出來タカ其間ノ勞苦モ又容易ナ事テナク地金ノ如キモ始修一定ノ品ヲ得ル事カ出來ス其處テ遂ニ自カラ適當ナ銑鐵ヲ

造ル様ナ設備カ出來テ好ミノ棧料カ自在ニ製出サレテ茲ニ完全ナ製品カ出來ル事トナリシ獨リ地金ノミナラス熔解ニ當テモ「コークス」ノ良否ヤ鑄込ノ際ノ湯加減モアリ型造リニモ呼吸カアリテ何カラ何マテモ調子カ揃ハ子ハ良品ハ製出サレス所謂三拍子揃ハナケレハナラヌ事カ分リシ

## 水壓喞筒機ノ基礎

所内一般必要ナ工場テ用ユル水壓カハ中央ニ水壓喞筒室カアリテ數臺ノ喞筒ト大キナ貮個ノ「アキユムレーター」ヲ備ヘ絶ヘス一千二百封度ノ壓カテ送水シテ居ルノテアルカ後日追加シテ同室外ヘ一臺ノ水壓喞筒ヲ据附ケタカ運轉中動揺スルノテ掛リノ人カラ調ヘテ見テ貰ヒタイト言ハレタノテ運轉スルノヲ見ルト成程大分基礎カラ動クノテ之レハ基礎カ弱イノタト思ッテ周圍ヲ堀ッテ見ルト面積モ不充分タカ第一深サカ淺イ様タカラ機械ヲ取外シ基礎ヲ取崩シテ見タカラ本室ニ接シタ方ニ地下四呎計リノ處ニ水道管カ四筋丁度喞筒機ノ基礎下ヲ横斷シテ其レカ基礎面積ノ半分計リモア

ルノテ前ニ据附ケタ人モ多分不充分トハ思ツタロウカ管ノ通ツテル處ハ淺イ基礎トシ其他ヲ少シ深クシタノタカ詰リ全部カ充分ナ深サテナイノカ動揺スル原因テアルカラ今度ハ管ヲ他處ヘ据附替ユルカ喞筒ノ基礎ヲ半分計リ脇ノ方ヘ移スカスルノカ順當タカ此ノ水道管ハ諸工場ノ作業ニ絶ヘス使ツテ居ルノ給水用ノモノトテ休ム事カ出來ス又基礎ヲ脇ヘ廣ケルニハ他ノ建築物カ接近シテ少シモ餘地カナイノテ餘儀ナク管ノ下マテ掘リ下ケテ基礎ノ混凝土ノ中ヘ管ヲ埋メ込ンテ豫定ノ深サト廣サトシ是レナラ大丈夫ト喞筒機ヲ据附ケテ運轉シテ見タラ以前ノ様ニ大キナ動揺ハ無クナツタカ全カヲ掛ケルト未タ少シ動クノテ折角改築シタノニ少シテモ動クトアツテハ其効ナシト思ヒ

夫カラ又基礎ヲ取崩シテ何ンテ動クカト其原因ヲ調ヘタカ第一カ管ヲ埋メタ基礎カ未タ不充分テアルノト第二カ喞筒ノ基礎ニ接シタ水壓喞筒室ノ基礎テ其基礎ハ鐵骨煉瓦造トテ鐵柱下ノ外ハ深サモ至ツテ淺ク前ニ餘程此ノ處ヲ掘リ起シテ喞筒ノ基礎ト同シ深サニシヨウト思ツタカ若シ煉瓦ニ

破レ目テモ出來タラ大仕事ニナルト喞筒ノ基礎カ今少シ長ク欲イノヲ見合ハセテ建物ノ基礎ニハ牛ヲ附ケスニ少シ手前カラ基礎ヲシタノカ悪カツタノタト考ヘ今度ハ其基礎ヲ取除ケテ充分下カラ喞筒ノ基礎ト一緒ニ築キ直シ又給水管ノ通ツテ居ル處ノ混凝土ニハ管ト管トノ間ヘ基礎「ボールト」ヲ數本貫キ之ヲ喞筒機ノ臺ヘ結合シ此レテ基礎ニハ施スヘキ途ハ充分ニ盡シタト思ヒ喞筒機ノ据附ヲ修リ充分混凝土ヤ煉瓦積カ乾燥スル時日ヲ待ツテ運轉シテ見タラ今度ハ少シモ動揺セス又事ニナリ茲ニ基礎改築ノ目的ヲ達セリ

最初カラ思ヒ切リ充分ニ仕事ヲシテ置ヒタラ良カツタ跡テハ思フカ中々最初カラ何モ彼モ手ヲ盡シテ計画通少シモ曲ケンテスルト言フ事ハ六箇敷ヒモノテ色々故障カ出テ來ルト遂々此ノ位ナラ良カロウト一歩テモ退脚スルノハ損ナ事テ今度ノ据附カ實物教訓ヲシテ呉レタノテ成程ト感セリ

## 木型工場ノ火災

工作科ノ木型工場ハ他ノ諸工場カ鐵骨煉瓦造ナルニ均ハラ

ス木造ニ階建テアリシカハ平素カラ特ニ注意シテ火ノ用心ニ怠リナクシテ居リシカ或時夜業カアリシ際木型職カ働イテ居ル所カラ中仕切一重ヘ隣リノ砂工場ノ前ヲ予カ通ツテ居タラ窓硝子ニ火カチラチラ映ルノテ職工達ト内ヘ入ツテ見ルト車軸受カラ油カ柱ヲ傳ハリ流レテ居ル處ヘ近クニアル電線カラ漏電シテ燃ヘ移ツテ居タノテ早速電氣掛ヘ通知シテ線ノ位置變更ヲシテカラ無事ナリシカ其後大正一年十二月二十九日ノ夜突然發火シタリ早速駈附ケテ見タラ火ハ二階一面ニ擴カリ如何トモスル事カ出來ス幸ヒ近傍ノ建物ハ鐵骨煉瓦造リテ延燒ハ免カレタレト木型ト砂工場ノ二階建全部カ烏有ニ帰セリ火元ハ砂工場脇ノ物置場テ失火ノ原因ハ不明ナリシ豫テカラ同工場カ木造テアルノテ氣懸リテアリシカ遂ニ此ノ大事ニ到リシハ誠ニ遺憾ナリシ

十數年來製作セシ木型カ二階一杯ニ積重子テアリシ事トテ火ハ忽チ之レニ燃ヘ移リ一時間餘モ盛ンニ燃燒シツツ工場ノ建物カ燒ケ落チテモ木型ノ燒ケ殘リ品カ暫クノ間燃ヘテ居タカ懸念シタノハ其下ニ据附ケラレテアリシ鋸機械類テ

永ク火中ニ埋メラレヌ樣ニ燒落チタ半燒モノヲ手早ク取除ケサセシ爲メニ機械類ハ大ナル損害モナクシテ濟ミシ夫カラ應急假工場ヲ鑄造工場ノ一隅ニ設ケ木型職自已ノ道具類ハ悉ク燒失セシカハ製鐵所ハ一時職工等ニ道具買入ノ費用ヲ貸與シタノテ數日ノ間ニ調ヒシ木型ニ用ユル板類ノ挽割方ニハ木挽職四名ヲ臨時ニ雇ヒ入レテ居殘ヤ夜業テ挽割ラセタカ中々間ニ合ハス其處テ燒ケタ鋸機械ノ内丸鋸ト竪鋸ノ二臺ヲ急ニ修繕シテ備ヘ附ケタラ充分間ニ合ツタカ其時ハ實ニ機械ノ有難味カ分ツタ夫カラ燒ケタ外ノ機械モ追々ト修繕シテ使ツテ行ツタノテ一臺モ新規ニ機械ハ買入サリシ唯鋸丈ハ燒ケテ彎曲シテ用ヲ爲サス之丈ケハ新調セリ不幸中ノ幸ヒト言フノハ機械ノ据附ケテアリシ場所カ火元ト反對ノ端ニナツテ居テ其二階ニハ木型カ多ク積ミテナカツタノト出火中機械ニ向ツテ絶對水ヲ掛ケル事ヲ禁シタノテ機械ニ破損ノ箇處カ尠ナカツタノハ仕合ハセナリシ

燒失跡ノ片附方ニハ他カラ人夫ヲ雇入レタ方カ良イト言フ話モアツタカ之レハ考ヘル處アリテ木型職工ト定雇工夫ヲ

使ツタカ一見高給者ノ上ニ運搬等ニハ不馴ノ様テアツタカ片附ケルノニ責任ヲ持チ他工場ヘ對シテモ一日モ早ク見苔シイモノヲ取片附ケタイト言フ觀念カ一致シテ働イタノテ四日間テ大畧片附イタノテ及ヘテ經濟トナレリ夫カラ焼ケ跡ヘ今度ハ平家建鐵骨煉瓦造ノ木型工場ト格納砂ノ三室ヲ一棟トシ外ニ鋸ヤ鉋機械場ト製材置場ヲ一棟トシ都合二棟ヲ新築セリ平家建トセシ趣意ハ地所カアルノニニ階建トスルノ必要ナキノミナラス職工ノ動作ヤ運搬ヤニ時間ヲ省キソウシテ萬一ノ場合ニ早ク手カ廻ルト言フ譯テ從前ノ様ニ木型ヲ上ケテ置ヲハ不便ノミナラス危険モアリスルノテ今度ハ木型ヲ木型工場ノ隣リヘ置ク事ニシテ其境界ニハ防火壁ヲ設ケ木型置場ト砂工場ノ境モ防火壁テ仕切リ各室ニハ表通ヨリ出入口ヲ造リ鐵扉ヲ設ケシ

工場建築ノ材料鐵骨ハ世間不向ノ賣レ殘リ工字形鐵材ヲ活用シ煉瓦ハ安値ナ鑛滓煉瓦テ積立室内ハ柱ナシトシ働キニ便ニシ周圍硝子窓ハ大キクシテ充分光線ノ作用ヲ良クシ床ハ一面ニ煉瓦敷トシ煙草ノ吸殻抔カラ起ル火災ヲ豫防シタ

ノテ誠ニ働ラキ良クナリシソウシテ建築ノ費用ハ至極安値
テ上リシ

鍛冶工場貳噸水壓機

工作科鍛冶工場ニハ最初蒸氣鎚カ無クテ貳噸水壓機カ備附
ケテアリシ其形ハ上部ニ水壓筒カアツテ四本ノ鐵柱テ下臺
ト結合シ水壓筒カラ鎚カ上下スル樣ニナツテ居テ下ニハ金
敷カ備ヘテアル其鎚ヲ動カス水壓ヲ起スノニハ隣室ニ電働
壓搾喞筒カアツテ始修「アキユムレーター」ヘ水ヲ押込ンテ居
ルノテアル水壓鎚ハカハアルカ燒イタ地金ヲ押シ附ケテ之
ヲ延ヘ大鏨テ適當ナ形チニ押シ切リ火造ヲスルノタカ蒸氣
鎚ノ樣ニ早ク火造ル事カ出來ナカツタカ色々ト工夫シテ可
ナリ製品ノ間ニ合フ樣ニ使ツタカ鎚ノ上下スル距離カ短カ
イノト水壓筒ト下臺トヲ結合スル四本ノ鐵柱カ邪魔ニナツ
テ大形物ヲ火造ル譯ニ行カヌノカ不便テアリシ
沸シ繼キモ遣ツタカポント一打チニ打附ケル事カ出來スジ
イト押ヘ附ケテ燒キ附カセルノダカカカアルカラ附クニハ

附クカ何タカ間カ拔ケタ感シカスル夫レニ上下スルノニ緩クリシテ居ルカラ小形物テ廻シナカラ形チヲ造ルモノハ時間カカ々ルノテ度々燒キ直サナケレハナラヌカ太トイ肉厚物ニナルトジイト押ヘ附ケテ形ヲ造ルカラ大分樂ニ仕事カ出來ル夫テモ外ニ機械カナカツタ時分ハ餘儀ナク色々トエ夫シテ兎ニ角用ヲ達シテ來タカ後年擴張ノ時一噸蒸氣鎚カ据附ケラレタノテ普通ノ火造物ハソレテシテ特殊ナ壓延モノハ水壓機テスル樣ニナツテ便利トナリ工事モ大ニ渉取リ茲ニ機械特有ノ働キヲ顯ハセリ

鍛冶工場四分ノ三噸空氣鎚

工作科鍛冶工場ニ四分ノ三噸空氣鎚カアリシ其形ハ上部テ曲拐ヲ廻轉シテ空氣筒ノ中ヘ壓搾空氣ヲ押込ムト同時ニ筒内ノ吸鍔ヲ動カシ其吸鍔ニ連結スル鎚テ鍛錬物ヲ打ツノテアルカ動カシ始メタラ始終上下シテ滊鎚ノ樣ニ隨意ニ停メル譯ニ行カス唯平面ヲ打延スモノカ又ハ長ク打延スモノノ外形チヲ造ルモノニハ適セス夫レニ當テ嵌ツタ專門的ノ仕

事ヲスルニハヨイカ何テモ彼テモ手取早クスルノニハ失張蒸氣鎚カ便利テアル其證據ニハ後年半噸ト四分ノ一噸ノ二臺ノ蒸氣鎚カ備ヘ附ケラレテカラ何テモ自在ニ早ク火造リカ出來キテ重寶セリ

夫レハ其當時ノミテナク往時予カ東京赤羽海軍兵器製造所勤務中大砲尾栓用ノ銅製金物ヲ壓縮スル爲メ四拾噸空氣壓搾機テ入念ニ締メ附タノテアリシカ試驗ノ結果カ不成功テ次キニ一噸蒸氣鎚テ鍛ヘタモノカ完全テアリシ事ハ曩キニ述ヘタ通リデアルカ物ニハ一得一失カアツテ空氣鎚ハ何處テモ調革テ廻ス車軸ノ通ツテ居ル處テアレハ直キニ据附ケテ役ニ立ツカ蒸氣鎚ノ方ハ滊罐カラ蒸氣ヲ取ラ子ハナラヌカラ勝手ナ處ヘ直キニ据附ケル譯ニ行カヌカ其代リ据附後使用上ノ便利ハ第一等テアル

## 鑄造工場電氣接合機

工作科鑄造工場ヘ電氣接合機ヲ備ヘタカ中々便利ナ上ニ有益ナリシ其用法ハ色々アルカ譬ヘハ茲ニ鑄物ニ疵カアツテ

其儘テハ使用カ出來ス鑄直サナケレハナラヌ場合ニ此ノ椄合機ヲ以テ疵所ヲ直セハ其カ役ニ立ツト言フ極メテ有益ナ事ニナル今其方法ノ大畧ヲ述フレハ直サントスル鑄物ノ一端ヘ電氣ヲ通シタル器具ヲ取附ケ夫カラ鑄物ト同質ノ鑄片ノ一端ヘ他ノ同シ器具ヲ取附ケ作業スル人ハ火花除ケノ爲メニ豫防衣ヲ着シ同頭巾ヲ被リ鑄片ヲ局所ヘ當テテ暫クスルト其邊カ赤クナツテ次第ニ熔解シカケル時鑄片テ疵ノアツタ所ヲ能ク撫セテ居ルト鑄流レテ平滑トナリタル時ニ鑄片ヲ取除ケルト直キニ冷却シテ黒色トナリタルトキ未タ不充分タト思ヘハ再ヒ作業ヲ繰リ返ヘシ完全ニナルマテ何度テモスレハ立派ニ出來上ルノテアル

夫カラ丸角棒ノ鋼鐵テモ鑄鐵テモ繼キ足サントスル思ヘハ双方ノ棒ヘ器具ヲ取附ケ充分赤熱シタ時鋼鐵ナラ金鎚テ鍛ヘ附ケ鑄鐵ナラ熔合スルマテ置テ局部ヲ能ク撫セ密着スル樣ニスル其他金屬品ナレハ針金テモ鐵管テモ何テモ繼イタリ直シタリスル事カ出來テ實ニ便利テアル我カ鑄物工場テハ是ノ器具ヲ備ヘテカラ何ノ位色々ノ事ニ使ツテ役ニ立チシカ

分ラヌ該器ノ便利ナ事ヲ知ルト以前ニ苔シテ居タノカ馬鹿ラシクナル程其利用ノ効果ヲ認メタノテアリシ

## 修繕工場屈伸自在旋盤

日露戦争ノ始マル前工作科修繕工場テ相當大形ノ屈伸自在旋盤振リ廻シ五呎長サ二十呎位マテヲ削ラレルモノカ必要テ諸方カラ見積書ヲ出サセテ見タカ注文ノ要點ハ旋盤ヲ据附ケル場所ハ上部ニ架空起重機カ横行シテ居ルユヘ旋盤直結ノ發動用電動機トソウシテ其電動機ハ獨逸國「シーメンス」社製ノ電動機ト言フ事カ大體ノ要件テアリシ積書ヲ出シタ諸商店ノ中テ代價モ一番低廉ナ上ニ下ノ関ニ出張員ヲ置テ居ル某商會カ熱心ニ引受ケタキ旨ヲ申出タノテ購買掛ヘ相談ノ上遂ニ該商會ヘ注文セシカ期日ハ少シ遅レテ旋盤カ納入セラレタノテ現品ト仕様書ト引合ハセテ見ルト第一ノ要點テアル直結テアルヘキ電動機ハ中繼軸テ動カス様ニナツテ居ルノテ仕様書通リノ品ト引替ヘル様ニ傳ヘタ處色々ト歎願ノ末當方モ必要カ迫ツテ居タノテ其筋ノ役員ト協議ノ

上違約償金附テ受取ル事ニナリシカ
夫カラ一箇月ト立タヌ内ニ其ノ出張員カ下ノ関ノ假寓テ「ピストル」自殺ヲ謀リシモ人ニ發見セラレテ生命ハ取留メタトノ事ヲ耳ニセシカ其原因ハ社金ヲ多額ニ遣ヒ込ンテ本社カラハ度々精算ヲ迫マラレ最早發覺ニ近附イタノテ最後ヲ謀リシモノタト聞キシカ旋盤納入ノ折抔モ非常ニ急イテ毎日遣ッテ來テハ一日モ早ク下ケ金アラン事ヲ奔走シテ居タ事ヲ思フト奴サン大分金融カ切迫シテ居タノタト思ヘリ
何ンテモ物事ハ平素能ク注意シテ取扱ハナクテハナラヌモノテ是ノ旋盤受取リ方ニ附テモ購買掛員ヤ上官ノ裁断ヲ仰テ情實ヲ離レテ相當ナ手續キヲ經テ受取ッテアッタノテ今度ノ様ナ事件カ發生シテモ少シモ心痛スル事ナク平氣テ居ラレタカ夫カラ跡仕末ヲ附ケニ本店カラ來タ人ノ話ニ必要ナ書類ハ取纏メ外ノ他方ニ迷惑ノ係ル様ナ書類ハ焼キ棄テマシタカラ安心シテヨシト變ナ事ヲ言ッテ居リシ
後年自殺ヲ謀ッタ男カ外ノ店員トナッテ製鐵所ヘ用聞キニ來リシハ其厚顔ノ程驚ク外ナシ本人ハ舊本店トノ関係ハ

解決シテ他店ノ従業員トナッタカラ顧慮スル事ナシトテ意氣揚々ト遣ッテ來ルノタト思フカ一度死セントマテノ失態ヲ演シテ置キナカラ少シモ恥カシイトモ思ハス再ヒ遣ッテ來ルノハ何ンナ考ヘナルヤ人情浮薄ナ世ノ中トハ言ヘ餘リニ無意識ナ事ト思ヒシ

歯車歯切機械

修繕工場用ノ獨逸製直經一「メートル」マテヲ切ル事ノ出來ル歯車歯切機械ヲ神戸ニ支店ノアル外國商店ヘ注文セシカ納期カ大分遅レルノテ問合セタラ該機械ヲ積ンタ船カ遭難シタカラ代品ヲ他ノ船テ積出シタトノ事テ其後數箇月シテ漸ク現品カ納入セラレタノテ調ヘテ見ルト形録ニアル普通鉋臺ノ外ニ九十度歯車ヤ「ラック」ヲ切ル鉋臺ヲ添ヘル爲ノニ金三百圓ト言フ増額カシテアルニ拘ハラス特別ノ鉋臺ハアルカ普通ノ鉋臺カナイノテ支店ヘ其事ヲ言ッテ遣ッタラ店員カ來テ言フニハ特別鉋臺カ一個アレハ普通歯車モ切レルノテ先方カラ送ラナカッタモノタト言フカラ夫レテハ鉋臺一

個ノ代金ハ請負金ノ内カラ差引クヘキ筈タト言ツタラ店員ノ言フニハ仕事ニ差支カナケレハ餘分ノ鉋臺ハ御不用テシヨウカラ別段直引ヲシナクトモト言ツテ色々ト拒ンテ居リシ故當方テハ最初特別ノ臺計リニシテ普通ノ臺ヲ省ク考ヘテアツタカ外國ヘ注文スル事ユヘ餘リ細カイ事ヲ言ツテ間違ヒカアツテハナラヌト夫レニ普通臺カアレハ平素ハ其ヲ使フ便利モアルカラトテ態々増金マテシテ注文シタノタカラ現品ヲ納メテ呉レルカ代金ヲ差引クカト言フノハ當然ノ事テハナイカト懇々話シタラ

遂ニ店員モ夫レテハ一應本國ヘ聞合セテ御返事ヲ致シマストテタ刻帰ヘタカ翌朝遣ツテ來テ製造所ヘ尋子マシタラ特別臺ノ方ニ大分念ヲ入レテアリマスカラ普通臺ノ直引ハセヌト申シテ參リマシタト言ヒシカ第一合點ノ行カ又事ハ本國ヘ聞合セルトシタラ電報テスルトシテモ返事ヲ聞クニハ三日間位ヲ要スル筈ナノニ一ト晩ノ内返事ヲ聞イタト言フノハ眞實テハナク誤魔化シタノハ明ラカテアル夫レテ當方カラ言ツテ遣ツタノニハ如何ニ入念ニ仕事ヲシタト言ツテ

モ注文品ヲ勝手ニ一個減ラシテ遣スト言フ事ハナイトテ厳重談判シタラ遂ニニ百圓直引スルト言ヒシモ是非増額ノ三百圓ヲ直引セヨト段々談シ込ンテ仕舞ニ當方申出通リニサセテ機械ヲ受取ツタカ商人ヲ相手ニスル取引ハ厳重精密ヲ缺イテハ遂ニ彼等ノ為メニ往々罪ニ陥イル事ヲ忘レテハナラヌト熟々思ヘリ

## 鑄造工場ニ拾噸起重機

工作科鑄造工場ニニ拾噸架空起重機一臺ヲ増設スル事ニナリ其構造ハ鐵骨式「フレーム」ニ拾噸電動捲揚機ト一噸電動捲揚機ノ二臺ヲ備ヘ本捲揚機ノ電動機ハニ拾五馬力ト言フ注文テ「フレーム」ヲ鐵骨式トセシハ運轉臺カラ能ク下部カ見ヘルノト今一ツハ重量カ鐵板式ヨリモ輕クテ濟ムト言フ譯テアリシ諸方カラ見積書ヲ取寄セテ見タ中ニ某會社ノ出シタノカ一番値段モ安イ上ニ捲揚用ノ電動機カニ拾七馬力トアリシカハ之レニ極メテ注文セシ

後現品カ到着シタノヲ見ルト注文トハ反對ニ「フレーム」ハ鐵

枚式ノ上其鐵枚ノ幅カ意外ニ廣ク電動機ハ二拾五馬カテ仕様書トハ二馬カ小サクアリシ其處テ納入會社ヘ其事ヲ尋子タラ先方ノ言フニハ御注文通リノ品ヲ申シテ遣リマシタノニ何ンナ品ヲ送ツテマイリマシタト言フ丈ケテ一向驚ク様子モ見ヘヌノテアル先方テハ當方テハ仕事上待構ヘテ一日モ早ク使ヒタヒノタカラ必受取ルニ相違ナイト見縊ツタ遣リ方テアルカラ暫ク其儘ニシテ受取ラナイテ居リシカ現塲掛員ハ起重機ノ着スルノヲ一日千秋ノ思ヒテ待ツテ居タノテ壁ヘ仕様書トハ違ツテ不便テモ現在其處ニ品物カアルノヲ見テハ我慢カ出來ス是非受取ツテ一日モ早ク使用スル様ニシテ呉レト迫ツテ來ルカ會社員ニ足元ヲ見ラレテハナラヌトソレカラ又暫ク辛抱シテ其儘ニシテ置イタラ先方テモ待チキレナクナツタト見ヘテ受取ツテ貰ヒタイト頭ヲ下ケテ來タカラ購買掛員ト相談ノ上請負金高ノ一割則チ金一千五百圓ヲ値引サセテ遂ニ受取ツテ使用スル事トシタカ何ンテモ跡カラ聞イタノニハ競争入札ノ結果安値テ引受ケタカ仕様書通リノ品ヲ取寄セタラ損トナルノテ丁度似寄ノ

品テ不合格品カアッタノヲ安價テ取寄セタノタト言フ事テアリシ商買人ハ利益ヲ得ル事ニノミ苦心シテ信用カ地ニ落チテモ構ハヌト言フ風ハ誠ニ痛歎ノ至リテアル則チ此ノ起重機ノ如キ注文ノ趣意ヲ頭カラ無視シテ團ツテ居ルカラ必受取ルト豫測シテ不合格品ヲ取寄セルト言フ事カ横着ナ遣リ方テ注文主カ之レヲ不合格品トシテ完全ナ品ト引替ユルマテ幾多ノ日月ヲ待テハ良ヒ樣ナモノノ不完全品テモ之レヲ使ヘハ一日テモ早ク用ヲ辨スルトスレハ彼ノ術中ニ落チテ残念テモ止ムヲ得ス之レヲ使用スル事ニナルガカカル場合ニ遭遇スル時ハ便利ヲ謀レハ勢ヒ臨機ノ所置ヲ取リ減價採用ト言フ事ニシテ之レヲ受取リ使用セリ

便利ヲ度外ニシテ何處マテモ強剛ニ約束ヲ盾ニ突張ツテ居レハ如何ニモ立派ナ所置タカ工場モ經濟カラ成立ツテ居ル事ナレハ穴勝立派一方テ押シ通ス譯ニモ行カス前述ノ樣ナ處置ヲ取リシカ跡カラ考ヘルト折角計畫シタ便利ナ装置モ彼ノ爲メニ躪躒サレタノハ誠ニ残念ニ思ヒシカ成行上我慢シタノテアリシカ又能ク思案シテ見ルト法則上ニ重キヲ置

テ最低價者ニ落札サセタノカ原因トスルト特別品ヲ購入スルニハ先張特別ノ方法ヲ取ラ子ハナラスト思ヘリ

平爐工場送風管ノ破裂

明治三十五年頃ト思フカ平爐工場ノ平爐四基ヘ送風スル送風管カ夕刻突然大音響ト共ニ破裂セリ原因ハ平爐ニ送ル尾斯カ熱セラレタ送風管ノ中ヘ混入シテ尾斯カ膨張シテ爆發セシ結果ト聞キシカ送風管ハ僅カ厚サ一「ミリ」米突計リノ薄鐵板テ造ラレシモノテ平爐四基ノ裏面ニ高ク設ケラレテアリシカ破裂セシ部分ハ或ル長サ裂ケテ全長ハ紙製ノ筒ヲ揉ミクチヤニシタ様ニ大概内部ヘ窪ミテ居リシ

是レハ破裂口カラ壓カカ俄カニ脱出シタノテ内部ノ抵抗カナクナリ外氣ノ力テ押シ潰サレタモノト思フ其形狀ハ一面ニ皺タラケテ處々ニ凸凹カ出來何トモ言ハレヌ有樣テコンナモノハ二度ト見ラレヌ奇形テアリシ

破裂後更ラニ從前通送風管ハ新調セラレテ尾斯ト空氣ヲ爐内ヘ送ル特別裝置ヲ設ケラレシカハ其後ハ絶ヘテ破裂スル

様ナ憂ヲ起サザリシ當時ハ創業ノ際トテ何處カニ缺點カアリ夫レカ作業中ニ顕ハレテ來ルノカ實物教訓トナリ就業者ニハ良キ技術上ノ練磨トナリシ

予ハ製鐵所ニ奉職後間モナイ時テ退場後官舎ニアリシカ大音響ヲ聞イテ早速現場ニ驅附ケテ見タ時ハ直經約一「メートル」長サハ全工場位アル鐵管カ高ヒ處ニ取附ケラレテ前記ノ様ナ損シ方テ手ノ附ケ様モナク平爐ノ掛員ト相談シテ習日カラ取外シ方ニ着手シタカ其光景ハ何トモ言ヘヌ事テアリシ

## 砲彈工場建築材料ノ燒失

明治三十六年砲彈工場ノ建築用鐵材ヤ機械類カ建設場ニ當テラレタル草原ニ積ミ重子ラレテアリシカ真夏ノ炎天ニ出火シテ箱類ヤ木枠ノ類ハ総ヘテ燒失セリ其中ニ數多アリシ工場ノ屋根ヤ外囲ニ用ユル亜鉛引波形鐵板ハ鍍カ剥レ板ハ屈曲シ使用スル事カ出來ヌ様ニナリシ出火ノ原因ハ不明ナリシカ一寸考ヘテ見テモ品物ハ不燃物ノ鐵材計リテ荷造シ

タ木枠ヤ木箱ニ火カ移タトシテモ全部カ燒ケルト言フ事ハ合點カ行カヌノテアル外ニモ澤山同樣ノ品カ處々ニ積マレテアリシカ別状ナカリシ

砲彈工場ノ棧料置場ハ外ノ場所ヨリ草深キ處テ隨分丈高キ雜草カ繁茂シテアリシユヘ或ハ人夫等カ喫烟テモシテ其吸殼カラ發火シ雜草ヲ燒キ夫カラ木枠等ニ移リ炎天ニ晒サレタ金物ハ高熱トナツテ居タノテ容易ニ次カラ次ヘト燃ヘ擴カリ大燃燒トナリシモノカトモ思フ外ノ處々ノ分ハ幸ニ出火ヲ見ナカツタカ周圍ノ雜草モ割合ニ尠ク丈ケモ短カキ爲カトモ思ハレタカ其原因ハ確カト分ラナカツタ

其後野天ニ置カレタ棧料ヤ機械類ニハ悉ク上覆ヒヲスル事ニナリシカ何時テモ事件發生後ニナツテ嚴重ニ警戒スルノカ普通タカ之レヲ事件未發ノ時ニ周到ナル注意ヲシタナラ多額ノ費用モ費サス衆人ヲ騷カセスニ濟ム事タカ一事件カ起ルト多人數カ一時業務ヲ離レテ立騷クノテ工場ハトレ程損失スルカ分ラス夫レヲ思フト平素カラ細心ノ注意ヲ怠タラヌ樣ニ寸時モ忘レテハナラヌ事カ肝要テアルノハ勿論テ

アルカ咽喉亢過レハ熱サヲ忘レルハ人情テアルカラ熱誠事
ニ當ラナケレハナラヌノテアル

砲彈工場水壓機械ノ基礎

砲彈工場カ開始サレテ滊動水壓機械カ最大壓カテ働クトキ
動搖スルカラ之ヲ直シテ貰ヒタイト言ツテ来タノテ從來ノ
基礎ヲ調ヘテ見タラ相當ニ出來テハ居ルカ機械臺カ隨分高
イノニ基礎「ボールト」カ細ク夫レニ「ボールト」ヲ下カラ練リ上
ケノテハナク基礎ニ穴ヲ拵ヘテ跡カラ「ボールト」ヲ差込ミ穴
ヘハ「トロ」ヲ流シ込ンタモノタカ夫レカ充分塡充セス機械臺
ト基礎ノ上面ノ煉瓦面トカ密着セス基礎下ハ割栗石ヲ搗キ
込ンタ丈ケテ能ク固マラヌト言フ點ヲ發見タノテ
今度ハ從來ノ基礎ヲ取除ケテ割栗石モ除ケテ其處へ生松丸
太ヲ適當ノ深サニ打込ミ基礎面積モ從前ヨリ少シ大キクシ
松丸太ヲ打込ンタ間ニ割栗石ヲ搗キ込ミ取附「ボールト」ノ直
經ヲ太メ更ラニ機械臺ト基礎ノ上部煉瓦面ト同シ高サニ數
箇所鑄鐵製ノ受臺ヲ新設シ之レヲ基礎下カラ「ボールト」テ取

附ケ基礎「ボールト」ハ総ヘテ練リ込ミトシ機械臺ノ下面ヲ平削盤ニ懸ケテ平ラカニシ基礎ニ新設シタ鑄鐵ノ臺ト密接セシメ基礎カ全體固マルマテ置テ最後ニ機械ヲ据附テカラ最大強力ヲ以テ試運轉ヲセシカ微動タモセス完成セリ後日隣リニ据附テアリシ同機械カ前同様動クノテ据附替ヲ為セシカ之レモ結果ハ良カリシ

最初ノ据附方カ完勝粗漏ダッタト計リハ言ハレヌ夫レハ機械ニ附属シテ外國カラ來タ据附圖面ニ據ッテ建設掛カシタノタカ其圖面カ深坊叮嚀ニ出來テ居タラ良カッタカ例ノ納入者カ何ンテモ安イ物ヲ納メ様トシテ形式丈ケノ粗圖ヲ出シタノテ夫レニ據ッテ据附ケタノテ不完全テアリシト思フ其證據ニハ据附ノ事計リテナク機械ニモ使用シテ見ルト動ク處タノ燒ケル處タノ摺リ合セノ不完全ナ點抔カ追々ト發見サレタノテモ分ル

据附替ヲスルニハ多額ノ費用ヲ要スル以外ニ事業ヲ永ク休マナケレハナラヌ大ナル損失カアル完全無缺ノ機械ヲ入念ニ据附ケタナラ其憂ヒハナイカ其處カ費用ヲ節減セラレタ

結果止ムヲ得ス安イ機械ヘ手ヲ出ス其上ニ不德義ノ納人カ又設ケ一天張ヲ遣ルカラ勢ヒ品物カ粗悪トナル之レハ何時モ極ツタ様ナ話タカ各自正直ニ誤魔化サナイ様ニ事物ノ上ニ盡シテ貰ヒタイモノテアル誤魔化サレル爲メニ何ノ位國家ニ損失ヲ來スカ分カラナイ國家ノ損失ハ廻ハリ廻ハッテ自已ニ來ル事ヲ悟ラサルモ迂遠テハナイカト思フカ普通ノ人ハ唯我欲計リヲ考ヘテ公衆協同ノ利益ヲ度外ニシテ居ル事ハ實ニ慨歎ノ至リテアル

第三第四熔鑛爐煙突ノ動揺

第三第四熔鑛爐用鐵製煙突カ大風ノ時動揺スルノテ若シ萬一ノ事テモアッテハ大變タカラトテ之レヲ支ヘル方法ハナイカトノ事テ小煙突ナラ鐵線テ引張ツタラ濟ムカ如何ニモ高イ大煙突ニ支ヘ線テモナク邪魔ニモナルノテ煙突ニ基ヲ連結スル装置トシテ鐵骨式楷子形ノモノヲ横ニ各自ノ間ニ狹ミ取附ニハ平鐵製ノ「バンド」ヲ煙突ノ周圍ニ廻ハシ「バンド」ハ數箇ヲ以テ成立チ合セ目ハ二三吋位ツツ間隙ヲ設ケテ煙

突ニ密着セシメル様ニ「ボールト」締メトシタカ扱テ之レヲ取附ケル事カ一工夫テ煙突ノ上部カラハ始修人間ニ大毒ナ狐色ラシタ尾斯カ飛散シテ來ルノテ頂上ニ昇ツテ容易ニ作業ヲスル事カ出來ス風ノ吹キ舞ハシテハ頂上而已テナク上部一體ニ尾斯カ吹キ散ラサレテ居ル有様テ支ヘ金物ハ成丈ケ上ニ取附ケタ方カ動揺ヲ防クノニハ良イカ如述ノ有様テ止ムヲ得ス上カラ全高サノ四分ノ一ノ處ニ取附ケル様ニシタカ取附ノ一段トナツテ煙突ニ附屬シタ昇降用ノ梯子ヲ昇リ風ノ吹キ舞ハシ方ト尾斯噴出ノ尤モ稀薄ナ瞬間ヲ見テ急イテ頂上ニ駈上リ手早ク滑車附ノ鋼索ヲ取附ケテ釣リ足場ヲ設ケテ支ヘ金物ヲ取附ケタカ之レハ實ニ命懸ケノ仕事テアリシ

支金物ノ設計ヲシタ時ハ當局者ヤ誰レ彼レニ一々相談シテ同意ヲ得テ着手シタノダカ扱テ取附濟トナツテカラ最初賛成シタ人達マテカヤレ猿ノ腰掛タトカ今少シ良イ形チニ出來想ナモノタトカ種々勝手ナ悪口ヲ言ツテ居ルカラ予ハ其人達ニ若シ貴君達ニ名案カアレハ改造スルニ吝テアリマセ

ンカラト言ヒシモ誰レモ夫ナラコトスレハト言フ人モナク其儘トナリ予カ去ツテ後年第五第六熔鑛爐カ増設サレ其煙突カ曩キニ出來タノト殆ント同シ樣ナ聯結金物カ竝ンテ取附ラレシヲ見テ獨リ快心ノ笑ヲ漏セリ第五第六ノ煙突ハ作業開始前ニ聯結金物カ取附ラレタ事ユヘ工事モ樂テ如何ナル樣式テモ出來タノタカ失張リ同式テ唯少シ構造カ簡單テアル丈ケノ相違テアリシ以前ノ考ヘカ空シカラサリシ事ヲ得意トセリ

## 轉爐ノ水壓辨

轉爐工場ノ「ベスマー」製鋼爐ハ熔鋼量一回十噸ノモノニ基テ是レヲ回轉シテ作業ヲ爲スニハ一平方吋五十氣壓ノ水カヲ以テ操從スルノタカ其操從ニ用ユル水壓辨ノ具合カ惡クナツタカラ調ヘテ貫ヒタイトノ事テ辨ヲ外シテ見タカ別段何處カ惡イト言フ樣ナ所モナク唯少シ滑面ニ荒レタ處カアルノテ叮嚀ニ摺合セヲシテ使ツテ見テ貰ツタカ以前ト餘リ變リナク夫レカラ度々手ヲ入レタカ變ラナイノテ遂ニ辨全體

ヲ新規作ツテ取附替ヘタカ暫クスルト又前ノ通リ不具合ニナルノテ種々ニ考ヘテ見タカ他ノ場所ノ水壓辨ニハ少シモ故障カナイノニ拘ハラス此ノ辨丈ケカ何時モ不具合テアル事ハ何カ特別ノ原因カナクテハナラヌト思ヒツツ永ク不完全ノ儘過シテ居タカ遂ニ送水管カラ送ツテ來ル水量カ不充分テハナイカト思ヒ土中ニ埋設シテアル途中ノ管數本ヲ掘リ出シテ改メタラ管ノ中ニハ土砂カ充滿シテ水路ヲ妨ケテアリシ事カ分リ能ク掃除シテ管ヲ布設シタラ水量カ充分通フ様ニナツテ辨ノ故障ハ少シモナクナリ最前通リ好結果トナレリ

夫レテ初メテ不思儀ト思ツテ居タ事カ茲ニ氷解サレタカ成程管中カ土砂テ塞カレ僅カナ水カ土砂ヲ越シテ辨ノ處ヘ來ルノテ水量ノ不足ト一方土砂カ辨ノ滑面ヲ疵ケタカラ壓カノアル水ユヘ漏水ハシタシ不具合タツタ事ハ勿論テ夫レヲ知ラスニ永イ間使ツテ居タノカ誠ニ不行届タト思ヒシ其後辨ノ故障ハスツカリ無クナツタカ最初辨ヲ調ヘタ時管中ニ土砂カ入ツテ居ル事ニ氣附カナカツタノハ他工塲ヘ多

數送ラレテ居ルモノカ差支ナイノテ此ノ管中ニ土砂カアリシトハ思ワナカッタカ之レハ管ヲ布設スル時或ル管内ニ土砂カ入ッテ居タノニ氣附カス取附ケタノカ水壓ノ為メ段々押シ寄セラレテ遂ニ通水孔ヲ塞クニ至ッタモノテ其譯ハ最初ハ差支ナク辨ノ使用カ出來キテ暫ク後ニ前ノ様ナ事ニナッタノテ分ル之レニ就テモ布設ノ時能ク管内ヲ見テ充分掃除ヲシテ取附ケタナラコンナ不都合ハ後日起ラヌモノト思ヒシ

## 製栈各種用ノ火箸

明治三十四年創業當時鋼栈製造用ノ火箸ヲ始メテ造リシ事ヲ述ヘンニ最初火箸ヲ造ル為ニハ製品部雇獨國人技師某ノ指圖テ大小各種ノ火箸ノ圖面カ出來テ工作科鍛冶工場テ之レヲ造リ大小數十本ヲ陳列シテ製品工場ノ獨國人職工長ニ是レヲ見セテ各自ノ意見ヲ聞イテ實際使ヒ良イ様ナモノヲ必要ナ數丈ケ造レト上官カラノ命ナリシカハ職工長達ニ見本ヲ見セタ處カ自分達カ從來本國テ使ヒ馴レタモノトハ大

分勝手カ違ツテ居ルト言ツテルカ去リトテ好ミノ寸法ヤ形チヲ示シテハ呉レス日本人側テハ誰レモ初メテノ仕事トテ様子ノ分ツタモノハ一人モナク扨テ之レヲ如何ニシテ宜イカト言フ事ニナツテ止ムヲ得ス其次第ヲ上官ヘ申出テタラ上官ハ更ラニ之レヲ獨人技師ニ謀ラレシニ技師ノ言フニハ自分カ出シタ圖面ハ一型録カラ見出シタノダカ今當所ヘ雇ハレテ來タ我國ノ職工達ハ各方面ノ工場ニ居タ者ノ寄リ集リタカラ定メテ色々異ツタ流儀カアルト思フ夫レ等ノ人達ニ各得意ノ型ノモノヲ授ケルト言フ譯ニ行カヌカラ兎ニ角見本ニ造ツタモノヲ渡シテ實際仕事ヲサセテ見ルカ宜カロウトノ事テ見本ニ造ツタ火箸テ着手スル事トシ

第一ニ製品部ノ工場テハ分塊工場カ順序トシテ一番ニ着手スル事トテ日本人ノ職工ハ皆初メテノ仕事テ手傳モ出來ヌノテ獨人ノ各職工長カ分塊工場ニ集マツテ専門ノ職工長ト一團トナリ例ノ火箸テ仕事ニ始メテ取掛ツタカ其有様ハ中々珍無類テアリシ夫テモ日一日ト馴レテドオカコーカ継續シテ仕事ヲ遣ツテ居ル内ニ日本職工モ見馴レ聞キ馴レテ外

國人ニ比較シテハ身體モ小サシカモ弱ヒカ頭カ良イノテ火箸ノ事テモ彼レ是レト色々使ヒ宜ヒ様ニ改造シテ遂ニ今日使用シテ居ル適當ナモノヲ製出スル様ニナレリ夫カラ約一箇年計リシタラ獨人職工長ハ日本ノ職工長ニ萬事打任セテ自分ハ大體ノ工事ヲ監督スル様ニナリシ

分塊工場外幾多ノ工場モ大概同様ノ手順テ火箸ノ改造ヤラ萬端カ追々ト日本職工ノ手テ出來ル様ニナリ全體ニ火箸ノ形カ一定シテ茲ニ始メテ製鐵所式ノ火箸カ出來タカ是迄ニ至ルニハ無論獨人職工長カ差圖ノ元ニ日本職工カ相談シテ使ヒ宜イ形チニ改造シタノテアルカ一體外人ハ自分ノ專門ノ仕事ヲスルノハ多年從事シテ熟練モシテ居ルカ專門違ヒ則チ自分ノ使用スル火箸ヲドンナ風ニ火造ツタラ宜イカトナルト丸ルテ分カラス最初見本ノ火箸ヲ見セタ時モ自己カ從來使ヒ馴レタモノト違ツテ居ルカラ役ニ立タヌト言フ丈ケテ夫レテハドンナニ造ツタラ良イノカト聞イテモ一向返辭ヲセヌノテアル

其處ヘ行クト人真似上手ナ日本人ハ直キニ色々ノ事ヲ見覺

ヘテ火箸抔モ勝手ノ宜イ様ニ注文ヲシテ其工場ノ仕事ニ適當スル形状ヤ大サカ段々ト極マツタ様ナ譯テソンナ事ニハ日本人ハ能ク合フカ外人ノ特色ハ一事業則チ大形トカ中形トカ小形ノ様ナ壓延作業ニ懸ルト始終一貫何時モ同シ仕事ヲ操返シテ差異ナク一定ノ製品ヲ造ル事ニ專心他ニ心ヲ移サス變ラサル態度ハ實ニ機械的テ感服ノ外ナシ

軌條壓延中ノ珎事

軌條工場テ始メテ六十磅ノ軌條ヲ壓延シタ(95)時ノ出來事ヲ茲ニ記シテ見ルト軌條ハ普通軌條ノ長サ六本分餘則チ約百八十呎計リヲ一壓延トスル事テ最初ノ事トテ壓延ニ手間取ツテ居ル内ニ段々ト地金カ冷ヘテ來テ水平ニ壓延サレタ條鋼カ「ロール」ヲ往復通過スル度ヒニ堅クナツテ來タノテ灣曲形トナリ遂ニ隨分高イ工場ノ波形鐵板張リノ屋根ヲ突破シテ工場脇ノ地上ヘ蛇ノノタクツタ様ニ走リ出テ其儘固マツテ仕舞ツタノテ之レヲ取除ケルノニ屈曲ニ隨ツテ工場ノ内外ニ火ヲ起シテ曲ツタ軌條ヲ燒イテ切リ取ル事ニシテ全部ヲ

取除ク為メニ四昼夜ヲ要セシカ其奇觀ハ又ト見ラレヌ有様テアリシ

一體如何ナル譯テ地金カ固マッタカト言フニ六拾磅軌條ハ分塊機テ荒延ヘヲシテ直キニ軌條「ロール」ヘ輸送スルノダカ其荒延ヘシタ條鋼ヲ「ロール」ニ狭ミ込ムニハ「ロール」機ノ前後ニ左右ニ個宛ノ釣ッタ大火箸カアルノテ其レヲ使ッテ地金ヲ「ロール」ノ穴ヘ嵌メ込ムノダカ左右ノ調子カ甘ク揃ハヌト地金ヲ下ヘ落シタリ又ハ「ロール」ノ穴ヘ入ラナカッタリシテ何度モ一ツ事ヲ操返シ手間取ル内ニ地金ハ追々冷却スルノテ水平ニ「ロール」ヲ出テ行ク事カ出來ス曲リクネリシテ遂ニ前記ノ様ナ珎現象ヲ呈スルニ至ッタノテアルガ

其後次第ニ熟練シタノデカカル異狀ハ決シテ無キ而已ナラス規定ノ長サニ切ル為メニ丸鋸機ノ側マテ行ッテモ未タ地金カ赤熱シテ居ルノテ暫ク待ッテカラ切斷スル位操業カ速カニナリシ唯單ニ操業カ速カニナッタノミデナク軌條ノ量目カ合格スル様ニナリシ當時米國製ノ軌條ハ規定ノ量目ヨリ誠ニ僅カナカラ輕イ方ニ出來テ居リシ夫レテ尺度ハ正確

テアリシ日本製ハ寸法ヲ正確ニスルト少シ量目ハ重クナレリホンノ僅カノ量目テモ多量ニ製出スル上ニ於テハ夫レ丈ケノ損益ヲ考ヘルト實ニ熟練ノ功程貴キモノナシト思ヘリ

## 大形工場原働機蒸氣溜ノ蓋

大形工場ノ原働蒸氣機械ノ蒸氣管ト蒸氣開閉辯トノ間ニ蒸氣溜カアリ其蓋ハ鐵板製テ上部ニ向ヒ「ボールト」テ取附ケテアリシカ或時其工場ノ附近ヲ歩イテ居タラ唯一聲ドント言フ音カ聞ヘテ近邊ノ人達カ立騒イテ居ルノテ何カト思ッテ其機械室ヘ行ッテ見タラ蒸氣溜カラ蒸氣カ迸ケテ居ルノテ近寄ッテ能ク見タラ其蓋カ周圍ノ取附「ボールト」ト外側ノ鐵板ヲ殘シテ丸ルテ繰リ抜イタ様ニ穴ニナッテ其抜ケタ鐵板ハ其邊ニハナク真上ノ随分高イ工場ノ石膏屋根ニ丸イ穴カ明イテ其處カラ蓋カ搗キ破ッテ上ヘ飛ンタモノテアリシ實ニ珎ラシイ事デ

夫レテ其切断サレタ處ヲ見テモ別段疵ヤ腐蝕シタト言フ様ナ箇處モ見ヘナンタカ何カノ激動ニ絶ヘスシテ破レタモノ

テ屋根カ圓形ニ究カ明ケラレタノヲ見ルト破レタ鐵板ハ平面ニ其儘飛ヒ上ッテ究ヲ穿チタルモノテ之レヲ能ク研究シテ見タラ大ニ科學ノ參考トナル事タロウト思ハレシ夫カラ早速代リノ蓋ヲ今度ハ少シ厚サヲ増シテ造ッタカ其後十數年間予カ在職中何ンノ異狀モナカリシ餘リ不思儀タカラ茲ニ記シテ置ク

### 第二熔鑛爐々底ノ鐵塊

第二熔鑛爐ハ第一熔鑛爐ノ實驗上多少内部ノ形チヲ改良シテ築造サレタト言フ事ナリシカ操業以來兎角其成績カ面白カラストノ事ナリシカ何テモ點火後約一年位ノ時ト思フカ爐内ノ熔鑛ノ下リ方ニ不同カ出來或部分カ中途ニ滞留シ夫レカ一時ニ熔ケテ下ルノテ時トシテハ覗キ究マテモ塞キソンナ事カ度々重ナリ遂ニ出銑ロカラ流出スル事カ出來ヌ冷ヘタ熔鑛テ段々上部カ塞カレテ普通ノ出銑ロカラハ熔鑛ヲ出ス事カ不可能トナリ或ハ操業ヲ止メナケレハナラヌカモ知レスト言フ事ニナリ掛官ハ素ヨリ長官マテモ現場ヘ來ラ

レテ評議ノ未思ヒ切リ上部ヘ出銑ロヤ覗キ穴ヲ設ケル事ニナリ夫レカ一刻ヲ争ヒ至急ニ成功セ子ハナラヌ事トテ銑鐵部側ト工作科側トニ個所ニ分ツテ懸賞附デ穴ヲ穿ツ事ニシテ漸ク一昼夜餘テ二個所ノ穴カ穿タレタノテ兎ニ角操業ヲ續ケツツ残リ一個ノ穴ヲ穿ツノハ銑鐵部ノ手テナシ不便ナ高ヒ所カラ出銑シテ漸ク爐内ノ熔鑛カ冷却スル丈ケハナクナリ其儘テ一箇年計リ操業ヲ續ケテ居リシカ
其内ニ第三熔鑛爐モ蹉跌シテ火入レトナリシカハ茲ニ到ツテ第二熔鑛爐ノ大修繕ヲ為ス事ニナリ全ク消火シテ内部ノ冷却ヲ待チ爐内ヲ片附ケテ底部ヲ見ルト底部一面ノ大サテ厚サ約五呎モアル大鐵塊カアリ是レヲ數個ニ打砕キテ漸ク外部ヘ引出シテ爐内ノ改造ヲ為セシカコンナニ大キナ鐵塊ハ誰レモ初メテ見タノテ驚ケリ改造後ノ結果ハ良好トナリシト掛員ハ言ヘリ
當時ニ手ニ分レテ為セシ第二熔鑛爐穿穴作業ノ有様ハ實ニ戰場モ斯クヤト計リ各自必死ノ働キヲセシカ熔鑛ハ絶ヘス爐内ヲ降下シテ居ル穿穴ノ處ヘ何時溜ツテ來ルカト氣カ氣

テナク夫テモ協力シテ用ヲ便シタ事ヲ悦ンタガ後年其事ヲ
思ヒ出スト今日事ナク操業シ宛アル基トナリシト思ヘハ其
労モ又没スヘカラスト考フ

第二送風機汽筩ノ蓋破損

明治三十四年開所式ノ直前テアリシカ送風機室ノ第二送風機ノ汽筩ノ蓋カ破壊セリ原因ハ筩内ニ蒸溜水カ溜マッテ居ルニ氣附カス運轉シタノテ激穿ノ為メニ破レタノテアル其破壊サレタ有様ヲ見ルト蓋ノ中央カラ破目カ出來テ周圍ノ取附「ボールト」ノ邊ヲ殘シテ一周シテ破レテ居リシ何シロ開所式ハ目前十數日ニ迫リ居ルノニ隨分大キナ是ノ蓋ヲ新製セ子ハナラス夫レテ直チニ鑄造ニ着手シ晝夜兼行工事ヲ督勵シタカ幸ニ無疵ノ良品カ出來タノテ夫レカラ旋盤仕上ト順序能ク運ヒ落成シテ取附試運轉ヲシタラ好結果テ安心セシハ丁度開所式當日ヨリ二日前ナリシ

蒸氣機械ヲ運轉スルニハ汽筩内ヘ蒸氣ヲ入レテ充分ニ暖メ冷ヘタ蒸溜水ハ放水嘴子ヲ開放シテ脱出セシムル事ハ普通

ノ事タガ破壊シタ當時ノ事ヲ考ヘルト之レカ充分開イテ無
カツタノダト思フ一寸トシタ注意ヲ怠ツタ為メニ大キナ
蓋ヲ破壊サセ時カ時トテ開所式テ
天皇陛下ノ御名代ニハ宮家ヲ御派遣ニナリ各大臣及陸海軍
ノ顕官貴衆両院ノ議員達マテ招待シタト言フ盛大ノ式殊ニ
議員達ニハ實際ヲ目撃シテ貰ヒ大ニ後日擴張工事ノ經費支
出ニ協賛ヲシテ貰ハ子ハナラヌ大事ノ場合テアル處ニ誰レ
モ着目シテ居ル一番肝要ナ熔鑛爐ヘ送風スル機械カ損シタ
ト言フ事ハ誠ニ何トモ言ハレヌ大打撃テアリシカ首尾ヨク
蓋モ出來テ差支ナカリシハ幸ナリシ
當時呉海軍造船所テモ製鋼所ヲ新設スル計畫カアリ其協賛
ヲ議會ニ求メントシ宛アル際ナリシカハ製鐵所ヘ來臨シタ
議員達ヲ帰途門司港テ出迎ヘノ軍艦ニ乗組マシメテ呉ヘ招
待スル時トテ競争的ニ議員ヲ優待スル為メニ海軍カラ掛員
カ製鐵所ノ招待ヲ兼子テ出張シテ製鐵所ニ何カ失態テモア
レハヨイカト待構ヘテ居ルト言フ有様テ製鐵所テモ一生懸
命ノ盡カテ來賓諸氏ヲ接待セシ場合テアリシ是レヲ思フト

一機関手ノ不注意カ如何ニ當路者ヲ心配サセシ事カト思フ
ト各自カ平素職務ノ重キヲ考ヘ忠實ニ細心ノ注意ヲ怠ラサ
ル様ニ努メ子ハナラヌ

## 修繕工場ノ増築

工作科修繕工場ハ製栈諸工場ノ整頓ヤ増設テ諸機ノ据附ヤ
修理ノ為メ頻ル多忙ヲ極メ應急ノ工事ニハ其設備カ不備ノ
為メ是非擴張セサル可カラサル事トナリシ夫レハ最初カラ
分ツテ居タカ經費ノ為メ跡廻シトサレシカ茲ニ彌擴張スル
事トナリシモ一度ニ充分ナ費用ヲ使ツテ設備ヲ完全ニスル
事カ出來ス焦眉ノ急ニ應スル丈ケトナリ本工場ノ西側ヘニ
十米突工場ヲ継キ足ス事トナリ其レニ相當ナ機械モ増設シ
一箇年ノ歳月ヲ費シテ落成シタカ其當時ハ夫レテ幾分カ仕
事カ運フ様ニナツタト思ツテ居タラ
日露戦争カ起ツテ陸海軍初メ諸方カラ栈料ノ注文カ劇増シ
タノテ俄カニ又栈料製作工場カ大擴張トナリ随ツテ修繕ヤ
製作工事カ大ニ増加シテ來タノテ又裏キニ継キ足シタ先ヘ

二十米突ヲ継キ足シ前ノ継キ足シト併セテ四十米突ノ延長トナリ隨ツテ諸機械類モ夫夫適當ナモノヲ增設シタノテ初メテ製作上差支ナイ様ニナレリ之レヲ最初カラ一度ニ延長ヤ增設カ出來テ居タラ何ンナニ涉行キカ良カツ事テアリシト思ヒシカ前ニ記シタ様ニ經費カ無イノテ如何トモスル事カ出來ナカツタノテアル

科内ノ外ノ工場則チ鋳造製罐鍛冶木工等ハ割合手廣テアツタカ獨リ機械仕上工場ハ手狭ノ上ニ「ロール」旋削機械マテカ内ニ据附ケテアリ一番手間ノ懸ル機械ヤ仕上カ手薄テアツタノテ誠ニ困マツタカ餘儀ナク多數ノ仕上職工ヲ雇ヒ入レテ機械ノ代リニ大概ノ品ハ手仕上ケニサセタノテ時日ハ懸ル仕事ハ甘ク行カス使用者カラハ度々苦情カ出ルト言フ苦境ニアリシカ

夫レニ附込ンテ御用商人ヤ外部ノ工場カラハ小形ノ運搬シ易ヒ機械ノ修繕ヤ新規ノ機械類ノ賣込ヲスル事カ盛ンニナリ材料工場ノ當局者ハ修繕工場カ間ニ合ハヌト言フ口實ノ下ニ一應ノ照會モナク何テモ運搬シ得ラルルモノハ外部ヘノ

注文スル事カ流行シタ中ニ必工事ハ一切任セテ呉レタ特志ノ工場モアリ又外部ヘ注文スル前ニハ必一應内部ノ都合ヲ聞合セテカラ間ニ合ハヌト言フ時外部ヘ出シテ呉レタ順序正シキ向キモアリシカ夫レハ至ツテ小數テアリシ其當時ノ有様ヲ思ヒ浮ヘルト實ニ皆境ニ立チシ事テアツタノテアル

### 工作科各工場ノ擴張

工作科諸工場ヲ一齊ニ擴張スルノ機會ヲ得タノハ實ニ日露戰爭ノ爲メテアリシ所内各工場ヤ諸設備ノ擴張ニ從ヒ我工作科モ必要ニ迫マラレ遣憾ナク科内諸工場ノ擴張ヲ爲ス事ニナリ前記修繕工場ノ擴張ノ外鑄造工場ヲ東西ヘ三十米突ト架空軌道ノ延長製罐工場ヲ十米突鍛冶工場ヲ十五米突其他附屬工場ノ增築ヤ機械器具ノ增設ヲ整ヘタノテ所内各工場カラノ需用ヲ充ス事カ始メテ出來タガ
一體工作科諸工場ノ設備カ一番遲レテ出來タ事カ不手廻リノ原因テアリシカ一得一失トハ能ク言ツタモノテ從來諸材料工場カラ押掛ケル修繕物ヤ製造物テ實驗シタ結果今度ノ擴

張ニ就テハコー言フ機械テ仕上ケルアー言フモノハアー言フ機械テ仕上ケルト言フ事カ能ク分ツテ居ル上ニ狭ヒ工場内ニ偶マニ使フ機械ヲ置テハ場所塞ケノ上ニ不經濟タカラ成丈兼用カ出來テ小形ナ機械テ大キナ仕事カ出來ルト言フ趣意ノ下ニ機械ヲ選定スルノニ苦心研究シテカラ注文シタノテ据附後ノ結果ハ至極良好テ遅レタ埋合セカ出來タ様ナ感シガセシ

機械類カ設備充分トナツテカラ仕事ノ渉取ハ前日ノ比テハナク面白ヒ様ニ運ヒ満足シタカ併シ前ノ事ヲ思フト手エテ大概ナモノハ仕上ケタノテアルカ何テモ一心ニ遣レハ出來ルモノテ其當時ノ職工達ハ夫レカ爲メ腕カ大分上達セシカ今度機械カ完備サレルト職工ノ働キハ腕計リテナク頭ノ遣ヒ方ニ移ツテ來テ上手ニ機械ヲ使ヒ時間ノ經濟ト製品ノ優劣ニ関スル事トナレリ前ニハ少々不出來テモ間ニ合ツテ居タノカ今度ハ時間ト成績ト經濟ノ三点ヲ注目スル様ニナリ一段ト進歩的行路ヲ辿ル事トナリシ夫レカ僅カ三四年間ノ後テアルトスレハ進歩モ又速イモノタト思ヒシ其後追々ト

仕事カ六箇敷ナツテ來テ頭ヲ勞スル事カ節々ト出テ來タノテアル

## 鑄造工場銑鐵破碎器

鑄造工場ノ諸設備モ追々整ツテ便利トナツタニ似合ハス毎日多量ニ熔解スル銑鐵俗ニ海鼠ト言フ細長イ銑ヲ小塊トナスニハカノアル職工カ重イ鐵鎚ヲ振リ上ケテ汗ヲ流シテ之レヲ割ツテ居ルノハ機械ヲ利用スル今日識ニ不釣合タト思ヒ何カ便利ナ銑割器械ハナイカト心掛ケテ居タカ思ハシイモノカ見當ラス話シニ豫子テ聞イテ居タノハ大阪ノ川ロ邊ニ銑鐵專業ノ店カアツテ小塊ニシタノヲ市内ノ小工場ヘ送ツテ居タカ其處テハ何カ器械ヲ用ヒテ割ツテ居ルトノ事ナリシカ何シロ當時多忙ニ紛レテ其儘ニナツテ居タカ其後大阪砲兵工廠テ器械テ銑鐵ヲ割ツテ居ル事ヲ聞キ同所ヘ頼ンテ同形ノモノヲ送ツテ貰ヒ始メテ熔解爐ノ側ニ据附ケテ使ツテ見タラ其成績モ良ク多年ノ望ミカ違セラレシ

其構造ヲ述ヘルト銑鐵ヲ割ル鐵鎚カ木製ノ平板ニ取附ケラ

レテ直立シ其上部ニ二個ノ「ロール」カアツテ一方ノ「ロール」ハ
平板ヲ押シテ回轉スルノテ平板カ引上ケラレ或ルハ高サマテ
上ルト「ロール」カ少シ緩ンテ平板附ノ鐵鎚カ落下スルノテ下
部ニアル海鼠ニ當ツテ切断スルト言フ仕掛ケテ器械ハ至極
簡單テ宜カツタカ唯困マツタノハ毎日絶ヘス使ツテ居ルノ
テ平板カ滑ラカニナリドオカスルト途中カラ滑ヘツテ落下
スルト下テハ海鼠ヲ横タヘル準備中テ危険テアルノテ
改造シテ平板ノ代リニ鋼索ヘ鈎ヲ附ケ上部ノ車ヲ廻ハシテ
鋼索附ノ鐵鎚ヲ引上ケ適當ノ所マテ行クト鈎ニ添ヘタ手挺
カ止金ニ當ツテ鈎ヲ外シテ落下スル装置ニシ全體ノ櫓ハ鐵
骨式ニ改メテカラ具合モ良クナリ茲ニ初メテ勞力ヲ要セス
所用ノ銑塊ヲ造ル事カ出來下ニハ僅カ銑ヲ運搬スル人夫ト
銑ヲ横タヘル職工カ居レハ事カ足リル様ニナリシカコンナ
一寸トシタ小器械ノ方カ參考ニスルモノモ尠ナク大キナ重
要ナ機械類ヲ調ヘルノヨリ返ヘツテ六箇シカリシ

## 雜種

### 日本製鐵會社

明治二十一年農商務省商務局長品川忠道氏ハ事務官吏ニ仏人合ハス工業好キテ一大工業ヲ起サントテ岩崎家三井家其他所謂豪商連ヲ說イテ贊同ヲ求メ毎夜同氏ノ邸内ニ熟懇者ヲ集メテ工業ヲ起ス相談會カ催サレタカ予ハ當時兵器製造所ヲ辞シテ閑ナ時テアッタノテ知人ノ紹介テ燈臺局長藤倉見達氏ニ面會シテ同氏カラ品川氏ヘ話合ッタ未毎夜集會ノ席ニ出テ色々技術上ノ質問ニ答ヘテ居タカ其内ニ工場設立ニ適當ナ地所カ見當ッタリ遞信省ノ電線製造器械類ノ拂下ケノ事ヲ聞込ンタノテ早ク會社ヲ創立サセテ其レ等ニ着手シナケレハナラヌトテ事業ヲ大體諸器械類ノ製造ヤ船舶ノ製造ヤ電線ヤ鐵線ノ製造トシテ總資本金一百萬圓ニ對スル工場設立費ヤ收支豫算書調ヘヲ依頼サレタノテ種々ノ參考書ヲ集メテ結了シタノテ出シテ置タラ其レニ依ッテ株主ニ成ル可キ人達ニ渡ス豫算書ヲ多數造ッタ

東京市ノ築地濱手ニ舊幕時代藝州侯ノ下屋敷テアリシ相當ニ廣イ地所カ賣物ニ出タノテ第一ニ其レヲ買入レ次キニハ遞信省ノ電線製造所カ癈止ニナッテ機械類一切ヲ民間ヘ拂下ケテ引受ケタ處カラ電線ヲ買上ケルト言フ條件カ附テ居ル是非是レヲ引受ケル事ニト骨折ッタ末手ニ入ル様ニナッタノテ會社ノ創立総會ヲ銀坐ノ松本樓テ開イテ發起人達ノ集會ヲスル事ニナリシ

集會當日集マッタ人數ハ何テモ四十名計リテアリシカ有カ者ハ大概缺席又ハ代人ヲ出シ品川氏ニ世話ニナッタリ或ハ義理アル人達カ重ニ出席シテ夫レテモ開會セラレシカ有カ者達ノ顔カ見ヘヌノテ品川氏ハ何タカ本意ナイ風ニ見受ケシ集マッタ人達ノ中テ一番熱心ニ事業ノ事ヲ聞イタ人ハ酒井某男爵テ予ニ造船業ヤ機械業ノ事ヲ聞カレタカラ予ハ工業ト言フモノハ一朝一夕テ盛況トナッテ多クノ利益ヲ得ルモノテナク永年技術ヲ練磨シテ追々ト其極境ニ進ンテ行クモノテアル事ハ今更述ヘル迄モナク長崎造船所川崎造船所其他ノ工場ノ實例カ手本テアルト話シテ居タラ品川氏ニ專

属シテ居ル創立委員カ予ヲ呼フカラ立ツテ別室ヘ行ツテ見ルト品川氏ノ言フニハ君カ今酒井氏ヘ話シテ居ラレタ事ハ其通リタカ今日ノ集會ハ發起人ヲ集メテ持株ヲ極メ様ト言フ大事ナ時タカラ直キニ多クノ利益カ入ツテ來ルト言フ様ニ話ヲシテ貰ハナイト困ル酒井氏ハ金錢ヨリハ事業ノ方カ熱心タカラ良イカ外ノ人達ハ大概利益カ目的テアルカラ本當ノ話ヲスルトニノ足ヲ踏ミ出スカラ折角ノ集會カ駄目ニナルカラ其積リテ大層利益カ擧ル様ニ話シテ貰ヒタイト言ハレシ

品川氏カ言フ迄モナク集マツタ人達ハ皆我利々々連計リテ事業其物ヨリ株ヤ工場設立テ一儲ケショウト言フ連中テ互ニ競争シツツアル事ハ最初カラ見ヘテ居タカ予ハ藤倉氏カラノ申込テ行ツテ居タノテ會社ハ迚モ萬足ニ成立シ想モナイカ譬ヘ成立シテモ事業ノ發達ハ覺束ナイノテアルカラ或ル時機マテ手傳ツテ斷ル考ヘテ居タカ主腦者タル品川氏マテカ唯株式ヲ成立サセレハ良イト言フ考ヘテハ一日モ止マル事ハ出來ヌト予ハ決心シタノテ同氏カラ言ハレタ後ハ眞

劍ナ話ハシナイテ散會後退場シテ翌日藤倉氏ヲ訪問シテ其實况ヲ話シテ引退スル事ヲ言ヒ出シタラ同氏モ夫レ程マテテハナカロウト思ッテ居タ君ニハ誠ニ御氣ノ毒テアッタトテ辞去スル事ヲ許シテ呉レラレシ
予カ去ッタ後兎モ角會社ハ成立シ築地ノ買入レタ處ヘ事務所ト遞信省カラ拂下ケテ貰ッタ電線工場カ建設セラレ其後神戸ノ川崎造船所買受ケノ事マテ話カ進ンテ手附金ヲ入レタノタカ會社ノ株主達ハ前ニ述ヘタ通株ノ賣買カ目的テ株價ヲ釣上ケテ儲ケ様トスル者計リテ眞實ニ事業ヲ骨折ル者ナク技術者抔モ少シ名前ノ賣レタ人ヲ引張リ込ンテ來ルカ直キニ逃出スノテアリシ其内ニ株價カ段々下カッテ來タノテ社長某氏カ今ノ内ニ早ク株ヲ賣リ拂ッテ引退シヨウトテ自分ハ旅行ヲシテ居ル内ニ他人名儀トシテ株ヲ多額ニ賣タノカ動機トナッテ株ハ一齊ニ下落シタノテ川崎造船所ヘ拂込ム金ヤ其他入用ノ爲メ第二回拂込ヲ通知シテモ誰レモ拂込マヌノテ行キ詰リトナッテ遂ニ會社ハ解散スル事トナリ約束不履行テ川崎ヘノ手附金没收トナリシト聞キ、シ

依姫丸ノ修繕

明治三十二年頃ノ事ナリシ大阪堂嶋ノ福永正七氏所有瀛船依姫丸カ兵庫港ニ碇泊中尼崎瀛船會社ノ瀛船崇敬丸カ入港ノ際依姫丸ノ船腹ヘ衝突シテ依姫丸ハ左舷水線下八呎計リノ處マテノ外板長サ十呎程ヲ破損シテ浸水ノ難ニ罹リタルカ當時川崎造船所ニハ未タ船渠ハナク引揚臺ハ塞カツテ居ルノテ長崎造船所マテ運ハ子ハナラヌノテアルカ現在ノ儘テハ曳船テ運フトシテモ浸水ノ恐レカアルノテ何トカ假修繕ヲシタ上ニ特別ナ保険ヲ附ケナケレハナラヌカラ随分金トハ時間ヲ要スルノテアリシ

船主福永氏カラ予ニ何トカ良イ考ヘハナキカト言ハレタノテ予ハ現場ノ有様ヲ調ヘテカラ否ヤヲ返詞スル事ニシテ當時大阪ニ居住シテ居タ元小野濱海軍造船所ノ鐵船製造所職長テアリシ佐野某ヲ連レテ兵庫港ヘ行キ本船ニ就テ取調ヘテ修繕ノ方法ヲ考ヘタノハ船ヲ成ル丈ケ海岸近クニ引寄セテカラ右舷ニ傾斜サセテ左舷ノ損所ヲ修繕スル事トシ傾斜

ノ程度ハ十三度テアレハ最下部カラ少シ下マテ水面ニ顯ハレルノテアルニ傾斜サセルニハ左舷石炭庫ニアル石炭ヲ右舷庫ニ移スカ若シ不充分ナ時ニハ何分カノ「バラスト」ヲ積ム事トシ最初ニ最下部ノ外板ヲ外シテ見本トシ新規ノ鐵板テ外板ヲ造リ夫レヲ取附ケルト共ニ船體ノ傾斜ヲ少クシテ危險ヲ防クトシタラ經費モ時日モ掛クシテ竣功スル事テアロウト同氏ニ答ヘタラ氏モ喜ンテ予ニ託スルトテ早速神戸船舶司驗所ヘ現場テ修繕スル事ヲ出願シタラ同所テモ船渠少キ當時ノ事トテ許可サレタノテ着手セリ

第一ニ石炭ヲ一方ヘ移シテ見タラ未タ少シ石炭カ庫内ニ殘ツテ居ルニ均ハラス船ハ豫定ノ傾斜ニナツタノテ「バラスト」ヲ積込ム必要モナク破損シタ最下外板ヨリ一呎下マテ水線上ニ顯ハレタノテ直キニ其外板取外シニ掛リ一枚通リ外シテ最近ノ濱邊ヘ運ヒ用意サレタ新規ノ鐵板ヘ其通リ曲ケ方ヤ鋲孔ヲ移シ船ヘ運ヒ其日ノ内ニ鋲着ヤ絞メヲ修リ翌日ハ又上ノ段ノ外板ヲ前ノ通リニ取替ヘ都合四段ノ外板ヲ毎日一段宛仡附ケテ行キシ見本通ノ長イ鐵板カナイノテ目板テ

テ結キ合セテ用ヒシ原外板ノ數ハ五拔其他内部ノ損所悉皆ノ修繕ヲ了タノハ日數二週間テアリシ外板一段通リヲ濟マスト其都度檢査ヲ受ケテ船ノ傾斜ヲ直シタノテアルカ修繕中海上モ穏カテ豫定通リ工事ヲ修リシハ仕合ハセテアリシ船ハ修繕後神戸船舶司驗所ノ許シヲ得テ獨航シテ船底ノ塗替ヤ檢査ノ爲メ長崎造船所ヘ向ツタカ曳船ノ必要モナク海上保険料ノ割增モナク普通航行ト違ハヌノテ船主モ満足セシ世間ニ未タ充分船渠ヤ船架ノ無カツタ時トテ御蔭テコンナ面白イ修繕ヲ遣ツタ事モ一興テアリシ

川口鑄物工場テ機械鑄物ノ始

明治十六年東京芝新堀町ニ小機械工場ヲ持テル元工部省工作分局赤羽機械工場テ同勤セル國友武貴氏トテ昔ハ江戸テ銃鍛冶ノ家柄テアリシ氏ハ足尾ノ古川銅山ノ送風機ニ用ユル十五馬力横坐蒸氣機械ノ製造ヲ引受ケタノテ氏ノ長男武勇氏ニ圖面ヤ實地ノ練習ヲサセタイカラトテ予ハ頼マレタカラ時々同工場ヘ行ツテ先ツ圖面ヲ武勇氏ニ引カセ夫レカ

出來上ッテカラ東京王子ヲ経テ荒川ヲ渡ツテ行ク埼玉縣ノ川口町ノ永瀬鑄物工場ヘ鑄物ヲ注文スルカラ同行シテ貰ヒタイトテ武貴氏ト行キシ川口町ハ鑄物ノ町ト言ツテヨイ位多數ノ鑄物ノ小工場カ竝ンテ居ル所テ其鑄物ハ大概鍋釜鐵罐類テ機械類ハナク永瀬工場カ今度ノ蒸氣機械ノ鑄物ヲ引受ケタノカ始メテアリシ其故洋式ノ製圖ハ一向ニ分ラス先方ノ親方ニ説明シテ其形狀ヤ使用法ヲ頭ニ入レサセルニハ隨分骨折リテアリシカ夫レテモ流石ハ多年其業ニ從事シタ人丈ケニ段々ニ了解シテ來タカ今其説明振リヲ言フト多クハ手真似テ知ラセタノカ一番能ク分ツタノモ滑稽テアリシ圖面ノ寸法ハ英尺テアツタノテ日本尺ノ曲尺ニ直シテカラ木型ヲ造ルノテアリシ

夫カラ鑄物カ出來テ來タノテ國友工場テ仕上ケニ掛リシカ一番六箇敷ヒ「シリンドル」ノ鑄物ヲ仕上ケテ見タラ何處ニモ少シモ疵カナク立派テアツタノニハ感心セリ後日永瀬工場ヘ行ツタ時「シリンドル」ハ一度テアンナ立派ナモノカ出來タノカト聞テ見タラ左樣テス遣リ直シ杯ヲシテハ迚モ引合ヒ

マセント言ヒシ川口ノ鑄物町ヘ行ツテ珍ラシク思ツタノハ銑鐵ヲ溶解スル處ハ一箇處テ近傍ノ各工場ヘ其處カラ注文サレタ丈ケノ溶解銑ヲ取瓶ヘ移シテ往來ヲ運ンテ來テ出來テ居ル鑄形ヘ流シ込ンテ行ク事ニテ是レハ能ク考ヘタ遣リ方テアルト實ニ感心シタノテアル

蒸氣機械ハ横坐式テ「アキスパンションハルブ」ヲ附ケタモノテ出來上ツテカラ試運轉ヲシテ見タラ好結果テ在ツタノテ注文先足尾銅山ヘ送ツテ實地ニ使用シタカ差支ナク用ヲ達シテ居ルト聞キシ當時ハ鑛山抔ニ使用サレル機械ニ「アキスパンションバルブ」ヲ附ケタモノハナク夫レヲ足尾カラ注文サレタノハ餘程進歩シタモノト考フ其要點ハ燃料ノ節約ニアルノテアル

外國ノ賣舩ヲ見タ事

明治二十三年馬場道久氏ノ依頼ヲ受ケテ外國舩買入ノ爲メ同氏ヤ舩長機關士運送店主ノ一行ト神戸ヘ出張シタ時ノ事

ヲ述ヘルト神戸在住ノ外國舩賣買ヲ業トスル某氏カラ相當ナ賣舩カアル話ヲ同氏ニ申込ンタノテ必要上實物ヲ見テ適當テアルナラ買入様トマテ話カ進ンテ出張サレタノテアル一行カ神戸ヘ着シタ時ニ入港シテ居タ賣舩ハ千噸計リノ獨國瀛舩テ申込人ノ案内テ一行カ舩ヘ行ツタ時ニハ舩艙内ハ叮嚀ニ掃除サレテ一見良イ舩ノ様ニ見ヘシ聽テ予ハ機関室カラ瀛鑵室ヘ入ラントセシ時案内者ノ外人カ引キ止メテ通譯ニ言ハセルニハ瀛鑵室ハ未タ掃除モ出來ス穢ナイカラ此處カラ見タ丈ケニシテ甲板上ノ方ヘ行ケト言ヒシモ予ノ目的ハ舩體ノ一番ニ腐蝕スル瀛鑵ノ下部ニ當ル處ヲ見ルノカ必要テアルカラ瀛鑵室ヲ見テ底部ヘ潛リ込ミ能ク肋骨ノ「セメン」トヲ塗ツタ少シ上ノ邊ヲ見ルト大分腐蝕シテ居ルカラ買取ツテカラ大分修繕ヲ要スル事ヲ發見シタカラ同氏ニ其話ヲシテ買入ハ止メタノテアル案内者ノ外人カ其處ヲ見セタクナイノテ瀛鑵室ヘ入ルノヲ止メテ頻リニ甲板上ヘ行ケト勸メタ譯カ分ツタノテアル

夫レカラ數日シテ上海カラ神戸ヘ入港シタ獨逸瀛舩テ七百

噸計リアル船ハ賣テモヨイト前ノ賣買業者カラ申込ンテ來タノテ一行テ見ニ行ツタカ此ノ船ハソンナニ古船テモナク船體機関共相當ナモノテアッタノテ一日試運轉ヲシテ見タラ速カモ可ナリアッテ石炭ノ消費量モ多クナカッタノテ之ヲ買入レル事ニナリ川崎造船所ノ船架ヘ上セテ船體ヤ機関ノ撿査ヲ受ケ船底ノ塗替ヘ等ヲシテ日本船籍ニ入ッテ日本丸ト命名セラレ近海航路ニ使用セラレテ好成績ヲ擧ケシ同シ獨逸船テモ曩キノ船テハ船底ノ腐朽ヲ隠シテ見セヌ様ニシタカ今度ノ船テハ何處モ明ケ放シテ能ク見セテ呉レタ上ニ豫備品杯モ餘分ニ在ル丈ケ出シテ少シモ隠シ杯セス至ッテ深切ニ是迄ノ事ヲ話シテ呉レテ今後ノ取扱上ニ便利テアリシテ同シ國ノ船テモ乗組人ノ人氣テコンナニ違フモノテアルカト思ヒシ

## 鐵商ノ在庫品

明治二十年カラ三十年頃迄ハ鐵船ヤ汽鑵ヤヲ修繕スルニハ鐵商ノ店ニ仕入テアル鐵板ノ種類ヤ寸法ヲ當テニ遣ツタモ

ノテアルカ今其種類ヲ言フト英國ノ製品テ一ツB二ツB三ツBト「ローモール」テ寸法ハ厚サ八分ノ一吋カラ八分ノ五吋迨テ八分ノ一上リ析ニ八十六分ノ一上リノ物モアルカ稀テアル大サハ三呎ニ六呎ト四呎ニ八呎ト五呎ニ十呎カ普通テ鏡板用ノ鐵板ハ厚サ二分ノ一カラ四分ノ三マテ大サハ五呎角カラ一呎上リテ九呎角マテカ普通テ種類ハ縁ヲ曲ケタリ何カスルノテ三ツBカ「ローモール」テアル其レ以上ノ板ヲ要スル時ニハ外國ヘ注文セ子ハナラヌノテ急ク時ニハ継キ合セルノテアルカ其継キ方ハ「ラツプジヨイント」テアリシ新タニ滊鑵ヲ造ルニハ厚サハ其壓力ニ相當シタモノヲ用ヒ大キサハ四八又ハ五十ヲ原トシテ成丈ケ板ニ無駄ノ出ヌ様ニ割出シタモノテ火爐杯ハ未タ沸シ附ケカ充分出來ス重子拭ケ鋲着ヲシタモノテ其継キ合セ「フレンジ」ノ處丈ケ僅カ計リ沸シ附ケヲシタモノデアル道具ノ揃ハヌ小工場ヤ臨時船着場抔テ鐵板ヲ曲ケルニハ砂曲ケト言ツテ鐵板ヲ曲ケル處ノ土間ハ砂ヲ和ラカニシタ上ヘ鐵板ヲ置テ小筋鐵トテ細ヒ角鐵テ曲ケル形チヲ造リ其ヲ

定規ニシテ叩キ曲ケルノテアルカ上手ナ職工ノ曲ケタノハ「ロール」ニ掛ケテ曲ケタ様ニ、大キサモ揃ヒ疵モ附カヌカ下手ナ職工ノ曲ケタノハ高低カ出來テ疵カ附キ見苔シヒモノテアリシ序ニ記シテ置クノハ鐵舩ノ外板ニ用ユル鐵板ノ種類ハ大概一ツBカラ二ツBマテ滊鑵ノ外板ハ二ツBカラ三Bテ鏡板ハ前記ノ通リ三Bカ「ロール」ヲ用ユル事ニ極マツテ居タ

大キナ造舩所テ新規ニ鐵舩ヤ滊鑵ヲ造ル時ハ無論栰料ハ外國ヘ注文シタモノテアルカ鐵商ノ店テモ後年ニナリテ需用モ多クナリ隨ツテ從來ヨリ大キナ栰料カ賣レル様ニナツテ來タノテ大概ナ栰料カ仕入ラレテ便利ニナリシ鐵商テハ大阪ノ岸本商店カ一番大キナ店テ栰料ノ仕入モ豊富テアリシカ同店テ働イテ居ル仲仕ヲ頼ンテ栰料ノ多寡ヲ聞キ出シテ自店ノ栰料仕入ノ參考トスル者カ出テ來タノテ岸本テハ警戒シテ時々他ニ栰料ノ事ヲ漏ス様ナ仲仕ヲ解雇シテ居タカソンナ事ヲスル仲仕程働キニ掛ツテハ役ニ立ツノテ數箇月過キテ在庫品カ大分異變シタ時再ヒ雇入レテ使フノモ大阪商

人ノ算盤カラ割出シタ遣リ方テアルト思ヒシ同店テハ受附ヲスル人ニ業務ノ能ク分ル者ヲ置テアツタ事モ特色テ一寸トシタ引合事ハ受附者ト話セハ即時ニ用カ辨スルノテ無益ナ時間ヲ費ス必要カナカリシ

電信局ノ鐵線製造

明治二十年頃電信局カ東京木挽町ニ電線製造所ヲ持ツテ居テ製線機械ヲ備ヘテアリシカ後日本製鐵會社ノ創立ト共ニ機械類一切ヲ拂ヒ下ケテ民間業ニ移シタノテアルカ今茲ニ記セントスルノハ未タ電信局テ製線作業ニ從事シテ居タ當時技師カ苦心ノ末製線ニ用ユル器具ノ修繕ニ成功シタ事テ鐵線ヲ製造スルニハ相當ノ大サアル丸鐵ヲ燒イテ堅鋼製ノ大小段々ニ孔ノアル「ヒゴ」ト言フ器具ノ孔ヲ大カラ小ニト通シテ使用スル太サマテニスルノテアルカ熱セラレタ鐵棒ヲ非常ナ力テ通スノタカラ器具ノ孔ハ使ツテ居ル間ニ擴カツテ來ルカ其大キクナツタ孔ヲ原ノ大サニ直ス事カ六箇敷ヒノテ新ラシイ器具ト取替ヘテ居タカ其器具ハ外國製テ内地テ

ハ出來ヌ品テ高價ナ物テアッタカラ度々取替ヘテ居テハ費用カ續カヌ其處テ掛リノ一技師ハ太マッタ孔ヲ原ノ大キサニスル事ヲ研究シタカ思フ様ニ行カヌ其時浮ト考ヘタノハ内地ニモ小規模ナカラ數箇所ノ針金製造工場カアルノダカラドンナ工合ニ「ヒゴ」ヲ修繕シテ居ルカ調ヘテ見様ト手近ノ東京小石川音羽町ニアル鐵線製造者ヲ尋子テ最初ハ鐵線ヲ買ヒ夫カラ用事ヲ拵ヘテ數度出入シテ居ル間ニ懇意ニナリ電信局ニ勤務シテ居ル事ヲ打明ケ遂ニ「ヒゴ」ノ修繕ノ話ニナッタラ製造者ハ快ヨク言ッテ呉レタノハ自分方テモ失張舶來ノ「ヒゴ」ヲ使ッテ居マスカ最初ハ孔ヲ直スニ隨分困リマシタカ色々手掛ケテ居ル内ニ漸ク直ス事カ出來ル様ニナリマシタトテ其仕方ヲ口傳シテ呉レタノハ

「ヒゴ」ハ堅質鋼テ出來テ居ルノテ其儘孔ヲ叩ケハ缺ケルカラ或ル程度マテ燒イテ少シ冷メタ時小サナ鎚テ孔ノ周圍ヲ叩キ原ノ大サニスルノテスカ夫レカ中々呼吸モノテ燒キ方ノ度合叩ク時ノ冷ヘ加減カ度々失敗シタ後漸ク出來ル様ニナリマシタト實歷談ヲ聞イテ技師ハ其通リ帰ヘテカラ遣ッテ

見タラ段々ト度合ヲ覺ヘテ甘ク行ク樣ニナリ度々一ツ物ヲ直シテハ使フ樣ニナツタト深功ニ教ヘテ呉レテレシ當時ハ一モ外國ニモ外國トテ内地ノ工業ヲ蔑視セル時右ノ技師ノ如キハ一小工場ト侮ラス度々足ヲ運ンテ其教ヘヲ受ケテ之ヲ實施シ又其レヲ後繼者ニ傳ヘテ廣ク國家ノ利益ヲ謀ラレシハ誠ニ敬服ノ至リテアリシ

## 横濱ノ荷造機械

明治三年頃横須賀ノ中村曉長氏カ横濱居留地ノ或ル英國商館ノ壓搾荷造機械ヲ据附ケル爲メニ其基礎ヤ煉瓦テ周圍ヲ積上ケル工事ヲ請負ツテ地下約五呎計リヲ掘リ下ケテ約束通リ煉瓦積ヲ完了シテ見タラ滿潮時ニナルト煉瓦面一體ニ汗ヲ搔タ樣ニ水カ滲ミ出テ一晝夜モ其儘ニシテ置クト六吋モ溜ルノテ煉瓦面ヘセメントヲ塗タカ失張リ止マラス商館テ言フニハ此處ヘ据附ケル荷造機械ハ綿ヤ糸類ノ容積ヲ縮メル爲メノ機械テアルカラ水氣カアツテハ仕事カ出來ヌカラ何テモ水氣ノナイ樣ニシロ御前カ完全ニスル事ヲ請合タ

ノタカラ別段ニ増金ハ出サヌ夫レニ時日モ段々遅レテ居ル
カラ一日モ早ク使用ノ出來ル樣セヨト勝手ナ事ヲ言ヒシ
中村氏ニシテ見レハ仕樣通ノ仕事ヲ充分ニ仕上ケタノテ水
ノ滲ムト言フ事ハ意外ノ出來事テアルカラ水氣ヲ防ク事マ
テハ請負テ居ナイノダト言ツテモ先方テハ中々承知セス此
方ノ弱點ハ手附金ヲ僅カ請取ツテアル外殘金ハ多ク請取ラ
スニアルカラ先方テハ水止メマテサセ樣ト掛ツテ居ルノテ
アルカ英國領事館ヘ訴ヘタ所テ何時落着スルヤ分ラス夫ヨ
リ何カ良イ方法テ水ヲ止メル工夫ヲシテ早ク手ヲ切ル方カ
利方テアルト考ヘタ未生松ノ厚イ板テ長方形ノ煉瓦積一杯
ノ大キナ箱ヲ造リ嵌メ込ンタ後試シテ見タラ心持濕ル位マ
テニ水ヲ防ク樣ニナツタノテ色々言ツテ漸ク館主ノ承諾ヲ
得テ機械ヲ据附ケテ事業ニ取掛ル事トナリシカ水壓ノ如何
ニカアルモノアル事ヲ初メテ感セシ
請負タ仕事モ多クノ日數ト大分ノ損ヲシテ漸ク完結シタノ
テ館主ニ向ツテ殘金ノ請求ヲ中村氏カラセシモ彼是言ツテ
一向ニ拂ハス中村氏モ困ツタ揚句予ニ一ツ請求ニ行ツテ見

テ貰ヒタイ御前サンナラ工事中見廻ツタリ指圖シタリシテ仕事モ片附イタ事ヲ先方テモ知ツテ居ルカラ人情カラ押シテモ支拂ヒヲシテ呉レルタロウカラト言ハレタノテ予ハ横濱ヘ行ツテ舘主ヘ面會ヲ申込ンタカ中々出テ來ス午前十時頃カラ午後三時頃マテ詰切ツテ待ツテ居タラ舘主ノ姿カ舘内植込ミノアル方ニ見ヘタノテ予カ其方ヘ行クト舘主ハ方向ヲ轉シテ會ハン樣ニスルノ《デ》跡ヲ數回追ツテ遂ニ面前ヘ行ツタラ仕方カナイト言フ風テ此方ヘ來ヒトテ一室ヘ連レテ行キ言フノニハ何ノ工事カ遲レタノテ自分ハ大分損ヲシテ居ルカラ仕事カ濟タカラトテ今直ク支拂ヒヲスル譯ニハ行ナイカラ待ツテ呉レト言ツタノテ予ハ夫テハ何時マテ待ツノカト聞ヒタラ今何日ト言フ事ハ出來ヌト言ツタノテ予ハ中村ノ請負タノハ仕樣書通リノ事テ水ノ滲ムノヲ防ク事ハ仕樣書外ノ出來事テアルカ貴君モ御覧ノ通箱マテ造ツテアノ通今デハ使事カ出來ル樣ニナツテ盛ンニ使ツテ御出テナサル事テアルカラ少シ位仕事カ遲レタカラトテ期日モ極メスニ待テトハ無理テハアリマセンカ其遲レタ大部分ハ

漏水カラデスト言ッテ話シテ見テモ一向取上ケヌノテ夫レテハ木箱ハ中村カ約定外ニ自腹ヲ切ッテ造ッタ物テスカラ今カラ取除ケマスカラ仕事ヲ休ンテ下サイ夫レテナケレハ直キニ支拂ヒヲシテ下サイト最後ノ談判ヲ遣ッテル處ヘ英人ノ番頭カ顔ヲ出シタノテ舘主ハ話ハ番頭トシテ呉レ自分ハ是レカラ他出スルカラトテ出テ行ッタ跡ヲ番頭ニ改メテ話込ンテ見タラ此ノ人ハ話ノ分ル方テ夫テハ舘主ト相談シテ支拂ヲスル様ニスルカラ明日又來テ呉レト言フノテ帰ヘタモノノ明日如何ナル事ニナルカト修夜色々ナ事ヲ考ヘテ寢ラレス翌日モ考ヘ々々行ッテ見タラ番頭ノ手カラ殘金全部ノ支拂切手ヲ渡サレテ安心セリ

## 赤羽兵器製造所ノ入札

明治二十一年大東義徹氏外數名ノ發起テ横濱附近ヘ小造船所ヲ創立スル計畫カアリ折シモ赤羽兵器製造所テ不用ノ機械類ヤ器具類其他兵器ノ屬品類ヲ入札テ拂下クル事カアリシカハ其内ノ入用品ヲ手ニ入レテ置タナラ造船所ノ設立ニ

大イニ都合ヨカラントテ予ハ發起者カラ頼マレテ入札者トシテ同所ヘ行ツテ見ルト其處ニハ皆地金屋ノ商人カ集マテ素人ハ自分一人丈ケテアリシ夫カラ彌々入札カ初マツテ品物毎ニ各値打ヲ發聲シテ言フノテアルカ予カ欲ヒト思フ物ノ値ヲ言フト地金屋カ夫ヨリ少シ高ク言フカラ又其上ヲ言フト又少シ其上ヲ地金屋カ言ヒ段段ト競リ上ケテ遂ニ新製品以上ニ競リ上ケタノテ其品ハ止メテ他ノ品ヲ附ケテ見タラ失張リ競リ上ケ到底予ノ手ニハ落チンノテ入札スル事ヲ止メテ唯見テ居タラ夫カラ後ハ餘リ多分ノ競上ケモナク及ヘツテ掛員ノ方テ安イカラ是レハ見合セルト言フ品モアリシ予カ唯見テ居ルノテ入札者ノ一人ハ予ニ貴君カ御入用ノ品カアリマシタラ私ニ御話下サレハ何ンテモ御手ニ入ル様ニ致シマスカラト言ヒシカ折角入札ニ行ツテ商人ノ手ヲ経テ買フ位ナラ隨意ニ商店テ買ツテモヨイト思ヒ別ツニ頼ミモシナイテ入札ノ情況丈ケヲ見テ帰ヘツタ

跡テ商賣人カラ聞イタノニハ競争入札ノ時素人カ出ルト仲間同志申合セテ決シテ素人ノ手ニ落チン様ニスル事ニナツ

テ居ル素人カ望ム小數ノ品ヲ何程高價ニ競上ケタ處テ素人カ手ヲ引イタ後外ノ品ヲ安ク競ツテ前ノ高價ノ品ノ埋合セヲスルカラ決シテ損ヲシナイ夫レテ素人カ欲イ物カアツタラ前以テ何々カ欲イト商賣人ヘ話シテ置ケハ入札後ニナツテ渡シテ呉レテ落札値カラ手數料丈ケ拂ヘハ手ニ入ルカラ素人カ御苦勞様ニ現場ヘ立會ハナクトモ用ハ辨スルノテアルト聞ヒテ初メテ其譯カ分ツタ

商賣人テモ入用ト入用テナイ品カアルカラ入用品ハ相當ノ値段マテ競リ上ケルカ誰レモ餘リ入用ト思ハヌ品ハ至極安ク入札シテ全部ノ入札カ修ツテカラ改メテ今度ハ仲間同志ノ入札ヲシテ各自ノ欲ヒ品ヲ手ニ入レル様ニスルト言フ話ヲ聞ヒテソンナ譯ノモノテアルカト了解シタノテアル

### 志州鳥羽ノ船渠

明治二十八年九月大阪ノ實業家ノ發起テ志州鳥羽ニアル造船所カ經營困難テ久敷閉所シテ居リ第一銀行ヘ抵當トナツテ居リ引受手カアレハ賣却スル事ニナツテ居タカ當時日清

戰爭モ修リヲ告ケ戰役ニ用ヒシ大形船舶ノ修繕ヲスル事カ目的テ此ノ造船所ヲ買入レテ手輕ニ船渠ヤ工場ヲ擴張シテ速カニ需メニ應スル事カ頗ル有益テアルト言フ趣意ニ賛成者多ク彌島羽船渠株式會社ヲ組織スル相談カ出來タ

前記鳥羽造船所ハ舊鳥羽城跡テ鳥羽港ノ正面ニ當リ小規模ナカラ船渠ヤ機械工場モ備ハリ敷地カ三萬坪モアッテ賣價カ僅カ三萬圓ト言フ安價テアルノト港内カ三方山ニ囲マレ正面ニ島カアッテ風浪ヲ遮リ水深カ充分アル上ニ相當ノ廣サカアッテ大船ノ出入碇泊ニ適スル天與ノ地形テアルノカ今度發起ノ目的テアル

日清戰爭中運輸ノ為メニ外國カラ大形船ヲ買入レテ用ヲ達シテ居タノカ和睦トナッテ追々用濟トナッテ入渠修繕ヲ加ヘナケレハヌカ扱テ是レ等ノ船舶ヲ入ルル船渠ハ當時横須賀造船所長崎造船所ノ外ニハナク夫レテ鳥羽ノ小船渠ヲ阪造シテ相當ナ大船渠トシタナラ時日モ寡ク費用モ安ク出來ルト言フノテ實地調査トシテ明治二十九年一月一日創立委員三谷軌秀氏外一名ト予ハ大阪ヲ出發シテ勢州山田ヘ趣キ第

一ニ伊勢太神宮ヘ參詣シテ會社ノ成立ヲ祈リ其足テ志州鳥羽町ヘ行キ旅宿ニ入リ翌日カラ調査ニ着手セリ先ツ造船所ニ到リ番人ニ面會シテ遂一造船所ヲ視察シ夫カラ町役場ニ行キ町長ノ出場ヲ乞ヒ來意ヲ述ヘテ色々打合セヲ爲シタカ在來ノ船渠ヲ擴張シテ三千噸ノ船舶ヲ入ルル樣ニスルニハ構外ノ町有地ヲ讓リ受ケ子ハナラヌカ町ハ土地ノ繁榮トナル事トテ安價テ入用丈ケ何時テモ讓ルト快諾カアツタノテ大ニ都合ヨク其處テ滯在中畧圖ト豫算書トヲ造ツテ三谷氏初一同カ大阪ヘ歸ヘリ委員會ヲ開ヒテ彌五十萬圓ノ株式會社ヲ起ス事ニナリ株主募集ニ着手セリ

委員ノ一人テ吉岡某氏ハ當時ノ鐵道局長井上勝子爵ノ眷顧ヲ受ケテ居ルノテ同氏ノ言フノニハ自分ハ井上サンニ創立ノ話ヲシテ華族連中ヲ株主ニ入レタラ株金モ樂ニ集マルシ金高モ多クナルカラ至極都合カ良イト思フカ諸君カ賛成スルナラ自分ハ直キニ上京シテ其手段ニ取懸ルガト言ヒシニ贊成者モ多ク出來タノテ同氏ハ數日後上京シテ居タカ其後言フテ來タノニハ話ハ好都合ニ運ンテ來タカラ予ト外一人

ノ委員ニ創立ノ書類ヲ持ツテ速カニ上京シテ説明ヲシテ貰
ヒタイトノ事テ早速上京シテ同氏ニ面會シテ翌日木挽町ノ
或ル會社ノ社長ニ面會シタガ其人ハ大賛成者テ子爵内藤政
共氏ヘ話シタラ賛成シテ呉レタカラ我々ニ内藤邸ヘ行ケト
言フノテ或ル日本所大川端ノ同邸ヘ行ツテ子爵ニ面會シテ
創立ノ目的カラ創立費ヤ收支豫算書ヲ出シテ話ヲシタラ同
氏モ至極賛成サレシカ氏ノ方針テハ最初ハ成丈ケ小資本テ
船渠杯モ現在ノ儘テ營業ヲ開始シ漸次ニ大キクシタ方カヨ
カロウト言ハレシカ夫レハ普通誰レモ考ヘル事テアルガ畢
キニ一度營業不可能テ閉場シタノハ全ク地理ノ良クナイ處
カラテ前記ノ様ニ澪ハ至極申分ハナイカ修繕ニ入ル船カ往
復ニ荷物ヤ乗客ヲ引受ケル良イ土地カ近傍ニナイノテ唯伊
勢海ノ奥ニ一ツ名古屋澪カアル計リダカ其レモ近年滊車カ
開通シタノテ自然海運ノ方カ閑ニナツテ来タ夫レカラ修繕ニ
必要ナ品物ハ大阪カラ取寄セルノテ不便ナ上ニ高價トナル
ノテアル
以上ノ事柄ヲ能ク兼知ノ大阪連中ノ目論ンダノハ今輻湊シ

ツツアル大形修繕船ヲ世間テ未タ着手セヌ内ニ皃ニ角大船渠ヲ一日モ早ク手軽ルニ造ツテ是レヲ引受ケ様ト言フノガ第一ノ眼目テ譬ヘ世間テ大船渠築造ニ着シテモ竣功ニ多クノ年月ヲ費ス事テアルカラ其間ニ入レタ費用ヲ儲ケ出セハ其後ノ事ハ時機ニ依ツテ継續スルカ止メルカハ決スルノテ詰リ造船所ハ無代トナツテ居ルカラ至ツテ所置カ爲シ易ヒノテアルト言フ考ヘテアリシ

予ハ大阪方ノ速成ニ賛成シテ盡カシタノダカラ内藤子爵ノ說テハ到底見込ナキ事ト思ヒ大阪ヘ帰ヘテ委員達ニ其話ヲシタラ委員ノ内ニモ見込ナシトテ手ヲ引イタ人モアリシ予ハ斷然関係ヲ絶チシカ其後内藤氏ノ指圖テ現在ノ儘テ造船所ヲ開業セシカ近傍ノ小船相手テハ到底事業モ面白クナク僅カ一箇年餘ノ單日月テ困難窶ニ閉所ノ止ムナキニ至レリト後ニ傳聞セリ

淀川新會社ノ滊船

明治二十九年在來ノ淀川滊船會社ニ對抗スヘキ新會社カ創

立セラレ新會社テハ是迄淀川ニ使用セル滊船ノ缺點ヲ除イテ特ニ改良セル滊船ヲ造ル事トナリ予ハ其時大阪鐵工所ヲ辤シテ閑散ナ時テアツタノテ新會社ノ社長カラ相談ヲ受ケテ新造船ニ据附ケル機關一切ノ設計ヤ製造監督ヲ頼マレタノテ之レヲ引受ケシ

在來ノ淀川滊船ハ大阪鐵工所ニ居タ時度々手掛ケテ其機關ノ様子ハ能ク兼知シテ居タカ船體カ割合ニ大キク機關カ小サイノテ速カモ最大七海里位テ高壓式テアルカラ石炭ノ消費カ多ク川ノ水深カ淺イノテ土砂カ罐ノ給水ヘ混入スルノテ罐内ヘ焼ケ附クノテ掃除ニ手數ト時日ヲ費ス等ノ不都合カアルノテアリシ

今度ノ新造船ハ船體ヲ小サク機關ヲ大キクシタ上ニ冷滊器附トシテ石炭ノ經濟ト速カヲ早クシ冷滊器ヘ送水スルノテ土砂ノ混入ヲ防ク爲メニ船底ヘ水槽ヲ設ケテ土砂ヲ沈澱セシムル事トシ設計ヤ製圖カ出來上ツタノテ二艘分ノ機關類一切ノ製造ヲ會社ヘ相談シテ北安治川通ノ大井鐵工所ヘ注文サセシ

其後全部踐功シタノテ天保山沖ヘ舩ヲ出シテ試運轉ヲシテ見タラ頗ル好成績テ速カモ八海里ヲ出シタノテ會社ヘ引渡シテ營業ニ従事シテ見タカ吸水口ヲ舩尾カラ取ツタノテ舩ノ進行テ水カ思フ樣ニ冷瀛器ヘ入ラヌノテ改メテ舩首ノ方ヘ附替ヘタラ水カ能ク入ル樣ニナリ沈澱槽モ舩首ハ水ヲ突キ功ルノテ土砂ヲ多ク混入スルノテ二箇所設ケタラ第一槽ニハ土砂カ溜ルカ第二槽ハ殆ント溜ラヌ程テ成功セシ在來ノ會社テモ以前一度冷瀛器ヲ設ケタ事カアルカ其功ヲ奏セスシテ止ミシ今度ノ舩ハ速カモ早ヒノテ他舩ヨリ大阪伏見間テ一時間餘モ時間ヲ短縮スル事カ出來タ上ニ喫水モ淺ク舩幅モ狭イノテ途中淺瀬ニ乘リ上ケル事モ尠ク自然進行時間モ速クナルノテアリシ

最初新會社創立ノ目的ハ改良舩舶ヲ以テ舊會社ニ對抗シテ荷客ハ多ク新會社ノ得ル所トシ株式會社ノ事トテ株價モ騰貴サセテ漸次ニ資本モ大キクスルト言フ譯テ營業ヲ始メタノダカ實際ニ就テ視ルト舊會社ハ多年ノ營業テ荷客ノ取扱ニモ馴レテ居ル上ニ資本モ裕カテ舊式トハ言ヘ舩ノ數モ多

ク船價モ遞減セラレ居ルノテアル經費ハ多ク費ヘテモ船カ大キイノテ夫レ丈ケ荷客ヲ積載スルノテ收支カ償ハスト言フ事モナク其上乘客ハ餘リ時間ヲ急カスト大阪ト伏見ノ間テ船中テ寢テ旅籠代ヲ儉約スル人達カ多ク早ク到着地ヘ着シテモ夜カ明ケナケレハ船中テ夜明ケヲ待ツト言フ有様テ船カ大キケレハ足腰ヲ樂ニ伸ス事カ出來テ良イト言フノテアル急キノ人ハ滊車テ行クカラ淀川滊船ノ必要カナイノテアル以上ノ有様テ改良船ハ功能カ尠イノテアリシ新會社創立者モ最初カラ其位ノ事ハ百モ兼知テ始メタノテアルカ改良船ヤ進歩的ナ營業ヲスルト言フ事ヲ表面ニ捧ケテ第一ニ株價ヲ引上ケ後日新舊合併スル場合ニハ相當割增金ヲ儲ケ様ト言フ方針テ遣ツタノタト思ハレルカ實際ハ反對ニ營業カ面白クナイノテ第二回拂込モ困難ノ有様テ其原因ノ重ナルモノハ大株主中ニ株價ヲ低落サセテ買締メ様ト態ト拂込ヲ渋滯サセタ者カ出テ來タノテ他ニモ拂込ヲ怠ル者カ續出シタノテ株價ハ下落シ營業ハ頓挫シ遂ニ舊會社カラ安價ニ賣收セラルルノ止ムナキニ至レリ

阪良船ハ舊會社ノ手ニ渡ツテカラ荷物ノ運送ヤ荷舟ノ曳船ニ當テラレテ用ヲ達シテ居タノテ氣持カ良カリシ依ツテ思フ如何ニ技術的手腕ヲ振ツタトテ商賣ハ確實ナル資本ト多年ノ經營者ニ向ツテ對抗スル事ハ餘程有カナ根據ニ依ラナケレハ駄目テアルト思ヘリ

奥山一郎氏ノ「スペシヤル」喞筒

明治三十年元船舶司驗官テアリシ奥山一郎氏ハ大阪本津川邊ニ小機械工場ヲ設ケテ專ラ船舶用ノ機関等ヲ製造セラレシ中ニ或ル小形滊船ノ機関ノ冷滊器用空氣ト循環喞筒ヲ一個ノ鑛山用ノ「スペシヤル」喞筒ノ型ヲ其儘一方ヲ空氣他ノ一方ヲ循環トシタノダカ機関ノ運轉中喞筒カ停ルノテ同氏ハ色々ト手ヲ盡セシカ容易ニ具合カ直ラス久敷苦心セラレシ「スペシヤル」喞筒ヲ用ヒシ趣旨ハ狹イ場所ニハ至極良カロウト言フ事ト簡單テ製造費モ安ク上ルト言フ考ヘナリシカ「スペシヤル」喞筒ハ鑛山ノ坑内狹イ所ニ据附ケタ事ニ始マリシモノテ喞筒ハ水平ニ据附ケラレ「スライドバルブ」ヲ動カス小

「ピストン」ハ前進後進トモ一様ノ排氣ト蒸氣トヲ保タ子ハ直キニ停ルモノニテ夫レニハ喞筒ノ吸鍔ニ對スル吸水ノ力カ均等ヲ要スル事カ必要ノモノナルニ前記ノ様ニ一方ハ空氣一方ハ循環ノ様ナ往復ニ不同ノ力カアルノカ抑不具合ノ原因テアル上ニ船體ハ前後左右ニ動搖シテ不變ノ水平ヲ保ツ事ハ不可能ト來テ居ルカラ時々喞筒ノ停ルノハ素ヨリ其筈テアリシ

同氏ハ何テモ數箇月間是レヲ完全ニ働カサントテ種々ニ手ヲ盡サレシモ遂ニ其見込ナキ事ヲ悟ラレ喞筒ヲ普通ノモノニ改タメテ漸ク機関ハ完成セリ夫カ爲メニ氏ノ工場ハ多ク損失ヲ重子氏ハ病ニ罹ラレ工場閉鎖ノ止ムナキニ至リシハ誠ニ氣ノ毒ナリシ「スペシヤル」喞筒ハ性質上船舶ニ用ユ可キモノテナイノヲ其形状カ簡易ニ見ヘタノテ是ヲ船舶ニ應用サレシハ氏ノ見込違ヒテアリシ

往年赤羽工作分局テ技師長山田要吉氏カ是レヲ砂糖器械ニ用ヒテ失敗セシ先例モアリシカ凡ヘテ新型トカ變ツタ物ヲ應用センナトスル場合ニハ其性質等ヲ詳細ニ調ヘタ後不都合

ナシト見認メテカラ實際ニ究嚴メルモノテ前ノ砂糖會社後ノ滊舩何レモ起業者ノ蒙ル迷惑ハ甚大ナル事ハ言フヲ待タヌノテアル

當今テハ人智モ進ミ何レハ何ア言フ誤リカラ一時不結果ヲ來シタノダカ然シ改メテカラ後ハ好結果ニ成ツタカラ工場當事者ハ夫レカ爲メ技術上經驗ヲ積ム事トナリ及ホシテ國家ノ利益トナリシト思ヘハ損益相償フ事ニナルト了解シテ呉レル人モ有ル樣ニナリシカ昔ハ一度何カ失敗シタラ和製ハ詰ラン懲々シタトテ金貨濫出ト言フ國家的觀念ニ乏シクドシドシ海外ヘ注文ヲ出シタモノテ金高ノ目覺シイ物モノハ皆ンナ外國ヘ計リ出シタカラ知ラス知ラスノ間ニ莫大ナ金カ外國ヘ出テ行キソーシテ内地ノ工業ハトント振ハス久敷幼維ノ域ヲ脱セナカツタカ日清日露近クハ歐州ノ大戰ニ當ツテ外國品ノ輸入カ減少ヤ途絶シタノテ止ムヲ得ス之レヲ内地製品ニ仰カ子ハナラヌ事ニナリ茲ニ開發ノ曙光ヲ認メ製品ハ内地ノ需用ノミナラス歐州ヘ多ク輸出スルト言フ盛況トナツタノテ我工業ハ一時ニ進歩發達セリ

滊機滊鑵ノ保温

明治二十年頃マテハ蒸氣機関類ヤ滊鑵ノ保温ヲ為スニハ未タ「アスベスト」ノ使用セラレ又時テ滊筩ヤ滊鑵滊管等ノ周圍所々ヘ帯状ニ木ヲ取附ケ木ト木トノ中間ヘ「フヱルト」ヲ入レ其上ヲ木板テ一面ニ巻イタモノテアルカ修繕ノ時木板ヲ外シテ見ルト年数ノ立チシモノハ「フヱルト」カボロボロニナツテ上部カラ下部ヘ落チテ上部ハ丸裸ニナッテ居ルト言フ有様テ何時カ保温ノ効ヲ失ッテ僅カニ薄イ木板一枚テ温度ノ散逸ヲ防イテ居ル事トテ空氣ノ流通ノ悪ヒ滊機滊鑵室ヘ持テ來テ始終高温度テ熱シテ居ルノテ木板モ乾燥シ切ッテ中ニハ木質ヲ失ッテ腐朽シテ穴カ明キ其處カラ發散スル高熱度ハ甲板裏ヤ梁桁ヲ腐朽サセル原因トナル計リテナク滊鑵室ノ熱度高キカ故ニ滊鑵ニ接近シタ石炭庫ハ往々石炭カラ發火セシヲ見タ事カアリシ

夫レ故注意深ヒ機関士ハ毎年定期検査ノ際ニハ被覆サレシ木板ヲ外シテ木板ヤ「フヱルト」ノ不良ナルモノハ之レヲ取替

ヘツツアリシ後年「アスベストー」ノ一搬ニ使用セラルルニ至ツテ完全ニ温度ノ散逸ヲ防クハ素ヨリ毎年被覆サレシ木板ヤ「フエルト」取除ケル勞ト費用ヲ省キ石炭庫ノ出火カ絶ヘテナクナリ第一ノ目的タル保温上ニ至ツテハ「フエルト」抔ノ遠ク及フ所テハナク滊機滊鑵室ノ温度ヲ低メ爲メニ舩桟ノ腐朽モ尠ク其利益ハ迚モ前日ノ比ニアラス又特別檢査ノ際取外ツサレシ「アスベスト」ヤ鐵網ハ之レヲ再用スル事カ出來テ至極都合能ク進歩ノ功ヲ顯ハシタノテアル

昔ハ滊罐ノ外部ハ「フエルト」ヲ巻キ其上ヲ木板テ押ヘル事ハ殆ント滊鑵ト變リハナカリシガ叮嚀ナ仕方ニナルト滊罐ノ内腔ト「フエルト」トノ中間ニ狹キ空所ヲ造ツテ「スチームジアケツト」トトシ滊罐ヲ使用スル前カラ蒸氣ヲ送ツテ内腔ヲ温ムル様ニセシモノテ冷却セシ水ハ底部ニアル嘴子ヲ開イテ時々排出セシムルモノテ大形滊罐ニハ有益カモ知レヌカ小形滊罐ニハ其功果ハ餘リナイ様ニ思ハレシカ是レモ「アスベトー」カ盛ンニ用ヒラレル様ニナツテカラ追々ト其姿ヲ見ヌ様ニナツテ來タノテアリシ

焼入ラス鋼ノ渡來

明治十四年頃兵庫工作分局テ堅硬ナ物ヲ削ル為メニ火造リヲセヌ鉋ノ刄先キマテ鑄造ノ儘造ツタ一名焼入ラスト名附ケシ旋盤用ノ鉋ヲ外國カラ取寄セタトテ初メテ見タカ大サハ八分ノ五吋角ノ長サ五吋位ナモノテ度々堅イモノヲ削ツテ刄カ磨滅シタラ刄先ヲ直ス事カ出來ヌノテ其儘放棄シテ仕舞フト言フ至極不經濟ナモノテアリシ其後金剛砂砥カ渡來シテ刄先ヲ研イテ使用スル事カ出來タカ其形ヲ直ス譯ニ行カス變形シタモノテ無理ニ遣ツテ居タカ後年鑄鋼術カ發達シテ焼入ラス鋼ヲ焼イテ自在ニ刄先ヲ火造ル樣ニナツテテカラハ好キナ形ニシテ使用スルノテ堅硬物ヲ削ルノニ便利トナリシ

赤羽兵器製造所テハ堅鐵彈ト彈丸ノ頭部ヲ金型ヘ鑄込ンテ堅クシタ彈丸ヲ仕上ケルノニ胴體ハ普通ノ鉋テ仕上ケ頭部ノ金型ヘ鑄込ンタ處ト胴體トノ界目カ堅イノテ最初ハ金剛砂砥テ研磨シテ居タカ大分時間カ掛ルノテ後ニハ前記ノ

燒入ラス鋼ノ特製ノ鉋ヲ外國カラ買入レテ削リ出シテカラ好成績テ時間モ早ク仕上ルノテ重寶カラレシ是ノ鉋ハ硬質ノロールヤ普通燒入ヲシタ堅イ物ヲ削ルノニハ効能カアリシ

前記ノ後年渡來シタ燒入ラス鋼ハ火造ル時カ手際モノテ或ル程度マテ短時間ニ燒イテ火造リヲ修ハラヌト地質ヲ損シテ無駄トナルノテ其呼吸カ何トモ言ヘヌノテアルカ段々ト數ヲ多ク取扱フ内ニ其調子ヲ會得シテ自在ニ各種ノ大小鉋ヲ火造ル事カ出來ル樣ニナツタノテ硬質物ヲ仕上ケルノカ樂ニナツテ來タノテアル物事ハ辛抱ト研究カ肝要テアル以前ニハ鉋ヲ僅カ使ツテ棄テテ仕舞ツタリ金剛砂砥テ砥キ減シタリシテ時間ト費用トヲ顧ミヌ時代ノ事ヲ考ヘルト實ニ其幼稚テアリシ状況カ分ルノテアル夫レモ其譯テアル仕事ノ方カ進歩シテ居ナイカラ無理ニ堅イモノヲ削ツタリシナクテモ濟ンタノテアル濟タト言フヨリモソンナ高尚ナ仕事カナカツタカラ其必要ヲ感セヌノテアリシカ段々世ノ中カ發達シテ軍器ニシロ機械類ニシロ是非トモ硬質ナモノヲ削

ラナケレハナラヌ様ニ進ンテ來タ事カラ見テモ世ノ進境ニ
趣キシ事ノ顯著ナルヲ覺ユルノテアリシ

## 燒入レノ改良

刄物ヤ鉋類ヲ燒入レスルニハ昔ハ水テ堅ク燒キ上ケタ物ヘ
燒キヲ入レテ燒戻ヲスルニハ火床ノ焔ニ當テテ燒戻ヲスル
ノダカ之レハ焔カ班當リスルト甘ク燒戻カ出來ヌカラ焔ノ
色ヲ能ク視テ見當ヲ附ケルノテ燒入レハ中々六箇敷イ技術
ノ一ツニナツテ居タカ後年ニ至リ一定ノ焔ノ通フ爐ヲ設ケ
テ其中テ燒イタ物ヲ豫テ實驗上テ定メテアル温度ノ水ヲ大
キナ器ニ入レテ其中テ燒入レヲシタ後ニ燒キ戻スノニハ鉛
ヲ溶シタ器ノ中テ望ミノ堅サニナルマテ潛ラセルノテ何處
モ一定ノ温度テ燒戻シカ出來ルノテ仕事カ樂テ能ク行ク様
ニナリシ
燒戻シノ困難ナノハ「スプリング」テ鉛ヲ使用スル事ノナカリ
シ以前ニハ餘程面倒ナリシカ鉛ヲ使フ様ニナツテカラ思フ
様ニ一體同シ様ニ燒戻シカ出來テヨカリシ燒入レノ品物ノ

中テモ安全辨ノ「スプリング」杯ハ尤モ面倒ナ方テ焼入ヲシタ後辨ニ對スル壓カニ相當スル丈ケノ重量ヲ以テ締メ附ケ夫カラ又壓カノ二倍ニ相當スル丈ケノ重量ヲ以テ締メ附ケタ時其縮ミ方カ丁度辨ノ直経ノ四分ノ一丈ケノ寸法テナケレハナラヌ是レハ實ニ焼入レノ加減一ツニ寄ラナケレハナラヌソウ言フ時ニハ鉛ノ焼戻シヲスレハ仕事カ容易ニ出來テ完全ナ物ニナル夫レハ物體ヲ全部鉛ノ中ヘ埋没シテ焼キヲ戻スカラ全體ニ同温度カ當ルカラ焼戻シニ狂ヒカナクテヨイノテアル

夫カラ餘リ硬クナク焼入ヲスルニハ焼イタ品物ヲ油ノ中ヘ入レテ焼戻シヲスル事モアル是レモ一體ニ油ノ中ヘ品物ヲ入レルノテアルカラ一齊ニ良ク焼入レカ出來テ良イ油ノ事テアルカラ水ノ様ニ冷タクナイ丈ケ焼キノ入リ方ハ硬クナイカ品物ニ依ツテハ粘カヲ失ハヌカラ都合カヨイ「スプリング」杯ハ多ク油テ焼キヲ入レルソーシテ一度焼入レニ使ツタ油ハ温度カ高マルカラ多數ノ品ヲ焼入スルニハ何箇モ別々ノ容器ヘ油ヲ入レテ置クカ又ハ大キナ容器ヘ多量ノ油ヲ入

レテ置テ中ノ油ノ温度カ焼入レニ差支ナイ程度マテ使フ事モアルノテアリシ
何ヲスルニモ適度ノアルモノテ殊ニ焼入杯ハ一度適度ヲ失ツテ失敗シタラ折角仕上ケタ品物ノ性質ヲ損スルカラ譬ヘ再度焼入レヲシタトテ完全ナ物ニハナラス劣等品トナルノテアルカラ餘程注意ヲセヌト大ナル損害カ來ルノテアル工業ノ進歩ト共ニ大分仕事カ容易ニ出來ル様ニナツテ來タノテハアルカ夫レ丈ケ又注意ヲスル事モ多クナリ頭ヲ遣フ事カ劇シクナリシ

## 神通丸ノ修繕

明治二十四年越中國東岩瀬ノ馬場道久氏ノ所有滊舩神通丸カ特別檢査ノ時機關ヤ滊鑵ノ改造舩體ノ大修繕ヲセシ節予ハ閑暇ノ時テアツタノテ同氏カラ頼マレテ設計製圖監督ノ事ヲ引受ケシカ同舩ハ外國製ノ古舩テ速カモ遅ク其上石炭ノ消費カ多イノテ其節約ヲスル爲メト速カヲ早クスル爲メニ滊鑵ノ入替ヘ機關ノ改良舩體テハ甲板ノ張替ヘ等カ重ナ

ル點テアリシ
其頃緒明造船所テハ海軍造比叡艦ノ古鑵ヲ六個モ所有シテ居タカ
其レハ横須賀ノ海軍造船所テ同艦ノ機関ヲ改良スル為メニ
使用瀛壓ヲ高メル必要上新鑵ヲ造ツタノテ舊鑵ヲ拂ヒ下ケ
タノテ舊鑵カ使用ニ堪ヘ又譯テハナク優ニ六拾封度ノ壓カ
ニ堪ユルモノテアリシカハ馬場氏ニ話ヲシテ是レヲ貳個買
入レテ使用スル事ニスレハ品物ハ上等テ直クニ間ニ合フカ
ラ至極經濟テアルト言ツタラ同氏モ何如是レヲ買入タヒカ
今自分カ直キニ神通丸ニ用ユルト言フ事カ知レルト直段モ
高クナルダロウカラ之レハ君カ思惑買ヒト言フ事ニシテ買ツテ
貰ヒタイトテ予ハ緒明造船所カラ自分ノモノトシテ前記ノ
瀛鑵ヲ貳個安ク買入レ機関ハ直水冷瀛式ヲ表面冷瀛式ニ改
メ脩環唧筒ト空氣唧筒ハ獨立装置トシ品川ノ後藤毛織工場
テ不用ニナツタ直立蒸氣機械ヲ安ク買入レテ唧筒ノ原動機
械トセシ以上ノ機関ヤ船體ノ工事一切ハ種々評議ノ未東京
附近テ一番信用ト設備完全ナ石川島造船所ヘ依頼シ工事モ
着々進行シツツアリシカ予ハ大阪鐵工所ヘ従事スル事トナ

リ其竣工ヲ見ス東京ヲ去リシカ傳聞スル處ニ據レハ其成績ハ良好テ速カモ増シ燃料モ減シテ好結果ナリシト

該工事ニ就テ逸話カアル其レハ緒明造船所カラ古鑵ヲ買入レタ事テ表面ハ予カ買ツタ鑵ヲ馬場氏ニ賣渡シタ事ニナツテ居ルノテ之レヲ聞イタ緒明菊三郎氏ハ或ル日馬場氏ヲ訪子テ言フノニハ自分ハ鑵ヲ六個持ツテ居タ内ヲ先日小野氏ヘ二個賣リマシタカ未タ四個アリマスカラ極ク安クシマスカラ小野氏ノ方ハ破談ニシテ是非私ノ方カラ買ツテ頂キタイ夫カラ石川島ヘ修繕工事ヲ御頼ミニナル想テスカ兎角看板ノ立派ナ所テハ所謂名前テ金ヲ取ル風カアリマスカラ廉價テ仕事カ深切テアル事ハ返ヘツテ小見世ノ方ガ良イノデス今私カ持ツテ居ル鑵ヲ御買ヒニナツテ修繕工事ヲ私ノ方ヘ御任セ下サレハ第一鑵ノ運搬ニ餘分ナ費用カ掛ラス都ヘテ手輕ニ擧リマスカラ何卒御申附ヲ願ヒマスト勸メ込ンダノニ對シテ馬場氏モ算盤ヲ取ツテハ剛ノ者緒明サン今貴君ノ言ハレル其殘リノ鑵ハ何程テ賣ツテ下サル積リカ子ト聞クト緒明氏カ決着掛ケ値ナシノ處テ一個カ是レ々々ダト言フ

ノヲ聞イタ馬場氏ハ言下ニ夫レテハ失張安値ナ小野氏ノ方ニシテ置キマシヨウト言フト緒明氏ハ其レハ貴君ノ駈引テシヨウ大體私カ小野氏ニ賣ッタ直段ハ能ク承知ノ上テ其ヨリ安ク申シタ譯テスカラ小野氏ヨリ私ノ方カ高イ筈ハナイノデストト言ヒ茲ニ於テ馬場氏ハ夫テハ其譯ヲ話シマスカ小野氏ハ一文ノ利益モナク買ヒ値テ私ニ讓ッタノテ貴君ハ定メテ小野氏カ利益ヲ掛ケテ賣タノタト御考ヘテ今ノ直段テ御話ニナッタ事ト思ヒマスカドオテス一番小野氏ノ直段ヨリモットズット安ク賣ッテ下サレハ其鑵ヲ買ッテ置テモヨイテスカト言ヒシニ緒明氏ハ何ノ鑵ハ拂ヒ下ケヲ受ケテカラ一年間モ持ッテ居タ所ヘ小野氏カラ二個丈ケ買フト言フ話カアッタノテ原價同様ノ安値ニ賣タ様ナ事テ此上安クハ迚モ賣レマセン商賣ニ懸ケテハ貴君ノ方カ先生テス恐レ入リマシタト後ニハ双方腹ノ中モ分リ一笑トナレリト傳聞セシ儘ヲ記ス

## 石川島前滊舩ノ滊鑵破裂

明治二十二年石川島造船所テ定期檢査トシテ修繕セシ一滊船ハ修繕ヲ畢リ造船所前ノ漂筋ニ碇泊シ當日ハ試運轉ヲ為ス可ク滊罐ニハ蒸氣ヲ發生シツツ司驗官ノ來船ヲ待チツツアリシ午前司驗官カ對岸ニ着シ將ニ艀船ニ乗移ラントセシ刹那滊罐ハ豪然タル音響ト共ニ破裂シ船體ハ白濛ニ包マレ鐵片ハ陸上マテ飛散シ來レリ後能ク見ルト船體ハ滊罐室ノ上部カ破壞セラレシノミテ依然トシテ水上ニ浮ヒ別ツニ大シタ損所モナカリシ其時人皆言ヘリ昨日マテ入念ニ檢査ヲ受ケテ修繕ヲ畢リシ船カ今此ノ慘事ヲ見ルト言フノハ一向ニ合點ノ行カヌ次第ダト左樣ニ思フノハ尤ナレド如何ニ嚴重ニ檢査ハシテモ古罐ハ時トシテ鐵板ノ内部ニ何時トナク錆込ンタ處カ出來テ居ルノヲ修繕ノ為メニ叩カレタノテ錆ト表面ト剝脫シテ或ル動機ニ破裂スルモノテ司驗官モ罐ノ内外ヲ小鎚テ能ク叩イテ其厚薄ヲ音テ聞キ薄イト見レハ小孔ヲ穿タセテ調ヘルノダカ全面積カ隨分廣イノテ時トシテ見落シノ箇所モナキニシモアラス點檢後水壓試驗ハ新罐ナレハ常用滊壓ノ二倍古罐ナレハ一倍半ヲ試ス事ナルカ水壓

ト蒸氣ノ壓力トハ壓力ニ違ヒハナイトシテモ一方ハ冷水テアリ他ノ一方ハ温度高キ蒸氣ヤ熱湯テアルカラ鐵板ニ伸ヒ縮ミヲ與ユル違ヒカアル畢竟スル屢鐵板カ漸ク規定ノ壓力ニ比較シツツアリシ所ヘ夫以上ノ壓力カ加ハツタ事ニ外ナラヌノテアル安全辨モアリ滊壓計モアルカ滊壓計ハ時トシテハ故障ナキニシモアラス

予ハ長崎造舩所ニ居リシ時軍艦春日ノ滊鑵側邊破裂市内五島町精米所ノ滊鑵ト鹿児島通ヒノ小蒸氣舩ノ滊鑵ト今又石川嶋前ノ滊舩ノ滊鑵ト都合四個ノ破裂ヲ見タカ春日鹿児島五嶋町ノ事ハ別ニ記シタ通リ其原因ハ大同小異テ鐵板ノ腐朽カ壓力ニ對抗シキレスニ起ツタ事テ今度ノ破裂モ鐵片カ相當ナ大サノカ四散シテ居タノテ其腐朽ノ箇所カ餘程廣カツタ事ト思フ腐朽ハ水線際カ多ク今度ノモ失張其箇所テアリシ水線際ハ蒸氣ト熱湯トノ境テ鐵板ニ膨張ノ相異カアル點テモ自然ト無理ヲ與ヘルカラ起ル事ト思フ予カ實見シタ範圍テハ其破裂ノ箇所カ鹿児嶋通ヒノ小蒸氣舩カ滊鑵ノ水線以上テ餘ハ悉ク水線際テアリシ事カラ思フト水線際ハ一

番大事ナ場所ト考ヘル夫レテ古鑵ヲ修繕シタラ特別ニ腐朽シ易イ水線際ニ注意シテ再三再四篤ト調ヘテ遺漏ノナキ様ニシナケレハナラヌ

## 大阪川口鐵工所

明治三十四年頃大阪南安治川口ニ川崎鐵工所ト言フ小工場カアリ道路ヲ狭ンテ機械仕上工場ト鑄物工場カアルノダカ大形ノ鑄物ヲ向側ノ機械工場ヘ運フ時ハ其都度警察署ヘ届ケテ一時往來留メノ札ヲ道路ヘ建テテ運フノテアルカ之レハ随分手數モ懸リ面倒ナ譯テアルカ何セ最初鑄物工場ヲ建テル時地續キノ場所ヘ設ケナカツタノテアルト思ツテ聞イテ見ルト最初機械ト仕上工場ヲ設ケテ鑄物ハ他工場ヘ頼ンテ遣ツテ居マシタカ段々ト工事モ繁昌シテ來マシタノテ遂ニ鑄物モ自分テ造ル事ノ得策テアルノヲ認メテ向側ヘ設ケタノテス地面續キニ建テレハ都合ノ良イ事ハ分ツテ居マシタカ地所カ手ニ入ラス餘儀ナク現在ノ所テ始メタノテスカ以前ノ他工場カラ一々運ンタ事ヲ思ヘハ往來ヲ塞ケル様ナ

大物ノ時丈ケ其筋ヘ牛續キシテ運フ事位ハ何テモアリマセ
ント其由來ヲ聞イテ見ルト合點カ行クノテアル
大阪ト言フ土地ハ東京ト比較シテ見ルト事業ヲ始メルニモ
深重審議議論ニ時日ヲ費シタリスル様ナ事ナク見込カ附ク
ト便宜之レニ着手スルト言フ風リニテ此ノ川崎工場ノ如ク自
然ノ發展ニ依ツテ向側ヘ工場ヲ擴張スルニ比ヘルト徒ラニ
工場ノ外觀ヤ設備ニ苦心シテ實際ノ工事ハ跡廻シトシ工場
カ落成シテ扨テ工事ニ掛ツテ見ルト思フ様ニ行カス工場設
立ニ多クノ資本ハ費シテ居リ苦心惨淡ノ末遂ニ人手ニ渡ス
ノ止ムナキニ至ルト言フノニ對シテ外觀ヤ設備ハ不完全テ
モ多年ノ實歷上次第ニ發展シテ行ク方ハ着實ニシテ努カノ
効カ顯ハレルモノトス
事實大阪人ハ物事ニ手ヲ出スノモ早ヒカ又見込ミナシト見
レハ直キニ手ヲ引クノモ早ヒカラ大シタ損失モ招カヌノテ
アル何テモ實際ニ當ツテ研究シテ行クト言フ風テアル其處
カ丸ルテ東京人ト相違セル點テアルカラ商買ハ何時モ大阪
ノ方カ廣ク進ンテ行ク事ニナル是レハ從來カラノ地勢ト經

過ノ成行テアルノハ明瞭テアル

### 職工ノ手腕

昔ノ陸用瀛罐ハ火爐ノ内部ニハ何ニモ無カリシカ明治二十五六年頃カラ火爐ノ中ニ斜メニ管ヲ附加ヘテ火熱ヲ空過セヌ様ニナツテ來タカ扨テ其管ヲ沸シ附ケテ造ル事カ出來ナカツタノテ鐵板ヲ曲ケテ鋲着シタモノヲ用イテ居タノダカ舶來ノ罐ニハ夫レカ皆沸シ附ケノ管ヲ用イテアリシ鋲着シタ管ハ時々漏所カ出來タリ爐内掃除ノ時鋲カ在ルノテ狭クハアリ灰カ溜ツタリシテ不都合テアリシ夫レテ時日ノアル場合ニハ罐ヲ外國ヘ注文シテ取寄セタモノテアリシ

當時ハ職工ノ腕カ拙ナクテ沸シ附ケカ出來ヌト言フ計リテナク内地ノ鐵商店ニ仕入レテアル鐵板ハ沸シ附カ出來ルト言フ様ナ上等品カ少ク下等ナ品カ多カツタ事モ沸シ附ケカ容易ニ出來ナカツタ原因テアル其後數年シテカラ重立ツタ工場テハ沸シ附ケカ出來ル様ニナツタカ然シ未タ鐵板ヲ沸ス完全ナ火爐カナク普通ノ火床テ小部分ツツ焼イテハ打チ

附ケテ居タノテ下手ナ職工カ遣ルト沸シ附ケタ處カ厚クナツタリ又薄クナツタリ甚タシイノハ穴マテ明ケタリ沸シ過シテ丸テ地金ヲ役ニ立タヌ様ニスル事モアリシ其頃ハ上手ナ職工ハ中々手際能ク遣ルノテ諸方カラ歡迎サレタモノテアリシ
當時大阪テハ色々專門ノ職工ガ出來テ小工場テハ仕事ニ據ツテハ其等ノ職工ヲ臨時ニ雇ツテ一部ノ工事ヲサセシ予ハ用事カアツテ或ル工場ヘ行ツテ工場主ト話ヲシテ居タラ外カラ一人ノ職工カ這入ツテ來テ其處ニ在ツタ鐵板數枚ヲ工場前ノ濱邊ヘ運ンテ居タカラ何ヲスルカト思ツテ見タラ携帶シテ來タ大キナ木鎚ヲ振リ揚ケテ頻リニ鐵板ヲ叩イテ居タ内ニ段々ト圓形ニ曲ケラレ夫レカ半圓形位ニ持出シタ板カ全部ナツタ時本人ハ何處ヘ行ツタカ居ラナクナツタノテ予ハ工場主ニ今迄板ノ曲ケ方ヲ遣ツテ居タ男ハ工場ノ職工テスカト聞イテ見タラ工場主ノ言フノニハ否彼レハ板曲ケノ上手ナ男テ諸工場カラ頼マレテ御覧ノ通リ板曲ケヲシテ歩イテ居ルノテスカ手際ハ中々良イノテス一ツ見テ遣ツテ下サイ

イトテ現場へ行ツテ見ルト疵モ附カス「ロール」テ捲イタ様ニ美事ニ曲ケラレテアツタノニハ感心セリ工場主ノ話テハ此頃ハ中々忙カシイノテ大シタ収入カアル想テスト此ノ鐵板一枚ヲ曲ケルノニ何程工賃ヲ拂ヒマスカト聞イタラ一枚漸ク十五錢テスカ板數カ多イトモツト安クナリマス澤山ニ仕事ノアル日ニハ何テモ一日ニ二拾枚位ハ曲ケル想テスカラ日當カ二圓五十錢カラ三圓位ニナリマス工場通ヒノ上等職工テモ日給ハ五十錢前後テスカラ夫レニ比ヘタラ如何ニ割ノ良キ収入テシヨウ然シ誰テモ何ノ手腕ニ及ハヌノテ唯羨マシク見テ居ルノテス小工場ニ取ツテハ誠ニ重寶ナ男テス高價ナ「ロール」器械ヲ据附ケテ時々使用スルカラ見レハ實ニ安ク上リマスカラト話シテ呉レタノテ成程便利ナ男テアルト思ヘリ

## 注

（1）将軍に随伴する仕事を替わってもらったのは、父親が出産から七日間勤務を控える当時の産穢のならわしによる。

（2）安政二（一八五五）年一〇月二日の安政大地震である。M七・〇～七・一、仲御徒町の震度は五強ないし六弱と推定されている（中央防災会議災害教訓の継承に関する専門調査会『一八五五安政江戸地震報告書』二〇〇四年）。家は半潰と記されているが、居住不能になっているので、現在なら全壊と認定されよう。

（3）箱館奉行は幕府の役職で、東蝦夷地直轄にともなって一九世紀はじめにも一時期置かれたが、幕末の開港にともなって安政元（一八五四）年に箱館周辺が上知されたため、同年六月三〇日に再置された。主な任務は箱館での欧米列強への対応と蝦夷地警備を中心とした松前蝦夷地の統治であった。奉行所は当初松前藩の箱館役所を利用し、小野一家の離任後の元治元（一八六四）年に五稜郭に移転した。

（4）伊庭軍兵衛　講武所師範役　一八二二年生まれ。弘化二年御留守居与力、安政三年講武所剣術教授方出役、文久元年小十人格講武所剣術師範役並、同三年一二月に二丸御留守居格講武所剣術師範役布衣（小西四郎監修『江戸幕臣人名事典』新人物往来社、一九八九～九〇年）。剣術の腕で身分上昇を遂げた好例である。慶応二年遊撃隊頭取。

（5）実際の将軍進発は翌慶応元年五月一六日であるが、この年七月の禁門の変により長州追討の勅が下ったのに応じて八月二三日進発の布告がなされた。

（6）古屋作左衛門　古屋佐久左衛門のこと。一八二九年生まれ、万延元年養父没により小普請入、神奈川奉行所勤務を経て当時は大砲差図下役役並、元高五俵半人扶持の微禄であるが御足高で二〇俵二人扶持。英国海軍伝習では通弁掛（『海軍歴史』では「作左衛門」）。幕府脱走隊のうち衝鋒隊総督として北越から函館に転戦して陣没。

（7）トレイシイ中佐以下イギリス軍事顧問団一七名は慶応三年九月二七日（一八六七年一〇月二四日）横浜に到着した。一一月五日に海軍伝習所で伝習を開始し、当初の生徒数は七一名であった。鳥羽伏見の戦いで戊辰戦争がはじまったため、一月二五日イギリスは局外中立を布告、二月一二日イギリス公使パークスが顧問団の横浜への引き上げを提案してきた。朝陽艦が実習艦にあてられた（篠原宏『海軍創設史』リブロポート、一九八六年、一四〇～一四四頁）。

（8）高崎屋　東京大学農学部前にあるのは分家であるが位置はほぼ変わらない。

（9）造船所の図工の試験は競争試験であった形跡がなく、縁故による紹介で、その能力を確認する目的だったと思われる。小野の採用日は明治三年一月二三日であった（横須賀海軍工廠『横須賀海軍船廠史』第一巻、一九一五年、二〇九頁）。慶応三年末頃に造船所の首席通訳であった中島才吉の斡旋で製図見習工として入職した川島忠之助は新政府への引継ぎで造船所が混乱し、伝習生制度も廃止されてしまったのを見て、明治二年末頃に退所している（富田仁・西堀昭『横須賀製鉄所の人びと』有隣堂、一九八三年、一二八～一二九頁）。九三頁にあるように中島才吉は中村暁長と懇意だったので、このルートで川島の後任者に擬せられたのではないだろうか。川島忠之助はこの年の内に造船所黌舎の第一期生として入学し、造船所、富岡製糸場勤務をへて横浜正金銀行に長く勤め、ジュール・ヴェルヌの『八十日間世界一周』の訳者（明治一一年刊行）としても知られる（川島順平「父・川島忠之助」早稲田大学比較文学研究室『比較文学年誌』10、一九七四年）。

(10) ジオフレーは慶応元年一二月一六日雇入れの製図職、月給七五ドル。元ツーロン造船所製図職（『横須賀海軍船廠史』第一巻、七六頁）。

(11) 佐柄木清吉は慶応二年九月二四日造船所雇入で明治五年七月には神奈川県平民農として『横須賀海軍船廠史』第一巻、二〇九頁に記録されている。戸籍の作成前に転居していたので、地元が本籍となるわけである。名主からの転職というは初期の造船所の下級管理者の来源として興味深い。その他の図工に在来の技能者が一人も見られないことも注目されよう。

(12) 当時の通訳のほぼ全員が挙げられている。中島才吉は旧姓大坪、幕府が慶応元年に横浜に設けた幕臣向けのフランス語学所の出身でのち大蔵省を経てイタリア・ミラノ公使館領事。稲垣喜多造もフランス語学所出身で四年から七年までフランスに造船所会計等取調べのため留学、帰国後横須賀造船に勤務し計算課長など。山崎直胤は豊前中津の出身、のちウィーン万国博覧会に参加、伊藤博文の憲法調査に同行、内務省県治局長（芳賀矢一編『日本人名辞典』大蔵書房、一九一四年）。今村和郎は高知県出身、のち法政官僚から貴族院議員（大植四郎『明治過去帳』東京美術、一九七一年）。細谷安太郎はフランス語学所出身、箱館戦争参加、のち高田商会パリ支店長。鶴田貫次郎は未詳。今村有隣はもと加賀藩士、のち第一高等学校校長、熊谷直孝はフランス語学所出身、明治五年造船所からフランスに派遣され、帰国後明治三九年まで勤務（以上特記ないものは『横須賀製鉄所の人びと』）。ウェルニーは明治六年に通訳が定着しないことを嘆いている。造船所に残ったのは、造船所からの派遣留学でフランスに渡った人だけだった。

(13) 校舎は黌舎のこと。明治三年三月に民家を技術伝習生徒の仮宿舎として発足する。首長ウェルニーの構想では、技師になるべき生徒と技手になるべき職工生徒の二本立てが想定されていた。小野が受けたのは、このどちらでもなく、現場でフランス人技術者の意図を理解して他の日本人を指導するような人材に補習するという性格の教育であったようだ。

（14）小野は後年農商務省製鉄所に提出した履歴書に拝命を五年六月と記している（製鉄所「判任官以下官記辞令原義」明治三四年、本史料に関しては長島修氏の御教示を得た）。『横須賀海軍船廠史』第一巻によれば明治五年七月二八日に造船所が工部省に五年一月以来職工から一四等出仕に抜擢した八名の氏名等を通知し、本籍のある府県庁に通達した。一四等出仕は当時の横須賀造船所では判任官の最下位にあたる。この中に小野と佐柄木が含まれている。八名のうち四名は慶応元年の入所で、このとき初めて横須賀で育った職工が官吏に任用された。また八名の中で小野は最も入所が遅かった。なお佐柄木と金沢の一五等出仕は一四等の記憶違いと思われるが、同年一〇月一九日に海軍省主船寮に移管された際には、金沢が一三等出仕、小野が一四等出仕、佐柄木は一五等出仕になっている。

（15）石川島造船所は嘉永六（一八五三）年一二月に水戸藩による洋式帆船旭日丸の建造のために創建された後、幕府の造船所として用いられ、新政府では民部省、ついで工部省の管轄を経て、明治四年七月に兵部省に移管された。五年一〇月の横須賀造船所・横浜製作所の海軍省主船寮への移管にともない、石川島は主船寮所属の修船場と海軍省武庫司所属の造兵所となり、後者は同年一月に築地へ移転した。造船部門は明治八年五月に艦船の新造を止めて修理に専念することとなり、翌九年八月に廃止、平野富二に貸与、さらに払い下げられて石川島平野造船所となり、のち石川島播磨重工に発展する。造船所跡は大川端リヴァーシティーとして再開発されている。以上のように石川島は小野の横須賀在勤中には海軍の施設として稼動しており、やや記憶の混乱がある。

（16）監職は五年一月には置かれており、海軍省への移管によるものではない。なお五年一月現在の監職は一七名で、うち九名は幕府海軍の士官であったことが確認でき、そのうち八名までが「軍艦蒸気役」と称せられた機関科士官であった（「慶応四年正月至三月海軍御用留」国立公文書館所蔵内閣文庫）。長崎でのオランダ海軍派遣隊による海軍伝習を受け、あるいはその卒業者から軍艦操練所で伝習を受けた人々である。民部省時代から石川島造船所の管理者は幕府機関科士官の頂点に立っていた肥田浜五郎であったから、小野が書いているように彼らが一時石川島造船所に勤務していたことは十分にあり得る。

（17）岡田清蔵は岡田井蔵のこと。もと浦賀奉行所組与力で安政三年から五年、長崎でオランダ海軍派遣隊の第二次伝習を受けたのち軍艦操練所教授方手伝、咸臨丸に乗り組んでアメリカに渡った経験もあり、幕府海軍での最終階級は軍艦蒸気役一等。井蔵を清蔵と書いているのは小野が文書上ではなく口頭のつきあいの世界でだけ岡田と接していたことを示す。

(18) 明治五年一一月二〇日海軍省は造船技術吏（一三等出仕）石川政太郎以下九名の主船寮判任出仕を免じ二三日に主船寮附属員に採用した（横須賀海軍船廠史）。この一〇名のうち、石川と山下勝次郎は四年十二月の官吏のリストで技術官の最下位である造船少手の末尾に位置付けられており、他は小野正作を含めて五年に職工から造船寮一四等出仕に抜擢された人々であった。これにより明治四年終り頃以来の職工から判任技術官への昇進が白紙に戻されたことになる。一方で五年八月には黌舎卒業生五名が技術二等見習下級（一五等）に任じられ、彼らを引き継いだ海軍省も留学者を含めた黌舎出身者七名を一五等出仕に任用し、各工場技術見習とした。定員に限りがある中で、このような学校出身者を下級官吏に任用するために熟練技能者がはずされたとも考えられる。なおかつての上司の佐柄木清吉が附属の九級に任用されたのに対し、小野は十級への任用で、小野については異例の出世が修正された面もある。

(19) 杉田利三郎、この名は『横須賀海軍船廠史』では確認できないが長崎時代には官員録で確認できる。

(20) 赤松則良、幕府海軍の出身 明治五年一〇月二四日海軍大丞から主船頭に兼任。幕末の経歴は『赤松則良半生談』（平凡社東洋文庫三一七、一九七七年）に詳しい。

(21) 兵動忠平、喜知 佐賀藩で大砲製造にあたった大銃方の出身者。安政五年大銃方手伝手明鑓（手明鑓は佐賀藩で御用職人に与えられた士分の階級）、明治元年閏四月三日横須賀着任以来、ほぼ一貫して現場の最高責任者であった。横須賀製鉄所・造船所の移管に伴い、神奈川県巡察補、民部省監督大佑、工部省七等出仕、造船権助兼製作権助、海軍主船権助と転官、五年一一月主船所に昇任するが八年八月一三日免職、同二〇日退庁（『横須賀海軍船廠史』第一巻・第二巻、杉本勲ほか編『幕末軍事技術の軌跡―佐賀藩史料、『松乃落葉』』思文閣出版、一九八七年）。

(22) 肥田浜五郎 東京府士族 天保元年生まれ、安政三年長崎海軍伝習を受け、六年咸臨丸蒸汽方士官となり、のち同艦で渡米。明治三年七月土木正、明治四年八月一五日工部省造船兼製作頭に任じられ横須賀在勤、一〇月二二日岩倉使節団の理事官として欧米派出を命じられた。帰国後、明治六年五月二九日海軍大丞から主船頭に兼任、のち一五年海軍機技総監、一八年宮内省御料局長官兼内匠頭、二二年四月二七日鉄道事故で没（『明治過去帳』）。土屋重朗『近代日本造船事始 肥田浜五郎の生涯』（新人物往来社、一九七五年）が詳しい。

(23) 桐野利邦 弘化二年生まれ、のち海軍に転じ西南戦争勃発時に海軍鹿児島造船所在勤、工部省も兼ねて一七年六月工部省兵庫造船局長、海軍小野浜造船所長を経て、明治二一年二月待命、四月英仏両国差遣、帰途一二月三〇日香港で病没（『明治過去帳』)。

(24) 山田某　明治六年六月一三日改、同年一〇月五日改の『工部省官員録』(東京大学史料編纂所所蔵)に製作寮技術二等見習山田陽蔵の名が見え、七年七月二〇日改では消えているので、この人物であろう。

(25) 渡辺蒿蔵、天野清三郎　吉田松陰門下、慶応三年イギリス、アメリカで造船を学ぶ、六年末に帰国、製作助(六等)。藤本も含め中西洋『近代日本の基礎過程　中』(東京大学出版会、一九八三年)四〇一～四〇八頁に詳しい。

(26) 中村暁長　官員録によれば、このころ工部省の製作権中属(一一等)で、『職業の部』の叙述から、工部大学校の校舎建築にあたっていたことがわかる。請負人から役人に転換したのである。

(27) これらのうち三名は工部省時代最末期、明治一七年七月の長崎造船所傭人として名前が見られる。日給一円の機関掛山口県士族結城先太、同製図掛の東京府平民中村貞之助、日給九十五銭の倉庫掛山口県平民三宅寅之助である(中西前掲書、五九九頁)。製図場が造船所下級幹部への階梯となっていた。もっとも彼らは三菱への貸下げにあたって長崎を去ったらしい(同、六六〇～六六一頁)。結城は桐野所長時代の小野浜造船所で海軍技手となった。

(28) 『官員録』によれば免職者のうち判任官は、三浦省三(東京府平民)、野村盛久(静岡県士族)、野口勝馬(長崎県平民)、一〇年末ないし一一年はじめのことと思われる。

(29) 局長和田某、大蔵省『工部省沿革報告』(同、一八八九年)によれば、権少技長和田義比は明治一五年八月二一日に罷免されており、小野の転入は同年一二月七日であるから、当時の同局主任は一〇月二八日に任じられた権少書記官西内文孚だったはずである。

(30) 山田要吉(一八五一～一八九二)　阿波藩士山田駒吉の子、藩命で長崎に留学し、ついで明治三年から八年までアメリカに留学して機械工業を学ぶ(福島義一「阿波藩の蘭学者群像」石躍胤央・高橋啓編『徳島の研究　第四巻』清文堂出版、一九八二年、三六二頁)。

(31) 安永義章　佐賀県士族　安政二年一一月生　明治一三年工部大学校機械工学科卒、一六年陸軍省に転じ、二九年製鉄所技師、三五年大阪高等工業学校教授、三七年同校長、大正七年七月没(井関九郎『大日本博士録　第五巻　工学博士之部』発展社出版部、一九三〇年)。明治四〇年、彼の勧めにより発動機製造株式会社(現ダイハツ工業株式会社)が設立された。

(32) 坂湛　静岡県士族　安政二年一二月生　明治一三年工部大学校機械工学科卒、のち川崎造船所に勤務し、専務取締役(『大

日本博士録　第五巻』)。

(33) 四等師は工部省の四等技手にあたる一一等の官である。当時、明治五年に判任から雇に降格されたまま横須賀に残った佐柄木清吉・石黒八右衛門は判任官最下位、一七等の五等工長にとどまっていた。黌舎の初期の卒業生でフランスに留学したものは八等の一等師に位置付けられているが、黌舎を卒業しても海外留学しなかったものは一四、一五等であった。

(34) 工手　判任の下の等外吏に位置付けられた熟練職工。横須賀造船所では明治六年一二月に置かれ、兵器局では明治一〇年七月三日に置かれた。

(35) 原田宗助　鹿児島県士族　嘉永元年九月生　乾行に乗り組んで戊辰戦争従軍、明治四年英国留学、一一年海軍大尉、一二年一二月二三日兵器局製造課長、一六年八月四日兵器製造所製造課長、一九年七月海軍大臣西郷従道に従い欧米渡航、のち明治三三年造兵総監、三五年予備役編入、四二年九月二九日没(『明治過去帳』)。一二年から一六年にかけては工部省の権少技長を兼ね、群馬県の工部省中小坂鉱山の産鉄を利用した製鋼事業を試みた(拙稿「製鉄事業の挫折」『工部省とその時代』山川出版社、二〇〇二年)。

(36) 辞表は現存している。

私儀

近年来殊之外多病ニテ身体疲労何分就職仕兼候間辞職之上篤ト療養仕度此段奉願候也

明治二十年十二月十九日　　海軍弐等技手　　小野正作

兵器製造所長

　海軍大佐田中綱常殿

(海軍省「明治二十年職員進退録」防衛庁防衛研究所図書館所蔵)

兵器製造所から海軍大臣への上申は即日、依願免官の辞令は二二日付けである。小野が辞表を書かされた一九日に兵器製造所は工業繁劇のためとして技手一二名に慰労金下賜の上申を行っている。小野にも七五円が下付されることになったが、その決定が二一日。兵器製造所としてはこれを退職金代わりにしようと、この時期に辞表を書かせたのではないだろうか。

しかし小野はそれでは納得できなかったのである。

(37) 賜金　明治一七年一月四日太政官達第一号官吏恩給令は奉職一五年以上で、年齢六〇歳以上あるいは不治の病による退職、または廃官・廃庁や公務上の傷病による退職者に対して恩給を給するとした。恩給額は一五年勤続で在官中の給与の四分の一、三五年勤続で三分の一である。一五年に達しないものについては一時賜金の規定があり、五年以上一一年未満勤続者は三カ月分、一一から一五年勤続者は四カ月分が給されたが、同年四月二五日太政官達第三五号に「自己の便宜に依り退官を請う者」には支給しないとの規定がある。小野の意識としては「自己の便宜」による退職ではなかったろうが、依願退職の形式であるから規則上は兵器製造所の判断が正しいことになる。

(38) 川崎造船所に対しては二三年四月一日に造船所を引き渡す契約を結び内金一五万円を支払ったと報じられている（『中外物価新報』明治二三年四月二五日）。

(39) 「電気局」は（工部省）電信局の誤りである。四八三頁も同じ。

(40) 内藤政共　旧三河挙母藩主　安政六年二月生。明治一四年工部大学校卒、一八年帰朝、一九年海軍大技士兼五等技師、小野浜造船所製造科主幹、二〇年一月待命、二一年非職、二三年予備役編入、三五年一一月二二日没（『明治過去帳』）。

(41) これほど早い時期に工場用原動機が所内で製造されていたのは興味深い。『横須賀海軍船廠史』第一巻末尾に掲載されている明治四・五年調査の「船舶及機械製造購買費目明細表」には木挽所機械として「十馬力起動機械」二〇九二両が挙げられている。一方、滑車所機械には「一二馬力起動機械」が見られるが、この金額も全く同じであり、同型の機械であった可能性が高い。これがこの逸話の示すものかもしれない。

(42) 野島崎灯台は明治二年一二月二一日点灯（『工部省沿革報告』）であるから、これは明治二年中、すなわち小野の横須賀造船所入り前の事績である。

(43) 小林菊太郎は長崎海軍伝習の参加者であるがアメリカの造船所で就業したのは咸臨丸の鍛冶役として渡米し、同艦が修理のためメーア島の造船所で入渠した際の一ヶ月余りの期間だけである。欧米の造船現場を知っていること自体が当時は大変珍しく、このような印象を与えたのであろう。明治元年二月技術優秀により、幕府から苗字帯刀御免申し渡され、明治二〇年には横須賀造船所の練鉄工場長一等技手となった（文倉平次郎『幕末軍艦咸臨丸』巌松堂、一九三八年、七三六頁）。

(44) 船渠開渠式は明治四年二月八日に有栖川熾仁親王以下の来賓を招いて行われた。明治天皇の行幸は同年一一月二一日から二三日までであり、この二つの記憶が混交しているようである。

(45) 横須賀造船所の職工賃銭は明治三年一一月まで天保銭で、それ以後は文久銭で支払われた(『横須賀海軍船廠史』第一巻)。一匁二〇円は、幕末維新期には天保銭二〇〇〇枚、計算上の重量は四一・二五キログラムになる。明治政府は天保銭の評価を八厘と公定するので、二〇円分は二五〇〇枚、約五二キログラムとなるが、そうすると一厘五文と公定された文久の四文銭の方が二〇円分で四五キログラムとより軽量になる。文久銭への切り替えはこのような背景によると思われる。なお最高でも日給三八銭の職工賃銭が月二度の支払いで二〇円に達することはないが、『横須賀海軍船廠史』第一巻、明治五年三月三日の項に「自今必ズ」月二回、半月分ずつの支払いとするとされているので、それ以前は遅配の結果一時に巨額の支給となることもあったのだろう。

(46) 「横浜製鉄所」の項は伝聞である

(47) 清輝建造は山尾庸三の商船建造の提案に対してヴェルニーが明治三年一〇月四日に技術伝習上の効果から軍艦建造を逆提案したことに始まる(『横須賀海軍船廠史』第一巻)。しかし、船体の完成を示す進水は明治八年三月五日で小野はすでに転出しており、記述は艦材の件にとどまる。

(48) 実際には九年九月四日進水、一四年八月五日に「殆んど竣工」の状態で造船所の手を離れた。小野は製図に従事したものと考えられるが、構造上の問題や修整の叙述は伝聞である。

(49) 「軍艦磐城」の項も時期的に伝聞と考えられる。

(50) 市中から職工。中西洋『日本近代化の基礎過程　中』三七八頁によれば、明治六年にはすでに長崎で長崎造船所出身者が鉄工業を営んでいる。この時点では海軍も長崎の民間小工場ないし独立の鉄工職人を活用していたことになる。なお、この事故の結果、民間への発注がなくなるわけではなく、明治一四年には海軍長崎出張所が小汽船の修理を亀島伝吉という民間業者に工部省長崎工作分局の見積もりの約半額で請負わせている(拙者『明治の機械工業』ミネルヴァ書房、一九九六年、七五頁)。

(51) 上海で造船業を行い明治二年から一三年まで長崎に分工場を置いていたボイド社であろう。中西前掲書、中、三七七〜三八〇頁参照。

(52) 『工部省沿革報告』によれば向陽丸。

(53)『工部省沿革報告』によれば鬣丸。

(54) 当時大阪商船会社同社は未成立。中西前掲書、中、三六二頁によれば注文者は古野嘉三郎。

(55) 小菅丸については中西前掲書、中、三六四～三七〇頁に渡辺蒿蔵関係史料に基づいた分析があり、この叙述とほぼ一致する。木材の調達難が工期遅延の主因であったことは中西氏も指摘しているがそれが西南戦争に由来するのは新しい指摘である。

(56) 凌風丸　建造は明治一四年、発注者は岡山の偕行会社である（中西前掲書、中、三六二頁）。同船は共同運輸会社に売却され、日本郵船に引き継がれた。小野が機関を設計したと明記している最初の船であるが連成、すなわち二段膨張式であった。国産連成機関の最初のものは横須賀の軍艦清輝用で、民間向けとしては明治一三年工部省兵庫工作分局（造船所）の浦安丸、謙受丸があるが、小野の設計も初期のものに属する。なおストリーは明治一三年六月二六日解雇のうえ一時帰国し、一四年三月一二日に再雇用された。小野が受注に動き、設計をしたのは一三年のことで、その年次が書かれたのであろう。

(57) 丁卯号　第二丁卯　明治八年一二月二四日罐入替修理のため長崎着、九年一月一四日汽罐落成の上韓国回航（日本船用機関史編集委員会『帝国海軍機関史　上』原書房、一九七五年、四六一頁）。

(58) 筑紫丸　兵庫工作分局　明治一三年二月製造、記事のとおり一三年中の改修だとすれば、就航早々に改修が必要となったわけで、兵庫工作分局の技術の限界を示していることになろうが、改修した長崎でも一桁計算間違いしていたあたり、当時の雰囲気を良く伝える。

(59) スペシャル喞筒　九州地方の炭坑を中心に幅広く用いられた。特に筑豊炭田では明治一三年、杉山徳三郎によって持ち込まれて以来、炭田の開発を支えた主力ポンプで明治三〇年には少なくとも六七二台が稼動していた（高野江基太郎『筑豊炭礦誌』中村近古堂、明治三一年）。気筒の直径のインチ数で「〇〇インチのスペシャルポンプ」と呼ばれ、筑豊では八～一八インチ、三池では三〇インチのものまで使われた。ここでの叙述からは、輸入品にも部品互換性はなく、一台一台の調製が必要であったことがわかる。国内で、中小工場も含めて模造品が生産されたが、元来の製品がこのような精度であったことが模造生産を容易にしたと考えられる。

(60) 鬣丸のことであろう。とすれば汽罐は購入品と考えられる（中西前掲書、中、三七一頁）。

(61) 立神船渠開渠式は明治一二年五月二一日。

(62) 横須賀丸汽罐新製については『横須賀海軍船廠史』第二巻、明治九年一〇月三日の項に、海軍省の製造認可を受けた記事がある。

(63) 神戸造船所は兵庫造船所(工作分局)の誤りと思われる

(64) 六甲丸　同船は大阪鉄工所が正式発足前に建造した船である(日立造船株式会社『七十五年史』同社、一九五六年、七～八頁)。ありあわせの鉄板を用いた汽罐と、中古の機関で急造し、ぎりぎり明治一〇年代前半の好況に間に合った。大阪鉄工所は二年後に初めて所内で機関を製造した小汽船を「初丸」と名づけているから、六甲丸は番外だったのであろう。

(65) 有田香蘭社　深川栄左衛門のパリ万博参加のためのフランス出張は明治一一年から一二年にかけてであり、このとき輸入を決めた製陶用の機械が設備されたのは一二年末から一三年はじめころと推定されている。しかし、機械を用いた製品が順調にできるようになったのは一五年頃とされている(鎌谷親善「製陶技術の近代化」『技術と文明』七巻一号、一九九一年、三五頁)。この間に長崎造船所に援助が求められたものと思われる。

(66) 明治一四年岡山偕行会社の凌風丸、凌波(煙)丸(＝一六年に壱岐丸として竣工)と思われる。塩田泰介自叙伝は後者を凌煙丸としている。いずれにせよ予定名である。

(67) 英国人の人夫頭　井上馨工部卿が参加した立神船渠開渠式は明治一二年五月二一日であり、明治二年三月から雇われていた水夫頭ドクラスは翌一三年七月に解雇された。月給は六五円であった(『工部省沿革報告』三二七頁)。

(68) 日本工学会・啓明会『明治工業史　機械篇』(明治工業史発行所、一九三〇年)一八八頁に「内国に於ける精製糖工場の濫觴は、明治一〇年の頃、島某米国より帰朝して有力なる資力家の後援を得、東京築地に洋式精製糖所を設けしも、創業一年を出ずして倒れ」たとある。

(69) この件については安永義章「赤羽工作分局製紡績機械」(『工学会誌』八一巻、明治二一年)がある。小野はこの論文を目にしていたと考えられ、機械の払下後の状況についてはこれを下敷きとした可能性が高い。しかし、工作方法や使用した機械についての叙述は独自性の高い貴重なものであり、専用工作機械を輸入して、部品互換性生産を試みたことがわかる。

(70) モデルとなった紡績機械が繊維の長いアメリカ綿用の機械であったという問題もあったことが玉川寛治氏によって指摘されている(「わが国綿糸紡績機械の発展について」『技術と文明』九巻二号、一九九五年)。

(71) 『明治工業史　火兵篇』一九二九年、三五九頁では四連機砲(四門)の完成が一七年、次の七センチ五砲一門の完成が一八年とそれぞれ一年早い年次が記されている。

(72) 明治一九年十一月末現在の『職員録』によれば、第一工場長二等技手小野正作、第三工場長三等技手坂湛、製図掛首席五等技手貴志泰。

(73) 明治二一年の事績である(三代田中久重『二代田中久重伝』同、一九六八年、二二一頁)。

(74) ほかに長崎造船所の大型船建造が小菅丸一隻で終り、赤羽工作分局の紡績機械製造が予定変更で一台にとどめられたことが、今から考えても代表例であるが、小野はそのすべてを現場で体験したのである。

(75) 足尾では明治二一年に水套式長方形溶鉱炉の実験創業を始め二三年に一三座を新設して、一挙に従来の吹床を廃止した。これによって従来の吹大工の熟練が不要になり、足尾でOJTを受けた労働者が熔鉱の技術を担うことになった(二村一夫『足尾暴動の史的分析』東京大学出版会、一九八八年、二六五~二七九頁)。

(76) 緒明菊三郎　安政二年伊豆の戸田で行われたロシア艦ディアナ号乗員の指導によるヘダ号建造の際の造船世話掛緒明嘉吉の子。家業の船大工を継ぎ、幕府軍艦開陽丸に乗り組み、明治五年に上京して造船業を始める一方、永代橋・両国間の一銭蒸気を創業した。明治一六年品川沖第四台場を借用して造船所を設け、二三年から海運業も始めた(戸田村文化財専門委員会・同小委員会『ヘダ号の建造』戸田村教育委員会一九七九年)。

(77) 植木平之允(一八六一~一九三二)　明治一五年工部大学校土木課卒、鉄道技手、日本土木会社技師を経て明治二五年大阪府技師、二七年に大阪市に転じ上下水道敷設、築港にあたる。明治四二年に三井合名に入り大牟田築港を担当(藤井肇男『土木人物事典』アテネ書房、二〇〇四年)。

(78) 当時までに国産の三連成機関を搭載した船は三菱(長崎)造船所の筑後川丸、木曽川丸(以上二三年製)、信濃川丸(二四年製)だけではないだろうか。軍艦でも大島(小野浜、二五年)が最初である。

(79) この話は日立造船の『七五年史』にほぼそのまま掲載されている。同書の編纂にあたって参照された同所「六〇年史草稿」が編まれた昭和一五年当時小野は存命であったので、担当者が話を聞き、あるいは回想録の一部を見たのかも知れない。

(80) 「呉海軍造船廠沿革録」によれば、八隻が「大坂川口鉄工所」に発注され、二隻が部内で建造された。排水量一五トン、計画馬力三五、外注分は二八年一月一八日起工、三月二五日竣工、所内分は一月一七日起工、三月三一日竣工(呉海軍工廠『呉海軍工廠造船部沿革史』あき書房、一九八一年)。

(81) 寧静丸　三九〇総トンの鉄製汽船、一八六一年オランダ製。

(82) 明治三〇年に東京湾汽船が大阪で建造したのは伊豆航路向けの天城丸（一六四トン）、天龍丸（一七五トン）で梶原造船所製である（東海汽船株式会社『東海汽船八〇年のあゆみ』同、一九七〇年、一七頁）。
(83) 高橋當吉「往年の」だとすると下村姓であったが、変更があったのか記憶違いか未詳。
(84) 三御崎丸、明治三〇年六月竣工。四七・九トン、一二馬力、六・五ノットか（大阪市役所港湾部『大阪築港工事概要』一九二九年、一三二頁）。
(85) 軽便な道具でクランクシャフト製造。これは鍛造の技であるが、当時のこの地域の中小工場が切削加工に関しても不十分な機械で大型製品の加工をこなしたことは西山夘三『安治川物語』（日本経済評論社、一九九七年）二三九頁。
(86) 小野浜海軍造船所の造船職長 イギリス人キルビーが経営し、国内で初めて本格的な鉄製船を作った小野浜造船所が多くの熟練工を送り出したことは造船協会『日本近世造船史』（弘道館、一九一一年）に記載がある。三菱（長崎）造船所に移った河辺豊治やキルビー没後に経営を引き継いだ海軍によって呉海軍工廠に配転された人々のことはよく知られているが、この例は初見。
(87) 三井三池製作所。同所については、春日豊「三井財閥における石炭業の発展構造」（『三井文庫論叢』一一号、一九七七年）に詳しい。
(88) 明治三四年一二月一八日辞表提出、三五年二月三日休職、八月一八日懲戒免官。この間の事情と和田の事績については、清水憲一・松尾宗次「創立期の官営八幡製作所—第二代長官和田維四郎を通して」（長野暹編著『八幡製鐵所史の研究』日本経済評論社、二〇〇三年）に詳しい。
(89) 明治三五年七月二八日から三七年七月二二日まで、熔鉱炉の操業を停止した（八幡製鉄所総務部総務課『八幡製鐵所年誌（官営編）』一九四五年調整、七頁）。
(90) 厚板工場は明治三八年一二月二五日操業開始（同前一〇頁）。
(91) 第二熔鉱炉は明治三八年二月二三日操業開始（同前九頁）。
(92) 第三熔鉱炉は明治四二年一〇月一八日操業開始（同前一三頁）。
(93) 職工の来歴は興味深い指摘である。八幡製鉄所の職員・熟練工については、菅山真次「産業革命期の企業職員層—官営製鉄所職員のキャリア分析」（『経営史学』二七巻四号、一九九三年）および同「日本の産業化過程における熟練形成の一断面」

（『東北学院大学論集　経済学』一一六号、一九九一年）に詳しい。

(94)　ロール工場は明治四二年三月操業開始（同前）。

(95)　軌条工場はドイツ人職工長ウイルヘルム＝ナールバッハの指導の下に明治三四年一〇月一六日操業開始、当初からの製品が六〇ポンドレールであった（八幡製鐵所所史編さん実行委員会『八幡製鐵所八十年史　部門史　上巻』新日本製鐵株式会社八幡製鐵所、一九八〇年、一六九〜一七〇頁）。

艦船名

# 事項索引

## 【あ行】



## 【か行】

【ワ行】

【ハ行】



【マ行】



【ヤ行】

【サ行】



【タ行】



【ナ行】

# 人名索引

50音順で配列した。
姓または名のみの場合には可能な範囲で（　）内に補い、あるいは役職等を示した。
また誤記と思われるものも（　）内に訂正した。
＊は注での言及を示す。

## 【ア行】



## 【カ行】

【編者略歴】

鈴木　淳（すずき・じゅん）

1962年生まれ。東京大学大学院人文科学研究科博士課程修了。博士（文学）。
現在東京大学大学院人文社会系研究科・文学部助教授。
主な業績
『明治の機械工業』（ミネルヴァ書房、1996年）
『新技術の社会誌』（中央公論新社「日本の近代」第15巻、1999年）
『維新の構想と展開』（講談社「日本の歴史」第20巻、2002年）
「勧工」（高村直助編著『明治前期の日本経済』（日本経済評論社、2004年）他。

ある技術家の回想——明治草創期の日本機械工業界と小野正作——

2005年9月5日　第1刷発行　定価（本体5800円＋税）

編　者　鈴　木　淳
発行者　栗　原　哲　也

発行所　株式会社日本経済評論社
〒101-0051　東京都千代田区神田神保町 3-2
電話 03-3230-1661　FAX 03-3265-2993
nikkeihy@js7. so-net. ne. jp
URL：http://www.nikkeihyo.co.jp
印刷＊文昇堂・製本＊山本製本所
装幀＊渡辺美知子

乱丁本落丁本はお取替えいたします.



Printed in Japan　ISBN4-8188-1738-4

西川씨三著

# 安治川物語

―鉄工職人卯之助と明治の大阪―

四六判　三八〇〇円

近代工業の黎明期大阪で、一鉄工職人としてスタートした父とその家族、職工仲間、地域社会を資本主義化と軍国主義化の時代を背景に描く。近代化は何をもたらし、失ったか。

久保在久編／三宅宏司・大前　眞・小野芳朗・解題

# 大阪砲兵工廠資料集〈全2巻〉

B5判　二八〇〇〇円

（上巻）大阪工廠ニ於ケル製鉄技術変遷史、造兵廠ノ現況、大阪工廠沿革史、同年表。

（下巻）大阪砲兵工廠衛生調査報告書、宇治火薬製造所衛生調査報告書、造兵彙報目次。

沢井　実著

# 日本鉄道車輌工業史

A5判　五七〇〇円

後発工業国日本にあって、比較的早く技術的対外自立を達成した鉄道車輌工業の形成と発展について、国内市場と海外市場の動向をふまえながら、その特質を解明する。

長野　暹編著

# 八幡製鐵所史の研究

A5判　四八〇〇円

設立準備期から第二次大戦期までの長期にわたる八幡製鐵所の事業活動を、在来技術や兵器生産との関連、原料および原料炭の供給など、従来にない総合的分析により解明する。

高村直助編著

# 明治前期の日本経済

―資本主義への道―

A5判　六〇〇〇円

日本における産業革命はいかなる前提条件の下で達成されたか。明治前期の政府の政策、諸産業の実態、経済活動を担う主体の三つの側面から実証的に解明する。